Der Temperguß

Ein Handbuch für den Praktiker
und Studierenden

von

Dr.-Ing. **E. Schüz** und Dr.-Ing. **R. Stotz**

Mit 366 Abbildungen im Text
und auf 3 Tafeln

Berlin
Verlag von Julius Springer
1930

ISBN-13:978-3-642-89463-3 e-ISBN-13:978-3-642-91319-8
DOI: 10.1007/978-3-642-91319-8

Softcover reprint of the hardcover 1st edition 1930

Unserem hochverehrten Lehrer
Herrn Geheimrat Professor Dr.-Ing. e. h.
Dr. mont. e. h., Dr. phil.

Fritz Wüst

Düsseldorf

zum 70. Geburtstage
in Dankbarkeit
gewidmet

Vorwort.

In seinem Buche „Die Herstellung des Tempergusses und die Theorie des Glühfrischens“[1] hat Dr.-Ing. Engelbert Leber im Jahre 1919 die vielen, weit zerstreuten Arbeiten über die Theorie und Praxis des Tempergusses zum erstenmal in übersichtlicher Weise zusammengefaßt. Die mühevolle Arbeit hat sich reichlich gelohnt. Der Wunsch des Verfassers ist in Erfüllung gegangen. Das Handbuch ist das Buch des Tempergießers geworden, aus dem sich der Praktiker Rat in allerlei Fragen und schwierigen Lagen und der Studierende seine Kenntnisse über den Temperguß geholt hat.

Zunächst hatten die Verfasser die Absicht, das Lebersche Werk im Sinne der Verlagsbuchhandlung zu einer Neuauflage umzuarbeiten. Es stellte sich aber heraus, daß bei der heutigen, durch neue Erkenntnisse vermehrten Fülle des Stoffes der Inhalt in ganz anderer Anordnung und in viel gedrängterer Form zusammengefaßt, dagegen aber alles Überflüssige weggelassen werden mußte, so daß von dem ursprünglichen „Leber“ kaum mehr etwas übrigblieb.

Die Verfasser haben sich deshalb entschlossen, ein neues Buch über den Temperguß herauszugeben. Aus der Feder von Dr. Schüz stammen die Abschnitte: I. Geschichtliches, II. Wissenschaftliche Grundlagen und vom III. Abschnitt Technologie, B. Schmelzöfen, der Teil d) Siemens-Martin-Ofen. Die übrigen Abschnitte wurden von Dr. Stotz bearbeitet.

Wir übergeben das Buch der Öffentlichkeit in der Hoffnung, daß es sowohl Fachleuten, als auch Konstrukteuren und Studierenden gute Dienste leisten möge.

Königsbronn und Düsseldorf, im August 1930.

Die Verfasser.

[1] Berlin: Julius Springer.

Inhaltsverzeichnis.

I. Geschichtliches.

Im Schrifttum gilt ganz allgemein als Erfinder des Tempergusses der große französische Gelehrte Réaumur, der Erfinder der nach ihm benannten Thermometerskala, Abb. 1. Ihm verdankt die Eisenhüttenkunde ihre eigentliche Begründung. Beck[1] schildert die Erfindung des großen Physikers wie folgt: „Durch sorgfältige Versuche, in wissenschaftlichem Geiste erdacht, ausgeführt und erklärt, versuchte Réaumur zuerst Klarheit über die verschiedenen Zustände des Eisens und deren chemische und physikalische Unterschiede zu verbreiten. Auf derselben Grundlage baute er seine Erfindungen der Zementstahlbereitung und des schmiedbaren Gusses auf. Denn als seine Erfindungen dürfen wir diese Prozesse wohl bezeichnen, wenn auch schon früher darauf bezügliche Versuche gemacht worden waren, welche aber einen durchaus empirischen Charakter an sich trugen und in den Schleier des Geheimnisses gehüllt wurden. Diesen hob Réaumur und beleuchtete in seiner lichtvollen Weise das Wesen dieser Prozesse, die er dadurch jedem verständlich und zu einem Gemeingut machte. Daß der praktische Erfolg nicht der erhoffte war, daß gerade in Frankreich diese beiden Fabrikationen nicht den erwarteten Fortgang nahmen, daß Réaumurs eigene Unternehmungen im großen verunglückten, beweist nichts gegen den großen Wert der theoretischen Grundlage, die Réaumur geschaffen hat. Aber auch die praktischen Erfolge blieben im Laufe der Zeit nicht aus, nur zog nicht Frankreich, sondern England den Nutzen davon."

Abb. 1.
René Antoine Ferchault de Réaumur,
1683—1757.

[1] Dr. Beck, Ludwig: „Die Geschichte des Eisens", Bd. III, S. 6. 1897.

Die Herstellung des schmiedbaren Gusses verschwand, nachdem die Versuche in Frankreich ungünstig verlaufen waren, lange Zeit ganz, um erst gegen Ende des Jahrhunderts in England von neuem und mit besserem Erfolg wieder aufgenommen zu werden.

Ehe wir aber auf die Arbeiten Réaumurs selbst eingehen, sollen die früheren mehr oder weniger sicheren Nachrichten über ähnliche Verfahren in zeitlicher Folge besprochen werden.

Diejenigen Stellen im Schrifttum, die die Meinung vertreten, das Verfahren sei schon vor 400 Jahren oder gar im Mittelalter bekannt gewesen, sind zweifellos nur als willkürliche Annahmen oder bloße Vermutungen zu betrachten; denn es ließen sich bisher keine Aufzeichnungen irgendwelcher Art nachweisen, die diese Behauptung stützen.

Nach den geschichtlichen Forschungen Vogels[1] ist als erste Urkunde über die Herstellung von Temperguß auch ein englisches Patent angeführt worden, das am 21. Januar 1630 dem Engländer David Ramsey erteilt wurde. Der Anspruch lautet auf ein Verfahren: „to make hard iron soft“. Daraus geht jedoch keineswegs hervor, daß es sich dabei um ein Weichmachen von hartem Weißeisen gehandelt hat. Die ernste Geschichtsforschung lehnt deshalb Ramsey als Erfinder des Tempergusses ab.

Etwa 40 Jahre später ist dem Prinzen Ruprecht von der Pfalz, dem dritten in England lebenden Sohne des Kurfürsten Friedrich V. von der Pfalz und der „Schneekönigin“ Elisabeth von England, am 1. Dezember 1670 in England unter Nr. 161 ein Patent erteilt worden, dessen Anspruch lautet: „Softening cast iron, so that it may be filed and wrought like forged iron“. Zwei weitere Patentschriften, Nr. 164 und 165, desselben Erfinders vom 6. Mai 1671 und vom 1. Dezember 1671 enthalten fast gleichlautend die Ansprüche: „A new invention or art of prepareing and softening all cast or melted iron, soethat itt may be fyled and wrought as forged iron is“.

Wenn uns auch nichts Näheres über das Verfahren selbst bekannt ist, so kann es sich doch wohl um kein anderes Gußeisen gehandelt haben, bei dem es gelungen ist, den Guß weich wie Schmiedeeisen zu machen, als um Weißeisen. Auch war es wohl noch nicht klar, was für ein Eisen als Rohguß verwendet werden muß, und man hatte eben Erfolg, wenn der Rohguß weiß, und Mißerfolg, wenn er grau war. Das Verfahren ist mit dieser Anmeldung empirisch jedenfalls vorbeschrieben.

Bestätigt wird die Erfindung durch den naturwissenschaftlichen Schriftsteller Dr. Johann Joachim Becher, der 1680 nach England geflohen war und mit Prinz Ruprecht in Verbindung stand. Er schreibt in seinem 1682 erschienenen Taschenwörterbuch[2]: „Närrische Weisheit und weise Narrheit“: „Es haben sich die Leute lang bemühet aus Eysen

[1] Stahleisen 1918, S. 1101 und 1210.
[2] Verlag Johann Peter Zubrod, Frankfurt.

Stahl zu machen, vermittelst eines Cements von Kohlen .... Printz Ruprecht aber hat eine gantz contrare operation aus dieser Invention genommen und an statt, daß wir suchen das Eysen zu Stahl und hart zu machen, hat er das Eysen weich und geschmeidig gemacht, dergestalt, daß man es drehen und trefflich wohl zum Schießen dienlich machen kan, dann den eysernen Stücken (gemeint sind gußeiserne Kanonen) biß dato nichts gefehlet als die Broßheit (Zerbrechlichkeit) und Ungeschmeidigkeit, welche durch diese Invention hinweggenommen wird." Es heißt dann weiter: „Der Printz hat hierüber in Engeland ein Privilegium und lässets in Groß (im großen) arbeiten."

Der Guß ist also auch betriebsmäßig hergestellt worden, und wir dürfen uns der Ansicht Vogels anschließen, daß nach der heutigen Geschichtsforschung ein Deutscher, nämlich der Prinz Ruprecht von der Pfalz, der eigentliche Erfinder des Tempergusses ist.

Ob Prinz Ruprecht aber mit seiner Erfindung Erfolge erzielte, darüber sind wir ohne Nachricht[1]. Tatsache ist nur, daß, als Réaumur 1722 seine berühmte Abhandlung über diesen Gegenstand veröffentlichte, in England die gewerbliche Erzeugung des schmiedbaren Gusses bereits betrieben wurde.

LART
DADOUCIR
LE FER FONDU,
OU
L'ART DE FAIRE DES OUVRAGES
de Fer fondu aussi finis, que de Fer forgé.
PREMIER MEMOIRE.

Abb. 2. Faksimile des Titelblattes der ersten Abhandlung Réaumurs über den Temperguß.

Zeitlich folgen nun die wichtigsten und das Verfahren klar beschreibenden Veröffentlichungen von Réaumur. Die zwei im Schrifttum oft erwähnten Abhandlungen vom Jahre 1722 enthalten die Ergebnisse langjähriger und im wahren Sinne des Wortes grundlegender Untersuchungen Réaumurs auf dem Gebiete dieses Sondergusses. Die Schriften sind aus einer Reihe von Vorträgen hervorgegangen, die der Verfasser in den Jahren 1720, 1721 und 1722 in der Akademie der Wissenschaften in Paris gehalten hat. Der Titel der ersten Abhandlung, die dem Herzog Philipp II. von Orléans, dem Gönner und Förderer Réaumurs, zugeeignet ist, lautet: „L'art de convertir le fer forgé en acier et l'art d'adoucir le fer fondu, ou de faire des ouvrages de fer fondu aussi finis que de fer forgé." Das Titelblatt des Abschnittes über den Temperguß ist als Faksimile in Abb. 2 wiedergegeben. Die zweite führt die Überschrift: „Nouvel art d'adoucir le fer fondu et de faire des ouvrages de fer fondu aussi finis que de fer forgé."

[1] Beck, II, S. 1275.

Diese letztere Arbeit ist nach seinem Tode, mit mancherlei Nachträgen und Ergänzungen Réaumurs versehen, von Duhamel du Monceau[1] im Jahre 1761 neu herausgegeben worden. Beide Schriften gehören zu dem Besten, was je auf eisenhüttenmännischem Gebiete geschrieben wurde. Sie sind nicht allein dadurch bemerkenswert, daß sich Réaumur theoretisch und praktisch mit der Herstellung des Tempergusses befaßt, sondern weil Réaumur der erste war, der die Eisengießerei vom wissenschaftlichen Standpunkt aus behandelt hat. Er wird durch diese Arbeiten mit Recht als der Begründer der wissenschaftlichen Eisenhüttenkunde bezeichnet.

Réaumur hat sich keineswegs als der Erfinder dieser Kunst hingestellt. Im Gegenteil fällt nach ihm die Herstellung des ersten Tempergusses in Frankreich etwa in das Jahr 1700. Es sind keine Urkunden aufgefunden worden, die darüber aufklären, ob diese erste Herstellung des Tempergusses in Frankreich etwa mit der Erfindung des Prinzen Ruprecht von der Pfalz zusammenhängt. Wir müssen uns lediglich mit dem begnügen, was uns Réaumur bekannt gibt. Er sagt[2]: „Wenn man den Überlieferungen der Arbeiter Glauben schenkt, so handelt es sich um ein Geheimnis, das verlorengegangen und mehrere Male wiedergefunden worden ist. Alles, was wir Schwieriges und Auffallendes in Eisen sehen, wie die Beschläge der Türen von Notre Dame, das sollen, wie sie meinen, Arbeiten aus Gußeisen sein. Zuverlässiger dagegen und ziemlich neuen Datums ist, daß ein Privatmann in Frankreich etwas hatte, das dem wirklichen Geheimnis, Gußstücke weich zu machen, sehr nahe kam. Er gründete sogar vor etwa 20 Jahren (also etwa um das Jahr 1700) Werksanlagen in Cône sowie in Paris in der Vorstadt Saint Marceau. Das Unternehmen ging aber wieder ein, und der Gründer verschwand, ohne daß man je erfahren hat, was aus ihm geworden ist. Er hatte augenscheinlich zu leichtfertig begonnen, ohne seiner Kunst sicher genug zu sein, ohne sie vorher auf den nötigen Grad der Vollkommenheit gebracht zu haben. Ich habe Stücke aus jener Fabrik gesehen, die leidlich aduziert waren, allein die Leute, die etwas von diesem Unternehmen wußten, haben mir versichert, daß der Erfolg zu sehr vom Zufall abhing: Manchmal zeigten die Stücke, nachdem man eine Menge Brennholz verbraucht hatte, noch ihre ganze ursprüngliche Härte, noch öfter waren sie zum Teil weich geworden, es blieben harte, unbearbeitbare Stellen, die dazu zwangen, den Rest zu verwerfen. Endlich waren die Stücke, wenn sie aus dem Ofen kamen, auch durch Schalen verunstaltet, die sich davon loslösten."

Réaumur war, wie er eingesteht, auch allen diesen Schwierigkeiten auf seinem Wege begegnet. Er fährt dann fort: „Die Schwierigkeiten sind nicht weniger, als das wesentliche an dem Verfahren selbst, imstande,

[1] „Description des arts et des metiers", Vol. II. Paris 1761.

[2] Réaumur: L'art d'adoucir le fer fondu, S. 403.

diejenigen, die sich nicht von festen Grundsätzen leiten lassen, zu hemmen. Wie unvollkommen auch dieses Geheimnis war, so habe ich doch lange Zeit sein Abhandenkommen beklagt. Der Unternehmer hatte es mit sich genommen. Allein es ist schon von großem Wert, zu wissen, daß das, was man zu finden hat, nicht ganz unmöglich ist. Darum habe ich auch dieses Geheimnis gesucht, wie eins der Dinge, die ich für die nützlichsten hielt. Ich hoffe, daß man die Vorteile, die ich mir versprochen, daraus ziehen, und daß man nicht mehr so bald zu befürchten brauchen wird, sie zu verlieren, daß man sich bemühen wird, die Kunst zu vervollkommnen und gleichzeitig auch Gebrauch davon zu machen.“

Diese großen Hoffnungen, die der bedeutende Gelehrte an das neue Verfahren knüpfte, haben sich aber weder zu seinen Lebzeiten, noch in der zweiten Hälfte des 18. Jahrhunderts erfüllt. Schon bei seinem Tode 1757 hatte man die Erfindung als aussichtslos wieder fallen lassen. Die Unternehmungen, die darauf gegründet wurden, gingen sämtlich zugrunde. Zur Zeit seines Todes war, wie wir aus seinem Nachruf erfahren, die öffentliche Meinung über Réaumurs Erfindung bereits zur Tagesordnung übergegangen, sie war als erfolglos aufgegeben worden.

Wie es mit so vielen Gedanken großer Männer gegangen ist, so verfiel auch diese weittragende Erfindung der Vergessenheit, ohne daß ihr Schöpfer ihre Verwirklichung erlebt oder gar Früchte aus ihr hätte reifen sehen. „Fragen wir uns,“ schreibt Beck[1], „wie dies möglich war, nachdem Réaumur das ganze Bild der Fabrikation und ihrer Verwendbarkeit so klar, deutlich und richtig dargestellt hatte, daß unsere heutige Industrie auf diesem Gebiete fast vollständig damit übereinstimmt, so müssen wir antworten, daß dies wohl zum Teil in der Ungeschicklichkeit und dem Mangel an Sorgfalt und Geduld lag, mit dem das Verfahren geprüft wurde; hauptsächlich aber lag es daran, daß es keinem dringenden Bedürfnis begegnete; die Erfindung war ihrer Zeit vorausgeeilt. Nur, wo eine Erfindung einem dringenden Bedürfnis Abhilfe schafft, hat sie unmittelbaren Erfolg. Schafft eine Erfindung zugleich ein neues Produkt, so muß dies erst in den Handel eingeführt, der Bedarf erst den Menschen angewöhnt werden, und dazu ist in den meisten Fällen lange Zeit erforderlich, ganz abgesehen von dem Widerstande, welchen die bestehenden Gewerbe, die sich durch dasselbe beeinträchtigt glauben, der Einführung entgegensetzen. Jene Zeit war aber für die Erfindung Réaumurs noch nicht reif.“

Durch das Studium von Réaumurs Schriften gewinnt der Leser die Überzeugung, daß es sich um durchaus eigene Gedanken und Erkenntnisse handelt. Sowohl vom geschichtlichen als auch vom wissenschaftlichen und technischen Standpunkt ist es von Interesse, etwas näher auf den Inhalt seines ersten, grundlegenden Werkes einzugehen.

Réaumur beschäftigt sich zunächst sehr eingehend mit den verschiedenen Gußarten, die in Frage kommen, dem weißen Gußeisen und dem

[1] Beck: III, S. 236.

grauen. Die wichtige Tatsache, daß weißes Gußeisen als Ausgangswerkstoff Vorbedingung zur Erzeugung eines guten Tempergusses ist, spricht Réaumur hier deutlich zum ersten Male aus: „il est aisé d'avoir de la fonte blanche, et toute aussi blanche qu'on voudra il est bon de le savoir et d'ou cela dépend, parce que c'est tout que nous emploierons dans la fuite.“ Das weiße Eisen sei, wie Réaumur meint, reiner und enthielte weniger Fremdkörper; das graue Eisen enthalte viele erdige Substanzen eingemengt, es könne aber durch mehrmaliges Umschmelzen in weißes Eisen umgewandelt werden. Flußmittel seien zu vermeiden. Dagegen sei es wichtig, daß die Formen sorgfältig getrocknet, und daß sie womöglich vorgewärmt sind. Es sei sogar gut, sie in einer Art von Backofen vor dem Gießen zu erhitzen, namentlich, wenn man Gußstücke von ungleicher Stärke aus dem weißen spröden Eisen gießen will. Man öffnet die Formen, wenn das Gußstück noch rotglühend ist, und schiebt es in den Wärmeofen, wo es ganz allmählich erkaltet. Die Einlaufstellen müssen so dünn als nur möglich sein.

Réaumur sagt ferner an anderer Stelle: „Die grauen und tiefgrauen Gußstücke, die an sich schon feilbar sind, und von denen man eigentlich ein zuverlässiges Weichwerden erwarten sollte, lassen sich durch Glühen nicht schmiedbar machen. Geglühte Graugußstücke haben einen viel geringeren Grad von Geschmeidigkeit und lassen sich nicht kalt zusammenfalten, wie das geglühte weiße Gußeisen.“ Es handelt sich für Réaumur darum, das weiße Gußeisen bearbeitbar (traitable) zu machen, ihm seine Härte zu nehmen, kurz, es zu „aduzieren“.

Der Beweis, daß es sich tatsächlich um Temperguß handelte, liegt in den Worten: „Das geglühte Erzeugnis wird im Bruch grau wie gewöhnlicher Stahl, das Gefüge körnig. An der Außenfläche bildet sich ein weißer Ring, glänzend, heller als die Farbe des Stahles. Bei weiter getriebenem Glühen nimmt der helle Ring an Ausdehnung zu, und das ganze Innere wird nach und nach heller. Wenn das auf diese Weise feilbar gewordene weiße Eisen abgeschreckt wird, so nimmt es Härte an, ebenso wie der Stahl, und durch Wiedererhitzen kann das Metall auch wieder weich gemacht werden. Bei dicken Stücken aber kommt es vor, daß man nach dem Glühen an der Außenfläche im Bruch weiches Eisen erkennt, weiter nach innen folgt Stahl, und im Kern, der noch nicht weich ist, hat sich weißes Eisen erhalten. Wenn man somit das Glühen nur bis zu einem gewissen Grade durchführt, erhält man also Stahl, der von weichem Eisen umgeben ist; dauert das Glühen aber lange genug, so erhält man reines weiches Eisen.“ Dies bedeutet aber nichts anderes als die genaue Beschreibung des weißen oder europäischen Tempergusses.

Réaumur hat auch zahlreiche, namentlich in der Mitte des Gußstückes dicht beieinander liegende schwarze Stellen, die er als kleine Hohlstellen bezeichnete, unter dem Mikroskop beobachtet. Aus dem in Abb. 3

wiedergegebenen Kupferstich **Réaumurs** ist deutlich die im Temperguß abgeschiedene Temperkohle erkennbar.

Réaumur bespricht ausführlich das Formen und Gießen der zu tempernden Gußstücke sowie auch die verschiedenen Schmelzöfen zur Erzeugung des Rohgusses. Wie die Abb. 4 und 5 zeigen, waren es kleine, teils feststehende, teils kippbare Schachtöfen, die als Vorläufer der Kupolöfen zu gelten haben. Dann werden die zum Tempern geeigneten Stoffe behandelt. **Réaumur** hat mit zahlreichen Glühmitteln Versuche angestellt: mit Kreide, Eisenoxyd (sog. Eisensafran), gewonnen durch Abklopfen eiserner Platten, die lange Zeit hindurch dem Feuer ausgesetzt waren, mit Gips, gemahlenen Muschelschalen, mit verschiedenen Salzen, mit Pottasche u. a. Als bestes Mittel bezeichnet er Knochenasche und gemahlene Kreide, die mit Holzkohle gemischt war. Darin wurden die Gußstücke eingepackt und dabei die stärkeren näher an die Feuerwand gelegt. Je nach der Stärke der Abgüsse betrug die Glühdauer 10 bis 12 Stunden, andere Stücke erforderten aber auch mehrere Tage.

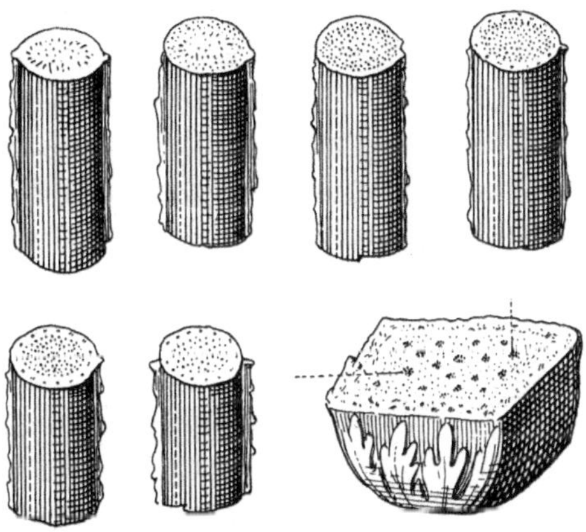

Abb. 3. Zeichnungen **Réaumurs**, in welchen er die im Mikroskop beobachtete Temperkohle deutlich wiedergegeben hat.

Auch der von **Réaumur** entworfene Glühofen wird beschrieben. Die der Urschrift entnommene Abb. 6 läßt erkennen, daß der Ofen in 3 Glühkammern geteilt war, und zwar nach dem Grundriß der Fig. 1 in eine große mittlere Kammer *CD*, die durch die Feuerung *EC* und *FD* von den beiden kleineren seitlichen Glühkammern *HE* und *GF* getrennt war. *AAAA* in Fig. 1 sind die 4 Luftzuführungen. Durch die Öffnungen *BB* in Fig. 2 der Vorderansicht des Ofens erfolgt das Einschieben des Brennholzes, während mit *EDCE* die Beschickungsöffnung des mittleren Glühraumes bezeichnet ist. In Fig. 3 sind die auf der Rückseite liegenden Beschickungsöffnungen der seitlichen Glühräume *JK* dargestellt. Die Kammeröffnungen werden durch die Verschlußsteine Fig. 4, 5 und 6 geschlossen. Die Griffe *PP* (Fig. 5) dienten zum Herausziehen der Steine. Fig. 7 ist eine Verschlußklammer. Fig. 8 zeigt eine aus drei Teilen, *abb*, zusammengesetzte Zwischenplatte, und Fig. 9 die Verbindung derartiger Platten. Über dem Ofen hat man sich noch einen passenden Deckel zu denken, der in der Zeichnung weggelassen ist.

Réaumur bespricht dann eine Reihe von Vorsichtsmaßregeln, die man beim Tempern der Gußstücke zu befolgen hat. Er führt z. B. Hohlräume, die in den Gußstücken entstanden sind, auf im Innern des Gußstückes wieder flüssig gewordenes und an irgendeiner Stelle ausgelaufenes

Abb. 4. Feststehender Schachtofen Réaumurs mit Zeichnungen der Einzelteile und der zugehörigen Gerätschaften.

Weißeisen zurück und zeigt, wie man den getemperten Gußstücken die ihnen genommene Härte wiedergeben kann.

Der Schluß der Arbeit enthält eine Aufzählung der verschiedenen Gegenstände, die sich nach **Réaumurs** Erfahrungen mit Vorteil aus Temperguß herstellen lassen.

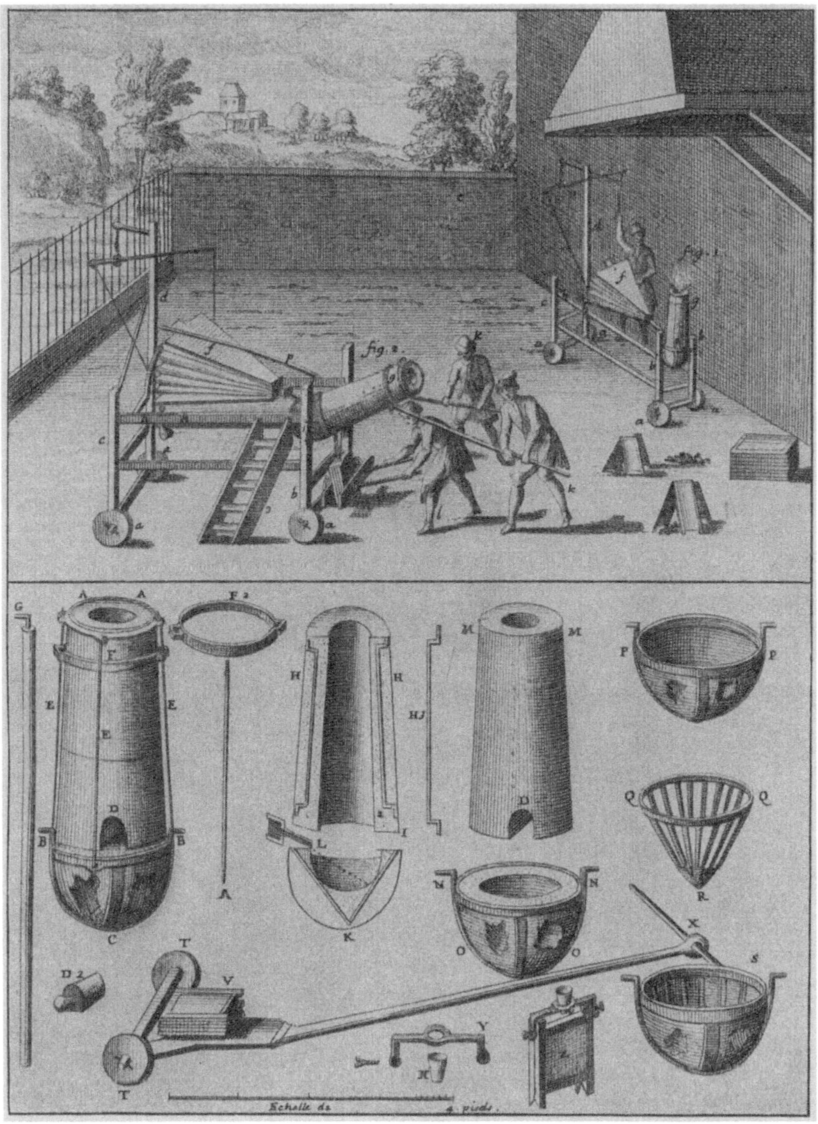

Abb. 5. Kippbarer Schachtofen **Réaumurs** mit Zeichnungen der Einzelteile und der zugehörigen Gerätschaften.

Die Hauptvorzüge der Tempergießerei erblickte **Réaumur** in einem schönen, guten und billigen Ersatz von teuren Schmiedearbeiten. Verzierte Gitter, Balkon- und Treppengeländer, ferner Türklopfer, verzierte Schloßteile und Schlüssel, wie sie in der der Urschrift ent-

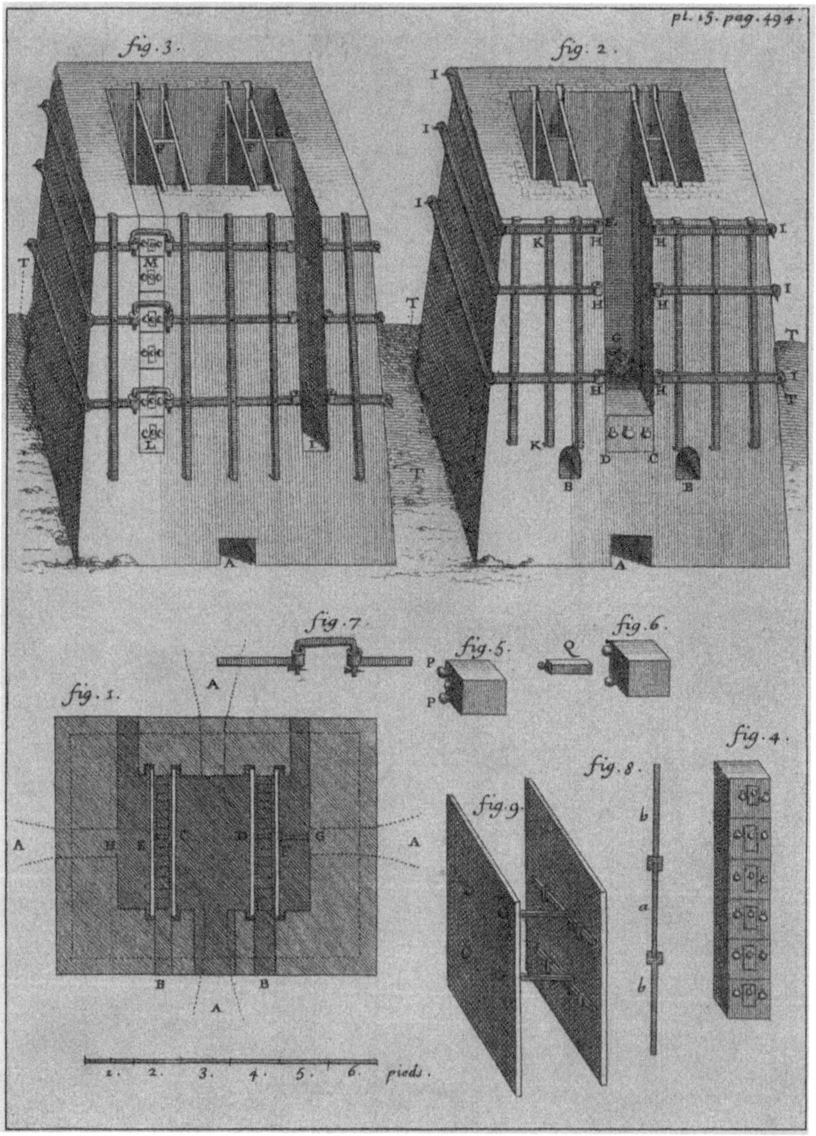

Abb. 6. Temperofen Réaumurs mit drei Glühkammern.

nommenen Abb. 7 wiedergegeben sind, Riegel, Türbänder, Scharniere, Schnallen, Gewehrschlösser und selbst Kanonen (letztere mit eingegossenem schmiedeeisernen Gerippe), eignen sich nach Réaumur am besten zur Herstellung in Temperguß. Auch bei den Kochgeschirren sollte das teure und ungesunde Kupfer durch Temperguß er-

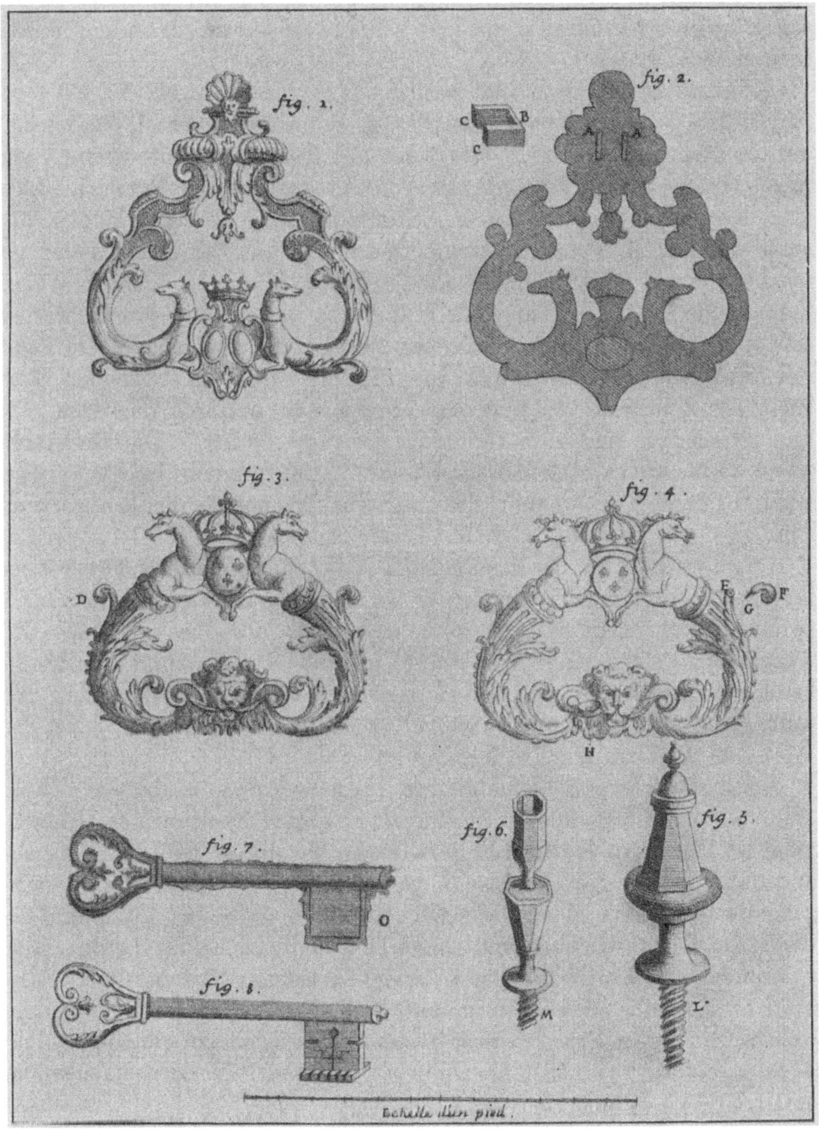

Abb. 7. Verzierte Türklopfer, Schlüssel und Schloßteile aus Temperguß. Ausführungen von Réaumur.

setzt werden, und schließlich dachte Réaumur an den eigentlichen Eisenkunstguß, wie Vasen, Statuen, Büsten, die man bisher aus Bronze gegossen hatte.

Réaumur versprach sich von seiner Erfindung geradezu eine Umwälzung in der Eisenindustrie. Wenn sein neues Verfahren, das später eine so staunenswerte Entwicklung erlebte, keinen Erfolg hatte, so war daran nicht er, sondern diejenigen schuld, welche die Erfindung auszubeuten versuchten.

Réaumurs Schriften folgt zeitlich das englische Patent (Nr. 938[1]) des Engländers Joseph Ashton aus Birmingham vom Jahre 1769, das sich auf die Herstellung von „Coffin Nails and Tacks" bezieht, womit Sargnägel, Hufeisennägel, Zwingen usw. gemeint sind. In dem Patent heißt es: „. . . Man schmelze Roheisen in Schmelztiegeln in einem Windofen und gieße das Metall, wenn es geschmolzen ist, in aus Sand oder Lehm gemachte Formen, in welchen die Eindrücke von Blei- oder anderen Weichmetallmodellen der Coffin Nails und Tacks vorher eingedrückt worden sind und erhitze dann die erhaltenen Nägel und Zwingen in einem Feuer mit aus Kohle gemachtem Koks in einer nach und nach steigenden Hitze für einen Zeitraum von ungefähr 12 Stunden, wodurch dieselben zähe und schmiedbar und zum Gebrauch geeignet werden." Die Gußstücke sollen dann, wie es in dem Patent weiter heißt, in einer Mineralsäure gebeizt, in einer Drehtrommel blank gescheuert und schließlich verzinnt werden.

Im Jahre 1773 hat der Engländer Horne[2] eine Abhandlung über Eisen und Stahl veröffentlicht, in der er behauptet, es lohne sich nicht, sich bei dem Glühfrischverfahren aufzuhalten, da dasselbe nicht den Erwartungen, welche Réaumur darauf gesetzt habe, entspräche. Horne beschreibt eine Reihe von recht ungeschickt ausgeführten Versuchen und führt ihren Mißerfolg mit großer Selbstgefälligkeit als Beweis gegen den Wert von Réaumurs Entdeckung an[3].

Der große schwedische Metallurge Sven Rinman beschäftigt sich im Jahre 1782 ebenfalls mit dieser Frage[4]; er sagt: „Nach meiner Überzeugung ist Herr von Réaumur der einzige, der durch vielfache Versuche und durch schwierige Untersuchungen in seinem im Jahre 1722 herausgekommenen Werk einen richtigen Aufschluß über das Verhalten des Eisens im Feuer zu geben und eine sehr gründliche Erklärung der dabei vorkommenden Erscheinungen aufzustellen bemüht gewesen ist." Rinman stellte selbst Versuche an und hielt „grelles weißes und sprödes Roheisen . . . neun Stunden lang in einer gleichförmigen lichtroten Glühhitze". Davon gingen 26% als Glühspan verloren. „Unter der abgeschla-

[1] Patent Office library records, Birmingham.

[2] Essays concerning iron and steel (1773).

[3] Beck: III, S. 241. Vgl. auch U. Lohse: „Die geschichtliche Entwicklung der Eisengießerei seit Beginn des 19. Jahrhunderts." Beiträge zur Geschichte der Technik und Industrie. 2. Bd. Berlin: Julius Springer 1910. S. 90ff.

[4] Rinman, Sven: „Försöck till Järnets Historia med Tilläggning för Slögder och Handtwerk 1782. Deutsch von Dr. Karsten-Liegnitz: „Die Geschichte des Eisens." 1814.

genen Glühspanrinde fand ich das Roheisen ganz weich und zähe und ... ohne irgend einen Zusatz in ein vollkommen weiches Stabeisen verwandelt, welches weicher war, als das Stabeisen gewöhnlich zu sein pflegt, und sich ohne zu brechen durch kaltes Hämmern zu einem dünnen Blech austreiben ließ, auch einen sehnigen Bruch und eine lichtgraue Farbe hatte."

Er sagt dann weiter: „Dieses Frischen durch bloße Glühhitze erfordert aber ungemein viel Zeit, auch ist damit zugleich ein sehr großer Abbrand und ein so starker Aufwand an Kohle oder anderem Brennmaterial verbunden, und endlich wird dazu eine so unbequem dünne Form des Roheisens erfordert, daß man von dieser Methode keinen Nutzen erwarten kann." Und zur Glühung mit zweckmäßigen Zusätzen äußert sich Rinman: „Durch dergleichen Zusätze (Knochenasche, Kalk oder Kreide) beim Glühen und Zementieren erreicht man eigentlich nur den Zweck, daß man durch schnellere Wirkung an Zeit spart und den Abbrand des Roheisens vermindert, denn die Hitze bleibt doch das eigentliche wirksame Mittel. Es geht aus jenen Versuchen hervor, daß ein $^1/_8$ Zoll starkes Stück Roheisen einer 10- oder 12tägigen gleichmäßigen, sehr starken Glühhitze im Stahlofen bedurfte, ehe es sich durch und durch in Stahl verwandelte und sich kalt und warm unter dem Hammer schmieden und ausrecken ließ; daß das weiße, grelle und umgegossene Roheisen am schnellsten und mit dem geringsten Gewichtsverlust geschmeidig ward..." Und schließlich fällt Rinman folgendes Urteil: „Die Kenntnis des Aduzierens des Roheisens kann zwar für den Künstler in manchen Fällen sehr nützlich und vorteilhaft sein; bei großen Gießereien, deren Fabrikate durch Aduzieren und Ziselieren mehr Vollkommenheit erhalten sollen, würde man aber in der Ausübung zu keinen Vorteilen gelangen, wie die von Réaumur in Vorschlag gebrachte und in Frankreich mit einem großen Kostenaufwand zustande gekommene Fabrikanstalt beweist, von welcher die Unternehmer wieder abstehen mußten, teils, weil das Brennmaterial zu teuer war, teils, weil sehr viele Arbeiten mißglückten. Letzteres mochte wohl aus mancherlei Ursachen geschehen, teils, weil das Roheisen beim Schmelzen im großen nicht immer jedesmal ein und dieselbe Beschaffenheit haben konnte, teils, weil der geringste unbemerkbare Fehler, eine undichte oder blasige Stelle in der Gußware, sogleich allen Aufwand an Kosten und Mühe vergeblich machte, teils endlich, weil der glückliche Erfolg des Aduzierens sehr von dem einer jeden Roheisenart angemessenen Hitzegrad abhing, der sich um so schwerer genau treffen ließ, als die Gußwaren an der einen Stelle dicker sein konnten als an der anderen usw."

Rinman war aber weit davon entfernt, die hohe Bedeutung des Glühfrischens zu verkennen, denn er sagt: „Ich will gerne zugeben, daß das Roheisen durch dieses Zementieren mit absorbierenden Erden nicht mit größerem Vorteil, als auf dem gewöhnlichen Wege, in Stahl oder Stabeisen (Schmiedeeisen) verwandelt werden kann; allein, es ist doch nicht zu leugnen, daß man von diesem Verfahren in manchen Fällen einen vorteilhaften Gebrauch machen könnte ... Es ist leicht möglich, daß die Verwandlung des Roheisens in Stahl und Eisen durch das bloße Zementieren, worauf Herr von Réaumur in seiner Kunst, das Roheisen zu aduzieren, zuerst aufmerksam gemacht hat, mit der Zeit vielen Nutzen gewähren wird; denn wenn diese Veränderung auch nur die Oberfläche trifft, so kann man die Ware doch mit der Feile oder mit dem Meißel bearbeiten und ihr ein schöneres Ansehen geben."

Im Jahre 1783 erhielt George Matthews aus Broseley, Grafschaft Salop, das englische Patent Nr. 1360[1] auf „Rendering Cast Iron Articles Malleable", so daß sie genau wie Schmiedeeisen verwendet werden konnten mit einem Verfahren, welches zuvor nie bekannt oder ausgeübt worden war, für die Herstellung von Kanonen, Radreifen, Achsschenkel, Anker, Ketten, Schmiedehämmer und eine große Menge von Bedarfsartikeln. In diesem Patent heißt es: „,... Zuerst macht man die Modelle der verschiedenen Artikel, welche man herzustellen wünscht, nach welchen die Formen angefertigt werden (bei Radreifen teilt man den Kreis in 8 Teile). Darauf werden die verschiedenen Artikel aus Gußeisen abgegossen. Dies ist der erste Arbeitsvorgang. Die Stücke werden alsdann schmiedbar und zäh gemacht, indem sie in geschlossene Öfen gelegt und mit Holzkohle bedeckt werden. Dann wird angezündet, die Luft abgeschlossen, und man läßt 24 Stunden ohne Unterbrechung brennen und läßt es dann im Ofen, bis die Holzkohle verbrannt und der Ofen vollständig abgekühlt ist. Dann können die Stücke ebenso schmiedbar und zäh herausgenommen werden wie Hammereisen oder Schmiedeeisen. Die Radreifen können dann entweder mit Nägeln oder Schrauben durch die in die Radreifen gegossenen Löcher an dem Rad befestigt werden."

Daß in England um diese Zeit tatsächlich da und dort Temperguß hergestellt worden ist, geht u. a. aus einer Bemerkung des deutschen Hofrates August Friedrich Alexander von Eversmann hervor, der 1784 von einer Studienreise aus England zurückkam. Er schreibt nämlich in seinem Buche über die Eisen- und Stahlerzeugung[2] ganz beiläufig als Fußnote folgendes: „Tempern der Gußwaare (to anneal). Kleine Eisenwaaren, die einen gewissen Grad von Malleabilität haben müssen, werden in England abgeglüht, man hat dazu besondere Öfen, die an einigen Orten länglich viereckig und oben gewölbt sind, mit in der Decke angebrachten Zuglöchern; andere haben die Gestalt eines konischen Mantels, der oben in einen Schornstein ausläuft ... Die abzuglühende Gußwaare wird in einen dazu schicklichen gegossenen eisernen Kasten in Schichten von Sägespänen und Holzkohlenklein oder Staub eingelegt, so daß sie ganz (und wenn sie hohl ist, auch inwendig) damit umzogen ist. Der Kasten wird

[1] Vgl. Fußnote 1, S. 12.

[2] Die Eisen- und Stahlerzeugung auf Wasserwerken in den Ländern zwischen Lahn und Lippe und in den vorliegenden französischen Departements. Gebr. Mallinckrodt, Dortmund, 1804, S. 314/16.

mit einem ebenfalls gegossenen Deckel zugelegt und mit Lehm verschmiert, der nicht reißen darf, so daß keine äußere Luft hinein dringen kann. In einiger Entfernung vom Kasten wird eine lose Mauer von Backsteinen umhergesetzt, so daß hin und wieder Zuglöcher bleiben und der Raum zwischen dem Mäuerchen und dem Kasten mit Coaks angefüllt, auch der Kasten selbst damit hoch überschüttet, alles angezündet, die Einsatztür des Ofens zugemacht und mit Lehm verklebt, um den überflüssigen Zudrang der äußeren Luft abzuhalten, denn um dem Feuer etwas Zug zu schaffen, wird unter der Thüre her ungefähr eine einen Finger breite Öffnung gelassen, die dadurch entsteht, daß die Thür nicht ganz auf den Grund aufsteht. So steht der Ofen sich selbst überlassen 24 Stunden, nach welcher Zeit er aufgemacht wird, und die Abglühung geschehen ist. So werden Gußwaaren behandelt, denen man entweder zum Abdrehen oder sonst zu einem Zweck eine gewisse Weiche verschaffen will; so werden auch gegossene Nägel, Schnallen und dergleichen getempert."

Ferner berichtet der schwedische Fachmann Gustav Broling[1], der in den Jahren 1797 bis 1799 England bereiste, daß in der Gegend von Chesterfield aus Eisen gegossene Rasiermesser, Tischmesser und Gabeln sehr billig feilgeboten wurden. Sie wurden aus einer Art von Gußstahl hergestellt, und Broling bedauert „diese unredliche Verwendung des sonst so nützlichen Roheisens". Diese gegossenen Messer waren zweifellos aus Temperguß. Wie dem auch sei, jedenfalls war die Erfindung derart in Vergessenheit geraten, daß zu Anfang des 19. Jahrhunderts das von Réaumur beschriebene Verfahren als neue Erfindung patentiert wurde.

Im Jahre 1803 erhielt Robert Ransome aus Ipswich in England, wo die Herstellung von landwirtschaftlichen Maschinen in hoher Blüte stand, ein Patent, gußeiserne Pflugscharen herzustellen, welche nachher getempert wurden[2].

Den richtigen Weg zur praktischen Herstellung von weißkernigem Temperguß hat Samuel Lucas[3] in dem englischen Patent Nr. 2767 vom 30. Mai 1804 gezeigt. Als Zweck des Verfahrens war darin angegeben, „die Abscheidung der Unreinigkeiten aus dem Gußeisen ohne Schmelzung, wobei es hämmerbar würde wie Schmiede- oder Walzeisen. Gußwaren können auf gleiche Weise verbessert werden." Das Verfahren ist folgendes: „Die Gußeisenstücke werden in einem Zementierofen oder einem ähnlichen Ofen zusammen mit Eisenerz, gewissen metallischen Oxyden, Kalk oder anderen Substanzen, welche dem Gußeisen den Kohlenstoff entziehen, geglüht. Hierdurch wird das Gußeisen ganz oder teilweise schmied-

[1] Anteckningar under en Resa in England åren 1797, 1798 och 1799 med sednare Tilläggningar af Gustaf Broling, Stockholm 1817.

[2] Lohse, U.: „Die geschichtliche Entwicklung der Eisengießerei seit Beginn des 19. Jahrhunderts." Beiträge zur Geschichte der Technik und Industrie, Bd. 2, S. 90f. Berlin: Julius Springer 1910.

[3] Beck: IV, S. 108.

bar, je nach dem Grad und der Länge der Erhitzung. Man schichtet Erz und Eisen in abwechselnden Lagen mit dünnen Lagen von Sand dazwischen, um das Anhängen zu vermeiden.“ Das Glühen sollte in zylindrischen Gußtöpfen geschehen und 5 bis 6 Tage dauern.

So einfach das Verfahren an sich auch war, so schwierig erwies sich seine praktische Durchführung. Erst mehrere Jahre später griff ein Bruder des Patentnehmers, Thomas Lucas, die Sache wieder auf, und es gelang ihm, in seiner Fabrik in Chesterfield mit gutem Erfolg Schneidwaren anzufertigen, welche eine so schöne Politur und gute Schneiden annahmen, wie der beste Gußstahl[1].

Für die Herstellung billiger Messerwaren wurde das Tempergußverfahren zuerst ausgebeutet, und um die Fälschung vollkommen zu machen, bezeichnete man das Erzeugnis im Handel als Flußstahl (run steel). Man verwendete dazu ein aus Cumberländer Roteisenstein mit Holzkohlen erblasenes Roheisen. Direkt aus dem Hochofen geschöpft sollte es am besten sein. Die Gußwaren wurden aufrecht in kleine gußeiserne Kästen oder Zylinder gestellt und mit Roteisenstein oder öfter noch mit Hammerschlag und Hammerschlacke umgeben. Die Gefäße kamen dann in backofenartige Kammern, in denen sie bei geschlossener Türe durch Verbrennen von Kohle oder Koks eine bis zwei Wochen hindurch gelinde erhitzt wurden[2].

Mit dem Lucasschen Patent nahm in England die eigentliche gewerbliche Erzeugung von Temperguß den ersten Aufschwung.

Während des 19. Jahrhunderts war England der Haupterzeuger von Temperguß, obgleich die jährliche Gesamtproduktion dieses Landes wahrscheinlich nie größer war als 75000 t[3]. Gegenwärtig befindet sich England immer noch in einer Abwärtsbewegung der Produktion. Einige der ältesten Firmen haben die Fabrikation aufgegeben mit der Begründung, daß das Verfahren zu wenig einbringe[4]. Das liegt wohl aber in der Hauptsache daran, daß diese Werke mit der neuzeitlichen Entwicklung nicht Schritt gehalten haben. Eine Firma, die Leys Malleable Castings Company in Derby, hat neuzeitliche Arbeitsverfahren eingeführt. Sie hat u. a. sechs Sandslinger in Betrieb genommen, von welchen jeder vier Durchzugsformmaschinen bedient. Die Erzeugung an diesen kleinsten Gußstücken beläuft sich auf Millionen. Die meisten Schmelzöfen werden mit Kohlenstaub gefeuert. Der Absatz ist gut, denn die Firma stellt Schwarzkernguß her, und die Gießereien, die einen weichen, gut bearbeitbaren Guß herstellen, haben keinen Mangel an Aufträgen[5].

[1] Essay on Edge Tools. Barkes Chemical Essays 1815, S. 519. Percy: Iron and Steel, S. 805.

[2] Siehe London Journal, Bd. 12, S. 275. 1826. — Wedding: Eisenhüttenkunde, III, S. 466. — Beck: IV, S. 109.

[3] Turner, T. Henry: Malleable Cast Iron, Journal of the West of Scotland Iron and Steel Institute, S. 285. 1918.

[4] Nach Mitteilung von Prof. Henry Turner, Birmingham, an die Verfasser.

[5] Gießerei 1929, S. 160.

Nach T. Vickers[1] stand England im Jahre 1925 an fünfter Stelle in bezug auf die Ausfuhr. Es erzeugt heute jährlich etwa 60000 t Temperguß und beschäftigt in diesem Industriezweig etwa 6000 Leute. Es ist jedoch zu erwarten, daß die Versuche der „British Cast Iron Research Association", deren Forschungen in großem Maßstabe in verschiedenen Gießereien betrieben werden, eine Verbilligung und Verbesserung der Qualität und damit eine Neubelebung dieser Industrie zur Folge haben werden.

Nach Beck[2] führten im Jahre 1818 Baradelle und Déodor die Herstellung des Tempergusses in Frankreich ein. Sie waren die ersten, denen es seit Réaumur gelang, dort diesen Industriezweig im großen zu betreiben. Auf der Industrieausstellung, die 1819 im Louvre zu Paris abgehalten wurde, sind die Gegenstände aus schmiedbarem Guß (fonte malléable) hervorzuheben, für welche Baradelle und Déodor den Preis der Société d'encouragement von 3000 Franken erhielten, der schon seit 1804 für neue billige Kleineisenwaren aus diesem Material ausgesetzt war[3].

Interessant ist, daß noch im Jahre 1836 der Engländer Elliot in Frankreich auf die Erfindung des Tempergusses ein Patent erhielt. In dem Patent heißt es, daß die Gegenstände auf gewöhnliche Weise aus grauem und weißem Roheisen gegossen werden, und zwar größere Gegenstände aus 4 Teilen weißem und einem Teil grauem Roheisen. Die gegossenen Gegenstände werden schichtweise mit grobgestoßenem Roteisenstein in große Schmelztiegel oder Tonkästen eingepackt und diese in einen, ähnlich wie die aufrechtstehenden Porzellanöfen konstruierten Ofen so eingesetzt, daß 4 bis 6 Tiegel übereinander zu stehen kommen. Dann wird die Eintragsöffnung vermauert und der Ofen mittels mehrerer Vorlagefeuerungen je nach der Stärke der gegossenen Gegenstände 3, 4 oder 5 Tage und Nächte lang ununterbrochen in Weißglut erhalten, soweit dies ohne Gebläse zu erreichen ist. Sind die Artikel zu klein, oder werden sie zu lange erhitzt, so erlangen sie eine so große Biegsamkeit wie Blei. Hat das Glühen dagegen nicht lange genug gedauert, so bleiben sie mehr oder weniger brüchig.

Ferner konnte sich im Jahre 1852 Jullien die Entkohlung des Roheisens durch Oxyde im Sinne des Tempergußverfahrens ebenfalls patentieren lassen. Die Absicht war aber, aus Roheisen Stahl herzustellen. Er verwendete auf der Hütte zu Montataire in Sand oder erwärmte Eisenformen stehend gegossene Roheisenstäbe und glühte dieselben in Eisenoxyd oder Zinkoxyd, und zwar hatten sich Hammerschlag oder Galmei dafür am besten bewährt. Die entkohlten Stäbe wurden direkt ausgereckt und dann durch Zementation wieder höher gekohlt.

[1] Wilkinson, D.: The Foundry Trade Journal, Febr. 1925. Diskussion.

[2] Beck, IV, S. 247 (s. a. Bericht von Gillet de Laumont in den Annales des mines 1819, IV, S. 159) und S. 329/31, 677, 894.

[3] Siehe auch René Deprez, Mémoire Nr. 17 beim internationalen Gießereikongreß in Lüttich, Juni 1930, Contribution à l'Histoire de la Fonderie de Malléable au Pays de Liége.

In Frankreich ist aber dieser Industriezweig nie zu besondererer Blüte gereift. Die Jahresproduktion betrug 1927 etwa 21000 t. Davon entfallen hoch gerechnet etwa 40% auf amerikanischen Schwarzkernguß.

Es bestehen heute in Frankreich etwa 56 Werke, die Temperguß herstellen. Die Mehrzahl der Betriebe ist sehr klein und erzeugt europäischen Weißkernguß aus dem Kupolofen. Vier dieser kleinen Gießereien stellen amerikanischen Schwarzkernguß im Kupolofen her, aber ihre Erzeugung ist gering.

Es bestehen dagegen fünf große Gießereien, die Schwarzkernguß nach dem amerikanischen Verfahren aus dem Flammofen herstellen. Dies sind folgende Firmen: Citroen, Renault, Compagnie Nationale des Radiateurs, Mac-Cormick und Gailly. Eine weitere Gießerei erzeugt Schwarzkernguß im Elektroofen.

Die Einführung des Tempergusses in Belgien ist nach neueren Forschungen von Deprez[1] nicht von Frankreich, sondern von England her erfolgt. Nähere Angaben darüber nebst einer Zusammenstellung der in Belgien bzw. in Herstal, dem Mittelpunkt der belgischen Eisenindustrie, nacheinander erfolgten Gründungen von Tempergießereien finden sich am Schlusse des Buches[2] auf S. 367.

Sowohl Briavoine[3], als auch J. Franquoy[4] berichten übereinstimmend, daß 1834 Maximilien Lesoinne als erster mit Hilfe von englischen Arbeitern im Lütticher Lande eine Tempergießerei gegründet hat. Vom Jahre 1838 ab hieß diese Firma M. Lesoinne et Pirlot, Lüttich.

Nach Rabozée[5] hat im Jahre 1911 Renothe von der Gießerei Remy in Herstal zum erstenmal mit Erfolg Temperguß aus dem Kupolofen erschmolzen; ihm folgte kurz darauf die Firma Jules D'heur. Erst während des Krieges gingen eine Anzahl Gießereien in Ermangelung von Tiegeln zum Kupolofenbetrieb über.

Die im Jahre 1930 im Betrieb befindlichen belgischen Tempergießereien besitzen eine Gesamtleistung von etwa 7700 t im Jahr. Sie verteilt sich auf 13 Kupolöfen, 85 Tiegelöfen und 45 Flammöfen[6].

Es ist für uns von besonderem Interesse, zu verfolgen, wie das Verfahren nach Deutschland, nach Österreich und der Schweiz kam. Die erste geschichtliche Angabe finden wir wiederum in dem obenerwähnten Buche des Hofrates Eversmann[7]. Es heißt dort: „Die Hoffnungs-Eisenhütte (eine der drei Urhütten, aus deren Zusammenschluß 1810 die jetzige

[1] Deprez, Vgl. Fußnote 3, S. 17.

[2] Diese geschichtlichen Nachforschungen sind erst nach der Drucklegung des Buches veröffentlicht worden und konnten deshalb an dieser Stelle nicht mehr aufgenommen werden.

[3] Briavoine, Des inventions, découvertes, etc. Rapport sur l'Exposition de l'Industrie Belge en 1835.

[4] J. Franquoi, Mémoire sur l'Historique de la Fabrication du fer dans le pays de Liége (mémoires de la Sté d'Emulation de Liége 1860).

[5] Private Mitteilung an die Verfasser. [6] Deprez, Vgl. Fußnote 3, S. 17.

[7] Vgl. Fußnote 2, S. 14.

Gute-Hoffnungshütte hervorging und die dem Werk den Namen gegeben hat[1]) liegt beym Dorfe Starkrad (dem jetzigen Sterkrade) im Herzogthum Cleve, am nämlichen Bach, der die Antony-Hütte treibt, eine Viertelstunde unter dieser. Sie wurde 1782 von einem Siegenschen Hüttenmeister, Eberhard Pfandhöfer, erbaut ... Pfandhöfer war der erste in diesen Gegenden Deutschlands, der einen Windofen zum Eisenschmelzen anlegte; er that dies auf Anrathen des Verfassers und nach einem Plan, den ihm derselbe mittheilte. ... So legte er auf gleiches Anrathen auch einen Ofen zum Tempern der Gußwaaren an und eine Schleifmühle zum Schleifen der Platten.“

Daß es sich tatsächlich um die Herstellung von Temperguß gehandelt haben muß, geht aus der auf S. 14 angeführten Fußnote hervor, die sich auf diese, das Tempern der Gußware betreffende Stelle bezieht. Ob das Verfahren aber mit Erfolg und wie lange es dort betrieben wurde, ist nicht bekannt.

Nach schriftlichen Berichten ist die eigentliche Einführung der gewerblichen Erzeugung von Temperguß in deutsch sprechenden Landen wohl in erster Linie dem Gußstahl- und Feilenfabrikanten Johann Conrad Fischer, der im Jahre 1804 in Schaffhausen in der Schweiz das bekannte Eisenwerk gründete, zu verdanken. Johann Conrad Fischer (1773 bis 1854), dem es zum ersten Male auf dem Festlande gelang, in selbsterfundenen Schmelzöfen und Tiegeln Gußstahl herzustellen (was seit 1740 durch die Erfindung Benjamin Huntsmans Geheimnis und ausschließlicher Besitz der Engländer gewesen ist), war dreimal in England und hat im Jahre 1828 ein Privilegium auf die Erzeugung hämmerbaren Eisengusses, Weichguß genannt, erworben. Es ist sehr reizvoll, seine in Tagebüchern niedergelegten Aufzeichnungen über seine Studien in England zu lesen.

Am 30. August 1814 besuchte der damals 40jährige J. C. Fischer auf seiner ersten englischen Reise in Birmingham zum ersten Male eine englische Tempergießerei, oder, wie er in seinem Tagebuch[2] schreibt: „eine Manufaktur von dem sogenannten guten neuen Gußeisen, von welchem die gegossenen Gegenstände, als Lichtputzen, Steigbügel, alle Arten von Kutschengeschirr usw. so biegsam wie Kupfer sind und sich dennoch schmieden und härten lassen wie Stahl, weshalb man dasselbe auch, wiewohl unrichtig, cast steel oder Gußstahl nennt. Der Seltenheit wegen kaufte ich nicht nur einige gegossene unverarbeitete Stücke, sondern auch anderthalb Dutzend sehr schöne aber teure Patentlichtputzen ... Dieser Handel machte mir den Fabrikanten so geneigt, daß er mich in seine Werkstätten und Gießereien führte und nur bedauerte, daß ich als ein Gentleman keinen rechten Begriff von der Sache haben könne und folglich die

[1] Festschrift zur Erinnerung an das 100jährige Bestehen der Gutehoffnungshütte (1810—1910). S. 5. Düsseldorf: A. Bagel 1910.

[2] Tagebuch einer im Jahre 1814 gemachten Reise über Paris nach London und einigen Fabrikstädten Englands, vorzüglich in technologischer Hinsicht. Von Joh. Conrad Fischer, Aarau 1816, S. 79.

Vorteile dieser Verfahrungsart und die Prozedur, das Gußeisen ganz biegsam zu erhalten, nicht genugsam zu würdigen wisse. Nur kurz bemerke ich, daß das Schmelzen in geschlossenen Tiegeln in den gleichen Öfen, wie man in England zum Gußstahl gebraucht, geschieht."

Fischer konnte aber den geheimnisvollen Schleier über: „die Verfertigung des höchst merkwürdigen, schmiedbaren und kalt und warm biegsamen Gußeisens" zunächst nicht lüften.

Elf Jahre später, am 14. Juni 1825, unternahm Fischer auf seiner zweiten Reise nach England einen, wie er schreibt[1]: „wichtigen Gang, nämlich in die Malleable Iron Factury, wo man das weiche Gußeisen macht". „Unglaublich ist es fast," schreibt er weiter, „wenn man es nicht selbst sieht, welcher Menge von Gegenständen die Weicheisengießerei sich nach und nach bemächtigt und in ihren Kreis gezogen hat. Ich kaufte mehr als fünfzigerlei in der Schlosserei, Büchsenmacherei und anderen Handwerken dienenden Artikel. Die Nettigkeit des Gusses, die alle Theorie über Duktilität der Metalle irrmachende Biegsamkeit, Zähigkeit und Weichheit der Materie selbst und die Reinheit, der Glanz und die Härte, wenn sie gefeilt, poliert und eingesetzt wird, macht den großen Absatz davon und auch die Wohlfeilheit begreiflich."

Am Tage darauf besuchte Fischer noch zwei weitere Tempergießereien bei Wednesbury und in Birmingham. Er staunte über die große Eisengießerei am Kanal, „in der über 100 Arbeiter ununterbrochen formten, aus 2 Kupolsöfen gossen, den Sand abputzten, die Eingüsse abschlugen und die Gußwaren dann zum Weichmachen forttrugen".

Am 5. Juli 1825 machte Fischer nochmals einen Besuch in der „Fabrik für hämmerbares Gußeisen" und „überzeugte sich nun durchaus, daß eine einzige und besondere Gattung Gußeisen ausschließlich zu diesem Zwecke umgewandelt wird und auch einzig dazu dienen kann".

Johann Conrad Fischer brachte nun das Verfahren nach Österreich, wo seine Söhne Georg und Berthold die vom Vater geschaffenen Grundlagen zu einem größeren Unternehmen ausgebaut hatten[2]. Georg Fischer hatte in Hainfeld bei Wien eine Fabrik gegründet, in der berühmter Tiegelgußstahl und vor allem Feilen hergestellt wurden. Später (etwa ums Jahr 1825) richtete er in Traisen, wo ausgiebige Wasserkräfte zur Verfügung standen, ein zweites Werk ein, in welchem ausschließlich Weichguß erzeugt wurde. Das in der Nähe von Traisen erhältliche Maria-Zeller Holzkohlenroheisen eignete sich besonders gut zur Herstellung von Temperguß. Die Fabrik in Traisen ist im Jahre 1836 an seinen Bruder Berthold Fischer übergegangen, der sie zu hoher Blüte brachte. Sie

---

[1] Tagebuch einer zweiten Reise über Paris nach London und einigen Fabrikstädten Englands, vorzüglich in technologischer Hinsicht. Von Joh. Conrad Fischer, Aarau. 1826, S. 85/8. — Stahleisen 1920, S. 870/71.

[2] Festschrift der Aktiengesellschaft der Eisen- und Stahlwerke vormals Georg Fischer, Schaffhausen. April 1927.

besteht heute unter dem Namen Feinstahlwerke Traisen-Leobersdorf Aktiengesellschaft vormals Fischer, Traisen.

Das Verfahren ist Johann Conrad Fischer in Österreich patentiert worden. Wir finden in einem Werk von Professor D. Wilhelm Franz Exner[1] folgende Angaben: „Im Jahre 1829 erwarb J. C. Fischer, Gußstahl- und Feilenfabrikant in Schaffhausen und Hainfeld, in Österreich ein Privilegium auf die Erzeugung hämmerbaren Eisengusses, Weichguß genannt, und verkaufte es der Firma Brevillier & Comp., einer Schrauben- und Metallwarenfabrik, welche Berthold Fischer, den Sohn des Erfinders, mit dem Bau und der Ingangsetzung der für die Ausübung des Privilegiums bestimmten Gießerei zu Neunkirchen (in Niederösterreich bei Wiener Neustadt) betraute." Nach Mitteilung der Schrauben- und Schmiedewarenfabriks-Aktiengesellschaft Brevillier & Co. und A. Urban & Söhne in Neunkirchen ist dort bis zu Anfang der 80er Jahre Temperguß hergestellt worden.

Der von diesen beiden österreichischen Firmen auf der Weltausstellung in Wien im Jahre 1873 ausgestellte Temperguß wird von dem bekannten Professor der Probier- und Hüttenkunde an der Bergakademie in Leoben Franz Kupelwieser[2] sehr anerkennend beurteilt. Er berichtet darüber: „Berthold Fischers Weicheisen- und Stahlgießerei in Traisen stellte sehr schönen getemperten Guß (Weichguß) in seiner mannigfaltigsten Anwendung für Maschinenbestandtheile, Schiffseinrichtungen, Wagen- und Waagbestandtheile aus. Die Qualität des Weichgusses wird sowohl durch viele Biegeproben, sowie auch durch ausgeführte Festigkeitsproben, deren Resultate beigegeben sind, gezeigt. Nach Prof. Jenni's Angaben soll derselbe erst bei einer Belastung von 348 Zentner pro Quadratzoll (etwa 26 kg/mm² reißen.

Ebenso haben die Erste Neu-Oettinger Weichgußwarenfabrik sowie Brevillier & Comp. in Neunkirchen sehr schönen Weichguß ausgestellt."

In einer Arbeit von K. Fischer[3] aus dem Jahre 1849 über „Darstellung von hämmerbarem Gußeisen" heißt es: „Die Kunst, Gußeisen ohne Anwendung des Frischprozesses biegsam und hämmerbar zu machen, war dem Fabrikant Fischer in Schaffhausen schon im Jahre 1828 bekannt, wie das demselben in jenem Jahre erteilte und 15 Jahre aufrecht erhaltene Privilegium beweist. Nach diesem schmilzt man gutes weißes Roheisen, wenn es hart ist, ohne Zusatz, wenn es dagegen weich ist, mit etwa 5% Zink in Tiegeln um und gießt es in Formen. . . . Die gegossenen Gegenstände werden alsdann in Gefäße so eingeschichtet, daß sie auf einer $^1/_2$ Zoll dicken Lage von feingemahlenem Hammerschlag ruhen, sich

---

[1] Beiträge zur Geschichte der Erwerbungen und Erfindungen Österreichs von der Mitte des 18. Jahrhunderts bis zur Gegenwart. Wien 1873, S. 365ff.

[2] Kupelwieser, Franz: Offizieller Ausstellungsbericht, Gruppe I, Sektion 2 u. 3, Das Hüttenwesen, S. 66, herausgeg. durch die Generaldirektion der Weltausstellung, K. K. Hof- und Staatsdruckerei, Wien 1873.

[3] Polytechnisches Zentralblatt, Leipzig 1849. Neue Folge. 3. Jahrg. S. 34/5.

aber nirgends berühren, worauf man sie ganz mit Hammerschlag bedeckt. Das Gefäß wird so in abwechselnden Lagen ganz voll gefüllt und nun so viel einer gesättigten Kochsalzlösung hinzugegossen, bis der Hammerschlag nichts mehr davon aufnimmt; zuoberst deckt man dann noch eine Schicht von Lehmpulver oder Sand darüber. Statt Hammerschlag, welcher jedoch den Vorzug verdient, kann man auch andere Stoffe, z. B. Blutstein, Kalk, Ton, Sand und dergl. nehmen. Die auf solche Art gefüllten Gefäße werden entweder in einem mit Kohlen zu heizenden Windofen oder in einem Flammofen, je nach der Größe der Gefäße und der Menge der Gußstücke, 48 bis 72 Stunden in einer Hitze geglüht, in welcher zwar noch Kupfer, Roheisen jedoch nicht mehr schmelzen kann. Nach dem Erkalten werden die Gußstücke, die nun weich und biegsam sind, herausgenommen und gereinigt.“

J. C. Fischer hat also bald nach seiner zweiten englischen Reise ein österreichisches Privilegium auf Temperguß erhalten. Er hat, wie wir sahen, der Firma Brevillier eine Lizenz erteilt und bei dieser schon im Jahre 1829 die Darstellung des schweiß- und hämmerbaren Eisengusses in Österreich betrieben. Nachdem das Verfahren im Jahre 1860 auch im väterlichen Werk in Schaffhausen eingeführt war, hat er dort zusammen mit seinen Söhnen die Erzeugnisse zu ganz besonderer Vollkommenheit gebracht. Im Jahre 1864 wurden in Schaffhausen die ersten Tempergußfittings in den Handel gebracht. Bis zum Jahre 1895 war das Unternehmen im Besitze der Familie Fischer, in welchem Jahre es in die heutige Aktiengesellschaft der Eisen- und Stahlwerke vormals Georg Fischer verwandelt wurde.

Über die Entstehung und Entwicklung der Tempergußindustrie im bergisch-märkischen Lande, dem Sitz einer besonders großen Anzahl, zum Teil sehr alter Tempergießereien, hat Walther Maurmann in seiner Doktorarbeit[1] mit großem Fleiß eine Menge von Unterlagen zusammengetragen. In der für die Geschichte des Tempergusses hochinteressanten Abhandlung sind die wirtschaftlichen Folgen dieses technischen Fortschrittes gezeigt. Es ist dargestellt, wie sich mit der Entwicklung der gewerblichen Betriebsform vom Kleinbetrieb zum Großbetrieb in der bergisch-märkischen Kleineisenindustrie ein besonderer neuer Industriezweig auf der Herstellung von Temperguß aufbaut und wie der Temperguß eine Gruppe der Kleineisenindustrie, die Kleinschmiederei, ablöst, welche bis zur Mitte des 19. Jahrhunderts den Hauptzweig der Kleineisenindustrie ausmachte.

Die Vorbedingung zur Entstehung der Tempergußindustrie war die Beschaffung von Roheisen, Koks, Tempermittel und eines geeigneten Rohstoffes für die Schmelztiegel. Als Roheisen kam zunächst nur Holz-

[1] Maurmann, Walther: Entstehung und Entwicklung der Tempergußindustrie im Bezirke der bergisch-märkischen Kleineisenindustrie. Inaugural-Diss. 1923, Universität Göttingen.

kohlenroheisen zur Verwendung, wie es in den alten Hochöfen der Mark und dem Siegerlande erblasen wurde. Für das bergische Land lieferte die Friedrich-Wilhelmshütte bei Troisdorf noch bis in die sechziger Jahre Holzkohlenroheisen. Diese Hütte stellte in erster Schmelzung Poterieguß her. Die Gießereien kauften als Temperroheisen die Trichter dieses Poteriegusses, sowie Herdgußplatten, die man zerschlagen mußte, statt Masseln. Außer diesem Roheisen wurde schottisches Hämatiteisen, Cleator Nr. 1, verbraucht.

Die Koksbeschaffung war erst durch die mit der Zollerhöhung auf Roheisen im Jahre 1844 angeregte stärkere Koksroheisenerzeugung nördlich der Ruhr und der damit Hand in Hand gehenden Kokserzeugung leichter geworden. Damit wurde zugleich das Ruhrgebiet der Kokslieferant für die bergisch-märkische Tempergußindustrie.

Sehr große Schwierigkeiten bot die Beschaffung der Schmelztiegel, die bis zur Einführung der Graphittiegel in den achtziger Jahren aus Ton im Betriebe einer Tempergießerei selbst hergestellt wurden. Jeder Gießer begann damals sein Tagewerk mit der Herstellung eines neuen Tiegels. Der Ton wurde aus dem Westerwald bezogen.

Als Tempermittel, das lange Zeit geheim gehalten wurde, benutzte man in der ersten Zeit nur Hammerschlag. Erst später wurde auch in Erz getempert.

Wer der erste deutsche Tempergießer war, läßt sich heute mit Sicherheit nicht mehr feststellen. Nach einer alten Familienüberlieferung soll schon Joh. Peter Engels, der 1766 geboren und 1824 gestorben ist (der Urgroßvater der heutigen Inhaber der Eisen- und Tempergießerei August Engels G. m. b. H. in Velbert), Temperguß hergestellt haben. „Er ging", wie der Bericht lautet, „seinerzeit zu den Engländern, die Anfang des vorigen Jahrhunderts in Volmarstein das Tempergußgewerbe anfingen, und war mit noch einem anderen Deutschen der erste, der dieses Gewerbe von den Engländern erlernte und praktisch ausübte."

Damit wäre zwar auch in Westfalen die Übernahme des Verfahrens von den Engländern klar erwiesen; es ist jedoch nicht möglich gewesen, irgendwelche Urkunden über eine englische Gründung in Volmarstein aufzufinden. Es heißt dann in dem Bericht weiter: „In der damaligen Zeit wurde das Gewerbe in der Weise ausgeübt, daß der Tempergießer so lange arbeitete, bis er seinen Temperofen primitivster Art gefüllt hatte, und dann wurde abgewartet, bis der Ofen gut war. Die Schlosser und Schloßschmiede, sowie die Scheerenmacher kamen dann und suchten sich aus dem Topf selbst den Guß heraus, der für sie in Frage kam, wogen ihn ab und legten das Geld hierfür in einen neben dem Topf stehenden Krug. Getempert wurde nur in Hammerschlag. Die Tempergießer feierten unterdessen den Erfolg, daß ihnen wieder einmal ein Ofen geglückt war." Urkundlich fällt die Gründung der Firma Engels durch Ewald Engels in das Jahr 1855.

Nach einer anderen Familienüberlieferung hat Carl Post, der Begründer der heute noch unter dem Namen Johann Caspar Post Söhne, Hagen i. Westf., bestehenden Tempergießerei im Jahre 1838 zum ersten Male Temperguß erzeugt, obgleich die Tempergießerei im Anschluß an einen schon bestehenden Puddelhammer erst im Jahre 1849 errichtet worden ist. Es ist immerhin möglich, daß Carl Post schon 11 Jahre vorher das Verfahren im kleinen ausgeübt hat.

Die ersten geschichtlich nachgewiesenen Gründungen erfolgten nach Maurmann in den Jahren 1843 bis 1848. Im Jahre 1843 wurden zu gleicher Zeit zwei Tempergießereien gegründet. Die eine war die Gußwarenfabrik Hasenclever, Burlage & Co. in Burgthal bei Remscheid, die andere die Fabrik getemperter Gußwaren von Chr. David Vorster in Eilpe, die bis etwa 1860 bestanden hat.

Die Gußwarenfabrik in Burgthal ist unter Mitwirkung der preußischen Seehandlung, die mit etwa 100000 Talern an dem Unternehmen beteiligt war, gegründet worden. Über die Beweggründe zu dieser Beteiligung und Gründung sagt der damalige Leiter der Seehandlung, der Geheime Staatsminister Rother in einem Immediatbericht von 1844, der sich mit der Widerlegung von Angriffen auf die Seehandlung befaßt, die insbesondere gegen ihre industrielle Beteiligung gerichtet waren:

„Der Guß vieler Artikel aus Stahl und Eisen, welche früher geschmiedet wurden, als: Messer, Gabeln, Scheeren usw., ist in neuerer Zeit in England und Belgien so vervollkommnet und ausgedehnt worden, daß diese Länder mit ihren wohlfeilen Fabrikaten in ungeheuerer Masse auch Deutschland versorgen und die überseeischen Märkte überschwemmen. Der Gegenstand ist von Bedeutung, indem in England allein jährlich 23 Millionen Pfund an dergleichen kleinen Eisen- und Stahlgußwaren (hard-ware) verfertigt werden. Soll daher das Inland nicht auch den Absatz seiner besseren geschmiedeten Artikel noch mehr geschmälert sehen und endlich ganz verlieren, so muß die Aufgabe gelöst werden, die geringeren, wohlfeileren Sorten ebenso gut und billig zu liefern wie das Ausland und sich dessen Vorzüge in betreff der Zweckmäßigkeit der Einrichtungen, Geschicklichkeit der Arbeiter und der Aufmerksamkeit und Zuverlässigkeit bei der Fabrikation anzueignen. Um in dieser Beziehung ein gutes Beispiel aufzustellen und zur Nachahmung anzuregen, hat die Seehandlung auf Veranlassung des achtbaren, Euer Kgl. Majestät persönlich bekannten und mit den Verhältnissen und Bedürfnissen der einheimischen Eisen- und Stahlwarenfabrikation völlig vertrauten Kommerzienrats Josua Hasenclever in Ehringhausen im Jahre 1843 ein derartiges, mit den besten englischen Einrichtungen versehenes Etablissement bei Remscheid begründet und sich wegen dessen Betriebes mit dem genannten Hasenclever und dem Fabrikanten Burlage dergestalt vereinigt, daß jedem der drei Sozien Gewinn und Verlust zum dritten Theile zufällt, die Verwaltung aber den Privat-Sozien verbleibt, diese auch berechtigt sind, das Etablissement gegen Befriedigung der Seehandlung wegen ihres Anlagekapitals nebst Zinsen, worauf indessen die bezogenen Zinsen und Gewinnanteile in Abrechnung kommen, zu jeder Zeit allein zu übernehmen. Diese Bestimmung kann darüber keinen Zweifel lassen, daß es der Seehandlung bei dieser Anlage nur darauf ankam, die vaterländische Industrie zu fördern und im Vorangehen mit einem schwierigen Unternehmen auf ein dringendes Bedürfnis aufmerksam zu machen, keineswegs aber, sich auf Kosten der inländischen Industrie zu bereichern. Daß aber Vorurteile einzelner gegen ein solches Bedürfnis die Augen verschließen würden, war abzusehen. Die große Menge wird die Vorteile dieses Unternehmens für die Gesamt-Industrie der Eisen- und Stahlwarenfabrikation erst mit der Zeit anerkennen, was aber keinen Grund abgeben darf, dasselbe zu unterlassen. Die Fabrik zu Burgthal ist im Bau und in der Einrichtung bereits so weit vorgerückt, daß im Anfange des verflossenen Sommers mit dem teilweisen Betriebe begonnen werden konnte."

Der Gründer der Tempergießerei in Eilpe, Chr. David Vorster, war vorher schon als Fabrikant in anderen Industriezweigen tätig. Es heißt in einem Aktenstück des Staatsarchivs Münster, daß die Fabrik getemperter Gußwaren bis jetzt nur erst versuchsweise und in geringem Umfange das Verfahren betrieben und daher noch geheim gehalten hätte. Gegenstände wie Scheren, Messer, Gabeln, Schlüssel, Kleiderhaken usw. können zu einem enorm billigen Preise hergestellt werden. „Gegenwärtig werden hier nur etwa 30 Arbeiter beschäftigt. Die Konkurrenz einer von der Seehandlung zu Remscheid errichteten größeren Fabrik dieser Art scheint den Vorster von einer Erweiterung der seinigen abzuhalten." Aus diesen Worten geht hervor, wie großzügig für die damalige Zeit diese beiden Gründungen angelegt waren, denn noch lange Zeit nachher handelte es sich fast ausschließlich um Unternehmungen, die 2 bis 6 Leute beschäftigten.

Nach Maurmann kamen kurze Zeit nach der Entstehung der Tempergießerei in Burgthal im bergischen Lande im benachbarten Solingen, wohl infolge des Bekanntwerdens oder der persönlichen Kenntnisse des Herstellungsverfahrens, in rascher Folge 4 Tempergießereien auf, die Betriebe der Firmen Hammesfahr & Kratz am Wehrwolf, David Küllenberg am Platzhof, Becker zu Pfaffenhof und Wagner in Schöntal-Vorspel. Diese Firmen erzeugten ausschließlich Scheren.

In der Mark wurde an die bereits seit 1820 bestehende Schloßfabrik von Friedrich Wilhelm und Ferdinand Lohmann in Altenvörde in den vierziger Jahren eine Tempergießerei angegliedert, und die 1845 gegründete Schloßfabrik von Fr. Dickertmann in Haspe legte kurz darauf eine Tempergießerei an. 1845 gründete Christian Schüttler in Egge bei Volmarstein/Ruhr eine Tempergießerei, aus der das heutige Eisen- und Stahlwerk Walter Peyinghaus entstand, und etwa um dieselbe Zeit begann die Firma Caspar Dietrich Wupper in Grundschöttel Temperguß herzustellen. Noch vor 1870 vergrößerte sich Christian Schüttler durch die Übernahme der Schlüsselgießerei von Caspar Dietrich Wupper.

Auf einer Reise nach England hat Johann David Brackelsberg das Verfahren kennen gelernt und im Jahre 1844 versuchsweise in der Heimat ausgeführt. Die Versuche hatten Erfolg, so daß Brackelsberg 1847 am Wehringhauser Bach, nahe der Waldlust, eine Gießerei gründete mit zwei Tiegelöfen, die jährlich 400 Zentner Guß im Werte von 4500 Talern lieferte. Nach seinem 1854 erfolgten Tode hörte aber dort die Herstellung von Temperguß wieder auf. Als sein Bruder Johann Daniel Brackelsberg, der mehrere Raffinierhämmer besaß, erkannte, daß mit dem Aufkommen des Puddelstahls und der Walzwerke der Niedergang der alten Raffinierhämmer unvermeidlich sei, schickte er seinen Sohn zu der seit geraumer Zeit Temperguß herstellenden Firma Friedrich Wilhelm und Ferdinand Lohmann in Altenvoerde, damit er die Herstellung des Tempergusses nach dem neuesten Stande der Technik kennen lerne. Er erbaute dann im Jahre 1863 eine Tempergießerei in Rüggeberg, aus der die heute noch im Besitz der Enkel befindliche Gießerei J. D. Brackelsberg in Milspe hervorging.

Durch die gegossenen Scheren wurde insbesondere der Solinger Industrie eine neue Konkurrenz geschaffen, die sich um so stärker bemerkbar machte, als sie gerade in dieser Zeit unter einem starken Konjunkturrückgang zu leiden hatte. Neben Scheren bestand das Erzeugnis der meisten Gießereien hauptsächlich in Schlüsseln, Schnallen und Geschirrteilen.

Die Gegenstände der Kleinschmiederei wurden von dem neuen Industriezweig in so großen Massen hergestellt, daß die Preise, welche den Schmiedearbeitern schon bisher nur ein kärgliches Leben geboten hatten, noch tiefer sanken und viele Meister außer Brot gerieten. Die Not der Kleinschmiede und damit ihre Feindschaft gegen das neue Verfahren stieg ins ungemessene und führte im Jahre 1848 zu einem Aufstand und zur vollständigen Zerstörung aller Tempergießereien in der Solinger Gegend.

Über diese Vorgänge schreibt Friedrich Harkort am 8. April 1848 im ersten seiner „Arbeiterbriefe" im Hagener Kreisblatt[1] unter anderem: „Also die Gießereien und Maschinen haben den Arbeitern geschadet? Wahrlich, ein Maulwurf hat bessere Augen. Wohin gehen die gegossenen Scheren und anderen Fabrikate? Über See und ins Ausland. Waren nicht hunderte von Arbeitern bei dieser Fabrikation beschäftigt? Jetzt, nach jenen Tollmannsstreichen hat keiner Brot, die Scheren werden aber nach wie vor gemacht. Wers nicht glauben will, der gehe zu Urban und Lesering in Lüttich oder nach Birmingham und Sheffield in England, die haben jetzt vollauf zu tun, wie ich selbst gesehen."

Nach der Vernichtung der bergischen Werke setzte die Gründung neuer Tempergießereien in der Mark ein. Zweifellos erfuhr dort die Tempergießerei durch die Einwanderung bergischer Facharbeiter eine starke Förderung. Maurmann führt einen Bericht der Handelskammer zu Hagen vom Jahre 1849 an, in dem es heißt: „Die durch die unglücklichen Ereignisse des Jahres 1848 im Kreise Solingen in blinder Zerstörungswut demolierten Fabriken von Eisengußwaren, namentlich von Scheeren, haben sich theilweise, wenn auch noch in kleinem Maßstabe, hier angesiedelt, und es sind verschiedene Etablissements daraus entstanden, die eine neue Branche in der Industrie unseres Kreises bilden und deren Fortkommen nicht zu bezweifeln steht."

Bereits im Jahre 1848 wurde die Tempergießerei von H. Riedel & Cie. in Hemer gegründet, die mit dem Tode des Besitzers im Jahre 1871 oder

[1] Berger, L.: Der alte Harkort, 4. Aufl., S. 349. Leipzig 1902.

72 den Betrieb einstellte. Voye[1] sagt darüber: „Die Veranlassung bot die Zerstörung des Etablissements zu Burg bei Solingen. Bei der Gründung traten Schwierigkeiten in der Beschaffung von Arbeitskräften auf, die durch die Heranziehung von Ausländern beseitigt wurden. Das Rohmaterial lieferte der Kreis Arnsberg. Hergestellt wurden insbesondere Gußscheren."

Es folgte im Jahre 1849 die Errichtung einer Tempergießerei bei der schon als Puddelhütte bestehenden Firma J. C. Post Söhne in Eilpe. Weiterhin erscheint in den Akten der Stadt Hagen 1850 eine Firma Hammesfahr & Boos in Eilpe, welche Scheren herstellte. In den fünfziger Jahren entstanden die ersten Tempergießereien in Velbert. In den Akten der Stadt Velbert finden sich die Urkunden, die zur Erlaubnis des Betriebes einer Gießerei erforderlich waren. Es ist aus ihnen zu entnehmen, daß als erster Wienand Ohren im Jahre 1851 diese Erlaubnis erhielt. Es folgten Ewald Engels, Karl Asbeck, Beer, August Ohren, Wilhelm Eckermann, Maier & Co., Wilhelm Mohnhaus, Heinrich Wevelsiep, Gustav Albert Heidmann.

Die Zerstörungen im bergischen Lande vermochten die Entstehung neuer Tempergießereien auch im Solinger Gebiet nicht hintanzuhalten. Nach Maurmann finden sich 1862 in dieser Gegend bereits wieder 5 Gießereien, die zweifellos Temperguß herstellten, darunter die Eisengießerei und Scherenfabrik R. Kirschner in Dorp und C. Greuling in Remscheid. Letztere scheint 1868 nach Birgderkamp im Kreise Lennep übergesiedelt zu sein. Im Jahre 1862 wurde die Firma Leberecht Linder in Wald gegründet, die bis 1918 Temperguß herstellte, und im Jahre 1864 baute die 1853 gegründete und heute noch bestehende Firma C. Großmann in Wald eine eigene Gießerei, nachdem sie von 1853 bis 1860 ihren Schlüsselguß von der Firma Gebr. Reunert in Witten/Ruhr und von 1860 bis 1864 von Wienand und August Ohren in Velbert bezogen hatte. Großmann holte zu diesem Zwecke einen Meister der Tempergießerei Ohren in Velbert. 1864 wurde die bis 1929 bestehende Gießerei von Darmann & Cie. in Wald und 1869 in Solingen die Gießerei der bis 1925 bestehenden Solinger Tempergießerei G. m. b. H. errichtet. In den sechziger Jahren entstanden auch die Tempergießereien F. Feltsch in Witten, C. Ackermann in Haspe, Heinecken in Haspe, Peter Ruthenkolk in Eilpe und die Berninghaushütte in Hattingen.

Auch im Erzgebirge wurde schon sehr früh Temperguß hergestellt. Die 1575 gegründete Firma Carl Edler von Querfurth, die von 1588 bis 1873 einen Hochofen betrieb, aus dem sie Kundenguß und Ofenguß herstellte, machte auf englische Anregung hin in den Jahren 1859 bis 1863 Versuche zur Erzeugung von Temperguß. Seit dem Jahre 1864 ist die Erzeugung in größerem Maßstabe aufgenommen worden und die Temper-

[1] Voye: Geschichte der Industrie im märkischen Sauerland, Bd. III, S. 122. Hagen 1913. Aus diesem vierbändigen Werke sind zahlreiche zur Kenntnis der Geschichte der Tempergießerei wertvolle Angaben entnommen.

gießerei bis heute im Betrieb. Interessant ist ein im Jahre 1865 handschriftlich von Hugo Edler von Querfurth entworfenes Preisverzeichnis[1]. Es lautet: „Preißverzeichnis des schmiedbaren Eisengusses aus der Fabrik von Carl Edler von Querfurth in Schoenheyde, Königreich Sachsen. Preiße in Courant gegen drei Monat Ziel: per comptant mit $2^1/_2$% Sconto. Als Grundlage zur Preißberechnung dient die Zahl der Gußstücke, welche ein Pfund ausmachen, und zwar kostet bei glatten und einfachen Gegenständen

1	Stück, aufs Pfund oder darüber, das Pfund	50 Pf.	58 Pf.
2—5	„ „ „ „ „ „ „	60 „	68 „
6—10	„ „ „ „ „ „ „	65 „	75 „
11—15	„ „ „ „ „ „ „	70 „	80 „
16—20	„ „ „ „ „ „ „	73 „	85 „
21—25	„ „ „ „ „ „ „	75 „	90 „
26—30	„ „ „ „ „ „ „	80 „	95 „

Bei noch kleineren Waaren Preiße nach Verhältnis oder Übereinkommen.

NB. Die Fabrik führt alle Bestellungen genau nach eingesandten Zeichnungen oder Modellen aus und gestehet Einsendern, in so weit die Waaren nicht allgemein eingeführte Artikel sind, gegen Erstattung der Modellkosten das Eigenthumsrecht an den Mustern, so wie das Verbietungsrecht der Ausführung für andere Besteller zu.

Die rechts stehenden Preiße mit 2—15% Rabatt."

Für den mutigen Geist dieser Unternehmer ist bezeichnend, daß diese Firma im Jahre 1879 eine Zweigfabrik für Temperguß in der Nähe von St. Petersburg, in Bjelow-Ostrow an der finnischen Grenze unter Mitnahme von 30 Formern aus Schönheide gegründet hat, die von Horst Edler von Querfurth geleitet wurde. Die Firma hat wohl als erste die Fabrikation des Tempergusses in Rußland eingeführt. Die Herstellung von Temperguß wurde dort 1882 wieder eingestellt, da die geographische Lage der Fabrik, abseits der Bahn und des Verbraucherzentrums nicht günstig war.

Inzwischen war auch in Süddeutschland die erste Tempergießerei eingerichtet worden, die heutige A. Stotz A.-G. in Kornwestheim. Die Firma wurde von Albert Stotz, der als Gießereiinspektor des damaligen Kgl. Württembergischen Hüttenwerks Wasseralfingen auf einer Studienreise nach England Gelegenheit hatte, das Verfahren kennen zu lernen, im Jahre 1860 in Stuttgart gegründet und 1898 nach Kornwestheim verlegt. Im Jahre 1877 wurden dort erstmals in Deutschland zerlegbare Treibketten aus Temperguß hergestellt.

In den Jahren 1860 bis 1865 gingen die 1817 gegründeten Achsenwerke Jos. Heiser vormals J. Winters Sohn in Kienburg bei Gaming, Niederösterreich, dazu über, die seither geschmiedeten und geschweißten Büchsen und Stößel für Wagenachsen mit Erfolg aus Temperguß herzustellen.

Auch die schon im Jahre 1564 auf Grund des Vorkommens von Raseneisenstein in Vorpommern beginnende Eisenindustrie, die 1756 durch

[1] Von der Firma Carl Edler von Querfurth, Schönheiderhammer, den Verfassern gütigst zur Verfügung gestellt.

Friedrich den Großen mit der Gründung eines Hochofenwerkes in Torgelow zur Blüte kam, erkannte die Vorteile des Verfahrens, und es entstanden dort im Anschluß an bestehende Graugußwerke mehrere Tempergießereien.

Die vom Jahre 1870 ab erfolgten Gründungen oder Angliederungen von Tempergießereien sind, soweit sie den Verfassern bekannt wurden, nachstehend zusammengestellt:

Jahr der Gründung bzw. Aufnahme der Temperguß-erzeugung	Firma	Bemerkungen
1870	Hampmann & Boss, Eilpe	Jetzt Boecker & Voormann
1870	St. Pöltener Weicheisen- und Stahlgießerei Leopold Gasser, St. Pölten, Niederösterreich	Seit 1921 Weicheisen-, Stahlguß- u. Hammerwerke A.-G.
1870	M. Hann's Söhne, Rainfeld a. d. Gölsen, Niederösterreich	Desgl.
1870	Wilhelm Eckermann, Velbert	
1871	Ferdinand Wittmann, Haspe	Seit 1888 Gußstahlwerk Wittmann A.-G.
1871	F. W. Killing, Hagen-Delstern	
1872	Stockey & Schmitz, Gevelsberg	
1875	Bovermann & Schubeis, Gevelsberg	Seit 1886 H. Bovermann Nachfolger G. m. b. H. Jetzt Huthsche Eisen- u. Stahlwerke G. m. b. H.
1875	Gebr. Tiefenthal, Velbert	
1875	J. C. Störring & Co., Voerde	
1878	Gebr. Emde, Milspe	
1880	August Schröder, Silschede	
1880	Ewald Schmid, Volmarstein	
1880	Meier & Weichelt, Leipzig	Gegründet 1874
1882	August Bilstein, Altenvoerde	
1882	Muskate, Bethke & Co., vormals Gebr. Münter, Anklam, Vorpommern	Gegründet 1869
1883	Ackermann & Co., Haspe	
1884	Wilh. Holthaus, Hagen	
1886	Gebr. Uxa, Brünn	
1886	Rottenmanner Eisenwerke A.-G., vorm. Brüder Lapp, Werk Graz	
1887	G. Schubeis, Schwelm	Gründer Schubeis von Bovermann & Schubeis, s. o.
1887	C. Nickelt, Wolgast, Vorpommern	
1887	R. Lenz, Wolgast, Vorpommern	
1888	Falkenroth & Schnörring, Altenvoerde	
1891	Fr. Ed. Gerhards, Haspe	Seit 1903 G. m. b. H.
1893	Gebr. Bröking & Co., Gevelsberg	
1894	Weicheisen- und Stahlgießerei Joh. Kaschütz, Rohrbach a. d. Gölsen, N.-Ö.	Seit 1921 Weicheisen-, Stahlguß- und Hammerwerke, A.-G., St. Pölten

Jahr der Gründung bzw. Aufnahme der Temperguß-erzeugung	Firma	Bemerkungen
1895	Fittingswerk Singen der A.-G. der Eisen- und Stahlwerke vorm. Georg Fischer, Schaffhausen	
1895	Gebr. Sauer & Co., Torgelow, Vorpommern	
1895	Gustav Tücking, Hagen	
1896	Gebr. Hölker, Gevelsberg	
1896	Gebr. Regeniter, Milspe	
1897	E. u. A. Falkenroth, Haspe	
1897	Gebr. vom Bruch, Gevelsberg	
1897	Rudolf Rentrop, Milspe	
1900	Aug. Bisterfeld, Hagen	Jetzt Hagener Tempergußwerke, G. m. b. H.
1900	Walter Spannagel, Voerde	
1900	Brandt, Ebbinghaus & Co., Vogelsang	
1900	Fritz Würpel & Co., Gevelsberg	Jetzt Th. Thielemann
1901	L. Münter, Ückermünde, Vorpommern	Gegründet 1876
1901	Heinrich Dieckerhoff, Gevelsberg	
1909	H. Siebert, Ostswine, Vorpommern	
1911	Sichelschmidt & Spies, Gevelsberg	
1911	Eisen- und Fittingswerk A.-G. Mettmann	
1911	Maschinenfabrik Fahr, A.-G., Gottmadingen. Baden	

Wenn diese Zusammenstellung auch infolge der Schwierigkeiten in der Ermittlung derartiger Angaben unvollständig ist, so läßt sie doch den großen Aufschwung erkennen, den die Tempergießerei in den Jahren nach 1870 genommen hat.

Über das Tempergußgewerbe in Velbert liegt ein interessanter Bericht in der Velberter Chronik vor. Nach diesen Aufzeichnungen hat im Jahre 1875 der Fabrikant Tiefenthal, welcher seit 1866 Schloßfabrikation betrieb, Former aus Stuttgart herangeholt (aus der Tempergießerei von A. Stotz), worüber es weiter heißt: „Diese Stuttgarter Former führten nunmehr eine ganz andere Arbeitsmethode ein. Während bisher mit dem sogenannten Feinsand gearbeitet wurde, den auch die Gelbgießereien verwendeten und noch verwenden, verlangten die Stuttgarter nach einem sogenannten groben Sand. Der brauchbare Sand wurde dann auch in der Ratinger Gegend gefunden. Derselbe wird bis auf den Tag noch verwendet." Die Chronik berichtet weiter, daß in der Folge weitere Tempergießereien in Velbert entstanden sind, und fährt dann fort: „Der Schlüsselguß bildete im Anfang die ausschließlichen Auftragsbestände der Gießereien. Der Einführung gegossener Schlüssel widersetzten sich die Abnehmer anfänglich sehr, doch mit der Zeit schwand auch das Vorurteil gegenüber dieser Ausführung. Heute kennt man die von der Hand geschmiedeten Schlüssel überhaupt nicht mehr. Nur die ältesten Velberter Schmiede, Mushacker und van Hoff, rühmen sich, auch heute noch ebensolche exakte Schlüssel schmieden zu können, wie sie der Eisengießer gießt und der Fertigmacher auf den Markt bringt. Wir müssen das dahingestellt sein lassen."

Über die in der ersten Zeit gebräuchliche Art des Formens und Abgießens sagt die Velberter Chronik folgendes: „Um den Sand für die Gießerei brauchbar, d. h. zum Formen geeignet zu machen, wurde derselbe durch eine Walzenmühle gedreht, die damals noch nicht vermittels Dampfkraft, sondern mit der Hand bewegt wurde. In Betrieben, in denen noch keine Mühle war, mußte man den Sand mit einem Rundholz reiben. Sobald nun eine Form in einer sogenannten Formflasche (eiserner Formkasten) gemacht war, wurde dieselbe an beiden Seiten mit einem Brett und dieses mit einer Handschraube zusammengehalten. Nach Herstellung von etwa 10 bis 12 solcher Flaschen, welche rund um einen 2 m langen Gußblock einzeln aufgestellt wurden, wurde an das eigentliche Gießen herangetreten. In der Zwischenzeit des Formens hatte man einen Tontopf, der ca. 20 bis 30 kg Eisen faßte, in einen Schachtofen gesetzt. Dieser war aus feuerfesten Steinen gebaut, etwa 1 m tief und 40 cm breit, so daß zwischen Topf und Wand höchstens 10 cm Spielraum waren. Dies genügte, um den Koks, welcher erst in kleinere Stücke zerschlagen werden mußte, fest um den Topf zu legen, so daß ein Umfallen während des Einschmelzens vermieden wurde.

Nachdem nun das Eisen gebrauchsfertig und zum Gießen flüssig genug war, wurde der Topf mittels einer großen Zange aus dem glühenden Ofen herausgeholt, auf den Gießblock gesetzt und hier dann eine Flasche nach der anderen einzeln abgegossen. Diese Tontöpfe waren, wegen der Eigenart des Materials, aus welchem die Tontöpfe hergestellt waren, nicht sehr widerstandsfähig, denn sie durften nicht erkalten. Ein einmal erkalteter Tiegel konnte nicht wieder verwendet werden. Jeder Gießer begann sein Tagewerk mit der Herstellung eines neuen Tiegel. In den Jahren 1880 bis 1885 wurden sie durch Graphittiegel ersetzt, welche 12-, ja 15- bis 20mal die heiße Temperatur ertrugen.

Die Formkasten oder Flaschen wurden entleert und die gegossenen Teile gesammelt, dann von dem ihnen anhaftenden grauen, trockenen Schmutz in einer Trommel gereinigt, welche wiederum von dem Arbeiter 1 bis 2 Stunden gedreht, hierauf nachgesehen und geputzt werden mußte.

Nachdem nun von den Formen einige hundert Kilogramm gegossen, getrommelt und geputzt waren, wurde das Material getempert, um es dann verarbeiten zu können. Der Temperprozeß dauerte 5 bis 6 Tage. Der Guß wird in große, etwa 300 kg fassende dicke eiserne Töpfe schichtenweise mit Eisenstein verpackt und dann in beständiger Hitze von 1000° in Tätigkeit gehalten. Nach dem Erkalten der Öfen wurde der Guß ausgepackt, sortiert und dann den Kunden zugestellt.

Bei der Zustellung der Waren wirkte das Verkehrswesen im bergischen Lande für die Industrie sehr nachteilig. Der Formsand wurde per Wagen von Ratingen gebracht. Roheisen, Koks, Kohle usw. mußten von Newiges geholt und die fertigen Waren wieder nach dort zur Bahn gebracht werden. Erst im Jahre 1889 trat hierin Erleichterung ein, denn nun wurde die Bahn von Vohwinkel nach Velbert dem Verkehr übergeben."

Alexander Post, der im Jahre 1877 eine Reise nach England und Amerika unternommen hatte, um dort als Former und Gießer zu arbeiten, brachte als neues Formverfahren den ersten Abschlagrahmen mit, den er im elterlichen Betriebe einführte. Unter dem Namen „Amerika-Formerei" nahm dieses Verfahren in kurzem seinen Weg in viele Gießereien Deutschlands (s. S. 205 und 349).

Während in Europa das Schmelzen im Tiegel, in Amerika das Schmelzen im Flammofen üblich war, wurde da und dort versucht, den Kupolofen, der allgemein zum Schmelzen von Grauguß benutzt wurde, auch zur Herstellung von Temperguß anzuwenden. Diese Versuche waren bisher an der Unsicherheit des Verfahrens gescheitert, und insbesondere führte der hohe Zusatz von Schmiedeeisen zu Zufallsergebnissen. Soweit sich durch die Verfasser ermitteln ließ, reicht die Benutzung des Kupolofens zur Herstellung von Temperguß bei den schon erwähnten Achsenwerken Jos. Heiser vormals J. Winter's Sohn in Kienberg bei Gaming (Niederösterreich) am weitesten zurück. Diese Firma erschmolz schon im Jahre 1865 ihren Temperguß im Kupolofen. Es wurde dort Holzkohlenroheisen von Mariazell verwendet, und zwar sog. „Drehspäneflossen". Das Mariazeller Gußwerk stellte um diese Zeit bis in die neunziger Jahre des vorigen Jahrhunderts Kanonen aus Holzkohleneisen her. Die dabei anfallenden Drehspäne wurden nochmals im Holzkohlenhochofen verhüttet und das Erzeugnis als „Drehspäneflossen" oder auch „Quadriflossen" verkauft. Letzterer Ausdruck rührt daher, daß der ganze Abstich in prismatische Sandformen geleitet wurde, die an den kurzen Seiten mit zwei Nasen zum Anheben versehen waren.

In Westfalen hat als erster Alexander Post, der jetzige Inhaber der Firma Johann Caspar Post Söhne in Hagen, im Jahre 1880 mit Erfolg Temperguß im Kupolofen erschmolzen. Seit ihrer Gründung im Jahre 1885 gießt die Tempergießerei M. Schmid und Söhne, Wilhelmsburg, Niederösterreich, ihren Temperguß aus dem Kupolofen. Die im Jahre 1886 gegründete Tiegelgießerei von Gebrüder Uxa in Brünn machte 1888 Versuche im Kupolofen und ging 1889 zum Dauerbetrieb eines Kupolofens von 300 mm Durchmesser über, der bald auf 450 mm vergrößert wurde. Die Art der damaligen Anlage einer Tempergießerei gibt die Abb. 8 wieder, welche die Gießerei der Gebrüder Uxa aus deren Gründungsjahr darstellt. 1889 wurde übrigens von dieser Firma nach englischem Vorbild die Herstellung von Ewarts-Kettengliedern aufgenommen.

Ende der achtziger Jahre wurden bei der Firma H. Bovermann, der Vorgängerin der heutigen Huthschen Eisen- und Stahlwerke G. m. b. H. in Gevelsberg an Stelle eines zum Schmelzen von Temperguß erbauten Gastiegelofens wegen dessen Unwirtschaftlichkeit zwei Herbertssche Kupolöfen errichtet. Diese Öfen wurden bekanntlich mit Saugluft betrieben, wozu der hohe, für den Gastiegelofen erbaute Schornstein dienen sollte. Der nicht genügende Zug wurde durch eine Dampfstrahldüse erhöht, die durch den für die Kraftzentrale angelegten Dampfkessel von 4 at Druck gespeist wurde. In den Jahren 1893 und 1894 wurden diese Kupolöfen

Abb. 8. Ansicht einer alten Tempergießerei (Geb. Uxa, Brünn, im Jahre 1886).

auf das übliche System mit Druckluft umgebaut, da sie nicht mehr dem gestiegenen Bedarf entsprachen. Im Jahre 1890 ersetzte die Firma C. Großmann in Wald, 1891 Gustav Tücking, Hagen, 1895 die Rottenmanner Eisenwerke, Rottenmann, 1897 M. Hann's Söhne, Rainfeld a. d. Gölsen, und 1898 F. W. Killing, Hagen-Delstern, den Tiegel durch den Kupolofen. Diesen folgten rasch zahlreiche andere Firmen, und heute werden in Deutschland mindestens 75% der gesamten Tempergußerzeugung im Kupolofen erschmolzen.

Bald fand auch die Verwendung des Siemens-Martin-Ofens erfolgreich Eingang in die Tempergießerei. Hier ist zuerst ein Tiegelschmelzofen mit Wärmespeichern und Umsteuerung wie bei den Siemens-Martin-Öfen zu erwähnen, der im Jahre 1873 nach den Plänen von Albert Pütsch, Berlin, bei der Firma Carl Edler von Querfurth in

Schönheiderhammer errichtet wurde. Der in Abb. 9 wiedergegebene Ofen wurde mit Torfgas und Braunkohlengas gefeuert. Im Jahre 1875 wurde der Ofen jedoch wieder stillgelegt, da der Temperguß „oft nicht dünnflüssig genug war“. Die ersten bahnbrechenden Versuche mit dem Siemens-Martin-Ofen sind wiederum mit dem Namen Fischer verknüpft. Im Jahre 1881 ließ die Fischersche Weicheisen- und Stahlgießerei, die jetzigen Feinstahlwerke A.-G. in Traisen, von Heinrich Eckardt, Dortmund, den ersten Siemens-Martin-Ofen für Temperguß erbauen. Diese Firma stellte in erster Linie Fittings her, und zwar bis dahin aus Tiegeln, wofür der Siemens-Martin-

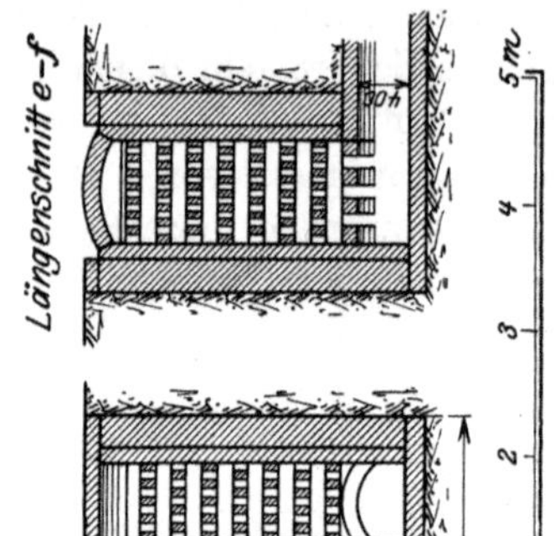

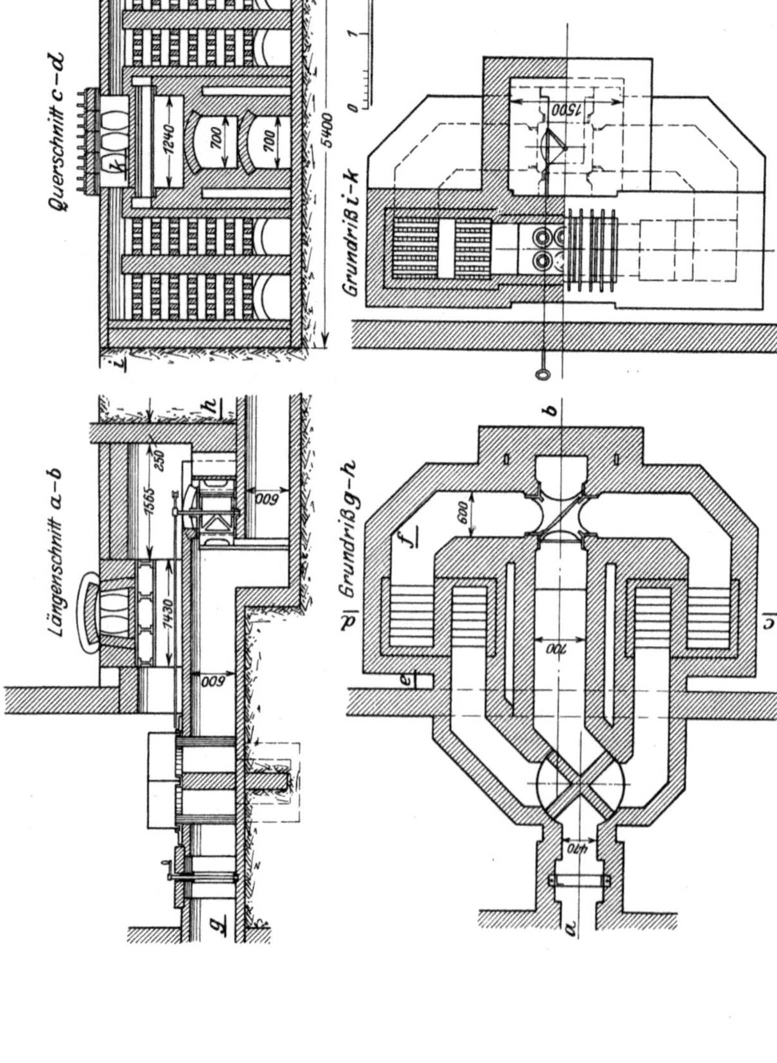

Abb. 9. Tempergußschmelzofen mit Wärmespeichern und Umsteuerung für Torf- und Braunkohlengas. (Entworfen von Pütsch, Berlin, ausgeführt bei Edler von Querfurth, Schönheiderhammer, 1873.)

Ofen, der 1000 kg faßte, als Ersatz dienen sollte. Die Ergebnisse waren ausgezeichnet, so daß im Jahre 1887 ein zweiter 1 t-Ofen aufgestellt wurde. Georg Fischer, ein Sohn des erwähnten J. G. Fischer, schreibt darüber wörtlich[1]: „Was das Schmelzen von Temperguß im Tiegel gegenüber dem Martinofen anbelangt, glaube ich, daß qualitativ mit dem Martinofen immer das beste Resultat erzielt wird. Ist der Martinofen wegen mangelnden Absatzes zu groß, so käme dann — wieder qualitativ — der Tiegelofen in Frage und zuletzt der Kupolofen.“ Und in einem anderen Briefe heißt es: „Der Grund, warum er (der Martinofen) noch so wenig verwendet wird, ist der, daß für die meisten kleineren Stücke und Massenartikel eine Ware, wie

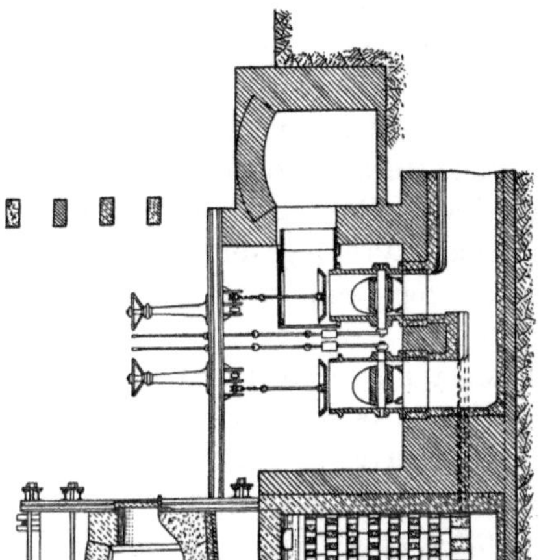

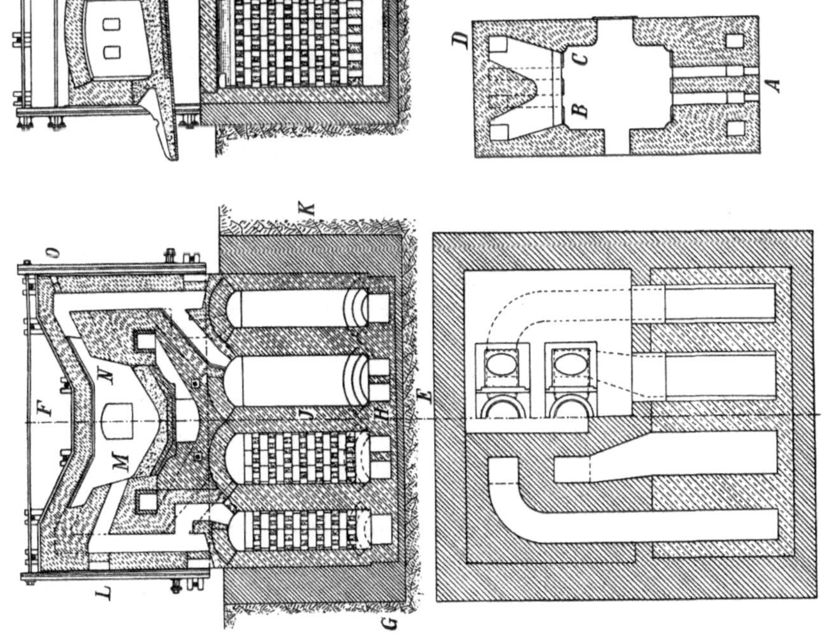

Abb. 10. Siemens-Martin-Ofen für Temperguß mit 1 bis 3 t Einsatz (nach Eckardt, 1907).

sie zweifelsohne aus dem Kupolofen in gewünschter und bezahlter Qualität hergestellt werden kann, genügt. Bei höheren Qualitätsanforderungen trifft dies nicht mehr zu.“ Die Bauart eines Eckardtschen Siemens-Martin-Ofens der damaligen Zeit gibt die Abb. 10 wieder.

[1] Geilenkirchen: Die Verwendung des Flammofens in der Gießerei, insbesondere zur Schmelzung von schmiedbarem Guß. Stahleisen 1907, S. 94.

Im Jahre 1882 setzten die Eisenwerke Carl Edler von Querfurth in Schönheiderhammer einen Siemens-Martin-Ofen mit 500 kg Fassungsvermögen für Temperguß in Betrieb. Infolge von Schwierigkeiten in der Ausmauerung und den Grundwasserverhältnissen ging man jedoch vom Schmelzen im Siemens-Martin-Ofen wieder ab und hat vom Jahre 1884 an wieder im Tiegel geschmolzen, der 1900 vom Kupolofen abgelöst wurde.

Im Jahre 1884 erbaute Eckardt bei Hardy, Capitaine & Cie. in Nouzon in den Ardennen einen 1 t-Ofen an Stelle eines Kupolofens. Die Tatsache, daß dort mit der Inbetriebsetzung des Martinofens die fortwährenden Differenzen mit der französischen Artillerie-Prüfungskommission, die Geschoßböden aus Temperguß abnahm, sofort aufhörten, bewies die Überlegenheit des Martinofengusses.

Es folgten Siemens-Martin-Öfen für Temperguß, 1889 bei der Bergischen Stahlindustrie Remscheid, um dieselbe Zeit etwa bei der Rheinischen Weicheisen- und Stahlfassongießerei Ferd. Boniver in Mettmann, 1890 bei Fischer in Schaffhausen (Schweiz), 1897 bei der Weicheisen- und Stahlgießerei Joh. Kaschütz in Rohrbach a. d. Gölsen.

Eine ganze Reihe der ersten Öfen sind aus dem Eckartschen Konstruktionsbüro hervorgegangen. Dann nahm auch Peter Müller, Allach bei München, den Bau von Siemens-Martin-Öfen für die Tempergießerei auf, der 1902 einen 2 t-Ofen bei der Firma Hans Lindeck in Kaiserslautern und 1904 bis 1905 vier Öfen für 6 bis 10 t bei den Eisen- und Stahlwerken Meier & Weichelt, Leipzig, in Betrieb setzte. Die Firma Poetter G. m. b. H. Düsseldorf, erbaute den ersten Siemens-Martin-Ofen für Temperguß in den Jahren 1906 und 1907 bei F. W. Killing G. m. b. H. in Delstern bei Hagen für ein Fassungsvermögen von 3 bis 4 t.

Mit dem Siemens-Martin-Ofen war es nun möglich, große Mengen Temperguß herzustellen, der dem guten, bisher nur im Tiegel herstellbaren Erzeugnis mindestens gleichkam.

Im Jahre 1897 erhielt Walrand[1] in Paris ein Patent auf die Herstellung von Temperguß in der Bessemer Birne, dessen Anspruch lautete: „Verfahren zur Herstellung von gegossenen Temperstahlgußgegenständen, gekennzeichnet durch Verblasen von Roheisen mit hohem Siliziumgehalt in der sauren Birne bis auf den zum Gießen des Eisens noch erforderlichen Gehalt an Kohlenstoff, der gegebenenfalls durch Zusatz eines anderen flüssigen Roheisens erzielt wird, wonach das Eisen in bekannter Weise in die Formen gegossen und durch das Glühen weiter entkohlt wird."

Nach C. Rott[2] soll man den Kleinkonverter in England schon etwa ums Jahr 1890 zur Erzeugung von Temperguß angewendet haben, indem

[1] Stahleisen 1898, S. 820.

[2] Rott, C.: Die Kleinbessemerei für den Stahlformguß, Temperguß und Feinguß. Leipzig: W. H. Uhland 1900.

man geeignete Roheisensorten so weit in der Birne herunterfrischte, bis sie die gewünschte Zusammensetzung hatten. Es scheint sich aber hierbei nur um die Herstellung eines niedrig gekohlten Sonderroheisens für das Kupolofenschmelzen gehandelt zu haben, denn das in Deutschland wohlbekannte OK-Eisen und die Marke HCM sollen auf diese Weise hergestellt worden sein.

In Deutschland begann im Jahre 1899 die Firma Ferdinand Wittmann Nachf., das heutige Gußstahlwerk Wittmann A.-G. in Haspe/Westfalen, den Temperguß in der Kleinbirne zu erzeugen. Sie benutzte zunächst Birnen mit nur 500 bis 700 kg Inhalt. Das Verfahren hatte Erfolg, so daß man im Jahre 1904 einen sauren Konverter für 1800 kg aufstellte. Bis 1907 hat diese Firma einen Temperguß von anerkannter Güte in der Birne erzeugt. Das Verfahren wurde aber wegen der geringen Treffsicherheit wieder eingestellt und von dem Siemens-Martinverfahren abgelöst. Heute sind es nur zwei oder drei kleinere Betriebe, die in Birnen von 1 bis 2 t Fassungsvermögen ihren Temperguß erblasen.

Auch der Elektroofen ist für die Herstellung von Temperguß angewendet worden. Schon in der ersten Mitteilung, welche über die Verbreitung des Elektroofens in der Eisenindustrie bis zum Jahre 1908 Aufschluß gibt[1], ist die Angabe enthalten, daß in Arvika in Schweden ein 1 t-Elektroofen (System Elektrometall A.-G., Ludvika, Schweden) zur Erzeugung von Temperguß aufgestellt wurde und in Betrieb ist. Nach Mitteilung der Sveriges Maskinindustriförening, Stockholm, an die Verfasser wurde dieser Ofen jedoch erst im Januar 1910 in Betrieb gesetzt, und zwar für einige Versuche, Eisenerz mit Torfpulver zu reduzieren. Nachdem es sich gezeigt hatte, daß dieses Verfahren nichts einbrachte, wurden in dem Ofen einige Tempergußschmelzen gemacht. Der Temperguß war zwar gut, aber die Stromkosten waren zu hoch, so daß der Ofen in Arvika noch in demselben Jahre wieder stillgelegt wurde. Dieser Ofen ist dann übrigens von dem Ingenieur Rennerfelt umgebaut worden und war der erste Ofen des bekannten Rennerfelt-Systems.

Der Elektroofen hat in der Tempergießerei keine weitere Verbreitung gefunden. Doubs hält in einer Abhandlung über „Die Herstellung von weichem Flußeisen im Elektroofen aus kaltem und flüssigem Einsatz“[2] den Elektroofen für einen vorteilhaften Schmelzofen zur Herstellung von Temperguß und erwähnt eigene Versuche in einem kleinen selbstgebauten Elektroofen mit Handregelung von 350 kg Fassungsvermögen, aus dem er viele Schmelzungen von Temper- und Stahlguß mit Erfolg hergestellt hat. Er kommt zu dem Ergebnis, daß die Schmelzung selbst in kleinen Elektroöfen gegen den Tiegelofen mit Koksheizung sehr billig ist und sich sogar gegen die Schmelzung im Kupolofen erfolgreich behaupten könne an Stellen, wo guter Koks teuer ist[3].

---

[1] Stahleisen 1908, S. 1470. [2] Stahleisen 1911, S. 589.
[3] Stahleisen 1911, S. 591.

Die 1870 gegründete St. Pöltener Weicheisen- und Stahlgießerei Leopold Gasser, St. Pölten, Niederösterreich, stellte im Jahre 1909 mehrere Elektroöfen auf, in welchen neben Stahl abwechselnd auch Temperguß geschmolzen wurde. Insbesondere wurde in den letzten Kriegsjahren und nach dem Kriege wegen Koks- und Roheisenmangel der Temperguß in größeren Mengen synthetisch im Elektroofen erzeugt. Die Tiegelöfen wurden gänzlich ausgeschaltet, und gegenwärtig wird der Temperguß hauptsächlich aus dem Elektroofen, teilweise aber auch noch aus dem Kupolofen gegossen. Ein Versuch der A. Stotz A.-G. Kornwestheim im Jahre 1910, im Elektroofen neben Stahlformguß auch Temperguß zu erzeugen, mußte bald wieder aufgegeben werden, da die dortigen hohen Strompreise die Herstellung unwirtschaftlich machten.

Die Feinstahlwerke A.-G. in Traisen, vormals Fischersche Weicheisen- und Stahlgießerei (welche auch zum erstenmal den Siemens-Martin-Ofen zur Herstellung von Temperguß verwendeten) stellen seit dem Jahre 1917 den Temperguß ausschließlich im Elektroofen her, und zwar mit oder ohne Roheisen. Seit 1919 wurde auch bei Fischer in Schaffhausen der Elektroofen zur Erzeugung von weißem Temperguß benutzt. Das Erzeugnis war erstklassig; aber das geringe Anpassungsvermögen an einen laufenden Gießereibetrieb, wie er für Fittings erforderlich ist, hat ihn dort nicht zu einem ständigen Schmelzofen für Temperguß werden lassen. Es scheint jedoch, daß der Erzeugung von Temperguß im Elektroofen auch noch Schwierigkeiten metallurgischer Art entgegenstehen; denn es kommt beim Elektroofen vor, daß dieselben Stücke bei der gleichen Zusammensetzung verschiedener Schmelzungen, oder auch bei ein- und derselben Schmelzung, einmal weiß, dann meliert oder gar grau erstarren. Der Grund liegt in der verschiedenen Temperaturführung sowohl beim Gießen, als besonders beim Schmelzen. Die Schwierigkeiten bei der Herstellung von schwarzem Temperguß sind noch größer, so daß selbst in Amerika der Elektroofen für Schwarzguß bisher selten verwendet wird. Zur Zeit wird in Deutschland im Anschluß an Stahlformgußschmelzen Temperguß in kleinen Mengen im Elektroofen hergestellt, und zwar von der Lokomotivfabrik Krauß & Co., A.-G., München-Allach und von den Vereinigten Stahlwerken A.-G. Friedrich-Wilhelm-Hütte, Mülheim an der Ruhr.

Schmelzöfen mit Ölfeuerung sind ebenfalls zur Herstellung von Temperguß zur Anwendung gekommen. Ob mit Öl gefeuerte Tiegelöfen, wie sie zum Stahlschmelzen von Hausenfelder[1] beschrieben sind, auch zum Schmelzen von Temperguß in Benutzung kamen, konnte nicht ermittelt werden. Doch sind vom Ölfeuerungswerk Fulmina, G. m. b. H. in Edingen-Mannheim schon im Jahre 1912 drei schwenkbare Temperguß-Schmelzöfen mit Ölfeuerung für je 500 kg Einsatz an die Maschinenfabrik Fahr A.-G. in Stockach (Baden) geliefert worden, die erst im Jahre 1926 durch

[1] Stahleisen 1912, S. 772.

den Siemens-Martin-Ofen verdrängt wurden. Die Siegen-Lothringer Werke in Geisweid[1] erbauten 1913 einen ölgefeuerten tiegellosen Schmelzofen mit einem Fassungsvermögen von 300 kg, worin Temperguß geschmolzen wurde. Auch bei der Firma A. Stotz, Kornwestheim, wurde in dieser Zeit ein ölbeheizter Trommelofen mit elliptischem Querschnitt für 500 kg Fassung in Betrieb genommen. Die Versuche wurden aber wieder abgebrochen, weil der große Ölverbrauch von etwa 30% zu hohe Schmelzkosten verursachte. Während des Krieges wurde eine größere Anzahl Trommelöfen mit Fassungsvermögen bis zu 1000 kg Inhalt aufgestellt.

Im Jahre 1920 lieferte die Firma Dr. Schmitz & Co., G. m. b. H., Barmen, ihren ersten Öltrommelofen für Temperguß mit 1 t Fassungsvermögen. 1921 begann diese Firma die Öfen, die bisher nur bis zu 180° schwenkbar waren, vollständig drehen zu lassen und lieferte 1922 einen solchen Ofen für 5 t Einsatz an die Firma J. D. Brackelsberg in Milspe. Bis zu Anfang 1927 war dieser Ofen mit Ölfeuerung in Betrieb, worauf Brackelsberg an diesem Ofen seine bekannten Versuche mit Kohlenstaub vornahm, deren Ergebnisse ihn zum kohlenstaubgefeuerten Trommelofen führten. Da der Flammofen für Temperguß in Deutschland nicht gebräuchlich ist, so ist der Trommelofen der einzige Schmelzofen, bei dem in Deutschland die Kohlenstaubfeuerung mit Erfolg angewendet wird.

Mit dem Aufschwung nach 1871 traten Änderungen in der Rohstoffversorgung ein, die zur allgemeinen Einführung eines deutschen Temperroheisens führten. Bis zu diesem Zeitpunkte war vorwiegend englisches und schwedisches Roheisen verwendet worden. Das englische Temperroheisen war das sog. OK-Eisen, weiß und grau. Sein Verbrauch hielt bis zum Kriegsausbruch 1914 an. Es wurde hauptsächlich von einer Händlerfirma in Remscheid bezogen. Das schwedische Temperroheisen war ein Holzkohlenroheisen, für dessen Einfuhr und Absatz die Lübecker Firma L. Possehl überragende Bedeutung hatte.

Über die Einführung des deutschen Temperroheisens macht Maurmann folgende mit vielen Belegen versehene Angaben: „Die Preise für diese ausländischen Roheisensorten galten als mäßig; später wurde hin und wieder über die Höhe des Zolls geklagt. Seit etwa 1892 ist ein stetiger Preisrückgang dieser Roheisensorten zu verzeichnen, der gefördert wurde, als seit 1902 die Tempergießereien langsam zur Verwendung von deutschem Roheisen übergingen. Dieses deutsche Temperroheisen wurde seit 1897 von der Duisburger Kupferhütte erblasen.

Bis etwa 1895 hatte die Duisburger Kupferhütte die Abbrände von spanischen und norwegischen Kupferkiesen nur unter dem Gesichtspunkte der Kupfergewinnung und einiger weiterer Nebenerzeugnisse verwertet. Dabei hatte sie als Rückstand ein Gemenge von Eisenoxyd und Eisenoxydul, sog. purple ore, von hohem Eisengehalt erhalten, das aber als

[1] Stahleisen 1913, S. 363.

wertlos galt und auf die Halde geschüttet wurde. In den neunziger Jahren hatte die Hütte einen mächtigen Bestand an diesem purple ore, als man auf den Gedanken kam, die Verhüttung auf Roheisen entgegen der allgemeinen Ansicht zu versuchen. Man mietete im Siegerland einen alten Hochofen und erblies tatsächlich Roheisen, nicht ohne daß sich eine Sau bildete, weswegen der Hochofen gesprengt werden mußte. Auf Grund dieses Versuches baute die Duisburger Kupferhütte, vom ganzen Roheisenverband belächelt, einen Hochofen. Der Firma F. A. Klucken in Duisburg wurde der Absatz der ganzen erblasenen Mengen übertragen. Klucken versuchte zunächst, das Eisen als Puddelroheisen abzusetzen, doch mißlangen die in dieser Richtung angestellten Bemühungen. Da gelang es Klucken, die Tempergießereien auf das Roheisen aufmerksam zu machen. In Volmarstein wurden die ersten Versuche gemacht, die günstig verliefen. Sodann wurde den Tempergießereien an der Enneper Straße (zwischen Gevelsberg und Hagen) und in Velbert zu Versuchszwecken das neue Roheisen kostenlos überwiesen. Für die Velberter Tempergießereien wurden außerdem Spezialsorten für Bohrguß (Schlüsselguß) aussortiert. Um ein gleichmäßiges Ergebnis zu erzielen, baute die Duisburger Kupferhütte einen zweiten Hochofen, zumal als Ergebnis günstiger Versuche die Bestellungen immer zahlreicher einliefen. Das Mißtrauen des Roheisenverbandes war aber damit noch nicht geschwunden. Ein Gesuch um Aufnahme im Jahre 1897 wurde abgelehnt. Im Laufe der weiteren Entwicklung stiegen die anfänglich außerordentlich niedrigen Preise sehr stark an und waren zuletzt höher als alle anderen Sorten des Roheisenverbandes.“

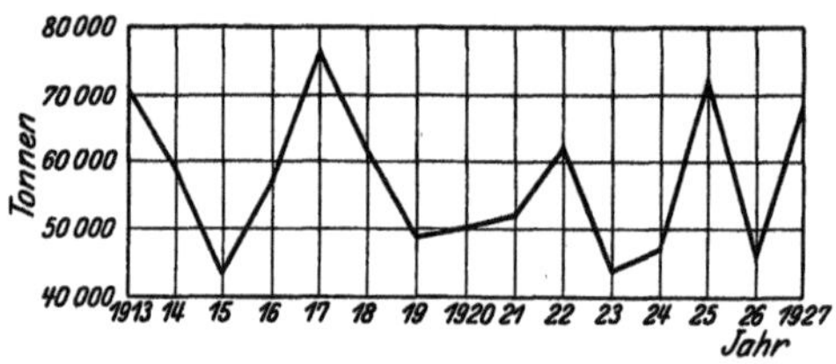

Abb. 11. Jährliche Erzeugung an Temperguß in Deutschland von 1913 bis 1927.

Maurmann macht über die Verwendung von Tempermitteln, Tiegeln und Tempertöpfen noch folgende Angaben: „Seit den siebziger Jahren wurde statt des bis dahin verwendeten Hammerschlages oder Walzsinters allgemein Eisenerz, und zwar Dillenburger Roteisenstein, als Tempermittel gebraucht.

Die zum Schmelzen verwendeten Tontiegel wurden in den achtziger Jahren durch Graphittiegel ersetzt. Mit der Schmelzung im Kupolofen, die sich seit 1890 besonders in der Mark einbürgerte, ging die Anwendung des Tiegels stark zurück, so daß man gegen 1914 Tiegelschmelzung in größerem Maßstabe nur noch zur Herstellung von Bohrguß findet.“

Die jährliche Gesamterzeugung an Temperguß in Deutschland seit 1913 ist in Zahlentafel 1 zusammengestellt und in Abb. 11 in Kurvenform eingezeichnet.

Zahlentafel 1. Die jährliche Gesamterzeugung an Temperguß und das Verhältnis zur Gesamtgußwarenerzeugung in Deutschland vom Jahre 1913 bis 1927[1].

Jahr	Gesamterzeugung an Temperguß 1000 t	Gesamtgußwaren-erzeugung (Gußeisen und Stahlformguß) 1000 t	Anteil der Tempergußerzeugung an der Gesamtgußwaren-erzeugung %
1913	70,5	3282,8	2,15
1914	58,8[2]	2817,7[2]	2,09[2]
1915	43,3[2]	2290,4[2]	1,89[2]
1916	57,1[2]	3113,2[2]	1,83[2]
1917	76,2	3070,8	2,48
1918	61,7	2489,4	2,48
1919	48,5	1910,4	2,54
1920	50,0	2094,6	2,39
1921	52,0	2169,3	2,40
1922	61,9	2774,1	2,23
1923	43,8	1903,8	2,31
1924	47,0	2057,2	2,28
1925	71,95	2964,6	2,43
1926	46,0	2170,5	2,16
1927	68,6	3249,3	2,11
1928	76,48	3149,0	2,43

Die Erzeugungsmenge verteilt sich (Anfang 1929) nach den verschiedenen Schmelzarten in etwa folgender Weise:

Kupolofen	rund	75 %
S.M.-Ofen	„	16 %
Brackelsbergofen	„	3,5%
Tiegelofen	„	2 %
Ölflammofen	„	1,5%
Bessemer Birne	„	1 %
Elektroofen	„	1 %
		100,0%

Nach den Feststellungen der Verfasser gibt es heute in Deutschland 151 Tempergießereien. Die einzelnen Werke sind von S. 369 bis 371 nach Reichsgebieten zusammengestellt. Von diesen ist der größte Teil in dem Verband deutscher Tempergießereien mit dem Sitz in Hagen i. W. zusammengeschlossen, der in dem Jahre 1896 gegründet wurde.

Der Begründer des Tempergießereiwesens in Amerika ist Seth Boyden. Seth Boyden ist im Jahre 1820 aus Bilston (Staffordshire) in England nach Amerika ausgewandert und hat dort seine Versuche begonnen, aus amerikanischem Roheisen Temperguß herzustellen. Seine aus England mitgebrachten Erfahrungen verhalfen ihm zum Erfolg, obgleich ihn die Eigenart des amerikanischen Roheisens dazu führte, einen

[1] Statistisches Reichsamt, Berlin.

[2] Für die Jahre 1914 bis 1916 liegen nur die Zahlen für das ehemalige Reichsgebiet vor. Die übrigen Werte beziehen sich auf das jetzige Reichsgebiet.

von der europäischen Art abweichenden Temperguß zu erzeugen, den sog. „black-heart" oder Schwarzkernguß im Gegensatz zum weißen oder europäischen Temperguß. Seth Boyden ist der Erfinder des schwarzen Tempergusses.

Seth Boyden war viel mehr Praktiker als Wissenschaftler. Er betonte nie, daß er eine Erfindung gemacht hätte. Er führte das Réaumursche Verfahren mit amerikanischem Roheisen aus, das niedrig im Schwefel- und hoch im Mangangehalt war, und bekam damit eine Legierung, die sehr leicht graphitisierte. Das Erzeugnis besaß alle Eigenschaften des besten Weißkerngusses und war weicher und gleichförmiger.

Seth Boyden war überzeugt, daß er ein stahlähnliches, entkohltes Eisen erzeugt hatte. Er begann die Versuche am 4. Juli 1826 und berichtete nach Schwartz[1] über seinen Versuch Nr. 11: „the iron was tough when broken and was rather too dark in color." Am 10. September 1826 notierte er: „some of the pieces were tough gray and very good", und am 20. Oktober machte er die Eintragung: „the best piece I have ever seen ... was pale blue in the middle."

Die Versuche Boydens führten rasch zum Erfolg. In einem Bericht[2] des Franklin-Institutes zu Philadelphia aus dem Jahre 1828 heißt es wörtlich: „Preis Nr. 4 für die besten Proben geglühten Gußeisens wird zuerkannt Seth Boyden aus Newark, New Jersey, für die Muster Nr. 163, eine durch ihre Glätte und Schmiedbarkeit bemerkenswerte Sammlung von Schnallen, Pferdegebissen und anderen Gußstücken. Es ist dies der erste Versuch in Amerika, Gußeisen für Gebrauchsgegenstände zu glühen, der zur Kenntnis der Kommission gelangt ist, und berechtigt der Erfolg, der hiervon zu erwarten ist, den Hersteller voll und ganz zu dem Anspruch auf die silberne Medaille."

Seth Boyden führte die Versuche in der von ihm 1826 gegründeten Gießerei aus, die bis 1907 elfmal ihren Namen wechselte[3] und von da bis 1914 unter dem Namen The Barlow Foundry Co.[4] bestand. Im Jahre 1830 nahm auch ein Bruder Boydens, Alexander Boyden, das Verfahren in einer von ihm gegründeten Gießerei in Easton, Mass., auf. Das Werk in Newark wurde im Jahre 1914 aufgelassen und mit der Gießerei in Easton unter dem Namen The Belcher Malleable Iron Co. vereinigt. Dieses Werk gilt als die älteste Tempergießerei der Vereinigten Staaten. Es erzeugt nunmehr seit hundert Jahren in ununterbrochenem Betriebe Temperguß[5].

[1] Schwartz, H. A.: American Malleable Cast Iron, The Penton Publishing Co., Cleveland, Ohio, 1922, S. 13.

[2] Aus der Entwicklung des amerikanischen Tempergusses. American Machinist vom 21. April 1906 (Stahleisen 1906, S. 671).

[3] Kreuzberg, E. C.: The Foundry, Juli 1914, S. 247—251.

[4] Kreuzberg, E. C.: Iron Trade Rev. Bd. 78 vom 11. Februar 1926, S. 387 und 399.

[5] The Foundry vom 1. Januar 1929, S. 8—9.

Die Versuche Boydens hatten zu dem Ergebnis geführt, als Rohmaterial ein sog. Sterlingeisen und als Zuschlag beim Umschmelzen Kalk zu benutzen. Das Brennmaterial bildete anfangs trockenes Fichtenholz, später bituminöse Kohle aus Virginia. Boyden hat das Eisen in einem Flammofen von etwa 400 bis 500 kg Einsatz umgeschmolzen, aus dem das flüssige Eisen in 5 kg fassenden, mit Lehm ausgekleideten Löffeln ausgeschöpft wurde.

Der ursprüngliche Glühofen hatte bienenkorbähnliche Form; die Glühtöpfe wurden von oben eingesetzt, nachdem der Oberteil des Ofens mit einem Kran abgehoben war. Als Glühmittel diente Walzsinter. Das Glühen währte eine Woche. Diesem Ofen folgte bald ein rechteckiger, ununterbrochen betriebener Ofen mit einer geneigten Sohle. Die Glühtöpfe wurden an dem höher gelegenen Ende eingesetzt, während an dem tieferen die fertige Ware herausgezogen wurde. Als Brennmaterial wurde Holz, Holzkohle oder bituminöse Kohle verwendet. Eine Liste der von Boyden angefertigten Waren weist über 1000 verschiedene Gegenstände auf, von groben Werkzeugen und Maschinenteilen bis zu den feinsten ärztlichen Instrumenten. Seine Erfolge riefen in den Jahren 1833 bis 1850 eine ganze Reihe neuer Gießereianlagen im Norden und Osten der Vereinigten Staaten zu einem, wenn auch meist nur kurzen Dasein hervor.

Im Jahre 1835 bestanden in Nordamerika 5 Tempergießereien. Langsam ging man mit dem Fassungsvermögen der Flammöfen in die Höhe und stieg nach Pero[1] bis zum Jahre 1880 auf etwa 3 t in dem Glauben, damit die nicht mehr zu überbietende Höchstleistung erreicht zu haben. Entgegen dieser damals allgemein geltenden Meinung entschlossen sich aber Benjamin J. Walker von der Erie Malleable Iron Co., Erie (Pa.) und A. E. Hammer von der Malleable Iron Fittings Co., Branford (Conn.) im Jahre 1880 zum Bau größerer Flammöfen. Durch allmähliche Vergrößerung ihrer 3-t-Öfen brachten sie es zu Einsätzen von 15 t, worauf Walker einen Fammofen mit 40 bis 50 t Fassungsvermögen baute, der sich gleich den 15-t-Öfen im Betrieb gut bewährt haben soll.

Um die wissenschaftliche Erkenntnis der Grundlagen der amerikanischen Tempergußtechnik haben sich in erster Linie William McConway in Pittsburg und E. A. Hammer[1] verdient gemacht. Letzterer hat schon 1875 ein chemisches Laboratorium für Temperguß eingerichtet und 1878 die wesentlichen Einflüsse des Kohlenstoffes, Siliziums und Mangans auf das Gelingen und die Eigenschaften des Schwarzgusses festgestellt. Er beseitigte endgültig das unwirtschaftliche, auch in Amerika ausgeübte Tiegelverfahren mit seinem teuren Einsatz aus Holzkohlenroheisen und brachte es 1879 als erster fertig, auf Grund sachgemäßer Gattierung ausschließlich nach der chemischen Zusammensetzung der Roh-

[1] Pero, J. P. (Missouri Malleable Iron Co. East St. Louis Ill): The Foundry, 25 Anniversary Number 1917, Sept., S. 377—378.

stoffe im Flammofen mit Anthrazit als Brennstoff aus Koksroheisen guten Temperguß herzustellen.

Hier ist noch ein von Professor A. K. Eaton aus New Jersey erfundenes Verfahren zu erwähnen, das 1860 im polytechnischen Zentralblatt[1] wie folgt beschrieben wurde: „Als entkohlende Substanz dient Zinkoxyd entweder für sich oder in Verbindung mit Eisenoxyd. Die Gußwaren werden unter Zusatz der entkohlenden Substanz in eiserne Gefäße eingetragen und einer lebhaften Rotglühhitze ausgesetzt, wobei der Sauerstoff des Zinkoxyds den Kohlenstoff des Eisens rasch aufnimmt. Das sich bildende metallische Zink läßt man entweder überdestillieren und verwertet es dann als Metall, oder man oxydiert es wieder, indem man es mit heißer Luft in Verbindung bringt, und erzeugt weißes Zinkoxyd. Das nach diesem Verfahren entkohlte Gußeisen ist ebenso weich, biegsam und hämmerbar wie Schmiedeeisen. Es ist übrigens nicht notwendig, reines Zinkoxyd anzuwenden, sondern man kann auch, unbeschadet des guten Erfolges, kohlensaures Zinkoxyd, wie es in der Natur vorkommt, verwenden. Durch die erhöhte Temperatur wird dasselbe in Zinkoxyd umgewandelt. Das Zinkoxyd eignet sich zum Entkohlen besser als Eisenoxyd, weil das metallische, flüchtige Zink, sobald es sich gebildet hat, sofort entweicht und daher der Eisenoberfläche immer ein frisches Oxyd dargeboten wird, während das Eisenoxyd nach seiner Reduktion die Gußwaren mit einer Decke von porösem Eisen umhüllt, welche den Prozeß der Entkohlung bedeutend verzögert." Eine Ergänzung des Berichtes aus dem Jahre 1861 besagt weiter: „Das Zinkoxyd bewirkt nicht nur die Entkohlung in 40 Stunden, während man früher das Erhitzen 8 bis 9 Tage ununterbrochen fortsetzen mußte, es hat außerdem auch den Vorzug, daß wegen der verhältnismäßig geringen Temperatur, bei welcher das Oxyd reduziert und das Metall verflüchtigt wird, nichts davon auf der Oberfläche der Gußsachen sitzenbleibt, was bei der Behandlung mit Eisenoxyd immer der Fall war. Die neue Methode liefert nicht nur ein weit besseres hämmerbares Gußeisen als die ältere, sondern sie wird auch mit weit weniger Kosten ausgeführt, da die Zeit des Erhitzens sehr beschränkt ist und die Produkte des Verpackungsmaterials (Zink) wertvoll sind."

Ferner fand Professor A. K. Eaton[2] in der Kohlensäure ein wirksames Entkohlungsmittel. Er beschickte eine Retorte am Boden mit Kalksteinen und darüber mit Gußeisenstücken und erhitzte. Das entweichende Gas war brennbar. Hörte es auf, sich zu entzünden, so war die Entkohlung beendet, und das Roheisen war in Stahl verwandelt. Über die Einführung dieser Verfahren in der Praxis ist jedoch nichts bekannt geworden.

Der Kupolofen ist nach Moldenke[3] in Amerika erst im Jahre 1894 zur Erzeugung von Temperguß verwendet worden und hat in den Ver-

[1] Polytechn. Zentralbl. von Dr. I. A. Hülsse u. W. Stein, 1860, S. 1270 u. 1861, S. 71 (Otto Vogel: Stahleisen 1917, S. 522).

[2] Beck IV, S. 895. [3] Stahleisen 1907, S. 96.

einigten Staaten, außer zur Herstellung von Fittings, keine große Bedeutung erlangt; denn einerseits waren die Ergebnisse des Flammofens viel zuverlässiger, und andererseits eignete sich der Rohguß des Kupolofens nicht gut zur Erzeugung von black-heart-Temperguß.

Um 1900 gab es in den Vereinigten Staaten etwa 90 Gießereien für Temperguß, von denen die größten damals schon Tageserzeugungen von 80 t aufwiesen. 1906 waren es etwa 125 Tempergießereien mit 2000 t täglicher Erzeugung. Die Gesamterzeugung[1] von 1910 bis 1913 steigerte sich um das Fünfeinhalbfache. Im Jahre 1916 erzeugten nicht weniger als 197 Gießereien Temperguß. Der Bedarf an Temperguß war in den Jahren 1916/17 so groß, und es wurden derartig hohe Preise dafür bezahlt, daß entschlossene Unternehmer mitunter geradezu Hals über Kopf neue Tempergießereien einrichteten[2]. Im Jahre 1920 betrug die Gesamterzeugung 1286300 t in 204 Tempergießereien, von denen 76 etwa 85% der Erzeugung bei einem Jahresumsatz von je über 5000 t herstellten. Heute sind Tageserzeugungen von 100 t nichts Seltenes. Die Erzeugung von Temperguß in den Vereinigten Staaten von 1913 bis 1928 im Vergleich mit Stahl ist in Abb. 12 dargestellt.

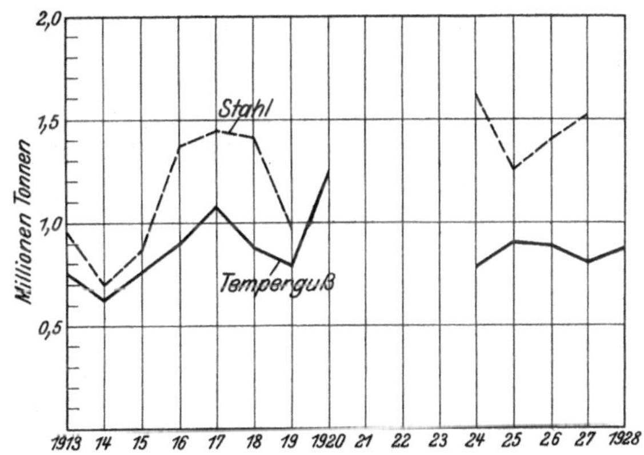

Abb. 12. Jährliche Erzeugung an Temperguß in den U. S. A. von 1913 bis 1928.

Die Einführung der Kohlenstaubfeuerung hat in den amerikanischen Tempergießereien große Fortschritte gemacht. Nach A. J. Grindle[3] ist die allgemein festgestellte Verbesserung des Tempergusses auf die vermehrte Verwendung der Staubfeuerung zurückzuführen. 67 Tempergießereien benutzen zur Zeit Staubfeuerung, in der Mehrzahl für den Betrieb der Flammöfen, während etwa 40% der Staubfeuerungen auf die Beheizung der Glühöfen, Trockenkammern und Pfannenfeuer entfallen. Die Easton Malleable Iron Company betreibt beispielsweise fünf Tempergießereien mit kohlenstaubgefeuerten Flammöfen. Auch bei der Beheizung der Temperöfen waren die Erfahrungen günstig. Bei einer beschriebenen staubbeheizten Anlage[4] besteht dort eine Ofenbeschickung

[1] Schwartz, H. A.: American Malleable Cast Iron, S. 25.

[2] Errichtung einer Tempergießerei in 90 Tagen. The Foundry, Dez. 1917, S. 515—518.

[3] The Foundry, 15. Febr. 1928. [4] Fuels and Furnaces, 6. 1. 1928.

aus 60 t Glühtöpfen, 10 t Glühmitteln und 23 t Guß. Eine Glühperiode dauert etwa 180 bis 200 Stunden, wovon etwa 25 Stunden auf das Anheizen auf 870° entfallen. Die Glühung selbst erfordert etwa 60 Stunden.

Nach Touceda[1] haben sich im Jahre 1914 30 Tempergießereien zum gemeinschaftlichen Studium des Herstellungsverfahrens zusammengeschlossen. Man untersuchte auf wissenschaftlicher Grundlage die Vorgänge im Flammofen, stellte Grenzwerte für die Gattierung fest und ermittelte den Einfluß der verschiedenen chemischen Bestandteile auf die physikalischen Eigenschaften des Erzeugnisses. Man bemühte sich, die Vorgänge im Glühofen zu erforschen, und stellte Richtlinien für die Prüfungen auf. Die Untersuchungen erstreckten sich auch auf die Ursachen des Verziehens und auf die Selbstkostenermittlung. Es wurden damit große Erfolge erzielt, die sich in einer beträchtlichen Verbesserung der Güte und Gleichmäßigkeit des Erzeugnisses und in einer Ermäßigung der Selbstkosten durch Verminderung der Fehlgüsse ausdrückten.

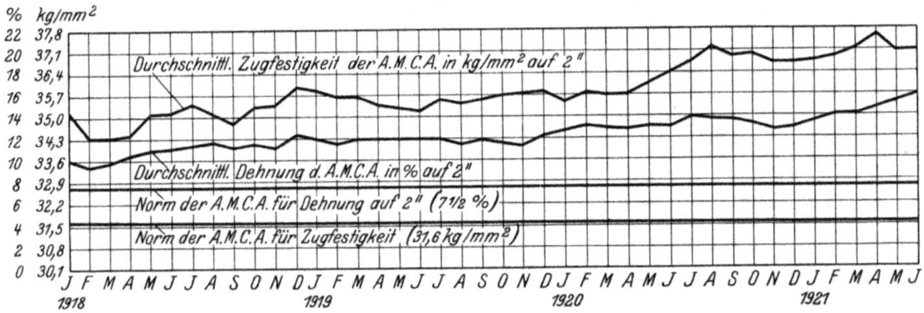

Abb. 13. Durchschnittliche Zugfestigkeit und Dehnung des Erzeugnisses der in der American Malleable Castings Association (A. M. C. A.) zusammengeschlossenen Tempergießereien von 1918 bis 1921.

Touceda[2] hat ein Kurvenblatt veröffentlicht, Abb. 13, aus dem hervorgeht, wie von Januar 1918 bis Juni 1921 durch die Arbeiten der American Malleable Castings Association (A. M. C. A.) die durchschnittliche Zugfestigkeit und Dehnung stetig erhöht wurde. Die der Gesellschaft angeschlossenen Werke schicken täglich eine Anzahl der genormten Probestäbe[3] an das Institut. Die Kurven bedeuten den monatlichen Gesamtdurchschnittswert aller eingesandten Probestäbe. Die 1913 bei etwa 33,5 kg/mm² Festigkeit und bei etwa 9% Dehnung liegenden Werte stiegen bis 1921 auf etwa 37 kg/mm² Festigkeit und nahezu 16% Dehnung. Auf dem Kurvenblatt sind gleichzeitig die damals von der American Society for Testing Materials (A. S. T. M.) vorgeschriebenen Mindestwerte für Temperguß von 31,6 kg/mm² Festigkeit und 7,5% Dehnung eingezeichnet. Die im Dezember 1918 eintretende geringe Verschlechterung der Festigkeitseigenschaften und die bis ins Frühjahr 1920 sich ziemlich gleichbleibenden Durchschnittswerte erklärt Touceda damit, daß in

[1] The Foundry 1917, Sept., S. 376—377.
[2] The Foundry, 1. Okt. 1921, S. 761.
[3] Siehe auch S. 344.

diesem Zeitraum 22 neue Betriebe in die Gesellschaft aufgenommen worden waren, die aus den Forschungsergebnissen natürlich noch keinen Nutzen gezogen hatten. Die abgelieferten Probestäbe dieser Werke wirkten in den meisten Fällen verschlechternd auf den allgemeinen Durchschnitt. Dieselbe Wirkung ist vom August bis Dezember 1920 zu beobachten, als 4 neue Werke beitraten. In den Zeiträumen vom April bis August 1920 und vom Dezember 1920 bis zum Juni 1921, wo keine neuen Mitglieder hinzukamen, ist ein stärkeres Ansteigen beider Kurven zu beobachten. Zu bemerken ist noch, daß im Juni 1921 bei 87% aller Werke kein Probestab Festigkeitseigenschaften unter der A. S. T. M.-Norm aufwies. Als besonders gute, aber häufig erreichte Werte wurden 36 bis 37 kg/mm² Zugfestigkeit bei über 20% Dehnung angegeben[1]. Die Tatsache, daß heute die Norm auf eine Mindestfestigkeit von 35 kg/mm² bei einer Mindestdehnung von 10% heraufgesetzt werden konnte, und daß die amerikanischen Gießereien diese Werte mit Leichtigkeit erreichen, legt ein beredtes Zeugnis davon ab, wie vorteilhaft der wissenschaftliche Zusammenschluß der Werke und die Offenheit, womit der Amerikaner von seinen Erfahrungen spricht, auf das Gedeihen dieses Industriezweiges sich auswirkt.

In den skandinavischen Ländern wird nur wenig Temperguß erzeugt. Eine kleine Tempergießerei hat schon ums Jahr 1875 in Eskilstuna in Schweden bestanden und etwa 150 t im Jahr aus dem Kupolofen erzeugt[2]. Es folgte im Jahre 1889 die Gründung der Firma A.-B. P. A. Larssons Gjuteri & Aduceringsverk in Eskilstuna. Diese Gießerei erzeugte in einem ölbeheizten Flammofen mit 9 t Einsatz jährlich 1400 t black-heart. Im Jahre 1897 wurde die Firma Norrahammars Bruk gegründet, deren Erzeugung aus dem Tiegel- und Kupolofen heute 600 t weißen Tempergusses im Jahr beträgt. Ein Flammofen ist dort zur Zeit im Bau, mit dem nach seiner Fertigstellung schwarzer Temperguß hergestellt werden soll. Im Jahre 1906 sind zwei Tempergießereien errichtet worden, die A.-B. Järnförädling in Hälleforsnäs und die A.-B. Limhamns Aduceringsverk in Malmö. Die erstere erzeugt heute in 2 mit Kohlenstaub und Öl gefeuerten Flammöfen mit je 10 t Einsatz 2500 t black-heart im Jahr. Letztere stellt jährlich etwa 1500 t Schwarzkernguß in einem kohlenbeheizten Flammofen mit 10 t Fassung her und tempert in Walzsinter.

Nach G. A. Blume[3] bestand im Jahre 1906 in Schweden eine weitere Tempergießerei mit einem Siemens-Martin-Ofen. Ihre jährliche Erzeugung betrug 200 t. Diese Gießerei besteht aber nicht mehr, und in Schweden wird heute kein Temperguß mehr im Siemens-Martin-Ofen erschmolzen. Als letzte Gründung im Jahre 1925 ist die A.-B. Oeverums Bruk in Oeverum anzuführen, die jährlich in einem Flammofen 300 t black-heart herstellt.

---

[1] The Foundry, 15. Juli 1922.

[2] Mitteilung der Sveriges Maskinindustriförening, Stockholm, an die Verfasser.

[3] Blume, G. A., Die Herstellung schmiedbaren Gusses in Schweden. The Foundry 1910, S. 8.

Obgleich in allen schwedischen Gießereien Eisenerz und Walzsinter als Tempermittel verwendet wird, erhalten die Werke Schwarzkernguß als Erzeugnis. Der Grund liegt wohl wie bei der Erfindung Seth Boydens in Amerika darin, daß alle diese Gießereien ausschließlich nur das reine schwefelarme schwedische Holzkohlenroheisen verwenden.

Die auf S. 37 erwähnte Anwendung des Elektroofens zur Herstellung von Temperguß in Arvika blieb auch in Schweden nur ein Versuch. Es ist dort zwar durch Schmelzen und Aufkohlung von Lancashireschrott und Gußeisenspänen ein vorzüglicher Temperguß hergestellt worden. Die hohen Anlagekosten und die nur nachts verhältnismäßig billigen Stromkosten machten den Übergang zum elektrischen Betrieb auch in Schweden unmöglich.

In Norwegen besteht heute keine Tempergießerei, seitdem in Bergen ein kleines Werk im Jahre 1927 stillgelegt wurde. Diese Gießerei hat jedoch mit einem 700 kg-Elektroofen nur eine kurze Zeit gearbeitet.

Die heutige Tempergußerzeugung Skandinaviens kann mit etwa 6300 t im Jahr angenommen werden. Sie verteilt sich auf die in Zahlentafel 2 zusammengestellten Werke.

Zahlentafel 2. Zusammenstellung der schwedischen Tempergießereien[1].

Name der Firma	A.-B. P. A. Larssons Gjuteri & Aduceringsverk	Norrahammars Bruk	A.-B. Järnförädling	A.-B. Limhamns Aduceringsverk	A.-B. Oeverums Bruk
In	Eskilstuna	Norrahammar	Hälleforsnäs	Malmö	Oeverum
Gründungsjahr	1889	1897	1906	1906	1925
Jährl. Erzeugung in t	1400	600	2500	1500	300
Schmelzöfen	1 Flammofen (9 t)	Tiegelofen und Kupolofen[2]	2 Flammöfen (je 10 t)	1 Flammofen (10 t)	1 Flammofen
Brennstoff	Öl und wenig Kohle	Koks	Kohlenstaub und Öl	Kohlen	
Anzahl Temperöfen	3	3	3	3	2
Tempergußart	Black-heart	Weißer Temperguß[3]	Black-heart	Black-heart	Black-heart
Roheisen	Nur schwed. Holzkohlenroheisen		Nur schwed. Holzkohlenroheisen	Nur schwed. Holzkohlenroheisen	Nur schwed. Holzkohlenroheisen
Tempermittel	Eisenerz von Striberg	Eisenerz von Striberg		Walzsinter	

[1] Nach Mitteilung der Sveriges Maskinindustriförening, Stockholm, an die Verfasser.
[2] Ein Flammofen im Bau. [3] Jetzt weißer Temperguß, später black-heart.

II. Wissenschaftliche Grundlagen.

A. Allgemeines. Der Ausdruck „tempern“ stammt von dem lateinischen Zeitwort temperare = mäßigen. Er war spätestens schon vor dem Jahre 1784 in Hüttenwerken gebräuchlich und bedeutet so viel wie eine Sache allmählich oder mäßig erhitzen und ausglühen[1].

Der Zweck des Temperns ist, aus dem zwar gut vergießbaren, aber harten und spröden weißen Gußeisen durch Glühen (Tempern) ein weiches und zähes Erzeugnis herzustellen. Findet das Tempern in annähernd neutraler Umgebung statt (z. B. in Sand), so bezeichnet man das Verfahren als das amerikanische[2] oder auch kurzweg Temperverfahren. Ist die Umgebung dagegen stark oxydierend (z. B. Eisenerz, Hammerschlag), so spricht man vom europäischen[3] oder Glühfrischverfahren. Das Erzeugnis heißt in beiden Fällen Temperguß. Nach dem durch die Art des Herstellungsverfahrens verschiedenen Bruchaussehen macht man beim amerikanischen Temperguß den Unterschied zwischen Schwarzguß und Schwarzkernguß (black-heart), während man den europäischen Temperguß als weißen Temperguß bezeichnet. In den Abb. 13 bis 16 sind Beispiele dieser drei Gußarten wiedergegeben. Der Bruch des Gußstückes der Abb. 14 ist rein schwarz (Schwarzguß). Das in Abb. 15 wiedergegebene Gußstück besitzt einen im Bruch schwarz erscheinenden Kern, der von einer weißen Schicht umgeben ist, die mehr oder weniger tief von der Oberfläche aus ins Innere geht (Schwarzkernguß, black-heart). Den rein weiß erscheinenden Bruch des europäischen Tempergusses zeigt das in Abb. 16 wiedergegebene Gußstück.

Die Bezeichnung des Erzeugnisses mit schmiedbarem Guß ist unzweckmäßig und irreführend, weil dadurch leicht die Vorstellung erweckt wird, der Zweck des Temperns sei die Erzeugung der Schmiedbarkeit. Weitaus die Mehrzahl aller aus Temperguß hergestellten Gegenstände ist im eigentlichen Sinne des Wortes nicht schmiedbar. Tempergußstücke werden nicht hergestellt, um nachträglich eine mechanische Formänderung zu erfahren, ebenso wenig wie der Stahlformguß. Der Temperguß findet vielmehr Anwendung namentlich dort, wo es sich darum handelt, ein

[1] Jakobsen, Joh. Karl Gottfried: Technologisches Wörterbuch, 4. Teil, S. 382. Berlin und Stettin 1784. — Krünitz: Ökonomisch-technologische Enzyklopädie, 182. Teil, S. 39—40. Berlin 1843.

[2] Siehe S. 41ff. (Seth Boyden).

[3] Siehe S. 5ff. (Réaumur).

Werkstück von verwickelten Formen und dünner Wandstärke herzustellen, für welches Gußeisen wegen seiner Sprödigkeit und Flußeisen oder Stahlformguß wegen gießtechnischer Schwierigkeiten nicht verwendet werden können und dessen Formgebung durch Schmieden, Pressen oder Stanzen viel zu teuer oder überhaupt nicht möglich ist. Der Temperguß ist vielmehr ein Ersatz für geschmiedete Stücke.

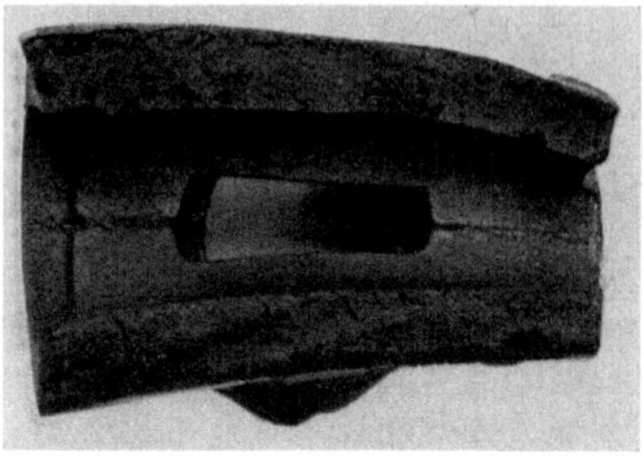

Abb. 14. Gußstück aus Temperguß mit schwarzem Bruch (Schwarzguß).

Weitere Bezeichnungen, die man heute noch ab und zu antrifft, wie Temperstahlguß, Glühstahlguß, Halbstahl, Weichguß usw., sind unzutreffend und daher unbedingt zu verwerfen.

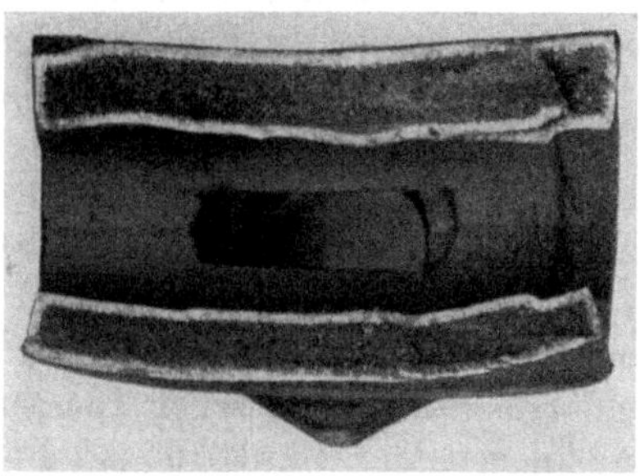

Abb. 15. Gußstück aus Temperguß mit schwarzem Kern und weißer Außenschicht (Schwarzkernguß, black-heart).

Die Eigenschaften des Tempergusses liegen zwischen denen des Graugusses und des Stahlgusses. Im Gegensatz zum Grauguß besitzen Tempergußstücke eine Zähigkeit, die eine weitgehende Hämmerbarkeit und Biegefähigkeit im kalten Zustande zuläßt. Andererseits ist Stahlformguß schmiedbar und weist wesentlich bessere Festigkeitseigenschaften auf. Der Temperguß ist aber dem Stahlformguß dort überlegen, wo es sich darum handelt, sehr verwickelte dünnwandige oder kleine Abgüsse herzustellen, die gleichzeitig zäh und biegsam sein müssen. Außerdem ist die Oberfläche des Tempergusses stets vollkommen glatt und sauber, während das Aussehen der Stahlformgußstücke durch die häufig sehr starken „Pockennarben“ beeinträchtigt werden kann.

Abb. 16. Gußstück aus Temperguß mit weißem Bruch (Weißer Temperguß).

B. Metallographie des Temperrohgusses. Der Ausgangswerkstoff für beide Verfahren ist ein weißes, untereutektisches Gußeisen mit meistens 2,3 bis 3,5% Kohlenstoff. Der gesamte Kohlenstoff ist ausschließlich in gebundener Form als Fe_3C im Eisen enthalten. Das Gefüge besteht demnach stets aus primären Mischkristallen in einer Grundmasse von Ledeburit. Man bezeichnet dieses harte Gußeisen in diesem Falle nicht mit Hartguß, sondern besser mit Temperrohguß, da unter Hartguß allgemein eine andere Gußart, nämlich der Schalenhartguß oder Kokillenguß verstanden wird, der ganz anderen Zwecken dient. Durch das Glühen bei verhältnismäßig hoher Temperatur (800 bis 1000°) wird der bei dieser Temperatur nicht in Lösung befindliche Zementit zerlegt und Temperkohle gebildet.

Die technische Ausführung der Herstellungsverfahren zerfällt also in zwei Arbeitsvorgänge: erstens Abgießen des Modells in hartem Weiß-

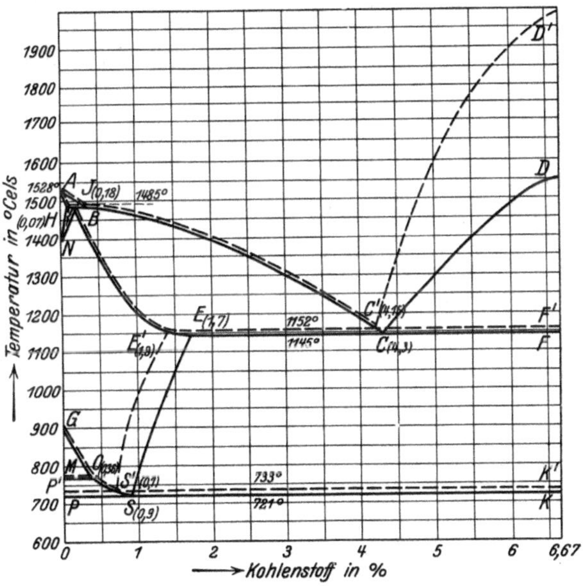

Abb. 17. Das Eisen-Kohlenstoff-Diagramm.

eisen, zweitens Tempern oder Glühfrischen des Rohgusses während 40 bis 90 Stunden bei 800 bis 1000° in luftdicht abgeschlossenen Glühtöpfen.

Um sich über die Vorgänge beim Tempern Klarheit zu verschaffen, ist es zunächst erforderlich, an Hand des Eisen-Kohlenstoff-Diagrammes die Veränderungen zu verfolgen, die der Temperrohguß beim Abkühlen und Wiedererhitzen durchläuft. Die ausgezogenen Linien der Abb. 17 mit den Buchstaben *ABC* usw. beziehen sich auf das metastabile System Eisen-Eisenkarbid, die gestrichelten Linien mit den Buchstaben *C'D'E'* usw. auf das stabile System Eisen-Graphit. In reinen Eisen-Kohlenstofflegierungen wird der vollständig stabile Zustand nur selten und nur unter besonderer Wärmebehandlung erreicht, weil darin der Karbidzerfall sehr träge vor sich geht. Ihre Umwandlungen verlaufen deshalb in der Regel nach dem System Eisen-Eisenkarbid.

Es ist aber nun bekannt, daß das Silizium die Bildung des Zementits erschwert und die des Graphits begünstigt. Die Anwesenheit von Silizium beschleunigt den Karbidzerfall. Je höher der Siliziumgehalt der Eisen-Kohlenstofflegierung ist, desto rascher geht der Karbidzerfall vor sich und desto leichter und vollständiger wird der stabile Zustand erreicht. In dem von Maurer entworfenen, in Abb. 18 wiedergegebenen Gußeisendiagramm[1] kommt die Wirkung des Siliziumgehaltes auf das Gefüge von Gußeisen mit verschiedenen Kohlenstoffgehalten klar zum Ausdruck. Die Zusammensetzung des Temperrohgusses muß in jedem Falle links von der Linie 4,2% C und 2% Si liegen.

Der Temperrohguß, dessen Kohlenstoffgehalt, wie erwähnt, etwa zwischen 2,3 und 3,5% liegt, enthält etwa 1,20 bis 0,45% Silizium. Der Siliziumgehalt kann nach dem Maurerschen Diagramm desto höher sein,

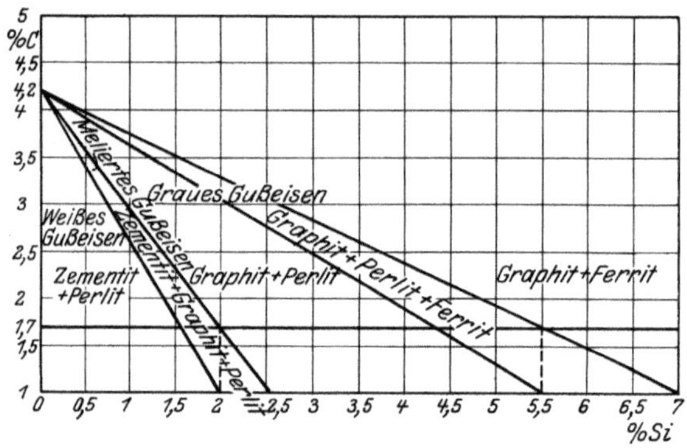

Abb. 18. Das Gußeisen-Diagramm (nach Maurer).

je niedriger der Kohlenstoffgehalt ist. Er wird so gewählt, daß der Rohguß entsprechend der Wandstärke des Formstückes zwar noch weiß erstarrt, daß er aber auch die Karbidzerlegung beim Tempern begünstigt. Er darf deshalb einerseits nicht so hoch sein, daß Graphit entsteht, und andererseits soll er aber hoch genug sein, um den Zerfall der Karbide beim Glühen möglichst zu beschleunigen.

Die Graphitbildung hängt aber auch von der Erstarrungsgeschwindigkeit ab, d. h., je stärker ein Gußstück und je höher die Giertemperatur ist, desto langsamer wird das Erstarrungsintervall durchlaufen und desto leichter scheidet sich Graphit ab. Es ist daher klar, daß der Siliziumgehalt mit steigender Wandstärke abnehmen muß.

Die Erstarrung und Abkühlung des Temperrohgusses verläuft also in allen Fällen vollkommen nach dem metastabilen System Fe-Fe_3C.

Verfolgt man die Vorgänge bei der Abkühlung einer weiß erstarrenden reinen Eisen-Kohlenstofflegierung mit beispielsweise 3% Kohlenstoff an Hand der Abb. 19, deren Schmelzüberhitzung im Punkte P 1400° be-

[1] Kruppsche Monatshefte 1924, S. 115.

tragen möge, so beginnt bei etwa 1300°, beim Punkte *X*, die Abscheidung von voreutektischen Mischkristallen, deren Gehalt an Kohlenstoff, dem Punkte *X'* entsprechend, etwa 0,6% beträgt. Mit weiter sinkender Temperatur nimmt die Abscheidung von Mischkristallen stetig zu, während gleichzeitig die ausgeschiedenen und sich weiter ausscheidenden Mischkristalle entsprechend der Linie *X'E* sich mit Kohlenstoff anreichern, bis sie bei etwa 1145°, dem Punkte *E* entsprechend, eine Konzentration von 1,7% Kohlenstoff angenommen haben. Infolge der dauernden Ausscheidung dieser sehr niedrig gekohlten Eisenkristalle ist inzwischen der

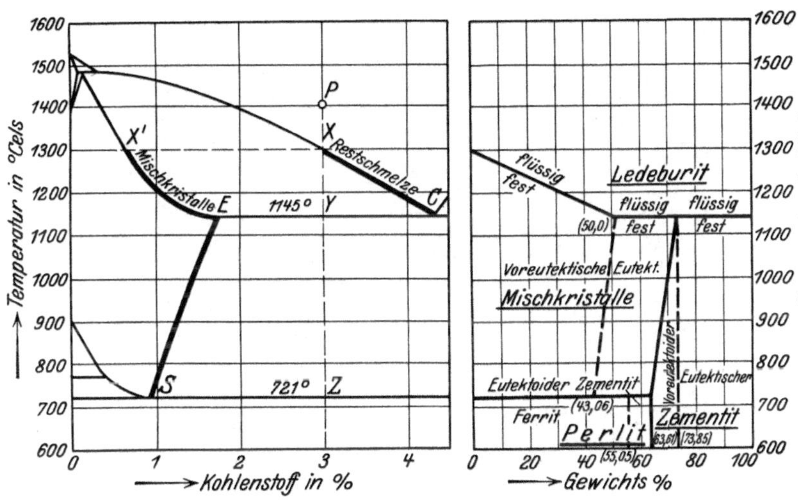

Abb. 19. Teildiagramm des metastabilen Systems Eisen-Eisenkarbid und graphische Darstellung der Mengenverhältnisse der Gefügebestandteile in Gewichtsprozent.

Kohlenstoffgehalt der verbleibenden Restschmelze nach der Linie *XC* immer höher geworden, bis schließlich bei Erreichung der Temperatur *EC* = 1145° diese Restschmelze einheitlich zu dem Mischkristall-Zementit-Eutektikum oder Ledeburit erstarrt mit einem Kohlenstoffgehalt von 4,3%. Bei der Erstarrungstemperatur besteht demnach das Eisen aus Mischkristallen mit 1,7% Kohlenstoff und Ledeburit mit 4,3% Kohlenstoff. Der Ledeburit ist seinerseits wieder eine Mischung ebenfalls von Mischkristallen (eutektische Mischkristalle) mit 1,7% Kohlenstoff und Zementit (eutektischer Zementit) mit 6,67% Kohlenstoff. Das Mischungsverhältnis beider Komponenten ist konstant und ergibt stets 4,3% Gesamtkohlenstoff.

Bei weiterer Abkühlung unter 1145° sind sowohl die voreutektischen (nach *X'E*), als auch die eutektischen (bei *C*) abgeschiedenen Mischkristalle nicht fähig, ihren Kohlenstoffgehalt von 1,7% in Lösung zu halten. Sie sind übersättigt und geben mit sinkender Temperatur, entsprechend der Linie *ES*, ihren überschüssigen Kohlenstoffgehalt in Form von Zementit voreutektoider Zementit) ab, bis sie beim Punkte $Z = 721°$ die Konzentration S von 0,9% Kohlenstoff erreicht haben. Die Legierung erfährt daher von 1145° bis 721° eine Entkohlung der Mischkristalle und eine entsprechende Anreicherung an Zementit.

Bis 721° befindet sich der in den Mischkristallen befindliche Kohlenstoff im γ-Eisen in Lösung. Bei dieser Temperatur findet nun aber die Umwandlung des über dieser Temperatur stabilen und für Kohlenstoff löslichen γ-Eisens in α-Eisen statt, dessen Löslichkeit für Kohlenstoff praktisch gleich Null ist. Bei Unterschreitung der Wagerechten durch S scheidet sich also im Punkte Z der Kohlenstoff sämtlicher Mischkristalle ebenfalls in Form von Zementit (eutektoider oder perlitischer Zementit)

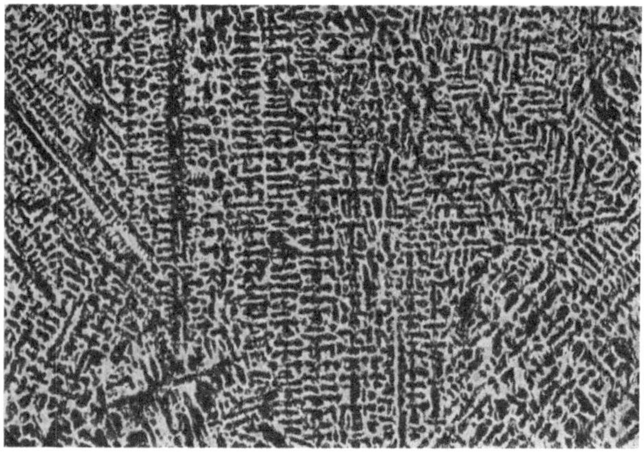

Abb. 38. Temperrohguß (Reihe C) mit 3,71% Kohlenstoff und 0,39% Silizium in Kokille gegossen. (Vgl. Abb. 22 auf Tafel I.)

aus und bildet mit dem kohlenstoffreien α-Eisen oder Ferrit das Eutektoid Perlit. Im Perlit sind die beiden Bestandteile Ferrit mit praktisch 0% Kohlenstoff und Zementit mit 6,67% Kohlenstoff in feinen Blättchen wechselweise nebeneinander gelagert, weshalb man von feinstreifigem oder lamellarem Perlit spricht. Das Mischungsverhältnis ist konstant und ergibt stets 0,9% Kohlenstoff.

Wir finden also im Temperrohguß (abgesehen von Sulfiden, Phosphiden und Schlackenteilchen, die als Verunreinigungen zu betrachten sind) nur zweierlei Gefügebestandteile, nämlich Perlit und Zementit. Das mengenmäßige Verhältnis von Perlit und Zementit ist abhängig vom Gesamtkohlenstoffgehalt des Rohgusses. Je höher der Kohlenstoffgehalt ist, desto mehr Zementit enthält der Rohguß. Dies kommt in den Aufnahmen der Abb. 20, 21 und 22 (Tafel I) zum Ausdruck, die in Sand gegossenen Probestücken mit 2,26, 2,72 und 3,71% Kohlenstoff entnommen sind. Durch Guß in Kokille, also durch raschere Abkühlung, wird naturgemäß zwar die Menge des Zementits nicht verändert, doch tritt eine Verfeinerung der ausgeschiedenen Zementitkörner ein. Abb. 38 zeigt das

Schliffbild eines Probestückes derselben Schmelze wie Abb. 22, das jedoch nicht in Sand, sondern in Kokille gegossen war.

Bei diesen Vorgängen ist nun noch zu beachten, daß ein Siliziumzusatz die Lösungsfähigkeit des flüssigen Eisens für Kohlenstoff herabsetzt. Dadurch rückt der Ledeburit- und Perlitpunkt zu niedrigeren Kohlenstoffgehalten. Alle Linien und Konzentrationspunkte erfahren eine desto größere Verschiebung nach links, je höher der Siliziumgehalt ist. Die Abb. 39 zeigt das nach den bisherigen Forschungsergebnissen aufgestellte Teildiagramm der Eisen-Kohlenstofflegierungen mit 1% Silizium. Aus dem Diagramm ist die Verschiebung der *ES*- und *E'S'*-Linie abzulesen. In Abb. 40 ist die von Hayes und Wakefield[1] festgestellte Abnahme des Kohlenstoffgehaltes des Perlits in Abhängigkeit vom Siliziumgehalt eingezeichnet.

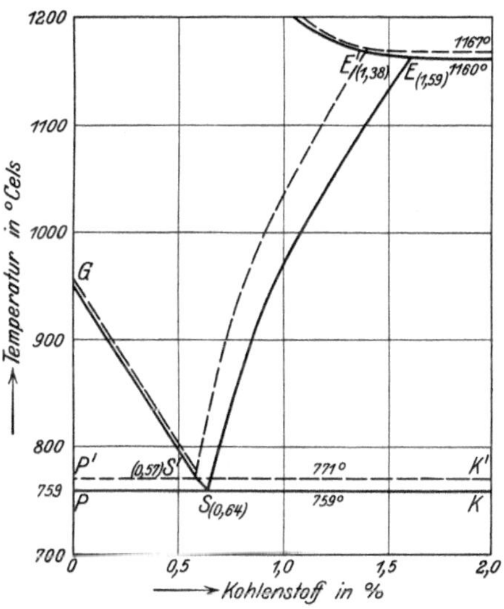

Abb. 39. Teildiagramm der Eisen-Kohlenstoff-Legierungen mit 1% Silizium (nach Arbeiten von Gontermann, Scholz, Honda und Murakami, Hayes und Wakefield).

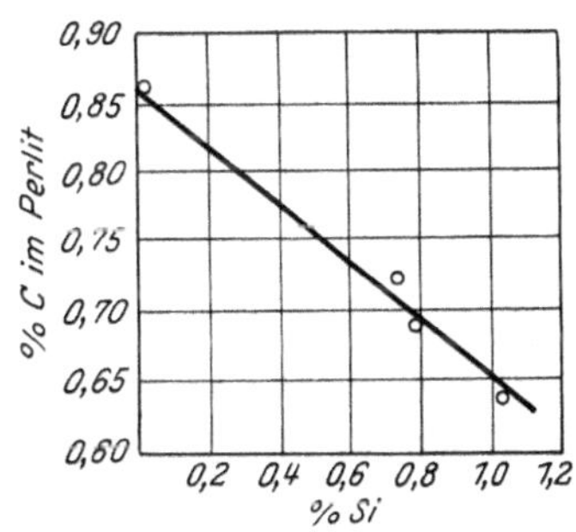

Abb. 40. Abnahme des Kohlenstoffgehaltes des Perlits mit zunehmendem Siliziumgehalt (nach Hayes und Wakefield).

Der Perlitpunkt eines Temperrohgusses mit 2,70% Kohlenstoff und 0,70% Silizium wurde beispielsweise bei 742°, bei einem solchen mit 2,35% Kohlenstoff und 1,10% Silizium bei 760° ermittelt. Die Kenntnis der jeweiligen Lage des Perlitpunktes ist wichtig für die Durchführung des Tempervorganges.

C. Umwandlungsvorgänge beim Glühen. Bei der Betrachtung der Vorgänge beim Tempern handelt es sich bei beiden Verfahren zunächst um eine Wiedererhitzung des Rohgusses auf Glühtemperatur, also auf 800 bis 1000°, die in der Praxis im allgemeinen 40 bis 90 Stunden gehalten wird und dann um eine der Art des Gusses angepaßte Abkühlung. Bei Überschreitung der Linie *PSK* (Abb. 17) geht der perlitische Zementit der Mischkristalle wieder in Lösung. Mit weiter steigender Temperatur nehmen die

[1] The Foundry Trade J., 5. Nov. 1925, S. 389—390.

γ-Mischkristalle infolge ihrer erhöhten Lösungsfähigkeit immer größere Mengen an Kohlenstoff wieder auf, entsprechend der Linie *SE*. Nimmt man als Beispiel eine Glühtemperatur von 950° an, so stellt sich im Laufe der Zeit das Gleichgewicht des metastabilen Systems ein: γ-Mischkristalle der Konzentration *U*, bei reinen Eisen-Kohlenstofflegierungen gleich etwa 1,4% Kohlenstoff, Rest Karbide Fe_3C (Abb. 41). Unter der zeitlichen Einwirkung der gleichbleibenden Temperatur zerfallen nun diese Karbide in Temperkohle und Mischkristalle, d. h. der Rohguß geht bei Anwesenheit von genügend Silizium vom metastabilen Zustand in den stabilen Zustand über. Dieser Vorgang findet desto rascher und vollständiger statt, je höher der Siliziumgehalt und je niedriger der Kohlenstoffgehalt ist. Mit dem Zerfall des Zementits, d. h. mit dem Eintritt in das stabile System, sinkt aber auch gleichzeitig die Lösungsfähigkeit des γ-Eisens für Kohlenstoff, und zwar bei der Glühtemperatur von 950° vom Punkte *U* nach dem Punkte *V*, also von etwa 1,4% auf etwa 0,9%. Der überschüssige Kohlenstoff der Mischkristalle wird ebenfalls als Temperkohle an die als Keime wirkenden Temperkohleflocken des zerfallenen Zementits abgegeben. Ist dieser Gleichgewichtszustand erreicht, so hat ein weiteres Verweilen auf Glühtemperatur keinen Sinn mehr, sofern man schwarzen Temperguß erzeugen will, also nicht gleichzeitig auch eine Entkohlung bezweckt. Vor der Abkühlung besteht der Guß also ausschließlich aus γ-Mischkristallen von etwa 0,9% Kohlenstoff mit eingelagerter Temperkohle.

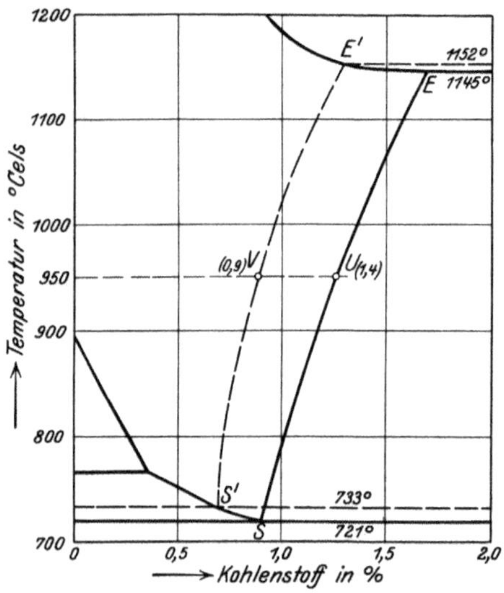

Abb. 41. Teildiagramm der reinen Eisen-Kohlenstoff-Legierungen bis 2% Kohlenstoff.

Die Geschwindigkeit des Karbidzerfalles und der Einstellung des Gleichgewichtes ist abhängig erstens von der chemischen Zusammensetzung des Rohgusses, insbesondere von der Höhe des Siliziumgehaltes, und zweitens von der Höhe der Glühtemperatur. Daß sich der Gleichgewichtszustand desto rascher einstellt, je höher der Siliziumgehalt ist, geht aus der Abb. 42 und aus den Schliffbildern Abb. 23 bis 31 (Tafel I) hervor. Die Kurven der Abb. 42 sind von den Verfassern auf Grund metallographischer Beobachtung und Schätzung des Zementit- bzw. Temperkohlegehaltes aufgestellt worden, denn durch die chemische Analyse sind diese Werte außerordentlich schwer zu erfassen. Der Rohguß zu den drei Versuchsreihen enthielt:

Reihe	C	Si	Mn	S
A	2,26	1,22	0,19	0,063
B	2,72	0,73	0,18	0,059
C	3,71	0,39	0,20	0,065

Ferner wurde zu denselben Versuchen der Schwefelgehalt erhöht, dessen Einfluß auf den Temperguß später noch eingehender besprochen wird. Die Versuchsreihen enthielten:

Reihe	C	Si	Mn	S
A′	2,19	1,17	0,17	0,310
B′	2,50	0,66	0,19	0,286
C′	3,65	0,43	0,14	0,380

Der Phosphorgehalt betrug bei allen Proben etwa 0,08%.

Die Versuche erfolgten unter dem Gesichtspunkt der Praxis, daß der Siliziumgehalt desto höher sein darf, je niedriger der Kohlenstoffgehalt ist (Maurers Diagramm). Der Zeitaufwand zur Erzielung des vollkommen stabilen Gleichgewichtes ist hier also nicht abhängig vom Siliziumgehalt allein, sondern auch vom Kohlenstoffgehalt, denn bei der Reihe *A* sind ja bedeutend weniger Karbide zum Zerfall zu bringen als bei der Reihe *C*. Als Glühtemperatur wurde 950° gewählt. Die Proben von 10 mm Drm. und 25 mm Länge kamen in den auf diese Temperatur eingestellten Ofen und wurden in verschiedenen Zeitabständen in kaltem Wasser abgeschreckt. Nun wurde der Zeitpunkt beobachtet, bei dem der Punkt *U* erreicht, d. h. so viel Zementit verschwunden (gelöst) war, ohne daß sich Temperkohle zeigte. Dieser Zementitgehalt gilt in dem Kurvenblatt Abb. 42 als 100%. Die Stufen bis herab zu 0% Zementit = 100% Temperkohle waren nicht allzu schwer abzuschätzen. Aus der Abbildung erkennt man nun, wie rasch sich das Gleichgewicht eines niedriggekohlten, hochsilizierten Rohgusses einstellt und welcher Aufwand an Zeit (und damit an Brennstoff) erforderlich ist, einen hochgekohlten, niedrigsilizierten Rohguß bei derselben Temperatur zu graphitisieren[1]. Die in den Abb. 20, 21 und 22 (Tafel I) wiedergegebenen Aufnahmen zeigen das Gefüge des unbehandelten Rohgusses der Reihen *A*, *B* und *C*. In den Schliffbildern der Abb. 23, 24 und 25 (Tafel I) ist zwar schon so viel Zementit gelöst, daß die Konzentration ungefähr dem Punkte *U* (Abb. 41) entspricht, wobei es aber noch nicht zur Abscheidung von Temperkohle gekommen ist. Dieser Zementitgehalt ist mit 100% angenommen worden. Die Einstellung des Punktes *U* erforderte bei der *A*-

[1] Die Verfasser sind sich der Abneigung, den dieser aus dem amerikanischen und englischen Schrifttum übernommene Ausdruck bei den Lesern finden wird, wohl bewußt. In Ermangelung eines besseren Wortes soll jedoch der den Vorgang gut treffende einfache Ausdruck im folgenden Anwendung finden. Unter dem Ausdruck „graphitisieren“ oder „Graphitisation“ soll die Abscheidung von elementarem Kohlenstoff verstanden sein, unabhängig von seiner metallographischen Entstehungsweise.

Reihe etwa 1 Stunde, bei der *B*-Reihe 6 Stunden, bei der *C*-Reihe 16 Stunden. In den Abb. 26, 27 und 28 (Tafel I) ist die Menge des noch nicht zerfallenen Zementits auf 80% und die ausgeschiedene Temperkohle auf 20% geschätzt worden. Dieser Zustand war bei der *A*-Reihe nach 2 Stunden, bei der *B*-Reihe nach 10 Stunden und bei der *C*-Reihe nach 24 Stunden erreicht. In den Abb. 29, 30 und 31 (Tafel I) ist das völlige Gleichgewicht beim Punkte *V* eingetreten, bei welchem das Gefüge ausschließlich aus Mischkristallen und Temperkohle besteht, wozu bei Reihe *A* 4 Stunden, bei Reihe *B* 16 Stunden und bei Reihe *C* 60 Stunden erforderlich waren. Die Abb. 43 zeigt als Beispiel die 1000fache Vergrößerung einer der von 950° abgeschreckten, im Gleichgewicht befindlichen Legierungen. Man erkennt hier deutlich, daß die Temperkohle in ein homogenes Gefüge von sehr feinkristallinen Martensitnadeln eingebettet ist.

Durch eine Erhöhung des Schwefelgehaltes der Legierungen *A*, *B* und *C* auf etwa den fünffachen Betrag (der allerdings in der Praxis einem

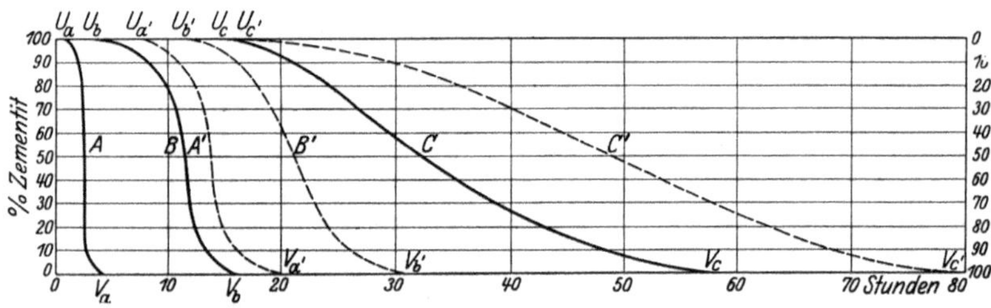

Abb. 42. Einfluß des Silizium- und Schwefelgehaltes auf die Geschwindigkeit des Karbidzerfalls bei 950°.

gewissen Höchstwert entspricht) wird der Zerfall bei allen Proben stark verzögert. Wie aus den gestrichelten Linien der Abb. 42 zu erkennen ist, sind zur Erzielung des Punktes *V* bei Reihe *A'* statt 4 st nun 20 st, bei Reihe *B'* statt 16 st 30 st und bei Reihe *C'* statt 60 st 80 st erforderlich. Betrachtet man das Verhältnis der Zeiten, welche die schwefelreichen und schwefelarmen Legierungen zur *V*-Einstellung benötigen, so erkennt man eine sinkende Tendenz. Denn es ist $\frac{A'}{A} = 5$, $\frac{B'}{B} = \backsim 2$, $\frac{C'}{C} = 1{,}3$, d. h. bei Legierungen mit hoher Zerfallgeschwindigkeit wirkt der Schwefel viel stärker verzögernd als bei Legierungen, deren Karbidzerfall an sich schon außerordentlich träge vor sich geht. (Über den Einfluß des Schwefels s. S. 74ff.)

Die Größe der aus dem Zerfall der ledeburitischen und voreutektoiden Karbide bei der Glühtemperatur entstandenen Temperkohleflocken ist von der Ausbildung der Karbide des Rohgusses unabhängig. Bei einer und derselben Temperatur geglüht und von dieser Temperatur abgeschreckt hatten nach den Versuchen der Verfasser sowohl die aus den dicken Zementiteinlagerungen des in Sand gegossenen Rohgusses, als auch die aus den viel feiner ausgebildeten Karbiden des in Kokille gegossenen Weißeisens entstandenen Temperkohleflocken, ungefähr dieselben Abmessungen. Es ist aber von den Verfassern festgestellt worden, daß sich die Temperkohle um so feiner abscheidet, je höher die Glühtemperatur ist. Die Abb. 32, 33 und 34 (Tafel I) sind ungeätzten Schliffen der bei 800° geglühten und von dieser Temperatur abgeschreckten Rohgußstücke der Reihen *A*, *B* und *C* entnommen, während die Abb. 35, 36 und 37 (Tafel I) die Schliffe von Proben sind, die nach einer Glühung bei 1050° abgeschreckt waren. Der Unterschied in der

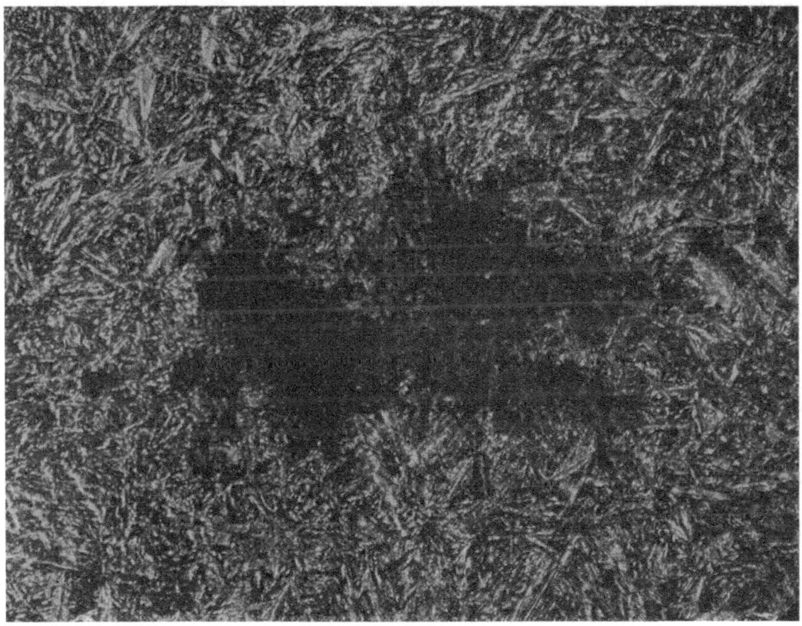

Abb. 43. Stabiles Gleichgewicht eines Temperrohgusses mit 2,26% Kohlenstoff und 1,22% Silizium (Reihe *A*) bei 950°. Stärkere Vergrößerung aus Abb. 29.

Ausbildung der Temperkohle ist offensichtlich. Dabei war es gleichgültig, ob die Proben kürzer oder länger über den völligen Zerfall der Karbide hinaus geglüht und ob sie rasch oder langsam auf die Glühtemperatur erhitzt worden waren.

Diese Beobachtung findet ihre Erklärung durch die Arbeiten von Ruer und Iljin[1]. Nach den Ergebnissen dieser Forscher besteht nämlich oberhalb 800° ein Temperaturgebiet, in welchem zwar sich abscheidende Temperkohlekeime nicht wachsen können, in dem aber desto mehr Keime entstehen, je höher die Temperatur liegt. Unter 800° findet dagegen nur eine sehr träge Keimbildung statt. Die Wachstumsgeschwindigkeit der

[1] Ruer u. Iljin: Met. 1911, 8. Jg., Heft 4, S. 97—101.

zur Abscheidung kommenden wenigen Keime nimmt aber in diesem Temperaturgebiet erhebliche Werte an. Auf die Versuchsergebnisse der Verfasser angewendet, bei welchen zu beachten ist, daß durch die Eisenbegleiter die Temperaturen etwas nach oben verschoben sind, zerfällt also bei der hohen Temperatur von 1050° trotz des noch festen Zustandes des Metalls der aus den Karbiden abgeschiedene freie Kohlenstoff in eine dem Gesamtkohlenstoffgehalt des Rohgusses entsprechend große Zahl von sehr kleinen Teilchen. Bei der niedrigen Temperatur von 800° schließt sich dagegen an nur wenigen Keimpunkten der freie Kohlenstoff zu dicken Flocken zusammen. Aus den Abb. 32, 33 und 34 (Tafel I) ist außerdem noch zu erkennen, daß die Temperkohleflocken bei niedrigem Kohlenstoffgehalt fein verästelt sind und daß sie sich mit steigendem Kohlenstoffgehalt immer mehr zu kugeligen Einlagerungen zusammenballen.

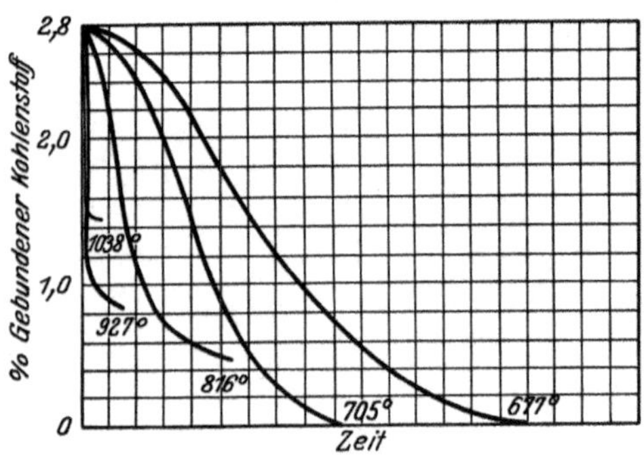

Abb. 44. Geschwindigkeit des Karbidzerfalls in Abhängigkeit von der Glühtemperatur (nach H. A. Schwartz).

Die Beschleunigung des Karbidzerfalls und der Einstellung des Gleichgewichts durch Erhöhung der Glühtemperatur ist aus der von H. A. Schwartz[1] aufgestellten schematischen Abb. 44 ersichtlich. In das Diagramm, auf dessen Ordinate der gebundene Kohlenstoff in Prozenten aufgetragen ist, und dessen Abszisse die einer bestimmten chemischen Zusammensetzung entsprechende Zeit enthält, sind die Kurven von fünf verschiedenen Glühtemperaturen bis zur Einstellung des Gleichgewichtes bei dieser Temperatur eingezeichnet. Je höher die Glühtemperatur ist, desto rascher geht der Zerfall vor sich. Die Kurven stellen nur Vergleichswerte dar, sie sollen keine quantitative Aufklärung geben.

Bis zur Einstellung des Gleichgewichtes bei der Glühtemperatur sind die Vorgänge beim schwarzen und weißen Temperguß dieselben, nur daß sich infolge seines höheren Siliziumgehaltes der Schwarzkernrohguß rascher und leichter auf das Gleichgewicht einstellt als der Weißkernrohguß, und daß beim Tempern auf weißen Guß an der Oberfläche Entkohlung eintritt. Bei der Abkühlung gehen jedoch die beiden Gußarten verschiedene Wege. Zunächst sollen die Abkühlungsvorgänge des schwarzen Tempergusses betrachtet werden.

Vom Punkte V (Abb. 41, S. 56), bei dem die Eisen-Kohlenstoff-Legierungen nur aus γ-Mischkristallen mit etwa 0,9% Kohlenstoff und Temperkohle bestehen, scheiden nun die Mischkristalle entsprechend der Linie VS' eben-

[1] Schwartz, H. A.: S. 66, Abb. 36, vgl. Fußnote 1 S. 42.

falls wieder ihren überschüssigen Kohlenstoff als Temperkohle ab, bis sie im Punkte S' die eutektoide Konzentration von 0,7% Kohlenstoff besitzen. Wird nun der Umwandlungspunkt bei S' genügend langsam durchlaufen, so zerfallen hier die Mischkristalle (d. h. die gesamte metallische Grundmasse) in das Eutektoid aus Ferrit und winzigen Temperkohleknötchen (Graphiteutektoid). Letztere schließen sich ebenfalls zum Teil an die schon vorhandenen als Keimpunkte wirkenden Temperkohleflocken an. Zum Teil kommt jedoch die aus den Mischkristallen sich abscheidende Temperkohle auch als selbständige Einlagerung in Form kleiner Knötchen zur Ausbildung. Die Abb. 45 eines normalen Schwarzgusses zeigt neben den

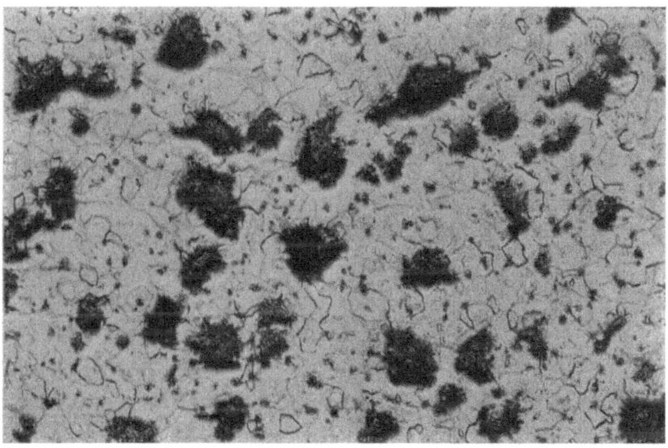

Abb. 45. Schwarzguß, rein ferritisch, mit groben, dem ledeburitischen Zementit und feinen, den γ-Mischkristallen entstammenden Temperkohleflocken.

aus dem Zementit stammenden dicken Temperkohleflocken die feinen Knötchen der zerfallenen Mischkristalle. Geht die Abkühlung jedoch zu schnell vor sich, so daß die γ-Mischkristalle nicht genug Zeit haben, ihren überschüssigen Kohlenstoff nach der Linie VS' als Temperkohle abzugeben, so verläuft die Abkühlung zwischen den Linien ES und $E'S'$. Das bedeutet aber, daß sich beim Übergang vom γ- zum α-Eisen nicht das Graphiteutektoid, sondern ganz oder teilweise das Zementiteutektoid abscheidet, d. h., es entsteht neben Ferrit auch mehr oder weniger Perlit.

Die Anwesenheit von Perlit ist im schwarzen Temperguß jedoch im allgemeinen unerwünscht. Seine Zähigkeit beruht in erster Linie auf einer rein ferritischen Grundmasse. Ist in größeren Mengen Perlit vorhanden, so sinkt mit zunehmender Menge die Dehnung. Man vermeidet die Entstehung von Perlit in der Praxis dadurch, daß die Temperatur vor der endgültigen Abkühlung noch eine Reihe von Stunden wenig unterhalb Ar_1, wie allgemein der Perlitpunkt bei der Abkühlung bezeichnet wird, also auf etwa 730° gehalten wird, um mit Sicherheit alle Mischkristalle in Ferrit und Temperkohle zu verwandeln.

Die metallographischen Vorgänge, die sich vom Vergießen des Rohgusses bis zum fertig geglühten Schwarzguß abspielen, sind in Abb. 46 schematisch dargestellt. Die Zeit ist auch hier wieder nicht in einem einheitlichen Maßstab aufgetragen. Zur bildlichen Darstellung mußte die nur wenige Minuten erfordernde Abkühlung des Rohgusses auseinander-, die mehrere Tage dauernde Temperung aber zusammengezogen werden. Das Diagramm enthält oben die Temperatur-Zeit-Kurven. Unten sind die bei diesen Temperaturen miteinander im Gleichgewicht stehenden Gefügebestandteile in Gewichtsprozent eingetragen, und in der Mitte ist die jeweilige Kohlenstoffkonzentration der Mischkristalle angegeben. In

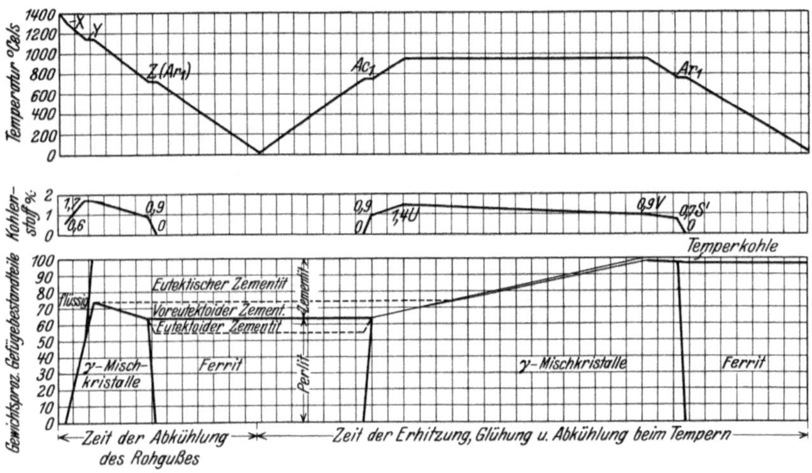

Abb. 46. Schematische Darstellung der metallographischen Vorgänge bei der Abkühlung des Temperrohgusses und beim Tempern auf Schwarzguß.

dem Diagramm ist der Einfluß des Siliziums auf die Temperaturen und Konzentrationen nicht berücksichtigt worden, da zu viele Möglichkeiten bestehen, als daß ein bestimmter Fall herauszugreifen wäre, und außerdem sind die Punkte noch nicht einwandfrei festgestellt. Das Diagramm gilt für eine reine Eisen-Kohlenstoff-Legierung mit 3% Kohlenstoff unter der Annahme, daß am Ende der Glühzeit alle Karbide zerfallen sind.

D. Entkohlungsvorgänge beim Glühfrischen. Wenden wir uns nun dem Entkohlungsvorgang beim weißen Temperguß zu, so haben wir uns zu vergegenwärtigen, daß in diesem Falle der Rohguß in Oxyde des Eisens (Eisenerz, Hammerschlag) als Tempermittel eingepackt und mit diesen auf die Glühtemperatur gebracht wird. Es entsteht die Frage: Wie geht neben dem oben beschriebenen allmählichen Zerfall des ledeburitischen und voreutektoiden Zementits in Temperkohle und Mischkristalle die Entkohlung an der Oberfläche der Gußstücke vor sich?

Beim Glühfrischen ist der Hauptträger der Reaktion die Gasphase. Wüst[1] wies nach, daß im Glühofen räumlich voneinander getrennt Eisenoxyd auf Gußeisen ebenso gut entkohlend einwirkte, wie wenn es sich in Berührung mit dem Gußeisen befand. Nach den Untersuchungen von Becker[2] und Stotz[3] ist es auch möglich, als Frischmittel ein Gasgemisch aus CO und CO_2 zu verwenden. Bei Laboratoriumsversuchen mit einem Gemisch von beispielsweise 50% CO und 50% CO_2 wurde eine weitgehende Entkohlung erzielt. Die Bedingungen, durch welche der Kohlenstoff zum Teil entfernt, zum Teil als Temperkohle abgeschieden wird, sind erst durch die Forschungen Schencks[4] und seiner Mitarbeiter der Aufklärung nähergebracht worden. Diese Forscher haben die Reduktions-, Oxydations- und Kohlungsvorgänge beim Eisen planmäßig verfolgt und die Ergebnisse in Diagrammen zusammengestellt. Zum Verständnis der Reaktionen und Gleichgewichtsbedingungen, die beim Glühfrischen eintreten, ist es notwendig, zunächst auf diese grundlegenden Arbeiten näher einzugehen.

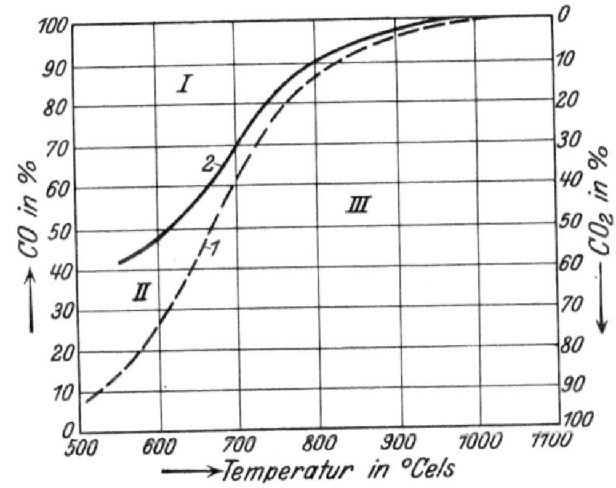

Abb. 47. Gleichgewichtskurven der Gase CO und CO_2 in Gegenwart von freiem Kohlenstoff und Eisenkarbid (nach Schenck).

Jedes technische Tempern findet in einer Atmosphäre statt, die aus den Oxydationserzeugnissen des Kohlenstoffes besteht. In Abb. 47 bedeuten *1* und *2* die Linien, bei welchen sich die Gasphase ($CO + CO_2$) im Gleichgewicht mit freiem Kohlenstoff oder Eisenkarbid befindet. Bei Linie *1* besteht ein Gleichgewicht nach der Formel

$$2\,CO \leftrightarrows C + CO_2\,. \tag{1}$$

Oberhalb der Linie verläuft die Umsetzung von links nach rechts, d. h., das Gasgemisch wirkt kohlend. Unterhalb derselben verläuft die Reaktion von rechts nach links, d. h., die Gase wirken entkohlend. Die Linie *2* gibt in entsprechender Weise das Gleichgewicht an nach der Formel

$$2\,CO + 3\,Fe \leftrightarrows Fe_3C + CO_2\,. \tag{2}$$

Oberhalb der Linie verläuft die Reaktion von links nach rechts, also kohlend, unterhalb derselben von rechts nach links, also entkohlend.

[1] Mitt. Eisenhüttenmänn. Inst. Aachen (1908), 2, S. 113.
[2] Metallurgie 1910, S. 41. [3] Ferrum 1916, S. 33.
[4] Z. anorg. u. allg. Chem. Bd. 164, S. 145—185 u. 313—325. 1927; Bd. 166, S. 113—154. 1927; Bd. 167, S. 254—314 u. 315—328. 1927.

Die Glühung des Eisens kann demnach in drei Gebieten stattfinden:

1. Oberhalb der Linie 2: Hier gelten die Umsetzungen

$$2\,CO \rightarrow C + CO_2$$

und

$$2\,CO + 3\,Fe \rightarrow Fe_3C + CO_2\,,$$

d. h., es findet eine Aufkohlung bis zur Sättigung des Eisens statt. Der weitere Überschuß an CO zerfällt in Kohlenstoff und Kohlensäure.

2. Zwischen den Linien *1* und *2*: Hier verlaufen die Reaktionen in folgender Richtung:

$$2\,CO \rightarrow C + CO_2$$

und

$$Fe_3C + CO_2 \rightarrow 2\,CO + 3\,Fe\,.$$

Es ergibt sich daraus aber die Endreaktion

$$Fe_3C \rightarrow 3\,Fe + C\,.$$

In diesem Gebiete findet also weder Aufkohlung, noch Entkohlung, sondern nur die Zerlegung des Eisenkarbides in Eisen und Kohlenstoff statt. Es ist das Gebiet der Entstehung des schwarzen Tempergusses.

3. Unterhalb der Linie *1*: Hier stellen sich die Reaktionen ein:

$$C + CO_2 \rightarrow 2\,CO$$

und

$$Fe_3C + CO_2 \rightarrow 2\,CO + 3\,Fe\,.$$

In diesem Gebiete wird sowohl der freie Kohlenstoff, als auch der des Eisenkarbids durch den Überschuß an Kohlensäure vergast. Es enthält also die Bedingungen zur Entstehung des weißen Tempergusses, und die Entkohlung wird desto rascher vor sich gehen, je weiter die Gaskonzentration von der Linie *1* entfernt liegt.

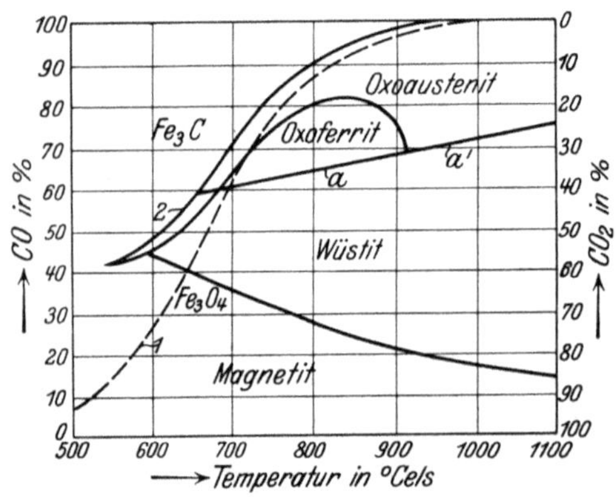

Abb. 48. Gleichgewichtskurven der Gase CO und CO_2 in Gegenwart von Kohlenstoff, Eisen und den Oxyden des Eisens (nach Schenck).

In Abb. 48 sind ferner die von Schenck gefundenen Linien für die Gleichgewichte zwischen der Gasphase, dem Eisen und den Oxyden des Eisens eingetragen. Als „Oxoferrit" werden die festen Lösungen von FeO mit Fe bezeichnet. „Oxoaustenit" heißen die festen Lösungen von Kohlenstoff mit Oxoferrit. Die festen Lösungen von FeO mit Fe_3O_4 werden „Wüstit" genannt. In dem Feld „Magnetit" sind die festen Lösungen von Fe_3O_4 mit Fe_2O_3 beständig. Zwischen den Gebieten des Oxoferrits und Oxoaustenits einerseits und des Wüstits andererseits, und zwar längs der Grenzen *a* bzw. *a'*, herrscht Gleichgewicht nach folgender Formel:

$$Fe + CO_2 \leftrightarrows FeO + CO\,. \tag{3}$$

Im Gebiete des Oxoferrits und Oxoaustenits verläuft diese Reaktion von rechts nach links, also reduzierend, im Gebiete des Wüstits von links nach rechts, also oxydierend.

Ganz entsprechend herrscht zwischen Wüstit und Magnetit Gleichgewicht nach der Formel:

$$3\,FeO + CO_2 \leftrightarrows Fe_3O_4 + CO\,, \tag{4}$$

wobei diese Gleichung im Gebiete des Wüstits reduzierend nach links und im Gebiete des Magnetits oxydierend nach rechts verläuft.

Diese neuen Gebiete liegen fast ausschließlich in dem Raum *III* unterhalb bzw. rechts der Linie *1*, in welcher infolge des CO_2-Überschusses Entkohlung stattfindet. Es ist nun aus dem Diagramm leicht abzulesen, daß beim Tempern der CO_2-Überschuß nicht so groß sein darf, daß die Gaskonzentration in das Gebiet des Wüstits zu liegen kommt, da sonst der Guß zu oxydieren beginnt. Er soll jedoch auch hoch genug sein, um die Entkohlung möglichst zu beschleunigen. Ein Optimum liegt also auf der Trennungslinie zwischen Oxoferrit-Wüstit und Oxoaustenit-Wüstit.

Läßt man zunächst die Frage der Oxydationsstufe des Tempererzes offen, so besteht also beim Tempern über etwa 700° ein der chemischen Reaktion fähiges System aus CO, CO_2, Fe und Fe_3C mit einem großen Überschuß an Fe_xO_y. Bei gewöhnlicher Temperatur würden diese Stoffe unendlich lange unverändert in Berührung miteinander bleiben. Nach obigem Diagramm aber leitet die Glühtemperatur die Reaktion ein, deren Bewegung infolge des Überschusses an Sauerstoff (des Tempermittels) in der Richtung der Vergasung des Kohlenstoffes, der Zerstörung des Zementits und unter Umständen der Oxydation des Eisens verläuft. Es ergibt sich ferner die wichtige Bedingung, daß im Verlaufe des Glühfrischprozesses das Tempermittel mindestens auf die Oxydationsstufe FeO (des Wüstitfeldes) reduziert werden muß. Reicht der Kohlenstoffgehalt des Gusses aber nicht aus, das Tempermittel bis auf diese Oxydationsstufe zu reduzieren, so treten folgende Reaktionen ein:

$$Fe_3O_4 + CO \rightarrow 3\,FeO + CO_2$$

und

$$CO_2 + Fe \rightarrow FeO + CO\,,$$

d. h., es würde so lange im Gußstück FeO gebildet, bis alles Tempermittel zu FeO reduziert ist. Umgekehrt kann bei zu stark verbrauchtem Tempermittel infolge zu hohen CO-Gehaltes des Gasgemisches Aufkohlung des Gusses eintreten.

Zu diesen Vorgängen tritt noch eine weitere Reaktion hinzu, die am Glühfrischvorgang ebenfalls einen, wenn auch geringen Anteil hat, das ist die Einwirkung des Wasserstoffes.

Sowohl Wüst und Geiger[1], als auch Wüst und Sudhoff[2] kommen im Gegensatz zu Forquignon[3] und Charpy[4] auf Grund ihrer Versuche zu der Ansicht, daß trockener, reiner Wasserstoff nicht imstande ist, Temperkohle zu vergasen. Wüst und Sudhoff nehmen an, daß bei den Versuchen von Forquignon und Charpy wohl noch Spuren von Sauerstoff oder Wasserdampf zugegen waren, welche dann die Entkohlung bewirkt hätten. Es ist indessen festgestellt, daß Wasserstoff im feuchten Zustande bei einer Temperatur von 900° den Stahl entkohlt[5]. Seine Wirkungsweise kommt in folgender Gleichung zum Ausdruck:

$$2\,H_2 + Fe_3C = 3\,Fe + CH_4\,.$$

Das zum Tempern verwendete Erz ist in der Regel feucht. Bei erhöhter Temperatur bleibt der durch die Zersetzung des Wasserdampfes entstehende Wasserstoff sicher nicht ohne Einfluß auf den Rohguß. Auf dieser Wasserstoffreaktion beruht auch der Vorschlag von Rott[6], in Wasserdampf zu tempern. Ein praktischer Erfolg dieses Verfahrens ist jedoch nicht bekannt geworden.

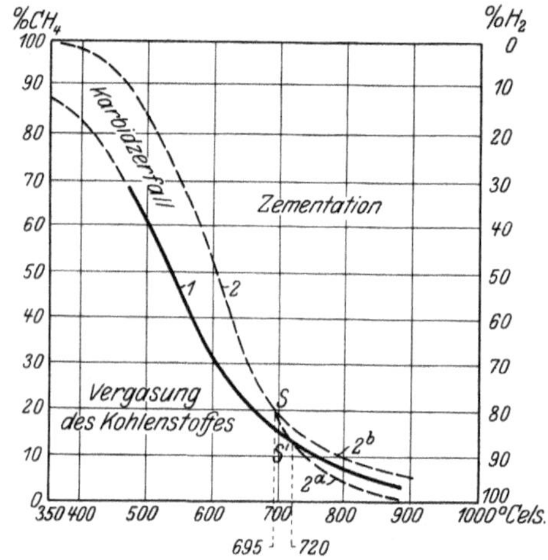

Abb. 49. Gleichgewichtskurven der Gase Methan und Wasserstoff in Gegenwart von Eisen und Kohlenstoff (nach Schenck).

Wir verdanken es nun ebenfalls den Forschungen Schencks und seiner Mitarbeiter, eine Klärung dieser Frage herbeigeführt zu haben. Schenck[7] hat die bei atmosphärischem Druck bestehenden Methan-Wasserstoff-Gleichgewichte in Gegenwart von Eisen in Abhängigkeit von der Temperatur untersucht. Die Abb. 49 enthält die Ergebnisse dieser Versuche. Die Kurve *1* bedeutet das Gleichgewicht nach der Formel

$$2\,H_2 + C \leftrightarrows CH_4\,, \tag{5}$$

die Kurve *2* dagegen das der Reaktion

$$2\,H_2 + Fe_3C \leftrightarrows CH_4 + 3\,Fe\,, \tag{6}$$

d. h., die Kurve *1* gibt das Gleichgewicht mit dem System Eisen-Graphit, Kurve *2* das mit dem System Eisen-Eisenkarbid an. Die graphische Dar-

---

[1] Stahleisen 1905, S. 1134 u. 1196.
[2] Metallurgie 1910, S. 261—264; Stahleisen 1910, S. 1674.
[3] Ann. Chem. Phys. (5) Bd. 23. [4] Comptes Rendus 9. 12. 1907.
[5] Wilkinson, D.: The Foundry Trade J., Febr. 1925.
[6] Rott, Carl: Eisenzeitung Nr. 41 u. 42, S. 559 u. 567. 1922.
[7] Z. anorg. u. allg. Chem. Bd. 164, S. 145—185. 1927.

stellung ergibt einen Schnittpunkt, der bei etwa 720° liegt. Er entspricht dem Punkte *S'* des Eisen-Kohlenstoffdiagrammes, bei welchem Kohlenstoff, Ferrit und karbidhaltige Mischkristalle miteinander im Gleichgewicht stehen. Über dem Perlitpunkt *S* teilt sich die Karbidlinie in zwei Äste, *2a* und *2b*, d. h., es treten zwei Gleichgewichtseinstellungen für das Zementierungssystem in die Erscheinung. Bei der Linie *2a* sind Ferrit und verdünnte Karbidmischkristalle, bei *2b* das Karbid Fe_3C mit konzentrierten Karbidmischkristallen und der aus Methan und Wasserstoff bestehenden Gasatmosphäre im Gleichgewicht. Die Gleichgewichte *2b* stellen sich jedoch nur bis etwa 800° ein wegen der in diesem Gebiete stark merkbar werdenden Neigung des Zementits zum Zerfall in elementaren Kohlenstoff und Karbidmischkristalle, d. h. zur Einstellung der Gleichgewichte nach Kurve *1*.

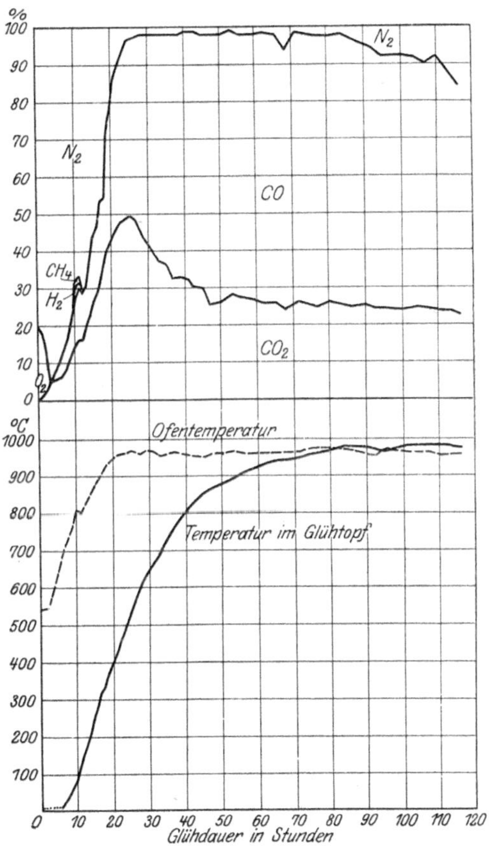

Abb. 50. Gaszusammensetzung und Temperaturverlauf in einem Tempertopf während einer Glühung auf weißen Temperguß (nach Oberhoffer und Zingg).

Dem Diagramm, in dem drei Gebiete zu unterscheiden sind, ist nun folgendes zu entnehmen:

1. Bei Temperaturen unterhalb des Perlitpunktes *S* ist die Bildung von Eisenkarbid nur möglich, wenn der Methangehalt größer ist als der durch die Kurve *2* begrenzte. Bewegt sich der Methangehalt des Gemisches zwischen den Grenzen *2* und *1*, so zerfällt der Zementit in seine Elemente. Unterhalb *1* wird der Kohlenstoff durch Wasserstoff vergast unter Bildung von Methan.

2. Bei Temperaturen zwischen *S* und *S'* erhält man Zementit bei Methangehalten über der Linie *2b*. Methangehalte zwischen *2b* und *2a* liefern Mischkristalle. Methangehalte zwischen *2a* und *1* dagegen gestatten die völlige Zersetzung der Mischkristalle und des Zementits in Ferrit und Temperkohle. Unterhalb *1* bewirkt der Wasserstoff die völlige Entkohlung unter Bildung von Ferrit und Methan.

3. Bei Temperaturen über S' entsteht oberhalb *2b* reiner Zementit. Bei Methangehalten zwischen *1* und *2b* sind konzentriertere Mischkristalle als die durch direkte Kohlung mit elementarem Kohlenstoff erhältlichen beständig. Bei Methangehalten zwischen *1* und *2a* erhält man Mischkristalle schwächerer Karbidkonzentration und unterhalb *2a* wird das Eisen völlig entkohlt und in Ferrit übergeführt.

Auf den Temperguß angewendet zeigen diese Ausführungen, daß bei Anwesenheit von Wasserstoff schon bei verhältnismäßig niedrigen Temperaturen Entkohlung eintreten kann, daß aber über etwa 900° keine Frischwirkung mehr stattfindet.

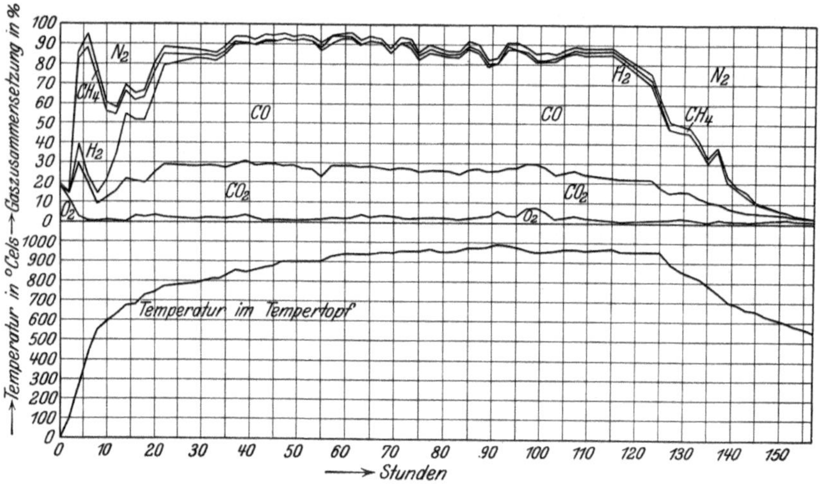

Abb. 51. Gaszusammensetzung und Temperaturverlauf in einem Tempertopf während einer Glühung auf weißen Temperguß (nach Versuchsergebnissen der Verfasser).

Eine Bestätigung für die Wirksamkeit der Gasphase beim Glühfrischen ist dadurch erbracht worden, daß die in den Tempertöpfen der Praxis vorhandene Gasatmosphäre untersucht wurde. In Abb. 50 sind die von Oberhoffer und Zingg[1] gefundenen Kurven wiedergegeben.

Ein ähnliches Bild zeigen die Untersuchungen, die einer der Verfasser im laufenden Betrieb einer Tempergießerei[2] ausgeführt hat. Die Abb. 51 zeigt den normalen Kurvenverlauf eines dieser Versuche in einem gut abgedichteten Tempertopfe. Es ist ganz auffallend, daß schon nach 100° Mitte Topf eine starke Wasserstoffentwicklung einsetzt, die bei 430° einen Höchstwert von 65% erreicht. Der Wasserstoffgehalt nimmt dann langsam wieder ab; er beträgt bei 600° 34,6%, bei 630° 20%, bei 670° 11,8%, bei 740° 11,0%, bei 770° 5,7% und bei 800° 1,7%. In anderen Fällen erreichte bei etwa der gleichen Temperatur der Höchstwert des Gehaltes an Wasserstoff einen Betrag von über 90%, und auch das von

[1] Oberhoffer: S. 528, Abb. 534.
[2] Meier & Weichelt, Eisen- und Stahlwerke, Leipzig-Lindenau.

Oberhoffer und Zingg[1] zuerst veröffentlichte Kurvenblatt enthält bei etwa 560° im Ofen einen Wasserstoffgehalt von etwa 87%. Dieser hohe Wasserstoffgehalt rührt zweifellos von dem stark wasserhaltigen Tempermittel her. In der oben erwähnten Tempergießerei wird das Erz mit einem Schlämmverfahren aufbereitet und ziemlich feucht wieder verwendet. Der Wasserdampf wird durch die katalytische Wirkung des Eisens in Wasserstoff und Sauerstoff zerlegt, wobei der Sauerstoff sofort an Kohlenstoff bzw. Kohlenoxyd gebunden wird. Die Bestandteile des Wassers leiten demnach wohl überhaupt erst den Vorgang der Entkohlung ein. Von 250° ab tritt Methan auf in Mengen bis zu 7%. Methan ist über den ganzen Kurvenverlauf nachzuweisen.

Mit der Abnahme des Wasserstoffes tritt regelmäßig wieder Luft in den Tempertopf ein, denn der Stickstoff erfährt eine Zunahme, in der Abb. 51 von 10 bis auf 40%.

Von 550° an macht sich die Entwicklung von Kohlenmonoxyd und Kohlendioxyd bemerkbar. Sie erfolgt nach den Gleichungen

$$\left.\begin{array}{l} 4\,Fe_3C + Fe_3O_4 \rightleftarrows 15\,Fe + 4\,CO \\ 2\,Fe_3C + Fe_3O_4 \rightleftarrows 9\,Fe + 2\,CO_2 \end{array}\right\}$$

welche miteinander gekoppelt sind. Auch sie sind umkehrbar.

Durch R. Schenck und J. Bökmann[2] ist diese Umsetzung in ihrem ganzen Verlaufe untersucht worden. Dabei hat sich herausgestellt, daß bei Ablauf der Reaktion in einem vorher evakuierten Gefäß die Entwicklung zum Stillstand gelangt, sobald ein bestimmter Druck erreicht ist, der von dem Grade der Umsetzung und der Temperatur abhängig ist.

Bei konstanter Temperatur ist zunächst eine höhere und dann eine niedrigere Druckeinstellung zu beobachten[3]. Das Gas besteht aus einer Mischung von Kohlenmonoxyd und Kohlendioxyd, deren Verhältnis lange Zeit konstant und vom Druck unabhängig bleibt. Erst wenn der Kohlenstoffgehalt und der Sauerstoffgehalt der Mischung klein geworden ist, nimmt der Druck ab, und es verschiebt sich das Mischungsverhältnis des entwickelten Gases zugunsten des Kohlenmonoxydes.

Von J. Bökmann wurden die folgenden Entwicklungsdrucke beobachtet:

Temperatur	Oberer Wert	Unterer Wert
550°	0,138 at	0,138 at
600°	0,351 ,,	0,318 ,,
650°	0,678 ,,	0,474 ,,
700°	1,504 ,,	1,184 ,,

Diese Reaktionsdrucke sind die Summen der Partialdrucke von Kohlenmonoxyd und Kohlendioxyd. Es ist von Interesse, die in den Tempertöpfen im Temperaturintervall 550° bis 700° sich einstellenden Partial-

[1] Stahleisen 1924, S. 1198, Abb. 1. [2] Z. anorg. Chem. Bd. 167, S. 286.
[3] Vgl. Z. anorg. Chem., Bd. 167, S. 289, Fig. 7 u. S. 290, Fig. 8 u. 9.

drucksummen von Kohlenmonoxyd und Kohlendioxyd kennenzulernen. Sie lassen sich aus der Abb. 51 bzw. aus den Analysen der entweichenden Gase entnehmen. Ihre Werte zeigt folgende Zusammenstellung:

Stunde	Temperatur	Partialdrucksumme $CO + CO_2$
8	550°	0,136 at
10	600°	0,206 „
12	630°	0,336 „
14	670°	0,544 „
16	675°	0,486 „

Die bei den Temperversuchen beobachteten Partialdrucksummen sind stets kleiner als die unteren Werte Bökmanns, welche an beimischungsfreien Präparaten gemessen wurden. Aus früheren Versuchen Schencks ist aber bekannt, daß ein geringer Mangangehalt des Eisens die Partialdrucksumme, die Reaktionstensionen bei der Absorption von Kohlenoxyd durch das Metall absenkt. Dem muß auch beim Tempern eines manganhaltigen Gußeisens ein Sinken der Reaktionstensionen entsprechen.

Trotz dieser quantitativen Abweichungen läßt sich aber das Ansteigen der Reaktionstensionen mit der Temperatur und der Parallelismus mit den idealen Werten erkennen.

Bei den höheren Temperaturen ist keine Übereinstimmung mehr möglich, da der Gesamtgasdruck steigen kann. Daß die Partialdrucksumme von Kohlenoxyd und Kohlendioxyd den Atmosphärendruck erreicht, wird durch den anwesenden Wasserdampf und das aus ihm sich bildende Wasserstoffgas verhindert.

Am Ende des Temperns wird nur wenig Kohlenmonoxyd-Kohlendioxyd mehr entwickelt. Es diffundiert wieder Luft in den Topf und stört die Gleichgewichtsverhältnisse durch den mitgeführten Sauerstoff. Deshalb ist es zwecklos, hier nach Übereinstimmung mit den theoretischen Verhältnissen zu fragen.

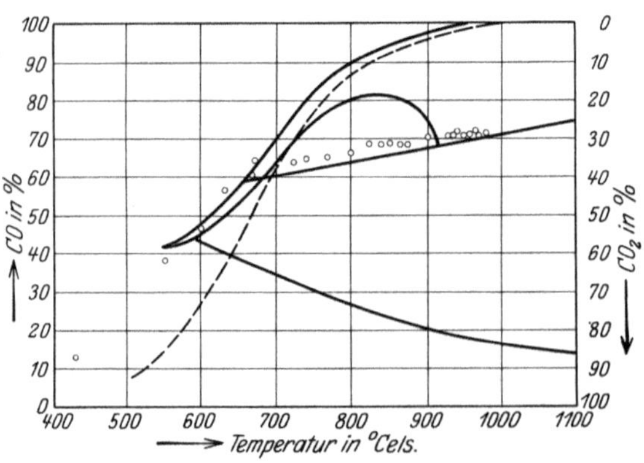

Abb. 52. CO-CO_2-Verhältnis in einem Tempertopf (Abb. 51), eingetragen in das Schencksche Eisen-Kohlenstoff-Sauerstoff-Diagramm (Abb. 48).

In der Abb. 52 ist das Verhältnis von CO zu CO_2 dieser Versuche in Abhängigkeit von der Temperatur eingetragen. Die Werte liegen nur wenig oberhalb der in das Kurvenblatt eingezeichneten Trennungslinie der Felder Oxoferrit-Wüstit und Oxoaustenit-Wüstit des Schenckschen

Diagrammes. Sie beweisen, daß sich bei dieser Temperung das für die Entkohlung günstigste Verhältnis von CO zu CO_2 eingestellt hat. Der in dem Topfe geglühte Guß war einwandfrei durchgetempert.

Die Werte für das Verhältnis von CH_4 zu H_2 in Abhängigkeit von der Temperatur enthält das Diagramm der Abb. 53. Es ist zu erkennen, daß eine Entkohlung durch Wasserstoff nur bis zu 700° eintritt. Über dieser Temperatur liegen die stark streuenden Werte alle im Gebiete der Aufkohlung. Infolge der geringen Gasmenge bleibt jedoch diese ungünstige Konzentration ohne Wirkung auf den Temperguß.

Bei diesen Versuchen wurde jedesmal auch der im Tempertopf vorhandene Druck gemessen. Nur in einem Falle konnte eine ganz kurze Druckerhöhung beim Erhitzen nachgewiesen werden. Sie betrug in der zweiten Stunde nach dem Anheizen 40, in der vierten Stunde 90 mm WS und war von da ab wieder gänzlich verschwunden. Die Masse, mit der die Tempertöpfe zur Abdichtung verschmiert werden, ist sehr rasch ausgetrocknet und wird sofort porös und rissig, so daß die sich ausdehnenden und überschüssigen Gase, ohne merkbaren Widerstand zu finden, entweichen können. Den Betrachtungen der vor sich gehenden Reaktionen kann also mit Recht der Druck von 1 at zugrunde gelegt werden.

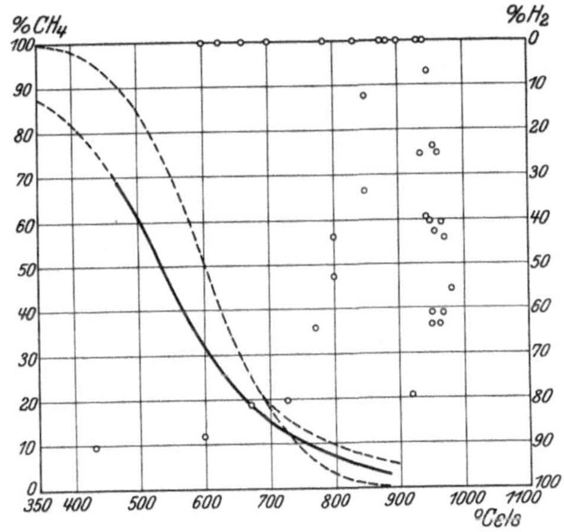

Abb. 53. CH_4-H_2-Verhältnis in einem Tempertopf (Abb. 51), eingetragen in das Schencksche Eisen-Kohlenstoff-Wasserstoff-Diagramm (Abb. 49).

Die vielumstrittenen Fragen, ob der Kohlenstoff nun als Temperkohle oder auch als Zementit vergast wird, und ob der Kohlenstoff zu diesem Zwecke an die Oberfläche wandert, oder ob die Gase zur Entkohlung in das Gußstück eindringen, sind mit den vorstehenden Betrachtungen teilweise bereits beantwortet. Es steht außer Zweifel, daß die Gase in das Gußstück eindringen. Die Abwanderung des Kohlenstoffes aus dem Kern des Gußstückes steht einwandfrei fest, da sich bei Glühtemperatur in den ungesättigten Mischkristallen ein Teil des Zementits oder der schon gebildeten Temperkohle wieder löst. Zum Nachweis braucht man nur ein gut getempertes Stück weißen Tempergusses einer kurzen Erhitzung auszusetzen und wieder abzukühlen. Man wird stets beobachten, daß der Kohlenstoff erstaunlich rasch in die entkohlte Randzone abwandert, wo er an Stelle des Ferrits als Perlit auftritt. Der entkohlte Rand des in Abb. 54 wiedergegebenen Querschnitts eines Probestückes ist nach einer Glühung von 30 Minuten bei 950° perlithaltig geworden, Abb. 55. Es könnte sich also unmöglich ein rein ferritischer, also kohlenstofffreier Rand bilden, wenn nur der Kohlenstoff nach dem Rande wandern und das Gas nicht in das Gußstück eindringen würde. Es wären in diesem Falle durch die Löslichkeit des γ-Eisens für Kohlenstoff doch stets bis zur Oberfläche des Gußstückes kohlenstoffhaltige Mischkristalle vorhanden, und die Randzone könnte niemals aus kohlenstofffreiem Ferrit bestehen.

Es ist ferner erwiesen, daß temperkohlefreies Eisen entkohlt werden kann. Die Abb. 56 zeigt einen Stahl mit 0,9% Kohlenstoff, der, wie zu

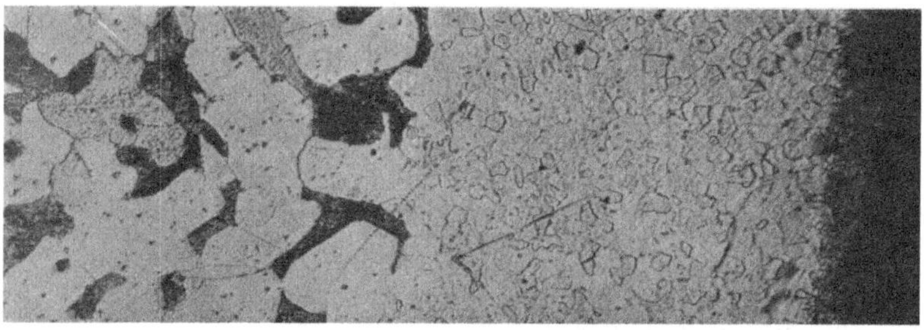

Abb. 54. Entkohlte Randschicht eines Stückes aus weißem Temperguß. ×150

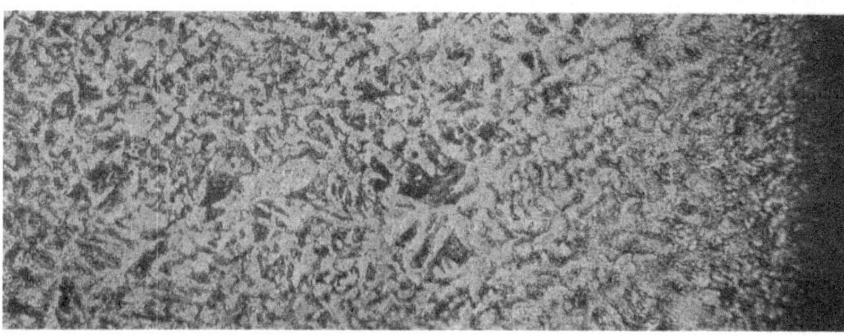

Abb. 55. Dieselbe Stelle des Gußstückes wie in Abb. 54, 30 Minuten bei 950° geglüht. ×150

erwarten war, nach einer Glühung von 72 Stunden bei einer Temperatur von 950° in neutraler Umgebung keine Spur von Temperkohle enthielt. Derselbe Stahl war aber in derselben Zeit bei derselben Temperatur in Erz getempert derart stark entkohlt, daß er von einem guten Stück Temperguß nicht mehr zu unterscheiden war; Abb. 57.

Die unmittelbare Vergasung des freien Kohlenstoffes spielt zweifellos eine ganz untergeordnete Rolle. Die Angriffsmöglichkeiten der oxydierenden Gase auf die Temperkohlenflocken von 100proz. Kohlenstoff sind außerordentlich viel geringer als auf den in fester Lösung befindlichen Kohlenstoff der γ-Mischkristalle. Wäre dies nicht der Fall, so müßte sich das graue Gußeisen besonders leicht entkohlen lassen. Stotz[1] hat aber nach-

[1] Stotz, R.: Stahleisen 1916, S. 501.

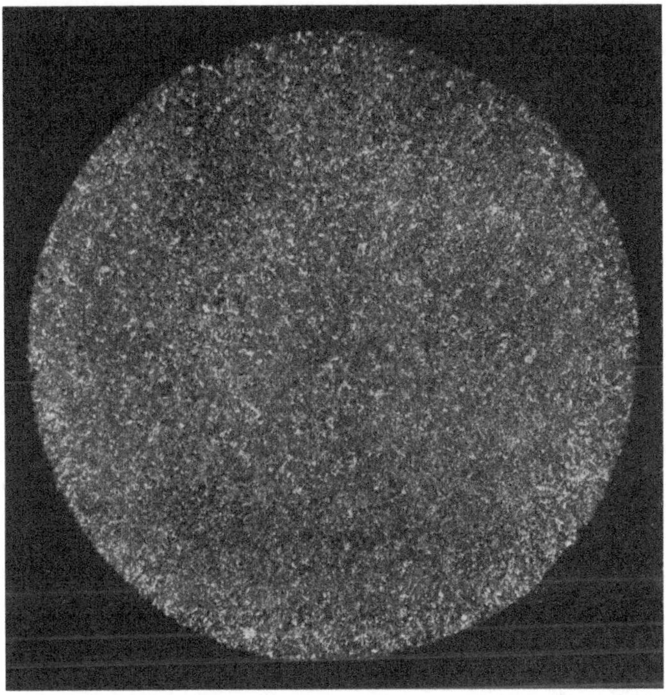

Abb. 56. Stahl mit 0,9% Kohlenstoff, 72 Stunden bei 950° in neutraler Umgebung geglüht. ×10

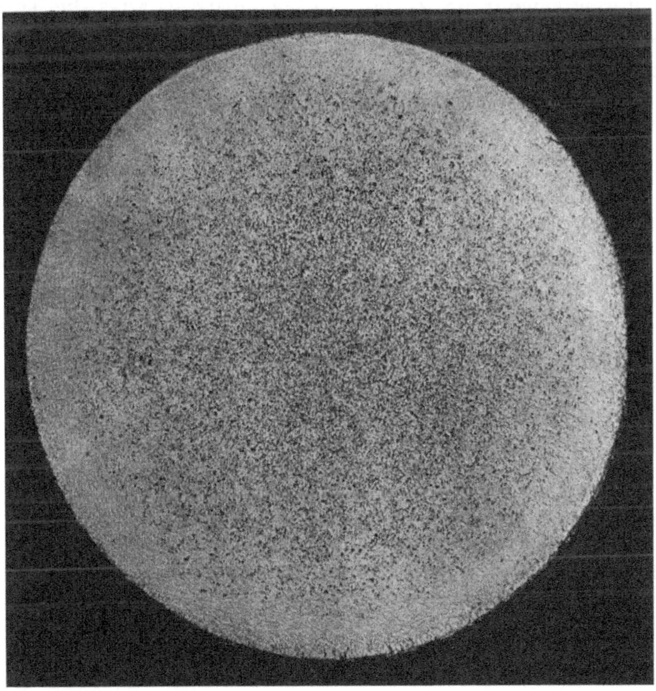

Abb. 57. Der in Abb. 57 wiedergegebene Stahl, 72 Stunden bei 950° in Erz getempert. ×10

gewiesen, daß der Graphit sehr schwer oxydierbar ist. Die Temperkohle ist genau so schwer zu oxydieren wie der Graphit. Es läßt sich hier anführen, daß von der schweren Verbrennlichkeit des Graphits in der Praxis auch Gebrauch gemacht wird, und zwar bei der Verwendung zu Graphittiegeln.

Beim Vergleich der Entkohlung von Gußeisen und Temperguß ist zu berücksichtigen, daß ein Siliziumgehalt, wie ihn Gußeisen aufweist, die Löslichkeit der γ-Mischkristalle für Kohlenstoff wesentlich herabsetzt. Dadurch steht der Vergasung viel weniger gelöster Kohlenstoff zur Verfügung als beim Temperguß. Die Entkohlung findet desto leichter statt, je mehr das γ-Eisen für Kohlenstoff löslich ist, d. h., je weniger Silizium der Guße enthält, was auch von Leuenberger[1] an Hand von zahlreichen praktischen Versuchen nachgewiesen wurde.

E. Einfluß der Begleitelemente. Alle bisherigen Betrachtungen sind ohne Berücksichtigung der übrigen Begleitelemente des Eisens angestellt worden in der Absicht, die Darlegung der Vorgänge nicht unnötig zu verwickeln. Zu den bisher behandelten Vorgängen treten nun noch hinzu die Wirkungen des Schwefels, des Mangans, des Phosphors und des Kupfers als ständige Eisenbegleiter. Darauf soll noch der Einfluß des Aluminiums, Nickels, Titans, Chroms, Vanadiums, ferner des Wasserstoffs, Stickstoffs und Sauerstoffs auf den Temperguß besprochen werden.

Der Schwefel verhindert die Abscheidung von Graphit im Rohguß und erschwert sowohl den Zerfall des Zementits als auch die Entkohlung, letztere allerdings nur, solange die Glühtemperatur 900° nicht übersteigt[2].

Der Grund zu diesem Verhalten liegt darin, daß sich der Schwefel mit dem Eisen zu Eisensulfid FeS verbindet, dessen Schmelzpunkt bei 1193° liegt. Das Eisen bildet mit dem Eisensulfid ein Eutektikum bei 84,6% FeS (=30,8% S). Der Schmelzpunkt des Eutektikums liegt bei 985°. Im erstarrten Zustand ist aber das Lösungsvermögen des Eisens für Schwefel bzw. für Eisensulfid gleich Null. Im Kleingefüge treten deshalb schon bei sehr geringen Schwefelgehalten Spuren des Eutektikums auf, denn das Volumen des Eisensulfids ist etwa 2,7 mal größer als das des Schwefels. Ist der Schwefelgehalt verhältnismäßig hoch, so kann angenommen werden, daß dieses Eutektikum die Zementitkörner als dünnes Häutchen umhüllt und dadurch die Abscheidung der Temperkohle verhindert. Aus diesen Gründen ist die Anwesenheit von Schwefel im Temperguß unerwünscht.

Die Wirkung eines hohen Schwefelgehaltes auf manganarmen Temperguß (auf die Wirkung des Mangans kommen wir noch zurück) ist derart, daß ohne Temperkohlebildung zwar eine starke Entkohlung eintritt,

---

[1] Leuenberger, E.: Stahleisen 1917, S. 513—521 u. 601—610, insbesondere S. 609.

[2] Oberhoffer u. Welter: Beitrag zur Kenntnis des Temperprozesses. Stahleisen 1923, S. 105—110 u. S. 301—306, insbesondere S. 106—108.

wenn der Glühfrischprozeß bei über 900° stattfindet; der Kern, d. h. diejenige Zone im Innern des Gußstückes, bis zu welcher die Entkohlung noch nicht vorgedrungen ist, enthält aber noch Zementit, ja er besteht meist sogar noch aus dem reinen Rohguß, da der Schwefel den Karbid-

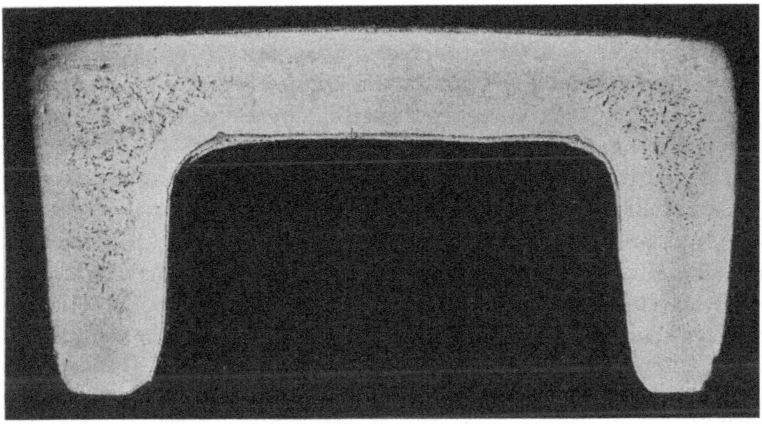

Abb. 58. Querschnitt eines dünnwandigen Stückes aus weißem Temperguß mit 0,281% Schwefel, 72 Stunden bei 950 bis 1000° in Erz getempert. (×5)

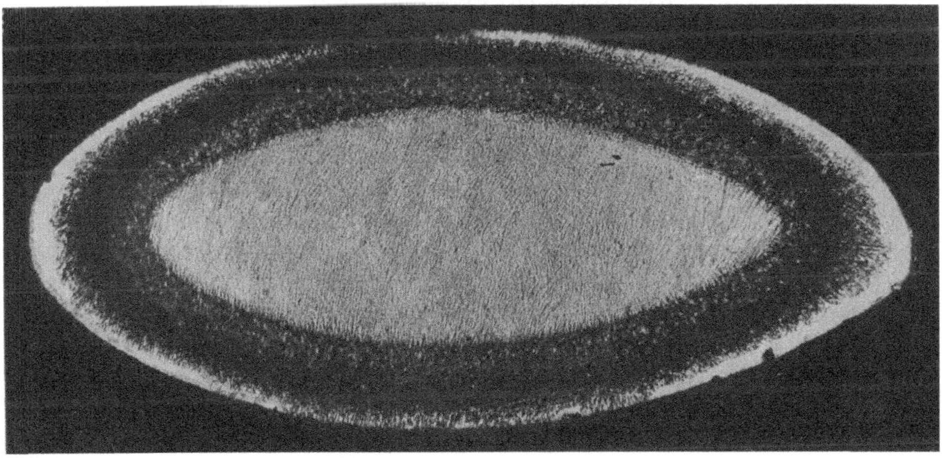

Abb. 59. Querschnitt eines dickwandigen Stückes aus weißem Temperguß mit 0,279% Schwefel, 72 Stunden bei 950 bis 1000° in Erz getempert. (×5)

zerfall auch bei dieser hohen Temperatur verhindert. Verhältnismäßig dünne Gußstücke bis zu einer Wandstärke von 8 bis 10 mm können deshalb bei Temperaturen zwischen 950 und 1000° bei genügend langer Glühung ohne weiteres zu einer vorzüglichen Ware durchgetempert werden, da hier die Entkohlung bis zur Mitte des Gußstückes vordringt.

Dicke Abgüsse, bei welchen sich die Entkohlung auch nach dreitägigem Glühfrischen nur auf 4 bis 5 mm Tiefe auswirkt, bleiben im Innern hart und spröde.

Im nahezu völlig entkohlten Guß ist der Schwefel durchaus nicht schädlich. Das Gußstück, dessen Querschnitt als Beispiel in Abb. 58 wiedergegeben ist, enthält 0,281% Schwefel. 72 Stunden bei einer Temperatur von 950 bis 1000° getempert, ist es fast völlig entkohlt und besitzt eine ausgezeichnete Zähigkeit. Die Abb. 59 zeigt im Gegensatz dazu ein dickeres Gußstück mit etwa demselben Schwefelgehalt, das genau so lang bei derselben Temperatur in Erz getempert war. An der Oberfläche ist zwar ein derartiges Gußstück ebenfalls entkohlt, der Kern besteht aber in diesem Falle noch aus reinem Rohguß. Die Temperkohle fehlt nahezu ganz und man erkennt aus dieser Abbildung, daß bei Anwesenheit von viel Schwefel die Entkohlung ohne Karbidzerfall stattfindet. Derartige Gußstücke sind völlig unbrauchbar. Sie können zwar hohe Festigkeiten aufweisen, besitzen aber keine Zähigkeit, die doch gerade kennzeichnend für den Temperguß ist. Natürlich sind solche Stücke auch schwer oder überhaupt nicht zu bearbeiten. Den Entkohlungsvorgang ohne Karbidzerfall hat man sich zweifellos in der Weise vorzustellen, daß zunächst die Mischkristalle durch die Gase entkohlt werden. In dem entkohlten γ-Eisen löst sich aber sofort wieder der Zementit bis zur Sättigung der Mischkristalle auf, die aber sofort wiederum entkohlt werden. Der Kohlenstoff fließt also in einem konstanten Strom nach den Mischkristallen, bis der Zementit verschwunden und das bei dünnen Wandstärken zuletzt nur aus γ-Eisen bestehende Metall völlig entkohlt ist.

Es ist eine bekannte Erscheinung, daß sich die Temperkohle in manganarmem schwefelhaltigen Guß stets in geschlossenen, mehr oder weniger kugelförmigen Knoten ausscheidet, Abb. 60, während die Flocken eines schwefelarmen oder manganreichen Gusses immer eine lockere zackige Form aufweisen, Abb. 61.

Über den Einfluß des Mangans auf den Temperguß findet man im Schrifttum sehr widersprechende Angaben. Es ist allgemein bekannt, daß das Mangan die Graphit- und daher auch die Temperkohlebildung hemmt. Gemeint sind damit aber stets Gehalte von über 0,50%, wie sie z. B. beim Gußeisen üblich sind. Auf Grund der Erfahrungen der Verfasser besteht aber kein Zweifel darüber, daß bei schwefelarmem Guß das Mangan bis etwa 0,30% den Zerfall des Zementits in Temperkohle und Mischkristalle, zum mindesten aber den Zerfall der Mischkristalle in Temperkohle und Ferrit bei Unterschreitung des Perlitpunktes begünstigt.

Eine noch viel weitertragende Wirkung übt das Mangan auf den schwefelreichen Guß aus. Das Mangan besitzt eine größere Verwandtschaft zum Schwefel als das Eisen und reißt deshalb den Schwefel unter Bildung von Mangansulfid an sich nach der Formel

$$\mathrm{Mn} + \mathrm{FeS} = \mathrm{MnS} + \mathrm{Fe}\,.$$

Der Schmelzpunkt des Mangansulfids liegt außerordentlich hoch, so daß es schon vor der beginnenden Ausscheidung der Mischkristalle zu festen Kriställchen erstarrt. Der auf diese Weise der Schmelze entzogene

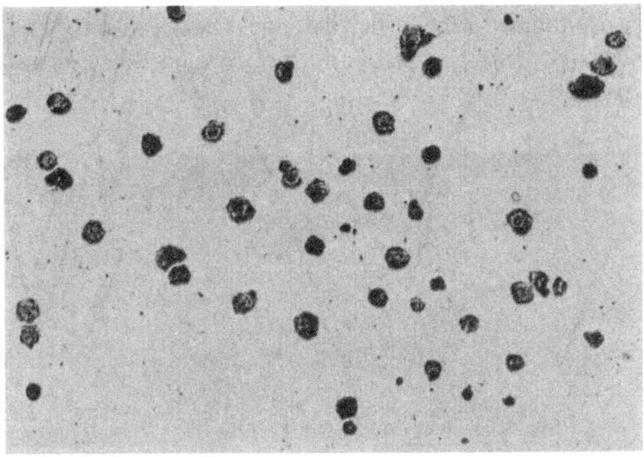

Abb. 60. Kugelförmige Temperkohle in einem manganarmen, schwefelhaltigen Temperguß. (×75)

Schwefel wirkt dann nicht mehr hindernd auf den Karbidzerfall ein, denn die im Guß nach Art der Temperkohle als kleine Einlagerungen verteilten Kristalle von Mangansulfid haben einen kaum nennenswerten

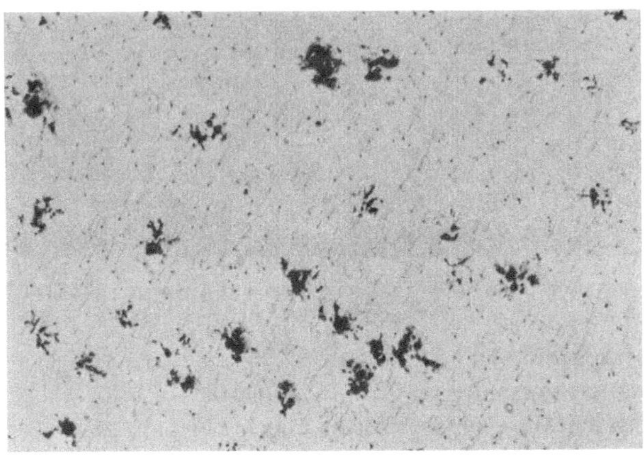

Abb. 61. Fein verästelte Temperkohle in einem schwefelarmen (oder schwefelhaltigen aber manganreichen) Temperguß. (×75)

Einfluß auf die mechanischen Eigenschaften des Erzeugnisses. Erst vor wenigen Jahren ist indessen von diesem Einfluß des Mangans auf schwefelreichen Temperguß in der Praxis Gebrauch gemacht worden. Man hat es bis dahin zumeist als unvermeidliches Übel angesehen, daß der Temperguß um so höher geglüht werden muß, je höher sein Schwefelgehalt ist. Dieser

Erfahrungsgrundsatz hatte nur so lange Gültigkeit, als der Einfluß eines höheren Mangangehaltes auf schwefelreichen Guß noch nicht erkannt war. Zur Bindung des Schwefels an Mangan sind theoretisch für 1 Teil Schwefel etwa 1,7 Teile Mangan notwendig. Die Praxis hat aber gezeigt, daß ein Überschuß an Mangan erforderlich ist, um allen Schwefel an Mangan zu binden. Gilmore[1] hat für das Verhältnis Mangan zu Schwefel folgende Formel aufgestellt:

$$Mn = 1{,}7\ S + 0{,}25\ .$$

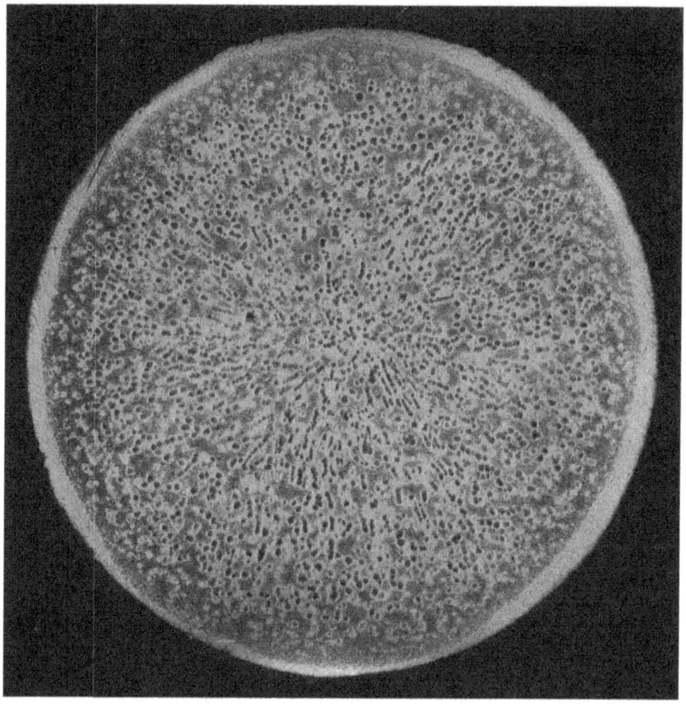

Abb. 62. Querschnitt eines Stückes aus schwarzkernigem Temperguß mit 0,224 % Schwefel und 0,57 % Mangan. (×5)

Für Schwefelgehalte von 0,15, 0,20 und 0,25 % ist der Formel entsprechend jeweils ein Mangangehalt von 0,50, 0,59 und 0,67 % erforderlich. Die alte Ansicht, daß der Mangangehalt nicht über 0,1 % betragen soll, ist unrichtig. Es wird durch die Erhöhung des Mangangehaltes erst möglich, auch im Kupolofen einen hochwertigen Temperguß herzustellen, gekennzeichnet durch eine entkohlte Randzone, dessen Kern indessen im Bruch meist nicht rein weiß, sondern mehr oder weniger meliert bis schwarz erscheint, da durch die Bindung des Schwefels und durch den kleinen Überschuß an Mangan die Mischkristalle leichter in Ferrit und Temperkohle zerfallen. Die Abb. 62 gibt den Querschnitt, die Abb. 63 und 64

[1] Foundry, 1927, S. 734.

die stärkere Vergrößerung des Randes und der Mitte eines derartigen Gußstückes wieder, dessen Schwefelgehalt 0,224% und dessen Mangangehalt 0,57% beträgt.

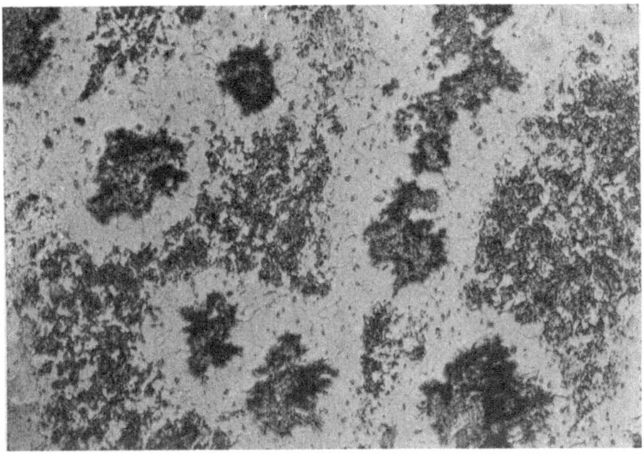

Abb. 63. Stärkere Vergrößerung der Innenfläche des in Abb. 62 wiedergegebenen Querschnitts. (×75)

Für schwarzen Temperguß aus dem Flammofen mit wesentlich niedrigeren Schwefelgehalten ist es in vielen amerikanischen Gießereien[1] üblich, sich nach folgender Formel zu richten:

$$Mn = 2\,S + 0{,}15\,.$$

Das ergibt z. B. für 0,05% S 0,25% Mn und für 0,10% S 0,35% Mn.

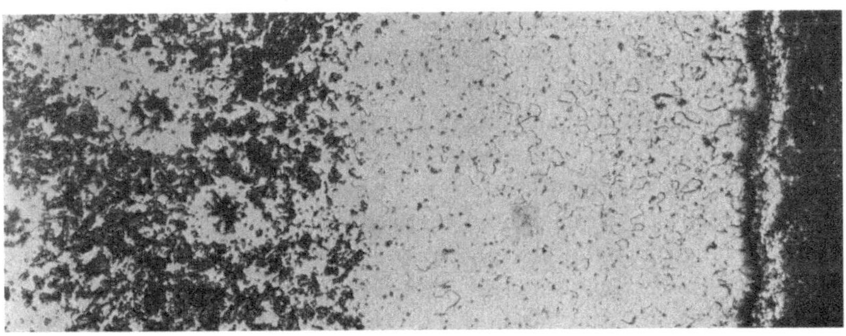

Abb. 64. Stärkere Vergrößerung der Randzone des in Abb. 62 wiedergegebenen Querschnitts. (×75)

Der Phosphor übt innerhalb weiter Grenzen keinen Einfluß auf die Graphit- und daher auch nicht auf die Temperkohlebildung aus, da er bis zu etwa 0,1% im kohlenstoffhaltigen Eisen löslich ist. Über diesen Gehalt bildet er das äußerst harte und spröde Phosphiteutektikum, dessen

---

[1] Grindle, A. J.: Foundry Bd. 56 vom 15. Febr. 1928 (Gieß.-Zg. 1928, S. 257 bis 259).

Auftreten unter allen Umständen zu vermeiden ist, da es die Zähigkeit des Tempergusses stark herabsetzt.

Bei Anwesenheit von gebundenem Kohlenstoff wird sogar schon unter diesem Gehalte die Schlagfestigkeit beeinträchtigt. Für weißen Temperguß wird deshalb als äußerste obere Grenze 0,1% Phosphor betrachtet.

Touceda[1] hat gezeigt, daß beim schwarzen, also perlitfreien Temperguß der Phosphorgehalt schon recht beträchtlich ansteigen muß, um einen schädlichen Einfluß auszuüben. Selbst 0,388% Phosphor bewirkte noch keine gefährliche Sprödigkeit oder Verminderung der Festigkeit. Im allgemeinen liegt jedoch beim amerikanischen Guß der Phosphorgehalt nicht über 0,20%.

Im Gegensatz zum Schwefel, der durch den Gehalt der Roheisensorten und beim Schmelzen im Kupolofen insbesondere durch den hohen Schwefelgehalt des Kokses bedingt ist, besteht bei den deutschen Erzeugnissen keine Gefahr, daß der Phosphorgehalt zu hoch steigen könnte; denn es stehen genügend phosphorarme Roheisensorten zur Verfügung und bei keinem Schmelz- und Glühverfahren tritt ein merkbarer Zubrand an Phosphor ein.

Das Kupfer bleibt bei Zimmertemperatur bis zu etwa 0,4% im Eisen gelöst[2]. Über seinen Einfluß auf den Temperguß liegen zwar keine planmäßigen Versuche vor; es ist aber bekannt[3], daß witterungsbeständige, sog. gekupferte Stähle mit 0,2 bis 0,3% Kupfer dieselben physikalischen und mechanischen Eigenschaften besitzen wie normale Stähle, so daß ihre Wärmebehandlung und Kaltbearbeitung vollkommen derjenigen von Stählen ohne Kupfergehalt entsprechen. Es darf wohl angenommen werden, daß ein Kupfergehalt in diesen Grenzen für den Temperguß ebensowenig von Nachteil ist wie für Stahl.

In Gegenwart von Schwefel bildet das Kupfer Schwefelkupfer CuS, das sich in kleinen Knötchen in der zuletzt erstarrten Masse des Ledeburits vorfindet. Die Erfahrung lehrt aber, daß auch diese Form des Kupfers die Qualität des Tempergusses nicht merkbar beeinflußt. Im deutschen Temperguß kann der Kupfergehalt bis zu 0,25% ansteigen, vor allem, wenn zur Gattierung viel Temperroheisen der Duisburger Kupferhütte verwendet wurde. Dieses Eisen ist infolge der dort zur Verarbeitung gelangenden Kiesabbrände stets kupferhaltig; ein Nachteil kann jedoch darin nicht erblickt werden.

Von den seltener vorkommenden Legierungselementen begünstigen den Karbidzerfall Aluminium, Titan und Nickel, während ihn Chrom und Vanadium verhindern bzw. verzögern.

Das Aluminium wird zur Desoxydation des Rohgusses benutzt und gewöhnlich in kleinen Mengen in die Handpfanne zugegeben.

---

[1] Touceda, E.: Foundry 1915, S. 446; Stahleisen 1915, S. 1330.

[2] Ruer, R. u. F. Goerens: Ferrum Bd. 14, S. 49—61. 1916/17. — Buchholtz, H. u. W. Köster: Über die Anlaßhärtung kupferlegierten Stahles; Stahleisen 1930, S. 687—695.

[3] Werkstoffhandbuch Stahl und Eisen 1927, O, 81—1.

Während beim grauen Gußeisen infolge seines großen Gehaltes an Fremdkörpern, insbesondere an Kohlenstoff und Silizium, nur kleine Mengen von gelösten Gasen beim Erstarren entweichen, ist beim kohlenstoff- und siliziumarmen Temperguß die Abscheidung lebhafter. Ferner besitzt aus demselben Grunde der Temperrohguß eine größere Lösungsfähigkeit für Eisenoxydul als der Grauguß. Er enthält insbesondere beim Schmelzen in der oxydierenden Flamme des Flammofens, Siemens-Martin-Ofens und Ölofens stets mehr oder weniger Eisenoxydul. Beide Vorgänge verursachen aber Schwierigkeiten beim Gießen, indem das entweichende Gas das Eisen unruhig macht, wodurch Fehlstellen entstehen und durch den FeO-Gehalt das Eisen dickflüssig wird, so daß die Formen nicht auslaufen. Durch den Zusatz von Aluminium wird die Gasentwicklung gehemmt und das Eisen von FeO befreit (desoxydiert) nach der Gleichung:

$$3\,\mathrm{FeO} + 2\,\mathrm{Al} = \mathrm{Al_2O_3} + 3\,\mathrm{Fe} + 178700\ \mathrm{kcal/mol}\,.$$

Die entstandene Tonerde geht in die Schlacke.

Als Legierungsbestandteil macht das Aluminium das Eisen dickflüssig und gibt leicht Anlaß zur Graphitbildung. Es ist als Ersatz von Silizium empfohlen worden, weil dadurch die Glühdauer von schwarzem Temperguß wesentlich verkürzt werden kann (s. S. 83).

Das Nickel wurde ebenfalls als teilweiser Ersatz des Siliziums vorgeschlagen. Es verbessert zweifellos die mechanischen Eigenschaften des Tempergusses. Der Anwendung steht aber der hohe Preis dieses Legierungsbestandteiles entgegen, denn die Vorteile sind nicht so groß, als daß sie den Mehraufwand an Kosten übertreffen würden.

Über den Zusatz von Titan ist das gleiche zu sagen, wie teils beim Aluminium, teils beim Nickel. Es ist ein ausgezeichnetes Desoxydationsmittel. Als Legierungselement entsprechen die Vorteile einer beobachteten Verbesserung der Eigenschaften des Erzeugnisses jedoch nicht dem hohen Preis dieses Metalls.

Das Chrom hat schon bei sehr geringen Zusätzen eine die Graphitisierung verhindernde Wirkung. Es stabilisiert das Karbid, wovon bei Grauguß und bei Stahl reichlich Gebrauch gemacht wird (Heißdampfeisen, feuerbeständiger Guß, Edelstahl usw.). Es ist deshalb als ein für den Temperguß schädliches Legierungselement anzusehen, obwohl durch einen Chromzusatz eine Erhöhung der Festigkeit eintritt.

In einer Gießerei[1] wurden z. B. in einem Siemens-Martin-Ofen 7 t hochfeuerbeständiger Spezialguß mit etwa 25% Chrom erschmolzen. Darauf folgte zur Reinigung des Ofenherdes eine Schmelze Stahlguß, die aus dem Ofenrest noch 1,10% Chrom aufnahm. Dieses Eisen wurde mit Vorteil zu Tempertöpfen vergossen. Nach dieser Schmelzung wurde in den sauren Ofen Temperguß eingesetzt. Der erschmolzene Rohguß ent-

[1] Meier & Weichelt, Leipzig-Lindenau.

hielt kaum nennenswerte Mengen an Chrom (analysiert wurden 0,080%). Mit anderem Guß aus demselben Siemens-Martin-Ofen zusammen normal getempert waren die schwach chromhaltigen Gußstücke nicht genügend entkohlt, blieben in der Mitte hart und führten zu zahlreichen Reklamationen wegen zu geringer Zähigkeit und Schwerbearbeitbarkeit. Vor Chromgehalten ist also, solange die Forschung keine neuen Bahnen weist, bei der Herstellung von Temperguß zu warnen.

In ähnlicher Weise wirkt Vanadium auf Temperguß. Es soll zwar, wie Aluminium und Titan, desoxydierend wirken, als Legierungselement aber den Karbidzerfall und die Entkohlung verhindern[1].

Andere Metalle, wie Antimon, Zinn, Zink, Wismut und Blei kommen als Legierungselemente ebensowenig wie für alle anderen Eisen- und Stahlsorten in Betracht. Soweit sie sich überhaupt mit dem Eisen legieren lassen, erzeugen sie nur Sprödigkeit und andere unliebsame Erscheinungen.

Es bleibt nun noch übrig, den Einfluß der gasförmigen Elemente, Wasserstoff, Sauerstoff und Stickstoff, auf den Temperguß zu betrachten. Die Wirkung des Wasserstoffs und Sauerstoffs auf den Guß bei der Temperung ist bereits besprochen worden. In diesem Falle handelt es sich jedoch um den Gehalt dieser Stoffe in der Schmelze und ihren Einfluß auf den Rohguß.

Der Wasserstoff wird vom flüssigen Eisen sehr leicht aufgenommen und ebenso leicht wieder abgegeben. Ein Teil des Wasserstoffgehaltes wird wohl infolge der Zersetzung des in der Luft und in den Verbrennungsgasen enthaltenen Wasserdampfes gebildet. In Berührung mit dem flüssigen Eisen geht die Reaktion vor sich:

$$Fe + H_2O = FeO + H_2 .$$

Ein anderer Teil stammt unmittelbar aus dem Wasserstoffgehalt der Heizgase.

Der Wasserstoff scheint jedoch auf den Temperguß keinen so nachteiligen Einfluß auszuüben, wie dies beim Stahl der Fall ist. Einer der Verfasser konnte wiederholt die Beobachtung machen, daß ein ungewollt hoher Wasserstoffgehalt des Generatorgases (bis zu 31,3%) zwar den im sauren Siemens-Martin-Ofen erschmolzenen Stahl beim Vergießen unruhig machte, was durch Blasenbildung zu Fehlgüssen führte. An der darauffolgenden Tempergußschmelze waren jedoch trotz gleichhohen Wasserstoffgehaltes des Heizgases durchaus keine nachteiligen Wirkungen, weder beim Vergießen, noch an den fertigen Gußstücken festzustellen.

Der Sauerstoff, im flüssigen Eisen als FeO gelöst, macht die Schmelze dickflüssig und kann Anlaß zu großem Ausschuß dadurch geben, daß namentlich die dünnwandigen Gußstücke nicht auslaufen. Es ist schwierig, eine Schmelze, die z. B. durch zu langsames Einschmelzen oder durch

[1] Hatfield, W. H.: Gießerei 1914, S. 20.

zu langes Stehenlassen infolge der stark oxydierenden Flamme im Siemens-Martin-Ofen oder im Öl- oder Flammofen reichlich FeO enthält, wieder so weit zu desoxydieren, daß sie einwandfreie Abgüsse liefert. Die Wirkung der Desoxydationsmittel tritt meist dann erst ein, wenn das Eisen zum Abguß dünner Stücke durch die Abkühlung zu dickflüssig geworden ist. Eine weitere Folge des FeO-Gehaltes sind Fehlgüsse durch Lunker (sog. schwarze Stellen), Gasblasen und Risse beim Erstarren. Zahlreiche Beobachtungen aus der Praxis weisen darauf hin, daß ein Rohguß, der verhältnismäßig große Mengen an FeO enthält, wesentlich schwieriger zu tempern ist als ein gut desoxydierter Guß. Sowohl die Entkohlung, als auch insbesondere der Karbidzerfall wird dadurch stark verzögert. Wie beim Stahl ist der Sauerstoff im Temperrohguß ein unangenehmer Eisenbegleiter.

Der Stickstoff bleibt nach Wüst und Sudhoff[1] durchaus neutral. Er findet aus diesem Grunde vielfach zu Laboratoriumsversuchen Anwendung, bei welchen es sich darum handelt, beim Glühen den Einfluß der atmosphärischen Luft auszuschalten. Nach den Erfolgen des Nitrierhärtungsverfahrens beim Stahl wirkt der Stickstoff, wenn er überhaupt in Aktion tritt, zweifellos auch beim Temperguß härtend und ist damit als ein Element zu betrachten, das dem Zwecke des Glühprozesses, dem Weichtempern, entgegenwirkt.

In bezug auf die Beschleunigung des Glühverfahrens und die Verbesserung der Qualität sind mancherlei Vorschläge gemacht worden. Darunter ist folgendes, in Amerika patentierte Verfahren[2] erwähnenswert. Nach der Erfindung soll ein nur unwesentliche Mengen von Silizium enthaltender Rohguß mit einem Zusatz von 0,10 bis 0,15% Titan oder Aluminium ohne Abscheidung von Graphit vergossen werden. Beim Glühen soll aber der Karbidzerfall viel schneller und vollständiger stattfinden als beim gewöhnlichen Rohguß mit 0,6 bis 0,7% Silizium ohne diese Zusätze. Die Temperzeit soll dadurch ganz wesentlich verkürzt werden können. Nach Schwartz findet diese Tatsache darin ihre Erklärung, daß durch Silizium der Ac_1-Punkt erhöht und das Lösungsvermögen des γ-Eisens für Kohlenstoff vermindert wird, wobei stets die Gefahr der Bildung von Graphit besteht. Wird jedoch als Zusatzmetall Titan oder Aluminium verwendet, so wird dadurch die Graphitbildung nahe dem Schmelzpunkt so erschwert, daß auch bei dicken Stücken eine Ausscheidung von Kohlenstoff bei der Erstarrung nicht erfolgt. Dagegen setzen diese Elemente den Ac_1-Punkt herab und erhöhen die Löslichkeit des γ-Eisens für Kohlenstoff, worauf die raschere Temperkohlebildung bei niedrigerer Temperatur zurückzuführen sein soll.

---

[1] Wüst, F. u. Sudhoff: Metallurgie 1910, S. 261—264; Stahleisen 1910, S. 1674.

[2] Amer. Pat. 1636657: „Verfahren zur Herstellung von schweren Gußstücken aus Temperguß", von Harry A. Schwartz. Angemeldet 5. 2. 1923, erteilt 19. 7. 1927.

Die gleiche Wirkung sollen nach demselben Patent die Metalle Nickel und Uran besitzen. Durch die Abkürzung der Glühdauer und Glühtemperatur wird auch die unvermeidliche Entkohlung der Randschicht geringer. Das Verfahren bezieht sich deshalb auch auf eine leichtere Bearbeitbarkeit der Oberfläche der Gußstücke, da sie bis zum Rand Temperkohle enthalten.

Ein anderes amerikanisches Patent[1] schützt ein Verfahren, das die Glühzeit auf etwa 4 Stunden herabsetzt, wenn man einen Rohguß mit 1,7 bis 3,5% Kohlenstoff, 2,0 bis 4,5% Silizium unter 1,0% Mangan, unter 0,2% Phosphor und unter 0,1% Schwefel so schnell abkühlt, daß der Guß weiß erstarrt. Es liegt natürlich nahe und kann kaum als eine Erfindung angesehen werden, einen höheren Siliziumgehalt zu wählen und die Graphitbildung durch eine künstlich beschleunigte Abkühlung zu unterdrücken. Auch Piwowarsky[2] hat vorgeschlagen, eine besondere Art von Temperguß dadurch zu erzeugen, daß ein grau bis meliert gattiertes Eisen mit 1,4 bis 2,2% Silizium durch Abgießen in Kokille oder in nasse Sandform weiß bis meliert zur Erstarrung kommt. Es gelang mit diesem in stark labilem Zustand befindlichen Eisen, Gußstücke bis 35 mm Wandstärke durch Eintauchen in ein Salzbad von 925 bis 950° in 10 Minuten vollkommen und gleichmäßig zu graphitisieren, wobei die Grundmasse ein sorboperlitisches Gefüge ergab und die Temperkohle in weit feinerer Ausbildung vorlag als bei gewöhnlichem Temperguß. Zu einer genügend raschen Abkühlung sind aber Kokillen erforderlich, deren kostspielige Anfertigung sich nur bei sehr hohen Stückzahlen lohnt und die infolge der geringen Schreckwirkung nur auf Gußstücke bis zu etwa 30 mm Wandstärke mit Sicherheit anwendbar sind. Eine praktische Verwertung in größerem Maßstabe erscheint deshalb fraglich.

Einen ganz anderen, mehr Erfolg versprechenden Weg geht der Japaner Masakichi Kubo[3]. Sein Verfahren beruht darauf, daß er während des Glühens in Eisenoxyd bei etwa 900° einen elektrischen Strom durch die Gußstücke schickt. Das Eisenkarbid war durch einen Wechselstrom von 200 Amp. auf den Quadratzoll des Querschnittes bei 50 Perioden in der Sekunde in einer halben bis einer Stunde vollkommen graphitisiert. Wechselstrom ist wirksamer als Gleichstrom. Der Vorgang findet nach Kubo darin seine Ursache, daß in den bei der Temperatur von 900° im γ-Zustande befindlichen Molekülen des Weißeisens elektromotorische Kräfte erzeugt werden, deren Wirkung zu der thermischen Wirkung hin-

[1] Amer. Pat. 1591598: „Verfahren zur Herabsetzung der zur Herstellung von Temperguß erforderlichen Glühperiode auf etwa 4 Stunden“, von Harry M. William u. Alfred L. Boegehold, übertragen auf die General Motors Research Corporation, angemeldet am 21. 5. 1924, erteilt 6. 7. 1926.

[2] Piwowarsky. E.: Gießerei Bd. 30, S. 509—515, insbesondere S. 503—514. 1927.

[3] Amer. Pat. 1634586: „Verfahren zur Erzeugung von Temperguß unmittelbar aus weißem Gußeisen ohne längere Erhitzung“, von Masakichi Kubo, Tokio. Japan. Angemeldet am 12. 6. 1922, erteilt am 5. 7. 1927.

zukommt. Die freien Elektronen zwischen den Molekülen wandern und erreichen allmählich eine Geschwindigkeit, die eine Funktion der aufgewandten elektromotorischen Kraft ist. Ändert nun der Strom, wie es bei Wechselstrom der Fall ist, bei jeder halben Periode seine Richtung, so kommt im Augenblick, wo der Nullpunkt erreicht ist, das abgeschiedene Kohleteilchen, das sich in ionisiertem Zustand befindet, in den neutralen Zustand, d. h., es scheidet sich als Temperkohle ab. Noch wirkungsvoller ist ein Hochfrequenzwechselstrom, der die chemische Umsetzung des Weißeisens in das stabile Gleichgewicht noch mehr beschleunigen soll.

F. Besondere Gefügeerscheinungen. Im Nachstehenden sollen nun noch die zahlreichen Verschiedenheiten besprochen werden, die das Gefüge von Tempergußstücken der Praxis aufweisen kann.

In den Abb. 65 bis 67 sind die geätzten Querschnitte von gut getemperten Gußstücken mit normaler Gefügeausbildung wiedergegeben. Die Abb. 65 ist der Querschnitt eines Gußstückes aus weißem Temperguß, während die Abb. 66 und 67 je das Gefüge des schwarzen und des schwarzkernigen Tempergusses kennzeichnen. Die stärkeren Vergrößerungen des weißen Tempergusses (Abb. 68, 69 und 70) zeigen den Übergang vom rein ferritischen Rand zur perlitischen Mitte, welche Temperkohle enthält. Die stärkere Vergrößerung des Gußstückes aus schwarzem Temperguß, Abb. 71, enthält nur Ferrit und Temperkohle. Tritt beim schwarzen Temperguß eine Entkohlung der Oberfläche ein, so entsteht, wie schon erwähnt, der Schwarzkern-Temperguß entsprechend der amerikanischen Bezeichnung black-heart. Das Bruchgefüge zeigt dann einen hellen Rand um einen schwarzen Kern (s. Abb. 15). Man spricht deshalb auch häufig vom sog. Bilderrahmenbruch. Im Schliffbild erkennt man bei solchen Stücken fast stets einen mehr oder weniger starken Perlitsaum zwischen dem rein ferritischen Teil der Außenzone und der ebenfalls ferritischen, aber temperkohlehaltigen Grundmasse des Kerns, Abb. 72 u. 73. Die Bildung dieser karbidhaltigen Schicht ist nicht auf eine Zementation durch die Gasphase zurückzuführen, sondern sie beruht einfach darauf, daß der nicht sehr breite, aber völlig entkohlte Rand gegen das Innere rasch an Gesamtkohlenstoff zunimmt. Zwischen dem nicht entkohlten Inneren, dessen Gesamtkohlenstoffgehalt noch etwa 2,5% beträgt, und dem Rand muß eine Zone auftreten, deren Kohlenstoffgehalt bei etwa 0,9% liegt. Bei der Glühtemperatur sind in dieser Zone nur Mischkristalle ohne Temperkohle vorhanden (s. S. 72). Es ist aber bekannt, daß beim Durchlaufen des Ar_1-Punktes die Mischkristalle ohne den Anreiz von schon vorhandenen Temperkohleflocken auch bei Anwesenheit von viel Silizium nicht oder wenigstens nicht leicht in Ferrit und Temperkohle zu zerlegen sind, sondern es entsteht Perlit, denn die chemische Zusammensetzung dieser Zone entspricht der eines Kohlenstoffstahls. Enthält jedoch weiter der Mitte zu das Eisen beim Ar_1-Punkt auch nur Spuren von Temperkohle, so erhält man Ferrit als Grundmasse.

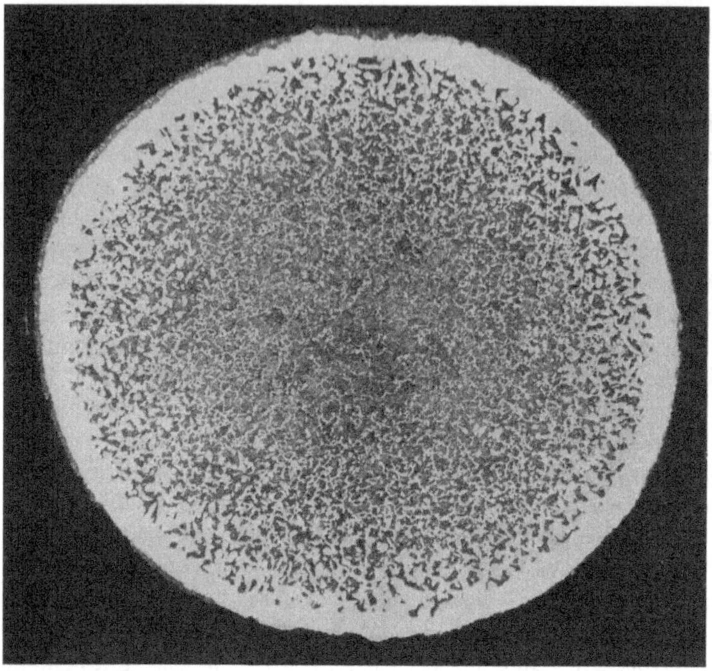

Abb. 65. Querschnitt eines gut getemperten Stückes aus weißem Temperguß. (×10)

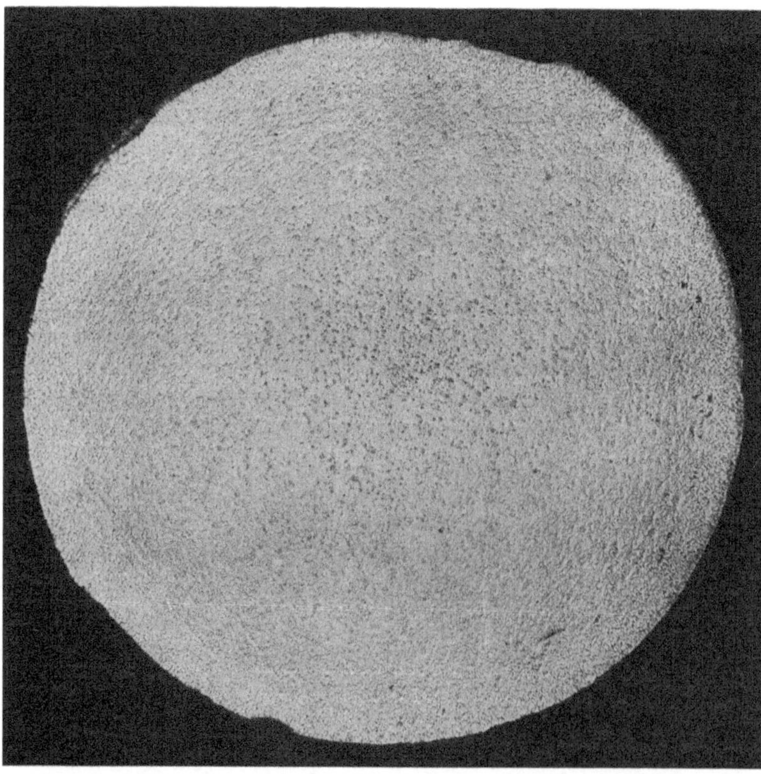

Abb. 66. Querschnitt eines gut getemperten Stückes aus schwarzem Temperguß. (×10)

Eine ähnliche Zonenbildung ist auch oft beim weißen Temperguß zu beobachten, deren Ursache jedoch noch nicht geklärt zu sein scheint. Die Abb. 74 zeigt einen Schnitt durch den offenen Kopf eines Ewarts-Kettengliedes aus weißem Temperguß. Es ist hier deutlich eine Zone erkennbar, in welcher der Perlit nicht die dunkle Farbe hat wie im übrigen Querschnitt. Die stärkere Vergrößerung in Abb. 75 und 76 läßt erkennen,

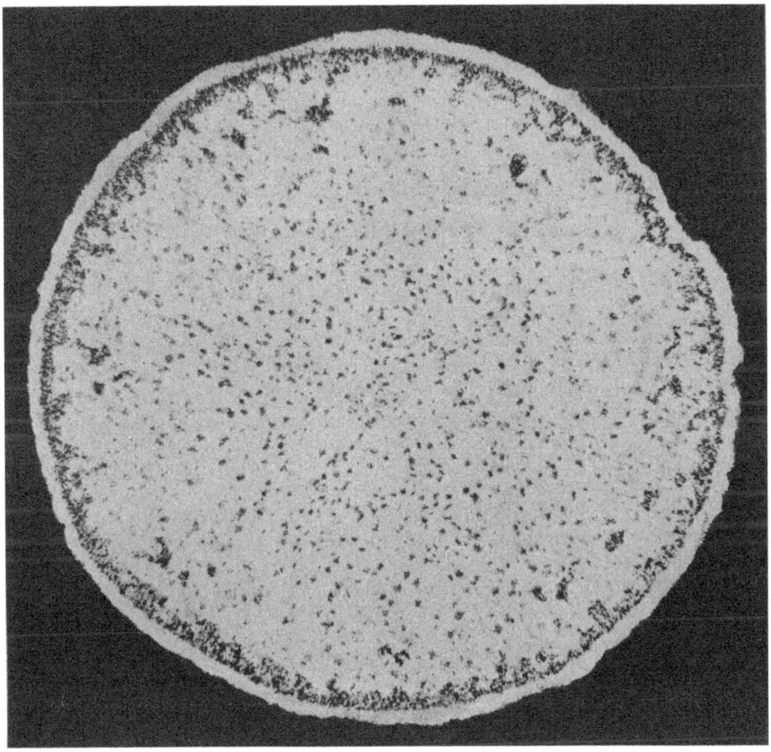

Abb. 67. Querschnitt eines gut getemperten Stückes aus schwarzkernigem Temperguß (black-heart). (×10)

daß der Grund in der Ausbildung des Perlits liegt. Die Abb. 77 und 78 sind weitere Beispiele für diese Erscheinung.

Man macht im Betriebe die Beobachtung, daß von gleichen Gußstücken aus weißem Temperguß in bezug auf die Gefügeausbildung kein Stück dem anderen absolut gleich ist, wenn sie auch von derselben Schmelze abgegossen und in demselben Temperofen nebeneinander geglüht worden sind. Es können alle möglichen Übergangsstufen vom weißen zum schwarzen Bruch auftreten. Die Abb. 79 bis 86, Tafel II, zeigen Querschnitte von Probestücken, deren Gefüge stufenweise vom rein weißen bis zum rein schwarzen Bruchaussehen übergeht. Bei Nr. 79 ist der Bruch

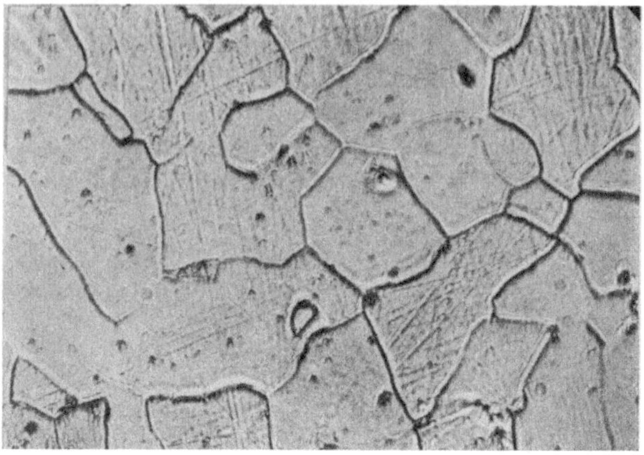

Abb. 68. Außenzone des weißen Tempergusses: reiner Ferrit. (×500)

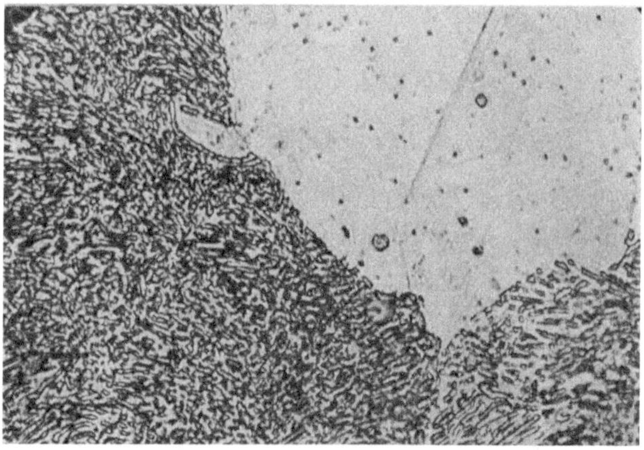

Abb. 69. Übergangszone des weißen Tempergusses: Ferrit und Perlit. (×500)

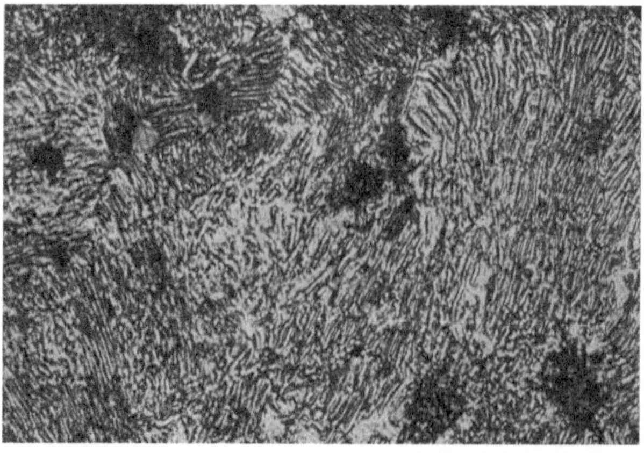

Abb. 70. Kernzone des weißen Tempergusses: Perlit und Temperkohle. (×500)

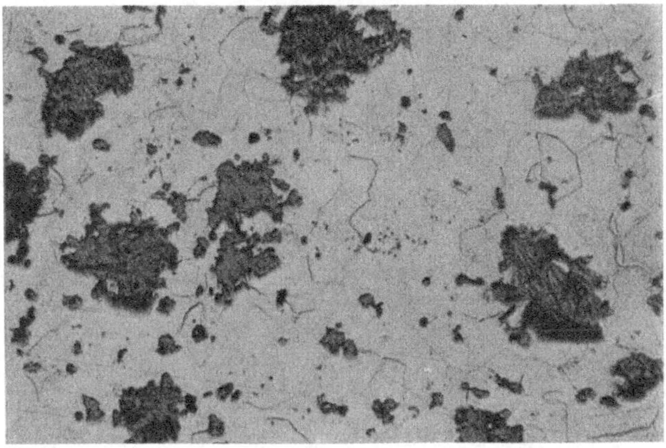

Abb. 71. Gefüge des Schwarzgusses: Nur Ferrit und Temperkohle über den ganzen Querschnitt des Gußstückes. (×150)

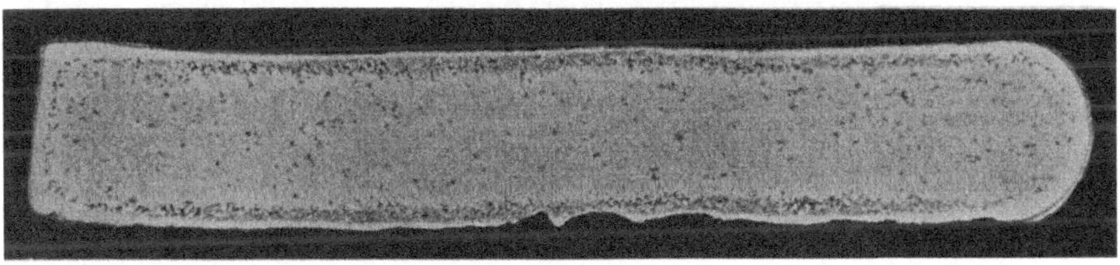

Abb. 72. Querschnitt eines Stückes aus schwarzkernigem Temperguß: den entkohlten ferritischen Rand trennt vom temperkohlehaltigen ferritischen Kern eine perlitische Zwischenschicht. (×5)

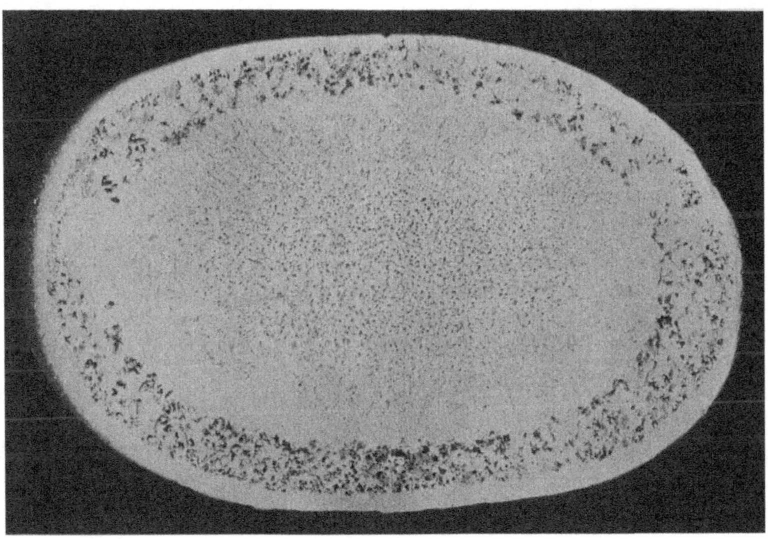

Abb. 73. Variation des in Abb. 72 wiedergegebenen Querschnitts. (×5)

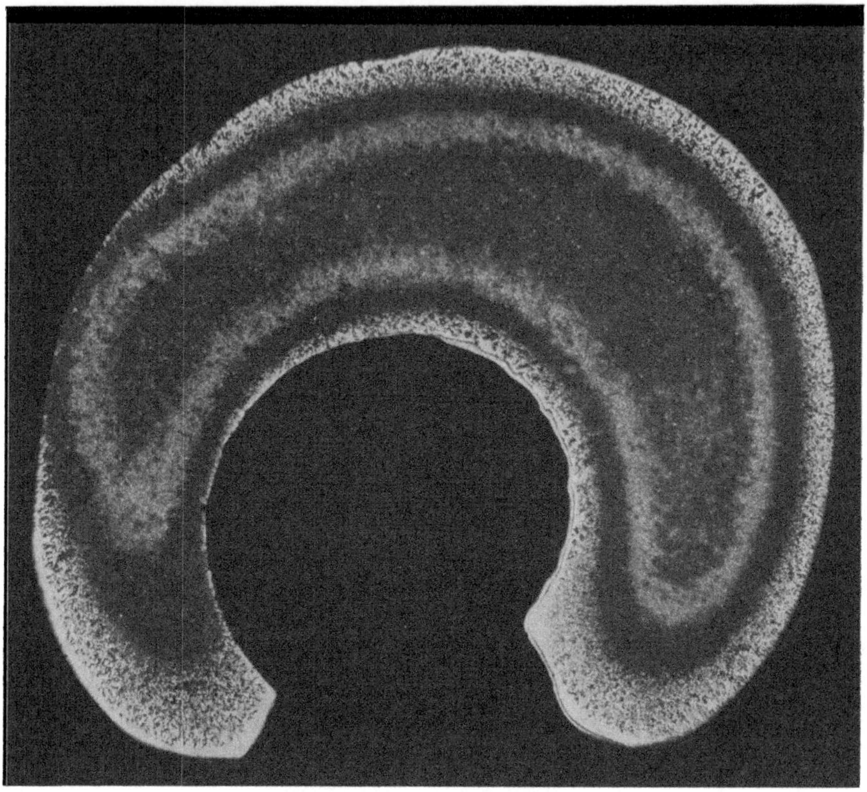

Abb. 74. Querschnitt eines Kettengliedes aus weißem Temperguß mit Zonenbildung. (×5)

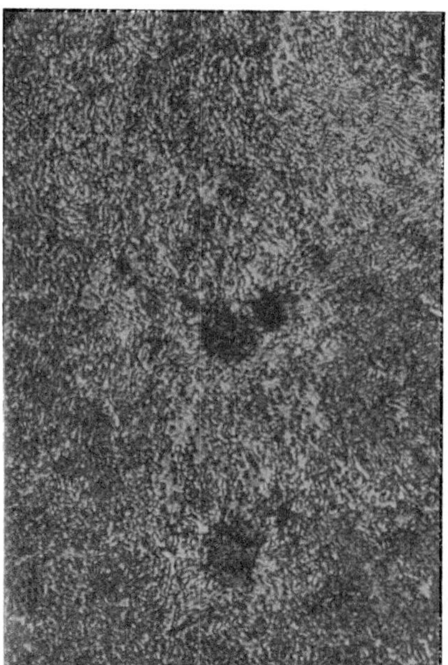

Abb. 75. Stärkere Vergrößerung der dunkeln Zone des in Abb. 74 wiedergegebenen Querschnitts. (×500)

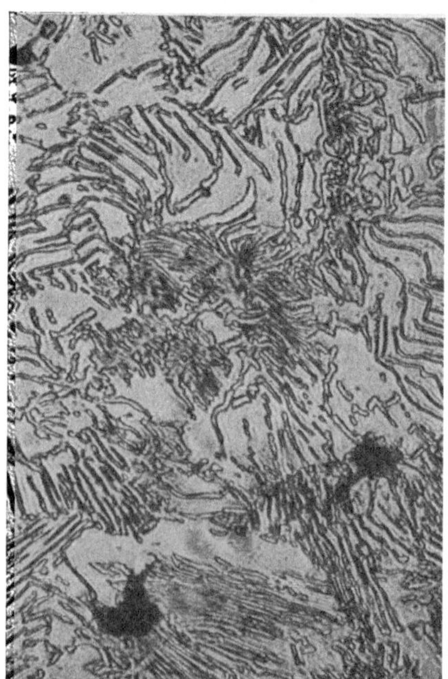

Abb. 76. Stärkere Vergrößerung der hellen Zone des in Abb. 74 wiedergegebenen Querschnitts. (×500)

normal rein weiß. Bei Nr. 80 ist der beginnende Zerfall der Karbide in der Mitte des Querschnittes im Bruch noch nicht wahrnehmbar, der Bruch erscheint hier ebenfalls noch weiß. Bei Nr. 81 tritt im weißen Bruch ein

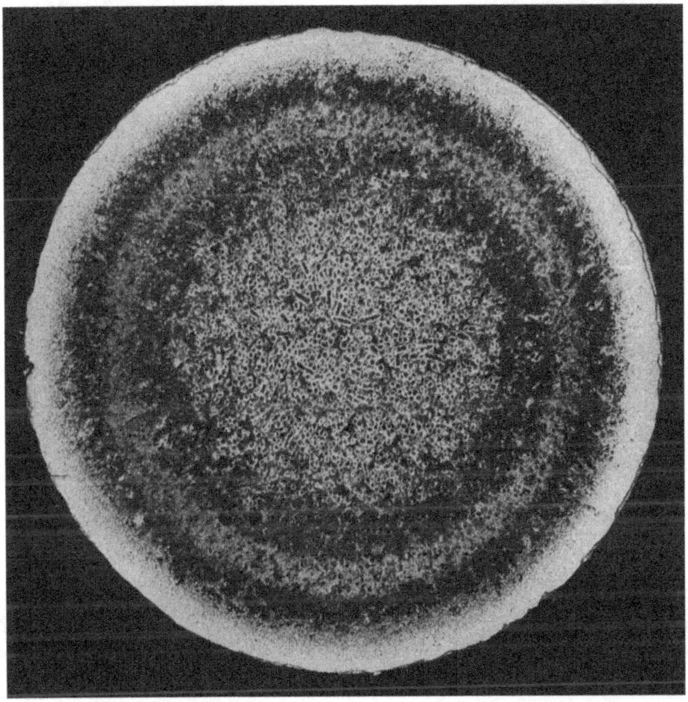

Abb. 77. Querschnitt eines Stückes aus weißem Temperguß mit Zonenbildung. (×5)

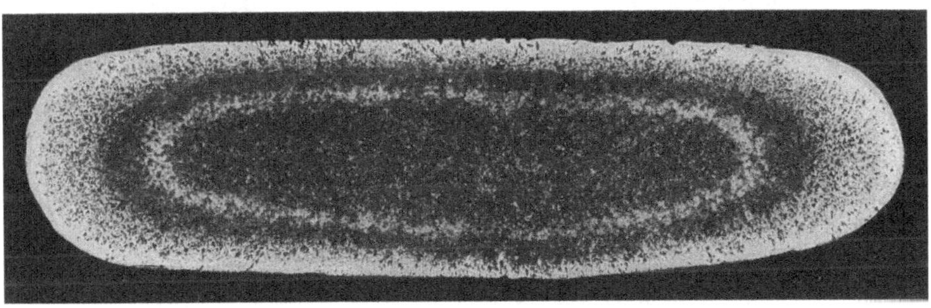

Abb. 78. Querschnitt eines Stückes aus weißem Temperguß mit Zonenbildung. (×5)

schwacher, graumelierter Kern auf. Der Bruch des Querschnitts Nr. 82 zeigt einen starken weißen Rand und einen schwarzen Kern. In Nr. 83 ist der weiße Rand schon bedeutend schwächer, die Mitte schwarz. Bei Nr. 84 erkennt man im Bruch nur noch eine schwach ausgebildete helle Randzone. Der schwarze Kern enthält hier und da silberglänzende Pünktchen. Bei Nr. 85 treten in der Mitte des sonst schwarzen Querschnitts helle

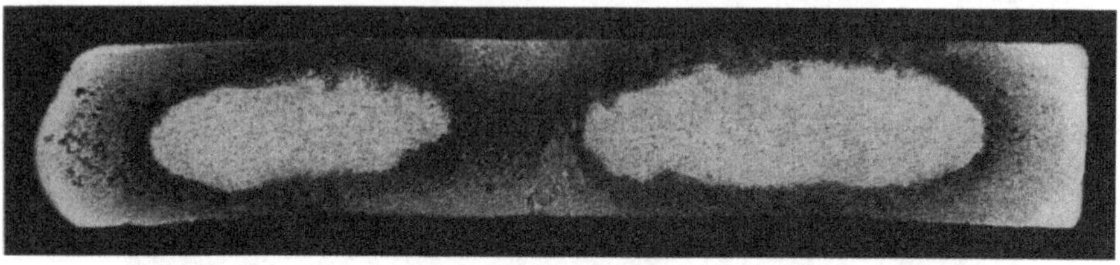

Abb. 87. Querschnitt mit zwei ferritischen Zerfallsgebieten im Innern des Gußstückes. (Lunkstellen als Ursache der Erscheinung.) (×5)

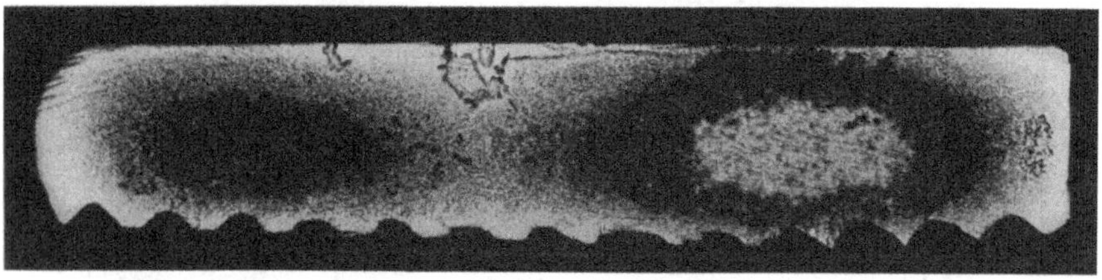

Abb. 88. Querschnitt eines Gußstückes mit einer perlitischen und einer ferritischen Innenzone. (Lunkstellen als Ursache der Erscheinung.) (×5)

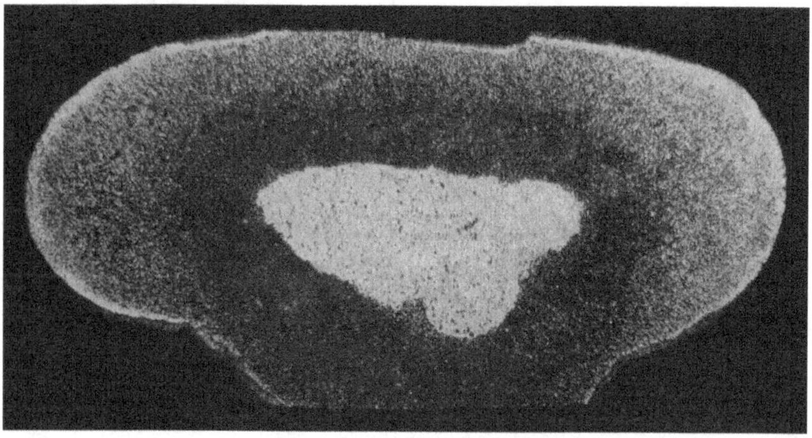

Abb. 89. Querschnitt mit einem scharf abgegrenzten ferritischen Zerfallsgebiet im Innern des Gußstücks. (Im Bruch weiß mit einem kleinen tiefschwarzen Kern.) (×10)

Punkte auf und Nr. 86 ist der Querschnitt eines Probestabes mit vollkommen schwarzem Bruch.

Diese Probestücke stammen aus dem laufenden Betrieb und sind bei der Herstellung teils von weißem, teils von schwarzem Temperguß ungewollt entstanden. Die Bedingungen zur Entstehung dieser Verschieden-

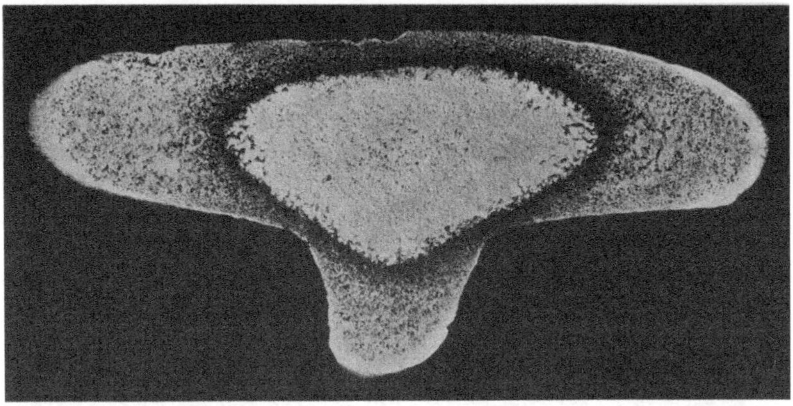

Abb. 90. (×5)

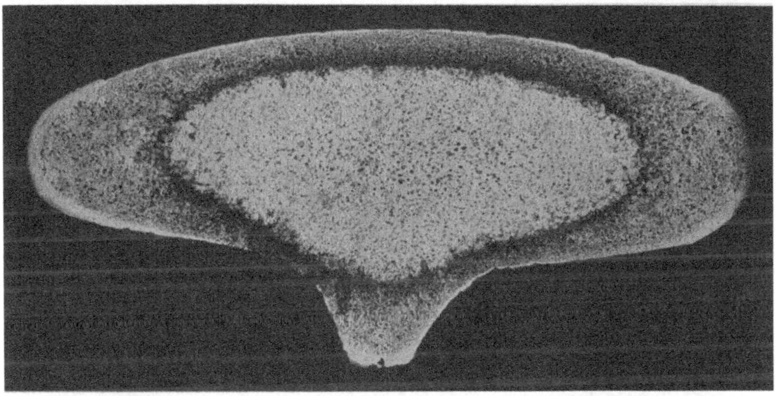

Abb. 91. (×5)

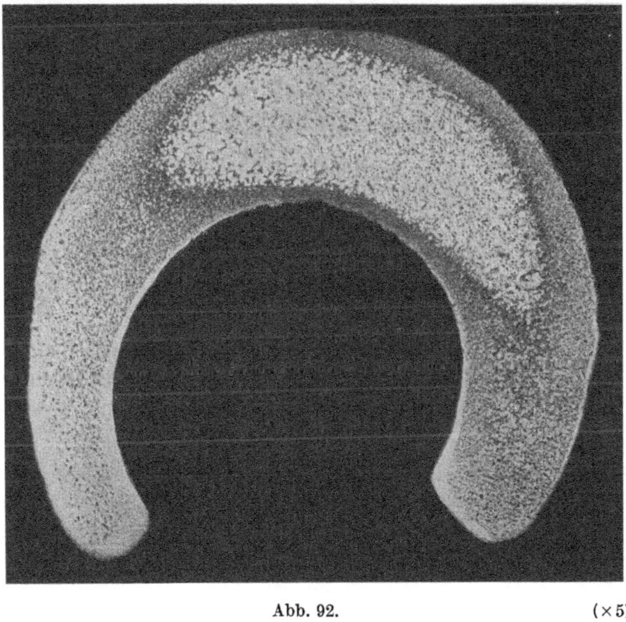

Abb. 92. (×5)

Abb. 90 bis 92. Querschnitte von Kettengliedern mit einer von der Form des Querschnitts abhängigen Perlitzone.

heit des Gefüges sind deshalb nicht nachzuweisen gewesen. Die Zusammenstellung läßt aber erkennen, daß der Karbidzerfall stets in der Mitte des Gußstückes beginnt und sich nach dem Rand hin ausbreitet. Auch die Abb. 87, 88 und 89 sind lehrreiche Beispiele für diese Erscheinung. Vielleicht läßt sich die Tatsache, daß in Gußstücken der Praxis der Ferrithof um die Temperkohleflocken, d. h. die Einstellung des stabilen Systems, immer zuerst in der Mitte des Querschnitts eintritt und daß sich der Ferrit

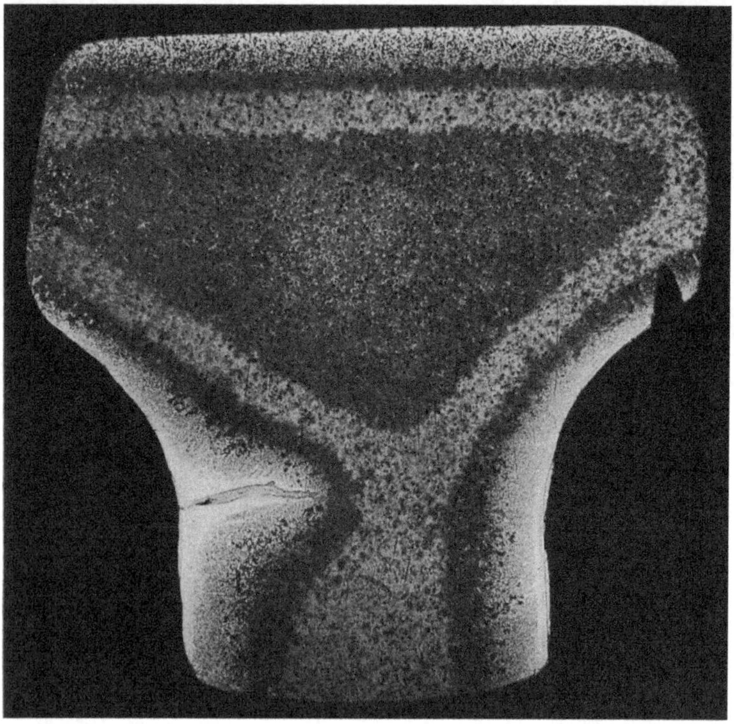

Abb. 93. Querschnitt eines Gußstückes mit mehreren Zonenbildungen. Der Verlauf der Zonen ist durch einen Riß im Rohguß beeinflußt. (×5)

gesetzmäßig von innen nach außen verbreitet, dadurch erklären, daß infolge der Schwindung des Rohgusses in der Mitte des Gußstückes ein lockeres Gefüge, d. h. wenn nicht ein Unterdruck, so doch ein spannungsloser Zustand herrscht. E. Scheil[1] hat aus Messungen von Sauerwald u. a. geschlossen, daß der Ledeburitpunkt (1145°) und der entsprechende Punkt des Eisen-Graphitsystems (1152°) sich bei Druckerhöhung einander nähern und bei etwa 1000 at zusammenfallen müssen. Von da ab ist bei höheren Drucken das Karbid stabil. Man darf wohl annehmen, daß auch bei niedrigen Temperaturen eine Zunahme der Stabilität des Karbids

[1] Scheil, E.: Z. anorg. u. allg. Chem. Bd. 158, S. 175. 1926.

bei steigendem Druck erfolgt. Daraus würde folgen, daß der Stabilitätsunterschied zwischen Karbid und seinen Zersetzungsprodukten bei Druckerhöhung abnimmt, daß also das Karbid bei höherem Druck weniger

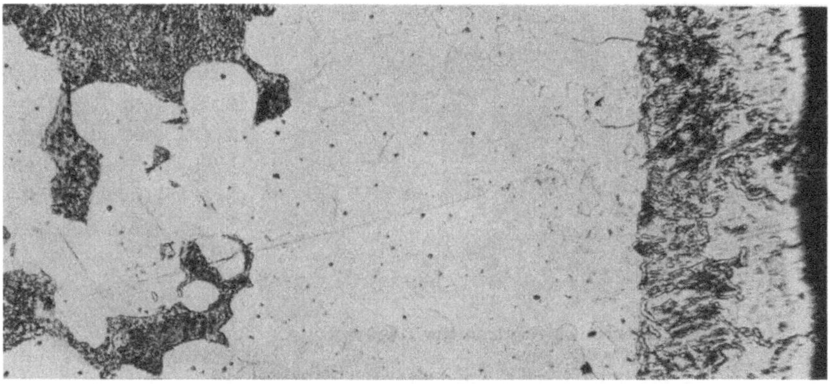

Abb. 94. Randzone eines Gußstücks mit Oxydhaut. (×75)

Neigung hat zu zerfallen als bei niedrigem. Dort, wo der geringste Druck herrscht, und das ist die Mitte des Gußstückes, würde also nach den Forschungen Scheils der Karbidzerfall am leichtesten stattfinden. Die

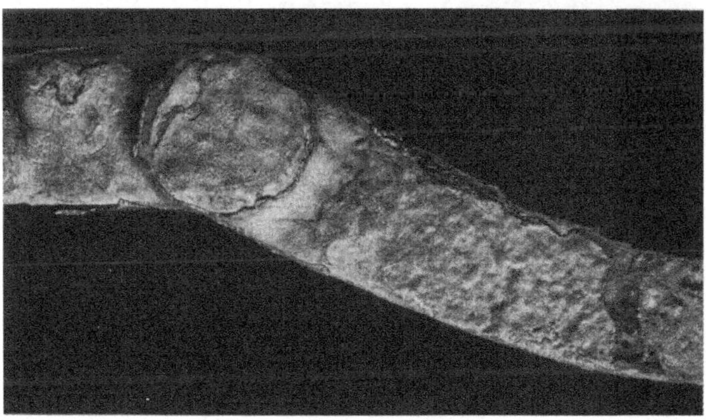

Abb. 95. Verbrannter Temperguß.

Messung der Spannungsverhältnisse in Gußstücken zum Nachweis dieser Hypothese bleibt allerdings weiteren Forschungsarbeiten vorbehalten.

Einen merkwürdigen Verlauf nimmt auch die perlitische Zone bei den in Abb. 90, 91 und 92 wiedergegebenen Schnitten durch Kettenglieder, die ungewollt mit einem schwarzen Kern anfielen. Auch die Abb. 93 zeigt eine auffallende Anordnung der Gefügebestandteile.

Derartige Gußstücke können aber trotz ihres befremdenden Bruchaussehens sehr gute mechanische Eigenschaften besitzen und sind deshalb nicht als Fehlgüsse zu betrachten.

Abb. 96. Temperguß mit eingebranntem Tempererz.

Eine andere, viel unangenehmere Erscheinung, die oft zu großem Ausschuß führt, ist der verbrannte Guß. Hierher gehört auch die Haut- oder Schalenbildung.

Auf der Oberfläche nahezu aller Formstücke aus Temperguß befindet sich als Folge der Glühbehandlung eine meist nur hauchdünne Schicht von Oxyden, die als normal zu bezeichnen ist und weder die Eigenschaften noch das Aussehen des Gußstückes beeinträchtigt. Ein derartiger stark vergrößerter Oxydrand ist in Abb. 94 wiedergegeben.

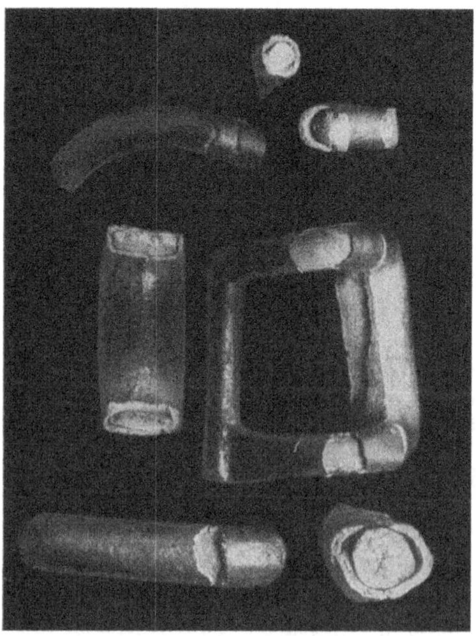

Abb. 97. Temperguß mit Schalenbildung.

Die Oberfläche eines verbrannten Tempergusses dagegen ist rauh und blättert ab (Abb. 95), ja häufig sind Teile des Tempermittels fest verbunden mit dem Gußstück, so daß stellenweise ein stetiger Übergang zwischen Tempermittel und Gußstück besteht (Abb. 96). Derartige Gußstücke sind Ausschuß, da die Oberfläche durch die Verbrennung verdorben oder das Erz derartig fest an das Gußstück angefrittet ist, daß es sich ohne Beschädigung nicht wieder von ihm trennen läßt.

Nach der Besprechung der Vorgänge beim Glühfrischen an Hand des Schenckschen Diagrammes ist diese Erscheinung wohl zu erklären. Die oxydierende Wirkung des Gasgemisches soll sich beim Tempern nur auf den Kohlenstoff, nicht aber auf das Eisen erstrecken. Ist bei der Glühtemperatur eine das Gleichgewicht überschreitende Menge CO_2 im Gasgemisch, so wird dieser Überschuß an CO_2 das Eisen an der Oberfläche so weit oxydieren, bis durch den an das Eisen abgegebenen Sauerstoff das Gasgemisch dem Gleichgewicht wieder entspricht. Je größer also der Überschuß an CO_2 ist, desto stärker ist die Verbrennung des Gusses.

Bei der Haut- oder Schalenbildung hat jedoch die Oberfläche ein glattes Aussehen, wie ein gesundes Gußstück. Erst beim Bruch tritt die Minderwertigkeit des Gußstückes in Erscheinung. Die Abb. 97 enthält verschiedene Gußstücke mit Schalenbildung.

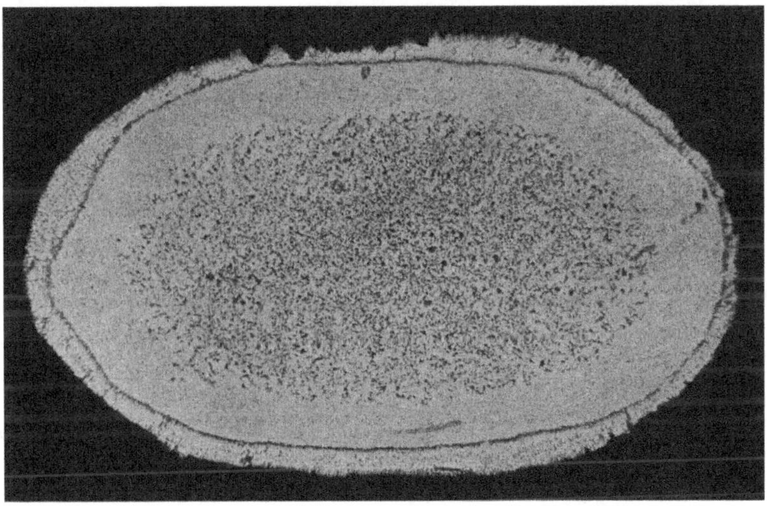

Abb. 98. Querschnitt eines Gußstücks mit schwacher Schalenbildung. (×10)

Während die Abb. 98 den Querschnitt eines Gußstückes mit schwacher Schalenbildung zeigt, ist die Abb. 101, Tafel III, einem Kettenglied entnommen, das eine starke Schalenbildung aufwies. Man erkennt die vom gesunden Kern scharf abgegrenzte Randzone. Die schwarzen Einschlüsse der Randzone sind Oxyde. Die stärkeren Vergrößerungen zeigen, daß die Oxyde, außen grob und nicht zusammenhängend (Abb. 102), nach innen zu ziemlich plötzlich in eine feinere Ausbildungsform übergehen (Abb. 103). Nahe der Trennungslinie folgen die Oxyde den Ferritbegrenzungen. Die Grenzlinie selbst (Abb. 104) enthält Sulfide und an der Außenseite derselben ist deutlich Perlit zu erkennen. Das von dieser Schale umschlossene Gußstück ist durchaus normal mit einem ferritischen Rand und einem perlithaltigen Kern (Abb. 105 und 106). Die Baumannsche Schwefelprobe ergibt, daß sich zwischen der Schale und dem Kern der Schwefel in dünner Schicht sehr stark angereichert hat, indem ein Teil des Schwefels der Schale infolge der oxydierenden Gase in diese

Zone verdrängt worden ist (Abb. 99 und 100). Die chemische Untersuchung erbrachte den zahlenmäßigen Nachweis, daß die Schale stets einen niedrigeren Schwefelgehalt aufweist als der Kern, indem z. B. in der Haut nur noch etwa 0,1% Schwefel vorhanden war, während der Rohguß 0,25% besessen hatte. In einem Falle hatte sich der Kern bei dünnen Stücken mit starker Haut sogar auf 0,60% Schwefel angereichert.

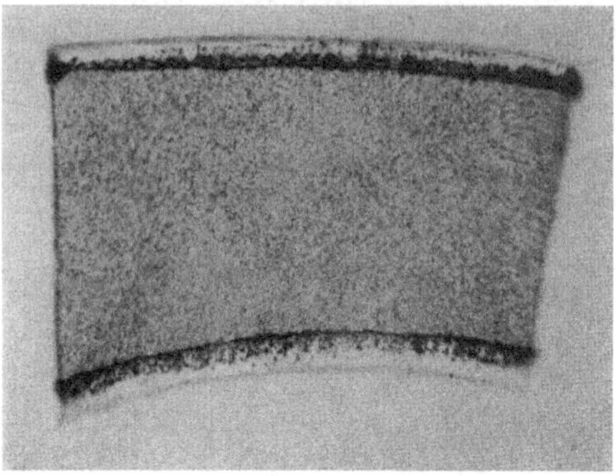

Abb. 99. Baumannsche Schwefelprobe auf dem Querschnitt eines Gußstückes mit Schalenbildung.

Obgleich der Vorgang der Schalenbildung zunächst ebenfalls auf eine starke Oxydation der äußeren Schichten zurückzuführen ist, so besteht ein grundsätzlicher Unterschied gegenüber dem verbrannten Guß darin, daß hier ein großer Teil der gebildeten Oxyde wieder reduziert wurde. Hierdurch kommt es bei diesen Stücken nicht zu einem Abblättern der oxydierten Kruste, sondern die Schale besteht immer noch aus einer genügenden Menge metallischen Eisens, um eine gewisse Zähigkeit zu besitzen[1].

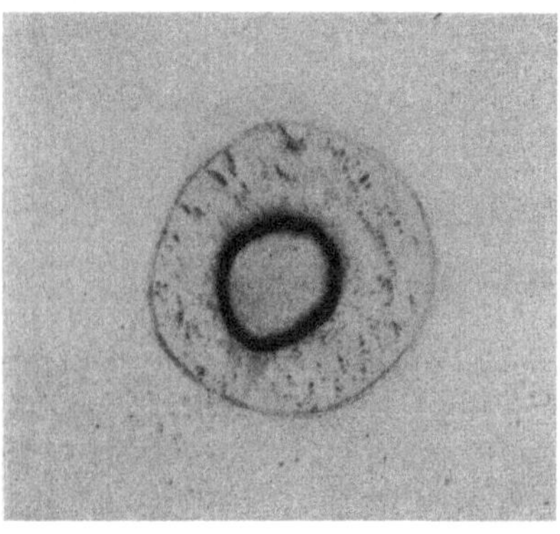

Abb. 100. Baumannsche Schwefelprobe auf dem Querschnitt des Steges eines Kettengliedes, dessen Schale fast $^2/_3$ des Gußstückes ausmachte.

Die Entstehung des Perlitsaumes an der Grenzlinie zwischen Schale und Kern läßt sich darauf zurückführen, daß dem Gasgemisch bei Durchdringung der Schale durch Oxydation von Eisen spontan so viel Sauerstoff entzogen wurde, daß nunmehr im Innern CO im Überschuß vorhanden ist. Dadurch kehrt sich der Vorgang um, und es erfolgt so lange Zementation, bis der CO-Gehalt wieder die Höhe des Gleichgewichts mit dem CO_2-Gehalt erreicht hat, bei dem weder Zementation noch Oxydation des Eisens, sondern nur Oxydation des Kohlenstoffes erfolgt. Die durch Zementation perlitisch gewordene Schicht an der Grenzlinie zwischen Haut und Gußstück nimmt oft einen breiten Raum ein.

Die Abb. 107 ist einem Gußstück mit einem ziemlich starken Oxydrand entnommen, das aber äußerlich noch nicht die Anzeichen der Ver-

[1] Stotz, R.: Stahleisen 1920, S. 997.

brennung aufwies. Hier haben wir die beiden Perlitarten, die ganz verschiedener Herkunft sind, nahe beieinander. Der Perlit im Gußstück ist durch den nicht vergasten Kohlenstoffrest des Eisens gebildet worden, der perlitische Saum dagegen ist durch die zementierende Wirkung der Gase entstanden.

Unter den Ursachen, die in der Praxis zu einem Überschuß an CO_2 und damit zur Verbrennung und Schalenbildung führen, sind in erster Linie die Temperatur und die Menge des Gesamtsauerstoffgehaltes bzw. der Gehalt an FeO und Fe_2O_3 des Tempermittels zu nennen.

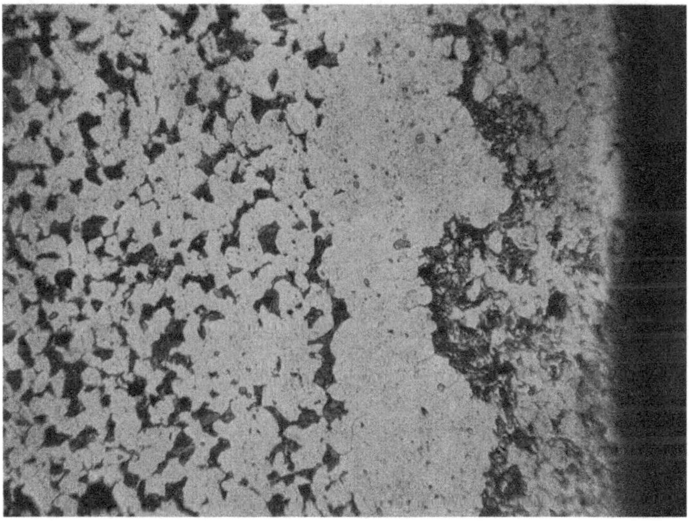

Abb. 107. Gußstück mit einer nachträglich durch Zementation entstandenen äußeren Perlitzone. (×75)

Nach der Abb. 48 ist die Wirkung des Gasgemisches von der Temperatur abhängig. Die Schnelligkeit der Oxydation des Eisens nimmt, wie bei jedem Verbrennungsvorgang, mit der Temperatur zu. Beim Tempern wird die Schalenbildung insbesondere durch zu schnelles Anheizen begünstigt[1], weil sich das der Temperatur entsprechende Gleichgewicht nicht so schnell umstellen kann, so daß ein Überschuß an CO_2 vorhanden ist.

Von Zingg[2] wurde gefunden, daß unter sonst normalen Bedingungen eine Hautbildung nicht eintritt, wenn der Gesamtsauerstoffgehalt etwa 31% beträgt und die Gehalte von FeO zu Fe_2O_3 zueinander im Verhältnis stehen wie etwa 90 zu 10.

Nach Oberhoffer[3] wird die Schalenbildung ferner von der Korngröße des Tempermittels und von der Wandstärke des Gußstückes be-

[1] Ingalt, H. u. H. Field: Engineering 22. 5. 1925, S. 654—655; Gießerei 1925, S. 555.

[2] Zingg, E. u. van Rossum: Diplomarbeit. Aachen 1922.

[3] Oberhoffer, P.: S. 532.

einflußt. Eine grobe Körnung beschleunigt zwar die Entkohlung, indem sich der Ausgleich der Gaszusammensetzung leichter vollzieht als bei feiner Körnung, sie begünstigt aber auch die Schalenbildung. Dünne Stücke sind rascher entkohlt und neigen infolge der Abwesenheit von Kohlenstoff leichter zur Verbrennung als dicke Stücke. Die Schalen-

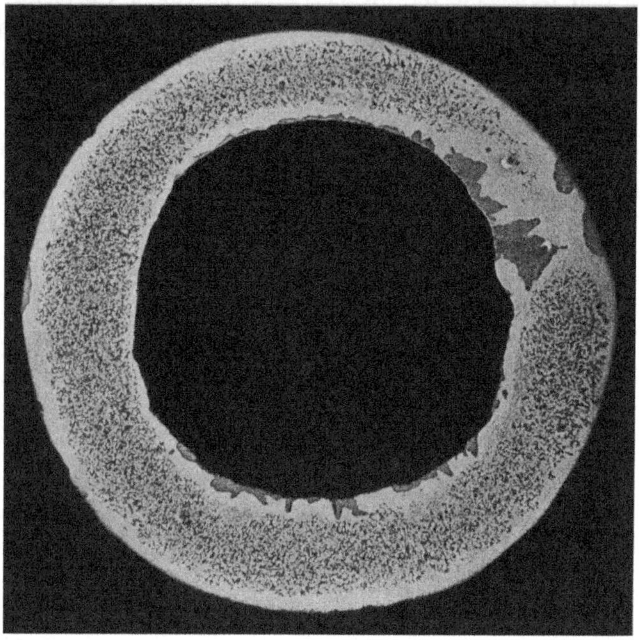

Abb. 108. Oxydbildung und Entkohlung an Fehlstellen (Lunkern, Schwindungsrissen usw.). (×3)

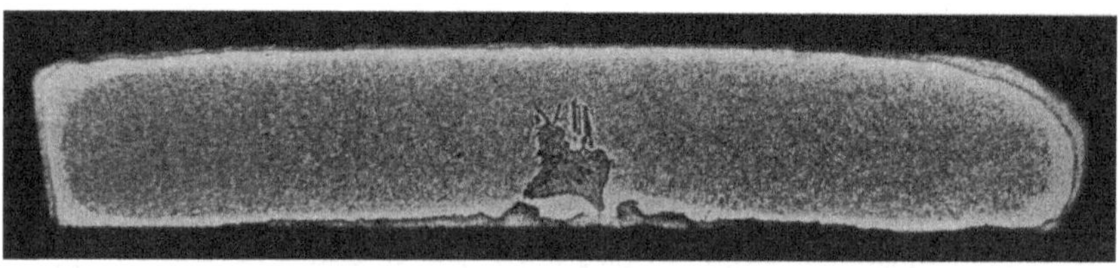

Abb. 109. Oxydbildung und Entkohlung an Fehlstellen (Lunkern, Schwindungsrissen usw.). (×5)

bildung ist außerdem noch abhängig von der chemischen Zusammensetzung. Nach übereinstimmenden Versuchsergebnissen[1] und Erfahrungen aus der Praxis begünstigt ein hoher Siliziumgehalt die Schalenbildung, insbesondere dann, wenn der Guß gleichzeitig einen hohen Schwefelgehalt besitzt. Das Silizium hat eine größere Affinität zum Sauerstoff (Des-

[1] Oberhoffer, P.: S. 533; Diplomarbeit Brüggemann, Aachen 1922; Diplomarbeit Thiel, Aachen 1924; Ingalt u. Field: Engineering 22. 5. 1925, S. 654 bis 655; Gießerei 1925, S. 555.

oxydationsmittel beim Stahl) und geht deshalb leichter in das Oxyd über als das Eisen. In der Schale eines Gußstückes mit 1,14 bzw. 0,9% Silizium fand Zingg[1] 2,43 bzw. 1,9% SiO_2, d. h., der gesamte Siliziumgehalt

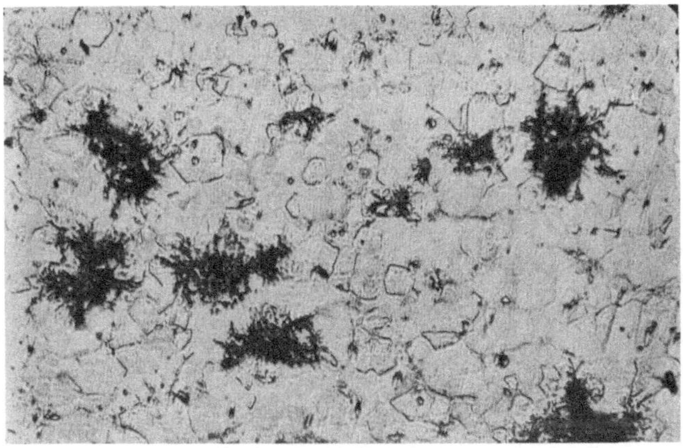

Abb. 110. Schwarzguß unbehandelt. (×100)

der Schale war zu Kieselsäure oxydiert. Das Mangan scheint keinen Einfluß auf die Schalenbildung auszuüben.

Abb. 111. Schwarzguß (wie Abb. 108) 30 Minuten bei 850° geglüht und an der Luft abgekühlt. (×100)

Zur Verbrennung des Tempergusses ist schließlich noch zu bemerken, daß sie ganz besonders leicht an denjenigen Stellen auftritt, wo kleine Fehlstellen durch Schwindungsrisse oder Lunkerbildung im Gußstück enthalten sind. Daß die Oxydbildung von solchen Fehlstellen aus ihren Anfang nimmt, ist besonders gut an den Abb. 93, 108 und 109 zu erkennen, bei welchen Stücken das übrige Gußstück völlig gesund blieb.

[1] Oberhoffer, P.: S. 533.

Aus den metallurgischen Vorgängen beim Erhitzen von Temperguß und der Gefügeausbildung ist es wohl ohne weiteres klar geworden, daß weitaus der größte Teil aller Gußstücke nicht schmiedbar ist. Das Schmieden setzt eine Erhitzung des Eisens über den Ac_1-Punkt voraus. Bei diesen Temperaturen befindet sich aber sowohl der Ferrit der entkohlten Randschicht beim weißen, als auch der des Grundgefüges beim schwarzen Temperguß im γ-Zustand und nimmt unter Bildung von Mischkristallen Kohlenstoff aus der Umgebung wieder in Lösung. Je nach der Länge

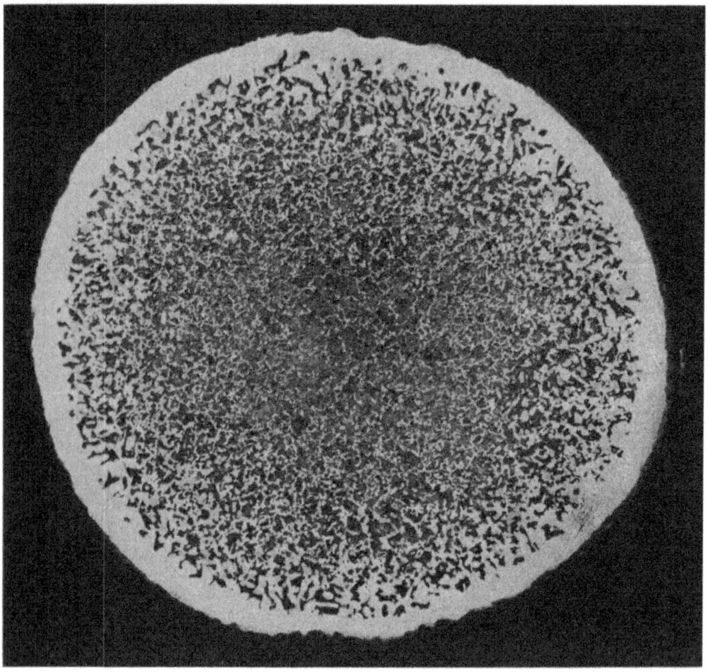

Abb. 112. Weißer Temperguß unbehandelt. (×10)

der Erhitzung kann der Gehalt bis zur Sättigungsgrenze steigen. Wird nun ein solches Stück wieder abgekühlt, so entsteht nunmehr an Stelle des Ferrits mehr oder weniger Perlit. Die Gußstücke verlieren also ihre ursprüngliche Zähigkeit und werden spröde. Dieser Vorgang ließe sich, wenn man wollte, beim weißen Temperguß nur durch erneutes Glühfrischen, beim schwarzen Temperguß nur durch erneutes Glühen beim Ac_1-Punkt wieder rückgängig machen. Nur solche Gußstücke aus weißem Temperguß, die nahezu ganz entkohlt sind, wie z. B. dasjenige, dessen Querschnitt in Abb. 58 gezeigt wurde, sind im eigentlichen Sinne des Wortes schmiedbar, da sich das γ-Eisen in Ermangelung von Kohlenstoff nicht aufkohlen kann. Aus diesen Betrachtungen geht hervor, daß jede Erhitzung von Tempergußstücken über etwa 700° gefährlich ist, wenn sie nicht vollkommen entkohlt sind.

Von der Löslichkeit des Kohlenstoffes im γ-Eisen wird in der Praxis hier und da Gebrauch gemacht[1]. So werden unter Umständen Tempergußstücke ganz oder teilweise gehärtet, indem man sie kurze Zeit über den Ac_1-Punkt erhitzt und in Wasser oder Öl abschreckt. Um die Verschleißfestigkeit zu erhöhen, werden häufig Schwarzgußstücke 15 bis 30 Minuten bei etwa 850° geglüht und langsam abgekühlt. Das rein ferritische Gefüge (Abb. 110) geht bei dieser Behandlung vollständig in Perlit über (Abb. 111). Voraussetzung ist in beiden Fällen, daß bis zur Oberfläche

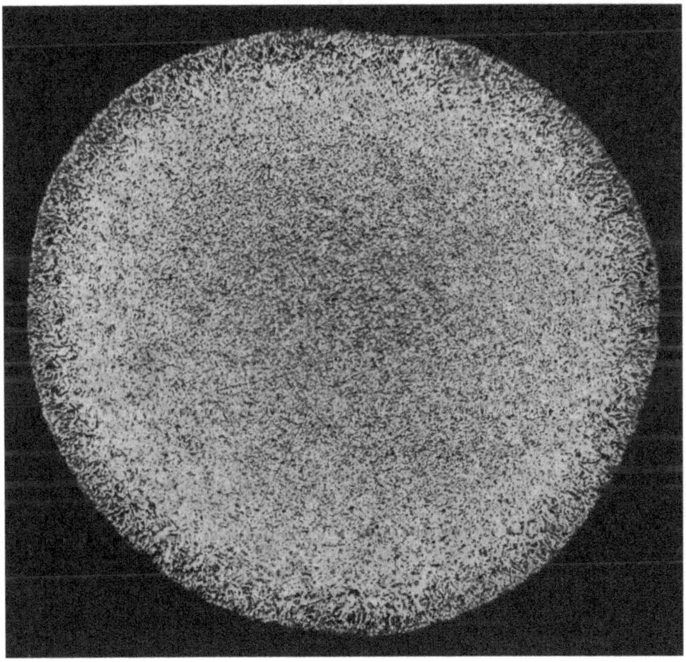

Abb. 113. Weißer Temperguß (wie in Abb. 110), im Einsatz gehärtet (nicht abgeschreckt). (×10)

so viel Kohlenstoff wieder in Lösung geht, daß sich Martensit bzw. Perlit bilden kann.

Schließlich ist Temperguß auch schon im Einsatz gehärtet worden. Die Abb. 112 und 113 zeigen an einem Beispiel, wie dabei der Kohlenstoff wieder in die entkohlte Randschicht von weißem Temperguß eindringt. Es ist aber natürlich teuer, das Gußstück erst durch ein langwieriges und kostspieliges Verfahren so weit wie möglich zu entkohlen, also zu veredeln, um ihm dann mit einem ebenfalls nicht billigen Glühverfahren den Kohlenstoff wieder zuzuführen.

In allen drei Fällen erfolgen derartige Nachbehandlungen des Tempergusses auf Kosten der Zähigkeit des Werkstoffes.

[1] Siehe S. 327—329.

III. Technologie.

1. Schmelzerei.

A. Schmelzrohstoffe.

An die Eisenrohstoffe zur Erschmelzung von Temperguß werden ganz bestimmte Anforderungen bezüglich ihrer chemischen Zusammensetzung gestellt. Das einzige deutsche Hochofenwerk, das seit Jahrzehnten ein besonderes Temperroheisen erbläst, ist die Duisburger Kupferhütte, Duisburg[1]. Der von dieser Hütte verwendete Möller besteht in der Hauptsache aus dem sog. Purpurerz, dem Rückstandserzeugnis aus spanischem und norwegischem Schwefelkies, dessen Gehalt an Schwefel, Kupfer, Zink, Blei, Silber und Kobalt bei der Verhüttung auf diese Rohstoffe bereits entzogen worden ist. Dieses hocheisenhaltige Erz mit 62 bis 64% Fe und 6 bis 8% Rückstand (hauptsächlich SiO_2) sowie die Hochofenführung bedingen die Sonderheit des Kupferhütter Eisens: sehr feines Korn, sehr niedriger Phosphor- und Schwefelgehalt bei den grauen Roheisensorten; auch ist stets noch eine geringe Menge Kupfer vorhanden, die aber ohne Bedeutung für das Tempereisen ist.

Die verschiedenen Roheisensorten, die handelsüblich erblasen und auf Lager gehalten werden, gehen aus Zahlentafel 3 hervor. Zu bemerken ist, daß das Duisburger Weißeisen in zweierlei Gütearten geliefert wird, und zwar mit einem Siliziumgehalt von 0,3 bis 0,6% und hohem Schwefelgehalt von 0,12 bis 0,2% sowie mit einem niedrigen Schwefelgehalt von 0,12 bis 0,06%. Wird ein niedrigsiliziertes graues Roheisen mit niedrigem Schwefelgehalt benötigt, so eignet sich hierzu das Duisburger Roheisen sehr gut, da bis zu einem Siliziumgehalt von 1% der Schwefelgehalt niedrig, d. h. unter 0,05% gehalten werden kann.

Da bis vor kurzem die Ansicht vorherrschte, daß der Mangangehalt im Temperguß so niedrig wie möglich liegen sollte, wurde früher das Kupferhütter Roheisen mit einem äußerst niedrigen Mangangehalt von unter 0,15% erblasen. Auf Grund der neuen Erkenntnis, daß eine gewisse Erhöhung des Mangangehaltes zur Bindung des Schwefels nur günstig wirkt, erhöhte die Kupferhütte seit Anfang des Jahres 1928 den Mangangehalt ihres Roheisens auf 0,3 bis 0,35%. Auch sei noch darauf hingewiesen, daß es dieser Hütte in den letzten Jahren gelungen ist, den Schwefelgehalt des grauen Roheisens zeitweilig bis auf Spuren (unter 0,01%) zu drücken

[1] Vergl. S. 39 u. f.

Zahlentafel 3. Deutsche und ausländische Temperroheisen und Temperguß-Zusatzeisen.

	% C	% Si	% Mn	% P	% S
Duisburger Grau, feinkörnig[1]	4,0—4,5	1—4	0,3—0,35	0,05—0,07	0,01—0,035
Duisburger Grau	3,6—4,0	1—4	0,3—0,35	0,05—0,07	0,01—0,035
Duisburger Meliert	3,5—4,2	1,2—0,8	0,3—0,35	0,05—0,07	0,03—0,06
Duisburger Weiß mit Funken	3,5—3,8	0,8—0,5	0,3—0,35	0,05—0,07	0,05—0,10
Duisburger Weiß	3,4—3,8	0,6—0,3	0,3—0,35	0,05—0,07	0,12—0,20
Duisburger Weiß	3,4—3,8	0,6—0,3	0,3—0,35	0,05—0,07	0,06—0,12
Duisburger Grau, grobkörnig	3,5—4,0	2—4	0,3—0,35	0,05—0,07	0,01—0,035
Duisburger Zusatzeisen, niedriggekohlt	2,4—2,6	0,5—1,5	0,5—3	0,05—0,07	0,01—0,035
D.K.M., manganreich	3,8—4,2	1,5—2,5	1 —1,5	0,05—0,07	0,01—0,035
Deutsches Hämatit	3,5—4,0	1,5—3,5	0,8—1,2	0,06—0,1	0,02—0,05
Silbereisen, grau	unter 2,80	1,7—2,5	0,4—0,7	0,07—0,09	0,02—0,04
Silbereisen, weiß	unter 2,80	0,9—1,2	1—3	0,07—0,09	0,02—0,04
Birlenbacher, grau (kalt erblasen	2,5—3,0	1,5—2	2—3	unter 0,3	unter 0,04
Birlenbacher, weiß (kalt erblasen)	3,3	0,6—0,8	3—4	unter 0,2	unter 0,04
Siegerländer Stahleisen, weiß (Zusatzeisen)	3,8—4,2	0,5—1	3—5	unter 0,25	unter 0,05
Englische Hämatite:					
Millom, grau	3,8—4,0	1,5—3	0,3—0,4	0,02—0,04	0,02—0,03
Cleater, grau	3,4—3,8	2—2,5	0,1—0,15	0,04—0,05	0,01—0,03
HCM, grau	3,2—3,4	2—2,5	0,2—0,3	0,05—0,07	0,06—0,01
HCM, weiß	3,0—3,2	0,4—0,6	0,2—0,3	0,05—0,07	0,2—0,03
Distington	2,9—3,1	0,4—0,6	0,3—0,4	0,05—0,07	0,2—0,04
Schwedisches Holzkohlenroheisen:					
K^{bo}, grau	3,9—4,2	1—1,5	0,1—0,2	unter 0,04	0,01—0,02
H, reinweiß	3,8—4,0	0,1—0,2	0,1—0,2	unter 0,025	0,03—0,04
O-Krone, grau	3,9—4,2	1—1,5	0,1—0,3	0,05—0,07	0,01—0,02
O-Krone, weiß	3,8—4,1	0,3—0,5	0,1—0,3	0,05—0,07	0,02—0,03
P-Krone, grau	3,9—4,2	1,4—1,6	0,2—0,3	unter 0,04	0,01—0,02
P Krone, weiß	3,8—4,1	0,2—0,4	0,2—0,3	unter 0,03	0,01—0,015

und auch das Weißeisen mit einem so niedrigen Schwefelgehalt zu erblasen, wie es früher nicht möglich war. Man findet daher in älteren Mitteilungen über die Zusammensetzung des Duisburger Roheisens Angaben, die von den hier angeführten Gehalten wesentlich abweichen.

Der Siliziumgehalt des Duisburger Eisens kann den Wünschen der Abnehmer angepaßt werden, da die Hochofenabstiche nach ihrer chemi-

[1] Auf Wunsch kann das Duisburger Graueisen mit einem bestimmten Kohlenstoffgehalt innerhalb der angegebenen Grenzen geliefert werden. Der Siliziumgehalt kann nach den Wünschen der Abnehmer eingehalten werden. Für Sonderfälle wird auch Eisen mit etwas niedrigerem und höherem Mangangehalt geliefert.

schen Zusammensetzung auf Lager gelegt bzw. versandt werden. Es wäre zu wünschen, daß die Tempergießereien ihre Bestellungen auf Grund der für sie zweckmäßigsten chemischen Zusammensetzung des Eisens erteilen würden und nicht, wie es früher sehr häufig üblich war, nur nach dem Bruchaussehen. Nach letzterem unterschied man eine viel zu große Anzahl kaum verschiedener Sorten wie: „Grau mit kleinem weißen Rand", „Grau mit starkem weißen Rand", „Grau mit sehr starkem weißen Rand" usw. Durch die genannte Umstellung in der chemischen Zusammensetzung des Duisburger Roheisens seit Anfang 1928 trat auch eine Änderung des Bruchaussehens bezüglich der weißen Randbildung gegenüber früher ein, so daß die chemische Zusammensetzung der Roheisensorten bei gleicher Stärke des weißen Randes heute eine andere ist als früher.

Muß der Mangangehalt bei schwefelreichem Kupolofenguß noch mehr angereichert werden, als dies bei alleiniger Verwendung von Duisburger Roheisen möglich ist, so können auch gewisse Hämatiteisen, Siegerländer Stahl- und Spiegeleisen zugesetzt werden (s. Zahlentafel 3). Beim Kupolofenschmelzen hat es sich als sehr zweckmäßig erwiesen, ein niedriggekohltes Sondereisen zuzusetzen. Als solches Zusatzeisen hat sich das Sonderroheisen der Duisburger Kupferhütte, das von der Fa. Klüser & Burghardt, Elberfeld, vertrieben wird, und das „Silbereisen" der Vereinigten Stahlwerke A. G., Abt. Friedrich-Wilhelm-Hütte in Mülheim-Ruhr, sehr gut bewährt.

Bei gewissen Hochofenabstichen besitzt das Duisburger Grau nicht das übliche und sehr geschätzte feine Korn, sondern ein grobes loses Gefüge. Dieses Eisen wird von den Gießereien sehr gern genommen, welche den sog. „Bohrguß" für Schlüssel u. dgl. herstellen; es besitzt den ziemlich hohen Siliziumgehalt von 2 bis 3%, unterscheidet sich aber sonst chemisch nicht von den Feinkorneisen.

Das Kupferhütter Roheisen wird in eiserne Kokillen gegossen und ge langt daher völlig sandfrei an den Verbraucher, was als ein großer Vorzug dieses Eisens anzusehen ist. Auf Wunsch wird es auch in kleinen eingekerbten Masseln geliefert, die sich sehr leicht zerkleinern lassen, wobei ein Masselabhieb 4 bis 5 kg wiegt, oder auch — etwas billiger — als „Großformat" für die größeren Schmelzöfen.

Auch englische Temperroheisen wurden früher gerne gekauft, obwohl sie heute sicher keinen Vorteil gegenüber dem deutschen Roheisen besitzen und häufig einen hohen Schwefelgehalt aufweisen. Sie werden in zwei Arten, in dicken und dünnen Masseln geliefert; letztere sind „raffiniert", d. h. das Roheisen wurde im Kupolofen unter Zusatz von Schmiedeeisenschrott nochmals umgeschmolzen und zu dünnen Masseln vergossen. Daher ist auch ihr Schwefelgehalt gewöhnlich ziemlich hoch. Da das englische Temperroheisen häufig einen Mangangehalt von 0,3 bis 0,4% besitzt, so läßt sich hieraus die frühere praktische Erfahrung erklären, daß sich bei dessen Verwendung Kupolofentemperguß leichter weich glühen ließ als bei Benutzung des manganarmen Duisburger Roheisens mit nur etwa 0,1% Mangan. Durch den höheren Mangangehalt des englischen Eisens wurden größere Mengen des härtenden Schwefelgehaltes durch Bindung an Mangan unschädlich gemacht, als dies beim Schmelzen mit dem manganarmen Duisburger Roheisen möglich war. Heute ist dieser Vorteil des englischen Eisens durch die genannte Erhöhung des Mangangehaltes des Duisburger Eisens nicht mehr vorhanden.

Da früher die Tempergießer der irrtümlichen Meinung waren, daß ohne den Zusatz von schwedischem Holzkohlenroheisen kein guter Temperguß zu erzeugen sei, waren früher solche Roheisen sehr beliebt; auf Zahlentafel 3 sind einige der bekanntesten angegeben. Diese schwedischen Holzkohlenroheisen zeichnen sich durch hohen Kohlenstoffgehalt und besondere Reinheit aus; beim Schmelzen im Tiegel waren sie früher vielfach unentbehrlich, weil die deutschen und englischen siliziumarmen weißen Roheisen einen zu hohen Schwefelgehalt besaßen. Da es aber, wie oben ausgeführt, gelungen ist, auch deutsches weißes Temperroheisen mit niedrigem Schwefelgehalt herzustellen und der Preis des schwedischen Holzkohleneisens 30 bis 50% höher liegt als der des deutschen Temperroheisens, so muß heute in so gut wie allen Fällen und ganz besonders beim Schmelzen im Kupolofen die Verwendung des schwedischen Eisens als technisch entbehrlich und wirtschaftlich als viel zu teuer bezeichnet werden.

Als Zusätze zu den Schmelzrohstoffen kommen auch noch die Silizium- und Manganpakete der Maschinenfabrik Eßlingen in Betracht, die der Gattierung zur Erhöhung des Silizium- und Mangangehaltes zugesetzt werden. Diese haben sich in den Fällen als sehr zweckmäßig erwiesen, in denen mit einem sehr hohen Anteil von Schmiedeeisenschrott gearbeitet wird, denn ohne deren Zusatz ist ein graphitreiches Roheisen mit sehr hohem Siliziumgehalt erforderlich, das die Gefahr des Grauwerdens mit sich bringen würde, wodurch die Festigkeitseigenschaften des Fertiggusses beeinträchtigt werden.

Bei der Auswahl des bei manchen Schmelzöfen in sehr großen Mengen zugesetzten Schrottes hat man sehr vorsichtig zu sein. Hierbei darf keinesfalls ohne weiteres der Preis, sondern es muß die Eignung des betreffenden Schrottes maßgebend sein, auf die bei den verschiedenen Schmelzöfen besonders hingewiesen ist. Es ist darauf zu achten, daß keine Sonderstahlabfälle verwendet werden, welche Legierungselemente enthalten wie z. B. Chrom, die den Tempervorgang verzögern und harten Fertigguß bewirken können. Das sog. Preßmuttereisen darf wegen seines hohen Phosphorgehaltes nicht verwendet werden; auch Abfälle von „Automatenstangen" können durch ihren hohen Schwefel- oder auch Phosphorgehalt nachteilig wirken. Es ist daher Vorsicht beim Kauf und bei der Verwendung von „Ziehenden" zu empfehlen.

Bezüglich der chemischen Zusammensetzung des handelsüblichen geeigneten und ungeeigneten Schrottes sei auf Zahlentafel 4 verwiesen.

Zahlentafel 4. Chemische Zusammensetzung von handelsüblichem Schrott

	% C	% Si	% Mn	% P	% S	% Cr
Unlegierte Kesselblechabfälle	0,1—0,3	0,0—0,25	0,4—0,5 (— 0,8)	0,03—0,05	0,03—0,05	—
Profileisen (Schwellen) .	0,04—0,12	—	0,4—0,5	< 0,06	< 0,05	—
Eisenbahnschienen . .	0,35—0,6	0,15—0,25	0,6—0,9	0,06—0,08	0,03—0,05	—
Nieten (Nagelabfälle) .	0,05—0,15	—	0,3—0,4	< 0,04	0,03—0,04	—
Geschmiedete Hufeisen	0,1—0,2	0,0—0,2	**0,1**—0,4	< 0,06	0,03—0,07	—
Patenthufeisen (Temperguß)	0,1—0,2	0,5—0,7	0,1—0,3	< 0,10	**0,1—0,25**!	—
Eisenbahnpufferfedern .	0,8—1	ca. 0,25	0,6—0,8	< 0,05	< 0,04	—
Stahlschrott (Werkzeugstahl)	0,6—1 (— 1,5)	ca. 0,25	0,4—1,0	< 0,04	< 0,04	—
Automatenstangen . .	0,1—0,2	0,2—0,3	0,4—0,6	< **0,12**	< **0,12**	—
Preßmuttereisen . . .	0,1—0,2	0,2—0,3	0,4—0,6	**0,3—0,5**	< 0,08	—
Magnetstahlabfälle . .	**1—1,2**	0,15	0,24	< 0,04	< 0,02	**1,6—2,2**
„Ziehenden“	0,1—0,8	0,2	0,2—**1**	0,05—**0,3**	0,03—**0,12**	**0—2**
Hartstahl (Manganstahl)	0,95—1,15	0,2—0,4	**10—13**	< 0,1	< 0,06	—

Einen großen Anteil am Einsatz bilden die Eingüsse, Trichter, Saugmasseln und Ausschußstücke aus dem eigenen Temperrohguß, der gewöhnlich 45 bis 55% beträgt. Ferner kommt noch der getemperte Schrott in Betracht, der bei Kupolofentemperguß häufig einen sehr hohen Schwefelgehalt besitzt; er ist daher in der Gattierung einem schwefelreichen Schmiedeeisenschrott gleichzusetzen. Da in Deutschland der Kupolofentemperguß weitaus vorherrscht, ist diese Schrottart als Zusatz zur Gattierung wenig beliebt. Es wird nur der geringe jeweils im eigenen Betriebe entfallende Temperschrott wieder aufgearbeitet, was sich ohne Betriebsschwierigkeiten durchführen läßt. In Amerika dagegen wird der Kupolofen zum Erschmelzen von hochwertigem schwarzem Temperguß überhaupt nicht verwendet. Der in großen Mengen im Handel befindliche schwarzbrüchige Temperschrott ist daher schwefelarm und kohlenstoffreich und wird sehr gern zum Wiedereinschmelzen im Flammofen benutzt.

Für den Schmelzbetrieb ist es in allen Fällen am zweckmäßigsten, den sog. Neuschrott zu verwenden; das ist solcher Schrott, der bei der Herstellung von Waren oder Rohlingen unmittelbar abfällt. Jeder stark verrostete „Altschrott“ ist nach Möglichkeit zu vermeiden. Es empfiehlt sich daher auch, den Schrott nicht lange Zeit im Freien lagern und verrosten zu lassen, sondern ihn trocken, also gedeckt, aufzubewahren.

B. Schmelzöfen.

a) Tiegelöfen.

Das Schmelzen im Tiegelofen hat sich wegen der hervorragenden Güte des Gusses, seiner einfachen Betriebsweise und des geringen erforderlichen Anlagekapitals trotz hoher Betriebskosten für kleinere Erzeugungsmengen bis auf unsere Zeit erhalten.

Die Tiegelöfen bestehen aus vertieft in die Gießereisohle eingelassenen Schächten mit meistens rundem oder quadratischem Querschnitt, die an eine gemeinsame Esse angeschlossen sind (Abb. 114). Sie fassen gewöhnlich 2 bis 6 Graphittiegel mit je 40 bis 60 kg Inhalt. Der Schacht ist in etwa 1 m über seiner Sohle durch einen Rost aus ⊏⊐-Eisenstangen abgeschlossen, auf den etwa 10 cm hohe Untersätze aus Schamotte, sog. „Käse“, gelegt werden. Diese bestehen auch häufig aus alten entsprechend abgeschlagenen Tiegelböden und dienen als Unterlage für die Schmelztiegel. Damit diese Teile in der Hitze nicht zusammenfritten, werden sie vor jeder Schmelze mit Kokslösche bestreut. Die Roststäbe müssen einzeln leicht auswechselbar und hierzu muß der Raum vor dem Aschenfall begehbar sein.

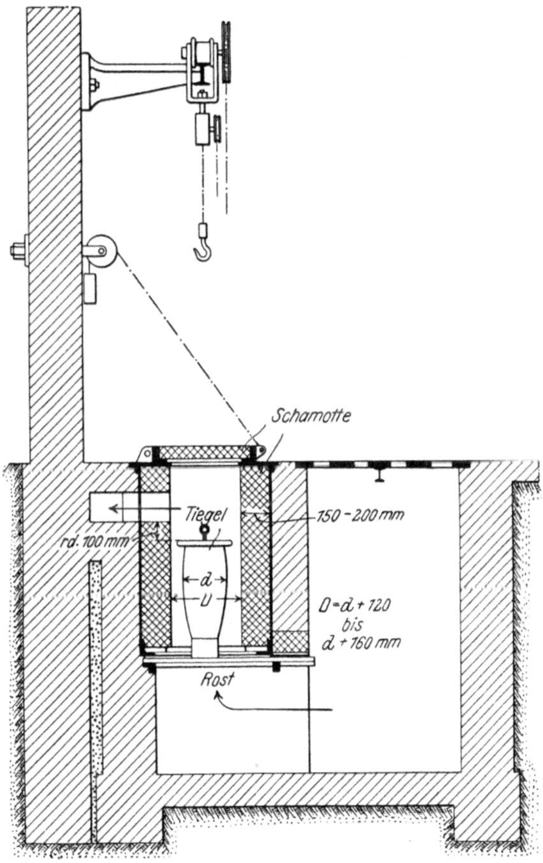

Abb. 114. Tiegelofen mit natürlichem Essenzug.

Man unterscheidet Tiegelöfen mit natürlichem Essenzug und mit Unterwind; es gibt auch Öfen, bei denen nach Bedarf beide Windarten angewendet werden können. Bei Benutzung von Unterwind muß der Aschenkasten vollkommen geschlossen werden können (Abb. 115); mit Hilfe eines einfachen Ventilators wird Wind unter den Rost geblasen.

Durch die Anwendung des Gebläses wird ein etwas rascheres Schmelzen bei geringerem Brennstoffverbrauch erzielt; gleichzeitig wird auch die Möglichkeit gewonnen, bei Bedarf Stahlformguß zu erschmelzen. Allerdings werden hierbei die Tiegel stärker angegriffen, so daß deren Haltbarkeit verringert wird.

Gattierung. Da das Schmelzgut durch die Tiegelwandungen vor der unmittelbaren Einwirkung des Brennstoffes und der Verbrennungsgase

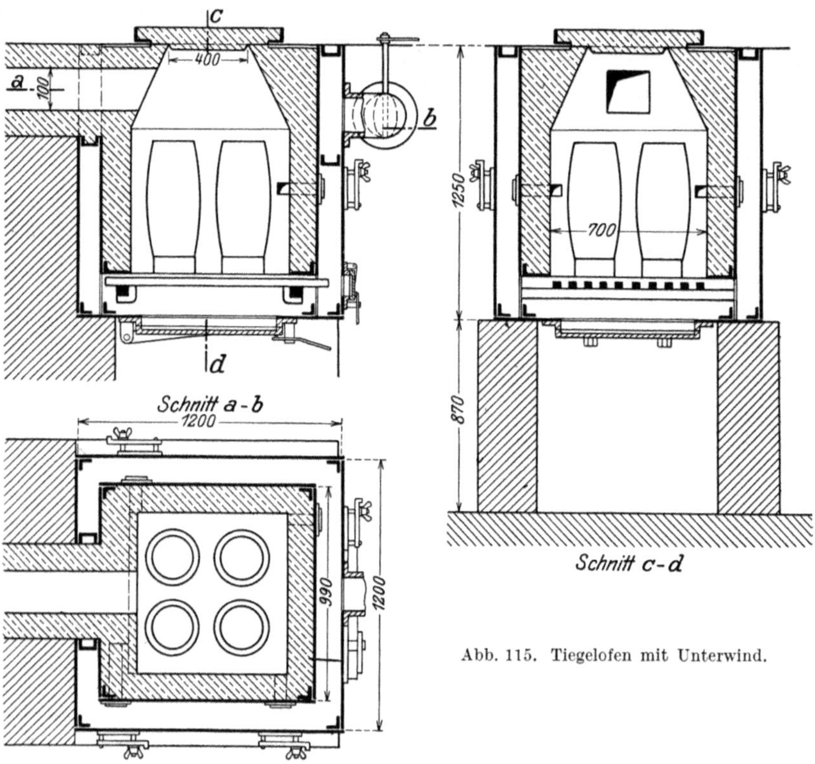

Abb. 115. Tiegelofen mit Unterwind.

vollkommen geschützt ist, verändert es sich durch das Schmelzen sehr wenig; bei der Berechnung der Gattierung braucht daher eine chemische Veränderung des Einsatzes praktisch nicht berücksichtigt zu werden. Die Gehalte an Phosphor und Schwefel bleiben bei sachgemäßem Betrieb völlig unverändert; Silizium und Mangan können bei geringer Hitze einen kleinen Abbrand erleiden, während bei sehr großer Hitze und langer Schmelzdauer durch den anwesenden Kohlenstoff Silizium aus den Tiegelwänden reduziert werden kann, wodurch der Siliziumgehalt des Eisens eine geringe Zunahme erfährt. Bei zu großer Hitze kann die Schmelze ins Kochen geraten, was mit empfindlichem Abbrand an Kohlenstoff verbunden ist. Zu Kalkulationszwecken ist mit einem geringen mechanischen

Verlust durch Probenahmen, Verspritzen u. dgl. zu rechnen, der durchschnittlich zu etwa 1% angenommen wird.

Die beim Tiegelrohguß angestrebte und gewöhnlich erhaltene chemische Zusammensetzung für mittelstarke Stücke ist:

2,6—2,8% C, 0,6—0,7% Si, 0,2—0,25% Mn, 0,1% P, 0,05—0,07% S.

Da etwa die Hälfte des Einsatzes aus Trichtern, Eingüssen, Ausschußstücken u. dgl. besteht, die einen niedrigen Kohlenstoffgehalt besitzen, so kann der Anteil an Schmiedeeisenschrott nur etwa 10 bis 15% der Gattierung betragen. Zur Erreichung des gewünschten Siliziumgehaltes wird eine entsprechende Menge Graueisen gesetzt. Es hat sich hierbei gezeigt, daß die früher als unentbehrlich angesehenen ausländischen Holzkohlenroheisen ohne Nachteil durch die wesentlich billigeren deutschen Roheisensorten ersetzt werden können, sofern nur darauf geachtet wird, daß ihr Schwefelgehalt nicht zu hoch ist. Es ist vorteilhafter, ein niedrigsiliziertes lichtgraues bzw. meliertes Roheisen zu verwenden anstatt einer Mischung von höhersiliziertem tiefgrauen Roheisen und dem häufig sehr schwefelreichen Weißeisen, wie die Gegenüberstellung der Gattierungen nach Zahlentafel 5a und 5b ergibt.

Zahlentafel 5a. Gattierung I mit „Duisburger Grau“ und „Duisburger Weiß“.

%	Einsatz	C		Si		Mn		S	
		%	kg	%	kg	%	kg	%	kg
17	Duisburger Grau . .	4,0	0,68	1,5	0,25	0,2	0,03	0,035	0,006
15	Duisburger Weiß . .	3,7	0,55	0,3	0,04	0,2	0,03	0,12	0,018
15	Schmiedeeisenschrott	0,4	0,06	0,15	0,02	0,5	0,07	0,05	0,008
53	Trichter	2,8	1,48	0,6	0,32	0,25	0,13	0,068	0,036
100	kg flüssiges Eisen enthalten		2,77		0,63		0,26		0,068

Zahlentafel 5b. Gattierung II mit „Duisburger meliert“.

%	Einsatz	C		Si		Mn		S	
		%	kg	%	kg	%	kg	%	kg
32	Duisburger Meliert .	3,8	1,22	0,9	0,29	0,2	0,06	0,04	0,013
15	Schmiedeeisenschrott	0,4	0,06	0,15	0,02	0,5	0,07	0,05	0,008
53	Trichter	2,8	1,48	0,6	0,32	0,25	0,13	0,04	0,021
100	kg flüssiges Eisen enthalten		2,76		0,63		0,26		0,042

Man erkennt, daß der Schwefelgehalt bei Gattierung I an der oberen Grenze liegt, während er bei Gattierung II um 38% niedriger einem einwandfreien Tiegelguß entspricht. Es ist besonders darauf zu achten, daß der Schwefelgehalt des verwendeten weißen Roheisens nicht zu hoch ist, da bei den mit Koks erblasenen weißen deutschen und englischen Hämatiteisen schon Schwefelgehalte von 0,3 und sogar 0,4% festgestellt worden sind[1]. Dies ist auch der Grund, warum von manchen Tempergießereien aus alter Überlieferung auch heute noch das weiße schwefelarme Holzkohlenroheisen trotz seines teueren Preises jedem anderen weißen Roheisen vorgezogen wird. Beim grauen Temperroheisen kann von den ausländischen Marken überhaupt kein wesentlicher Vorteil gegenüber dem deutschen Temperroheisen angegeben werden.

Im allgemeinen wird eine erprobte Normalgattierung für alle gewöhnlich vorkommenden Abgüsse benutzt; handelt es sich aber um Stücke, die ganz besondere Abweichungen in der Wandstärke und im Gewicht gegenüber dem üblichen Durchschnitt aufweisen, so wird der Wandstärke entsprechend bei dünnen Abgüssen mehr Graueisen bzw. bei dicken mehr Schmiedeeisenschrott gesetzt, wobei ungefähr die Gehalte der Zahlentafel 6 eingehalten werden.

Zahlentafel 6. Abhängigkeit des Silizium- und Kohlenstoffgehaltes von der Wandstärke.

Wandstärke	% C	% Si
4— 6 mm	3,0—2,8	1,2—1,0
6— 9 „	2,8—2,7	1,0—0,8
9—13 „	2,7—2,6	0,8—0,6
13—25 „	2,6—2,5	0,6—0,55
über 25 „	2,5—2,4	0,55—0,5

Arbeitsweise. Neue Graphittiegel sind äußerst empfindlich gegen rasches Erwärmen; sie dürfen daher nie in einen heißen Ofen eingesetzt werden, da sie sonst reißen. Man bewahrt sie deshalb stets in einem warmen, trockenen Raume auf und setzt sie beim ersten Gebrauch nur in kalte Öfen ein, in denen sie — ohne Stichflamme — allmählich erhitzt werden.

Das Schmelzgut wird am zweckmäßigsten vollständig in den kalten Tiegel eingebracht, um Zusätze während des Schmelzens zu vermeiden. Man verwendet das Kleinformat der Roheisenmasseln, die zuerst in den Tiegel kommen; sodann bringt man den Tempergußbruch ein, Trichter, Eingüsse, Saugmasseln und Ausschußstücke, die möglichst klein geschlagen werden, wovon die westfälische Bezeichnung „Kleinschlag“ und „Einschlag“ herrührt. Zuletzt wird der Schmiedeeisenschrott unter vorsichtigem Schütteln der Tiegel zugegeben; als solcher kann nur ganz kleinstückiger Abfall verwendet werden, wie z. B. Lochputzen, Nagel- und andere Stanzabfälle u. dgl. Vielfach werden Stahlabfälle bevorzugt, da diese einen höheren Kohlenstoffgehalt haben und daher einen niedrigeren Schmelzpunkt als das weiche Flußeisen.

Da es besonderer Geschicklichkeit beim Füllen der Tiegel bedarf, um ihren Inhalt vollkommen auszunutzen, begnügen sich manche Tempergießereien mit dem einfacheren Verfahren, Roheisenmasseln über dem Tiegel aufzuschichten; dieses tropft während des Schmelzens allmählich in den Tiegel. Damit ist jedoch der große Übelstand verbunden,

[1] Wüst: Stahleisen 1904, S. 305. — Erbreich: Stahleisen 1915, S. 549, 652, 773.

daß das aufgeschichtete Roheisen in unmittelbare Berührung mit dem Koks und den Verbrennungsgasen kommt, wodurch es Schwefel und andere Verunreinigungen aufnimmt. Es hat sich ergeben, daß derartig erschmolzener Tiegelguß sehr hohe Schwefelgehalte bis zu 0,15% aufwies.

Nach Einsetzen der vorgewärmten und mit einem Deckel versehenen Tiegel in den Ofen wird auf dem Rost ein Holzfeuer entfacht und darauf kleinstückiger Koks mit 50 bis 60 mm Stückgröße bis $^2/_3$ der Tiegelhöhe eingefüllt. Nach Abbrennen des Holzes wird der Koks bis zum Tiegelrand aufgefüllt. Bei den Gebläseöfen darf der Wind erst angestellt werden, wenn der Koks gut durchgebrannt ist. Gewöhnlich muß nach etwa 1 Stunde noch etwas Koks nachgefüllt werden. Die Gießbarkeit der Schmelze wird durch Einführen einer Eisenstange geprüft, an der nach Erreichung der Gießtemperatur beim Herausziehen weder Eisen noch Schlacke hängen bleiben darf. Ist dieselbe genügend, so werden die Tiegel mittels einer scherenförmigen Zange entweder unmittelbar von Hand oder mit Hilfe eines Hebezeuges etwa nach Art der Abb. 116 aus dem Ofen gezogen.

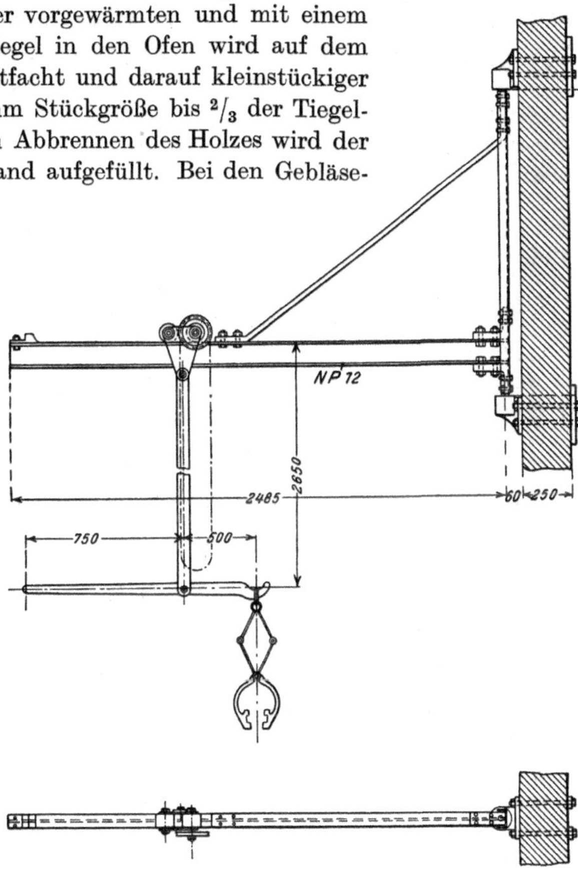

Abb. 116. Schwenkkran mit Tiegelzange.

Die Schmelzdauer beträgt bei heißem Ofen mit gutem natürlichem Zug etwa 2 Stunden und kann bei Gebläseöfen auf etwa $1^1/_2$ Stunde zurückgehen. Nach jeder Schmelze muß der Rost sorgfältig von Schlacke gesäubert werden, sodann wird er mit vorgewärmten Tiegeln neu beschickt. Ein Tiegelofen kann täglich 4- bis 6mal „gezogen" werden.

Der Brennstoffverbrauch beträgt bei Öfen mit natürlichem Essenzug 75 bis 100% des Eiseneinsatzes und kann bei Gebläseöfen bis auf 40 bis 50% heruntergehen.

Der Verbrauch an Graphittiegeln ist sehr groß, da diese durchschnittlich nur 15 bis 18 Schmelzungen aushalten. Die Ofenhaltbarkeit ist sehr gut, da die Ofenwandungen keinerlei mechanischer oder chemischer Beanspruchung unterworfen sind. Eine Ofenausmauerung aus sauren feuerfesten Steinen kann etwa 500 Schmelzen halten, bis sie erneuert werden muß.

Die Schmelzkosten bei Verwendung von Tiegelöfen sind sehr hoch, wie die überschlägige Berechnung der Zahlentafel 7 zeigt, wobei ein Jahresumsatz von 720 t Einsatz = 330 t guter Guß zugrunde gelegt ist, die mit Hilfe von 3 Tiegelöfen mit je 4 Tiegeln zu 60 kg erschmolzen werden.

Zahlentafel 7. Einsatz- und Schmelzkosten beim Tiegelofen.

Einsatzkosten:		
350 kg Duisburger Meliert zu RM. 98.00/t	RM. 34.30	
530 „ Eingüsse und Trichter	„ —	
120 „ Schmiedeeisenschrott zu RM. 60.00/t	„ 7.20	
1000 kg Einsatz kosten an Kaufeisen	RM. 41.50	
Dies entspricht 460 kg gutem Guß, also kosten 1000 kg guter Guß		RM. 90.22
Schmelzkosten:		
80% Koks zu RM. 31.00/t	RM. 24.80	
Graphittiegel	„ 30.00	
Anzündholz	„ 0.80	
Kleinzeug	„ 2.40	
Ofeninstandhaltung	„ 3.80	
Löhne	„ 9.00	
Betriebsschmelzkosten für 1 t Einsatz	RM. 70.80	
Amortisation und Verzinsung:		
15,5% von RM. 8000.00 = RM. 1240.00 durch 720 t Einsatz im Jahr	RM. 1.72	
Gesamte Schmelzkosten für 1 t Einsatz	RM. 72.52	
Dies entspricht 460 kg gutem Guß, also kosten 1000 kg guter Guß		RM. 157.65
Gesamtkosten für Einsatz und Schmelzen von 1 t gutem Guß		RM. 247.87

b) Kupolofen.

Da die Betriebskosten des Tiegelofens zum Erschmelzen von Temperguß im allgemeinen als zu teuer empfunden wurden, und da dessen Leistungsfähigkeit sehr gering ist, fand hierzu in Deutschland und Europa der Kupolofen sehr rasch ausgedehnteste Anwendung, um so mehr, als die zum Schmelzen von Grauguß benutzten Kupolöfen ohne Änderung auch für Temperguß verwendet werden können. In Anbetracht der vielen kleinen Tempergießereien wird allerdings sehr häufig in kleinen Kupolöfen geschmolzen, wie sie in Graugießereien seltener angetroffen werden. Solche oft kippbar ausgeführte Kleinkupolöfen (Abb. 117) gehen mit ihrem lichten

Durchmesser bis auf 400 mm und mit ihrer stündlichen Schmelzleistung bis auf $^1/_2$ t herunter. Das Ausflicken dieser engen Schächte ist jedoch äußerst unbequem, weshalb man den lichten Durchmesser nicht gerne kleiner als 450 mm nimmt.

Bei kleinen Kupolöfen mit 500 bis 600 mm lichtem Durchmesser hat sich eine Ausführung bewährt, bei welcher der Herd auf Rädern ausfahrbar gemacht ist, um den

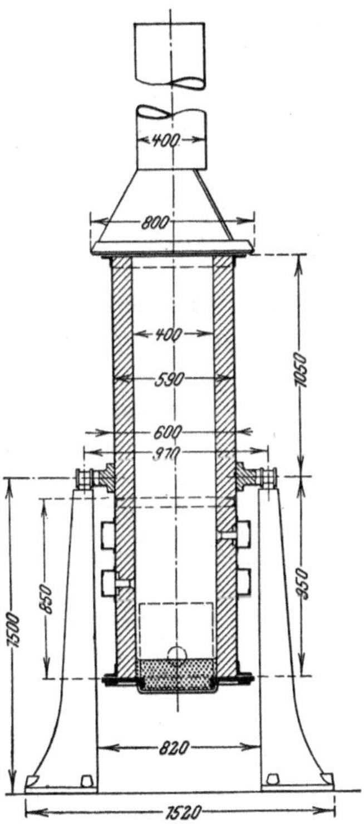

a

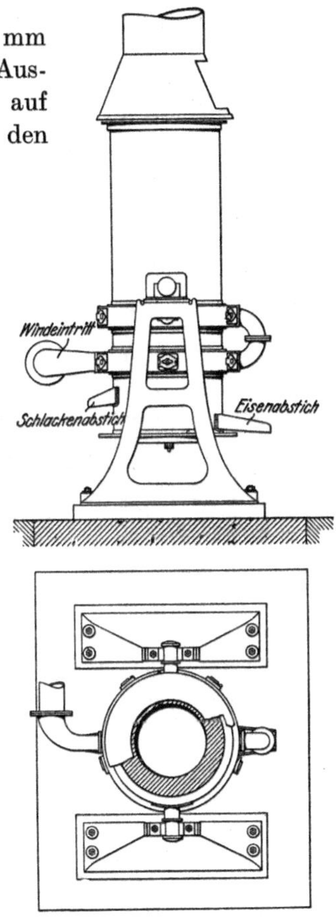

b

Abb. 117a und b. Kippbarer Kleinkupolofen.

engen Schacht bequem ausbessern zu können. Der Herd ruht auf 4 Spindeln, mittels deren er an den Schacht gepreßt wird. Dieser wird freihängend an dem Boden der Gichtbühne befestigt.

Für mittlere Betriebe haben sich die Kupolöfen mit 700 mm lichtem Durchmesser am besten bewährt, Abb. 118[1]. Ihre Schmelzleistung beträgt etwa 3 t in der Stunde bei einem Satzkoksverbrauch von 12% und einem Windbedarf von 50 bis 70 cbm in der Minute, wobei das erschmolzene Eisen eine Abstichtemperatur von durchschnittlich 1420 bis 1450° besitzt.

[1] Bauart der Badischen Maschinenfabrik Durlach.

Über den Nutzen eines Vorherdes ist man sich nicht ganz einig; im allgemeinen wird ein solcher gerne gebraucht, um das verflüssigte Eisen vor zu großer Schwefel- bzw. Kohlenstoffaufnahme aus dem Koks zu schützen, im Vorherd gut zu mischen und nötigenfalls in diesem zu entschwefeln.

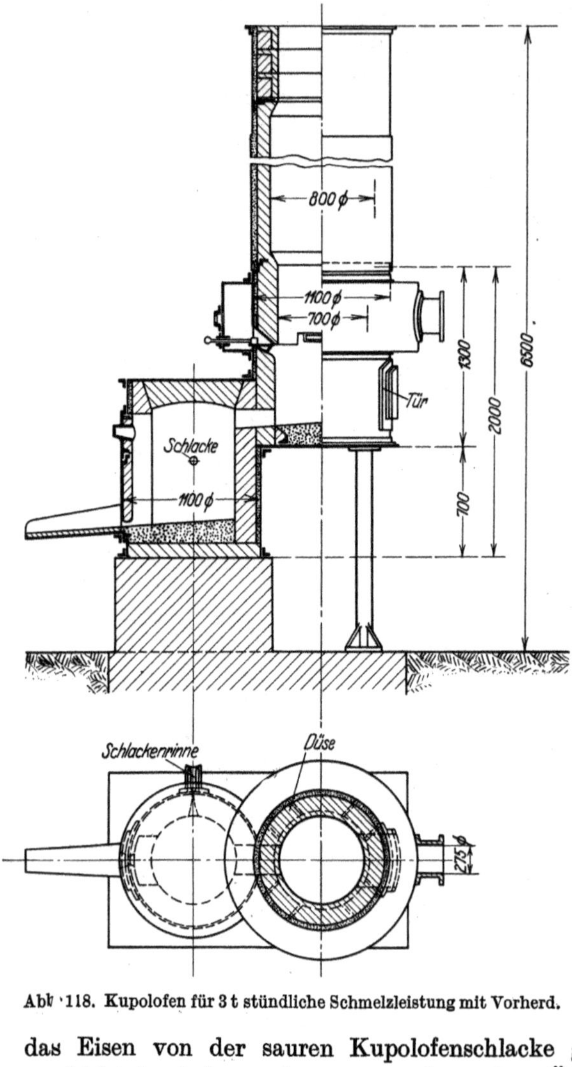

Abb. 118. Kupolofen für 3 t stündliche Schmelzleistung mit Vorherd.

Die Entschwefelung des Kupolofen-Temperrohgusses im Vorherd begegnet aber gegenüber dem Grauguß zwei Schwierigkeiten: Einerseits besitzt dasselbe einen viel niedrigeren Mangangehalt als Grauguß und daher ist die Überführung des Eisensulfides des Tempergusses in die Schlacke viel schwieriger, als die des Mangansulfides des Graugusses. Außerdem ist der weiße Temperrohguß weniger dünnflüssig als der Grauguß und muß daher heißer vergossen werden als dieser; der beim Vorherd unvermeidliche Temperaturverlust des flüssigen Eisens ist beim Temperguß viel unangenehmer als beim Grauguß. Um eine Entschwefelung im Vorherd durchführen zu können, muß das Eisen von der sauren Kupolofenschlacke getrennt werden. Dies geschieht durch Anwendung von syphonartigen Überlaufkanälen zwischen Ofenschacht und Vorherd. Eine solche Ausführungsform zeigt Abb. 119[1]. Der Kupolofenschacht *a* steht durch den Kanal *c* mit dem Vorherd *b* in Verbindung; dieser erhält nur reines Eisen, da die leichtere Schlacke durch den Überlauf *d* in den Schlackenwagen *e* abfließt.

[1] D. R. P. Nr. 412941 von Dürkopp-Luyken-Mehrtens.

Für die laufende Abführung der Schlacke aus dem Kupolofenschacht und deren Trennung vom flüssigen Eisen gibt es eine ganze Anzahl ähn-

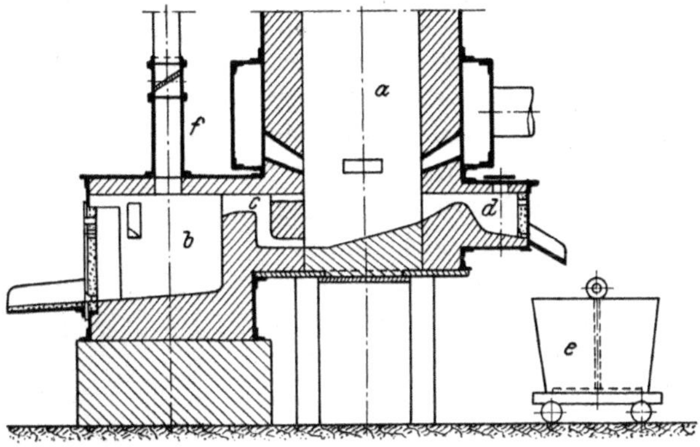

Abb. 119. Vorherd für schlackenfreies Eisen.

licher Ausführungsarten, die sich aber zur Entschweflung von Temperguß noch nicht eingebürgert haben, da die obengenannten Schwierigkeiten schwerwiegende Nachteile mit sich bringen.

Die Höhe des Kupolofenschachtes ist von großer Wichtigkeit, um das Schmelzgut genügend vorwärmen zu können; in der Praxis findet man häufig Öfen, bei denen dieses Erfordernis nicht erfüllt ist. Wird ein Kupolofen, um Anlagekapital für Gichtbühne, Aufzug u. dgl. zu sparen, zu niedrig ausgeführt, so hat dies einen teueren Betrieb infolge erhöhten Brennstoffbedarfs zur Folge. Gewöhnlich ist damit ein Guß mit ungünstiger chemischer Zusammensetzung verbunden, da der hohe Kokssatz einen höheren Schwefel- und Kohlenstoffgehalt im Rohguß verursacht.

Abb. 120. Ortsfeste Gattierungslaufgewichtswage.

Bei den Kupolöfen muß besonderer Wert auf richtige Bemessung der Winddüsen gelegt werden sowie auf eine Bauart, die deren Verschlackung verhindert. Sehr zweckmäßig sind die Ausführungen, bei denen die doppelte Anzahl der notwendigen Düsen vorhanden ist, von denen aber jeweils die Hälfte zeitweilig vollkommen geschlossen wird. Hierdurch wird erreicht, daß die verschlackten Düsen solange sie geschlossen sind, aufgeschmolzen werden, wonach man die Düsen wieder umschaltet.

Begichtung[1]. Da die Gichtöffnung gewöhnlich 4 bis 6 m hoch über der Gießereisohle liegt, ist ein Aufzug zum Heraufschaffen des Kokses und der Schmelzrohstoffe notwendig. In früheren Zeiten wurden gewöhnlich diese Stoffe durch einen senkrechten Aufzug auf die Gichtbühne geschafft, wo sie in einzelne Sätze verwogen und von Hand in den Schacht geworfen wurden. Man zieht jedoch heute vielfach vor, die Gattierung unten auf der Gießereisohle vorzunehmen, um diese wichtige Arbeit besser überwachen zu können. Hierbei haben sich zum Abwiegen der einzelnen Sätze die mehrarmigen Gattierungswagen als sehr praktisch erwiesen; für das einzuwiegende Gewicht einer jeden Eisensorte wird

Abb. 121. Fahrbare Gattierungslaufgewichtswage.

Abb. 122. Hängebahnwagen mit Gattierungswage.

das Laufgewicht eines bestimmten Wiegebalkens entsprechend eingestellt und der Arbeiter hat nur den betreffenden Wiegebalken jeweils freizugeben und solange Eisen aufzuladen, bis der Zeiger einspielt. Diese Gattierungswagen werden feststehend ausgeführt (Abb. 120)[2], gegebenenfalls mit auf der Plattform befestigtem Geleise, oder auf vier kleinen Rädern fahrbar hergestellt. Für größere Leistungen ist die Bauart[2] nach Abb. 121 vorteilhaft, bei der die mit großer Plattform ausgerüstete Wage auf einem vertieft liegenden Geleise läuft, welches den Roheisenstapeln entlang führt und dabei ein rasches Gattieren gestattet. Die Wage läßt sich auch nach Art der Abb. 122 in unmittelbare Verbindung mit einem Hängebahnwagen bringen[2],

[1] Vgl. auch L. Schmid: Die Beschickung der Kupolöfen, Gießerei 1929, S. 335.
[2] Ausgeführt von der Firma Carl Schenck, Darmstadt.

was den Vorteil bietet, daß der Eisensatz ohne Umladen und wenn gewünscht, völlig mechanisch ohne Menschenkraft zur Gichtöffnung befördert werden kann.

Bei diesen Gattierungswagen mit Laufgewichten besteht ein gewisser Nachteil darin, daß sehr leicht zu viel abgewogen wird, da der Arbeiter im letzten Augenblick vor der Gleichgewichtsanzeige nicht genau weiß, wieviel er noch aufzuwerfen hat. Diesen Nachteil vermeiden die Gattierungszeigerwagen, da sie das jeweilige Gewicht auf einer Skala anzeigen, wobei entsprechende Merkzeiger für die verschiedenen Sollgewichte angebracht

Abb. 123. Gattierungszeigerwage.

sind (Abb. 123)[1]. Die Gewichtszunahme kann durch das Weiterrücken des Zeigers genau verfolgt werden; die Wagen sind allerdings etwas empfindlich.

Das Gattieren auf der Gichtbühne hat auch den großen Nachteil, daß eine sehr stark gebaute, also teuere Gichtbühne nötig ist. Deshalb werden sehr häufig mechanische Begichtungsvorrichtungen angewandt, indem mittels eines senkrechten oder schräg zu der Gichtöffnung führenden Aufzuges die Förderwagen unmittelbar in die Öfen gekippt werden. Hierbei wird häufig eine Anordnung[2] nach Art der Abb. 124 angetroffen, bei welcher der Aufzug zwischen zwei Kupolöfen gestellt wird und die Beschickung des einen oder anderen Ofens mit Hilfe eines Doppelfüll-

[1] Ausgeführt von der Firma Dinse-Schenck, Berlin-Niederschönhausen.

[2] Ausgeführt von der Badischen Maschinenfabrik, Durlach.

trichters durch Umlegen einer Wechselklappe erfolgt. Diese Aufzüge werden auch auf einem Geleise fahrbar ausgeführt, um sie zum Begichten mehrerer nebeneinander liegender Öfen benutzen zu können. Durch diese selbsttätigen Aufzüge wird eine größere Gichtbühne überflüssig; allerdings sind damit auch gewisse Schwierigkeiten verbunden, da die Schmelzvorgänge nicht mehr durch die Gichtöffnung von der Gießereisohle aus beobachtet werden können, wodurch ein unregelmäßiges Beschicken eintreten kann.

Um diesen Nachteil auszugleichen, kann eine Vorrichtung[1]

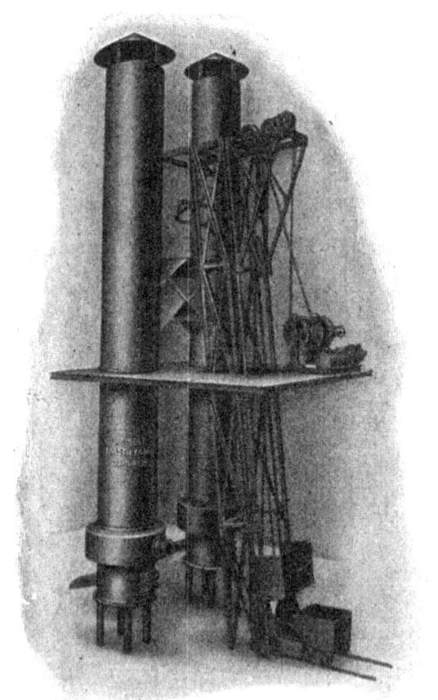

Abb. 124. Begichtungsanlage mittels Schrägaufzuges.

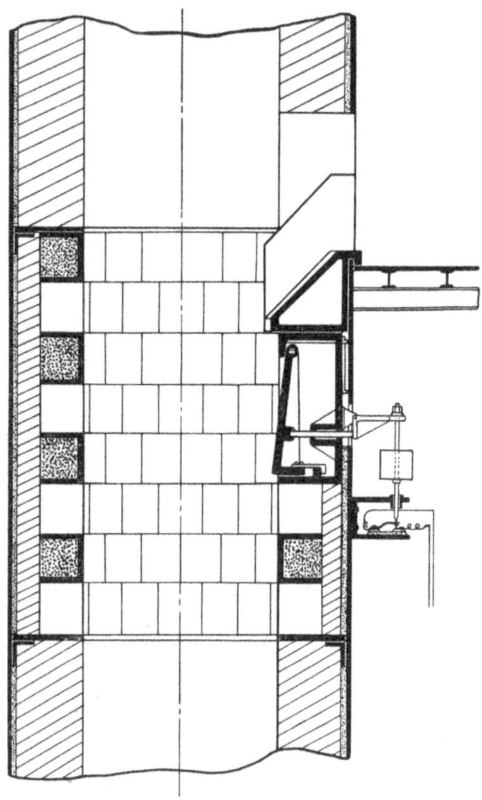

Abb. 125. Selbsttätige Anzeigevorrichtung für die Höhe der Beschickung.

benutzt werden, die in Abb. 125 wiedergegeben ist. Unmittelbar unter die Gichtöffnung wird eine Klappe eingebaut, die bei gefülltem Ofenschacht durch die Beschickung nach außen gedrückt wird und bei leerem Schacht in diesem vorspringt. Durch diese Bewegung der Klappe wird mit Hilfe mechanischer oder elektrischer Übertragung angezeigt, ob der Ofenschacht gefüllt ist oder nicht.

Die mechanische Begichtung durch Einschütten von einer Seite her besitzt gegenüber der Begichtung von Hand den Nachteil, daß die Koks- und Eisenschichten nicht vollständig gleichmäßig über den Ofenquer-

[1] D. R. P. Nr. 470282 von Dr. Fr. Henfling, Berlin.

schnitt verteilt werden. Zur Vermeidung dieses Nachteiles werden die Beschickungsbehälter auch als Kübel mit Bodenentleerung ausgeführt; für eine solche zentrale Begichtungsanlage zeigt Abb. 126 ein Ausführungsbeispiel.

Je nach Größe der erforderlichen Schmelzleistung und Lage der Schmelzöfen sowie der Zufahrtsbedingungen der Rohstoffe kann die Begichtung der Kupolöfen auch durch einfache elektrisch betriebene Hängebahnlaufkatzen mit und ohne Führerkorb, durch Krane mittels Kippwagen, Auslegerkübeln u. dgl. erfolgen.

Gattierung. Als Roheisen für den Kupolofen werden in Deutschland zweckmäßig nur inländische Eisen verwendet, da es als Verschwendung bezeichnet werden muß, teuere Holzkohlenroheisen zu verschmelzen. Infolge der Berührung des Schmelzgutes mit dem stark schwefelhaltigen Brennstoff und den im Ofenschacht aufsteigenden Heizgasen wird das Eisen so stark verunreinigt, daß es keinen Zweck hat, im Kupolofen einen ganz besonders reinen, sehr teueren Einsatz zu verwenden.

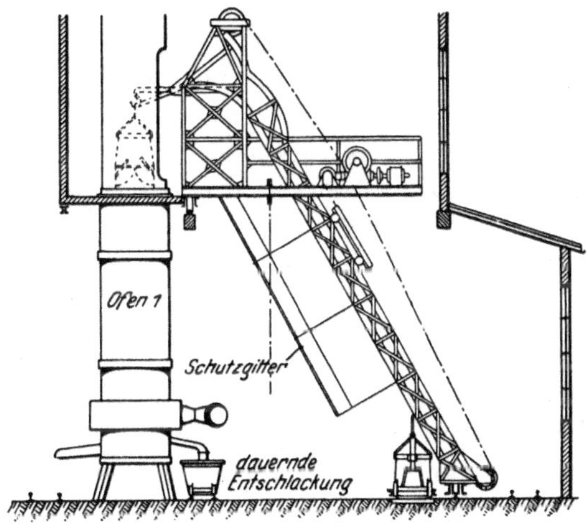

Abb. 126. Zentralbegichtungsanlage mit Bodenentleerung.

Da die Kupolofenatmosphäre, besonders vor den Düsen, stark oxydierend wirkt, tritt stets ein Abbrand von Silizium und Mangan ein; je nach Art der Ofenführung beträgt derselbe gewöhnlich 10 bis 20%. Der Schwefelgehalt nimmt um 50 bis 100% zu, der Phosphorgehalt bleibt unverändert. Das zugesetzte Schmiedeeisen nimmt Kohlenstoff auf und zwar in einer Menge, die von den Betriebsbedingungen des Ofens abhängt. Der Kohlenstoffgehalt des erschmolzenen Eisens kann daher ohne Kenntnis der Ofenführung aus der Gattierung nicht genau berechnet werden. Zu überschlägigen Berechnungen kann das aufgekohlte Schmiedeeisen mit einem Kohlenstoffgehalt von 2,0 bis 2,5% eingesetzt werden. Der chemische Gesamtabbrand im Kupolofen kann zu 2 bis 3% angenommen werden; je nach Art der Ofenführung kann der Gesamtverlust durch dickflüssige Schlacke, zuviel Luftüberschuß u. dgl. 4 bis 6% betragen.

Da die Kupferhütte Duisburg das einzige Hochofenwerk in Deutschland ist, das ausgesprochenes Temperroheisen herstellt, so kommen deren Roheisensorten in erster Linie als Einsatzstoffe in Betracht. Da dieses

Eisen mit Rücksicht auf den Flamm- und Tiegelofenbetrieb normal mit einem Mangangehalt von durchschnittlich 0,3% erblasen wird und zur Bindung des hohen Schwefelgehaltes des Kupolofeneisens ein höherer Mangangehalt im Guß erwünscht ist, so wird zweckmäßigerweise der Gattierung noch ein manganhaltiges Eisen zugesetzt, wie Stahl- oder Spiegeleisen, manganreiches Sondereisen EK-Pakete der Maschinenfabrik Eßlingen u. dgl. Um den Kohlenstoffgehalt des Rohgusses herabzudrücken und um gleichzeitig den Mangangehalt zu erhöhen, haben sich auch die niedriggekohlten manganreichen Sondereisen der Duisburger Kupferhütte sowie der Friedrich-Wilhelm-Hütte gut bewährt.

Zur Verbilligung der Gattierung ist möglichst viel Schmiedeeisenschrott zu setzen; früher glaubte man mit dessen Anteil nicht höher als 10 bis 15% gehen zu können, während einige Tempergießereien schon seit Jahren mit einem Zusatz von 25 bis 35% Schmiedeeisen mit bestem Erfolg arbeiten. Nach dem Verfahren von Emmel (D. R. P. a.) soll ein Zusatz von über 50% Stahlschrott besondere Vorteile bieten. Allerdings darf nicht jeder Schmiedeeisenabfall verwendet werden, sondern es ist eine sehr sorgfältige Auswahl zu treffen (s. S. 108).

Am günstigsten sind Stanzabfälle von Kesselblechen u. dgl. mit 10 bis 15 mm Dicke, die nötigenfalls entsprechend klein geschnitten werden müssen, sowie geschmiedete alte Hufeisen, die aber nicht zu dünn oder zu stark verrostet sein dürfen. Dringend gewarnt werden muß vor allzu kleinen Stückchen, wie kleine Lochputzen, die durch mehrere Sätze hindurchfallen und dadurch unvollständig geschmolzen bis in das flüssige Eisen gelangen können. Desgleichen sind dünne Draht- und Blechabfälle unter 3 mm Stärke zu vermeiden, da diese nicht schmelzen, sondern verbrennen und in die Schlacke gehen bzw. das Eisen an schädlichen Oxyden anreichern. Selbstverständlich sind auch zu sperrige Stücke, wie bei kleineren Öfen längere Schienenstücke zu vermeiden, da sonst die Beschickung zum „Hängen“ neigt.

Zahlentafel 8. Gattierungsbeispiel für Kupolofenguß.

%	Einsatz	Si		Mn		S	
		%	kg	%	kg	%	kg
20	Duisburger Grau	1,8	0,36	0,3	0,06	0,035	0,007
7	Duisburger Weiß	0,4	0,03	0,3	0,02	0,12	0,008
20	Schmiedeeisenschrott . .	0,2	0,04	0,5	0,10	0,05	0,010
53	Trichter u. dgl.	0,6	0,32	0,25	0,13	0,18	0,095
100 kg Einsatz enthalten			0,75		0,31		0,120
— 20% Abbrand			0,15		0,06		—
			0,60		0,25		0,120
+ 50% Zubrand.			—		—		0,060
100 kg flüssiges Eisen enthalten . . .			0,60		0,25		0,180

Die gewöhnliche chemische Zusammensetzung des deutschen Kupolofengusses ist etwa folgende:

3,3—2,9% C	0,08—0,1 % P
0,6—0,7% Si	0,16—0,22% S
0,2—0,4% Mn	0,1 —0,15% Cu

Hierzu wird etwa die auf Zahlentafel 8 angegebene Gattierung benutzt.

Bezüglich der Verwendung des „Duisburger Grau" und „Weiß" ist dasselbe zu bemerken, was beim Tiegelofen schon angegeben worden ist. Die in manchen Betrieben herrschende Ansicht, ohne „Duisburger Weiß" keinen zähen Guß zu bekommen, ist durchaus unrichtig; es ist im Gegenteil günstiger, möglichst wenig Duisburger Weißeisen zu setzen, da dieses stets einen höheren Schwefelgehalt besitzt, als das Graueisen. Am vorteilhaftesten werden 2 Graueisen mit höherem und niedrigerem Siliziumgehalt auf Lager gehalten und durch entsprechende Änderung deren Anteile in der Gattierung der erforderliche Siliziumgehalt des Gusses erzielt.

Das Duisburger graue Roheisen besitzt bei manchen Hochofenabstichen den sehr hohen Kohlenstoffgehalt von 4,2 bis 4,5%, der beim Kupolofenschmelzen im allgemeinen unerwünscht ist. Für den Kupolofenbetrieb werden daher zweckmäßig die Abstiche mit niedrigerem Kohlenstoffgehalt von 3,8 bis 4,0% bevorzugt. Außerdem werden zur möglichst starken Erniedrigung des Kohlenstoffgehaltes die schon genannten niedriggekohlten Sonderroheisen mit bestem Erfolg benutzt, wobei sich bei sachgemäßem Schmelzen etwa folgende äußerst billige Gattierung bewährte:

5 bis 10% Niedriggekohltes Sondereisen,
15 bis 10% Duisburger grau, niedrigsiliziert,
30% Schmiedeeisenschrott,
50% Tempergußtrichter u. dgl.

Diese Gattierung ergibt bei richtiger Schmelzweise einen Kohlenstoffgehalt des Rohgusses von 2,6 bis 2,9%; da dieses niedriggekohlte Eisen eine höhere Erstarrungstemperatur besitzt, muß es sehr rasch vergossen werden, es „steht" sonst zu rasch „ab", ergibt leicht blasigen Guß und eignet sich daher weniger zum Guß dünnster Teile.

Es sei noch darauf hingewiesen, daß eine Tempergießerei, die täglich alle möglichen dünne und dicke Abgüsse herzustellen hat, am zweckmäßigsten eine Einheitsgattierung verwendet und nicht durch verschiedene Gattierungen den Siliziumgehalt der Wandstärke anzupassen sucht. Maßgebend sind die hauptsächlich vorkommenden Wandstärken, nach welchen der Siliziumgehalt ungefähr gemäß Zahlentafel 6 angestrebt wird. Der Kohlenstoffgehalt kann jedoch, wie schon ausgeführt, nicht wie beim Tiegelofen genau berechnet und niedrig eingestellt werden, da es nicht dauernd gelingt, denselben unter etwa 2,8% zu halten. Dies ist auch nicht notwendig, sondern man begnügt sich bei hochwertigem Guß mit 2,9 bis 3,1% Kohlenstoff und bei dünneren Teilen, an die nicht die höchsten Ansprüche gestellt werden, geht man zur Verbesserung der Gießbarkeit weiter in die Höhe auf 3,2 bis 3,3% Kohlenstoff.

Die Arbeitsweise des Kupolofenbetriebes auf Temperguß ist etwa gleich der für Grauguß. Im allgemeinen wird wesentlich mehr Koks verbraucht, als beim Schmelzen von Grauguß. Die Temperatur des flüssigen Tempereisens muß im allgemeinen höher sein als die des Eisens für Grauguß, da das Tempereisen einen für die Gießbarkeit ungünstigeren, niedrigeren Silizium-, Phosphor- und Kohlenstoffgehalt sowie hohen Schwefelgehalt besitzt, und da es im allgemeinen zum Guß sehr dünner Teile verwendet werden muß.

Im Schrifttum findet man häufig Angaben, daß ein Brennstoffverbrauch von 20 bis 25% erforderlich sei; tatsächlich werden auch sehr viele Kupolöfen beim Schmelzen von Temperguß mit einem Satzkoks von 16 bis 20% betrieben. Dies ist aber bei richtig gebauten Öfen durchaus unnötig, denn es gibt andererseits auch Temperguß-Kupolöfen, die bei einem Gattierungsanteil von etwa 25% Schmiedeeisenschrott mit 11% Satzkoks ein sehr heißes Eisen mit 2,8 bis 3,0% Kohlenstoff erschmelzen. Dieser geringe Satzkoks bringt außer der Brennstoffersparnis den Vorteil mit sich, weniger Schwefel in den Ofen und damit in den Guß zu bekommen, sowie die Möglichkeit, den Kohlenstoffgehalt so niedrig zu halten, daß mit Sicherheit ein hochwertiger Guß erzielt wird, der sich leicht tempern läßt. Es ist daher beim Temperguß noch weit wichtiger als beim Grauguß, die Abmessungen der Kupolöfen, insbesondere die nutzbare Höhe des Ofenschachtes, die Größe der Düsen, Windmenge und Winddruck richtig einzustellen und laufend zu überwachen, um die günstigsten Betriebsbedingungen dauernd zu erhalten.

Da der Temperguß in seiner chemischen Zusammensetzung viel empfindlicher als der Grauguß ist, muß der Kupolofen mit äußerster Vorsicht betrieben werden, um allzu große Schwankungen in dieser Hinsicht zu vermeiden. Es sind daher die im folgenden angegebenen Maßnahmen stets genau zu beachten[1]: Keine im Verhältnis zum Ofendurchmesser zu großen Eisenstücke setzen, also Eingüsse, Ausschußstücke u. dgl. genügend klein schlagen; Sandkerne aus dem Schrott; sperrigen Schmiedeeisenschrott in kleine Stücke schneiden; ganz kleine Stücke wie Lochputzen, dünne Blech- und Drahtabfälle vollkommen ausscheiden; den Eisensatz verhältnismäßig klein nehmen, also etwa nach Zahlentafel 9 abstufen.

Zahlentafel 9. Schmelzleistung von Temperguß-Kupolöfen.

l. Ofendurchmesser mm	Satzgewicht kg	Schmelzleistung in der Stunde t
400	100	0,5 —0,75
500	125	1 —1,2
600	175	1,75—2
700	250	2,5 —3
800	300	3,5 —4
900	500	4,5 —5
1000	600	6 —6,5

[1] Siehe auch die „Merkblätter für den Gießereibetrieb" von Joh. Mehrtens, Berlin, 2. Aufl. 1925.

Die einzelnen Gattierungsanteile müssen gewogen werden, der Satzkoks wird am zweckmäßigsten gemessen; die richtige Füllkoksmenge wird durch Wiegen oder durch Messen im Schacht genau eingehalten; zuviel Füllkoks ist ebenso unzweckmäßig wie zu wenig! Der Füllkoks muß gut durchgebrannt und mittels Gebläses durchgeblasen sein; auf ihn kommt der erste Satzkoks mit Kalkzuschlag, hierauf das Schmiedeeisen, dann Roheisen und zuletzt die Eingüsse und Trichter.

Der Schmelzvorgang im Kupolofen ist von vielen Umständen abhängig; trotz aller Vorsichtsmaßnahmen sind gewisse Unregelmäßigkeiten in der chemischen Zusammensetzung nicht zu vermeiden, besonders bezüglich des Kohlenstoff- und Siliziumgehaltes, während der Phosphorgehalt stets praktisch unverändert bleibt und die Höhe des Schwefelgehaltes in stärkstem Maße von der Güte des jeweils verwendeten Koksses abhängig ist. Dies zeigen nach Zahlentafel 10 bis 12 die Analysenergebnisse von Proben, die den aufeinanderfolgenden Abstichen eines Kupolofens mit 600 mm lichtem Durchmesser bei drei verschiedenen Gießereien während des normalen Betriebes entnommen worden sind.

Zahlentafel 10 bis 12. Schwankungen der chemischen Zusammensetzung bei nacheinander folgenden Kupolofenabstichen.

Gießerei A.

Abstich Nr.	% C	% Si	% Mn	% P	% S
1	3,34	0,68	0,26	0,090	0,175
2	3,20	0,60	0,28	0,088	0,182
3	3,04	0,62	0,32	0,098	0,194
4	3,18	0,54	0,22	0,110	0,182
5	3,26	0,58	0,23	0,094	0,176
6	3,32	0,71	0,32	0,098	0,180
7	3,01	0,64	0,28	0,100	0,174
8	3,16	0,52	0,22	0,105	0,172
Mittel:	3,19	0,61	0,27	0,098	0,179
Größter Unterschied:	0,33	0,19	0,10	0,012	0,022

Gießerei B.

Abstich Nr.	% C	% Si	% Mn	% P	% S
1	3,44	0,66	0,30	0,105	0,246
2	3,46	0,58	0,26	0,100	0,220
3	3,38	0,56	0,28	0,100	0,218
4	3,24	0,51	0,32	0,098	0,218
5	3,48	0,62	0,32	0,098	0,244
6	3,36	0,58	0,28	0,105	0,240
7	3,10	0,48	0,26	0,102	0,240
Mittel:	3,35	0,57	0,29	0,101	0,232
Größter Unterschied:	0,38	0,18	0,06	0,007	0,028

Gießerei C.

Abstich Nr.	% C	% Si	% Mn	% P	% S
1	2,68	0,77	0,48	0,098	0,180
2	2,73	0,70	0,42	0,088	0,168
3	2,78	0,78	0,40	0,092	0,164
4	2,78	0,69	0,47	0,090	0,172
5	2,84	0,64	0,40	0,094	0,174
6	2,88	0,60	0,41	0,089	0,170
7	2,74	0,76	0,44	0,096	0,164
8	2,78	0,74	0,52	0,100	0,162
9	2,88	0,68	0,43	0,092	0,170
10	2,80	0,62	0,42	0,088	0,163
Mittel:	2,78	0,70	0,44	0,092	0,169
Größter Unterschied:	0,20	0,18	0,12	0,012	0,018

Wie schon ausgeführt, ist das Schmelzen im Kupolofen infolge der guten Ausnutzung des Brennstoffes billig, wie die überschlägige Schmelzkostenberechnung der Zahlentafel 13 ergibt, die sich auf 1 t Einsatz bzw. guten Guß bezieht bei einer Schmelzanlage mit 2 Kupolöfen mit einem Jahreseinsatz von 3750 t = etwa 15 t im Tag.

Zahlentafel 13. Einsatz- und Schmelzkosten beim Kupolofen.

Einsatzkosten:

220 kg Duisburger Grau zu RM. 98.00/t	RM. 21.56	
250 „ Schmiedeeisenschrott zu RM. 60.00/t	„ 15.00	
530 „ Eingüsse und Trichter	„ —	
1000 kg Einsatz kosten an Kaufeisen	RM. 36.56	
Dies entspricht 420 kg gutem Guß, also kosten 1000 kg guter Guß		RM. 87.05

Schmelzkosten:

15% Gießereikoks zu RM. 31.00/t	RM. 4.65	
Kalk und Zuschläge	„ 0.30	
Anzündholz	„ 0.50	
Elektrischer Strom für Gebläse	„ 0.40	
Kleinzeug u. dgl.	„ 3.15	
Ofeninstandhaltung	„ 2.10	
Löhne	„ 3.00	
Betriebsschmelzkosten für 1 t Einsatz	RM. 14.10	
Amortisation und Verzinsung:		
15,5% von RM. 25000.00 = RM. 3875.00 durch 3750 t Einsatz im Jahr	RM. 1.03	
Gesamte Schmelzkosten für 1 t Einsatz	RM. 15.13	
Dies entspricht 420 kg gutem Guß, also kosten 1000 kg guter Guß		RM. 36.00
Gesamtkosten für Einsatz und Schmelzen von 1 t gutem Guß		RM. 123.05

c) Flammofen.

Während in Deutschland und Europa in erster Linie der Kupolofen zur Erschmelzung größerer Mengen Temperguß Anwendung findet, wird

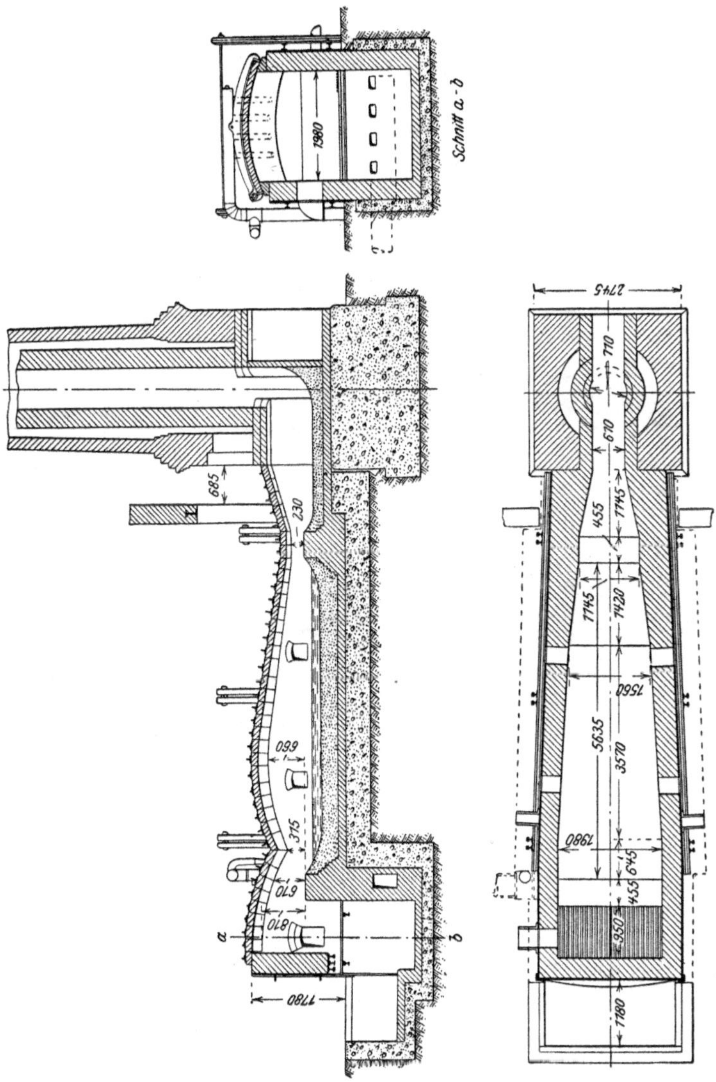

Abb. 127. Älterer amerikanischer Flammofen für 12 t.

in Amerika fast ausschließlich der mit Kohle beheizte Flammofen mit einer Fassung von meistens 10 bis 15 t benutzt. Die übliche Ausführungsform des älteren amerikanischen Flammofens mit seinem langgestreckten flachen Herd zeigt Abb. 127 für eine Fassung von 12 t. Die Beheizung erfolgt von der Seite aus, während die Asche von der Stirnseite her abgezogen wird. Die Beschickung des Ofens geschieht durch 2 auf jeder Längsseite befindliche Arbeitstüren; nötigenfalls können auch hierzu einige Gewölbeteile abgenommen werden.

Eine neuere Ausführungsform gibt der mit Unterwind betriebene Flammofen der Abb. 128 für 10 t Fassung wieder; er besitzt auf jeder Seite eine Arbeitstüre und eine Abstichrinne. Es hat sich gezeigt, daß die Verbrennung auf den einfachen Planrosten nicht vollkommen erfolgt, weshalb meistens außer dem Unterwind noch weitere Luft durch Düsen in den Schmelzraum zugeführt wird, die im Deckengewölbe etwa 30 cm

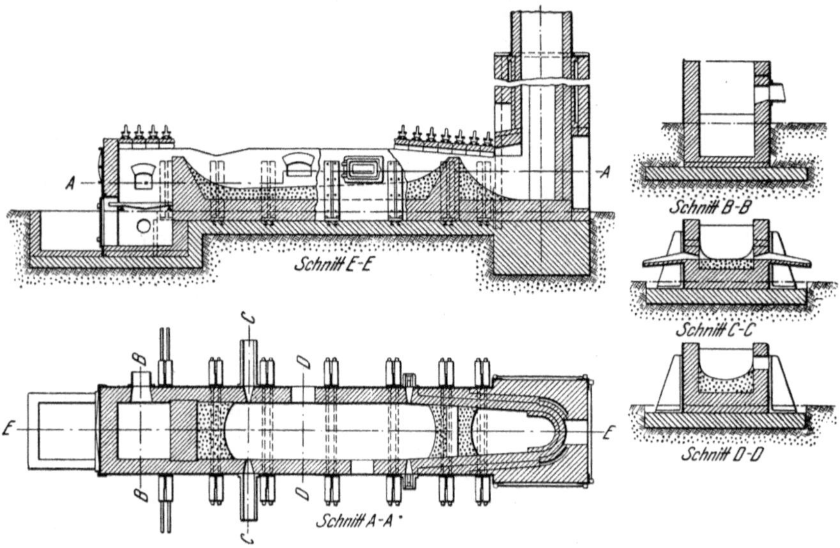

Abb. 128. Neuerer amerikanischer Flammofen für 10 t.

hinter der Feuerbrücke unter einem Winkel von 45° angebracht sind, wie dies Abb. 129 andeutet[1].

Der Herd dieser Öfen wird gewöhnlich aus saurem Sande aufgestampft; hin und wieder wird er auch aus sauren Steinen zur Erzielung einer besseren Haltbarkeit aufgemauert, was aber die Herstellung verteuert. Dagegen werden die Seitenwände stets aus etwa 20 cm starken Steinen aufgemauert, die mit gußeisernen Platten von 25 mm Stärke zusammengehalten werden. Die Decke besteht aus einzelnen abhebbaren Gewölbeteilen, deren eiserne Rahmen bei den älteren Ausführungen nach Abb. 130 mit sauren Steinen ausgemauert sind. Die neueren Decken werden als sog. Hängedecken mit Hilfe besonders geformter Steine, die an U-Eisen aufgehängt sind, flach gehalten, Abb. 131.

Gattierung. Da in Deutschland wohl kein einziger feststehender Flammofen zum Erschmelzen von Temperguß benutzt wird, so sind den

[1] Foundry 1922, S. 588; Iron Trade Rev. 1922, S. 1493.

folgenden Ausführungen nur amerikanische Verhältnisse und Betriebsergebnisse zugrunde gelegt. Das amerikanische Temperroheisen hat eine

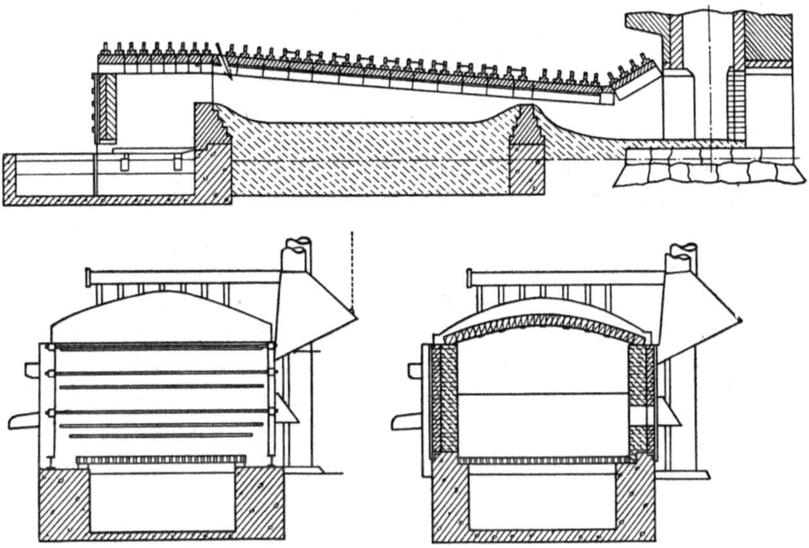

Abb. 129. Neuzeitlicher amerikanischer Flammofen.

etwas andere Zusammensetzung als das deutsche, da es fast ausschließlich zur Erzeugung des Schwarzgusses dient und im Flammofen einem entsprechenden Abbrand unterliegt. Es besitzt gewöhnlich folgende chemische Zusammensetzung: 4,1% C (größte Schwankungen liegen zwischen 3,85 bis 4,40%); 1,6 bis 1,7% Si (größte Schwankungen zwischen 1,0 und 2,0%); 0,5 bis 0,9% Mn; 0,19 bis 0,20% P; unter 0,05% S. Da der amerikanische Temperschrott so

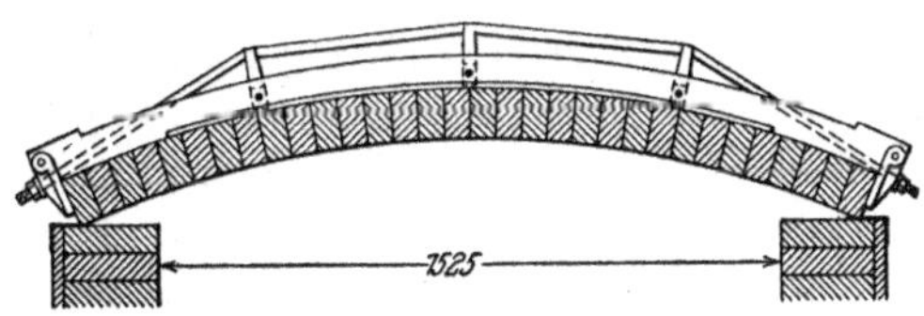

Abb. 130. Ältere Gewölbeteilkonstruktion.

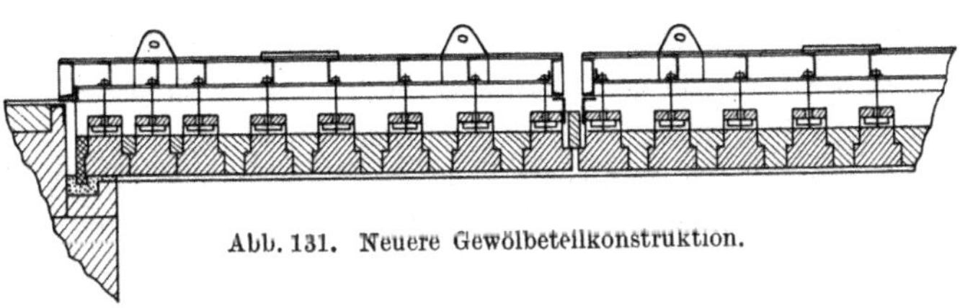

Abb. 131. Neuere Gewölbeteilkonstruktion.

gut wie ausschließlich aus Flammofenguß besteht, so wird derselbe als Zusatz gerne genommen, wobei etwa folgende durchschnittliche chemische Zusammensetzung angenommen werden kann: 2,5% C, 0,7 bis 1,0% Si, 0,25 bis 0,35% Mn, 0,16 bis 0,20% P, 0,06 bis 0,10% S. Stahlschrott wird in Amerika nur wenig im Flammofen zugesetzt. Eine normale Gattierung ist folgende:

25% Temperroheisen,
55% eigene Eingüsse,
15% gekaufter Temperschrott,
5% Stahlschrott.

Der Einsatz wird auf etwa folgende Gehalte berechnet: 2,9% C, 1,25% Si, 0,5% Mn, wobei der Rohguß etwa folgende chemische Zusammensetzung erhält: 2,4% C, 0,8% Si, 0,3% Mn 0,07% S.

Der Abbrand beträgt für den Kohlenstoff 15 bis 20%, für Silizium etwa 30%, für Mangan 40 bis 50%; der Gehalt an Phosphor bleibt beim Schmelzen im Flammofen praktisch unverändert, während der Schwefelgehalt ein wenig zunimmt. Der Gesamtabbrand durch Oxydation beträgt etwa 2,5%, wovon etwas über 1,0% auf das Eisen entfällt; hierzu tritt noch ein Schmelzverlust durch Verschlackung des Einsatzes mit dem Ofenfutter. Die erzeugte Schlackenmenge beträgt daher durchschnittlich 4 bis 6% des Einsatzes. Die chemische Zusammensetzung der Schlacke ist etwa folgende:

28,8% FeO,
1,2% Fe_2O_3,
4,8% MnO,
50,4% SiO_2,
14,8% Al_2O_3.

Auf jede Tonne Einsatz rechnet man 17 kg verschlacktes Ofenfutter; die Haltbarkeit der feuerfesten Auskleidung ist also sehr gering. Die dem größten Verschleiß ausgesetzten Teile an den Berührungsstellen von Schlacke und Seitenwänden müssen häufig schon nach 15 bis 20 Schmelzen neu aufgemauert werden; das gleiche trifft für den Herd zu. Das Gewölbe hält durchschnittlich 16 bis 24 Schmelzen aus.

Die Beschickung des Flammofens erfolgt gewöhnlich mittels Krans nach Abheben eines Teiles der Deckengewölbe. Es wird zuerst eine gleichmäßig dicke Lage von Eingüssen, Trichtern u. dgl. auf den Boden des Herdes gegeben, auf welche der Stahl- und Temperschrott zu liegen kommt. Zuletzt wird das Roheisen in zwei hintereinanderliegende Haufen eingebracht, wobei man darauf zu achten hat, daß noch genügend freier Raum für den Durchzug der Heizgase vorhanden ist.

Das Einschmelzen muß so geführt werden, daß anfangs nicht zuviel Hitze gegeben wird, da sonst Teile der Beschickung schmelzen, bevor der Herd genügend vorgewärmt ist und auf der kälteren Ofensohle wieder erstarren. Die zum Schmelzen von Stahl erforderliche Temperatur wird im Flammofen nicht erreicht; aber auch nicht benötigt, da sich der zugesetzte Stahlschrott allmählich in dem flüssigen Roheisen unter gleichzeitiger Aufkohlung löst. Von manchen Gießereien wird das Verfahren bevorzugt, zuerst das leichter schmelzbare Eisen, die Trichter und das

Roheisen, einzuschmelzen und dann erst dem flüssigen Bad den schwer schmelzbaren Stahlschrott zuzusetzen.

Ist der ganze Einsatz geschmolzen, so wird das Eisenbad mit eisernen Rührhaken und hölzernen Stangen gut durchgemischt, wobei letztere das Eisen gleichzeitig desoxydieren. Da sich stets sehr viel Schlacke bildet, welche die rasche Wärmeübertragung hindert, so wird gewöhnlich die Schlacke ein bis dreimal mit Krampstöcken abgezogen. Durch Schöpfproben wird der Fortschritt der Erhitzung und die chemische Veränderung des Bades überwacht, bis die richtige Abstichtemperatur und chemische Zusammensetzung erreicht ist. Dann muß sofort abgestochen werden, da unnötiges Überhitzen große Schmelzverluste und auch die Gefahr mit sich bringt, daß der Kohlenstoffgehalt zu sehr sinkt und daher das Eisen dickflüssig wird. Gleichzeitig nimmt dann das Bad auch Oxyde und Gase auf und der Guß wird mit Gasbläschen durchsetzt. Solchem Eisen muß ein entsprechender Zusatz von hochgekohltem Roheisen gegeben werden und es ist nötigenfalls mit Ferro-Siliko-Manganlegierungen und Aluminium zu desoxydieren.

Die Dauer einer Schmelze ist natürlich vom Ofeninhalt abhängig; je größer derselbe ist, desto kürzer ist die zum Schmelzen von 1 t notwendige Zeit. Man rechnet in Amerika überschlägig, daß für jede Tonne Einsatz 20 bis 30 Minuten erforderlich sind, wozu noch $^1/_2$ bzw. $1^1/_2$ bis 2 Stunden hinzukommt, je nachdem, ob der Ofen bei Beginn der Schmelzung heiß oder kalt war. Ein Flammofen mit 15 t Fassung benötigt daher eine Schmelzzeit von $5^1/_2$ bis 8 Stunden bei heißem Ofen und von $6^1/_2$ bis 9 Stunden bei kaltem Ofen. Wegen dieser langen Schmelzdauer wird in Amerika mit den großen Öfen vielfach nur eine einzige Schmelze täglich gemacht, wobei der Einsatz selten über 20 t hinausgeht. Da also vielfach nur der ziemlich kalte Ofen beschickt wird, ist der Brennstoffverbrauch sehr hoch; er schwankt gewöhnlich zwischen 30 und 50% des Einsatzes und kann bei günstigen Betriebsverhältnissen bis auf etwa 25% zurückgehen.

Aus Amerika wird auch von erfolgreichen Umbauten der Rostfeuerung in Ölfeuerung berichtet[1]; hiernach gelang es, bei 20 t-Öfen die Schmelzzeit auf 16 bis 17 Minuten je 1 t bei der ersten und auf 11 bis 12 Minuten je 1 t bei der zweiten Schmelze zu verkürzen. Der Verbrauch an Heizöl wird auf 23 bis 32% angegeben.

Ölflamm-Trommelofen. Diese Öfen sind in Deutschland als schwenk- oder drehbare Trommeln ausgebildet worden (Abb. 132)[2], die mit einem feuerfesten Futter ausgekleidet sind. Auf der einen Stirnseite ist der Ölbrenner feststehend angebracht, dessen Flamme mittels eines Niederdruckgebläses axial in den kreisrunden oder ovalen Schmelzraum hineingeblasen wird und meistens zu einer an der Längswand befindlichen Öffnung

[1] Foundry 1920, S. 599 und 744; 1922, S. 588; 1923, S. 436, 466 und 862; 1924 S. 472; 1926, S. 196; Foundry Trade I. 1923, S. 413; Bericht Stahleisen 1923, S. 1372.

[2] Ausgeführt von der Firma Fulmina-Werk, Mannheim-Edingen.

seitlich herausschlägt. Die Abhitze wird dazu verwendet, um die Gebläseluft vorzuwärmen, indem die Abgase in einen hinter dem Trommelofen liegenden Winderhitzer geleitet werden, wo sie eiserne Rohre umspülen, durch welche die Gebläseluft im Gegenstrom durchgeführt wird. Es gelingt hierdurch eine Erhitzung der Luft am Brenner auf etwa 150°; eine Isolierung der Heißwindleitung vom Winderhitzer zum Brenner ist sehr zweckmäßig.

Die Trommel ruht auf Rollen, die durch einen umsteuerbaren Elektromotor angetrieben werden; es ist unzweckmäßig, die Drehung der Trom-

Abb. 132. Ölflamm-Trommelofen mit seitlicher Ausblasöffnung.

mel mittels Schnecke und Zahnkranzes vorzunehmen, da diese Teile einem starken Verschleiß unterworfen sind. Der Ofen wird von Zeit zu Zeit hin und hergeschwenkt, um immer wieder die weißglühenden Deckenteile unter das Schmelzgut zu bringen, wodurch dieses auch von unten her erhitzt wird. Allerdings ist damit bei den älteren Trommelöfen mit seitlicher Ausblaseöffnung der Nachteil verbunden, daß zeitweilig die Abgase vom Winderhitzer abgekehrt werden müssen und die Abhitze ungenügend verwertet wird. Diesem Übelstand hilft eine neue Ausführungsform ab (Abb. 133)[1], bei welcher die Abhitze durch die dem Brenner gegenüberliegende Seite axial abgeführt wird. Hierdurch kann der Winderhitzer bei jeder beliebigen Trommelstellung beheizt werden, so daß eine Winderhitzung auf etwa 200 bis 350° möglich ist.

Die feuerfeste Auskleidung der Trommel wird am billigsten aus saurer Stampfmasse hergestellt, wobei vorausgesetzt ist, daß der Ofen senkrecht gestellt werden kann. Dies ist zum Ausstampfen unerläßlich;

[1] Ausgeführt von der Firma Dr. Schmitz u. Co., Barmen.

dagegen erspart man bei Verwendung von Steinen das Hebezeug zum Aufrichten des Ofens. Das aufgestampfte Ofenfutter besitzt eine Haltbarkeit von 100 bis 120 Schmelzen. Eine Ausmauerung mit hochfeuerfesten sauren Steinen bietet keine Vorteile, da sie selbst bei längerer Haltbarkeit infolge ihres höheren Preises bezogen auf 1 t Einsatz teurer ist.

Zum Ausgießen des flüssigen Eisens ist der Ofen an der Längsseite mit einer Abstichrinne versehen. Durch entsprechendes Vor- und Rückwärtsdrehen der Trommel wird das Eisen durch das Stichloch abgelassen, ohne daß wesentliche Schlackenmengen mit in die Gießpfanne laufen.

Die Trommelöfen werden meistens für eine Fassung von 500 bis 1000 kg gebaut. Für größere Leistung erhielten sie auch eine Fassung von 2000 und sogar 5000 kg. Es ist jedoch anzunehmen, daß heute für derartig große Leistungen keine ölbeheizten Trommelöfen mehr in Frage kommen, da dann die Kohlenstaubfeuerung auf alle Fälle viel billiger ist (s. S. 140).

Abb. 133. Ölflamm-Trommelofen mit axialer Ausblasöffnung.

Die kleinen Trommelöfen werden da angewandt, wo die Güte des Kupolofentempergusses nicht mehr genügt, aber die Erzeugungsmenge zu klein ist, um einen größeren Flamm- oder Siemens-Martin-Ofen mit Vorteil zu betreiben. Sie bilden also einen Ersatz für die Tiegelöfen, da sie etwas billiger schmelzen wie diese und bei richtiger Bedienung einen hochwertigen Temperguß ergeben. Sie sind stets betriebsfertig, abgesehen von dem kurzen Anheizen nach längerem Stillstand. Hierbei ist es vorteilhaft, besonders im Winter, wenn das Heizöl etwas vorgewärmt werden kann.

Gattierung: Der Abbrand im Ölflammofen ist sehr groß, da stets mit oxydierender Flamme geschmolzen werden muß. Entgegen den Behauptungen der Hersteller von Ölschmelzöfen muß festgestellt werden, daß ein Schmelzen von Temperguß mit neutraler oder gar reduzierender Flamme praktisch unmöglich ist, da durch eine solche nicht die notwendige Hitze entwickelt wird. Infolge dieses starken Abbrandes von etwa 15 bis 25% Kohlenstoff, 15 bis 20% Silizium und 20 bis 30% Mangan muß der Einsatz ziemlich kohlenstoff- und siliziumreich gehalten werden. Es ist daher auch leider ausgeschlossen, wesentliche Mengen an Schmiedeeisenschrott der Gattierung zuzusetzen, wodurch diese sehr teuer wird. Da die Gießbarkeit des Temperrohgusses mit fallendem Kohlenstoff- und

Siliziumgehalt rasch abnimmt, sollen diese Gehalte nicht unter die auf Zahlentafel 6 angegebenen Ziffern fallen.

Der Phosphor- und Schwefelgehalt der Gattierung erleidet durch das Umschmelzen praktisch keine Veränderung. Der Schwefelgehalt beträgt durchschnittlich etwa 0,05 bis 0,07%. Diesem entsprechend müßte der theoretisch zur Bindung des Schwefels notwendige Mangangehalt das 1,7fache des Schwefelgehaltes, also 0,085 bis 0,119% betragen. Es hat sich jedoch gezeigt, daß ein geringer Überschuß an Mangan den Zerfall des Zementits begünstigt, so daß der Mangangehalt zur Herstellung von Schwarzguß zweckmäßig auf 0,2 bis 0,25% gehalten wird. Bevorzugt man dagegen weißen Temperguß, so muß der Mangangehalt unter 0,18% liegen, um keine zu starke Temperkohlebildung zu erhalten.

Zur Berechnung einer Gattierung für weißbrüchigen Temperguß diene das Beispiel der Zahlentafel 14.

Zahlentafel 14. Gattierungsbeispiel für Ölflammofen.

%	Einsatz	C		Si		Mn	
		%	kg	%	kg	%	kg
24	Duisburger Grau	4,0	0,96	1,2	0,29	0,22	0,053
20	Duisburger Meliert . . .	3,8	0,76	0,8	0,16	0,22	0,044
3	Stahlschrott	0,4	0,01	0,2	0,01	0,50	0,015
53	Trichter	2,6	1,38	0,6	0,32	0,16	0,085
100 kg Einsatz enthalten			3,11		0,78		0,197
—15% Abbrand an Kohlenstoff . bzw. 20% an Silizium und Mangan .			0,47		0,16		0,039
100 kg flüssiges Eisen enthalten . . .			2,64		0,62		0,158

Der **Abbrand** an Kohlenstoff ist hierbei niedrig zu 15% angenommen; es kann aber leicht eintreten, daß bei stärkerem Überschuß an Luft nach lange hingezogenem Schmelzen der Abbrand 20% und mehr beträgt. Das würde in obigem Beispiel einen Kohlenstoffgehalt des flüssigen Eisens von nur 2,49% ergeben. Falls nun dieses Abfallen des Kohlenstoffgehaltes durch chemische Analysen nicht bemerkt wird, so würde beim wiederholten Einschmelzen der immer niedriger gekohlten Trichter nach obiger Gattierung der Rohguß bald einen so niedrigen Kohlenstoffgehalt erreichen, daß sich schlechte Vergießbarkeit, Gasblasen und stumpfer Guß einstellt. Aus diesem Grunde setzen manche Gießereien überhaupt keinen Stahl- oder Schmiedeeisenschrott zu. Der Gesamtschmelzverlust kann zu 6 bis 8% des Einsatzgewichtes angenommen werden.

Zur **Vornahme von Schmelzen** wird der kalte Ofen zunächst in etwa $^1/_2$ Stunde mit einem Ölverbrauch von etwa 20 bis 30 kg auf Weißglut erhitzt; sodann erfolgt die Beschickung von Hand, was mit 2 Mann etwa $^1/_4$ Stunde für 1 t in Anspruch nimmt. Als Beschickungsöffnung dient entweder eine Türe in der dem Brenner gegenüberliegenden Stirnseite oder eine und bei größeren Öfen zwei durch Deckel verschließbare Einwurföffnungen, die sich auf der Längsseite der Trommel befinden. Durch Drehen der Trommel während der Beschickung wird die Einsatzarbeit wesentlich erleichtert, desgleichen auch das Einschmelzen durch späteres wiederholtes Umschwenken.

Die Schmelzdauer beträgt je nach dem Einsatzgewicht und der Geschicklichkeit des Schmelzers $1^1/_2$ bis $1^3/_4$ Stunden für 1 t Einsatz. Nach Angaben aus der Praxis werden für eine Schmelze ohne Anheizen die Zeiten der Zahlentafel 15 benötigt.

Zahlentafel 15. Schmelzangaben für Öltrommelöfen.

Einsatz	Schmelzdauer in Minuten	Anzahl der täglichen Schmelzen in 10 Stunden	Gesamtleistung täglich in 10 Stunden	Stündlicher Ölverbrauch
600 kg	etwa 75— 85	5	bis zu 3 t	etwa 85 kg
800 „	„ 80— 90	4	„ „ 3,2 „	„ 100 „
1000 „	„ 85— 95	3—4	„ „ 4 „	„ 115 „
1500 „	„ 100—110	3	„ „ 4,5 „	„ 150 „
2000 „	„ 110—125	3	„ „ 6 „	„ 170 „
3000 „	„ 130—150	2—3	„ „ 9 „	„ 200 „
5000 „	„ 170—200	2	„ „ 10 „	„ 245 „

Bei der Beschickung wird meistens etwas Kalkstein (1 bis 2%) mit aufgegeben, um rasch eine Schlacke zu bekommen, unter deren Schutz das Eisenbad weiter erhitzt wird. Die gebildete Schlacke bleibt entweder dauernd auf dem Eisen oder man „bläst“ sie einige Zeit vor dem Vergießen zum großen Teil ab. Dies gelingt bei den Öfen mit seitlichen Ausblaseöffnungen sehr leicht, indem die Trommel entsprechend geneigt wird, bis die Schlacke durch den Druck der Heizgase aus der Öffnung herausfließt.

Der Winddruck beträgt je nach Art des verwendeten Brenners 500 bis 800 mm W. S. Wichtig ist, daß der Brenner groß genug ist, um die nötige Ölmenge durchzulassen, da bei ungenügender Ölzufuhr die Schmelze unzulässig lange dauert und der Abbrand stark vermehrt wird. Als Heizöl wird gewöhnlich Steinkohlenteeröl benutzt; mit Gasöl wurden weniger gute Erfolge erzielt. Das Schmelzen mit Naphthalin ist wohl nur als ein Notbehelf anzusehen, da es erst durch vorsichtiges Erwärmen auf etwa 80° verflüssigt werden muß und stets die Gefahr von Verstopfungen in den Brennerzuleitungsrohren durch auskristallisiertes Naphthalin in sich trägt.

Ist unter häufigem Wenden des Ofens die Beschickung geschmolzen und weist die immer heller werdende Abgasflamme auf ein heißes Eisen hin, so wird durch einen in das Eisenbad eingetauchten Draht die Eisentemperatur beurteilt, wozu ziemlich viel Erfahrung gehört. Es wird dann auch durch eine Schöpf- oder Ausgußprobe die Gießfähigkeit des Eisens geprüft. Sobald das Bad genügend heiß ist, muß es sofort vergossen werden. Wird es länger als nötig im Ofen gelassen, so verbrennt bei der hohen

Temperatur der Kohlenstoff sehr rasch, ebenso auch unzulässig viel Silizium; gleichzeitig nimmt das Eisenbad Oxyde und Gase auf. Die Folge ist, daß ein solches Eisen sehr schlechte Vergießbarkeit besitzt, es „schmiert" und steht rasch ab, trotzdem es sehr heiß aus dem Abstich läuft.

Bemerkt der Schmelzer frühzeitig das zu rasche Entkohlen des Eisenbades, so kann er einige Gegenmaßregeln treffen, wie den Zusatz von hochgekohltem Hämatit oder auch von Ferrosilizium oder Stahleisen. Gegebenenfalls muß man das Eisen durch Einwerfen von kleinen Stücken Reinaluminium, Alutan u. dgl. in die Gießpfannen desoxydieren. Werden diese Gegenmittel nicht angewandt, so ist ein stumpfer, blasiger Guß die Folge, der sich sehr schwer weichglühen läßt.

Die Veränderung des Eiseneinsatzes während des Schmelzens und Überhitzens geht aus der Zahlentafel 16 hervor, welche die Ergebnisse von Ana-

Zahlentafel 16. Veränderung des Einsatzes beim Schmelzen im Öl-Trommelofen.

Probe Nr.	Zeit in Minuten	Beschickung	C	Si	Mn	P	S
1	—	berechnete Gattierung	3,12	0,82	0,30	0,080	0,070
2	60	eben geschmolzen	3,10	0,74	0,28	0,081	0,071
3	70	Eisenbad noch nicht heiß	2,95	0,70	0,26	0,078	0,068
4	80	Eisenbad heiß	2,80	0,68	0,25	0,080	0,072
5	90	Eisenbad sehr heiß	2,61	0,66	0,22	0,081	0,071
6		fertiger Rohguß	2,60	0,65	0,21	0,081	0,071

Zahlentafel 17. Einsatz- und Schmelzkosten beim Öl-Trommelofen.

Einsatzkosten:		
460 kg Duisburger Grau zu RM. 98.00/t	RM. 45.08	
20 „ Schmiedeeisenschrott zu RM. 60.00/t	„ 1.20	
520 kg Eingüsse und Trichter	„ —	
1000 kg Einsatz kosten an Kaufeisen	RM. 46.28	
Dies entspricht 400 kg gutem Guß, also kosten 1000 kg guter Guß		RM. 115.70
Schmelzkosten:		
18% Teeröl zu RM. 130.00/t	RM. 23.40	
Kalk und Zuschläge	„ 0.50	
Elektrische Kraft für Gebläse und Kippen	„ 1.20	
Kleinzeug u. dgl.	„ 1.80	
Ofeninstandhaltung	„ 4.20	
Löhne	„ 5.50	
Betriebsschmelzkosten für 1 t Einsatz	RM. 36.60	
Amortisation und Verzinsung:		
15,5% von RM. 10000.00 = RM. 1550.00 durch 1100 t Einsatz im Jahr	RM. 1.41	
Gesamte Schmelzkosten für 1 t Einsatz	RM. 38.01	
Dies entspricht 400 kg gutem Guß, also kosten 1000 kg guter Guß		RM. 95.03
Gesamtkosten für Einsatz und Schmelzen von 1 t gutem Guß		RM. 210.73

lysen und Schöpfproben wiedergibt, die in regelmäßigen Abständen einem Einsatz von 1000 kg entnommen wurden.

Da der Preis des Heizöles gegenüber dem der Vorkriegszeit das 3- bis 4fache beträgt, so ist das Schmelzen mit Öl derart teuer geworden, daß es eigentlich nur noch in Ausnahmefällen angewandt wird. Eine ungefähre Kostenberechnung für das Schmelzen von 1 t ist auf Zahlentafel 17 gegeben, wobei ein Trommelofen mit 1 t Fassung und 4 Schmelzen im Tag zugrunde gelegt wurde, also eine tägliche Schmelzleistung von 4 t bzw. 1100 t im Jahr.

Ölflammöfen mit Regenerativheizung. Nachdem die äußerst günstige Wirkung einer sehr hoch erhitzten Verbrennungsluft erkannt worden war, wurde versucht, auch bei der Ölfeuerung das Regenerativverfahren durchzuführen, indem die Abgase wie beim Siemens-Martin-Ofen in Kammern aus feuerfestem Mauerwerk geleitet werden, in welchem sie ihre Hitze abgeben, um diese nach Umstellung der Heizgase durch Erhitzung der Verbrennungsluft wiederzugewinnen. Der erste derartige Ofen, der auch als Klein-Martin-Ofen mit Ölfeuerung bezeichnet wird, wurde bei der Firma R. Wolff in Magdeburg gebaut und soll sich dort ganz gut bewährt haben; weitere Ausführungen desselben sind allerdings nicht bekannt geworden.

Wie aus Abb. 134 zu ersehen ist, wird die Ölflamme durch je 2 Brenner unter einem Winkel von etwa 65° auf das Schmelzgut geleitet, wozu ein geringer Winddruck von etwa 120 mm W. S. genügt. Die beiden Brennerpaare sind durch ein Kipprohr starr miteinander verbunden, so daß zum Umstellen des Ofens, das etwa jede halbe Stunde erfolgt, nur dieses Rohr umgelegt und vermittels eines Dreiwegehahns das Öl der entsprechenden Seite zugeleitet werden muß; hierbei werden die durch Emporheben des einen Brennerpaares frei gewordenen Öffnungen durch eine Verschlußkappe selbsttätig verschlossen. Die zwei zum Erhitzen der Verbrennungsluft nötigen Kammern sind wie beim Siemens-Martin-Ofen unter dem Herd angeordnet.

Die Fassung des Ofens beträgt 2 bis 3 t; eine Tempergußschmelze erfordert 2 bis $2^1/_2$ Stunden, wobei aber durch das vorher notwendige Erhitzen des Ofens der Gesamtölverbrauch hoch ist und 20 bis 25% beträgt; bei Dauerbetrieb und großen Schmelzleistungen kann er auf 20 bis 15% herabgehen.

Dieser feststehende Ofen wurde von Eckardt mit einer gebläselosen Ölfeuerung ausgeführt (Abb. 135). Da aber auch hierbei der Ölverbrauch sehr groß, die Flammenführung schlecht und der Verschleiß der Brennerköpfe sehr groß ist, so hat auch diese Schmelzweise sich nicht durchzusetzen vermocht.

Dagegen fand der nach Patenten der Firma G. Schury, Berlin W 30, hauptsächlich für Stahlformguß gebaute Regenerativofen auch Anwendung zum Schmelzen und Raffinieren von Temperguß. Dieser Ofen mit einer Fassung von 2 bis 15 t wird mit Öl oder Teer durch einen an jeder Stirnseite befindlichen rückziehbaren Brenner beheizt, der infolge seiner Beweglichkeit die Ölflamme auf bestimmte Stellen des Schmelz-

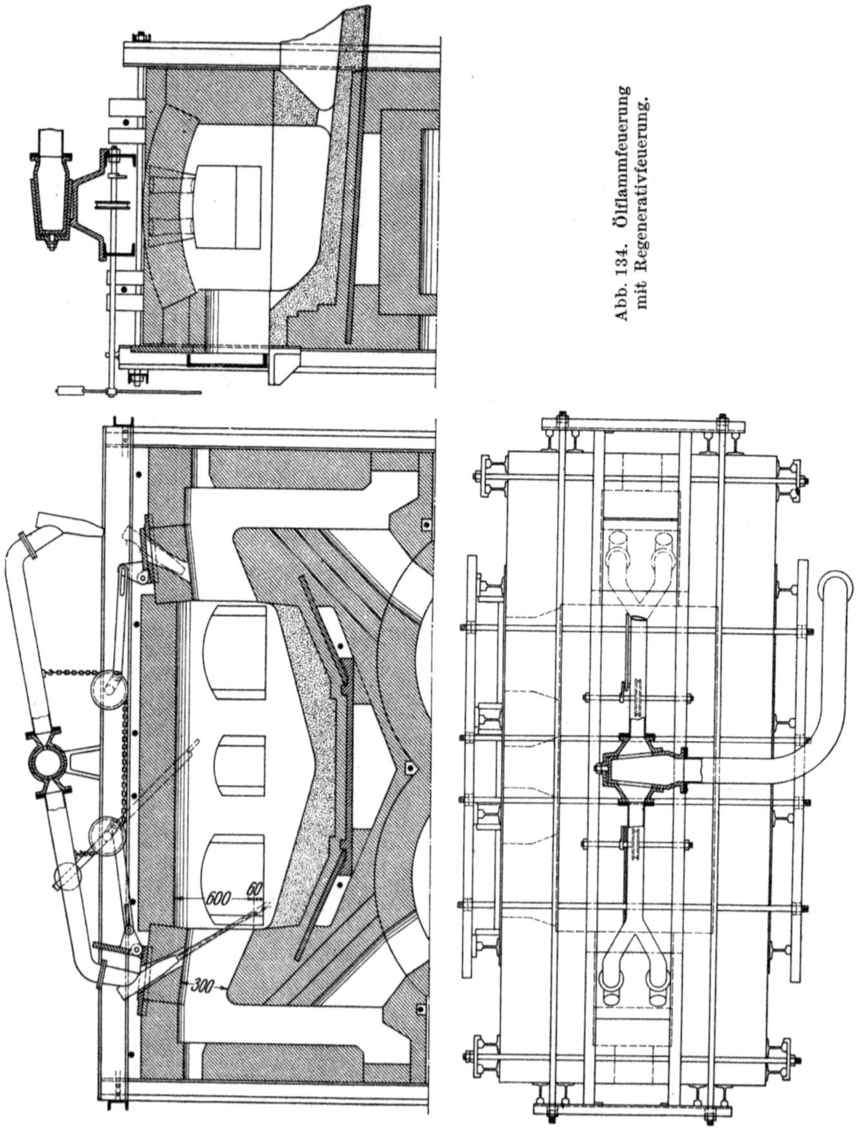

Abb. 134. Ölflammfeuerung mit Regenerativfeuerung.

gutes richten kann, wodurch das Mauerwerk geschont wird. Die im Ofen erreichte Temperatur soll nach Angabe der Firma Schury bis 2000° betragen. Zum Schmelzen von Temperguß wird etwa 16% Öl, zum Raffinieren von 6 t Kupolofeneisen in 1 Stunde etwa 4% Öl benötigt. Die

Schmelzdauer beträgt für 4 bis 5 t bei heißem Ofen 3 bis 4 Stunden, der Abbrand 5 bis 6%. Die Haltbarkeit des Ofenmauerwerkes wird als sehr gut, die Kosten hierfür werden zu etwa RM. 3.— je 1 t Einsatz angegeben. Die Anlagekosten eines solchen Ofens betragen für einen Einsatz von 3 bis 5 t etwa RM. 12000 bis 15000, bei den größeren Öfen für 10 bis 15 t etwa RM. 20000 bis 25000.

Auch ein von der Firma L. Münter in Ückermünde, Pommern (Bauart Mezger) erbauter gebläseloser Öltrommelofen hat sich zum Schmelzen und Raffinieren von Temperguß sehr gut bewährt (Abb. 136). Der Schmelzofen ist als Trommel ausgebildet, die in üblicher Weise auf 4 Rollen gelagert ist und mit deren Hilfe durch einen 1 PS umsteuer-

Abb. 135. Eckardtscher Ölflammofen mit Regenerativfeuerung.

baren Elektromotor gedreht werden kann. Auf jeder Seite der Trommel befindet sich ein feststehender Ölvergaser, in welchem das Heizöl durch Vorwärmen bzw. durch die Abhitze des Ofens vergast wird. Die entstandenen Kohlenwasserstoffgase werden hoch erhitzt und mischen sich unmittelbar vor ihrem Eintritt in den Schmelzraum mit der Verbrennungsluft, die ihrerseits in den seitlich über Flur stehenden Kammern auf eine außerordentlich hohe Temperatur erhitzt wird, die bis auf 1400° im Dauerbetrieb hinaufgeht. Diese hohe Temperatur wird durch eine besondere Unterteilung der Kammern erzielt. Sie gestattet, daß auch Stahlformguß erschmolzen werden kann.

Das Regenerativverfahren eignet sich natürlich in erster Linie für einen Dauerbetrieb oder wenigstens für eine größere Anzahl von aufeinanderfolgenden Schmelzungen, da die Anheizkosten bei kurzem Betrieb ins Gewicht fallen. Wird der Ofen täglich etwa 6 Stunden benutzt, so muß er jeden Morgen etwa $^1/_2$ Stunde angeheizt werden, wozu 10 kg Heizöl erforderlich sind. Wird er danach mit 2 t kaltem Einsatz beschickt, so dauert die erste Schmelze etwa 2 Stunden bei einem durchschnittlichen Ölverbrauch von 12% des Einsatzes. Der Abbrand ist verhältnismäßig gering, da kein großer Luftüberschuß notwendig ist und bei dem geringen Unterdruck des Essenzuges keine Stichflammen entstehen, wie bei den Gebläseölbrennern; er kann zu etwa 3% angenommen werden.

Flammöfen mit Kohlenstaubfeuerung. Es hat verhältnismäßig sehr lange gedauert, bis es gelang, die Kohlenstaubfeuerung zum Schmelzen von

Abb. 136. Ölflammofen mit Regenerativfeuerung, Bauart Münter-Mezger.

Eisen erfolgreich zu benutzen. Die Hauptschwierigkeit besteht darin, daß das Schmelzgut zur Schwefelaufnahme neigt und daß sich infolge des großen Aschengehaltes der verwendeten Kohle durch die Abscheidung der Asche im Schmelzraum eine große Schlackenmenge bildet, die bei den feststehenden Flammöfen als dicke Decke die Wärmeübertragung hindert und daher mehrmals abgezogen werden muß. Dieses umständliche Abschlacken wurde jedoch von einigen Gießereien in Kauf genommen, indem sie in Flammöfen, die früher mit Steinkohlen-Rostfeuerung beheizt wurden, Kohlenstaubfeuerung einbauten[1]. Hierdurch wurden

[1] Foundry 1920, S. 137; 1921, S. 955; 1922, S. 815 und 880; 1924, S. 667; 1926, S. 7 und 666; Iron Coal Trades Rev. 1923, S. 1382; Foundry Trade I. 1925, S. 78; Iron Age 1928, S. 600. Berichte: Stahleisen 1923, S. 1452; 1925, S. 463. — H. Bleibtreu: Kohlenstaubfeuerungen, 2. Aufl., Berlin 1930, Bericht Nr. 99 der Wärmestelle Düsseldorf.

folgende Vorteile erzielt: Die Schmelzdauer wurde verringert, da die Kohlenstaubflamme eine gleichmäßigere und größere Hitze entwickelt (etwa 2000°) als die Rostfeuerung; es zeigte sich, daß die Abhitze wesentlich größer wurde als sie früher war, weshalb die Öfen verlängert und in ihrer Leistungsfähigkeit sehr gesteigert werden konnten. Die Bedienung der Brenner ist sehr einfach; es kann dadurch an Heizerlöhnen gespart werden. Durch die leichte Regelbarkeit wird kein großer Luftüberschuß benötigt, der Abbrand ist gering und das Eisen neigt wenig zur Aufnahme von Oxyden und Gasen. Andererseits verursacht die große Schlackenmenge mehr Arbeit und erfordert geübte Schmelzer.

Meistens ist es notwendig, die Kohle vor ihrer Vermahlung und Verwendung zu trocknen, was eine etwas umständliche Gesamtanlage ergibt, Abb. 137, wobei 3 Brenner zur Beheizung des 9-t-Ofens benötigt werden. Beim Umbau dieses älteren Flammofens wurde das Ofengewölbe um 7,6 cm höher gezogen, wonach folgende Betriebsverhältnisse erhalten wurden:

Durchschnittliche Schmelzdauer . . .	4,86 st
Durchschnittlicher Kohlenverbrauch . .	30,6 % des Einsatzes
Länge zwischen Feuer- und Fuchsbrücke . .	4,72 m
Breite zwischen den seitlichen Abstichlöchern	1,68 m
Höhe der Wände an den Abstichlöchern . . .	0,8 m
Tiefe des Bades . . .	0,23 m
Verbrennungskammer .	1,0 × 1,5 m

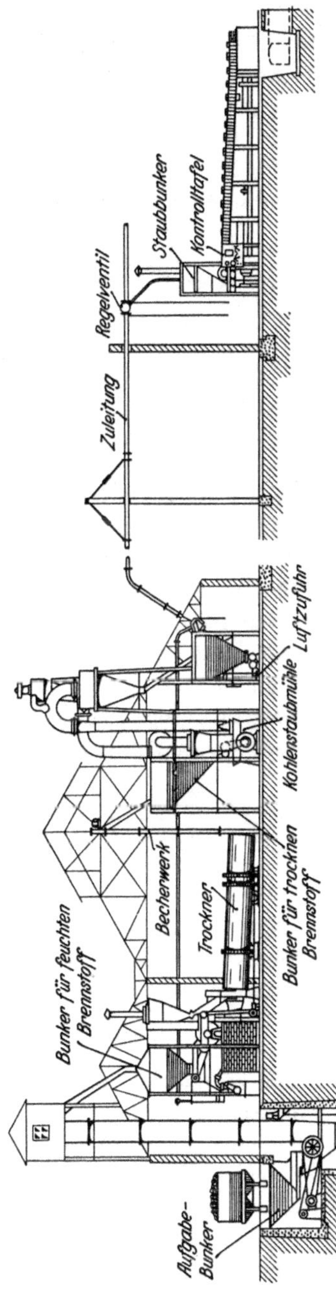

Abb. 137. Amerikanischer mit Kohlenstaub gefeuerter Flammofen mit Trocken- und Mahlanlage.

Während dieser ältere Ofen noch eine sog. Vorkammer zur Entwicklung der Staubflamme besitzt, werden die neueren Öfen ohne solche gebaut (Abb. 138). Die Flamme ist schräg auf den vorderen Teil des Schmelzgutes gerichtet und infolge der eigenartigen Gestaltung des Herdes soll in dem Eisenbad eine Strömung entstehen, die vom Stichloch senkrecht nach oben geht und eine gute Erhitzung auch der sonst kälter bleibenden Badteile an der Herdsohle bewirken soll.

Diese für unsere Verhältnisse großen amerikanischen Flammöfen mit 10 bis 20 t Fassung besitzen eine Herdlänge von 5 bis 8 m, eine Herdbreite von etwa 2 m und haben einen Herdflächenbedarf von ungefähr

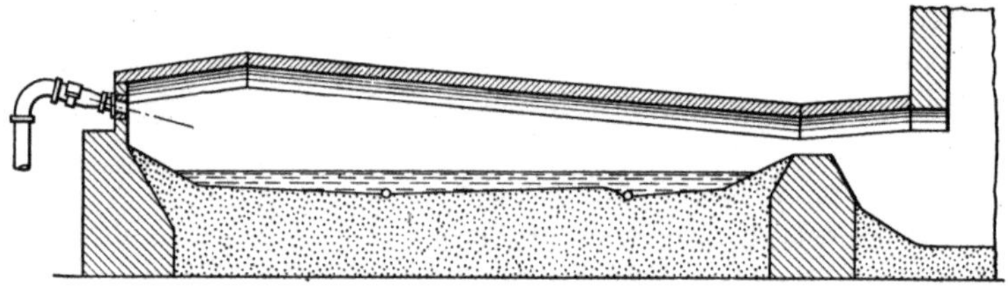

Abb. 138. Neuerer amerikanischer Flammofen mit Kohlenstaubfeuerung.

0,75 bis 1,0 qm für 1 t Einsatz. Im allgemeinen werden 2 Brenner angewandt, bei größeren Öfen auch drei Brenner. Als Brennstoff ist eine Kohle erwünscht mit nicht mehr als 8% Asche und unter 1,0% S mit mehr als 6500 Cal Heizwert.

Die Aufstellung derartiger feststehender Öfen zum Schmelzen von Eisen in Deutschland ist noch nicht bekannt geworden; hinderlich ist bei uns vor allem der Mangel an der hierzu notwendigen aschearmen Kohle. Es wurden allerdings schon wiederholt Versuche unternommen, die Kohlenstaubfeuerung zu benutzen, wobei mit Hilfe einer angebauten Vorkammer

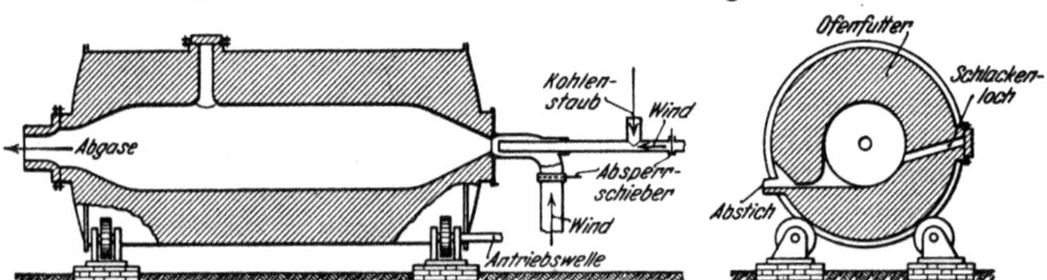

Abb. 139. Brackelsbergscher mit Kohlenstaub beheizter Trommelofen.

die Asche zuerst als Schlacke verflüssigt werden sollte, um die Heizgase gereinigt in den Schmelzraum zu überführen. Die Versuche blieben aber erfolglos, da bei dieser Anordnung die Haupthitze in der Vorkammer entwickelt wurde und im eigentlichen Schmelzraum fehlte.

Dagegen gelang es erstmalig Carl Brackelsberg, dem Inhaber der Firma J. D. Brackelsberg in Milspe, Westfalen, ein Verfahren auszuarbeiten[1], um einen früher mit Öl beheizten drehbaren Trommelofen vorteilhaft mit Kohlenstaub zu befeuern, wobei durch entsprechenden Winddruck die Asche sich hinter dem Schmelzraum ablagert[2] (Abb. 139). Das Ofen-

[1] D. R. P. Nr. 499128. [2] Gießerei 1928, S. 814 und 1169.

futter besteht aus saurer Stampfmasse mit etwa 92% SiO_2; gegen Wärmestrahlung wird der Ofen durch eine Lage Isoliersteine (Sterchamolsteine) geschützt. In der Mitte der einen Stirnseite befindet sich der Kohlenstaubbrenner; die Flamme bläst axial oder leicht nach oben geneigt über das Schmelzgut und verläßt in der Mitte der gegenüberliegenden Stirnseite den Ofen. In kurzer Entfernung hinter dem Ofen werden die Abgase in eine Funkenkammer geleitet, in der sich die Flugasche niederschlägt.

Es ist am vorteilhaftesten, die Kohle in einer unmittelbar beim Ofen aufgestellten Mühle zu mahlen. Verfügt man über trockene Kohle (Abfallförderfeinkohle mit einem Feuchtigkeitsgehalt bis zu 3,5%), so benötigt man keine besondere Trockenvorrichtung. Die Kohle wird auf einen Feinheitsgrad gemahlen, bei welchem nach Durchsieben einer Probe durch ein Sieb mit 4900 Maschen pro Quadratzentimeter nicht mehr als

Abb. 140. Brackelsbergscher Kohlenstaub-Drehofen mit Tragring zum Kippen.

5% Rückstand verbleiben darf. Dieser Staub wird durch einen Exhaustor abgesaugt und in den Kohlenstaubbunker geblasen, an dessen unterem Ende eine besonders gestaltete Schnecke den Staub fortlaufend stoßfrei einer Luftleitung zuführt, die ihn in den Brenner fördert. Gleichzeitig wird durch einen Ventilator die nötige Zusatzverbrennungsluft unter einem Druck von 200 bis 350 mm W. S. zugeführt.

Der Brenner muß derart ausgeführt sein, daß er in einem bestimmten Winkel gegen das Schmelzbad bzw. gegen das Gewölbe eingestellt und bei Bedarf zurückgezogen oder seitlich abgeschwenkt werden kann. Bei der einfachsten Ausführung wird der Ofen von Hand durch die Abgasöffnung beschickt, wozu durch Abnahme eines Vorsatzringes eine größere Öffnung freigemacht wird; 2 Mann vermögen 4 t in etwa 40 Minuten einzuwerfen. Da jedoch diese Arbeit sehr mühsam ist, die starke Abkühlung des Ofenfutters große Wärmeverluste mit sich bringt und der Ofen auch zum Ausstampfen senkrecht gestellt werden muß, so ist es vorteilhafter, den Ofen kippbar auszuführen. Hierzu ist nach Abb. 140 um den Ofen ein Tragring gelegt, in welchem sich die Trommel auf Rollen drehen kann[1]. Dieser Tragring besitzt zwei seitliche Zapfen, um welche er sich samt der Trommel in senkrechter Richtung kippen läßt. Zum Einbringen des Schmelzgutes wird die Trommel mittels Hebezeuges in Schräglage gebracht, wonach man das Eisen über einen Schütttrichter in den Ofen gleiten läßt. Zu 4 t Einsatz benötigen zwei Mann nur etwa 10 Minuten, so daß die im Ofenfutter steckende Hitze für die nächste Schmelze gut ausgenützt wird. Es hat sich dabei als vorteilhaft erwiesen, den Ofen durch die Brenneröffnung zu beschicken und nicht durch die Abgasseite, da dann nach der Entzündung die Flamme hinter dem Brenner mehr Raum zur Entwicklung vorfindet.

Abb. 141. Brackelsbergscher Kohlenstaub-Drehofen mit Kippvorrichtung.

Eine neuere Ausführungsart des Brackelsberg-Drehofens zeigt Abb. 141; diese besitzt den Vorteil, den Ofen ohne Hebezeug kippen und zum bequemen Aufstampfen senkrecht stellen zu können. Dies geschieht mit Hilfe eines Segmentes, das durch Stirnverzahnung und Ritzel von einem umsteuerbaren Elektromotor gedreht wird. Die Anordnung gestattet, die Abstichrinne an der Stirnseite anzubringen und die Beschickung des Ofens nach Schrägstellung durch die Brenneröffnung vorzunehmen. Die Hitze der Abgase wird durch einen seitlich aufgebauten Rekuperator zur Vorwärmung der Gebläseluft auf 400 bis 500° ausgenützt.

Zur Inbetriebsetzung des Ofens wird die Kohlenstaubflamme durch ein leichtes Holzfeuer zur Entzündung gebracht; es ist — im Gegensatz zu den Ölflammöfen — nicht unbedingt erforderlich, den Ofen vor der Beschickung auf Rotglut zu erhitzen. Im laufenden Betrieb wird täglich nach der letzten Schmelze der Ofen sofort wieder beschickt, die Brenner- und Abgasöffnung verschlossen, wonach soviel Glut bis zum nächsten Morgen im Ofen verbleibt, daß der Kohlenstaub nach Einwerfen einiger Holzstücke zur Entzündung gelangt. Da mit dem Eisen auch eine kleine Menge Kalkstein (etwa 3% des Einsatzes) aufgegeben wird, bildet sich auf dem flüssigen Bad eine dünne Schlackendecke, die das Eisen vor

[1] Ausführung der Firma Berg & Co., Köln-Kalk.

weiterer schädlicher Beeinflussung durch die Heizgase schützt. Ist der ganze Einsatz geschmolzen, so erfolgt dessen Überhitzung durch die bei Drehöfen vorherrschende mittelbare Heizwirkung des weißglühenden Ofenfutters. Die Haltbarkeit des Ofenfutters ist daher gut; es konnten schon weit über 100 Schmelzen in demselben Ofenfutter hergestellt werden.

Der Fortschritt der Überhitzung wird durch Schöpfproben geprüft, die nach Abstellen der Flamme durch die Ausblaseöffnung genommen werden. Die erreichte Temperatur des flüssigen Eisens beträgt etwa 1450 bis 1480°.

Der Brennstoffverbrauch beträgt bei 4- bis 5-t-Öfen im Dauerbetrieb unter Verwendung einer Kohle mit 8 bis 12% Asche und 2 bis 3% Feuchtigkeit 16 bis 23% bei einer Schmelzdauer von $3^1/_2$ bis 4 Stunden; bei kaltem Ofen dauert die erste Schmelze $^1/_2$ Stunde länger.

Der Abbrand ist nach den Untersuchungen des Kaiser-Wilhelm-Institutes für Eisenforschung[1] gering. Für die einzelnen Eisenbegleiter ergaben sich die auf Zahlentafel 18a angegebenen Veränderungen durch das Schmelzen. Die Schlackenmenge wurde zu 6 bis 9% des Einsatzes bestimmt; die chemische Zusammensetzung der Schlacke ist auf Zahlentafel 18b angegeben.

Zahlentafel 18a. Änderung der chemischen Zusammensetzung beim Schmelzen im Brackelsbergofen.

		% C	% Si	% Mn	% P	% S
1. Temperguß-schmelzung	Einsatz. . .	3,31	1,25	0,19	0,068	0,059
	Fertigguß. .	2,82	0,99	0,13	0,072	0,077
	Unterschied.	−0,49	−0,26	−0,06	+0,004	+0,018
% Abbrand bzw. Zubrand		−14,8	−20,8	−31,6	+5,9	+30,5
2. Temperguß-schmelzung	Einsatz . .	3,33	1,25	0,19	0,069	0,063
	Fertigguß .	2,88	0,87	0,15	0,078	0,057
	Unterschied	−0,45	−0,38	−0,04	+0,009	−0,006
% Abbrand bzw. Zubrand		−13,5	−30,4	−21,1	+13,0	−9,5

Zahlentafel 18b. Chemische Zusammensetzung der Schlacke im Brackelsbergofen.

	SiO_2	CaO	Al_2O_3	FeO	MnO	P_2O_5	S	MgO
1. Versuch	54,0	21,7	3,7	18,6	1,5	0,082	0,036	Spuren
2. Versuch	53,0	16,3	3,8	26,0	1,1	0,082	0,029	Spuren

In der Gattierung für den Brackelsbergofen beträgt der Anteil an Schmiedeeisenschrott je nach Art der herzustellenden Abgüsse durch-

[1] Mitt. aus dem K.-W.-Institut für Eisenforschung zu Düsseldorf Bd. 11, Lfg. 14. 1929. — Nach neueren Untersuchungen gelang es, fast ohne Abbrand von Kohlenstoff zu schmelzen.

schnittlich 5 bis 15%. Bei seiner Auswahl ist man nicht so stark an bestimmte Abmessungen gebunden wie bei den anderen Schmelzöfen, da auch sehr dünne Teile, wie Blech- und Drahtabfälle, eingeschmolzen werden können.

Der metallurgische Hauptvorteil des Schmelzens im Brackelsbergofen liegt in der Möglichkeit, mit einer sehr heißen Flamme ohne Luftüberschuß, also mit praktisch neutraler Atmosphäre, zu schmelzen, was bis jetzt bei den anderen Flammöfen bzw. beim Siemens-Martin-Ofen unmöglich ist. Durch die Schaukelbewegungen beim Einschmelzen wird bei den Trommelöfen das Eisen sehr rasch verflüssigt und unter die schützende Schlackendecke gebracht. Es hat also wenig Gelegenheit, schädliche Bestandteile (Oxyde, Gase, Schwefel) aus den Heizgasen aufzunehmen; bei der neutralen Kohlenstaubflamme wird das Eisenbad im Gegenteil die Neigung besitzen, etwa gelöste oder in Suspension enthaltene Oxyde und Gase an die Schlacke abzugeben, da bei der noch niedrigen Badtemperatur die Lösungsfähigkeit des Eisens für Oxyde verhältnismäßig gering ist. Die Folge ist ein gas- und oxydarmes flüssiges Eisen, das sich durch große Dünnflüssigkeit auszeichnet und einen dichten Guß mit verringerter Neigung zu Lunkern und Rissen ergibt. Sperrige Abgüsse, die aus Kupolofenguß sehr viel Ausschuß wegen Rissen ergeben hatten, konnten aus dem Brackelsbergofen ohne jede besondere Vorsichtsmaßnahme einwandfrei gegossen werden.

Es ist darauf zu achten, daß die Flamme richtig geführt ist; bläst sie, besonders mit erhöhtem Druck, auf das Eisenbad, so reichert sich dieses an Schwefel und Oxyden an. Um dies zu vermeiden, muß die Schlacke einen bestimmten Grad von Dickflüssigkeit besitzen; zu dünne Schlacke wird sehr leicht weggeblasen und örtliche Aufnahme von Schwefel u. dgl. ist die Folge. Wird das Einschmelzen infolge schlechten Kohlenstaubs zu lange hinausgedehnt, so kann das glühende Eisen schädliche Bestandteile der Heizgase aufnehmen. Wird zu rasch eingeschmolzen, so gelangt das Eisen sehr schnell unter die Schlackendecke und kann nur noch in erster Linie durch Wärmeübertragung des Ofenfutters beheizt werden. Hierdurch wird die Flamme nicht so gut ausgenutzt wie bei unmittelbarer Übertragung der Hitze an das Eisen, die Temperatur der Abgase geht rasch in die Höhe, und damit werden die Abgasverluste sehr hoch.

Bei den Schmelzkosten bildet der Preis der Brennstoffe einen der wichtigsten Kostenpunkte; es ist daher bei diesen Öfen am vorteilhaftesten, eine billige Feinkohle zu kaufen, für die seither wenig Verwendungsmöglichkeiten vorhanden waren, und sie im eigenen Betrieb unmittelbar vor ihrer Verwendung zu vermahlen. Es empfiehlt sich, die Kohle an einem trockenen Orte aufzubewahren; ist ihr Wassergehalt größer als 3,5%, so muß sie vor dem Mahlen getrocknet werden. Die Heizwirkung des Kohlenstaubes ist um so günstiger, je weniger Feuchtigkeit er enthält, so daß die Kosten einer einfachen Trockenanlage durch Ersparnis an

Brennstoff, Verkürzung der Schmelzdauer und heißeres Eisen reichlich ausgeglichen werden können. Je feuchter die einzelnen Staubteilchen sind, desto mehr neigen sie zum Zusammenballen, in welchem Zustande sie schwerer verbrennlich sind und die Gefahr mit sich bringen, unvollständig verbrannt durch den Schmelzraum hindurch geblasen zu werden. Bei zu feuchtem Staub arbeitet die Flamme stoßweise mit ungenügender Hitzeentwicklung; auch kann die Zuführschnecke infolge zusammengeballten Staubes leicht verstopft und ein geregeltes Schmelzen unmöglich gemacht werden.

Die Kosten für das Mahlen der Kohle sind um so höher, je kleiner der Verbrauch ist. Bei kleinen Öfen mit einem Staubbedarf unter 200 kg in der Stunde wird daher meistens die Aufstellung einer eigenen Mahlanlage zu teuer; da aber der Syndikatspreis für blasfertig bezogenen Steinkohlenstaub sehr hoch und das Umladen der Säcke mit großer Staubbelästigung und empfindlichen Verlusten verknüpft ist, so kann nur dringend empfohlen werden, daß sich benachbarte Tempergießereien zur gemeinsamen Errichtung einer Mahlanlage zusammenschließen. Von der Firma Höhne & Molz, Mülheim/Ruhr, wurde für verschiedene Bedarfsmengen an Staub die auf Zahlentafel 19 wiedergegebene Kosten-

Zahlentafel 19. **Kapital- und Betriebskosten für Kohlenstaub-Mahlanlagen.**

Leistung in kg/st . Leistung in t/Jahr .	800 kg 3500 t		1600 kg 7000 t		4000 kg 17600 t	
	ohne Trockner	mit Trockner	ohne Trockner	mit Trockner	ohne Trockner	mit Trockner
Anlagekosten . . .	31000.—	36500.—	42000.—	47500.—	67000.—	76000.—
Gebäudekosten . .	15000.—	15000.—	15000.—	15000.—	25000.—	25000.—
20% Kapitalzinsen und Amortisation für Anlage. . . .	6200.—	7300.—	8400.—	9500.—	13400.—	15200.—
12% Gebäudeamortisation	1800.—	1800.—	1800.—	1800.—	3000.—	3000.—
Kraftkosten bei 30 kWst/t zu 0,05 RM./t	5250.—	5250.—	10500.—	10500.—	26400.—	26400.—
Bedienung: 2 Mann	6000.—	6000.—	6000.—	6000.—	6000.—	6000.—
Allgemeine Unkosten	1550.—	1825.—	2100.—	2375.—	3350.—	3800.—
Mahlkosten im Jahr	20800.—	22175.—	28800.—	30175.—	52150.—	54400.—
Mahlkosten für 1 t Staub	6.—	6.35	4.12	4.30	2.96	3.10
Rohkohlen (Abfall) ab Zeche	14.30	14.30	14.30	14.30	14.30	14.30
Blasfertiger Staub (ohne Frachtkosten der Rohkohle) . .	20.30	20.65	18.42	18.60	17.26	17.40

berechnung aufgestellt, in welcher alle Auslagen für Errichtung und Betrieb einer solchen Gemeinschaftsmahlanlage enthalten sind; zu den Kohlenpreisen sind nur noch die Frachtkosten hinzuzurechnen.

Zur überschlägigen Berechnung der Schmelzkosten im Brackelsberg-Kohlenstaub-Drehofen, Zahlentafel 20, ist ein Monatsumsatz von 140 t gutem Guß bei täglich 2 bis 3 Schmelzen von 4 bis 5 t Einsatz angenommen; dies entspricht einem Jahreseinsatz von 3600 t bei einem Ausbringen von 46% gutem Guß. Hiernach müssen die Schmelzkosten als sehr niedrig bezeichnet werden; wird jedoch die Ofenanlage nicht voll ausgenutzt, so gehen die Kosten sehr stark in die Höhe.

Zahlentafel 20. Einsatz- und Schmelzkosten beim Brackelsberg-Kohlenstaub-Drehofen.

Einsatzkosten:		
320 kg Duisburger Grau zu RM. 98.00/t	RM. 31.36	
150 „ Schmiedeeisenschrott zu RM. 60.00/t	„ 9.00	
530 „ Trichter und Eingüsse	„ —	
Aufkohlungsmittel	„ 0.30	
1000 kg Einsatz kosten an Kaufeisen	RM. 40.66	
Dies entspricht 460 kg gutem Guß, also kosten 1000 kg guter Guß		RM. 88.39
Schmelzkosten:		
20% Steinkohlenstaub zu RM. 20.00/t	RM. 4.00	
Elektrischer Strom für Gebläse	„ 0.30	
Anzündstoffe	„ 0.30	
Kalk und Zuschläge	„ 0.30	
Kleinzeug u. dgl.	„ 2.50	
Ofeninstandhaltung	„ 3.60	
Löhne	„ 2.60	
Betriebsschmelzkosten für 1 t Einsatz	RM. 13.60	
Amortisation und Verzinsung:		
15,5% von RM. 55000.00 = RM. 8525.00 durch 3600 t Einsatz im Jahr	RM. 2.37	
Gesamte Schmelzkosten für 1 t Einsatz	RM. 15.97	
Dies entspricht 460 kg gutem Guß, also kosten 1000 kg guter Guß		RM. 34.72
Gesamtkosten für Einsatz und Schmelzen von 1 t gutem Guß		RM. 123.11

d) Siemens-Martin-Ofen.

Die Anwendung des mit Gas beheizten Siemens-Martin-Ofens zur Herstellung von Temperguß ist etwa gleichzeitig mit der des Kupolofens eingeführt worden. Beide Schmelzverfahren haben gegenüber dem Tiegel den Vorteil, daß größere Mengen Eisen in der Zeiteinheit geschmolzen werden können. Während nun der Guß aus dem Kupolofen infolge seines unvermeidlich hohen Kohlenstoff- und Schwefelgehaltes dem Guß aus dem Tiegel in Güte weit nachstand, wurde im Siemens-Martin-Ofen ein Temperguß erschmolzen, der dem guten, bisher nur im Tiegel herstellbaren Guß ebenbürtig war. Im Siemens-Martin-Ofen nimmt der Einsatz keinen Schwefel auf, und das Eisen kann in dem zur Stahlschmelzung geeigneten Ofen mit beliebig niedrigem Kohlenstoffgehalt genügend überhitzt und zu dünnwandigen Stücken vergossen werden.

Der Siemens-Martin-Ofen setzt den Dauerbetrieb und eine bestimmte tägliche Mindesterzeugung voraus, wenn er wirtschaftlich sein soll, denn er steht über seine ganze Lebensdauer, die sich durchschnittlich über $^3/_4$ Jahr erstreckt, ununterbrochen unter Feuer. Man hat angesichts des sehr geringen Stückgewichtes beim Temperguß, namentlich zu Anfang, den Siemens-Martin-Öfen sehr kleine Abmessungen gegeben und Öfen mit 0,5 bis 5 t Einsatz gebaut. Ein derartiger Ofen ist in Abb. 10[1] wiedergegeben.

Die ganz kleinen Öfen wurden von einem Schmelzer bedient; bei den größeren Öfen, etwa von 2 t an, war beim Einsetzen noch ein Hilfsarbeiter notwendig. Die Haltbarkeit dieser Öfen war sehr gut. Ein $2^1/_2$-t-Ofen bei C. Großmann in Wald, aus dem je nach Bedarf zwei bis drei Schmelzungen Stahlguß oder Temperguß täglich gegossen wurden, hat nacheinander 15, 13 und 11 Monate im Feuer gestanden. Bei Ignaz Storek in Brünn ist ein 3-t-Ofen sogar 1 Jahr 8 Monate lang ununterbrochen im Betrieb gewesen[1].

Dem immer schärfer einsetzenden Wettbewerb hielten jedoch diese kleinen Öfen nicht stand. Der Siemens-Martin-Ofen arbeitet um so unwirtschaftlicher, je kleiner sein Fassungsvermögen und je geringer die tägliche Erzeugungsmenge ist. Der Brennstoffverbrauch beträgt bei 2- bis 5-t-Öfen 45 bis 60%, bei 15- bis 20-t-Öfen 20 bis 25% des Einsatzgewichtes. 45 bis 50% Kohlenverbrauch muß z. B. bei einem 2-t-Ofen schon als besonders günstig bezeichnet werden. Es werden heute deshalb Öfen unter 5 t nicht mehr mit Vorteil gebaut. Sollen Siemens-Martin-Öfen im Betrieb günstig arbeiten, so müssen täglich mindestens zwei, besser aber drei und mehr Schmelzen gemacht werden. Der tägliche Mindesteinsatz sollte also immerhin 15 t betragen, um die Aufstellung einer Siemens-Martin-Ofen-Anlage zu rechtfertigen. Geht der Umsatz bei schlechter Geschäftslage wesentlich zurück, oder kann der Ofen aus anderen Gründen, wie Feiertage, Streik u. dgl., tagelang nicht ausgenutzt werden, so wird das Schmelzen ganz außerordentlich teuer, da der Ofen auch bei Nichtbenutzung unter leichtem Feuer gehalten werden muß. Das Fassungsvermögen der Siemens-Martin-Öfen für Temperguß liegt in der Regel zwischen 5 und 10 t.

---

[1] Stahleisen 1907, S. 24.

In Abb. 142 ist ein neuerer Siemens-Martin-Ofen für 5 bis 6 t Einsatz dargestellt[1], während die Abb. 143 einen größeren Ofen[2] für

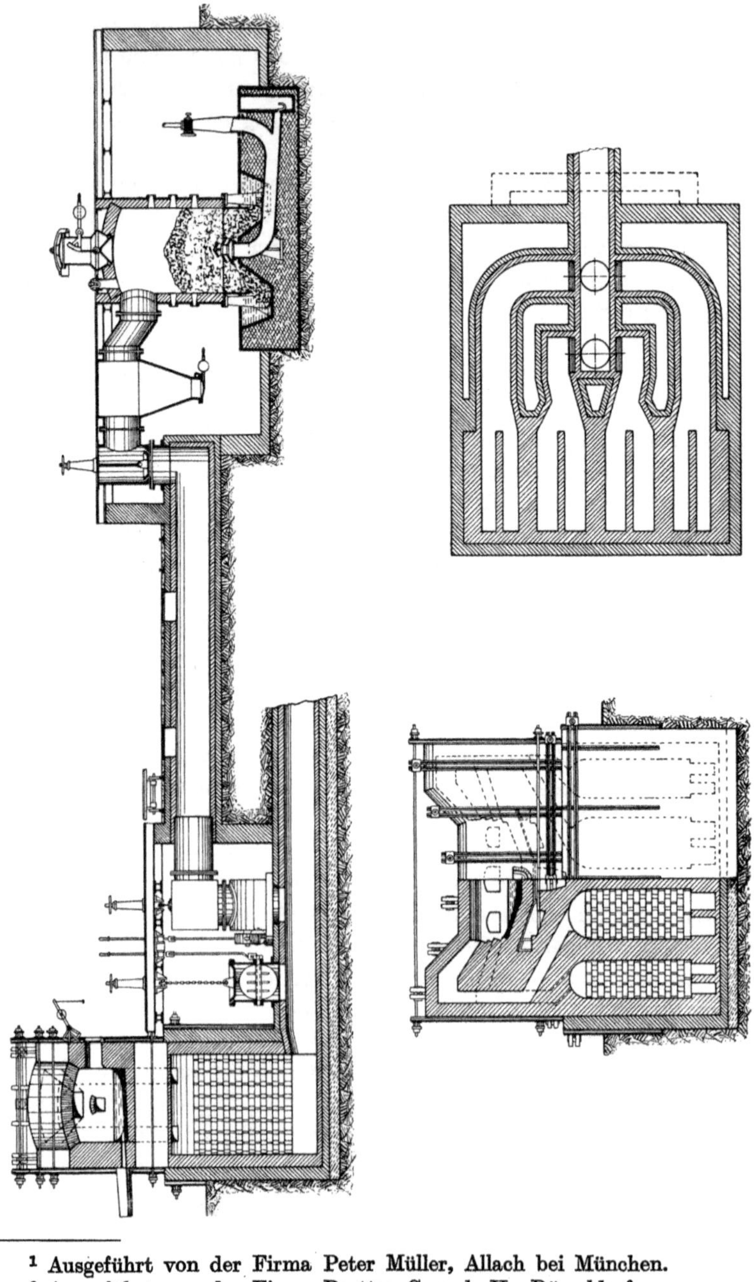

Abb. 142. Neuerer Siemens-Martin-Ofen für 6 t Einsatz.

[1] Ausgeführt von der Firma Peter Müller, Allach bei München.
[2] Ausgeführt von der Firma Poetter G. m. b. H., Düsseldorf.

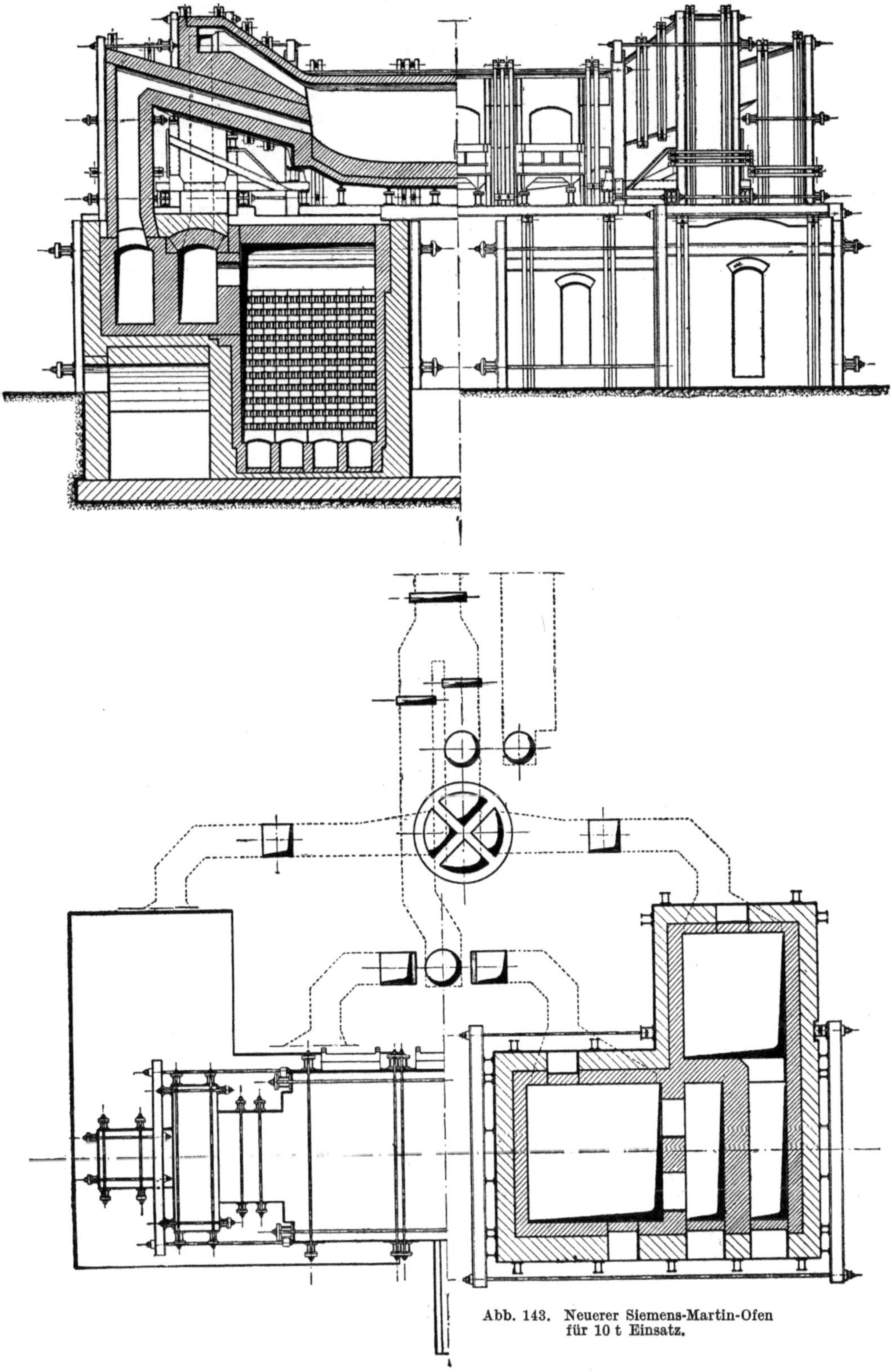

Abb. 143. Neuerer Siemens-Martin-Ofen
für 10 t Einsatz.

10 t Einsatz mit freistehenden Zügen, vorgezogenen Gaskammern und besonderen Schlackenkammern wiedergibt. Die Wirkungsweise des S.-Martin-Ofens darf hier wohl als bekannt vorausgesetzt werden. Wir verweisen auf das diesbezügliche Schrifttum[1].

Um bei einer Neuanlage die Möglichkeit einer Steigerung der Erzeugung zu besitzen, werden die Öfen meistens zuerst etwas kleiner zugestellt, als den Gas- und Luftkammern entspricht, um später, bei steigendem Bedarf, ihren Herd vergrößern zu können. Sie sind stets feststehend ausgeführt und mit einem Stichloch an der der Beschickungstür gegenüberliegenden Seite versehen. Es hat sich als vorteilhaft erwiesen, den vom Ofen getrennt ausgeführten Gaserzeuger nicht auch zum Heizen der Temperöfen zu verwenden, da sonst der Schmelzbetrieb leidet. Infolge des verhältnismäßig hohen Siliziumgehaltes des Eisens und der starken Oxydationswirkung der Heizgase entsteht eine saure Ofenschlacke. Die Zustellung der Öfen ist deshalb stets sauer. Eine basische Zustellung würde durch die saure Schlacke sehr stark angegriffen werden.

Die Kosten einer Siemens-Martin-Ofen-Anlage mit zugehörigem Gaserzeuger sind hoch. Soll in der Erzeugung keine Unterbrechung eintreten, so sind zwei Öfen erforderlich, denn die Neuzustellung des Ofens am Ende eines Betriebsabschnittes nimmt jedesmal etwa 3 Wochen in Anspruch. Dazu kommen noch etwa 5 Tage zum langsamen Anheizen bis auf die Betriebstemperatur. Nicht so einschneidend für den Betrieb ist diese zeitweilige Stillegung, wenn neben einem Siemens-Martin-Ofen gleichzeitig noch Kupolöfen auf Temperguß gehen, die den Ausfall teilweise aufnehmen können. Ein 7- bis 10-t-Ofen hält 700 bis 1000 Schmelzungen aus, was bei täglich 3 Schmelzungen einem Zeitraum von etwa $^3/_4$ Jahr entspricht, vorausgesetzt, daß nur Temperguß in dem Ofen erschmolzen wird. Ausnahmsweise sind auch schon 1400 Schmelzen erreicht worden. Im Laufe eines Betriebsabschnittes müssen die Kammern infolge der in den Abgasen mitgeführten und sich dort absetzenden Staub- und Rußteilchen ausgepackt und gesäubert werden. Bei den Gaskammern, die stets außen und dem Herde am nächsten liegen und damit größerer Hitze ausgesetzt sind, ist dies etwa alle 3 bis 4 Monate notwendig. Bei den in der Mitte liegenden Luftkammern ist die Reinigung infolge ihres längeren Zuges nur etwa alle 5 bis 6 Monate erforderlich.

Man darf sich mit einer sehr hohen Anzahl von Schmelzen nicht einen unbedingt sicheren Vorteil vortäuschen, denn meistens nimmt infolge der abgeschmolzenen Köpfe der Brennstoffverbrauch ganz erheblich zu, das Gas hat keine Führung mehr, der Einsatz ist schwer heiß zu bekommen und es entsteht ein immer größerer Anfall an Aus-

---

[1] Geiger III, S. 168—298. 1928. Ferner: Der Industrieofen in Einzeldarstellungen. Herausgeber L. Litinsky. Bd. II: Ernst Cotel: Der Siemens-Martin-Ofen, und Bd. III: Michael Pavlott: Abmessungen von Hoch- und Martin-Öfen. Leipzig: Otto Spamer 1927/28, usw.

schuß, weil dünnwandige Stücke nicht auslaufen. Ein großer Vorteil des Siemens-Martin-Ofens ist, daß in ihm außer Temperguß jederzeit auch Stahlguß erschmolzen werden kann. Der Ofen wird dann etwas mehr beansprucht und erreicht eine Lebensdauer von nur etwa 600 Schmelzungen.

Zustellung. Sehr wichtig für die Lebensdauer ist die richtige Wartung des Ofens. Man läßt mit Vorteil den neu gemauerten Ofen zur Trocknung 4 bis 5 Wochen stehen. Nach dieser Zeit wird der Ofen etwa 24 Stunden mit einem leichten Trockenfeuer, meist mit Holzkohle, vorgewärmt. Dann erst bringt man mit einem Flammenfeuer, gewöhnlich mit Holzscheitern, den Ofen langsam auf helle Rotglut, wozu 36 bis 48 Stunden erforderlich sind. Nach Entfernung des Holzes wird vorsichtig Gas auf den Ofen gelassen, und zwar wegen Explosionsgefahr immer erst Gas und dann Luft. In weiteren 48 Stunden erreicht der Ofen 1600 bis 1700°, und der Herd kann „eingeschmolzen" werden. Feiner Quarzsand wird mit einer Flickschaufel in 4 bis 6 dünnen Schichten von je 1 bis 2 cm Dicke aufgetragen, wobei zu beachten ist, daß der Herd etwas Gefälle nach dem Abstich zu erhält. Zum Schluß wird der festgebrannte Herd mit einer saueren Schlacke überworfen, wobei er sich mit der geschmolzenen Schlacke sättigt. Das Einschmelzen ist damit beendigt. Es erfordert etwa 8 Stunden.

Während beim Stahl nach jeder Schmelze der Herd ausgebessert werden muß, ist dies bei Temperguß erst nach mehreren Schmelzungen notwendig. Ist der Herd nun infolge des häufigen Flickens mit Quarzsand zu hoch gewachsen, so muß er „ausgeschmolzen" werden. Das Ausschmelzen erfolgt mit Kalkstein und einer Zugabe von Ferromangan oder Spiegeleisen, also mit basischen Stoffen. Ist genügend dünnflüssige Schlacke zusammengelaufen, so wird abgestochen und der Vorgang drei- bis viermal wiederholt, bis die Grundsteine sichtbar werden. Beim Ausschmelzen bilden sich Vertiefungen, die mit Haken „ausgepumpt", und Erhöhungen, die mit einer Spitze beseitigt werden müssen. Der Herd muß nach dem Ausschmelzen glatt und von der Kalkschlacke vollständig gesäubert, d. h. ganz trocken sein. Alsdann erfolgt wiederum das Einschmelzen, wie es oben beschrieben wurde. Sind die basischen Stoffe vor dem Einschmelzen nicht vollständig entfernt, so hält der Herd bei den folgenden Tempergußschmelzen nicht, er „geht hoch", was zu großen Übelständen führt.

Der Abbrand beim Siemens-Martin-Ofen ist infolge der starken Oxydationswirkung der notwendigerweise mit großem Luftüberschuß zur Verbrennung gelangenden Heizgase verhältnismäßig hoch. Der dadurch im Ausbringen verursachte Verlust beträgt 7 bis 8%. Der Abbrand an Kohlenstoff, Silizium und Mangan muß mit je etwa 20% in Rechnung gestellt werden. Der Phosphorgehalt erleidet naturgemäß keine Änderung, und der Schwefelgehalt erfährt nur bei sehr schwefelhaltiger Kohle eine geringe Anreicherung.

Zahlentafel 21. Gattierungsbeispiel für den Siemens-Martin-Ofen.

	Einsatz		C		Si		Mn		P		S	
	%	kg	%	kg	%	kg	%	kg	%	kg	%	kg
Kupferhütte, grau	35	2450	4,38	1,53	1,15	0,40	0,20	0,07	0,080	0,028	0,028	0,010
Kupferhütte, weiß	15	1050	3,66	0,55	0,70	0,11	0,19	0,03	0,080	0,012	0,125	0,019
Trichter (Einschlag)	50	3500	2,70	1,35	0,73	0,37	0,12	0,06	0,074	0,037	0,055	0,028
	100			3,43		0,88		0,16		0,077		0,057
Abbrand		7000	—20%	0,69	—20%	0,18	—20%	0,03				
100 kg flüssiges Eisen enthalten				2,74		0,70		0,13		0,077		0,057

Infolge des hohen Abbrandes an Kohlenstoff ist der Einsatz wesentlich teurer als der des Kupolofens, denn es kann kein, oder nur ganz wenig Stahlschrott gesetzt werden. Die Verwendung von Holzkohle, Koksgrus und die in Werbeschriften vielfach empfohlenen Aufkohlungsmittel, wie Torfkoks, Petrolkoks, Elektrodenreste und dergleichen, werden im Betriebe ebenso teuer wie ein dem Abbrand entsprechend hochgekohlter Einsatz. Dieses Verfahren ist deshalb nicht anzuraten, denn außerdem wird durch diese Zusätze die Treffsicherheit der Zusammensetzung des Rohgusses erheblich herabgesetzt. Trotz gleicher Zusatzmengen unterliegt ein derartig erschmolzener Guß großen Schwankungen im Kohlenstoffgehalt.

Da beim Temperguß mit etwa 50% Rohgußabfall zu rechnen ist, dessen Kohlenstoffgehalt 2,6 bis 2,8% beträgt, bleibt für die andere Hälfte der Gattierung keine große Auswahl in den üblichen Roheisensorten. Um bei dem hohen Abbrand nicht unter durchschnittlich 2,70% Kohlenstoff zu kommen, ist ein Roheisen mit mindestens 3,80% Kohlenstoff erforderlich, dessen Siliziumgehalt 1,2% nicht übersteigen darf. Diese Bedingung erfüllt außer dem teuren schwedischen Roheisen und einigen englischen Roheisen bis heute zuverlässig nur das graue und weiße Temperroheisen der Duisburger Kupferhütte.

Gattierung. Als Beispiel einer normalen Gattierung für das Schmelzen im Siemens-Martin-Ofen diene die Berechnung der Zahlentafel 21.

Ein zu hoher Kohlenstoffgehalt kann durch Zusatz von Stahlschrott, ein zu niedriger Siliziumgehalt durch Zusatz von 10proz. Ferrosilizium ausgeglichen werden.

Bei dieser Berechnung ist folgendes zu berücksichtigen. Ein Eisen mit einer Zusammensetzung wie das graue Duisburger Temperroheisen neigt stark zum Weißwerden. Die Masseln enthalten oft einen mehr oder weniger tiefen weißen Rand. Die Erfahrung lehrt nun, daß eine Gattierung, die nach der Analyse der Roheisenstapel unter Berücksichtigung des Abbrandes in Wirklichkeit auch die erwartete Zusammensetzung des Rohgusses ergibt, oft zu erheblichen Fehlschlägen führt, wenn das graue Roheisen vorwiegend weiß erstarrt ist. Die Folge davon ist, daß, praktisch gesprochen, das Eisen nicht warm zu bekommen ist, daß es trotz Überhitzung zu strengflüssig bleibt und Ausschuß hervorruft durch Nichtauslaufen, durch Lunkerstellen und durch Reißen. Außer der Analyse muß sich die Überwachung demnach auch auf das Bruchaussehen der Masseln erstrecken, denn die Bestimmung des gebundenen Kohlenstoffes gibt infolge der ungleichmäßigen Verteilung der weißen Schichten keine genügende Unterlage für die Beurteilung des Eisens. Enthält das graue Eisen viel Zementit, so darf unter Umständen gar kein Weißeisen gattiert werden.

Die **Schmelzdauer** eines 6-t-Einsatzes beträgt durchschnittlich 3 bis 4 Stunden. Für 10 t Einsatz sind etwa 5 Stunden erforderlich, wobei die erste Schmelze eines jeden Tages meist etwas länger dauert als die folgenden. In Zahlentafel 22 ist die Dauer der aufeinanderfolgenden Schmelzen eines Tages von zwei nebeneinanderarbeitenden Siemens-Martin-Öfen zusammengestellt.

Zahlentafel 22. **Schmelzdauer bei 6-t-Siemens-Martin-Öfen aus dem laufenden Betrieb eines Tages.**

Ofen	Schmelze	Einsatz	Zeit vom beendeten Einsatz bis alles geschmolzen		Fertigmachen (Kochen) bis zum Abstich		Gesamt-schmelzdauer	
Nr.	Nr.	t	st	min	st	min	st	min
I	1	6	2	55	1	00	3	55
	2	6	2	35		50	3	25
	3	6	1	45	1	25	3	10
	4	5	2	10	1	05	3	15
II	1	5	2	25		55	3	20
	2	6	2	10	1	10	3	20
	3	5	1	55	1	15	3	10
	4	4	1	50	1	05	2	55

Die von denselben Schmelzen des Ofens I zur Feststellung des Abbrandes an Kohlenstoff, Silizium und Mangan jede Viertelstunde genommenen Proben hatten die in Zahlentafel 23 angegebene chemische Zusammensetzung.

Die graphische Darstellung dieser Werte in Abb. 144 zeigt keine großen Abweichungen im Verlauf der einzelnen Schmelzen und läßt erkennen, daß der Abbrand beim Kohlenstoff und Silizium vom Anfang bis zum Ende der Schmelzung ziemlich gleichmäßig verläuft, während das Mangan erst gegen Ende der Schmelzung eine Abnahme erfährt. Diese Werte

Zahlentafel 23. Abnahme des C-, Si- und Mn-Gehaltes bei vier aufeinanderfolgenden Schmelzen.

Probenahmen	Schmelze 1			Schmelze 2			Schmelze 3			Schmelze 4		
	% C	% Si	% Mn	% C	% Si	% Mn	% C	% Si	% Mn	% C	% Si	% Mn
Einsatz berechnet . .	3,21	0,82	0,12	3,21	0,82	0,12	3,21	0,82	0,12	3,21	0,82	0,12
Schmelze eben flüssig .	2,79	0,69	0,11	2,91	0,75	0,12	2,85	0,76	0,11	2,90	0,77	0,12
„ 15 min später	2,74	0,68	0,11	2,81	0,73	0,12	2,77	0,73	0,11	2,77	0,74	0,11
„ 30 „ „	2,70	0,66	0,10	2,78	0,70	0,11	2,74	0,72	0,10	2,76	0,73	0,10
„ 45 „ „	2,66	0,66	0,09	2,75	0,69	0,09	2,70	0,70	0,09	2,72	0,71	0,10
„ 60 „ „	2,66	0,66	0,09	2,69	0,69	0,09	2,66	0,69	0,09	2,68	0,70	0,09
Fertigprobe	2,66	0,66	0,08	2,68	0,69	0,08	2,64	0,69	0,08	2,65	0,69	0,08
Gesamtabbrand . . .	−17,1	−19,5	−33,3	−16,5	−15,9	−33,3	−17,8	−15,9	−33,3	−17,4	−15,9	−33,3

sind dem laufenden Betrieb entnommen, sie dürfen aber für diese Öfen als kennzeichnende Beispiele betrachtet werden, da die Schmelzdauer und der Abbrand bei zahlreichen Versuchen stets etwa denselben Verlauf nahmen.

Zur Erhöhung der Treffsicherheit, besonders bei unregelmäßigem Ofengang, ist es sehr zu empfehlen, vor dem Abstich, wie beim Stahl, eine Vorprobe zu nehmen, den Kohlenstoffgehalt der Schmelze zu bestimmen und gegebenenfalls richtigzustellen. Eine Stunde vor dem Abstich ist es meist noch möglich, einen zu niedrigen Kohlenstoffgehalt durch Zusatz von besonders hochgekohltem Roheisen etwas zu erhöhen. Ein zu hoher Kohlenstoffgehalt wird sehr leicht durch Nachwerfen von Stahlschrott ausgeglichen. Beim Siemens-Martin-Ofen wird man nie durch einen zu hohen Kohlenstoffgehalt in Verlegenheit kommen. Die Schwierigkeit dieses Verfahrens liegt in der billigen Beschaffung so hochgekohlter, niedrigsilizierter Roheisensorten, um den großen Abbrand an Kohlenstoff auszugleichen. Zur Bestimmung des Siliziumgehaltes des Eisenbades vor dem Abstich ist die Analyse dieses Elementes heute noch viel zu umständlich. Es ist leider nicht möglich, die Untersuchung in 5 bis 10 Minuten auszuführen. Hier scheinen die neueren Forschungen der quantitativen Spektralanalyse Erfolg zu versprechen. Durch eine Schnellbestimmung des Siliziums würde man die wichtigsten Bestandteile des Rohgusses erst fest in der Hand haben.

Bei normal gehendem Ofengang wird das Eisenbad unter der Schlackendecke sehr stark überhitzt, ohne daß ein Abziehen der Schlacke erforderlich ist. In der Regel wird der ganze Ofeninhalt mit dem größten Teil der Schlacke in eine am Kran hängende Stopfenpfanne abgestochen, die in die Mitte der Gießhalle gefahren wird. Von hier wird das Eisen in kleine Handpfannen abgelassen und den Formplätzen zugetragen. In manchen Fällen wird die flüssige Schmelze auch gleich an der Abstichrinne in Handpfannen abgefangen.

Zur Schlackenbildung ist meist überhaupt kein Zuschlag erforderlich, denn während der Schmelzung bildet sich aus den Verbrennungserzeugnissen des Eisens (Manganoxydul, Eisenoxydul und Kieselsäure), aus dem Ofenfutter und aus dem an den Masseln und vor allem an den Eingüssen und Trichtern haftenden Sand eine reichliche und genügend dünnflüssige Schlacke. Nur für den Fall, daß die Schlacke wegen Dickflüssigkeit schwer aus dem Ofen zu entfernen ist, wird etwas Kalkstein zugeschlagen, der rasch von der stark sauren Schlacke gelöst wird und dieselbe dünnflüssig macht. Die Zahlentafel 24 enthält zwei Beispiele der Zusammensetzung von Endschlacken aus dem Siemens-Martin-Ofen.

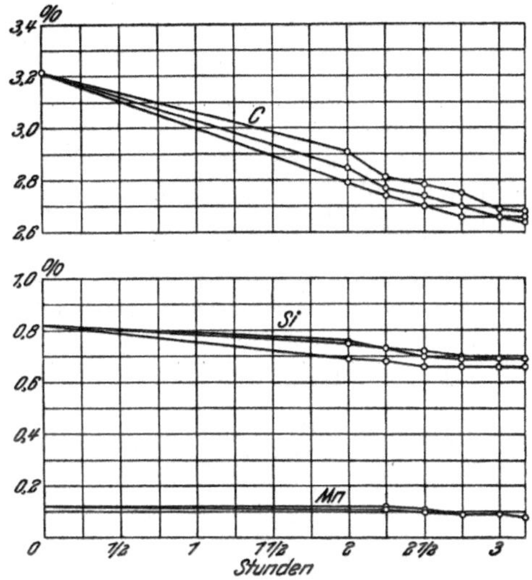

Abb. 144. Veränderung des Einsatzes beim Schmelzen im Siemens-Martin-Ofen.

Zahlentafel 24. Chemische Zusammensetzung von Endschlacken aus dem Siemens-Martin-Ofen.

Ofen Nr.	% SiO_2	% Al_2O_3	% FeO	% MnO	% CaO	% MgO	% S
1	65,60	4,84	25,76	2,60	1,03	0,0	0,18
2	66,20	2,38	27,99	2,22	1,16	0,0	0,19

Bei Kalksteinzusatz kann der CaO-Gehalt auf 15—20% steigen. Der gewichtsmäßige Anteil der Schlacke beträgt etwa 2 bis 3% des Einsatzes.

Nach dem Abstich wird der Herd nachgesehen, wenn nötig ausgebessert und neu beschickt. Die Beschickung erfolgt bei diesen verhältnismäßig kleinen Öfen fast immer von Hand. Von 6 Mann können 6 t in etwa 20 Minuten eingesetzt werden.

Eine überschlägige Kostenberechnung gibt Zahlentafel 25, wobei ein Jahreseinsatz von 4125 t mit einem Ausbringen von 40% = 1650 t Temperguß bei 8% Schmelzverlust angenommen ist.

Zahlentafel 25. **Einsatz und Schmelzkosten beim Siemens-Martin-Ofen.**

Einsatzkosten:		
350 kg Duisburger Grau zu RM. 98.00/t	RM. 34.30	
130 „ Duisburger Weiß zu RM. 97.00/t	„ 12.61	
520 „ Eingüsse und Trichter	„ —	
1000 kg Einsatz kosten an Kaufeisen	RM. 46.91	
Dies entspricht 400 kg gutem Guß, also kosten 1000 kg guter Guß		RM. 117.28
Schmelzkosten:		
50% Braunkohlenbrikett zu RM. 17.00/t	RM. 8.50	
Kalk, Sand, ff. Steine u. dgl.	„ 1.65	
Kleinzeug u. dgl.	„ 1.20	
Instandhaltung der Schmelzöfen	„ 4.50	
Instandhaltung der Generatoren	„ 0.30	
0,35 t Dampf für Generatoren zu RM. 6.00/t	„ 2.10	
Löhne	„ 6.30	
Betriebsschmelzkosten für 1 t Einsatz	RM. 24.55	
Amortisation und Verzinsung:		
15,5% von RM. 60000.00 = RM. 9300.00 durch 4125 t Einsatz im Jahr	RM. 2.25	
Gesamte Schmelzkosten für 1 t Einsatz	RM. 26.80	
Dies entspricht 400 kg gutem Guß, also kosten 1000 kg guter Guß		RM. 67.00
Gesamtkosten für Einsatz und Schmelzen von 1 t gutem Guß		RM. 184.28

e) Elektroofen.

Während es beim Stahl und auch beim Grauguß durch die Anwendung des Elektroofens gelungen ist, einen Guß mit ganz besonderer Güte zu erschmelzen, ist bis jetzt noch nicht der Nachweis erbracht worden, daß der im Elektroofen erschmolzene Temperguß an Güte den im Flamm- oder Siemens-Martin-Ofen erzeugten Temperguß übertrifft. Da außerdem die Kosten des elektrischen Stromes in Deutschland und auch in vielen anderen Ländern sehr hoch sind, so hat sich bis jetzt trotz mehrfacher Versuche verschiedener Gießereien diese Schmelzart für Temperguß doch nicht durchzusetzen vermocht.

Von den elektrisch beheizten Schmelzöfen kommen nur die Lichtbogenöfen in Betracht. Ihre Bauweise kann als bekannt vorausgesetzt werden[1]. Auf Abb. 145 ist ein Elektroofen der Bauart Siemens & Halske AG., Berlin-Siemensstadt, für ein Fassungsvermögen von 4 t wiedergegeben; er ist mit einer vollständig selbsttätigen Elektrodenregulierung versehen. Die Bewegung der Elektroden geschieht mittels Schneckengetriebes und Seiles, wodurch sie beim Aufsetzen auf den Schrott nicht gefährdet werden. Das Kippen des Ofens erfolgt durch umsteuer-

[1] Näheres hierüber s. Geiger: Handbuch der Eisen- und Stahlgießerei Bd. III, S. 322—387. 1928.

baren Elektromotor; zum Abziehen der Schlacke wird der Ofen nach rückwärts geneigt.

Da das Erschmelzen von Temperguß im Elektroofen bis jetzt nur im Anschluß an Stahl- und Graugußschmelzen durchgeführt wurde, bei welchen eine Raffinationsarbeit mit basischer Schlacke notwendig ist, so sind die seither bestehenden Öfen basisch (mit Dolomit) ausgestampft. Sollten es die örtlichen Verhältnisse gestatten, nur Temperguß in dem Elektroofen zu erschmelzen, so könnte er billiger sauer ausgestampft werden, wobei natürlich vorausgesetzt ist, daß geeignete Rohstoffe zur Verfügung stehen, die nicht raffiniert zu werden brauchen. Die Seitenwände bestehen meistens aus Magnesitsteinen, das Deckengewölbe stets aus sauren Steinen. Der Herd hält durchschnittlich 500, die Seitenwände 150 und das Gewölbe 100 Schmelzen aus.

Abb. 145. Elektroofen für 4 t Einsatz.

Im Elektroofen ist es möglich, den Temperguß synthetisch, d. h. ohne Roheisen herzustellen, um einen billigen Einsatz benützen zu können. Als solcher werden gerne Drehspäne und kleinstückiger Schrott genommen; Roheisen ist nicht erforderlich. Da nun aber dieser Schrott durchschnittlich einen Mangangehalt von etwa 0,5% besitzt, der für den schwefelarmen Temperguß viel zu hoch ist, besteht die Notwendigkeit, den Einsatz zunächst zu frischen, wobei der gesamte Mangan- und Siliziumgehalt in die Schlacke geht. Nach Entfernung dieser Frischschlacke wird eine Kalkschlacke aufgebracht, das Eisenbad mit Elektrodenresten oder Petrolkoks aufgekohlt und der erforderliche Siliziumgehalt durch Zusatz von Ferrosilizium erreicht. Die richtige Zusammensetzung des Eisens und seine Temperatur wird durch Schöpfproben überwacht. Die auch für sehr dünne Gußstücke nötige Überhitzung läßt sich leicht durchführen.

Da der Entfall an Trichtern sehr groß ist und durch das Frischen derselben zusammen mit dem Schrott ein großer Verlust durch Abbrand entstehen würde, so werden diese in besonderen Schmelzen für sich eingeschmolzen. Es ist gewöhnlich nur notwendig, den Siliziumgehalt durch Zusatz von Ferrosilizium zu ergänzen. Der Abbrand ist bei solchen Schmelzen sehr gering und beträgt nicht ganz 1%. Man kann im allgemeinen auf zwei synthetische Schmelzen eine Schmelze aus Trichtern und Eingüssen rechnen.

Sehr vereinfacht und verkürzt wird das Einschmelzen, wenn der zur Verfügung stehende Schrott keinen höheren Mangangehalt besitzt, als der Temperguß haben soll. In diesem Fall wird der genügend zerkleinerte Schrott mit einem Kohlungsmittel, wie Petrolkoks, gut gemischt und allmählich in den Ofen gegeben, ohne die Stromzufuhr unterbrechen zu müssen. Hierdurch wird gleichzeitig mit dem Schmelzen eine Aufkohlung erreicht und der Stromverbrauch niedriggehalten.

Der Stromverbrauch beträgt bei den Raffinierschmelzen 850 bis 900 kWst für 1 t Einsatz, wenn der Ofen nicht im Dauerbetrieb gehalten wird; ist letzteres der Fall, so kann man mit 800 bis 850 kWst/t rechnen. Werden nur die Trichter umgeschmolzen, so kommt man mit wesentlich geringerem Stromverbrauch aus, ebenso bei einem ununterbrochen fortgeführten Dauerbetrieb; er beträgt dann nur 700 bis 750 kWst für 1 t Einsatz.

Zahlentafel 26. Einsatz- und Schmelzkosten beim Elektroofen.

Einsatzkosten:		
372 kg Schmiedeeisenschrott zu RM. 55.00/t	RM. 20.46	
100 „ Drehspäne zu RM. 40.00/t	„ 4.00	
520 „ Trichter und Eingüsse	„ —	
8 „ Ferro-Silizium (45% Si) zu RM. 260.00/t	„ 2.08	
1000 kg Einsatz kosten an Kaufeisen	RM. 26.54	
Dies entspricht 440 kg gutem Guß, also kosten 1000 kg guter Guß		RM. 60.32
Schmelzkosten:		
Schmelzstrom: 850 kWst zu RM. 0.03	RM. 25.50	
Elektrischer Strom für Elektrodenregulierung und Kippen	„ 0.50	
Elektroden: zu RM. 2.00/kg	„ 8.00	
Kühlwasserverbrauch (1 m³ je 1 st)	„ 0.10	
Zuschläge: 30 kg Kalk zu RM. 33.00/t	„ 1.05	
15 „ Erz zu RM. 40.00/t	„ 0.60	
6 „ Flußspat zu RM. 35.00/t	„ 0.20	
17 „ Elektrodenreste zu RM. 85.00/t	„ 1.45	
Ofeninstandhaltung	„ 6.40	
Löhne	„ 4.25	
Betriebsschmelzkosten für 1 t Einsatz	RM. 48.05	
Amortisation und Verzinsung:		
15,5% von RM. 120000.00 = RM. 18600.00 durch 3750 t Einsatz im Jahr	RM. 4.95	
Gesamte Schmelzkosten für 1 t Einsatz	RM. 53.00	
Dies entspricht 440 kg gutem Guß, also kosten 1000 kg guter Guß		RM. 120.00
Gesamtkosten für Einsatz und Schmelzen von 1 t gutem Guß		RM. 180.32

Die Einsatz- und Schmelzkosten des synthetischen Tempergusses sind auf Zahlentafel 26 berechnet, wobei ein nachts unterbrochener Betrieb bei einer Jahreserzeugung von 1650 t Temperguß angenommen ist. Aus dieser Berechnung ist zu ersehen, daß die Einsatzkosten beim Elektroofen außerordentlich billig und seine Schmelzkosten sehr hoch sind. Hierbei ist noch mit einem verhältnismäßig niedrigen Strompreis von 0.03 RM. für 1 kWst gerechnet, der in den meisten Gegenden Deutschlands höher liegt. Die Benützung des Elektroofens kommt daher nur dann in Betracht, wenn mit einem niedrigen Strompreis, billigem Schrott, teurem Roheisen und teurer Kohle gerechnet werden kann und außer Temperguß auch noch Stahlguß oder andere hochwertige Legierungen hergestellt werden sollen.

Einige Beispiele für die chemische Zusammensetzung von synthetisch im Elektroofen erschmolzenem Temperguß gibt Zahlentafel 27. Der Schwefelgehalt ist sehr niedrig; die anderen Gehalte entsprechen denen eines guten Siemens-Martin-Ofen-Gusses.

Zahlentafel 27. Chemische Zusammensetzung von synthetischem Elektroofen-Temperguß.

Tempergußart	% C	% Si	% Mn	% P	% S
Weißer Temperguß.	2,62	0,62	0,104	0,040	0,045
Weißer Temperguß.	2,45	0,68	0,116	0,042	0,052
Schwarzguß	2,33	0,88	0,284	0,035	0,024
Schwarzguß	2,26	0,85	0,265	0,031	0,020

Beim Glühen des im Elektroofen erschmolzenen Rohgusses, insbesondere zur Erzeugung der schwarzen Gußart, haben sich bei verschiedenen Gießereien Schwierigkeiten ergeben, indem der Fertigguß sehr ungleichmäßige Festigkeitseigenschaften aufwies. Es scheint, daß durch die außerordentlich hohe Temperatur des elektrischen Lichtbogens (etwa 3000°) gewisse Wirkungen auf das Eisen ausgeübt werden, die man noch nicht richtig erkannt hat; es ist möglich, daß diese hohe Temperatur unmittelbar ungünstig auf die nachfolgende Glühbehandlung einwirkt oder daß durch sie Oxyde oder Gase im Eisen gelöst werden, die den späteren Glühvorgang, besonders die Temperkohleabscheidung, durch die Stabilisierung des Zementits erschweren. Über solche Schwierigkeiten wird uns auch aus Amerika berichtet[1], wo ebenfalls trotz wiederholter groß angelegter Versuche der Elektroofen noch keinen dauernden Eingang zum Erschmelzen von Temperguß gefunden hat.

f) Kombinierte Schmelzverfahren.

α) Kupolofen-Kleinbessemerbirne.

Das Schmelzen im Kupolofen bietet den Vorteil eines sehr einfachen, billigen und an Umsatzschwankungen sehr anpassungsfähigen Ver-

[1] Foundry 1923, S. 671; Foundry Trade J. 1925, S. 325 und 351; Fonderie Mod. 1926, S. 9.

fahrens, wobei aber der erzeugte Rohguß den Nachteil besitzt, daß der Gehalt an Schwefel und Kohlenstoff nicht niedrig genug eingestellt werden kann. Es hat daher nicht an Versuchen gefehlt, die Vorteile des Kupolofenschmelzens auszunutzen und dessen Nachteile durch eine spätere Nachbehandlung des flüssigen Eisens aufzuheben.

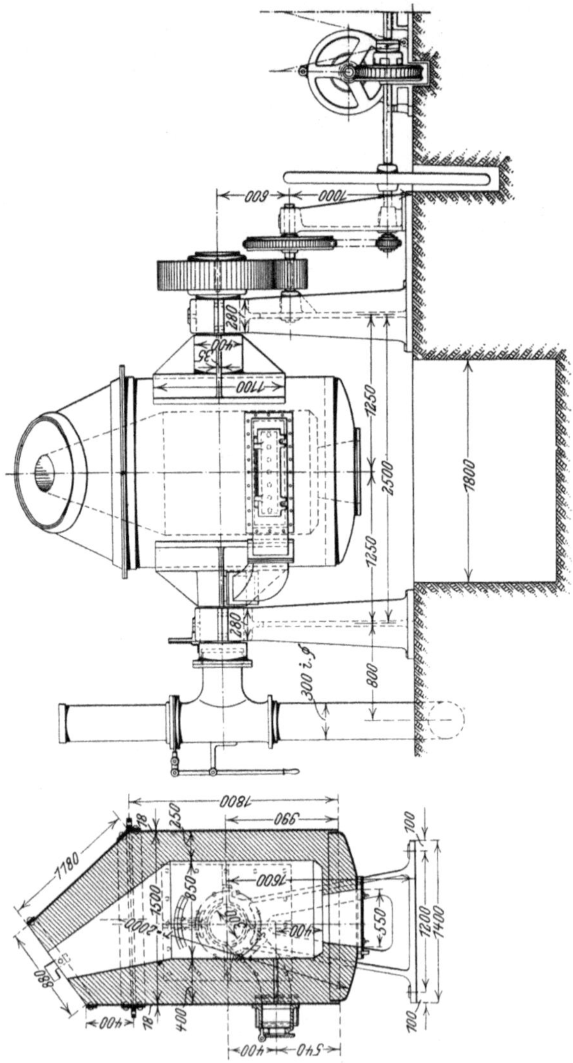

Hierzu wird seit dem Anfang dieses Jahrhunderts die sauer zugestellte Kleinbessemerbirne benutzt, in welcher das im Kupolofen erschmolzene Eisen durch Verbrennen von Silizium sehr stark überhitzt und unter Verringerung des Kohlenstoffgehaltes innig gemischt wird. Dieses Verfahren ist jedoch betriebstechnisch nicht einfach durchzuführen; der Kohlenstoff-, Silizium- und Schwefelgehalt kann nicht mit Sicherheit nach Wunsch genügend tief eingestellt werden, und außerdem ist die Anlage einer Kleinbessemerei mit Zubehör teuer und verursacht infolge des hohen Abbrandes erhebliche Betriebskosten. Deshalb hat sich dieses Verfahren in nur 1 bis 2 deutschen Gießereien zu erhalten vermocht, und es kann überhaupt nur dann eine gewisse Wirtschaftlichkeit erwartet werden, wenn es in Verbindung mit einer Kleinbessemer-Stahlformgießerei betrieben wird. Für eine kleine Erzeugungsmenge Temperguß sind die Anlage- und Betriebskosten zu hoch und für einen großen Umsatz ist das Verfahren zu umständlich und dem Schmelzen im Siemens-Martin-Ofen technisch und wirtschaftlich nicht ebenbürtig.

Verwendet werden Birnen von 1 bis 2 t Fassung; ein Ausführungsbeispiel für eine ältere 2-t-Birne, Bauart Escher, gibt Abb. 146. Die Windzuführung erfolgt durch den einen Hohlzapfen in den seitlichen Windkasten, aus dem die Luft in einer Düsenreihe nahe der Badoberfläche ausströmt. Für eine 2-t-Birne wird ein Gebläse für etwa 80 m³/Minute angesaugte Luft und 0,3 at Druck mit einem Kraftbedarf von 50 bis 60 PS. benötigt.

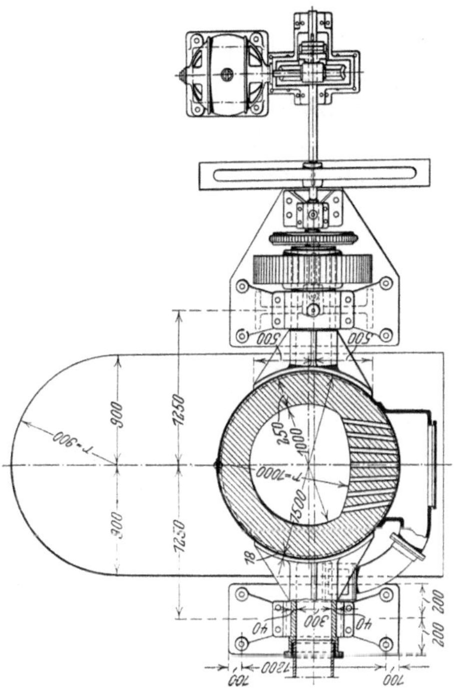

Abb. 146. Kleinbessemerbirne, Bauart Escher.

Als Roheisen für die **Kupolofengattierung** wird gewöhnliches Hämatit-Roheisen verwendet, dem nötigenfalls Ferrosilizium oder E.K.-Pakete zugesetzt werden; der Anteil an Schmiedeeisenschrott wird ziemlich hoch genommen, meistens 25 bis 30%. Der Rest der Gattierung besteht aus dem eigenen Anfall von Eingüssen und Trichtern.

Das **Einsatzeisen** für die Birne soll möglichst schwefelarm sein, da eine Änderung des Schwefel-, ebenso wie des Phosphorgehaltes nicht eintritt; es enthält gewöhnlich 1,8 bis 2,2% Si, welches bei seiner Verbrennung die nötige Wärme zur Überhitzung des Eisens entwickeln muß. Da nach dem Verblasen der ersten Schmelzen die Birne heißer wird und damit der Frischvorgang bei höherer Temperatur vor sich geht, besteht dann die Gefahr, daß der Kohlenstoff in zu großer Menge mit dem Silizium verbrennt. Es empfiehlt sich daher, mit dem Siliziumgehalt des Birneneisens allmählich auf 1,5% Si zurückzugehen, damit keine zu hohe Temperatur entsteht. Der Siliziumgehalt soll nur eben so hoch genommen werden, daß die zum guten Vergießen nötige Temperatur erreicht wird.

Die übrige chemische Zusammensetzung des Einsatzeisens geht aus Zahlentafel 28 hervor; auf derselben ist auch die übliche Zusammensetzung des nach dem Verblasen in der Birne erhaltenen Temperrohgusses angegeben.

Zahlentafel 28. **Temperrohguß aus der Kleinbirne.**

	% C	% Si	% Mn	% P	% S
Einsatzeisen aus dem Kupolofen . .	3,0—3,5	1,5—2,2	0,5—0,8	0,08—0,12	0,08—0,11
Temperrohguß aus der Birne	2,4—2,8	0,5—0,8	0,2—0,3	0,08—0,12	0,08—0,11

Die Blasdauer richtet sich nur nach dem Gehalt an Silizium, da ein bestimmter Siliziumgehalt nicht über- und nicht unterschritten werden darf. Man hat es daher leider nicht in der Hand, den Kohlenstoffgehalt durch entsprechendes Blasen auf eine genau bestimmte Höhe einzustellen, und man muß schon beim Schmelzen im Kupolofen danach streben, ein niedriggekohltes Eisen zu erzielen. Das Blasen dauert 7 bis 12 Minuten, wobei der Kohlenstoff je nach Höhe der in der Birne herrschenden Temperatur auf 2,8 bis 2,4% erniedrigt wird. Das Eisenbad gerät beim Blasen stark ins Kochen und nimmt ziemlich viel Oxyde auf. Es muß daher durch Zusatz von Ferromangan und Aluminium desoxydiert werden.

Der Abbrand beim Blasen beträgt 8 bis 10%, wozu noch der Schmelzverlust im Kupolofen mit 4 bis 6% hinzukommt, so daß der Gesamtabbrand 12 bis 16% beträgt. Bei kleineren Einsätzen unter 2 t ist er noch größer und kann bei unvorsichtigem Blasen insgesamt bis auf 20% steigen, was das ganze Verfahren sehr unwirtschaftlich macht.

Die Kosten des Raffinierens durch Verblasen des Kupolofeneisens in der Kleinbirne gehen überschlägig aus der Zusammenstellung der Zahlentafel 29 hervor. Die Kupolofengattierung ergibt durch Ver-

Zahlentafel 29. Einsatz-, Schmelz- und Raffinierkosten beim Duplexverfahren: Kupolofen-Birne.

Einsatzkosten:		
270 kg Hämatit zu RM. 95.00/t	RM. 25.65	
250 „ Schmiedeeisenschrott zu RM. 60.00/t	„ 15.–	
480 „ Eingüsse und Trichter	„	
1000 kg Einsatz kosten an Kaufeisen	RM. 40.65	
Dies entspricht 380 kg gutem Guß, also kosten 1000 kg guter Guß		RM. 106.97
Schmelzkosten:		
Laut Zahlentafel 13 für 1 t Einsatz	RM. 16.13	
Also für 1 t guten Guß		RM. 42.45
Raffinierkosten:		
Elektrische Kraft, Kleinzeug u. dgl.	RM. 3.80	
Zuschläge (Desoxydationsmittel)	„ 1.70	
Birnen-Instandhaltung	„ 2.20	
Löhne	„ 1.50	
Raffinierkosten des Betriebes für 1 t flüssigen Einsatz	RM. 9.20	
Amortisation:		
15,5% von RM. 30000.00 = RM. 4650.00 durch 3940 t Birnen-Einsatz im Jahr	„ 1.18	
Gesamte Raffinierkosten für 1 t Birneneinsatz	RM. 10.38	
Dies entspricht 380 kg gutem Guß, also kosten 1000 kg guter Guß		RM. 27.32
Gesamtkosten für Einsatz, Schmelzen und Raffinieren von 1 t gutem Guß		RM. 176.74

wendung von gewöhnlichem Hämatitroheisen und sehr viel Schmiedeeisenschrott den Vorteil billiger Rohstoffe, aber andererseits wird das flüssige Eisen durch den großen Abbrand, der bei der Berechnung mit 5% im Kupolofen und 9% in der Birne eingesetzt ist, sehr teuer. Es ist eine tägliche Schmelzleistung von 15 t angenommen, also ein Einsatz von 4145 t im Jahre, der bei dem geringen Ausbringen von 38% einer Jahreserzeugung von 1575 t gutem raffiniertem Temperguß entspricht. Die Anlagekosten hierfür, einschließlich eines elektrisch betriebenen 5-t-Kranes, dürften etwa RM. 30000.— betragen.

β) Kupolofen-Ölflammofen.

Nachdem die günstige Wirkung der Alkalien zur Entschwefelung des flüssigen Eisens bekannt war, wurde von verschiedenen Gießereien versucht, dieses Verfahren derart auszuführen, daß der Vorherd des Kupolofens mit einer Ölflamme beheizt bzw. als selbständiger Ofen in der Nähe des Kupolofens in Form eines Öltrommelofens aufgestellt wurde. In diesen wird das Kupolofeneisen entweder unmittelbar abgestochen oder mittels Umgießens von Hand- bzw. Kranpfannen eingebracht. Es darf natürlich keine saure Kupolofenschlacke in den Raffinierofen gelangen, da die Kieselsäure sich mit dem Alkali verbindet, wobei Schwefel frei und von dem flüssigen Eisen wieder aufgenommen wird. Aus diesem Grunde sollten die Raffinieröfen am zweckmäßigsten ein basisches oder neutrales Futter besitzen; es ist jedoch auch möglich, bei saurem Futter eine Entschwefelung durchzuführen, da die Alkalischlacke in sehr kurzer Zeit zu entschwefeln vermag, bevor das saure Futter von ihr angegriffen wird. Allerdings ist die Entschwefelungsschlacke sehr bald nach ihrer Aufgabe wieder abzuziehen, was unter Umständen Schwierigkeiten macht, da sie sehr dünn ist. Sie kann nötigenfalls durch Kalk — keinesfalls durch Sand — versteift werden.

Es gelingt durch Zugabe von 3 bis 5% Walterscher Entschwefelungspakete[1], die hauptsächlich aus Soda bestehen, eine Entschwefelung heißen Eisens von beispielsweise 0,15% S auf 0,06% S in kaum 10 Minuten. Hierbei ist es günstig, wenn das Eisen einige Zehntel Prozent Mangan enthält, da praktische Versuche ergeben haben, daß dann die Entschwefelung rascher vor sich geht als bei sehr manganarmem Eisen. Diese Entschwefelungsmittel haben auch noch den weiteren Vorteil, daß im Eisenbade etwa gelöste oder suspendierte Oxyde, wie Kieselsäure, sehr rasch mit dem Alkalimetall reagieren und die gebildeten Alkalisilikate in die Schlacke gehen. Dadurch wird das Eisen desoxydiert, was den nachfolgenden Tempervorgang sehr günstig beeinflußt.

Schwieriger als die Entschwefelung ist die Verringerung des Kohlenstoffgehaltes durchzuführen, da eine solche bei nicht sehr heißem Eisen

[1] D. R. P. der Firma Allgemeine Brikettierungsgesellschaft Dr. Schumacher & Co., Dortmund.

nur unter gleichzeitigem Abbrand von sehr viel Silizium eintritt, da das Silizium den Kohlenstoff vor seiner Verbrennung schützt. Wird Kupolofeneisen in einem Öltrommelofen während $^1/_2$ bis $^3/_4$ Stunde überhitzt, so gelingt es, den Kohlenstoffgehalt auf 2,8 bis 2,6% zu verringern, wobei aber auch gleichzeitig ein empfindlicher Abbrand an Silizium entsteht, der nötigenfalls durch Zusatz von Ferrosilizium kurz vor dem Abstich wieder ausgeglichen werden muß. Zu dieser Raffinierarbeit werden 8 bis 5% des Einsatzes an Heizöl benötigt.

Die Verringerung des Kohlenstoffgehaltes kann daher zweckmäßiger dadurch erreicht werden, daß dem Eisenbad im Ölofen noch eine entsprechende Menge Schmiedeeisenschrott in festem Zustande zugesetzt

Zahlentafel 30. Einsatz-, Schmelz- und Raffinierkosten beim Duplexverfahren: Kupolofen-Öltrommelofen.

Einsatzkosten:			
Kupolofen:			
175 kg	Duisburger Grau zu RM. 98.00/t	RM. 17.15	
250 „	Schmiedeeisenschrott zu RM. 60.00/t	„ 15.—	
575 „	Eingüsse und Trichter	„ —	
1000 kg	Einsatz kosten an Kaufeisen	RM. 32.15	
	— 5% Abbrand = flüssiger Einsatz für den		
Öltrommelofen:			
950 kg			
+ 95 „	Schmiedeeisenschrott zu RM. 60.00/t	RM. 5.70	
1045 kg	Einsatz kosten an Kaufeisen	RM. 37.85	
	— 2% Abbrand ergeben		
1024 kg	flüssiges Eisen aus dem Ölofen.		
	Hiervon sind 575 kg Trichter und 450 kg guter Guß = 41% Gußausbringen.		
	Es kosten also 1000 kg guter Guß		RM. 84.11
Schmelzkosten:			
	Laut Zahlentafel 13 für 1 t Einsatz	RM. 16.13	
	also für 1 t guten Guß		RM. 39.35
Raffinierkosten:			
	8% Teeröl zu RM. 130.00/t	RM. 10.40	
	Elektrische Kraft, Kleinzeug u. dgl.	„ 2.25	
	Zuschläge (Entschwefelungsmittel)	„ 3.00	
	Ofeninstandhaltung	„ 2.10	
	Löhne	„ 2.25	
	Raffinierkosten des Betriebes	RM. 20.—	
Amortisation:			
	15,5% von RM. 10000.00 = RM. 1550.00 durch 2200 t Ölofeneinsatz im Jahr	RM. 0.70	
Gesamte Raffinierkosten für 1 t Ölofeneinsatz		RM. 20.70	
	Dies entspricht 410 kg gutem Guß, also kosten 1000 kg guter Guß		RM. 50.50
Gesamtkosten für Einsatz, Schmelzen und Raffinieren von 1 t gutem Guß			RM. 173.96

wird. Dieser löst sich rasch in dem Eisenbad auf, und der Ofen wird nur dazu benutzt, um mit möglichst neutraler Flamme das Eisen zu entschwefeln und zu überhitzen.

Die Kosten des Raffinierens sind, wenn dieses in wirksamer Weise durchgeführt wird, infolge des großen Brennstoffverbrauches und doppelten Abbrandes so hoch, daß es in der Praxis nur sehr wenig angewandt wird. Einen Anhalt für dieselben gibt die überschlägige Berechnung der Zahlentafel 30, welcher ein Öltrommelofen mit etwa 1 t Fassung zugrunde gelegt ist, der arbeitstäglich etwa 8 t Kupolofeneisen zu raffinieren und zu überhitzen vermag. Diesem Eisen wird im Ölofen 10% kleinstückiger Schmiedeeisenschrott in kaltem Zustande zugesetzt. An Anlagekosten sind mindestens RM. 10000.— erforderlich. Im Jahre können hiermit 2200 t flüssiges Kupolofeneisen raffiniert werden, wobei mit einem Abbrand von 2% und einem Gesamtgußausbringen von 41% gerechnet ist, was eine Jahreserzeugung von 900 t gutem Temperguß ergibt.

Wird zum Raffinieren der mit Öl beheizte Regenerativ-Flammofen (Bauart Münter-Mezger) benützt, wie er S. 139 beschrieben ist, so sind die Raffinierkosten wesentlich niedriger, da die Überhitzung in sehr kurzer Zeit vor sich geht und auch die Abkühlung durch den Zusatz von kaltem Schmiedeeisenschrott rasch ausgeglichen wird. Bei einem Einsatz von 1750 kg flüssigem Kupolofeneisen und 250 kg kaltem Schmiedeeisenschrott kann bei heißem Ofen eine Überhitzung auf 1450 bis 1500° in 20 bis 25 Minuten erreicht werden. Hierzu wird nach den Angaben der Firma L. Münter, Ückermünde, ein Ölverbrauch von nur durchschnittlich 2% benötigt, wobei die Ölflamme ohne wesentlichen Luftüberschuß brennt, so daß der Abbrand praktisch überhaupt nicht bemerkbar wird.

Die Raffinierkosten setzen sich nach der Selbstkostenberechnung der obengenannten Firma wie auf Zahlentafel 31 angegeben zusammen.

Zahlentafel 31. Raffinierkosten beim drehbaren Regenerativ-Ölflammofen (ohne Anheizkosten).

2% Heizöl zu RM. 130.00/t	RM.	2.60/t
Elektrischer Strom, Kleinzeug u. dgl.	„	0.50/t
Ofeninstandhaltung	„	0.60/t
Löhne	„	1.20/t
Raffinierkosten des Betriebes für 1 t flüssigen Einsatz	RM.	4.90
15,5% Amortisation und Verzinsung von RM. 15000.00 durch 3750 t Jahresumsatz	„	0.62
Gesamtkosten für 1 t raffiniertes Eisen	RM.	5.52
Gesamtkosten für 1 t guten Guß bei 42% Gußausbringen	„	13.14

γ) Kupolofen-Elektroofen.

Durch die Einführung des Elektroofens in den Eisengießereien liegt auch der Gedanke nahe, diesen zur Raffination des Kupolofeneisens zu verwenden. Diesbezügliche Versuche in Amerika[1] ergaben, daß eine Entschwefelung des flüssigen Einsatzes mit 0,2% S in 15 Minuten auf 0,057% S durchgeführt werden konnte. Dies gelang mit Hilfe einer Kalkschlacke, auf die Petrolkoks aufgebracht war; hierdurch bildete sich Kalziumkarbid, was auch eine stark desoxydierende Wirkung ausübt.

Zur Verringerung des Kohlenstoffgehaltes wird Schmiedeeisenschrott in kaltem Zustande dem Eisenbade zugesetzt. Da der Elektroofen nur zum Überhitzen benutzt wird, so kann ohne oxydierende Schlacke gearbeitet werden, so daß praktisch kein Abbrand zu berücksichtigen ist.

Dieses Raffinierverfahren kommt in Frage, wenn in einer Gießerei schon ein Elektroofen für andere Zwecke vorhanden oder die Erzeugungsmenge sehr groß ist.

Die Raffinierkosten im Elektroofen sind sehr stark von den örtlichen Betriebsverhältnissen, insbesondere von dem Preis der elektrischen Energie abhängig. Eine überschlägige Berechnung gibt Zahlentafel 32, bei der ein Drittel der Anlagekosten von RM. 145000.— als Anteil für das Raffinieren des Temperrohgusses während 8 Stunden angenommen ist mit einem Jahresumsatz von 3750 t flüssigem Eisen.

Zahlentafel 32. Raffinierkosten von flüssigem Kupolofeneisen im Elektroofen.

Elektrische Stromkosten: 150 kWst zu RM. 0.03/kWst	RM.	4.50/t
Elektroden, Kleinzeug u. dgl.	„	3.80/t
Kalk und Zuschläge	„	2.40/t
Ofeninstandhaltung	„	4.20/t
Löhne	„	3.—/t
Raffinierkosten des Betriebes für 1 t flüssigen Einsatz	RM.	17.90
15,5% Amortisation und Verzinsung von RM. 48300.00 = RM. 7500.00 durch 3750 t Jahresumsatz	„	2.—
Gesamtkosten für 1 t Einsatz	RM.	19.90
Gesamtkosten für 1 t guten Guß bei 42% Gußausbringen	„	47.30

Es sei noch darauf hingewiesen, daß das Erschmelzen von Temperguß im Kupolofen und nachträgliche Raffinieren im Elektroofen zunächst als metallurgisch sehr vorteilhaft und bei billigem elektrischem Strom auch wirtschaftlich erscheint. Da wir aber bei der Betrachtung des Kupolofenbetriebes gesehen haben, daß bei dieser Schmelzweise das flüssige Eisen sehr viel Oxyde und Gase aufnimmt, die den nachfolgenden Glühvorgang stören und daß auch bei Anwendung des elektrischen Lichtbogens Schwierigkeiten bei der Glühung auftreten, so darf das Zusammenarbeiten dieser beiden Ofenarten durchaus nicht als Ideal angesehen werden, ganz abgesehen von den betrieblichen Unannehmlichkeiten, wenn der eine Ofen auf den anderen warten muß. Es ist durchaus noch nicht erwiesen, ob die hohe Temperatur des elektrischen Lichtbogens imstande ist, mit

[1] Foundry 1919, S. 685; Bericht Stahleisen 1920, S. 299.

Sicherheit die Fehler wieder gutzumachen, die das Schmelzen in oxydreicher Atmosphäre, wie sie der Kupolofen besitzt, mit sich bringt.

δ) Triplexverfahren: Kupolofen-Birne-Elektroofen.

In Amerika wurde in den Jahren 1913 bis 1914 von W. G. Kranz ein Verfahren ausgearbeitet, das Kupolofeneisen durch Verblasen in der Birne zu entkohlen und danach im Elektroofen zu entschwefeln[1]; es wird von zwei der größten amerikanischen Tempergießereien mit einer Jahreserzeugung von je 250000 t Temperguß laufend durchgeführt.

Von dem im Kupolofen erschmolzenen Eisen wird ein Teil (etwa 17%) in einer Birne von 2 t Fassung fast vollständig kohlenstoff- und siliziumfrei verblasen. Dieses Eisen wird im Verhältnis von 50 : 240 mit dem Kupolofeneisen gemischt, und zwar in Héroult-Öfen mit 6 bzw. 15 t Fassung, wobei der Anteil des Konverters 1,02 bzw. 2,35 t beträgt. Der 6-t-Héroult-Ofen nimmt bei 80 bis 100 V Spannung 800 Kilovoltampere, der 15-t-Ofen bei 90 bis 100 V 18000 bis 22000 Kilovoltampere auf.

Das Kupolofeneisen besitzt die auf Zahlentafel 33 angegebene chemische Zusammensetzung. Der Kupolofen wird ohne Unterbrechung betrieben,

Zahlentafel 33. Amerikanisches Triplexverfahren.

	% C	% Si	% Mn	% P	% S
Kupolofeneisen	3,0—3,1	0,8—0,95	0,12—0,19	0,14—0,19	< 0,09
Birneneisen	< 0,2	Spuren	Spuren	< 0,17	< 0,12
Mischung aus Kupolofen- u. Birneneisen . .	2,4—2,6	0,66—0,78	0,10—0,16	0,14—0,19	0,095 u. mehr
Elektroofen-Fertigguß .	2,4—2,6	0,66—0,78	0,10—0,16	0,14 0,19	0,05—0,07

um ein möglichst gleichmäßiges Eisen zu erhalten. Die Gattierung besteht aus 4,3% Ferrosilizium mit 10% Si, 40% Eingüssen und 55,7% Temperschrott, so daß die Gattierung rechnungsgemäß folgende Gehalte ergibt: 2,7% C, 1,1% Si, 0,27% Mn, 0,177% P, 0,055% S. Der Koksverbrauch beträgt 14,3%. Es sind zwei Kupolöfen vorhanden, von denen jeweils einer 24 bis 72 Stunden im Dauerbetrieb schmilzt, bis er ausgebessert und das Schmelzen in dem anderen Ofen fortgesetzt werden muß.

Die Konverter besitzen seitliche Windzuführung; sie sind mit sauren Steinen (Ganister) ausgemauert. Die Böden halten etwa 1 Woche; der obere Teil dagegen besitzt eine sehr große, fast unbeschränkte Haltbarkeit. Der Abbrand beim Blasen ist sehr bedeutend; er wird einschließlich des unvermeidlichen Auswurfes zu 10 bis 15% angegeben.

Nachdem das Kupolofeneisen und der Inhalt eines Konverters in den Elektroofen gebracht ist, wird in demselben für einen Einsatz von 12 t eine basische Entschwefelungsschlacke gebildet aus etwa 78 kg Kalk

[1] Foundry 1920, S. 815; Foundry Trade J. 1925, S. 325, 351; Bericht Stahleisen 1921, S. 123.

und Koks sowie 45 kg Flußspat. Es entsteht Kalziumkarbid, welches nach dem Vorgang: $3\,FeO + CaC_2 = CaO + 3\,Fe + 2\,CO$ sämtliche Metalloxyde des Eisenbades reduziert. Erst hiernach findet die Entschwefelung des Eisens durch Bildung von Schwefelkalzium statt. Der Gehalt an Phosphor wird nicht beeinflußt; es ist viel billiger, einen phosphorarmen Einsatz zu benützen, als einen etwaigen hohen Phosphorgehalt mühsam wieder im Elektroofen zu entfernen.

Die chemische Zusammensetzung des Bades wird durch Schöpfproben überwacht. Da der Gehalt an Kohlenstoff durch das Mischungsverhältnis von Kupolofeneisen zum Konvertereisen eingestellt wird, so braucht im allgemeinen im Elektroofen nur der Silizium- und Mangangehalt durch Zusätze von Ferrosilizium, Ferromangan, Spiegeleisen u. dgl. richtig gestellt zu werden. Ist ausnahmsweise der Kohlenstoffgehalt zu niedrig, so kann er durch Zusatz von Roheisen oder Kupolofeneisen und bei sehr heißem Eisenbade von Koks erhöht werden; ist er zu hoch, so kann er durch Schmiedeeisenschrott erniedrigt werden.

Um das Verfahren wirtschaftlich zu gestalten, muß es im Dauerbetrieb durchgeführt werden, wobei im Elektroofen eine Schmelze $1^1/_2$ Stunde einschließlich der Ofeninstandhaltungszeit dauert. Es müssen also täglich 16 Ofenreisen gemacht werden. Dies ist natürlich nur bei einer sehr großen Erzeugungsmenge möglich. Jede Schmelze wird etwa 1 Stunde unter dem elektrischen Strom gehalten. Die Anlagekosten, insbesondere auch für die erforderlichen schweren Hebezeuge sind sehr groß.

Die Haltbarkeit der Elektroöfen ist gut. Der basisch aufgestampfte Herd wird nach jeder Schmelze in guten Stand versetzt und hält daher unbeschränkt. Die Seitenwände aus Magnesit und das Deckengewölbe aus sauren Steinen halten 120 bis 240 Schmelzen aus.

Über die bei dem Kupolofen, der Birne und dem Elektroofen entfallenden Schlacken werden die auf Zahlentafel 34 zusammengestellten Angaben ihrer chemischen Zusammensetzung gemacht.

Zahlentafel 34. Schlackenzusammensetzung beim amerikanischen Triplexverfahren.

	Kupolofen %	Konverter %	Elektroofen %
SiO_2	52,90	57,50	29,80
Al_2O_3	12,80	1,43	2,85
FeO	5,10	34,41	0,50
Fe_2O_3	0,00	1,45	0,00
MnO	2,60	3,80	0,18
CaO	21,30	0,25	44,51
MgO	3,70	0,34	7,55
S	0,20	—	—
Unbestimmt	1,40	0,82	6,71
CaF_2	—	—	0,70
CaS	—	—	7,20

2. Formerei.

A. Formsandaufbereitung.

Der aus der Grube kommende Sand ist im allgemeinen in seiner natürlichen Beschaffenheit nicht ohne weiteres zur Herstellung von Sandformen geeignet; er muß hierzu je nach seiner Art und seinem Verwendungszweck aufbereitet werden. Es gibt aber auch ausgezeichnete Sande, wie z. B. im Rheinland, bei Halle a. d. Saale und bei Berlin, die nur kurz zur Zertrümmerung von Knollen vermahlen und mit Kohlenstaub vermischt werden müssen, um gebrauchsfertig zu sein.

Beim Formen von Temperguß unterscheidet man gewöhnlich 2 Sandarten: „Modellsand“, der unmittelbar die Form umgibt und daher besonders geeignet sein muß, und den „Haufensand“ oder „Füllsand“, der nur zum Ausfüllen des Formkastens dient und daher meistens ohne weitere Aufbereitung immer wieder verwendet wird. Bei den neuzeitlich ausgestatteten Gießereien mit fließender Fertigung wird meistens eine

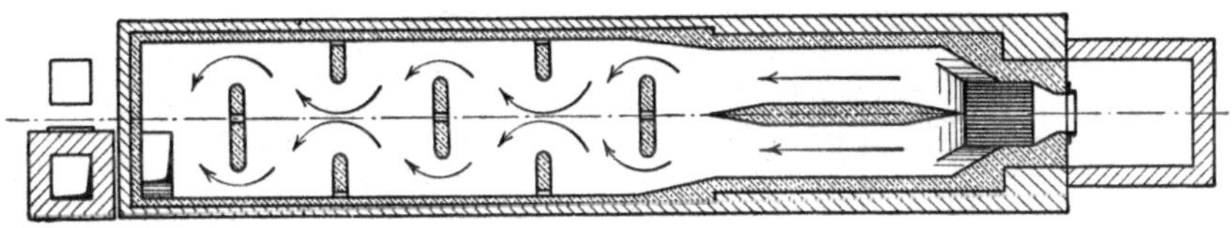

Abb. 147. Sandtrockendarre mit Halbgasschüttfeuerung.

dritte Sandart, der „Einheitssand“, benutzt, indem der gesamte gebrauchte Sand mechanisch in eine zentrale Sandaufbereitung gebracht, dort gesiebt, von Eisenstückchen befreit und nach Zusatz von Neusand und Kohlenstaub den Formmaschinen wieder zugeführt wird. Da bei Temperguß die Formen nicht getrocknet werden dürfen, so wird nur „Naßgußsand“ verwendet; hierfür darf der Neusand nicht zu fett sein.

Trockenvorrichtungen. Der von der Grube bezogene Neusand wird meistens getrocknet; in kleineren Betrieben wird hierzu die Strahlungswärme der Kerntrockenöfen oder Temperöfen benutzt oder es wird ein mit Gußplatten abgedeckter Kanal durch eine einfache Rostfeuerung beheizt, auf dem der in einer Schichthöhe von 80 bis 100 mm aufgeworfene Sand für einen Tagesbedarf über Nacht getrocknet wird. Für größere Leistungen haben sich die Trockendarren mit Halbgasschüttfeuerung[1] bewährt (Abb. 147). Eine kleinere Grundfläche bei ebenfalls großer Leistungsfähigkeit beanspruchen die stehenden Sandtrockenöfen (Abb. 148)[2]. Der Neusand wird durch ein Becherwerk auf den obersten Teller in den Einwurftrichter mit eingebauter Abschlußklappe gebracht;

[1] Z. V. d. I. 1912, S. 1148.
[2] Ausführung der A. Stotz A.G., Stuttgart.

durch Drehung der senkrechten Welle wird der Sand selbsttätig mit Schaufeln, die an der Unterseite der Teller angebracht sind, allmählich von Teller zu Teller nach unten geschafft. Die Heizgase steigen im Gegenstrom nach oben, und außerdem kann noch ein Teil derselben durch zwei seitliche Rohre in das obere Drittel des Ofens geleitet werden, um durch entsprechendes Einstellen der eingebauten Klappen die Temperatur auch im oberen Ofenteil hochzuhalten und eine Kondensation des Wasserdampfes zu verhindern. Die Teller sind mit Quetschwalzen ausgerüstet, die etwa vorhandene Sand-

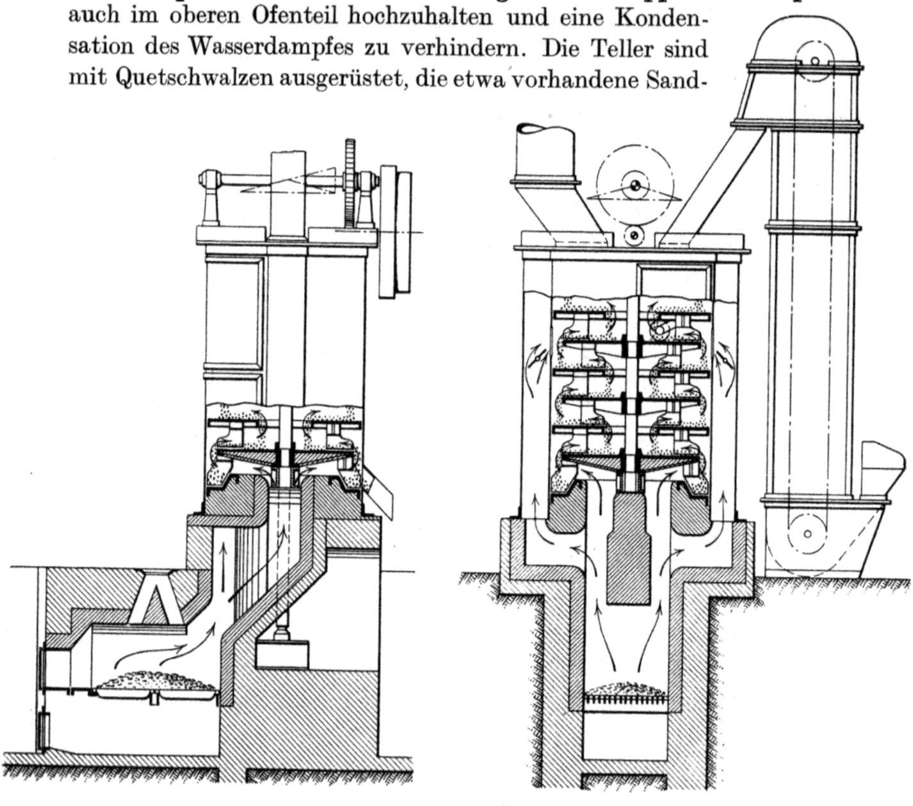

Abb. 148. Stehender Sandtrockenofen mit Becherwerk.

knollen zerdrücken. Alle dem Verschleiß ausgesetzten Teile sind leicht auswechselbar, indem Teller und auch Mantel zweiteilig ausgeführt sind; das Spurlager der Königswelle befindet sich leicht zugänglich außerhalb des Ofens, damit es unter der Ofenhitze nicht leidet.

Mahlvorrichtungen. Beim Mahlen des Formsandes ist darauf zu achten, daß der Sand nicht zu staubfeinem Pulver „totgemahlen“ wird, da er dann nicht mehr die nötige Gasdurchlässigkeit und Bildsamkeit besitzt. Es werden Kugelmühlen und Kollergänge benutzt; bei ersteren wird das Totmahlen dadurch vermieden, daß die Ausscheidung des genügend feinen Sandes fortlaufend durch regelbare Öffnungen in der Mahltrommel erfolgt, während die Kollergänge eine besondere Siebvorrichtung benötigen, welche selbsttätig den feinen Sand absiebt und die noch zu groben Teile wieder unter die Kollergangsläufer bringt.

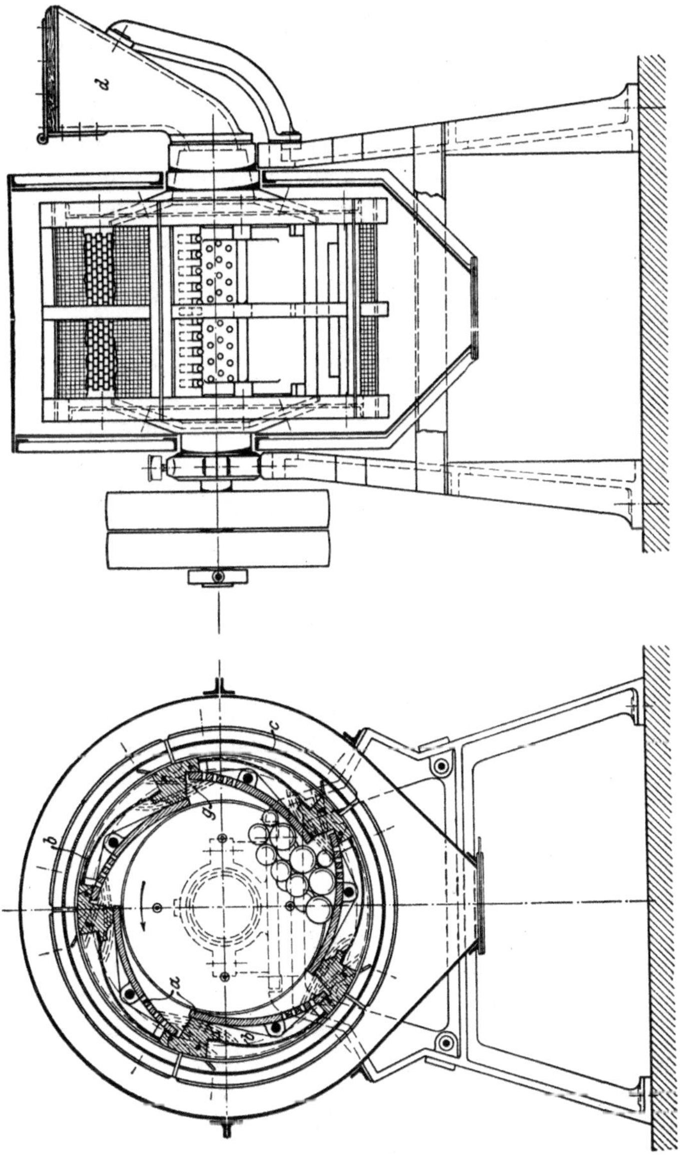

Abb. 149. Kugelfallmühle.

Abb. 149 zeigt eine neuzeitliche Kugelfallmühle[1], bei welcher die Mahlfläche der Trommel aus einzelnen treppenförmig angeordneten Platten *a*

[1] Ausgeführt von den Vereinigten Schmirgel- und Maschinenfabriken A.G., Hannover-Hainholz.

besteht. Das durch den Trichter *d* aufgegebene Mahlgut wird durch Herabfallen der Kugeln über die treppenförmigen Absätze der Mahlplatten rasch zerkleinert und gelangt durch deren Löcher auf das Grobsieb *b* und bei gewünschter Feinheit auf das Feinsieb *c*. Die noch nicht genügend fein gemahlenen Teile werden durch Kanäle *g* in das Innere der Trommel zurückgeführt.

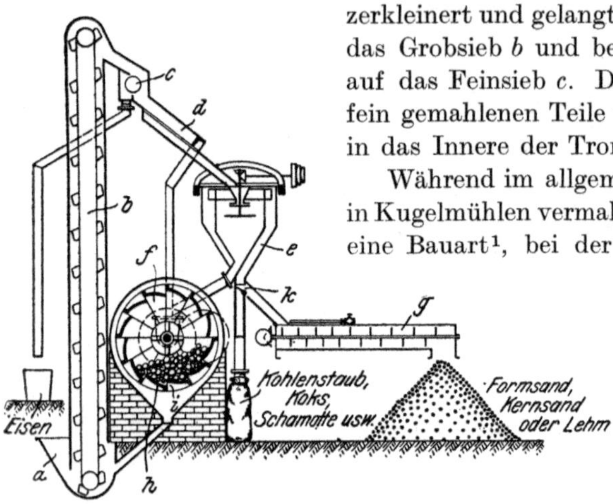

Abb. 150. Formsandaufbereitung mit Windsichter.

Während im allgemeinen nur der Neusand in Kugelmühlen vermahlen wird, zeigt Abb. 150 eine Bauart[1], bei der ein Gemenge von Alt- und Neusand in die Mühle gelangt und in ununterbrochenem Arbeitsgang zu gebrauchsfertigem Modellsand aufbereitet wird. Diese selbsttätige Formsandaufbereitungsanlage, die hauptsächlich für kleinere Gießereien wegen ihres billigen Preises in Betracht kommt, arbeitet in folgender Weise: Durch den Aufgabetrichter *a* wird Alt- und Neusand in dem erforderlichen Mischungsverhältnis von Hand in das Becherwerk *b* gegeben, welches diesen über einen Eisenausscheider *c* einer Siebvorrichtung *d* zuführt. Die feinen Teile gelangen von hier in den **Windsichter** *e*, während die groben in die sieblose Kugelmühle *f* fallen und dort vermahlen werden. Die Trommel dieser Mühle wird aus Stahlmahlbalken *h* gebildet, die an ihren Enden derart übereinander geschoben sind, daß sich die hierdurch bildenden Öffnungen *i* von außen in ihrer Größe verstellen lassen. Durch diese Öffnungen fällt das entsprechend zerkleinerte Mahlgut heraus und gelangt mit Hilfe des Becherwerkes in den Windsichter. Von diesem gibt Abb. 151 eine schematische Schnittzeichnung: *a* stellt einen Ventilator dar, der sich zusammen mit dem Streuteller *b* um die gemeinsame Achse *c* dreht. Durch den Trichter *d* gelangt der Sand auf den Streuteller, der ihn

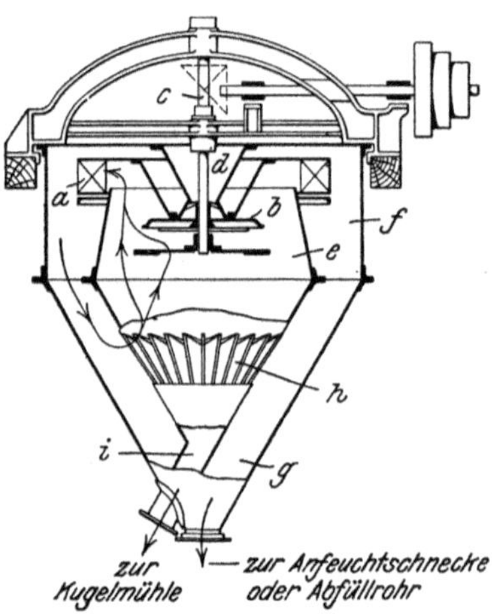

Abb. 151. Windsichter zur Kugelmühle.

[1] Ausgeführt von der Firma Gebr. Pfeiffer, Barbarossawerke, Kaiserslautern. Vgl. Gieß.-Zg. 1910, S. 534 und Stahleisen 1912, S. 2001.

schleierartig zerteilt und gegen den Blechring *e* wirft. Durch den Ventilator wird ein Luftstrom erzeugt, der, wie durch die Pfeile angedeutet, die feinen Sandteile mitnimmt, sie gegen die äußere Blechwand *f* wirft, von der sie nach unten gleiten und durch den Auslauf *g* zur Anfeuchtschnecke gelangen, während die gröberen Sandteile, die zu schwer für den Windstrom sind, durch den Trichter *h* in den Auslauf der Kugelmühle fallen. Durch entsprechende Einstellung des Windsichters kann in demselben Sand von einigen Millimetern Korngröße bis zur Staubfeinheit erhalten werden.

Abb. 152. Kollergang mit eingebautem Schöpfrad.

Das vom Windsichter kommende feine Sandgemisch wird in einer Mischschnecke *g* (Abb. 150) durch eine Wasserbrause angefeuchtet. Die Kugelmühle kann auch zum Mahlen von Kohlenstaub u. dgl. verwendet werden, wobei der gewonnene Staub mittels einer Wechselklappe *k* durch ein Fallrohr in Säcke abgefüllt werden kann.

Die Kollergänge arbeiten derart, daß durch das Eigengewicht eines schweren zylindrischen Körpers, „Läufer" oder „Stein" genannt, bei seiner langsamen Drehung um seine Achse das unter ihn auf eine ringförmige Fläche (Teller) gebrachte Mahlgut zerdrückt wird. Gewöhnlich werden zwei Läufer angewandt, die sich mit Hilfe von Schleppkurbeln heben und senken können, um die Ungleichheiten in der Schichthöhe des Mahlgutes auszugleichen; ihr Antrieb erfolgt entweder unmittelbar durch eine senkrechte Welle oder mittelbar dadurch, daß der Teller in Drehung versetzt wird. Da bei dem Kollern des getrockneten Sandes sehr viel Staub entwickelt wird, werden die Kollergänge stets mit einem Blechmantel umgeben. Zur Vermeidung des Totmahlens des Sandes besitzt der Kollergang[1] nach Abb. 152 ein eingebautes Schöpfrad, das fortwährend Sand dem Teller entnimmt und diesen auf ein in der Mitte über dem Teller kegelförmig angeordnetes feines Sieb mit Rüttelwerk wirft. Die gröberen Sandteilchen fallen auf die Mahlbahn zurück, während der fein gemahlene Sand hindurchfällt. Bei anderen Ausführungsarten befindet sich die Siebvorrichtung unter oder seitlich neben dem Teller; vermittels Förderschnecken und Becherwerkes macht das Mahlgut so lange einen Kreislauf, bis es die nötige durch die Maschenweite des Siebes bestimmte Feinheit erreicht hat.

Abb. 153. Kleines Trommelsieb.

Abb. 154. Großes Trommelsieb.

Der Altsand wird gewöhnlich nur durch ein Sieb hindurchgeworfen und angefeuchtet, um als „Füllsand“ wieder verwendet zu werden. Die Betätigung der Siebe kann durch Transmissionsantrieb, Luftdruck

[1] Ausgeführt von der A. Stotz A.G., Stuttgart.

oder besondere Elektromotore erfolgen. Ein kleineres und größeres Trommelsieb für Riemenantrieb zeigt Abb. 153 und 154; die Siebrahmen

Abb. 155. Fahrbares durch Elektromotor angetriebenes Schüttelsieb.

sind leicht auswechselbar. Ein fahrbares, durch Elektromotor unmittelbar angetriebenes Rüttelsieb ist auf Abb. 155 dargestellt.

Eine bessere Aufbereitung erhält der Altsand mit Sandsiebschleudern, von denen die bekanntesten die „Prosama-Maschinen"[1] sind (Abb. 156). Der Sand wird von Hand auf das Sieb geworfen, das durch einen gut verkapselten Elektromotor betätigt wird. Das grobe Gut fällt neben der Maschine heraus, während der feine Sand, mit Hilfe eines Schleuderrades stark durchlüftet, einige Meter weit geschleudert wird. Der Kraftbedarf beträgt etwa 3 PS für eine Leistung von etwa 5 m³ Sand in der Stunde, wobei der Sand bis auf 6 m Höhe in einen Bunker befördert werden kann.

Abb. 156. Sandsiebschleudermaschine „Prosama".

Um den Verschleiß der Schaufeln des Schleuderrades zu vermeiden, wurde unter der Bezeichnung „Sandkämmer" (Abb. 157)[2] eine Altsandaufbereitungsmaschine in den Handel gebracht, bei welcher der Sand auf ein endloses mit kleinen Zähnen besetztes Band geschaufelt und durch ein Gitter hindurchgekämmt wird. An diesem werden die Fremdkörper

[1] Ausgeführt von der Firma F. K. Axmann, Köln-Ehrenfeld.
[2] Ausgeführt von der Firma Leber & Bröse, Koblenz.

ausgeschieden, die Knollen verrieben und der Sand aufgelockert. Der Kraftbedarf ist gering; es soll ein Motor von 1 PS für 10 m^3 Sand in der Stunde genügen.

Abb. 157. Fahrbarer „Sandkämmer“.

Zur Herstellung des Modellsandes wird ein geeigneter Neusand mit Altsand und Kohlenstaub innig gemischt und mit Wasser angefeuchtet. Bei kleineren Gießereien begnügt man sich mit der Herstellung des Gemisches von Hand und läßt dasselbe noch durch eine Sandschleuder gehen, wodurch eine innige Mischung unter gleichzeitiger Durchlüftung des Sandes angestrebt wird. Bei diesen Sandschleudermaschinen, die früher auch die wenig schöne Bezeichnung „Desintegratoren“ führten, unterscheidet man eine stehende (Abb. 158)[1] und eine liegende Bauart (Abb. 159)[2]. Diese Maschinen besitzen eine feste und eine sich rasch drehende Stiftscheibe (Korb). Durch den Schütttrichter gelangt der Sand in die Mitte der sich drehenden Scheibe, wonach er durch den Anprall an den Stiften gründlich gemischt wird. Für größere Leistungen von 4 bis 15 m^3 Sand werden diese Maschinen mit zwei sich entgegengesetzt drehenden Stiftkörben ausgerüstet, wie Abb. 160 zeigt, bei der das Gehäuse abgehoben und die Körbe zu Ausbesserungszwecken auseinander gezogen sind[3]. An dem äußersten

Abb. 158. Stehende Sandschleudermaschine für Wandbefestigung.

[1] Ausgeführt von der Firma Ph. Löhe, Hennef a. d. Sieg.
[2] Ausgeführt von der Firma Vereinigte Schmirgel- und Maschinenfabriken A.G., Hannover-Hainholz.
[3] Ausgeführt von der Firma A. Stotz A.G., Stuttgart.

Stiftkranz sind Abstreifer angebracht, um etwa anhängenden Sand an dem zylindrischen Teil des Blechmantels wieder zu entfernen. Der Antrieb er-

Abb. 159. Leichte liegende Sandschleudermaschine.

Abb. 160. Schwere liegende Sandschleudermaschine.

folgt durch einen einfachen und gekreuzten Riemen derart, daß die beiden Stiftkörbe gegeneinander laufen bei einem Kraftbedarf von 4 bis 12 PS.

Eine selbsttätig arbeitende Formsandaufbereitungsmaschine für kleinere Leistungen von 3 bis 5 m^3 Modellsand in der Stunde[1] besteht nach Abb. 161 in dem gedrängten Zusammenbau eines Trommelsiebes, Koller-

[1] Ausgeführt von der Firma Peter Hammers, Karlsruhe.

ganges mit 2 Läufern, eines Schöpfrades und einer Sandschleuder. Diese Anordnung hat sich sehr gut bewährt, erfordert nur geringen Raum und läßt sich sehr bequem überwachen. Der Kraftbedarf beträgt für den Hauptantrieb des Mischtroges und der Siebtrommel 6 bis 7 PS und für die Misch- und Schleudervorrichtung 4 bis 6 PS. Der Antrieb kann durch eingebaute Elektromotore oder Riemenscheiben erfolgen.

Abb. 161. Selbsttätige Sandaufbereitungsmaschine.

Bei größeren Gießereien werden vielfach vollkommen selbsttätig arbeitende Sandaufbereitungsanlagen verwendet, die eine Vereinigung der 3 Gruppen darstellen: Aufbereitung des Altsandes, des Neusandes und Herstellung des Modellsandes. Die schematische Darstellung einer solchen Anlage[1] gibt Abb. 162; die Gesamtanordnung zeigt Abb. 163 und die Einzelheiten der Sandverteilung mit Walzwerk die Abb. 164 und 165. Der Alt- und Neusand wird in die auf Hüttenflur liegenden, mit Rosten abgedeckten Schütttrichter *a* und *b* von Hand aufgegeben, von wo sie durch einen darunter gebauten selbsttätigen Sandzuteiler in einem genau einstellbaren Mischungsverhältnis, aber getrennt,

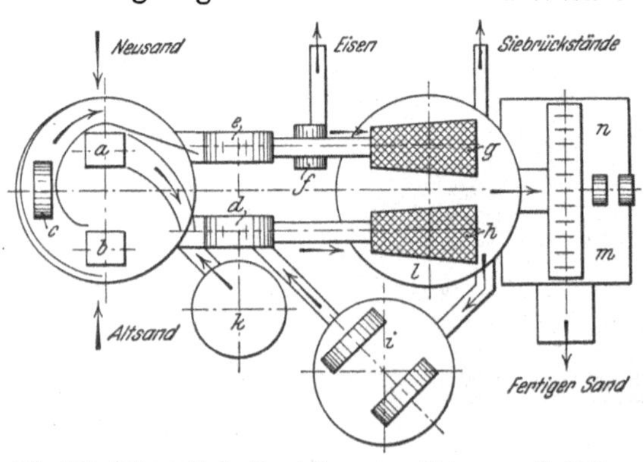

Abb. 162. Schematische Darstellung einer kleineren selbsttätigen Sandaufbereitung.

in die Becherwerke *d* und *e* geleitet werden. In den Sandzuteiler für den Altsand ist eine Quetschwalze *c* eingebaut (auf Abb. 165 sichtbar), um etwaige Knollen zu zerdrücken. Zur Ausscheidung von Eisenteilen, Formerstiften u. dgl. aus dem Altsand fördert das Altsandbecherwerk den Sand zu einem Eisenausscheider *f*, welcher diese magnetischen Teile herauszieht und durch eine Rutsche nach unten fallen läßt. Der Kohlenstaub wird in genau einstellbarer Menge durch den Zuteiler *k* auf den Sandverteiler gebracht

[1] Ausgeführt von der Firma Badische Maschinenfabrik, Durlach.

Abb. 163. Gesamtanordnung der selbsttätigen Sandaufbereitung.

Abb. 164. Selbsttätiger Sandzuteiler mit Altsandwalzwerk (Vorderansicht).

Abb. 165 Selbsttätiger Sandzuteiler mit Altsandwalzwerk (Seitenansicht).

und mit dem Altsandbecherwerk nach oben befördert. Der durch die Becherwerke voneinander getrennt nach oben gehobene Alt- und Neusand wird mit

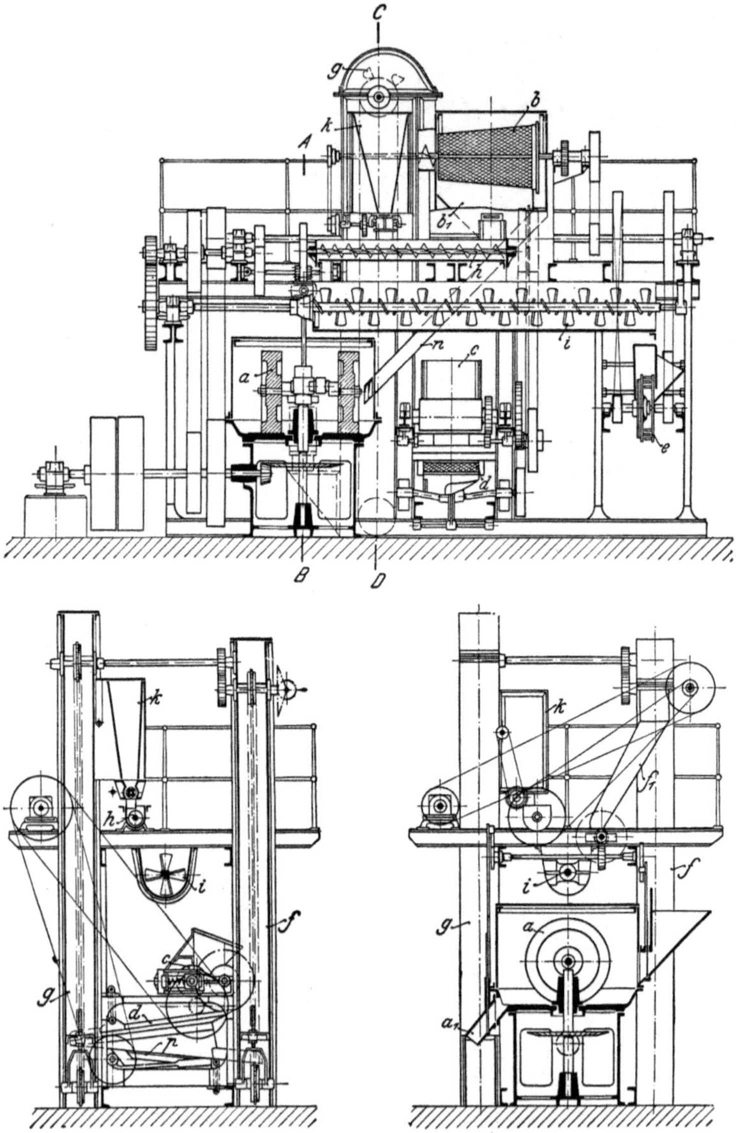

Schnitt A—B. Schnitt C—D.

Abb. 166. Selbsttätige Formsandaufbereitung.

den gegeneinander umlaufenden Trommelsieben *g* und *h* in der hochgestellten Sieb- und Mischvorrichtung auf den gewünschten Feinheitsgrad abgesiebt und gleichzeitig vorgemischt. Das Sandgemisch fällt auf den umlaufenden Teller *l*, auf dem es mit einer Brause angefeuchtet wird. Durch Schaufeln, die über diesem Teller angebracht sind, wird der angefeuchtete Sand bei der Drehung des Tellers gemischt und allmählich der Schleudermühle *m* zugeführt, die ihn in den untergebauten Bunker abwirft. Die beim Absieben des Altsandes entfallenden Siebrückstände gelangen aus dem Trommelsieb *g* durch ein Abfallrohr in einen unten befindlichen Sammelbehälter; die Siebrückstände aus dem Neusandtrommel-

Abb. 167. Selbsttätige Formsandaufbereitung.

sieb *h* fallen in einen Kollergang *i*, aus dem sie bei genügender Feinheit in das Becherwerk *d* gelangen.

Die Leistung solcher Anlagen beträgt etwa 3 bis 30 m³ Sand in der Stunde bei einem Kraftbedarf von 10 PS an aufwärts. Zur Bedienung der kleineren Anlagen wird nur 1 Mann benötigt, während bei den größeren Anlagen von 20 m³ aufwärts 3 bis 4 Mann erforderlich sind.

Eine etwas andere Anordnung[1] zeigt die Formsandaufbereitung auf Abb. 166. Der trockene Neusand wird von Hand in den Kollergang *a* mit selbsttätiger Zuteilvorrichtung geschaufelt, von wo er durch das Becherwerk *g* in das umlaufende Trommelsieb *b* befördert wird. Aus diesem fällt der abgesiebte feine Sand in die Förderschnecke *h*, über der auch der Kohlenstaubbunker *k* angebracht ist. Durch diese Schnecke wird die Mischung von Neusand und Kohlenstaub in den Mischtrog *i*

[1] Ausgeführt von der Firma Vereinigte Schmirgel- und Maschinenfabriken A.G., Hannover-Hainholz.

befördert. Der Siebrückstand aus dem Trommelsieb *b* fällt durch ein Fallrohr in den Kollergang zurück. Der von der Gießerei zurückkommende Altsand wird in den Schütttrichter *c* eines Walzwerks geschaufelt, das die gröberen Knollen zerdrückt; von diesem fällt er auf das Schüttelsieb *d* und der Durchfall weiter auf einer Rutsche in das rückwärts liegende zweite Becherwerk. Dieses fördert den Sand über eine Rutsche in den Mischtrog *i*; in diesem wird das ganze Sandgemisch angefeuchtet, durchmengt und allmählich in die Sandschleudermaschine *e* befördert, aus der der fertige Modellsand in untergefahrene Wagen fällt.

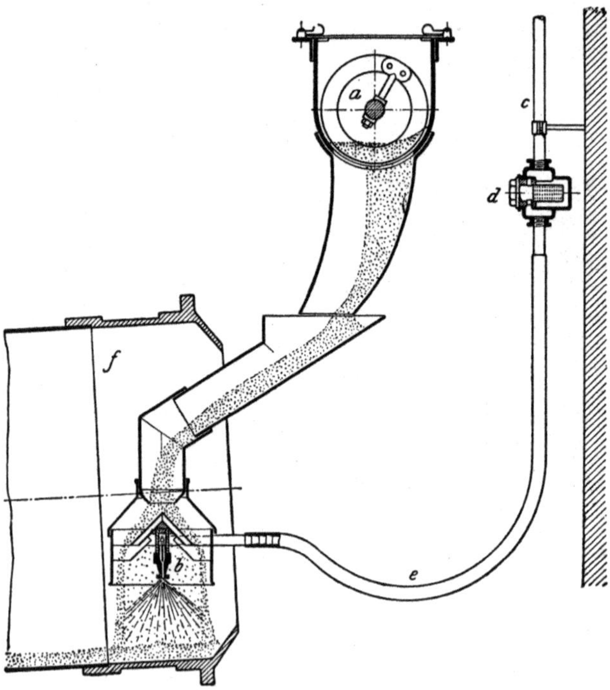

Abb. 168. Anfeuchtvorrichtung.

Eine Sandaufbereitungsanlage für sehr große Leistungen[1] zeigt Abb. 167, die sich von den vorhergehenden Anlagen dadurch unterscheidet, daß der Alt- und Neusand getrennt aufbereitet und in besonderen Bunkern gesammelt wird. Der feuchte Neusand wird durch einen mit dem Gießereiboden eben liegenden und mit einem Gitter abgedeckten Schütttrichter in das rechts auf der Abb. 167 befindliche Becherwerk aufgegeben, das ihn in den senkrechten, dahinter stehenden Sandtrockenofen bringt. Aus diesem fällt er in das zweite Becherwerk, das ihn in ein Trommelsieb fördert; der genügend feine Sand fällt in den darunterbefindlichen Bunker, während die gröberen Sandteile in den im

[1] Ausgeführt von der Firma A. Stotz A.G., Stuttgart.

Vordergrund rechts sichtbaren Kollergang gleiten, von wo aus sie mittels des Becherwerkes und Trommelsiebes einen Kreislauf bis zu genügender Feinheit durchmachen. Der gebrauchte Altsand wird in einen auf der rückwärtigen Seite gelegenen Schütttrichter geworfen, aus welchem er durch eine Zuteilvorrichtung in eine Vorsiebtrommel gelangt, in welcher größere Stücke ausgeschieden bzw. zerkleinert werden; der durchgefallene Sand wird mit Hilfe eines Becherwerks über einen Eisenausscheider in ein Polygonsieb geleitet. Der gesiebte Sand fällt in den darunterbefindlichen Altsandbunker, der Rückstand in einen unten aufgestellten Behälter. Unter den Sandbunkern, neben denen sich auch ein Behälter für Kohlenstaub befindet, liegt die Zuteilvorrichtung in Form von Schnecken, die durch Veränderung ihrer Umdrehungszahl eine dem richtigen Mischungsverhältnis entsprechende Menge Alt- und Neusand sowie Kohlenstaub in die im Vordergrund sichtbare Mischschnecke fördern. Von dieser gelangt das Sandgemisch in das links stehende Becherwerk, welches es der Anfeuchttrommel zuführt. Wie Abb. 168 zeigt, erfolgt die Anfeuchtung mit einer Streudüse, die einen kegelförmigen Wasserschleier ergibt, durch den der Sand rieselt. Hierdurch soll die beim Anfeuchten in Mischschnecken leicht auftretende Bildung nasser Knollen vermieden werden. Durch langsame Drehung der Anfeuchttrommel wird der Sand gemischt und der Schleudermühle zugeführt; aus dieser fällt er in einen der darunter befindlichen Sandbunker als gebrauchsfertiger Form- bzw. Modellsand. Der Kraftbedarf einer solchen Anlage beträgt bei einer stündlichen Leistung von 20 m^3 Sand etwa 40 PS einschließlich Trockenofen; zu ihrer Bedienung sind 1 bis 2 Mann erforderlich. Bei kleineren Anlagen derselben Bauart für etwa 3 m^3 Formsand in der Stunde, aber ohne Neusand-Trockenofen, wird ein Kraftbedarf von 12 bis 15 PS und 1 Mann zur Bedienung benötigt.

B. Kernmacherei.

Als Kerne für Temperguß kommen hauptsächlich „grüne Kerne" aus ungetrocknetem Formsand, getrocknete Formsandkerne und Ölsandkerne zur Verwendung. Für die beiden ersten Kernarten sind keine besonderen Vorbereitungen des auch zum Formen benutzten Sandes notwendig, dagegen erfordert die Herstellung des Ölsandes besondere Maßnahmen. Als Rohstoff für Ölsandkerne dient reiner Quarzsand mit mindestens 99% SiO_2 und möglichst gleichmäßiger Korngröße von 0,2 bis 0,3 mm (nicht über 0,5 mm und nicht unter 0,1 mm)[1]. Durch Zusatz von Leinöl oder besonderer Kernöle soll jedes Sandkörnchen mit einem Ölhäutchen umgeben werden, wodurch der Sand seine Bildsamkeit erhält. Durch Backen bei einer ganz bestimmten Temperatur wird diese Hülle verfestigt; nach erfolgtem Gusse werden diese Binde-

[1] Stotz, R.: Eignung der Sande für Ölkerne. Gießerei 1928, S. 948.

mittel durch die große Hitze verbrannt, der Kern verliert dadurch seine Festigkeit und läßt sich aus dem erkalteten Gußstück sehr leicht entfernen. Es ist notwendig, daß der Sand und Ölzusatz innigst gemischt wird, wozu 2 Arten von Maschinen verwendet werden: Flügelmischmaschinen, wie sie auch zu der Teigwarenherstellung benutzt werden, und Mischkollergänge.

Abb. 169. Kernsandmischmaschine mit Handbetrieb.

Eine einfache Flügelmischmaschine mit Handbetrieb[1] zeigt Abb. 169; mit einem Schraubenflügelpaar mit kurzen und langen Flügeln und entgegengesetzter Förderrichtung wird der Sand innig durchmengt. Diese frei stehende Maschine mit einem Troginhalt von 35 l besitzt eine Leistung von 600 bis 900 l in der Stunde; sie wird auch als „Bankmaschine" mit 25 l Troginhalt und 450 bis 700 l stündlicher Leistung gebaut.

Abb. 170. Flügelknetmaschine mit Bodenentleerung.

Für größere Sandmengen sind mechanisch angetriebene Maschinen erforderlich, wofür Abb. 170 und 171 Beispiele geben[2]; erstere besitzt zur Entleerung des Sandes einen Bodenverschluß, während bei der Maschine der Abb. 171 der ganze Trog durch Riemenantrieb nach vorne gekippt werden kann. Durch die eigenartige Bewegung der Flügel wird das Mischgut außerordentlich stark durchgeknetet, wozu 10 bis 15 Minuten bei einem Kraftbedarf von 4 bis 8 PS benötigt werden.

[1] Ausgeführt von der Firma O. Ullrich, Leipzig.
[2] Ausgeführt von der Firma Werner & Pfleiderer, Stuttgart-Cannstatt.

Die Mischkollergänge zeichnen sich durch einfache Bauweise bei großer Leistungsfähigkeit und geringem Kraftverbrauch aus. Abb. 172 zeigt eine solche Maschine[1] für eine stündliche Leistung von 2 bis 5 m^3 Kernsand bei einem Kraftbedarf von 3 bis 5 PS. Das in den Teller ge-

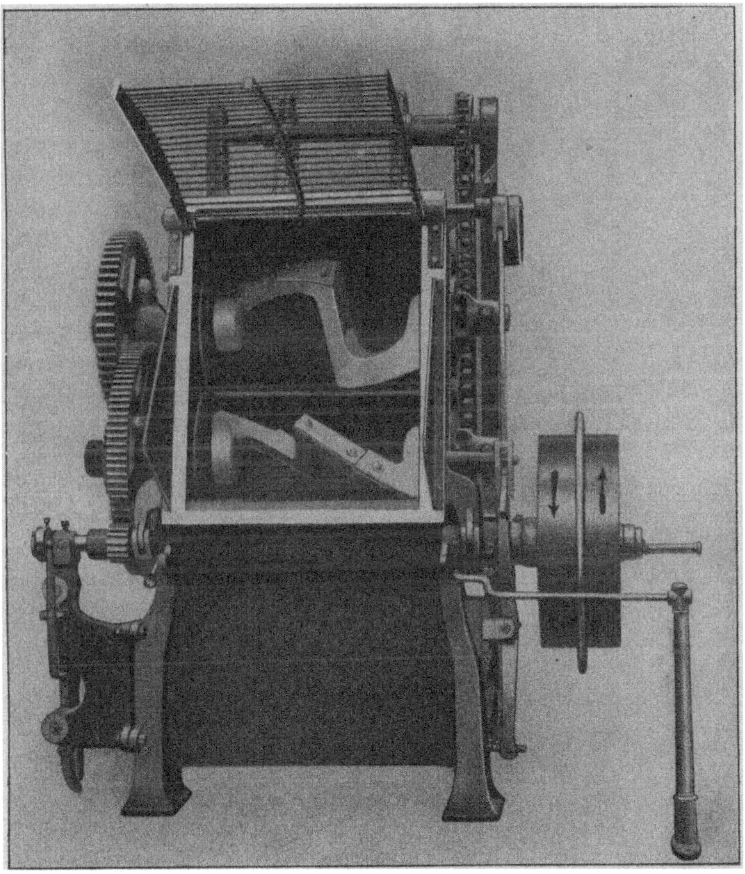

Abb. 171. Flügelknetmaschine mit Kipptrog.

schaufelte Mischgut wird durch dessen Drehung und mit Hilfe eines angebrachten Scharrwerkes abwechselnd unter den glatten und gerillten Läufer gebracht; ist es genügend durchgeknetet, so wird ein Austrageblech eingeschaltet und der fertige Sand fällt durch die Drehung des Tellers in einen untergestellten Behälter.

Die Kerne werden entweder von Hand aufgestampft, gepreßt, gerüttelt oder mittels Druckluft in die Kernbüchsen geblasen. Zur Herstellung einfacher zylindrischer Kerne und solcher mit quadratischem

[1] Ausgeführt von der Firma A. Stotz A.G., Stuttgart.

und rechteckigem Querschnitt eignen sich die Kernausdrückmaschinen[1] sehr gut, Abb. 173. In den Arbeitstisch lassen sich verschiedene eiserne Kernbüchsen leicht auswechselbar einsetzen; die Kerne werden von Hand aufgestampft und mittels Drehung eines Handrades (oder Hebels) durch einen Kolben nahtlos herausgedrückt. Die stündliche Leistung einer solchen Maschine beträgt beispielsweise 300 bis 400 zylindrische Kerne mit 15 mm Dmr. und 70 mm Länge. Mit einer solchen Maschine können auch Kerne mit Nasen, Lappen u. dgl. hergestellt werden. Abb. 174 veranschaulicht eine ähnliche Maschine zur Herstellung solcher Kerne mit Vorsprüngen[2]; letztere dürfen aber nur an einem Ende derart angebracht sein,

Abb. 172. Mischkollergang.

Abb. 173. Kernausdrückmaschine.

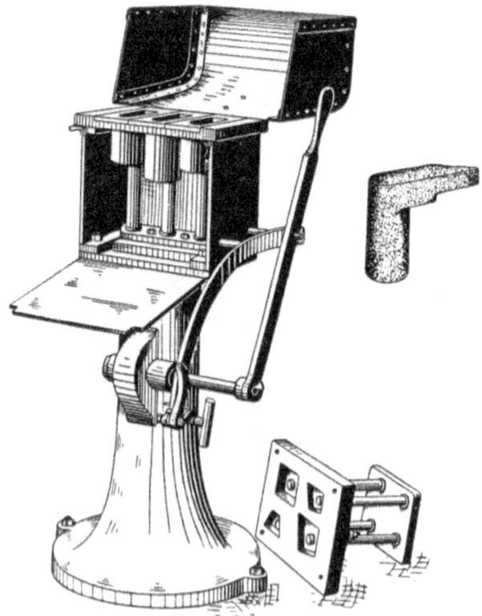

Abb. 174. Kernausdrückmaschine.

daß hinter denselben keine Verjüngung des Kernes mehr vorhanden ist. Die Länge der Kerne ist allerdings bei diesen Maschinen auf etwa das 4 bis 5fache des Durchmessers beschränkt, da bei größerer Länge durch Ver-

[1] Ausgeführt von der Firma Badische Maschinenfabrik, Durlach.

[2] Ausgeführt von der Firma Vereinigte Schmirgel- und Maschinenfabriken A.G., Hannover-Hainholz.

dichtung des unteren Kernteiles kein gleichmäßiges Ausdrücken mehr möglich ist. Diese Schwierigkeit wurde durch verschiedene Änderungen in der Art des Ausstoßens unter Anwendung zweiteiliger Kernbüchsen behoben, wobei die Büchsen entweder mit den Kernen ausgedrückt und danach seitlich abgezogen werden, oder bei hochgehendem Ausdrückkolben sich selbsttätig so viel seitlich öffnen, daß der Kern ohne wesentliche Reibung ausgedrückt werden kann.

Eine vielseitigere Herstellung von Kernen gestatten die Kernpreßmaschinen, bei denen auch heute noch das altbewährte, nach seinem Erfinder benannte „Knüttelsche Verfahren“[1] verwendet wird. Bei diesem wird auf die untere Kernbüchsenhälfte ein Füllrahmen gebracht, der genau die zur Herstellung der Kerne erforderliche Sandmenge enthält und sich

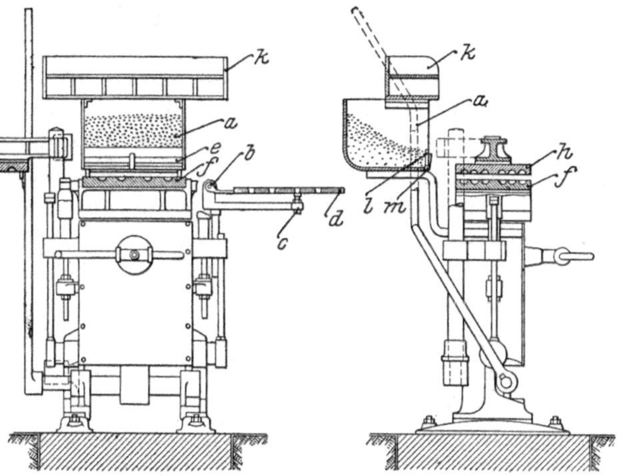

Abb. 175. Kernpreßmaschine.

nach oben verjüngt. Der Füllrahmen wird mit Sand gefüllt, abgestrichen und abgehoben. Dann wird die obere Kernbüchsenhälfte aufgesetzt und ein so starker Druck darauf gegeben, daß die Ränder der Kernbüchsen fest aufeinandersitzen. Da sich die Kernbüchsen nur in diesen scharfen Rändern berühren, hinter denen eine Aussparung für überschüssigen Sand vorhanden ist, wird die Gewähr für vollkommen gleichmäßig starke Kerne gegeben. Nach Abheben der oberen Kernbüchse kann der Kern entweder weggenommen werden oder es wird eine der Kernform angepaßte Ablegeplatte aufgesetzt, Kern mit unterer Kernbüchse um 180° gewendet und danach dieser abgenommen.

Eine sehr praktische Ausführung besitzt die Wendeplatten-Handpresse[2], die auf Abb. 175 wiedergegeben ist. Zur bequemen Zuführung des Kernsandes ist ein kleiner Sandbehälter *a* hinter dem Arbeits-

[1] DRP. Nr. 106688 vom 16. 4. 1899 und Nr. 111752 vom 4. 7. 1899.

[2] Ausgeführt von der Firma Vereinigte Schmirgel- und Maschinenfabriken A.G., Hannover-Hainholz.

tisch angebracht; um das Scharnier *b* ist die Annäherungsform *d* seitlich aufklappbar, wobei sie bei Nichtbenutzung auf der einstellbaren Stütze *c* Halt findet. Die untere Kernbüchsenhälfte *f* ruht fest in der Wendeplatte des Arbeitstisches, während die auf der Gegenpreßplatte *g* befestigte obere Hälfte *h* ausschwenkbar ist. Vor dem Sandbehälter *a* befindet sich ein in den Scharnieren *m* drehbares Verbindungsblech *l*, das vor dem Füllen der Annäherungsform *d* nach vorn umgelegt wird, wodurch sich der Sand bequem einstreichen läßt. Zum Pressen wird die Gegenpreßplatte eingeschwenkt und mit dem langen Handhebel links Druck gegeben, bis die beiden Kernbüchsenhälften aufeinanderliegen. Unter ständigem leichten Klopfen wird der Handhebel langsam zurückgelegt, worauf die Gegenpreßplatte zurückgeschwenkt und auf die untere Kernbüchsenhälfte ein Rahmen mit Kerntrockenschalen aufgelegt wird. Diese beiden Teile werden durch 2 Haken verklammert, durch Betätigung des vorderen kleinen Handhebels gehoben, sodann um 180° gewendet und durch Zurücklegen des Handhebels gesenkt, so daß die Trockenschalen auf der Tischplatte ruhen. Nach Entklammern wird mittels des vorderen Handhebels unter leichtem Klopfen die Kernbüchse abgehoben, wonach die Kerne in den Trockenschalen zum Trocknen weggenommen werden können. Die Leistung der Maschine beträgt für 1 Kernplatte mit beispielsweise 12 Doppelkernen für $^1/_2''$ Krümmer $1^1/_2$ Minuten durch ein leicht anzulernendes Mädchen.

Diese Kernpreßmaschinen eignen sich in Verbindung mit Formmaschinen auch sehr gut zur Herstellung von Formen mit grünen (d. h. ungetrockneten) Kernen[1]. An Stelle der Trockenschalen wird eine Ablegekernplatte aus Aluminium, ein Zentrierrahmen und ein einfacher Abstelltisch verwendet. Die in der üblichen Weise gepreßten Kerne kommen nach dem Wenden auf die Ablegekernplatte zu liegen und werden mit dieser auf den gußeisernen Zentrierrahmen, der auf dem Ablegetisch liegt, gebracht; der inzwischen fertiggestellte Unterkasten wird darüber gesetzt, das ganze um 180° gewendet und der Zentrierrahmen nebst Kernablegeplatte abgenommen. Die Kerne bleiben in dem Unterkasten liegen, und der Oberkasten kann in der üblichen Weise aufgesetzt werden. Gewöhnlich ist die Arbeitsteilung derart, daß zwei angelernte Hilfsarbeiter die Formmaschinen zur Herstellung des Ober- und Unterkastens bedienen und ein jüngerer Hilfsarbeiter (oder Mädchen) die Kernpreßmaschine; die erheblichen Vorteile liegen in dem Wegfall des Trocknens, Stapelns und Transportes der Kerne. Dieses Grünkernformverfahren wird beispielsweise beim Fittingsguß sehr häufig angewendet, da sich bei dieser Massenware die Herstellung der etwas teueren Kernplatten gut lohnt.

Für größere Kerne werden die Kernpreßmaschinen zur Sandverdichtung und zum Heben und Senken der Wendeplatte auch mit Druck-

[1] Vgl. Stahleisen 1918, S. 360 und Gieß.-Zg. 1924, S. 302/06.

wasserbetrieb ausgerüstet. Können größere Kerne ohne Gefahr der Beschädigung an den hervorstehenden Enden ihrer Kerneisen aus der unteren Kernbüchse abgehoben werden, so stellt man sie vorteilhafter ohne Wendevorrichtung her.

Für längere zylindrische Kerne aus Ölsand eignen sich die sog. Kernstopfmaschinen sehr gut; die Verdichtung des Sandes erfolgt durch die Preßwirkung einer sich drehenden Spirale (Schnecke) oder eines hin und her gehenden Kolbens, welche die Kernmasse durch ein rundes Mundstück hindurchdrücken. Gleichzeitig wird mit einer selbsttätig arbeitenden Nadel in der Mitte der Kerne ein Luftloch gebildet. Hierdurch lassen sich nahtlose Kerne bis etwa 600 mm Länge herstellen, die gewöhnlich nach dem Trocknen auf genaue Gebrauchslängen abgeschnitten (zersägt) werden. Über der Preßvorrichtung befindet sich ein meist trichterförmiger Behälter zur Aufnahme des Kernsandes; da sich der Sand leicht an den Wandungen ansetzt, ist es zweckmäßig, in dem Sandbehälter ein Rührwerk einzubauen. Abb. 176 zeigt eine solche Maschine von Hammer mit Handbetrieb, der gleichzeitig die Schnecke und ein Rührwerk betätigt. Diese Maschinen werden gewöhnlich in zwei Größen gebaut, womit durch entsprechende Auswechslung der Mundstücke Kerne von 10 bis 55 mm Dmr. oder von 60 bis 150 mm Dmr. hergestellt werden können, wobei die Leistung 40 bis 60 m Kerne in der Stunde beträgt; bei größeren Kernen ist der mechanische Antrieb vorteilhafter. Die Kerne werden auf Wellblechen aufgefangen, auf denen sie getrocknet werden.

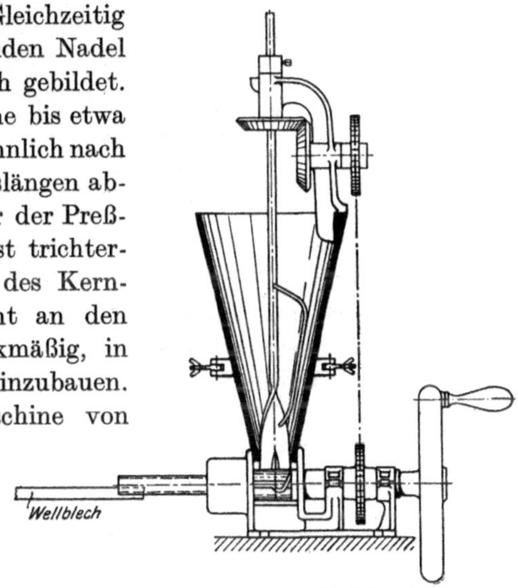

Abb. 176. Kernstopfmaschine mit Schnecke.

Eine gute Ausführung stellt die „Kernformmaschine Patente Rolff“[1] dar, die auf Abb. 177 mit Riemenantrieb wiedergegeben ist. Sie arbeitet durch den Druck eines Stoßkolbens, wobei gleichzeitig ein sinnreiches Rührwerk den ganzen Inhalt des Sandbehälters auflockert und ein störungsfreies Pressen gewährleistet. Durch eine in dem hohlen Kolben hin und her gehende Stoßnadel werden die Kerne mit einem Luftloch versehen.

Zur Herstellung beliebig gestalteter Kerne sind verschiedene mechanische Hilfsvorrichtungen geschaffen worden. Eine solche in einfachster Ausführung zeigt Abb. 178 in schematischer Darstellung. Der Kernkasten *a* wird mit den Klemmbacken *b* durch Drehung der Welle *c* mit

[1] Ausgeführt von der Firma Möllmann & Sonnet, Berlin SW 47.

Rechts- und Linksgewinde fest mit der senkrecht beweglichen Stange *d* verbunden und durch Drehung eines Handrades von dem liegenbleibenden Kern abgehoben. Hierdurch wird gegenüber dem Abheben von Hand eine

Abb. 177. Kernstopfmaschine mit Kolben (Patent Rolff).

wesentlich größere Leistung erzielt, die Kerne fallen genauer und sauberer aus, und man ist unabhängiger von der Geschicklichkeit der Arbeiter.

Bei größeren Kernen kann auch das mechanische Wenden des gestampften Kernkastens Vorteile bieten; eine solche Vorrichtung der Fa. F. S. Kretschmer u. Co., Frankfurt a. Main-Rödelheim, zeichnet sich durch einfache und sichere Bauart bei hoher Leistungsfähigkeit aus.

Ist in dem Betrieb Druckluft vorhanden, so kann sie in verschiedener Weise bei der Kernherstellung Verwendung finden. Abgesehen von dem raschen und bequemen Entfernen überschüssigen Sandes durch Abblasen finden die Vibratoren immer mehr Anwendung, da durch sie das lästige Beklopfen der Kernbüchsen von Hand wegfällt, was eine Ersparnis von Arbeitskräften und eine wesentliche Schonung der Kernbüchsen bedeutet. Diese Vibratoren werden entweder mit größeren Kernkasten fest verbunden oder als „Vibriertische“ ausgeführt, Abb. 179.

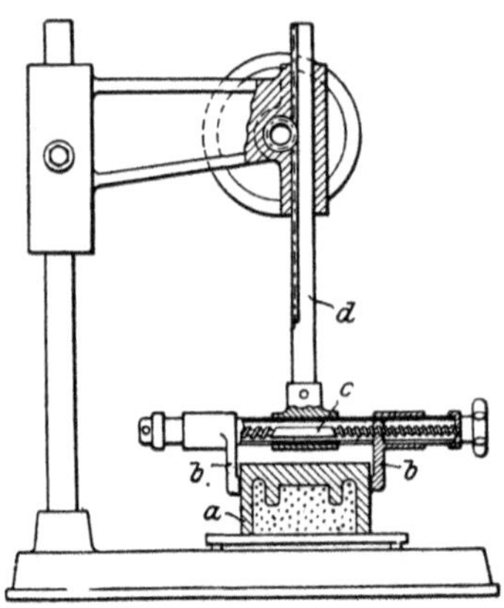

Abb. 178. Mechanische Abhebevorrichtung für Kernkasten.

Zur Erzielung größerer Leistungen werden die mit Druckluft von 6 at betriebenen „Kleinrüttler“ verwendet, auf welche die Kernkasten lose aufgesetzt werden. Der eingeschaufelte Sand verdichtet sich durch die Stöße sehr rasch und gleichmäßig wie bei einer Rüttelformmaschine. Die Rüttler werden auch mit einer einfachen Vorrichtung zum Festhalten der Kernkasten gebaut, die entweder durch Druckluft betätigt wird oder aus Spannschrauben besteht.

Die Leistungsfähigkeit der Rüttler beträgt ein Mehrfaches des Handstampfens; der Raumbedarf der Kleinrüttler ist sehr gering, da sie sich unmittelbar in die Kernmacherbänke einbauen lassen. Bei beschränkten Raumverhältnissen kann daher die Leistungsfähigkeit einer Kernmacherei durch Aufstellung von Rüttlern außerordentlich gesteigert werden.

In neuerer Zeit finden die Kern-Blasmaschinen häufig Anwendung. Bei diesen wird mittels Luftdrucks der Sand in die zweckentsprechend

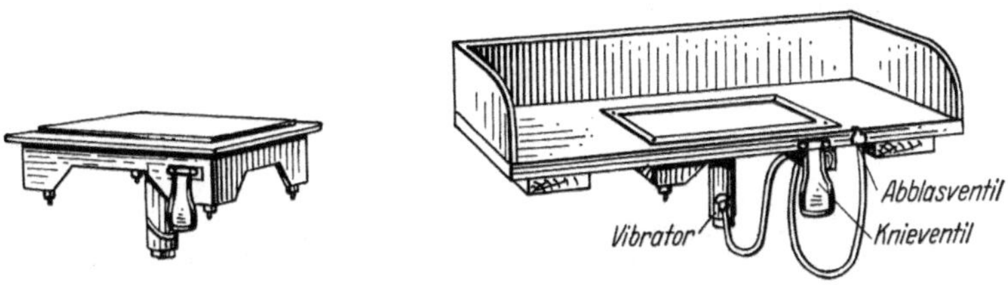

Abb. 179. Vibriertisch für Kernmacher.

ausgeführte Kernbüchse geblasen und hierdurch verdichtet. Eine solche Maschine einfachster Bauart stellt die Kernblasmaschine „Kernhexe"[1] (D.R.P.a.), Abb. 180, dar. Diese besteht aus einem gußeisernen Ständer, dessen Oberteil der Sandbehälter mit Luftdurchlaßventil bildet und in dessen Unterteil die Haltevorrichtung für den Kernkasten eingebaut ist. Die Bedienung der Maschine ist sehr einfach: Der in den Spindelschraubstock eingespannte Kernkasten wird durch einen Fußtritt gegen die Sandzuführöffnung gedrückt und der Sand durch Öffnen des Ventils in den Kernkasten geblasen. Ein jugendlicher Arbeiter erreicht in kürzester Zeit die Leistung von drei Kernmachern. Die vordem zur Handarbeit benutzten Kernbüchsen können beibehalten werden; sie müssen eine genaue Teilfläche und nur eine einzige Öffnung zum Einblasen des Sandes besitzen. Hierzu kann jede beliebige Kernsandmischung verwendet werden. Zum Trocknen der Kerne muß eine entsprechende Anzahl von Brennschalen bereitgestellt werden.

Abb. 180. Kernblasmaschine „Hexe".

Für größere Leistungen und größere Kerne werden stärkere Maschinen benötigt, für die Abb. 181 ein Beispiel gibt (Patent „Demmler")[2]. Auch

[1] Ausgeführt von der Firma Gustav Zimmermann, Düsseldorf-Rath

[2] Ausgeführt von der Firma F. G. Kretschmer & Co., Frankfurt a. M.-Rödelheim.

diese Maschine arbeitet mit Ölsand und erzeugt bei einem Luftdruck von 6 bis 7 at in wenigen Sekunden vollkommen selbsttätig Kerne bis zu einem Volumen von 3 l bei einer Kernkastengröße bis zu 250 mm Breite und 500 mm Höhe. Durch Betätigung des Fußtrittes schließen die Klemmbacken die Kernbüchshälften zusammen, die Hubkolben drücken die Kernbüchse an die durchlöcherte Bodenplatte des Einblaszylinders; das Einblasventil wird geöffnet, der Sand eingeblasen und gleichzeitig verdichtet. Die Kernbüchsen müssen kleine Löcher oder Kanäle besitzen, aus denen der Luftüberschuß entweichen kann. Die

Abb. 181. Demmler-Kernblasmaschine.

Abb. 182. Kerntrockenofen mit drehbaren Fächern.

hiermit hergestellten Kerne sollen sich durch besondere Gleichmäßigkeit und Gasdurchlässigkeit auszeichnen. Der Luftverbrauch beträgt 0,4 bis 0,6 m³ angesaugte Luft für jeden Kern.

Zum Trocknen der Kerne werden meistens sehr einfache Öfen mit Rostfeuerung verwendet; zweckmäßig sind diese so ausgebildet, daß mehrere Fächer übereinanderliegen, die einzeln herauszuziehen oder zu schwenken sind, wobei durch rückwärtige Abschlußbleche auch bei herausgezogener Lade der Ofen abgeschlossen ist. Solche „Kerntrockenschränke" älterer Bauart besitzen ausschwenkbare Fächer aus durchbrochenen Gußeisenplatten in Form eines Kreisviertels. Da aber der Ofenraum durch diese viertelkreisförmige Auflagefläche nicht gut ausgenutzt ist, wird der Ofen[1] neuerdings nach Abb. 182 auch mit halbkreisförmigem Querschnitt und kreisförmigen Auflageflächen ausgeführt, die

[1] Ausgeführt von der Firma Dr. Schmitz & Co., Barmen-Wichlinghausen.

sich um eine senkrechte, in der Mitte befindliche Welle drehen. Die Beschickung und Entleerung des Ofens erfolgt ohne jeden Zeitverlust für den Trockenvorgang, indem die Auflageflächen Vollkreise darstellen, von denen jeweils die eine Hälfte innerhalb, die andere außerhalb des Ofens sich befindet. Der Ofen wird in zwei Größen hergestellt, mit einem Durchmesser von 1200 und 1800 mm der Auflageflächen.

Insbesondere für große Leistungen werden die Öfen nach amerikanischem Vorbild mit rechteckigen, ausziehbaren Laden versehen, die, auf Rollen laufend, mittels eines Gehänges an einer außerhalb des Ofens angeordneten Laufrolle einzeln befestigt und hierdurch mühelos erschütterungsfrei herausgezogen werden können (Abb. 183)[1]. Die Ansicht eines solchen Ofens für größere Leistung[2] zeigt Abb. 184.

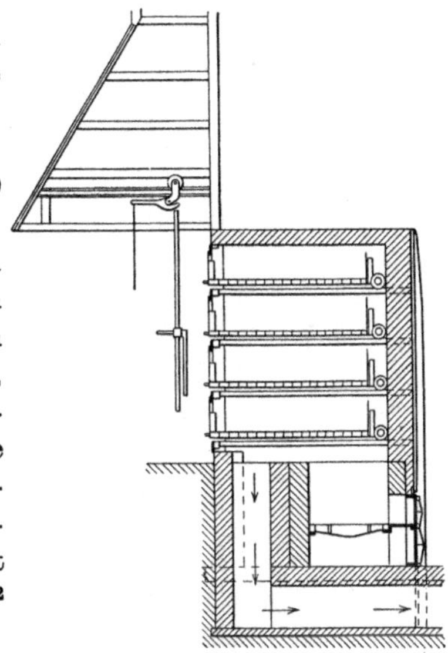

Abb. 183. Kerntrockenofen mit ausziehbaren Fächern.

Einen sehr großen Kammerofen von etwa 700 m³ Inhalt, 22 m Außenlänge, 8,5 m Breite und 3,25 m Höhe gibt Abb. 185 wieder[3]; er besitzt 5 Gestelle mit Fächern zur Aufnahme von Kernen für Fittings im Gesamtgewicht von 50000 kg. Diese werden mittels Hängebahnen beschickt, die zwischen den Gestellen hindurchgeführt sind. Die Feuerung befindet sich an einem Kopfende; als Brennstoff dient Koksgrus. Die Trocknung erfolgt mit Hilfe großer Mengen gleichmäßig auf 300° erwärmter Heizgase, die aus zahlreichen einstellbaren Öffnungen zweier Blechrohrleitungen austreten, die oberhalb der Gestelle über die ganze Kammerlänge angeordnet sind. Diese Heizgase werden von einem Saug-

Abb. 184. Kerntrockenofen mit ausziehbaren Fächern.

[1] Ausgeführt von der Firma A.G. Vulkan, Köln-Ehrenfeld.
[2] Ausgeführt von der Firma Graue A.G., Hannover-Langenhagen.
[3] Ausgeführt von der Firma D. Neustädter, Hagen (Westf.).

zugventilator aus der Kammer in die Feuerung zurückgesaugt, also dauernd durch Kammer und Feuerung hindurch umgewälzt. Der Brenn-stoffverbrauch ist daher sehr gering und wird für jede Trocknung zu 600 kg Koks-

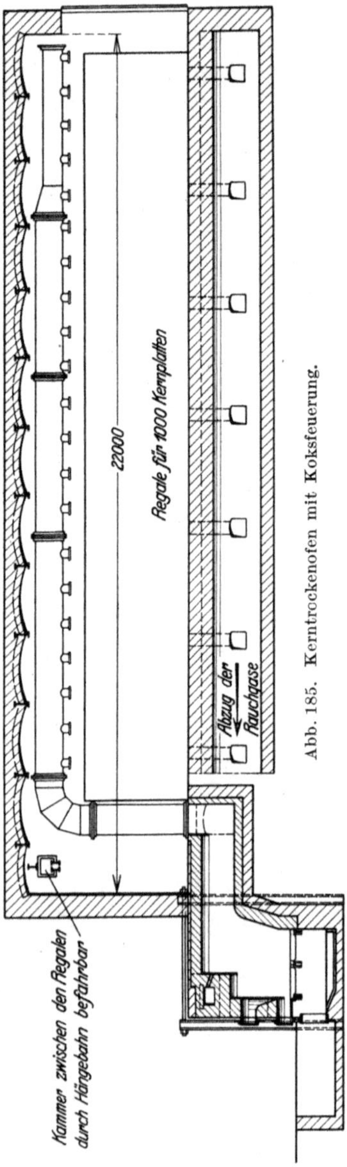

Abb. 185. Kerntrockenofen mit Koksfeuerung.

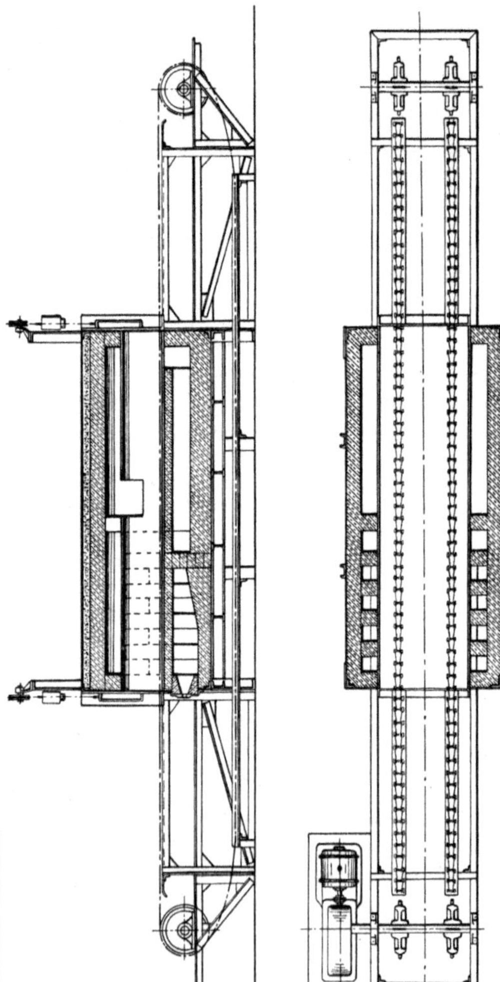

Abb. 186. Fortlaufend betriebener Kerntrockenofen.

grus angegeben; es sind also zur Trocknung von 1000 kg nur 12 kg Koks erforderlich.

Für sehr große Leistungen werden die Kerntrockenöfen auch als sog. Wanderöfen ausgeführt, bei denen die nassen Kerne auf Platten aufgelegt und mit Hilfe einer endlosen Kette durch den tunnelartigen Ofen

hindurchgezogen werden[1], Abb. 186. Die Beheizung erfolgt mit einem Ölbrenner, der die schmiedeeiserne Muffel durch geeignete Führung der Heizgase auf einer bestimmten Temperatur hält. An der Einfahrt- und Ausfahrtstelle des Ofens ist ein 2 m langes Auflage- bzw. Abnahmegestell vorgesehen. Durch die zwei Förderketten werden die Kerne auf den eisernen Unterlagsplatten erschütterungsfrei langsam durch den Ofen geführt; der Antrieb erfolgt durch einen 2 PS regelbaren Elektromotor. Die Leistung beträgt etwa 1000 kg Kerne in einer Stunde bei einem Trockenraum von 750 mm Breite, 350 mm Höhe und 3000 mm Länge.

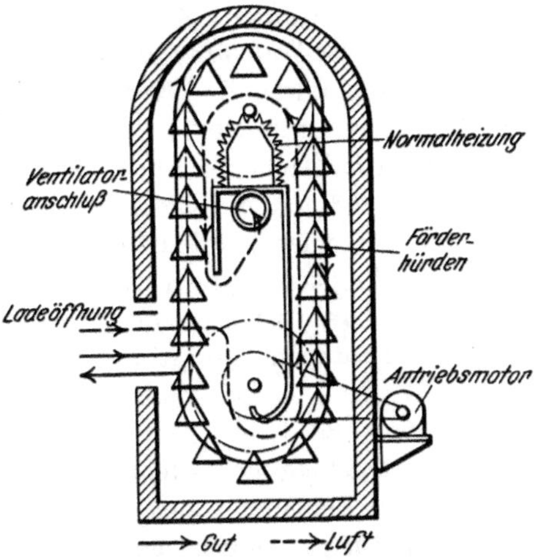

Abb. 187. Elektrisch beheizter Kerntrockenofen.

Für große Gießereien mit billigem elektrischem Strom kommen auch elektrisch beheizte Kerntrockenöfen in Betracht (Abb. 187 und 188)[2]. Der senkrechte Schacht, in welchem ein Paternosterwerk mit 22 Horden für die Aufnahme der Kerne läuft, ist als Blechdoppelmantel ausgebildet, dessen Hohlraum mit einem Wärmeschutzmittel ausgefüllt ist. Die elektrischen Heizkörper befinden sich im oberen Teil des Ofens,

Abb. 188. Elektrisch beheizter Kerntrockenofen.

[1] Ausgeführt von der Firma Dr. Schmitz & Co., Barmen-Wichlinghausen.
[2] Ausgeführt von der AEG. Berlin-Henningsdorf I; s. Gießerei 1929, S. 693.

unmittelbar darunter die Anschlußöffnung für die Saugluft. Die Horden laufen von der Ladeöffnung nach oben, während die Saugluft im Gegenstrome nach unten den Kernen entgegengeführt wird, um die Abhitze möglichst auszunutzen.

Die Grundfläche des Ofens beträgt 8 m², die des zugehörigen Schaltschrankes 2,5 m², die Ofenhöhe 6,5 m, die gesamte Trockenfläche der Horden bei einer größten Kernhöhe von 120 mm 25 m². Ein Umlauf, d. h. der Trockenvorgang, dauert je nach Art der Kerne 1 bis 2 Stunden. Der Ofen kann bei 220 Volt Drehstrom bis zu 90 kW aufnehmen; bei guter Ausnutzung beträgt der mittlere Stromverbrauch 0,12 kWst für 1 kg Kerne, d. i. bei einem Strompreis von 5 Pfg./kWst für 1000 kg Kerne 6,— RM.

Die Regelung der Ofentemperatur erfolgt vollkommen selbsttätig; Löhne für Bedienung sind also nicht vorhanden. Die Vorteile dieses Ofens liegen gegenüber den üblichen Trockenkammern in einer Platzersparnis, Lieferbeschleunigung, geringerem Lager an Kernen und Zubehör, Verringerung des Ausschusses und der Möglichkeit, die Kerne am laufenden Band herzustellen, da die Kette des Paternosters aus dem Ofen herausgeführt werden kann, um das Be- und Entladen der Kerne außerhalb des Ofens an den betreffenden Arbeitsstellen auszuführen.

C. Formtechnik.

Das Abgießen des weißen Gußeisens zu Formstücken bereitet dem Former ganz besondere Schwierigkeiten wegen seiner großen Schwindung, Sprödigkeit und verhältnismäßig geringen Dünnflüssigkeit, die sein niedriger Kohlenstoff-, Silizium- und Phosphorgehalt verursacht. Es müssen daher eine Menge Vorsichtsmaßregeln angewandt werden, die bei Graugußstücken nicht in diesem Maße notwendig sind. Wird beispielsweise ein Stab mit etwa 200 mm Länge nur an einem Ende, wie bei Grauguß üblich, angeschnitten und liegend abgegossen, so entstehen bei dessen Erstarrung im Innern in kleinen Abständen Schwindungshohlräume, Lunker, die wegen ihres dunklen Aussehens auf dem weißen

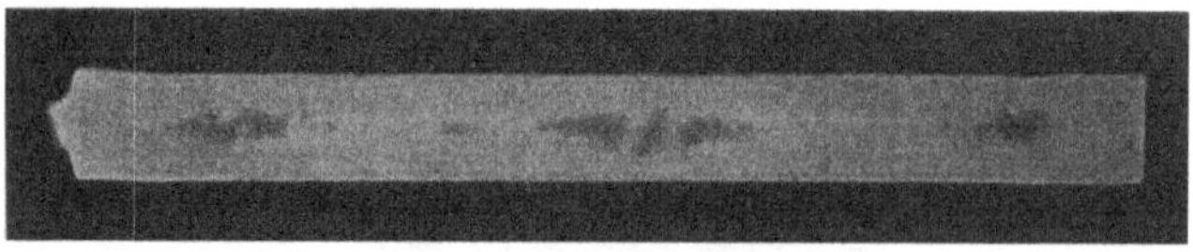

Abb. 189. „Schwarze Stellen", Schwindungshohlräume in einem ungenügend stark angeschnittenen Stabe.

Bruch auch die Bezeichnung „schwarze Stellen" führen (in Westfalen auch „Stiche" genannt). Abb. 189 zeigt den Längsschnitt durch einen geglühten Stab, der derartig — also falsch — angeschnitten ist und die schwarzen Stellen deutlich erkennen läßt.

Um solche Stäbe vollkommen dicht zu gießen, was bei Zerreißprobestäben besonders wichtig ist, muß der Anschnitt sehr stark sein, und er darf nicht unmittelbar vom Eingußtrichter in die Form führen, sondern es muß eine sog. Saugmassel unmittelbar vor dem Anschnitt und eine weitere auch am anderen Ende des Stabes angebracht werden, Abb. 190. Die Einhaltung der richtigen Größe der Masseln und des Anschnittes der Form ist von der größten Bedeutung; diese Erkenntnis führte in Amerika dazu, die Abmessungen der Masseln für den amerikanischen Zerreißstab zu normen, Abb. 191. Die Anwendung von Saugmasseln beim Formen von Fittings zeigt Abb. 192; ohne dieselben würden die Abgüsse porös werden.

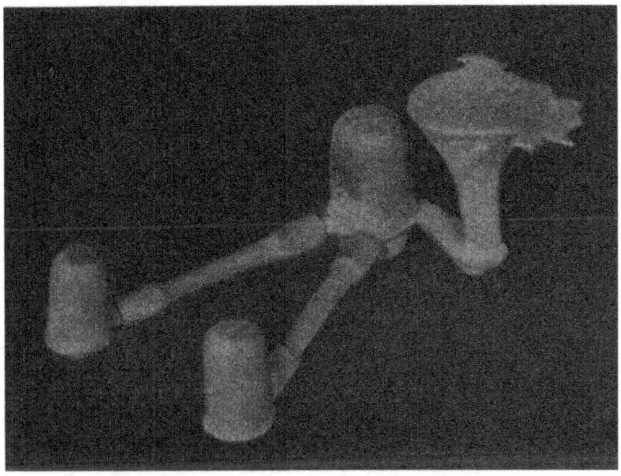

Abb. 190. Probestäbe mit „Saugmasseln".

Zum vollen Verständnis der Wirkung dieser Masseln hat man sich den Erstarrungsvorgang klarzumachen. Dieser erfolgt stets derart, daß bei jedem Abguß die inneren Teile zuletzt fest werden, während die äußeren Schichten rasch eine starre Schale bilden, an die sich die später erstarrenden Teile anschließen. Da nun aber der Übergang des flüssigen zum festen Zustande des weißen Eisens mit einer starken Volumenverminderung verbunden ist, muß es

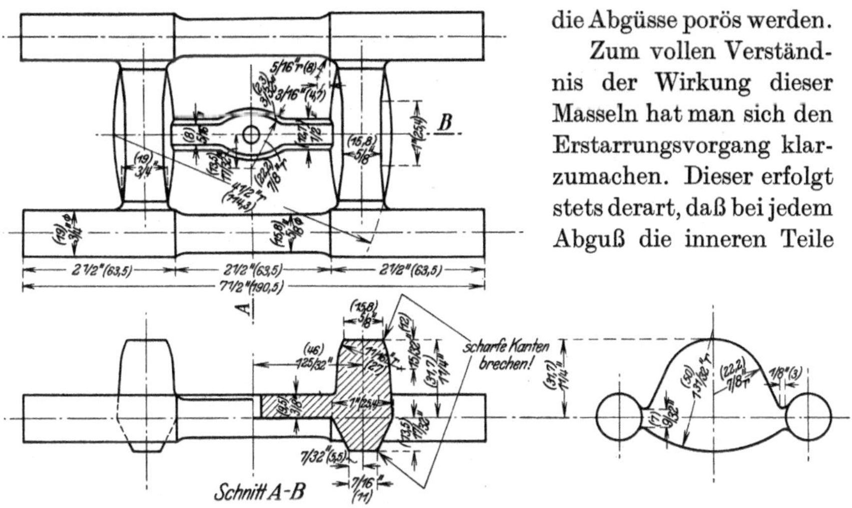

Abb. 191. Amerikanische Normung der Formweise von Probestäben.

im Innern an den zuletzt erstarrenden Teilen an Eisen fehlen, um einen vollkommen dichten Querschnitt zu erhalten. Es entstehen also an all den Punkten, die zuletzt erstarren, poröse Stellen oder sogar Schwindungshohlräume, die aber dadurch vermieden werden können, daß während der Erstarrung diesen gefährdeten Stellen flüssiges Eisen zugeführt wird. Dies kann nun durch das Anbringen der genannten Masseln geschehen, aus denen das schrumpfende Eisen „Nahrung" heraussaugt, so daß stets genügend flüssiges Eisen vorhanden ist, um die eingetretene Volumenverminderung auszugleichen.

Abb. 192. Formweise von Fittings mit Saugmasseln.

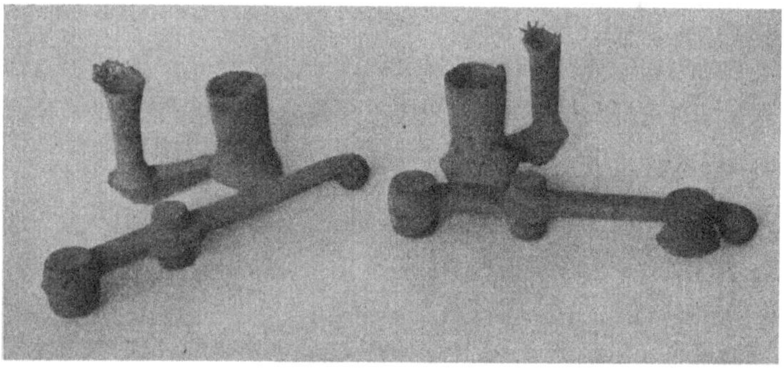

Abb. 193. Hebel. Links falsch angeschnitten; rechts richtig angeschnitten.

Hieraus ergibt sich für die Praxis des Anschneidens die Forderung, die Anschnitte möglichst an die stärkeren Teile eines Stückes zu legen,

Abb. 194. Bruchstücke des Hebels. Unten Lunkstellen; oben dicht.

und, wenn sie vollkommen dicht sein müssen, Saugmasseln anzubringen, heiß zu gießen und den Anschnitt zwischen Massel und Abguß sehr kurz zu machen, damit der Anschnitt nicht vor dem Gußstück erstarrt und dadurch die Massel überhaupt unwirksam macht. Als Beispiel zeigt Abb. 193 links einen Hebel an dem dünnen Teil falsch und rechts unmittelbar an dem dicken Auge richtig angeschnitten. Um die Verdickung an dem anderen Ende vollkommen dicht zu erhalten, wurde hier eine entsprechend große Saugmassel angebracht. Die Bruchstücke des

Abb. 195. Gabelhebel mit Saugmasseln.

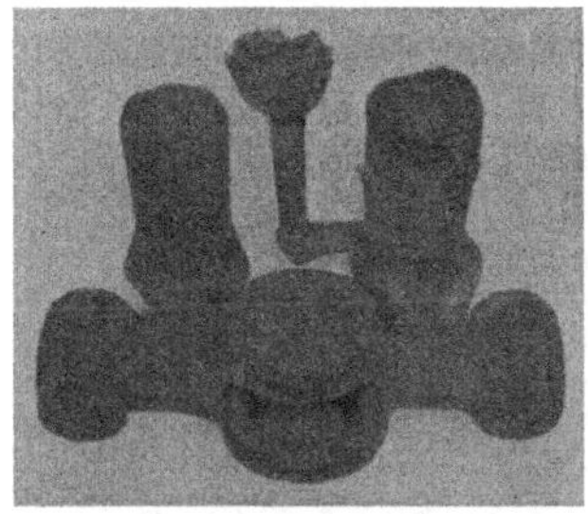

Abb. 196. Schwerer Abguß mit Steigern.

falsch angeschnittenen Hebels zeigten eine große Zahl von „schwarzen Stellen“ (Abb. 194 unten), während sie in keinem einzigen Bruchstück des richtig angeschnittenen Abgusses auftraten (Abb. 194 oben).

Abb. 195 zeigt den Abguß eines Gabelhebels mit 2 Saugmasseln an den Augen der Gabel und einer sehr starken Massel an der sehr dicken Nabe, die durch den Oberkasten durchgeführt wurde, um einen möglichst starken Flüssigkeitsdruck auszuüben. In ähnlicher Weise veranschaulicht Abb. 196 den Anschnitt eines von Hand geformten Stückes, das infolge seiner wegen Werkstoffanhäufungen ungünstigen Form diese besonders starken Masseln bzw. Trichter erfordert. Zu beachten ist, daß die Saugmasseln tangential vom Einguß her angeschnitten sind (Abb. 197), damit das Eisen in denselben in starke Drehung versetzt wird und etwaige Verunreinigungen sich im Innern absetzen und nicht in das Gußstück gelangen.

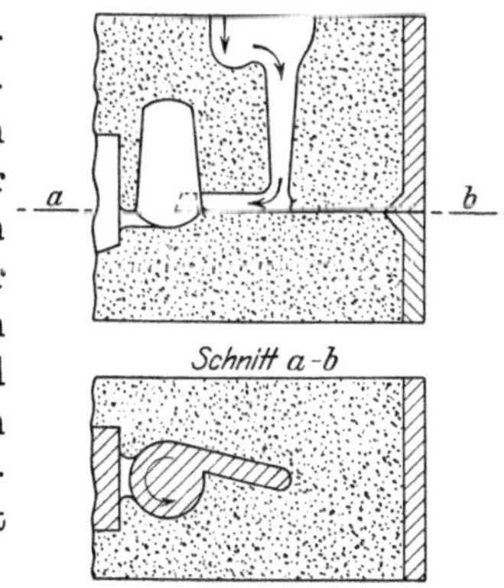

Abb. 197. Tangentialer Anschnitt einer „Massel“.

Die Abb. 198 und 199 geben die Abgüsse mit Trichtern und Saugmasseln wieder, die auf einer Abhebemaschine von einer Formplatte abgeformt wurden. Im allgemeinen besteht also die Vorschrift, den Abguß so stark anzuschneiden, als es seine äußere Form zuläßt. Es kann aber bei gewissen Stücken vorteilhafter sein, nicht einen einzigen, sondern statt dessen zwei dünnere Anschnitte zu geben. Denn beim Anschnitt an einer einzigen Stelle wird diese durch das durchfließende Eisen besonders stark erhitzt, sie erstarrt daher zuletzt, wodurch sich unter Umständen dort ein Lunker bilden kann. Bei zwei dünneren Anschnitten wird dagegen die Eingußstelle weniger heiß, die Abkühlung gleichmäßiger und damit die Gefahr der Lunkerstellen am Anschnitt vermieden.

Nicht jede Werkstoffanhäufung läßt sich jedoch durch geeigneten Anschnitt und Saugmasseln dicht gießen; so zeigt Abb. 200 links das Modell eines Zahnrädchens mit sehr dünner Scheibe und dicker

Abb. 198.

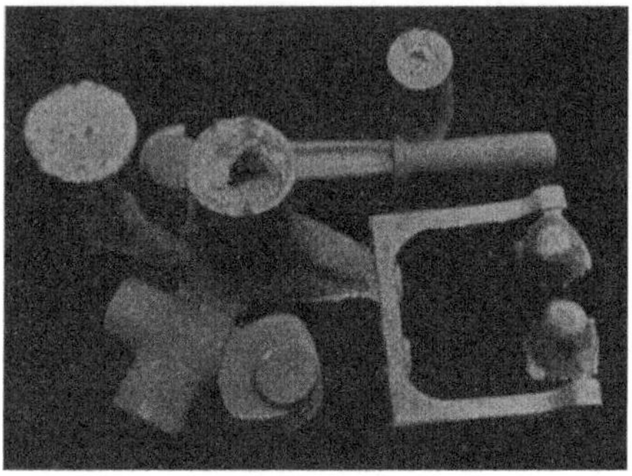

Abb. 199.

Abb. 198 und 199. Abgüsse mit Gießtrichtern aus einem Formkasten.

Nabe. Ein wenn auch noch so starker Anschnitt würde niemals eine dichte Nabe ergeben können (Abb. 200 links oben), da die dünne Scheibe vor der dicken Nabe erstarrt und jedes Nachsaugen der letzteren unmöglich macht. In solchen Fällen muß der Konstrukteur des Stückes dem Gießer zu Hilfe kommen und die unliebsame Werkstoffanhäufung

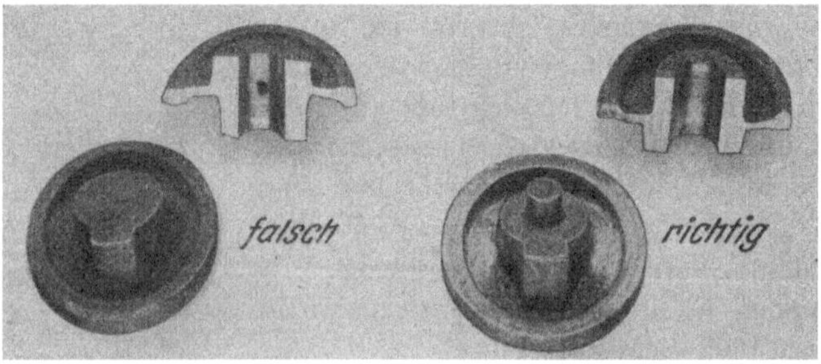

Abb. 200. Rädchen. Links mit massiver Nabe porös; rechts mit Kern in der Nabe dicht.

durch Einlegen eines Kernes in die Nabe vermeiden; wie Abb. 200 rechts zeigt, ist nunmehr die Bohrung vollkommen dicht, da die Erstarrung gleichmäßig erfolgt.

Die unangenehme Schrumpfung des Weißeisens kann sich auch äußerlich an falsch angeschnittenen Abgüssen zeigen, indem sich eingefallene Stellen und sogar auch Risse, besonders an den Innenkanten von scharfen Winkeln, bilden (Abb. 201). Auch hier kann durch richtiges Anschneiden und entsprechende Saugmasseln Abhilfe geschaffen werden; manche Betriebe ziehen die Anwendung von Kokillen, auch Abschreckplättchen oder Kühleisen genannt, vor. Durch diese wird an der gefährdeten Stelle das Eisen zur raschen dichten Erstarrung gebracht. Allerdings kann es auch vorkommen, daß hierdurch die äußerlich sichtbar gewesene poröse Stelle nur nach dem Innern des Abgusses verlegt wird, da die Abschreckung nur wenige Millimeter tief wirksam ist; aus diesem Grunde kann die Anwendung von Kokillen, wie sie in Abb. 202 angedeutet ist, nur als ein Notbehelf gelten. Dagegen wird z. B. die Werkstoffanhäufung der im Landmaschinenbau in größten Mengen gebrauchten „Finger“ nach Abb. 203 durch Einlegen einer kleinen Kokille unschädlich gemacht.

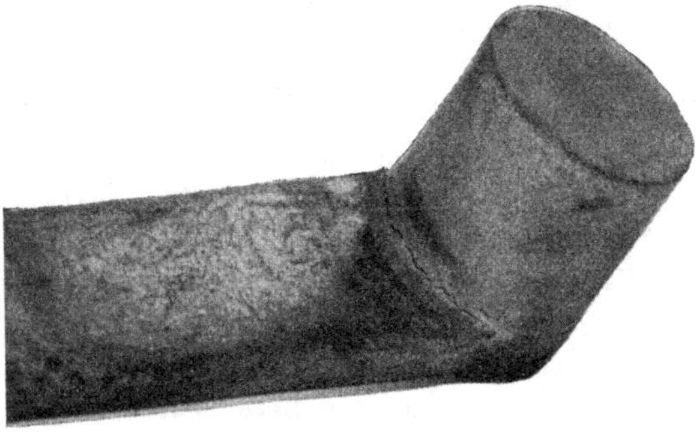

Abb. 201. Riß im scharfen Winkel.

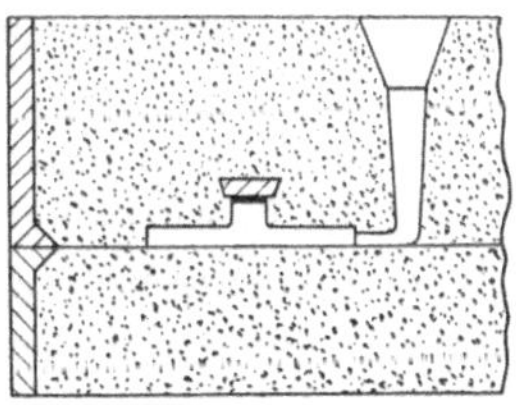

Abb. 202. Gußform mit Abschreckstück (Kokille).

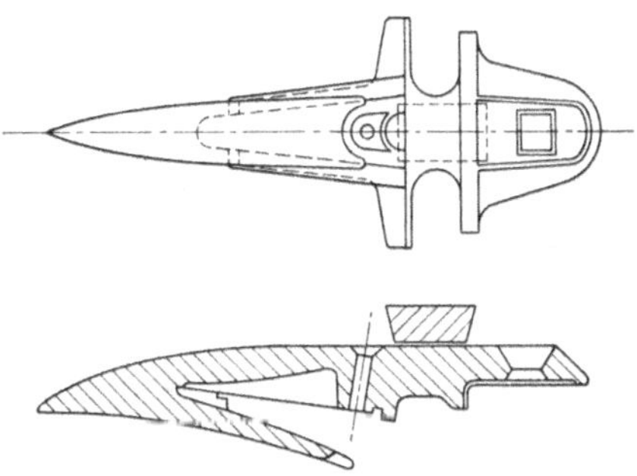

Abb. 203. Abguß mit Abschreckplättchen.

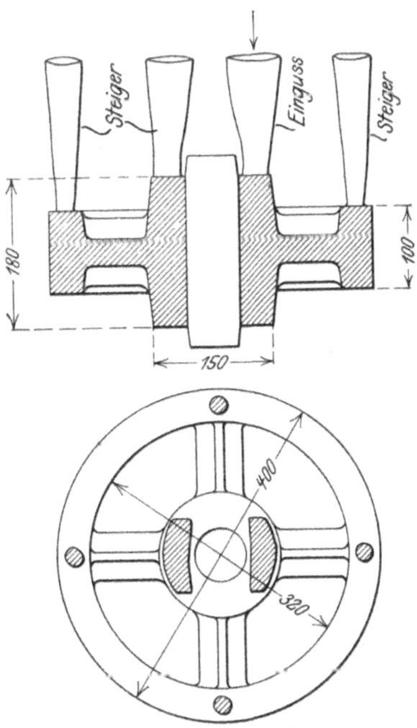

Abb. 204. Schwungrad mit Steigern und unmittelbarem Einguß.

Bei gewissen dickwandigen Stücken, wie beispielsweise dem Schwungrad der Abb. 204, ersetzt man zweckmäßig die angeschnittenen Saugmasseln durch aufgesetzte Steiger. Der Anguß erfolgt dann unmittelbar auf die Nabe durch den mit dem Pfeil kenntlich gemachten Gießtrichter, der gleichfalls als Steiger wirkt.

Die große Menge an Saugmasseln und Trichtern verteuert natürlich den Guß so stark, daß in manchen Gießereien an Stellen mit Werkstoffanhäufungen, wie Augen, Naben u. dgl., Formerstifte oder sog. Kühlnägel (verzinnt!) mit starken Köpfen in die Form eingesteckt werden. An diesen schreckt das Eisen ab und soll dadurch auch im Innern dieser dickeren Teile dicht erstarren. Da aber diese Nägel häufig nicht vollkommen verschweißen und leicht ein „Kochen“ des Eisens und dadurch porösen Guß verursachen, kann dieses Verfahren nur als ein äußerster Notbehelf angesehen werden.

Wie schon angeführt, neigt das weiße Gußeisen ganz besonders stark zu Rissen, die häufig, im Rohguß als Haarrisse kaum sichtbar, erst nach dem Glühen deutlich in Erscheinung treten. Die Entstehung dieser Risse kann man durch nähere Betrachtung des Erstarrungsvorganges erklären: Die beim Erstarren sich ausscheidenden Eisenkristalle wachsen gewöhnlich senkrecht zu der abkühlenden Fläche, wie dies auf Abb. 205 schematisch skizziert ist. Im Falle einer scharfen Ecke wie bei *a* wachsen die Kristalle senkrecht von außen nach innen, und zwar am raschesten an der äußeren Ecke, da diese sich rascher abkühlt, und am langsamsten an der inneren Ecke, da diese den geringsten Wärmeabfluß gestattet. An der zuletzt erstarrenden Stelle sammeln sich die Verunreinigungen an, und gleichzeitig bilden sich hier infolge der oben erläuterten Schrumpfung des Eisens kleine Schwindungshohlräume. Wir erhalten also den in der Abbildung unmittelbar an der inneren Ecke angedeuteten Lunker, der um so gefährlicher ist, als er bei entsprechender Beanspruchung des Abgusses als Kerb wirkt. Eine Abhilfe kann erfolgen durch Abrundung der Ecken nach *b*, wodurch eine gleichmäßigere Abkühlung erzielt und die Fuge der gegeneinander wachsenden Kristalle in die Mitte des Querschnittes verlegt wird.

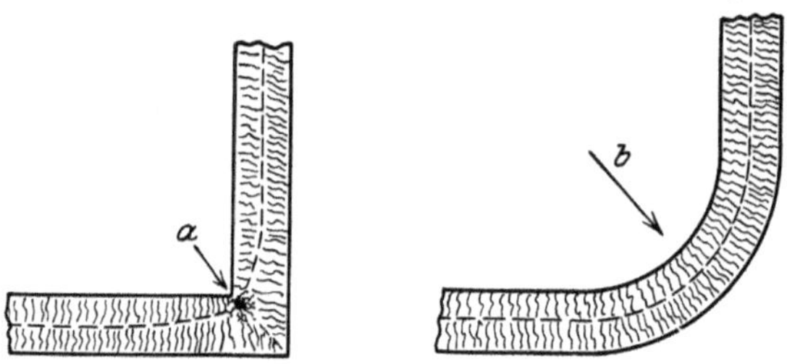

Abb. 205. Rißbildung an scharfen Winkeln.

Der Former wird also nach Möglichkeit alle scharfen Winkel vermeiden; sind aber die Übergänge in den Wandstärken aus konstruktiven Gründen sehr schroff, so muß er die Gefahr des Reißens an diesen Stellen dadurch bekämpfen, daß er Versteifungsrippen, sog. „Federn“, anbringt, die erst nach dem Glühen entfernt werden, Abb. 206.

Ganz allgemein soll an dieser Stelle auch noch darauf hingewiesen werden, daß die Formen für Temperguß so gut wie nie vollständig getrocknet werden, da sonst die Gefahr des Reißens zu groß ist; überhaupt vermeidet man trockene Kerne nach Möglichkeit und formt zweckmäßiger die Stücke von „Naturmodellen“ ohne Kernstücke ab. Sind aber solche nicht zu umgehen, so kann es bei sperrigen Stücken notwendig sein, die Abgüsse in noch rotwarmem Zustande aus der Form zu nehmen und sie unter losem trockenen Sand langsam erkalten zu lassen, wo sie ihrer Schwindung frei folgen können.

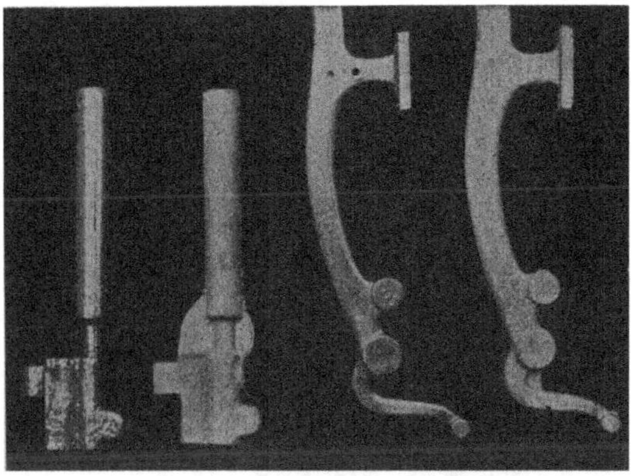

Abb. 206. Versteifungsrippen an schroffen Übergängen.

Das Formen des Tempergusses wird als Hand-, Bank- und Maschinenformerei ausgeführt. Zur Erleichterung der Formarbeit wird stets eine genügende Anzahl verschieden großer Holzmodelle für Saugmasseln vorrätig gehalten. Der Handformer muß bemüht sein, bei bester Ausnützung der Formkasten mit möglichst viel Modellen die Masseln gleichzeitig für mehrere Abgüsse so geschickt anzuordnen, daß er ein günstiges Gußausbringen erzielt; dies erfordert sehr viel Erfahrung und Geschick beim Formen und insbesondere beim Anlegen von Formplatten.

Abb. 207. Abschlagrahmen für kastenlosen Guß.

Handelt es sich um den Abguß größerer Mengen kleiner Tempergußteile, so wird in vielen Gießereien folgendes Verfahren angewandt: Die Metallmodelle werden alle zusammen an den gemeinsamen Eingußläufen und Masseln angelötet. Außerdem hat sich der Former ein „falsches Teil“ aus Gips hergestellt, in das er die zusammenhängenden Modelle einlegt. Auf diesem stampft er den Oberkasten auf, wendet von Hand, nimmt das falsche Teil fort, poliert ab und stampft den Unterkasten auf. Mit Hilfe eines durch den Formsand bis mitten auf den gemeinsamen Einguß geführten Stiftes werden die Modelle leicht losgeschlagen und danach die Kasten abgehoben. Als Formkasten werden meistens Abschlagrahmen amerikanischer Art (Abb. 207) benützt, so daß der Guß „kastenlos" erfolgt. Das Verfahren erfordert geübte Leute und ziemlich großen Platz für die Formen, da diese im allgemeinen nicht aufeinandergesetzt werden. Es besitzt aber den Vorteil, daß die Abgüsse, besonders in der Teilfuge, sehr sauber ausfallen, da „Sand auf Sand" geformt wird, sowie daß überhaupt keine Formmaschine und Formkasten benötigt werden.

Abb. 208. Ältere Stiftabhebemaschine mit Handhebelpressung.

Die Leistung in Rheinland-Westfalen, wo dieses Verfahren die Bezeichnung „Amerika-Formen" führt, beträgt 60 bis 80 Kasten in 8 Stunden für einen sog. „Handformer", der mit seinem Nebenmann zusammen seinen ganzen Guß abzugießen, auszuleeren und abzuschlagen, sowie seinen gebrauchten Formsand anzufeuchten und auf einen Haufen an seinen Formplatz zu werfen hat.

Formmaschinen. Zur Herstellung einer größeren Anzahl Abgüsse (etwa von 50 Stück an) ist es zweckmäßiger, Formmaschinen zu benutzen. Für niedrige Modelle genügen die einfachen Stiftabhebemaschinen mit und ohne Handhebelpressung, wie sie zuerst von Hillerscheidt gebaut wurden (Abb. 208). Diese ältere Ausführung besitzt den Nachteil, daß das ganze Formplatten- und Kastengewicht zum Pressen gegen den eingeschwenkten Preßholm gehoben werden muß. Die neueren Ausführungen vermeiden diesen Nachteil, indem ein Preßklotz von oben in den Formkasten gedrückt wird (Abb. 209)[1]. Der Preßholm wird beim Aufsetzen und Füllen nach rückwärts geklappt; er kann auch seitwärts ausschwenkbar oder nach rückwärts ausfahrbar angeordnet sein, um je nach den Bedürfnissen des Betriebes möglichst viel freien Raum über dem Formkasten zur Verfügung zu haben. Das Abheben des Formkastens erfolgt durch langsames Absenken des links an der Maschine sichtbaren Hebels. Die Abstände der 4 Abhebestifte sind auf einfache Weise verstellbar, so daß verschieden große Formkasten benutzt werden können.

Abb. 209. Stiftabhebemaschine mit Handpressung von oben.

Bei der neuesten Ausführung ist die Bedienung dieser Maschinen dadurch weiter vereinfacht, daß die Pressung des Sandes und das Abheben des Formkastens mit einem einzigen Hebel in einem Arbeitsgang erfolgt.

Diese Abhebemaschinen arbeiten meistens paarweise zusammen, indem auf der einen der Unterkasten und auf der anderen der Oberkasten hergestellt wird. Bei einfachen, guten Modellen können 2 Arbeiter bis zu 45 vollständige Kasten (in einer Größe der Kastenhälfte von 300 × 400 × 100 mm) in der Stunde herstellen. Es ist jedoch auch möglich, kleinere Ober- und Unterkasten nebeneinander auf der gleichen Formmaschine zu pressen, wobei 1 Arbeiter bis zu 35 Formkasten in der Stunde herstellen kann.

Um dem Wunsche nach einer möglichst billigen leichten Formmaschine für Kleinguß nachzukommen, wurde die Ausführung als Tisch-Handpreß-Maschine für eine Kastengröße bis zu 350 × 450 × 100 mm durchgebildet (Abb. 210)[1], die sich gut bewährt hat. Das Preßhaupt ist auf Kugellagern laufend leicht ausschwenkbar. Die Maschine kann auf jeden beliebigen Tisch gestellt werden. Mit einem Maschinenpaar können 40 vollständige Kasten (400 × 300 × 100/100 mm) in der Stunde hergestellt werden.

[1] Ausgeführt von der Firma Vereinigte Modellfabriken, Berlin-Landsberg a. W.

Auf ähnliche Weise läßt sich das Pressen von oben bei den Abhebemaschinen nach Abb. 211 mittels Handhebels, Exzenterscheibe und eines Kolbens mit 250 mm Dmr. ausführen[1]. Das Preßhaupt ist ohne Anstrengung ausschwenkbar. Das Abheben erfolgt durch einen Handhebel in Verbindung mit Zugstange und Kolben, der mit Hilfe einer langen Führung ein genaues Arbeiten gewährleistet; der Aushub wird durch eine starke im Ständer liegende Spiralfeder erleichtert. Die Leistungsfähigkeit der Maschine ist groß; bei einfachen Modellen können durch 1 Maschinenpaar (2 Arbeiter) bis zu 45 Formkasten (300 × 400 × 90/90 mm) in der Stunde hergestellt werden.

Abb. 210. Tisch-Handpreß-Maschine.

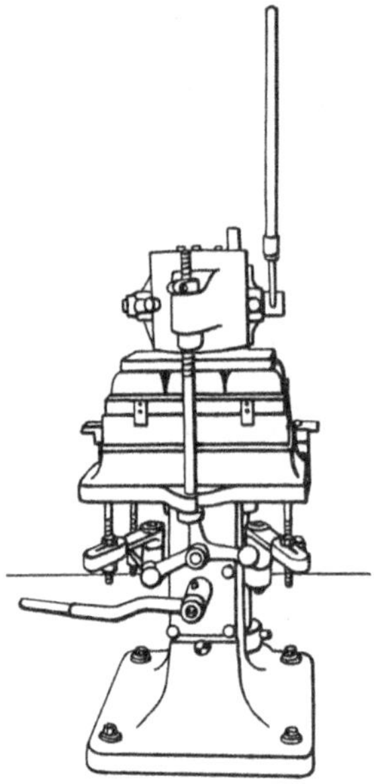

Abb. 211. Stiftabhebemaschine mit Handpressung von oben.

Die Maschine wird auch als fahrbare oder ortsfeste Zwillingsformmaschine ausgeführt (Abb. 212)[1]. Da bei dieser Maschine Ober- und Unterkasten unmittelbar hintereinander aufgesetzt, gefüllt, abgestrichen und abgesetzt werden, während das Pressen und Abheben beider Kasten gleichzeitig erfolgt, erzielt man mit diesen Maschinen gegenüber den einfachen Stiftabhebeformmaschinen eine Mehrleistung.

Liegen nur sehr kleine Modelle vor, wie Schlüssel, Schloß-, Beschlag-, Nähmaschinenteile u. dgl., so werden lange, schmale Formkasten mit einer Fläche von etwa 630 × 270 mm und einer Höhe von 50 bis 100 mm benutzt. Bei diesen sog. „Flaschen" befindet sich der Einguß nicht, wie sonst üblich, auf der gepreßten Sandfläche, sondern in der Mitte der Schmalseite des Formkastens. Die fertigen Formkasten werden

[1] Ausgeführt von der Firma Alfelder Maschinen- und Modellfabrik Künkel, Wagner & Co., Alfeld (Leine).

zunächst bis zu 14 Stück aufeinandergesetzt und zum Abgießen mit Hilfe einer Presse in eine Schräglage gebracht. Der Vorteil dieses Formens in Flaschen besteht darin, daß der Formkasteninhalt sehr gut ausgenutzt wird, da durch die fast senkrechte Lage der Formkasten beim Gießen an Druckmasseln gegenüber dem wagrechten Gießen gespart wird. Bei diesem Verfahren können zwei geübte Maschinenformer im neunstündigen Arbeitstag bis zu 12 Pressen mit je 14 Flaschen = insgesamt 168 Formkasten formen, gießen, ausleeren, die Abgüsse von den Stangen abklopfen, die verwendeten Formkasten neben der Formmaschine aufstapeln und den Füllsand auf einen Haufen werfen. In jeder Flasche beträgt durchschnittlich das Gewicht an Formguß 1 bis 2 kg bei einem Gesamteisengewicht von 2 bis 4 kg.

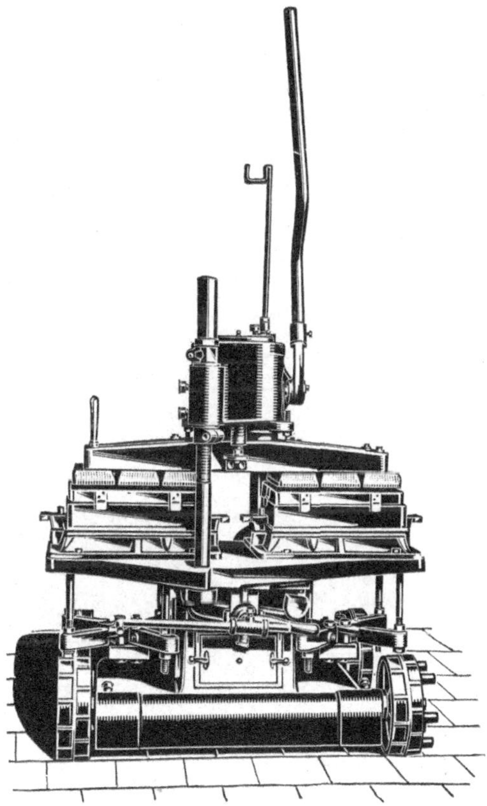

Abb. 212. Zwillingsformmaschine mit Handpressung.

Zur Ersparnis der großen Anlage- und Unterhaltungskosten der Formkasten können die Formmaschinen sehr vorteilhaft auch dann verwendet werden, wenn unter Benutzung der erwähnten Abschlagrahmen kastenlos gegossen werden soll. Diese Formweise gewinnt immer mehr an Bedeutung und damit auch die Formmaschinen, die hierfür besonders gebaut werden. Als solche ist in erster Linie die fahrbare Vosssche Handformmaschine[1] anzuführen, die zur Herstellung von Fahrradnaben, Geschirringen, Werkzeugteilen u. dgl. vielseitige Anwendung gefunden hat, Abb. 213. Die Arbeitsweise ist folgende: Auf die doppelseitige Formplatte wird der Abschlagrahmen für den Unterkasten aufgesetzt, mit Sand gefüllt, abgestrichen und darüber eine Bodenplatte in Form eines gußeisernen Rostes in den Sand eingedrückt. Das Ganze verklammert man nun mit zwei praktisch angeordneten Griffen, so daß mühelos gewendet werden kann. Nach Ablegen des Wenderahmens

[1] Ausgeführt von der Firma Vosswerke A.G., Sarstedt bei Hannover.

auf den Gerätewagen wird der Abschlagrahmen für den Oberkasten auf die freie Seite der Modellplatte gesetzt, mit Sand gefüllt und abgestrichen. Nach Ausklinken der Preßvorrichtung kommt diese selbsttätig nach vorne; durch Anziehen des Druckhebels wird der Preßklotz in den Oberkasten bis zu einem bestimmten Anschlag gedrückt und gleichzeitig auch die Bodenplatte in den Unterkasten. Hiernach bringt man den Druckhebel wieder zurück, ebenso das Preßhaupt, was ohne jede

Abb. 213. Vosssche Formmaschine mit Gerätewagen.

Anstrengung vor sich geht. Zum Abheben wird die vorne an der Maschine befindliche Kurbel um 180° gedreht, wobei die 4 Abhebestifte zunächst den Oberkasten von der Formplatte, sodann beim Weiterdrehen die Formplatte vom Unterkasten abheben. Dadurch, daß die oberen Enden der beiden rückwärtigen Abhebestifte als Scharniere ausgebildet sind, kann jetzt der Oberkasten um 90° hochgeklappt, die Formplatte abgehoben und auf die mit Koks u. dgl. beheizte Wärmevorrichtung des Gerätewagens abgelegt werden. Nunmehr werden in den freiliegenden Unterkasten die Kerne eingelegt, worauf durch Niederklappen des Oberkastens die Form geschlossen wird. Das Ausheben wird durch einen Vibrator unterstützt und der überflüssige Sand durch eine Abblasvorrichtung entfernt.

Die Leistung dieser Maschine, die äußerst praktisch durchkonstruiert ist, hängt natürlich von der Art der Stücke und von der Geschicklichkeit des Arbeiters ab; man kann mit 15 bis 30 Kasten in der Stunde rechnen.

Das kastenlose Formen eignet sich in erster Linie für flache Gegenstände, die keine hohen Saugmasseln benötigen, da sonst die Gefahr vorliegt, daß häufig Ausschuß infolge „Durchgehens" des flüssigen Eisens entsteht. Der Inhalt des Abschlagrahmens kann auch wegen dieser Gefahr nicht so gut ausgenutzt werden, wie der eines festen Formkastens,

Abb. 214. Stapelung von kastenlosen Formen.

da stets ein Sandrand von 40 bis 50 mm Breite nicht mit Modellen belegt werden darf. Der Platzbedarf für die Formen ist ziemlich groß, da das Aufeinanderstellen gewisse Schwierigkeiten bereitet.

Es ist jedoch möglich, 2 bis 3 kastenlose Formen zur Platzersparnis aufeinanderzustellen (Abb. 214). Diese Formen (mit einer Größe bis zu 660 × 400 × 160 mm) werden von einer hydraulisch betätigten Abhebemaschine[1] mit doppelseitiger Pressung in folgender Arbeitsweise hergestellt: In den auf dem Preßtisch ruhenden unteren Formkastenrahmen (Abb. 215) wird ein hölzernes Bodenbrett oder ein eiserner Rost gebracht, darüber Sand aufgefüllt und abgestrichen; sodann wird die um die linke Ständersäule drehbare doppelseitige Formplatte eingeschwenkt, der obere Formkastenrahmen darauf gesenkt, mit Sand gefüllt und ab-

[1] Ausführung der Firma Vereinigte Schmirgel- und Maschinenfabriken A.G. in Hannover-Hainholz.

gestrichen. Mit Hilfe eines einzigen Steuerhebels wird nun nach selbsttätigem Einschwenken des Preßklotzes nach vorne gleichzeitig das Unter- und Oberteil gepreßt. Das Abheben der beiden Kastenhälften von den Modellen erfolgt gleichfalls hydraulisch. Nach Herausschwenken der Modellplatte wird der Oberkasten auf den Unterkasten gesenkt und nach Verklammerung der beiden Formkasten die ganze Sandform samt Bodenstück hydraulisch aus den Rahmen herausgedrückt. Die Herstellung eines Kastens dauert bei Bedienung der Maschine durch einen Mann etwa 1 Minute.

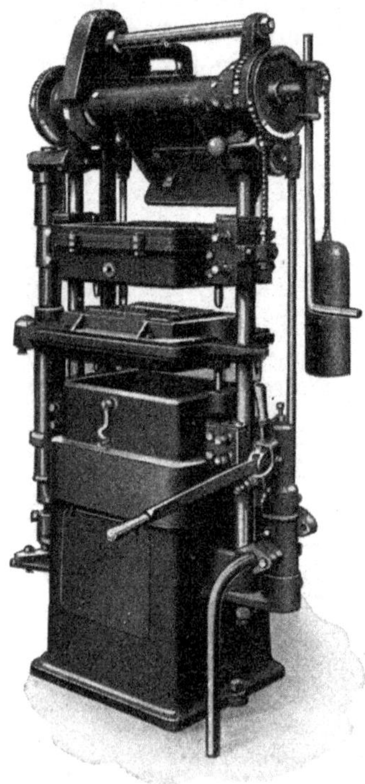

Abb. 215. Kastenlose Wasserdruck-Formmaschine für doppelseitige Pressung.

Die Aufstellung solcher Maschinen und der erforderlichen Anlage zur Erzeugung des Wasserdruckes von 50 at ist kostspielig; häufiger findet man daher einfache Abhebemaschinen, bei denen nur die Handhebelpressung durch Wasserdruck ersetzt ist. Eine solche Maschine[1], bei welcher die Pressung des Sandes von oben ausgeübt wird, zeigt Abb. 216.

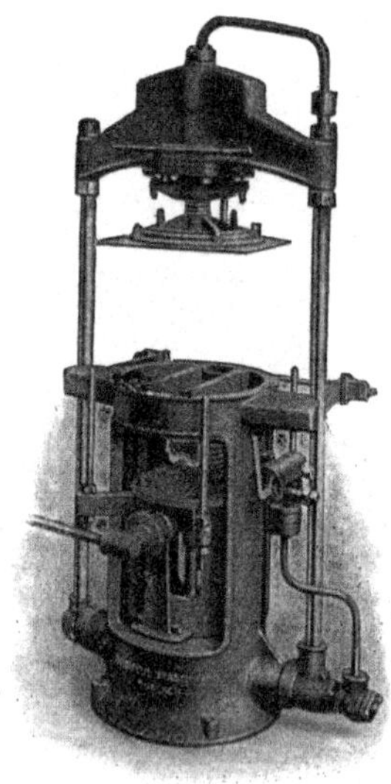

Abb. 216. Stiftabhebemaschine mit Druckwasserbetrieb.

Die Anordnung des Preßkolbens oberhalb des Formtisches bietet den Vorteil einer guten Übersichtlichkeit und einfachen Bauart der Maschine; durch das bequeme Zurücklegen der Preßvorrichtung kann der Former ungehindert an dem freiliegenden Formtisch arbeiten. Mit diesen Maschinen können 2 Arbeiter bis zu 50 Formkasten (300 × 400 × 100/100) in der Stunde herstellen. Man kann rechnen, daß durch die mechanische

[1] Ausführung der Firma Badische Maschinenfabrik, Durlach.

Pressung des Sandes und Abhebung des Formkastens eine Mehrleistung von 50% gegenüber dem Stampfen und Abheben von Hand erreicht wird. Es sei jedoch darauf aufmerksam gemacht, daß den senkrechten Flächen der Modelle ein größerer Anzug gegeben werden muß, als bei Modellen für Formmaschinen mit Handstampfung, da sonst beim Abheben der Formkasten der Sand zu leicht abreißt. Der zum Pressen der Formkasten notwendige Druck soll 2,5 bis 3 kg je 1 cm^2 der gepreßten Fläche betragen[1].

Mit der Anwendung von Druckwasser sind stets gewisse Unannehmlichkeiten verbunden: Im Winter tritt die Gefahr des Einfrierens der Rohrleitungen ein, die Formmaschinen und Druckwasseranlagen bedürfen einer sorgfältigen Wartung. Die Formmaschinen sind ortsfest und können nur mit erheblichen Kosten an einem anderen Platze der Gießerei wieder aufgestellt werden. In neuerer Zeit wird daher vielfach Luft dem Wasser als Druckmittel zum Pressen des Sandes vorgezogen. Zum Abheben des Formkastens von den Modellen ist jedoch Luftdruck ohne weiteres nicht geeignet, da bei dessen unmittelbarer Verwendung das Abheben ruckweise erfolgt bzw. zuerst sehr rasch vor sich geht und danach durch die Expansion der Luft immer langsamer wird, während es umgekehrt richtig wäre. Man kann aber diese Unannehmlichkeit sehr gut dadurch vermeiden, daß ein Flüssigkeitspuffer zwischengeschaltet wird, auf den der Luftdruck wirkt. Dieser kann in einfacher Weise so eingestellt werden, daß das Abheben der Formkasten zuerst ganz langsam und dann mit zunehmender Geschwindigkeit erfolgt, wie es beim Abheben von Hand stets gemacht wird. Hierdurch ist es möglich, daß ein ungeübter Mann ebenso sauber und rasch abhebt wie ein geschickter Maschinenformer. Eine solche Formmaschine[2] ist auf Abb. 217 wiedergegeben; sie wird für einen Aushub von 80 bis 250 mm Höhe und eine Kastengröße von 1750 bis 8000 cm^2

Abb. 217. Druckluft-Preßformmaschine.

[1] Vgl. auch A. Zankl: Einrichtung, Instandhaltung und Betrieb hydraulischer Formmaschinenanlagen. Gieß. 1929, S. 433/36.

[2] Ausführung der Firma G. Zimmermann, Düsseldorf-Rath.

Fläche in 5 Größen gebaut. Der Betriebsdruck beträgt 6 at; die Verwendung von Druckluft bietet auch den großen Vorteil, überschüssigen Sand abblasen und einen Vibrator anwenden zu können, der ein sehr sauberes Ausheben der Modelle gewährleistet.

Diese Maschine ist zum Formen hoher Modelle noch weiter ausgebildet worden, indem mit Hilfe eines Rüttelzylinders der Sand durch Rütteln verdichtet und die Oberfläche des Formkastens durch Luftdruck festgepreßt wird.

Die neueste Bauart einer Formmaschine mit Rüttel- und Druckluft-Preßvorrichtung[1], die sich durch Einfachheit und billigen Preis auszeichnet, zeigt Abb. 218. Sie kann ortsfest oder fahrbar geliefert werden; das Rütteln erfolgt vollkommen stoßfrei. Durch eine Abhebevorrichtung mit sehr langer Führung wird auch nach langer Betriebsdauer ein stets genaues Abheben gewährleistet.

Abb. 218. Druckluft-Rüttel- und Preßformmaschine.

Eine Formmaschine nach amerikanischer Bauart für gleichzeitige Pressung von Ober- und Unterkasten durch Luftdruck gibt Abb. 219 wieder[2]. Ihre Arbeitsweise ist folgende: Zwischen den beiden hölzernen Abschlagkasten befindet sich die mit Vibrator versehene Modellplatte aus Aluminium. Der obere Kasten wird mit Sand gefüllt und die hölzerne Bodenplatte darauf gesetzt. Nun wird von Hand gewendet, der andere Kasten mit Sand gefüllt, der Preßholm eingeschwenkt und in den untergebauten Zylinder Druckluft gegeben; der Oberkasten wird mittels Handhebels abgehoben und danach die Modellplatte. Diese Maschine wird auch derart gebaut, daß Ober- und Unterkasten gleichzeitig nebeneinander gepreßt werden, wodurch die Leistungsfähigkeit noch weiter erhöht wird. Eine weitere Vervollkommnung erhielten diese Maschinen durch den Einbau einer Vorrichtung zum gleichzeitigen Rütteln und Pressen.

Die bis jetzt erläuterten Abhebemaschinen eignen sich im allgemeinen nur zur Herstellung von verhältnismäßig niedrigen Abgüssen; besitzen diese höhere Ansätze, Flanschen u. dgl., so kann nicht mehr der Form-

[1] Ausführung der Firma G. Zimmermann, Düsseldorf-Rath.
[2] Ausführung der Firma Heinrich Herring & Sohn, Milspe i. Westf.

kasten vom Modell abgehoben werden, sondern es muß nach Wenden des Kastens das Modell aus dem Sand herausgezogen werden. Da es sich

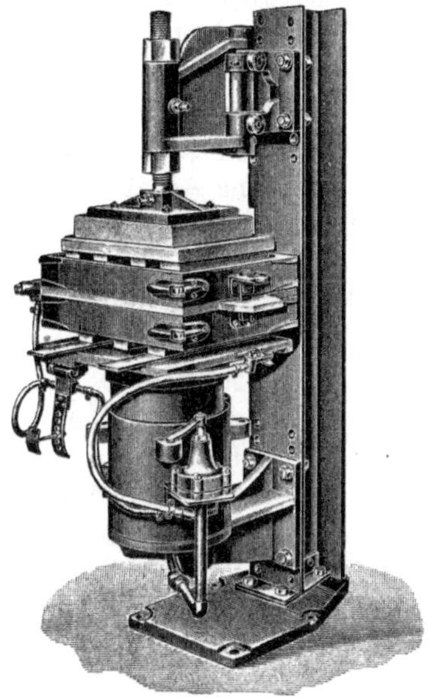

Abb. 210. Druckluft-Formmaschine für gleichzeitige Pressung von Ober- und Unterkasten.

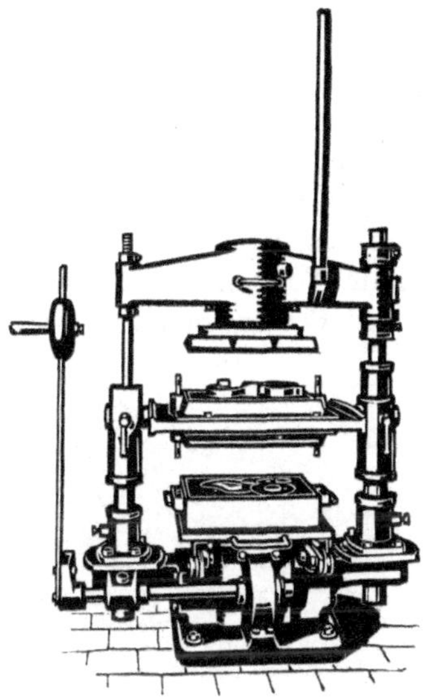

Abb. 220. Wendeplatten-Formmaschine mit Handpressung.

hierbei um höhere Formkasten handelt, so wird meistens das mühsame Stampfen von Hand durch mechanische Pressung oder durch Rütteln ersetzt. Eine solche Wendeplatten-Formmaschine erster Art nach Abb. 220 besitzt ein seitlich ausschwenkbares Preßhaupt[1]; das Heben und Senken des Formkastenwagens erfolgt durch Umlegen des seitlichen Handhebels. Der normale Hub der Maschine beträgt 170 mm, die normale Kastenhöhe für mechanische Hebelpressung ohne Handstampfung 150 mm. Bei höheren Kasten kann die Handpreßvorrichtung nur zum Nachpressen verwendet werden.

Abb. 221. Wendemaschine mit Druckluft-, Rüttel- und Preßvorrichtung (Absenkstellung).

[1] Ausführung der Firma Alfelder Maschinen- und Modellfabrik Künkel, Wagner & Co., Alfeld (Leine).

Eine Wendeformmaschine für größere Formkasten mit Druckluftbetrieb[1] veranschaulicht Abb. 221; der Formsand wird durch Rütteln und an seiner Oberfläche durch Pressen verdichtet. Diese Preßplatte dient gleichzeitig als Gegenhalter beim Wenden; hierdurch fällt die sonst notwendige Bearbeitung der Oberseite der Formkasten weg. Nach erfolgtem Wenden wird nur die Luft aus dem Preßzylinder abgelassen, um den Formkasten von dem Modell abzuheben. Hierdurch wird der Vorteil eines sehr genauen Abhebens erzielt und eine Anzahl sonst notwendiger Handgriffe zum Verklammern des Kastens, Abblasen des Sandes u. dgl. erspart.

Zum Formen von Stücken mit Gewinden z. B. von Spundbüchsen ist eine Formeinrichtung sehr zweckmäßig, wie sie in der äußeren Ansicht auf Abb. 222 wiedergegeben ist. Die eine Formkastenhälfte wird auf der unten abgebildeten Formplatte abgeformt, von der der Kasten durch Druck auf den an der rechten Seite herausstehenden Hebel abgehoben wird. Die andere Formkastenhälfte wird über der oben abgebildeten Formplatte aufgestampft, welche die Modelle mit den Gewinden trägt. Um nun von den Gewinden eine nahtlose Sandform zu erhalten, werden die Modelle durch Drehen an der links sichtbaren Handkurbel reihenweise aus dem Sand herausgedreht. Die beiden Kastenhälften werden aufeinandergelegt und jeweils 10 Kasten zusammen aufrecht in Pressen abgegossen.

Abb. 222. Einrichtung zum Formen nahtloser Gewinde.

D. Gießtechnik.

Die Hauptmenge des Tempergusses ist Massenware mit sehr kleinem Stückgewicht. Es handelt sich daher in weitaus den meisten Fällen um das Abgießen verhältnismäßig kleiner Formkasten, die vielfach zu Stapeln bis zu 6 Stück aufeinandergestellt werden. Zum Gießen benutzt man so gut wie ausschließlich die sog. Scher- oder Gabelpfannen mit einem Inhalt von 40 bis 75 kg (Abb. 223). Mit diesen wird das flüssige Eisen durch 2 Arbeiter meistens unmittelbar an der Abstichrinne abgefangen. Zum

[1] Ausführung von der Firma G. Zimmermann, Düsseldorf-Rath.

Vergießen kleiner Mengen sind auch die Handpfannen mit 10 bis 25 kg Inhalt nach Abb. 224 geeignet, die von einem Mann getragen werden.

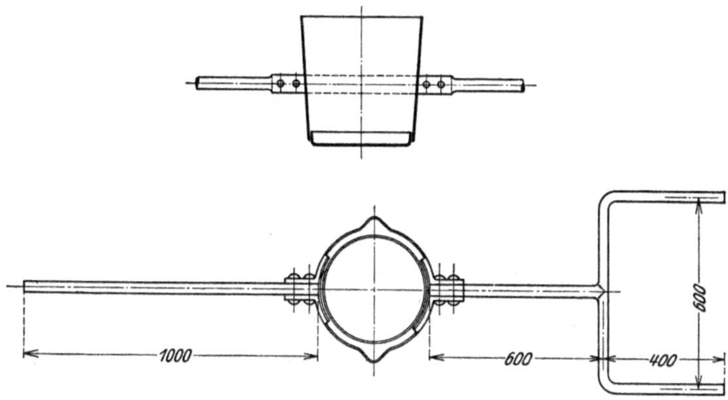

Abb. 223. Scher- oder Gabelpfanne.

Bei größeren Flamm- und Siemens-Martin-Öfen kann es vorteilhaft sein, den ganzen Ofeninhalt in eine oder mehrere Kranpfannen (Abb. 225) abzustechen, aus denen das Eisen mittels Stopfens in die einzelnen Handpfannen abgelassen wird. Das Abgießen der vielen kleinen Stücke dauert ziemlich lange. Um die Gießarbeit durch Dünnflüssigkeit des Eisens zu erleichtern, besitzen die großen amerikanischen Flammöfen, deren unmittelbar über der Herdsohle befindlicher Eiseneinsatz infolge der großen Badtiefe nur sehr schwer auf höhere Temperatur erhitzt werden kann, gewöhnlich 2 oder 3 Abstichöffnungen in verschiedener Höhe.

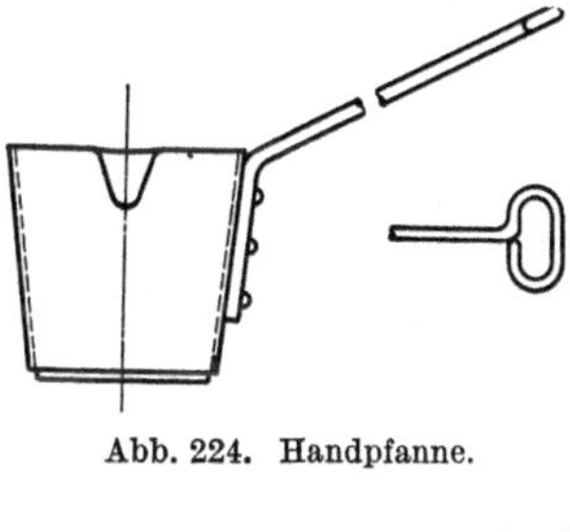

Abb. 224. Handpfanne.

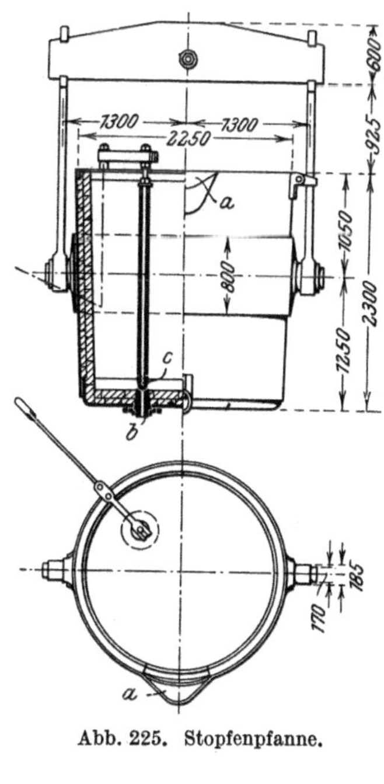

Abb. 225. Stopfenpfanne.

Hierdurch können nach Abstich der oberen Eisenschichten die unteren weiter beheizt werden.

Das Tempereisen muß im allgemeinen zum Vergießen der meist dünnen Stücke möglichst heiß sein, um die nötige Dünnflüssigkeit zu erzielen.

Da aber durch das Anstreben eines niedrigen Kohlenstoffgehaltes das Eisen in den Handpfannen sehr rasch „absteht“, d. h. dickflüssig wird, so ist es erforderlich, bei niedrigem Kohlenstoffgehalt die Handpfannen auf Rotglut vorzuwärmen. Hierzu hat sich das Pfannenfeuer nach Abb. 226 in der Bauart Pollems-Küppers sehr gut bewährt, da es sich durch geringen Brennstoffverbrauch und einwandfreie Betriebssicherheit auszeichnet. Der Heizofen *a* stellt einen kleinen Gasgenerator dar, in dem der eiserne, mit Klebsand ausgestampfte Behälter mit Koks beschickt wird, der

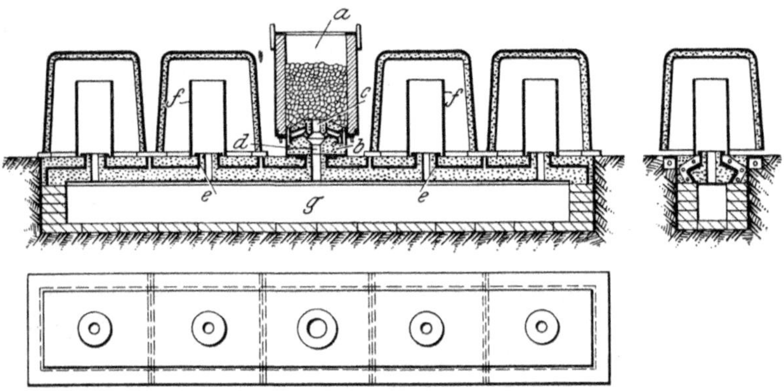

Abb. 226. Pfannenfeuer, Bauart Pollems-Küppers.

von oben nach unten brennend vergast. Die nötige Verbrennungsluft wird durch einen kleinen Ventilator erzeugt, der Luft durch den in Glut gebrachten Koks und die obere Öffnung des Ofens saugt. Die Heizgase gelangen durch das Rohr *d* in den Kanal *g* und von diesem durch Stutzen *e* in die Rohrstücke *f*, wo sie unter den darüber gestülpten Gießpfannen verbrennen.

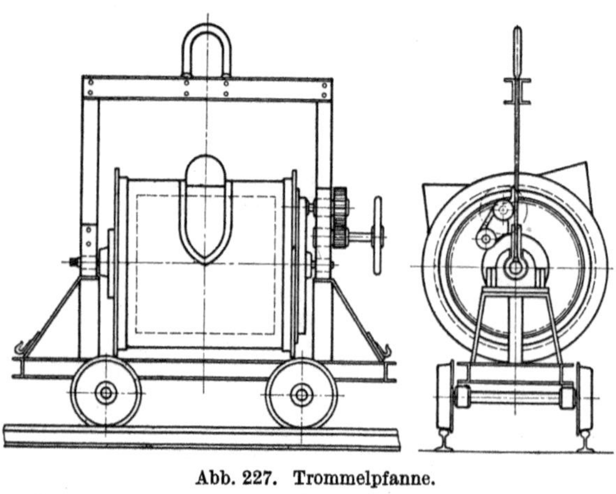
Abb. 227. Trommelpfanne.

Da das Kupolofeneisen mit niedrigem Kohlenstoffgehalt sich schwer mit Sicherheit auf die erforderliche Gießtemperatur erhitzen läßt, so darf es zum Transport auf größere Entfernung nur mit besonderer Vorsicht umgeschüttet werden; anderenfalls erhält man stumpfen Guß und großen Ausschuß wegen mangelhaft ausgelaufener Abgüsse. Anderseits hat es sich für gewisse Fälle als vorteilhaft erwiesen, das Kupolofeneisen in sehr gut vorgewärmte Trommelpfannen (Abb. 227) abzustechen, die einen Inhalt für 2 bis 3 Sätze besitzen, um das Eisen zu mischen, da die einzelnen Abstiche in Handpfannen große Unterschiede in der chemischen Zusammensetzung aufweisen können.

Abb. 228. Hängebahn für Scherpfannen.

Bei größerer Entfernung der Gießstellen vom Schmelzofen empfiehlt sich die Anlage von Hängebahnen; die Gießpfannen werden in entsprechend ausgebildeten Gabeln (s. Abb. 228) rasch und sicher von Hand weitergeschoben. Durch diese ruhige Beförderungsweise wird auch das Eisen weniger stark abgekühlt als beim Tragen von Hand, bei dem ein leichtes Bewegen des Eisens nicht vermieden werden kann.

Bei den großen amerikanischen Tempergießereien hat man auch den Ausweg gefunden, die Flammöfen nicht alle zusammen, sondern in gewissen Entfernungen getrennt aufzustellen, um den Vorteil möglichst kurzer Wege vom Schmelzofen zur Gießstelle zu haben. Bei Anwendung von fließender Fertigung muß sich die Gießstelle in unmittelbarer Nähe der Schmelzöfen befinden.

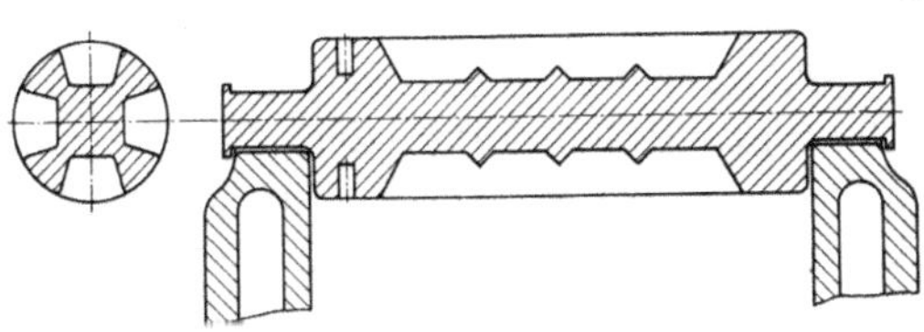

Abb. 229. Kokille für Ausschütteisen.

Verbleiben in den Gießpfannen Reste von flüssigem Eisen, so sollten diese nicht an beliebigen Stellen auf den Boden geschüttet werden, sondern in eiserne Kokillen, wie sie auf Abb. 229 skizziert sind. In diesen erstarren die Eisenreste zu einer zusammenhängenden Massel, in welcher Form sie gut wieder eingeschmolzen werden können, während das sonst entstehende Spritzeisen größtenteils verlorengeht.

Das Tempereisen wird im allgemeinen so heiß wie möglich vergossen; nur sperrige Stücke, die zum Reißen neigen, gießt man mit so niedriger Temperatur, daß diese gerade noch zum vollständigen Auslaufen des Eisens in der Form genügt.

Stücke, bei denen die Gefahr der Rißbildung beim raschen Erkalten oder nachfolgenden Tempern vorhanden ist, werden unmittelbar nach ihrer Erstarrung aus dem Formsande genommen, um sie in rotglühendem Zustande in die sog. Vorglühöfen (auch Abkühlöfen genannt) zu bringen. In diesen einfachen Öfen (Abb. 230) wird ein kleines Feuer unterhalten, das den Glühraum auf Rotglut hält; ist derselbe mit dem Glühgute

Abb. 230. Vorglühofen.

gefüllt, so läßt man das Feuer ausgehen und den Ofen langsam über Nacht abkühlen.

Bei großen Mengen bietet ein ununterbrochen betriebener Tunnelofen Vorteil (Abb. 231)[1]. Dieser besteht aus einem mit Flügeltüren verschlossenen, 9,6 m langen Kanal, der an der Eintrittsseite mit Kohlenstaub beheizt wird. Die Abgüsse werden rotwarm auf Wagen geladen, die auf einem Geleise in 8 Stunden durch den Ofen laufen und allmählich abkühlen. Die Beschickung des Ofens erfolgt dadurch, daß mit Seil und Winde ein Wagen in die durch eine Falltüre gebildete Schleuse eingebracht wird; dann wird die äußere Türe verschlossen, die Falltüre in die Höhe gezogen und die Türe an der Austrittsseite geöffnet. Durch

[1] Ausgeführt von der Firma Indugas, Essen, für die Firma Meier & Weichelt, Leipzig.

einen weiteren Seilzug wird nun der Wagen aus der Schleuse in die Glühzone gezogen, wodurch der vorderste Wagen aus dem Ofen herausgedrückt wird. Die Abdichtung der Wagen gegen die Ofenwände erfolgt durch Bleche, die an den Längsseiten der Wagen befestigt sind und in Sandrinnen tauchen. Die lichte Weite des Ofens beträgt 1000 × 1670 mm, die Ladefläche der Wagen 1000 × 1000 mm, die Ladehöhe 700 mm, das Ladegewicht durchschnittlich 310 kg. Da der Ofen 8 Wagen aufnimmt und stündlich mit 1 Wagen beschickt wird, beträgt die stündliche Leistung des Ofens 310 kg Guß.

Die Beheizung erfolgt durch 2 in der Decke einer jeden der beiden seitlichen Brennkammern eingebauten Brenner, von denen jeder etwa

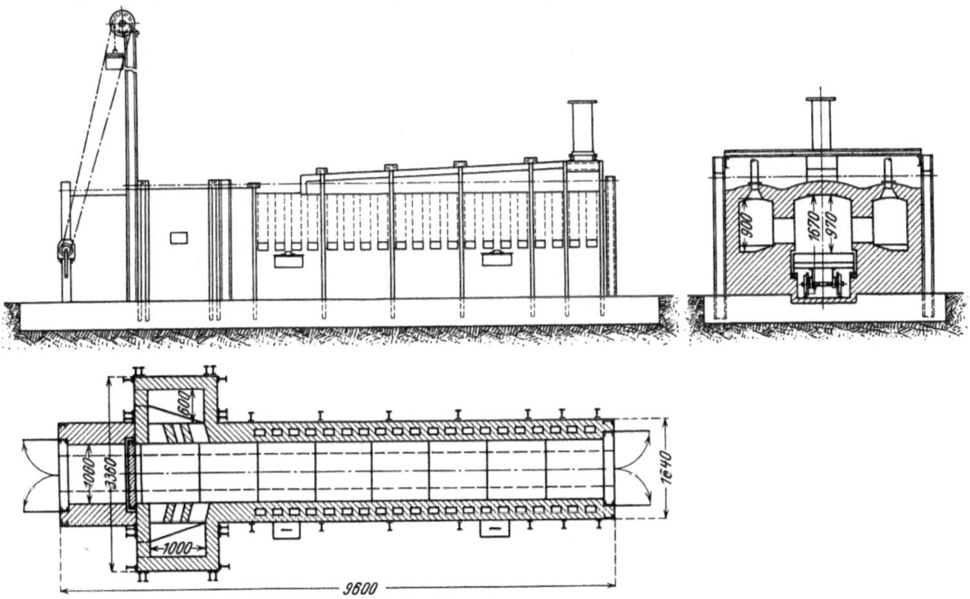

Abb. 231. Mit Braunkohlenstaub beheizter Tunnelabkühlofen.

25 kg Braunkohlenstaub in der Stunde verbrennt. Der Brennstoffverbrauch beträgt also etwa 16 % des Glühgutes. Bei einem Preis von RM. 16,—/t sind die Brennstoffkosten RM. 0,80 in der Stunde = RM. 2,50 für 1 t Guß. Die Bedienungskosten für den Ofen sind verschwindend gering, da die einmal eingestellte Flamme mit gleichbleibender Hitze dauernd weiterbrennt.

Um den Temperaturabfall im Ofen zu regeln, sind in den Seitenwänden der Abkühlstrecke Kanäle eingebaut, die entweder durch den in ihnen herrschenden Luftzug kühlend wirken oder durch Anfüllen mit Isoliermitteln die Abkühlung verzögern. Außerdem läßt sich die Abkühlung dadurch planmäßig beeinflussen, daß die Abgase in den über dem Ofen liegenden Fuchskanal durch Öffnungen abgezogen werden, die in gewissen Abständen angebracht sind und nach Wunsch geschlossen werden können. Je nach der Länge des den Abgasen vorgeschriebenen Weges läßt sich die Ofentemperatur einstellen. Hierdurch war es möglich, schon nach wenigen Versuchen den Temperaturabfall derart genau zu regeln, daß er von der Vollhitze von 800° bis zur Endtemperatur von etwa 100° praktisch einer geraden Linie entspricht.

Infolge der großen Schwindung des Temperrohgusses und seiner Sprödigkeit sind die heißen Abgüsse äußerst empfindlich. Es ist daher streng darauf zu achten, daß sie beim heißen Ausleeren aus den Formen keiner Zugluft oder gar Wasserspritzern ausgesetzt sind, was beim unvorsichtigen Anfeuchten des Formsandes leicht der Fall sein kann. Die in vielen Abgüssen vorhandenen Gußspannungen werden durch eine derartige Abschreckwirkung ausgelöst und es entstehen leicht kleine Haarrisse, die erst nach dem Glühen deutlich sichtbar werden und den Abguß unbrauchbar machen. Auch durch unvorsichtige Schläge an den rohen Abguß können solche Risse entstehen, weshalb das Entfernen der Eingüsse von den Gußstücken mit großer Vorsicht geschehen muß.

Während man früher Vorschriften gab, die Gattierung der Wandstärke der Gußstücke anzupassen, wird heute fast allgemein eine Einheitsgattierung verwendet, mit der dünne und dicke Stücke abgegossen werden. Dies vereinfacht natürlich ganz außerordentlich den Gießvorgang.

Nur zum Abguß von Sonderstücken, deren Wandstärken vom allgemeinen Durchschnitt zu sehr abweichen, wird eine besondere Gattierung verwendet, wobei natürlich die Voraussetzung erfüllt sein muß, daß eine genügend große Menge abgegossen werden kann, um das Setzen eines besonderen Eisens zu rechtfertigen.

Beim Guß aus dem Flamm- und Siemens-Martin-Ofen wird mit dem Kohlenstoffgehalt zur Erzielung höchster Güte soweit herabgegangen, als die Gießbarkeit des Eisens es erlaubt. Es ist also für die Bemessung des Kohlenstoffgehaltes das Durchschnittsstückgewicht der Abgüsse maßgebend; dieses ist bei den verschiedenen Tempergießereien je nach Art ihrer Erzeugnisse außerordentlichen Schwankungen unterworfen. In Deutschland herrscht bei weitem der Kleinguß vor mit einem durchschnittlichen Stückgewicht von unter 1 kg; es gibt sogar eine ganze Anzahl Tempergießereien, bei denen dasselbe nur 0,1 kg beträgt und in besonderen Fällen, wie beim Schlüsselguß, nur 0,03 kg. Es gibt z. B. Modellplatten mit 450 Schlüsselchen im Stückgewicht von je 0,004 kg; es ist klar, daß beim Guß solcher anormal kleinen Stücke in erster Linie die Dünnflüssigkeit des Eisens von Wichtigkeit ist, um größeren Ausschuß wegen schlechten Auslaufens der Formen zu vermeiden. Aus diesem Grunde geht man bei kleiner werdendem Durchschnittsstückgewicht mit dem Kohlenstoff- und Siliziumgehalt in die Höhe; allerdings können dann nicht die allerbesten Festigkeitseigenschaften erreicht werden. Umgekehrt ist es möglich, bei größeren Durchschnittsstückgewichten, wie sie besonders in Amerika bis zu 10 und 15 kg vorkommen, mit dem Kohlenstoffgehalt wesentlich herabzugehen, ohne die Gießbarkeit dieser dickwandigen Stücke zu beeinträchtigen, wodurch besonders gute Festigkeitseigenschaften erreicht werden. Dies ist auch mit ein Grund dafür, daß manche amerikanische Angaben über die erzielte Zugfestigkeit und Dehnung günstigere Werte aufweisen als in Deutschland, wo der Temperguß erst allmählich auch bei dickwandigeren und schwereren Stücken Verwendung findet und deshalb seither mit Rücksicht auf die Gießbarkeit allgemein mit einem höheren Kohlenstoffgehalt gegossen werden mußte als in Amerika.

Das Ausbringen an gutem Guß ist bei Temperguß verhältnismäßig gering; es ist abhängig von der Art der erzeugten Gußstücke, die eine verschieden große Menge an Saugmasseln benötigen. Selten wird mehr als 50 bis 55% des Einsatzes an Ware gegossen; von dieser gehen 5 bis 10% als Ausschuß ab, so daß gewöhnlich an guter Rohgußware etwa 45 bis 50% des Einsatzes erhalten wird. Es gibt jedoch auch Gießereien, die so ungünstige Stücke abzugießen haben, daß ihr Ausbringen an gutem Rohguß auch unter 40% sinken kann. Das Ausbringen an versandfertigem Guß ist natürlich noch kleiner als das Ausbringen an Rohguß, da noch weitere Verluste entstehen durch das Abschleifen der Angußüberreste, Gewichtsverlust infolge Vergasung von Kohlenstoff und Ausschuß beim Glühen. Um hierfür eine ganz ungefähre Durchschnittsübersicht in Zahlen zu geben, sei auf die schematische Darstellung der Abb. 232 verwiesen: Wird der kalte Einsatz zu 100% angenommen, so entsteht durch das Einschmelzen ein Abbrand von durchschnittlich 6%, was ein flüssiges Eisen von 94% des Einsatzes ergibt. Dieses wird vergossen, wobei bis zu 1% durch Verspritzen verlorengeht und 39% gute Ware, 50% Eingüsse und Trichter und 4% des Einsatzes an Ausschuß erzeugt werden. Durch das Abschleifen und Glühfrischen entsteht ein weiterer Ausfall von 3% des Rohgusses, also von 1,17% des Einsatzes sowie ein Gußverlust durch Glühausschuß und Proben von 0,5% = 0,2% des Einsatzes, so daß schließlich an versandfertiger Ware

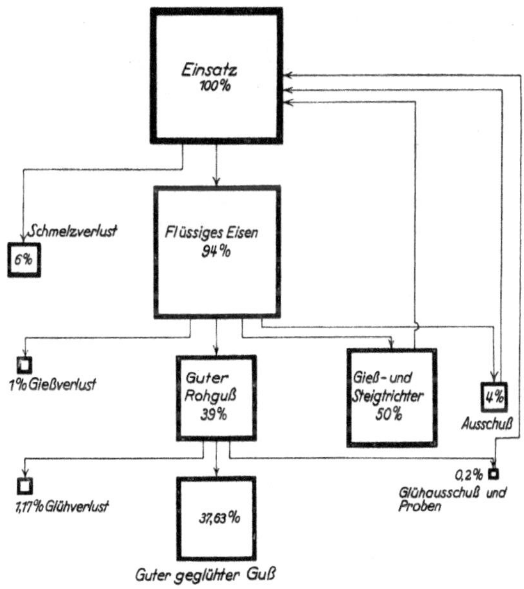

Abb. 232. Beispiel für ein durchschnittliches Gußausbringen.

nur 37,6% des Einsatzes verbleiben. Es ist für jeden Gießereibetrieb sehr nützlich, diese Zahlen in bestimmten Zeitabschnitten, z. B. monatlich, festzustellen, um etwaige Fehlerquellen erkennen und abstellen zu können und auch um bestimmte Kalkulationsunterlagen zu besitzen, da diese Zahlen größten Einfluß auf die Höhe der Selbstkosten ausüben.

E. Modellentwurf.

Wie schon im vorhergehenden ausgeführt wurde (s. S. 198), ist auf die große Schwindung des spröden Temperrohgusses und die dadurch entstehende Gefahr der Riß- und Lunkerbildung besonders Rücksicht zu nehmen, und zwar schon von seiten des Konstrukteurs beim Entwurf von Tempergußstücken. Abgüsse mit Werkstoffanhäufungen, die durch dünne Teile verbunden werden, sind häufig überhaupt nicht einwandfrei zu gießen; ein Beispiel hierfür gibt Abb. 233, welche links die äußerst ungünstige Form eines Rades mit sehr starker massiver Nabe, dünnen Armen und dickerem Kranz wiedergibt. Die Folge dieser ungünstigen Konstruktion war ein Reißen der dünnen Arme; erst nachdem, wie auf der Abbildung rechts erkenntlich, durch Einlegen eines runden Kernes in die Nabe deren Masse verringert und die Arme durch Rippen verstärkt worden waren, erhielt man gesunde Abgüsse.

Abb. 233. Rad links in falscher Ausführung: gerissen; Rad rechts in richtiger Ausführung: gut.

Ein weiteres Beispiel für die konstruktive Vermeidung von Werkstoffanhäufungen gibt das Gehäuse, Abb. 234, bei welcher durch Anbringen einer Aussparung eine gleichmäßige Wandstärke erreicht wird[1].

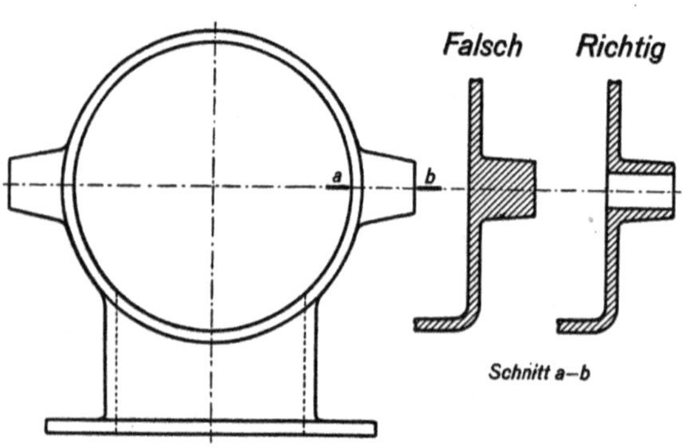

Abb. 234. Gehäuse, ungünstig durch Werkstoffanhäufung, verbessert durch Aussparung.

Ferner muß der Konstrukteur und Modellschreiner darauf achten, daß der Abguß möglichst ohne Kerne geformt werden kann. Sind solche nicht zu vermeiden, wie bei dem Hohlkörper

[1] Jungbluth, H.: Über Grauguß und Schwarzguß für Erntemaschinen. Werkstofftagung Berlin 1927, Bd. III, S. 48 (Düsseldorf: Verlag Stahleisen).

der Abb. 235, so besteht große Ausschußgefahr durch Reißen des Abgusses beim Erstarren und Erkalten[1]. Könnte aber der Konstrukteur auf den im Hohlraum angebrachten kleinen Randwulst verzichten, so kann das Modell aufrecht ohne Kern geformt werden und die Rißgefahr wäre beseitigt.

Abb. 235. Ungünstiger Abguß wegen harten Kernes gerissen.

Auf die Gefahr der Rißbildung bei scharfen Innenkanten wurde schon bei dem Abschnitt Formerei hingewiesen (s. S. 203); das Zusammentreffen von Flächen darf daher nicht unter Bildung scharfer Winkel erfolgen, wie dies auf Abb. 236*b* angedeutet ist. Werden aber die Ecken zu stark ausgerundet wie bei *a*, so entsteht die Gefahr eines Lunkers durch die hierbei eintretende Werkstoffanhäufung. Es besteht also die Forderung, alle Übergänge unter möglichster Beibehaltung der Wandstärke ähnlich der Skizze *c* auszuführen.

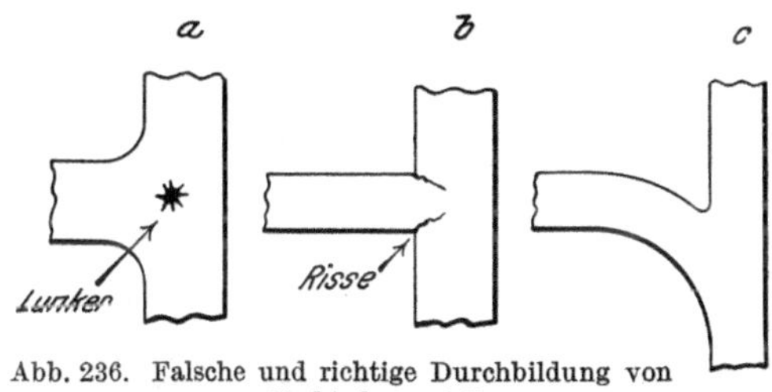

Abb. 236. Falsche und richtige Durchbildung von Verbindungsstellen.

Da in Deutschland zur Zeit das entkohlende Glühverfahren weitaus vorherrscht, so muß hierauf der Konstrukteur bei der Formgebung von Tempergußstücken Rücksicht nehmen. Ein dünner, zweckmäßig entkohlter Querschnitt kann wesentlich günstigere Festigkeitseigenschaften aufweisen als ein dicker Querschnitt, der unvollkommen entkohlt wurde. Der Konstrukteur soll daher für diese Tempergußart runde und quadratische Querschnitte möglichst vermeiden und dafür U- und I-förmige Querschnitte verwenden. Dies veranschaulichen die einwandfrei ausgebildeten Drehherzformen *b* und *c* der Abb. 237, während die Form *a* mit quadratischem Querschnitt und massivem Auge sehr ungünstig ist.

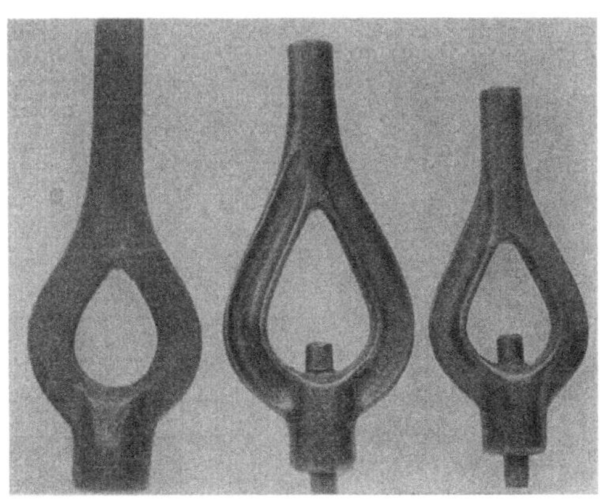

a *b* *c*

Abb. 237. Drehherzmodelle *a* falsch, *b* und *c* richtig ausgeführt.

[1] Stotz, R.: Temperguß im allgemeinen Maschinenbau. Werkstofftagung Berlin 1927 Bd. III, S. 80 (Düsseldorf: Verlag Stahleisen).

Gut konstruiert ist die Schubstange *a* der Abb. 238, bei welcher auch beim Übergang zu den Bohrungen für die Zapfen keine Werkstoffanhäufungen vorhanden sind. In starkem Gegensatz hierzu steht der Hebel *b*, dessen starker runder Querschnitt und massive Augen einerseits sehr schwer zu entkohlen sind und andererseits besonders starke Trichter und Masseln verlangen, um den Abguß völlig dicht zu gießen.

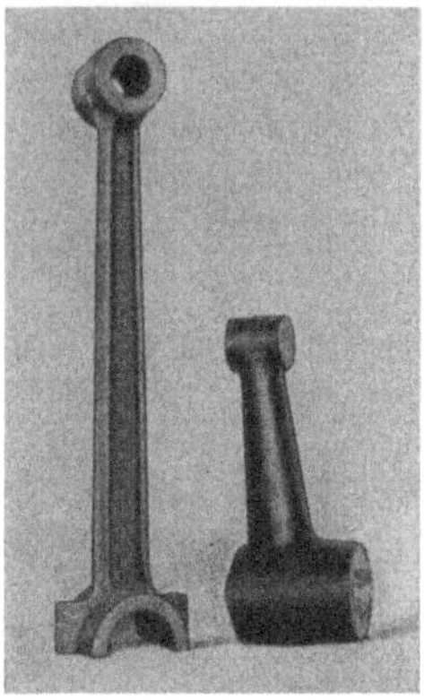

a *b*

Abb. 238. *a* Schubstange richtig, *b* Hebel ungünstig konstruiert.

Die Ausführung des Preßfedergliedes der Abb. 239 oben bildet eine Werkstoffanhäufung im Innern mit der Gefahr von Lunkern und der Schwierigkeit des vollkommenen Entkohlens; die Ausbildung nach Abb. 239 unten ist daher wesentlich günstiger, da hierbei der Querschnitt gleichmäßig dünn genommen werden kann. Es sei noch auf die eingehenden Arbeiten „Werkstattgerechtes Konstruieren" der Arbeitsgemeinschaft Deutscher Betriebsingenieure[1] hingewiesen, die eine Menge anschaulicher Beispiele für richtige und falsche Konstruktionen unter besonderer Berücksichtigung des Tempergusses bringen.

Auch auf die Möglichkeit des Verziehens der Abgüsse beim Tempern hat der Konstrukteur Rücksicht zu nehmen und Gegenmaßnahmen durch Rippen, Abstandleisten u. dgl. zu treffen. So zeigt Abb. 240 einen

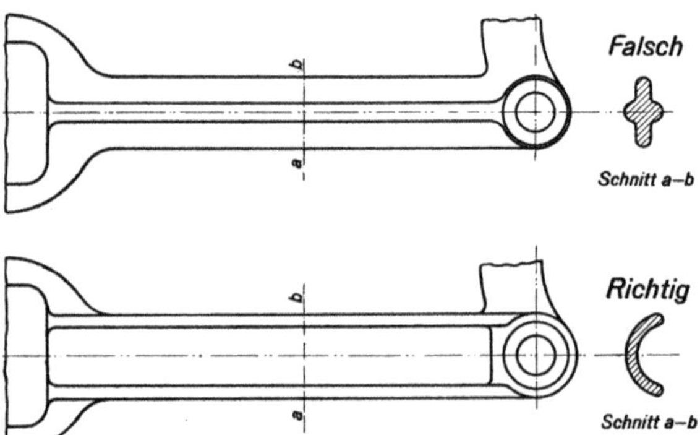

Abb. 239. Preßfederglied mit ungünstigem und günstigem Querschnitt.

Abguß, dessen Verziehen durch Versteifungen verhindert wird; diese müssen nach dem Glühen entfernt werden. Wegen des Verziehens beim Tempern werden Hohlkörper nicht gerne aus Temperguß hergestellt; das Richten verzogener Abgüsse bereitet Schwierigkeiten und unter Umständen große Kosten. Je höher die beim Glühen angewandte Tem-

[1] Vertrieb durch den Beuth-Verlag, Berlin S 14.

peratur ist, desto größer wird auch die Gefahr des Verziehens; aus diesem Grunde neigt der bei verhältnismäßig niedriger Temperatur geglühte Schwarzguß weniger zu diesem Übelstand, als der bei hoher Temperatur geglühtfrische weiße Temperguß.

Die Beantwortung der Frage, ob sich ein bestimmtes Modell aus Temperguß einwandfrei herstellen lasse, wird je nach den bei der betreffenden Tempergießerei vorliegenden Betriebsbedingungen und Einrichtungen verschieden ausfallen können; insbesondere beschränken letztere je nach der Größe der verwendeten Glühtöpfe die zulässige Größe der Stücke.

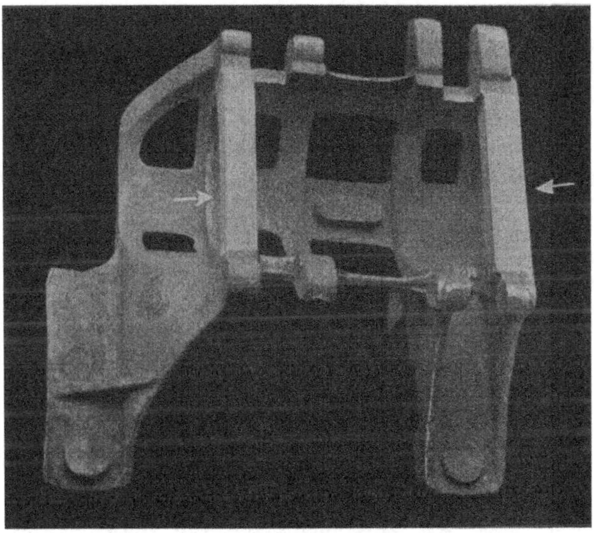

Abb. 240. Abguß mit Versteifungen gegen das Verziehen beim Glühen.

Schwindmaß. Für die Modellherstellung ist es wichtig, genau zu wissen, um wieviel die linearen Abmessungen der Modelle größer gemacht werden müssen, um genaue Abgüsse zu erhalten; die Zahl, die dies in Prozenten angibt, heißt Schwindmaß. Nach alter Überlieferung wird für Temperguß 2% angegeben; dies ist aber nur bedingt richtig, wie neuere Untersuchungen zeigten[1], aus denen folgende Ergebnisse entnommen sind.

Die Schwindung des Rohgusses beträgt ziemlich genau 2% und wird durch die Schwankungen der chemischen Zusammensetzung, wie sie bei jedem Schmelzverfahren immer vorkommen, in einem für die Praxis bedeutungslosen Maße beeinflußt. Dies zeigt die Abb. 241, welche eine unwesentliche Erhöhung der Schwindung durch steigenden Mangan-

[1] Schüz, E.: Die Schwindung des Tempergusses. Stahleisen 1925, S. 1189. — Stotz und Henfling: Die Schwindung und Glühausdehnung von Temperguß. Stahleisen 1925, S. 2137. Vgl. auch Gieß. 1928, S. 534.

gehalt und eine Verringerung durch zunehmenden Siliziumgehalt erkennen läßt. Es ist natürlich vorausgesetzt, daß der Abguß der Schwindung frei folgen kann und an dieser durch etwaige Ansätze, Flanschen oder harte Kerne nicht gehindert ist. Die Schwindung des Rohgusses kann auch durch die Form und Größe des Anschnittes stark beeinflußt werden, was aus folgender Überlegung hervorgeht: Ein dünnes Modell kann nur verhältnismäßig schwach angeschnitten werden, so daß im allgemeinen der dünnere Anschnitt vor dem etwas stärkeren Abguß erstarrt und dieser die normale Schwindung besitzt. Liegt jedoch ein Modell vor, das so angeschnitten werden muß, daß der Anschnitt nach den Hauptteilen des Abgusses erstarrt, damit dieser während der Erstarrung und Schrumpfung flüssiges Eisen aus den Saugmasseln und Trichtern entnehmen kann, so wird dessen Schwindung kleiner ausfallen und kann auf etwa 1,5% zurückgehen.

Es sei an dieser Stelle noch darauf hingewiesen, daß man häufig der Ansicht ist, daß die Schwindung durch hohen Schwefelgehalt erhöht

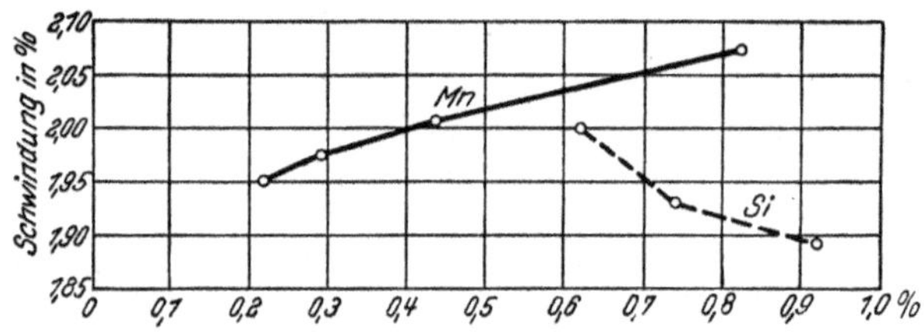

Abb. 241. Abhängigkeit der Schwindung des Temperrohgusses vom Mangan- und Siliziumgehalt.

wird, was aber nach den Untersuchungen von Wüst[1] unzutreffend ist, da hiernach die Schwindung mit zunehmendem Schwefelgehalt abnimmt.

Der Einfluß des Kohlenstoffgehaltes ist noch nicht vollkommen einwandfrei festgestellt. Nach den Versuchen von Wüst[1] besitzt ein reines Eisen mit 1,7 bis 2% C die geringste Schwindung von 1,9%; bei höherem Kohlenstoffgehalt steigt die Schwindung langsam an. In der Praxis wird hin und wieder die Ansicht vertreten, daß der Rohguß mit einem Kohlenstoffgehalt von unter 3% mehr schwinde und zum Lunkern neige, als der über 3%, weshalb z. B. Abgüsse aus Martinofeneisen kleiner ausfallen, als wenn sie aus Kupolofeneisen mit etwa 3,3% C gegossen sind. Es ist jedoch möglich, daß der Einfluß des Kohlenstoffs überdeckt wird durch den der Gase und Oxyde, die bei dem kohlenstoffarmen Eisen sicher in größerer Menge als bei dem kohlenstoffreichen vorhanden sind, und Schwinden und Lunkern stark begünstigen. Die Abhängigkeit der Schwindung vom Gas- und Oxydgehalt kann leider bis jetzt noch nicht analytisch festgestellt werden.

[1] Wüst und Schitzkowski: Einfluß einiger Fremdkörper auf die Schwindung des Eisens. Stahleisen 1923, S. 713.

Ferner sei noch darauf hingewiesen, daß die Gießtemperatur unter Umständen einen Einfluß auf die Schwindung ausüben kann, indem bei hoher Gießtemperatur der Anschnitt länger flüssig bleibt und dem Abguß während seiner Schrumpfung flüssiges Eisen zuführt. Hierdurch wird eine geringere Schwindung herbeigeführt als bei niedriger Gießtemperatur, bei welcher der Anschnitt rasch erstarrt und die Schwindung normal bleibt.

Nun ist bei Temperguß zu beachten, daß beim Glühen die Abgüsse positive und negative Längenänderungen erleiden, welche die Schwindung des Rohgusses verringern oder verstärken können. Die Ursache ist der Umstand, daß mit dem Zerfall des Eisenkarbides in Ferrit und Temperkohle eine Volumenzunahme (von etwa 16%) verbunden ist. Je stärker also die Temperkohleabscheidung ist, die beim Glühen eintritt, desto größer ist auch die Längenzunahme der Abgüsse. Findet umgekehrt beim Glühfrischen keine Temperkohleabscheidung statt, wie es bei dünnen und insbesondere bei schwefelreichen und siliziumarmen Stücken der Fall ist, so kann unter Umständen eine Verkürzung bis zu 0,7% festgestellt werden. Abgüsse mit etwa 8 mm Wandstärke erleiden beim Glühfrischen praktisch keine Längenänderung; ihr Schwindmaß ist daher gleich der Schwindung des Rohgusses. Da mit zunehmendem Querschnitt beim Glühfrischen eine geringere Entkohlung und stärkere Temperkohlebildung eintritt, so wird mit der Zunahme der Wandstärke die Glühausdehnung größer und das Schwindmaß geringer. Diese Abhängigkeit des Schwindmaßes von der Wandstärke zeigt für weißen Kupolofenguß Abb. 242. Hiernach können für das Schwindmaß von normal geglühfrischten Temperguß folgende Anhaltspunkte gegeben werden:

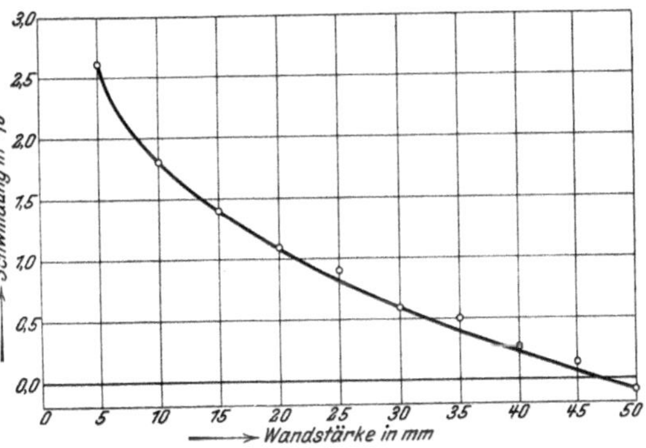

Abb. 242. Abhängigkeit des Schwindmaßes von der Wandstärke bei Kupolofenguß.

Bei einer	Wandstärke	von	3— 8	mm	2,0%	Schwindmaß
„	„	„	9—15	„	1,5%	„
„	„	„	16—25	„	1,0%	„
„	„	„	über 25	„	0,5%	„

Leuenberger[1] hat über die Abhängigkeit der Längenänderung von der Glühdauer und dem Siliziumgehalt eingehende Untersuchungen an 204 mm langen Stäben mit einem Durchmesser von 11 mm aus-

[1] Stahleisen 1917, S. 603.

geführt, deren Ergebnisse bei Versuchsreihen mit einer Glühdauer von 96, 175 und 250 Stunden auf Abb. 243 graphisch dargestellt sind. Durch einen von 0,17 bis 1,08% steigenden Siliziumgehalt nimmt die Längenänderung nach der kurzen Glühung von 96 Stunden (Linie I) von einem negativen Wert von 0,8% auf einen positiven von 0,42% und nach der längsten Glühung von 250 Stunden (Linie V) sogar von —1,2% bis auf +0,35% zu. Je länger die Glühdauer genommen wurde, desto größer erwies sich die Schwindung bei niedrigem Siliziumgehalt (bis etwa 0,55% Si) und desto kleiner die Längenzunahme, die bei einem höheren Siliziumgehalt, etwa von 0,75% Si ab, immer auftrat.

Bei Schwarzguß ist die Glühausdehnung abhängig von der Höhe des Kohlenstoffgehaltes des Rohgusses, denn je größer die beim Glühen ausgeschiedene Menge Temperkohle ist, desto größer ist die Ausdehnung

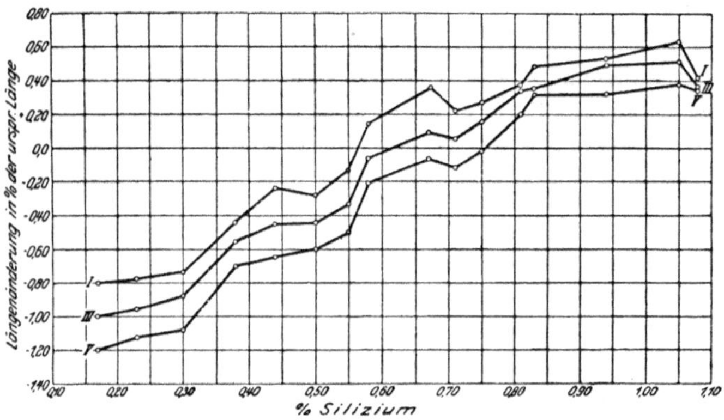

Abb. 243. Abhängigkeit der Längenänderung von der Glühdauer und dem Siliziumgehalt.

beim Glühen. Hierdurch wird die Schwindung des Rohgusses teilweise oder auch ganz aufgehoben, so daß das Schwindmaß des Schwarzgusses 0 bis 1% beträgt. Da beim Tempern auf Schwarzguß häufig eine etwas oxydierende Glühatmosphäre vorhanden ist, so werden Abgüsse, bei denen die entkohlte Oberfläche einen wesentlichen Anteil des Querschnittes ausmacht, einen geringeren Gehalt an Temperkohle also auch eine kleinere Glühausdehnung und ein größeres Schwindmaß besitzen.

Aus dem Vorhergehenden ist zu entnehmen, daß leider kein allgemein gültiger Zahlenwert des Schwindmaßes für Temperguß angegeben werden kann, da dieses von der Gestalt des Abgusses, seiner Formweise und Art des Anschnittes, der Gießtemperatur und Glühweise stark abhängig ist. Abgüsse von dem gleichen Modell, aber bei verschiedenen Tempergießereien hergestellt, können Abweichungen bis zu 2% aufweisen, wobei deren Schwindung gegenüber dem Modell um so kleiner ist, je mehr Temperkohle sich beim Glühen gebildet hat.

Bezüglich des **Anstriches der Modelle** sei auf die Bestimmungen des DIN-Blattes 1511, Modelle und Zubehör, des Fachnormenausschusses für Gießereiwesen verwiesen, nach welchen für Temperguß (ebenso wie für Stahlformguß) folgende Farben zur einheitlichen Kennzeichnung verwandt werden sollen:

Unbearbeitet bleibende Flächen am Modell und im Kernkasten:	blau.
Zu bearbeitende Flächen:	gelb gestrichen oder gelb gestreift bzw. Tupfen.
Sitzstellen loser Modellteile am Modell oder im Kernkasten:	schwarz umrandet; von losen Teilen bedeckte Fläche grün.
Stellen für Abschreckplatten und Marken für einzulegende Dorne mit Angabe des Halbmessers:	rot.
Kernmarken:	Stirnflächen schwarz.
Auszuführende Hohlkehlen:	schwarz gestrichelt umrandet mit Angabe des Halbmessers.
Verlorene Köpfe oder Aufgüsse und verstärkte Bearbeitungszugaben:	schwarze Streifen an der Grenze des Kopfes und entsprechende Beschriftung.
Dämmleisten oder Versteifungen und abzudämmende Teile am Modell:	blau mit gekreuzten schwarzen Strichen.
Lage des Kerns auf der Teilfläche der Modelle:	schwarz.

3. Gußputzerei.

A. Rollfässer.

Zur Entfernung des Formsandes werden die Abgüsse meistens in Putztrommeln gebracht, die auch Scheuertrommeln, Putz-, Roll- und Rommelfässer genannt werden. Diese bestehen aus einem starken Eisenblechmantel, der sich durch Riemenantrieb entweder um zwei seitliche Tragzapfen (Abb. 244)[1] dreht oder durch ein Paar Reibungsrollen in Umdrehung versetzt wird (Abb. 245)[1]. Erstere besitzen zum Füllen und Entleeren eine Türe in der Längsseite, während bei letzteren hierzu der abnehmbare Deckel der freien Stirnseite benutzt wird.

Die Putztrommeln müssen mit den Rohgußstücken gut angefüllt werden; bei der Drehung scheuern sich diese durch die gegenseitige Reibung in 15 bis 25 Minuten selbsttätig sauber. Zur Verstärkung der Scheuerwirkung werden auch sog. Putzsterne aus Temperrohguß beigegeben, deren Spitzen auch Hohlräume und Ecken zu säubern vermögen. Es ist wichtig, die Trommeln mit der richtigen Menge Abgüsse zu beschicken, so daß sie gerade genügend Raum zu einer geringen Be-

[1] Ausgeführt von der Firma Badische Maschinenfabrik, Durlach.

wegung besitzen, aber ohne daß Schläge entstehen, durch welche die leichteren Abgüsse von den schwereren zerbrochen werden könnten.

Abb. 244. Putztrommel mit Zapfen und Stirnradantrieb.

Der abgeriebene Sand fällt durch kleine Löcher oder Spalten aus den Trommeln heraus. Diese Betriebsweise verursacht daher ziemlich viel Staub, so daß die Putztrommeln entweder in einem besonderen Raum untergebracht werden, aus welchem der Staub durch Ventilatoren abgesaugt wird oder noch zweckmäßiger erhalten die Trommeln hohle Trag-

Abb. 245. Putztrommel mit Reibungsrollenantrieb.

zapfen (Abb. 246)[1], durch welche auf der einen Seite Frischluft angesaugt und auf der anderen Seite der gebildete Putzstaub aus den Trommeln abgesaugt wird. Letzteres Verfahren bietet, abgesehen von der Staubfreiheit der Putzerei, den großen Vorteil daß ein Hineinarbeiten des Sandes in die Oberfläche der Gußstücke verhindert und in Verbindung mit den Putzsternen auch die Entfernung der Sandkerne mög-

[1] Ausgeführt von der Firma Graue A.G., Langenhagen-Hannover.

lich ist. Die Bedienung ist sehr einfach und die Betriebs- und Instandhaltungskosten sind verhältnismäßig gering. Die Trommeln werden

Abb. 246. Exhaust-Gußputztrommel.

gewöhnlich mit einem l. Durchmesser von 600 bis 1500 mm und einer l. Länge von 1050 bis 3700 mm geliefert, wozu bei 110 Umdrehungen in der Minute ein Kraftbedarf von 1,7 bis 10 PS benötigt wird. Man geht neuerdings auch in Deutschland nach dem amerikanischen Vorbild mehr dazu über, auch größere Putztrommeln zur Entfernung des Gießereisandes von den Abgüssen zu benutzen. Da das Putzen außer dem Beschicken und Entleeren der Trommeln keine Beaufsichtigung erfordert, sind beim Rommeln die Lohnkosten gering.

Abb. 247. Erhöht aufgestellte Gußputztrommeln.

Um diese auf ein möglichst niedriges Maß zu bringen, ist es sehr wichtig, die Trommeln geeignet aufzustellen; so fallen z. B. nach Abb. 247 die gerommelten Gußstücke unmittelbar in davor gefahrene Wagen, in denen sie weiterbefördert werden. Sehr vorteilhaft ist es auch, die Putztrommeln erhöht längs der Putztische aufzustellen, so daß ihre Entleerung unmittelbar auf die Arbeitstische der Gußputzer und Gußprüfer erfolgt.

B. Sandstrahlgebläse.

Sind die Abgüsse sehr zerbrechlich, so müssen sie mit Sandstrahl vom anhaftenden Sand befreit werden. Auf die zu reinigenden Stücke wird ein Gemisch von Luft mit scharfkantigem Quarzsand gerichtet, dessen

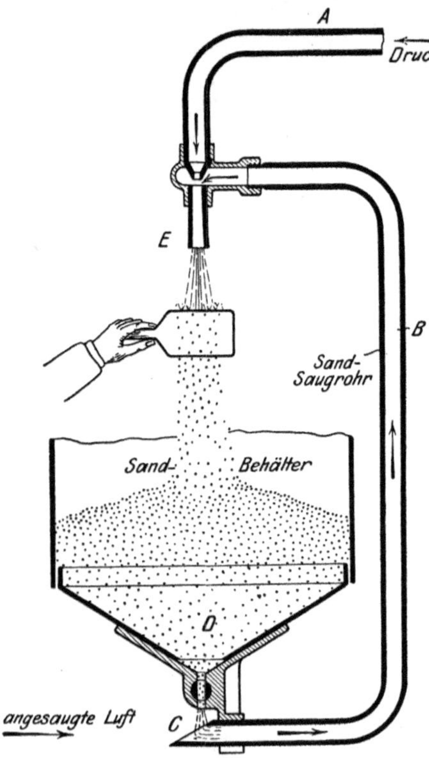

Abb. 248. Sandstrahl-Saugsystem.

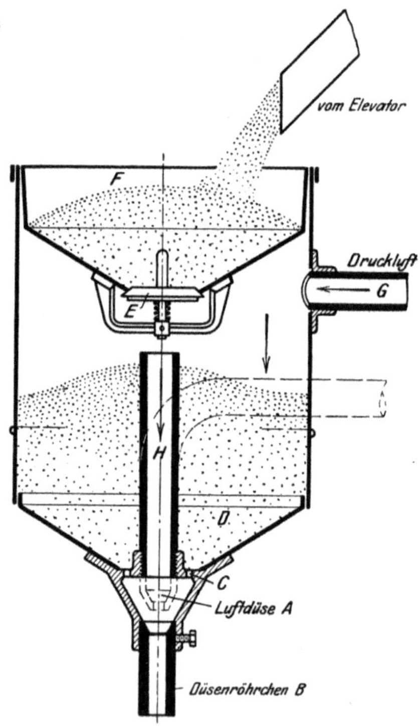

Abb. 249. Sandstrahl-Drucksystem.

Erzeugung auf drei grundsätzlich verschiedene Arten erfolgen kann, die allgemein als Saug-, Druck- und Schwerkraftsystem unterschieden werden. Das Saugsystem, das auf Abb. 248 schematisch wiedergegeben ist, beruht auf der vom Wasserzerstäuber bekannten Saugwirkung, die der vom Kompressor kommende Luftstrom *A* auf das Rohr *B* ausübt[1]. Durch den entstandenen Unterdruck wird der bei *C* aus dem Sandbehälter *D* austretende Sand durch das Rohr *B* hindurchgesaugt, mischt sich mit der Druckluft und wird durch die Düse *E* auf die zu reinigenden Stücke geleitet, wonach er in den Sandbehälter *D* zurück-

[1] Werkst.-Techn. 1909, S. 516.

fällt. Es wird also ohne weitere zusätzliche Fördermittel ein ununterbrochener Sandumlauf erzielt, allerdings unter verhältnismäßig schlechter Ausnutzung der aufgewendeten Kraft und unter starker Beanspruchung des Rohres *B* auf Verschleiß.

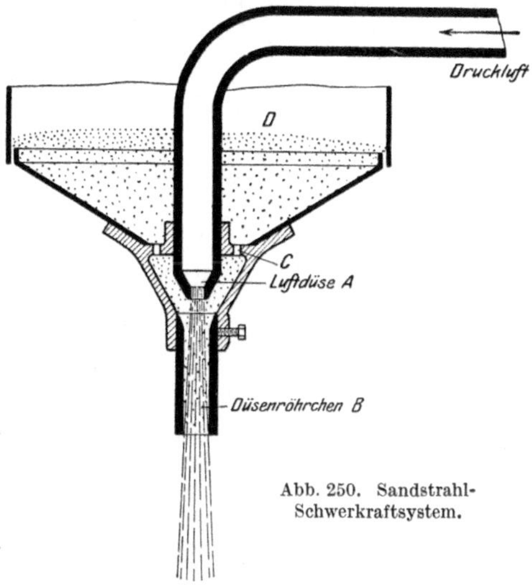

Abb. 250. Sandstrahl-Schwerkraftsystem.

Das **Drucksystem**, Abb. 249, ist durch einen luftdicht geschlossenen Sandbehälter *D* gekennzeichnet, in den die Druckluftleitung *G* mündet. Die Druckluft wird durch das Rohr *H* weitergeleitet, tritt durch die Luftdüse *A* in den unteren Raum, wo sie sich mit dem durch die Löcher *C* gedrückten Sand mischt, wonach das Gemisch durch die Düse *B* austritt. Der verbrauchte Sand muß durch ein besonderes Fördermittel (Becherwerk) in den Vorratsbehälter *F* zurückgebracht werden, von dem er von Zeit zu Zeit in den Druckbehälter abgelassen wird.

Beim **Schwerkraftsystem** fällt der Sand vermöge seiner Eigenschwere aus dem Sandbehälter *D* (Abb. 250) durch die Löcher *C* in den Mischraum, aus dem er mit Hilfe der aus der Düse *A* ausströmenden Druckluft durch das Düsenröhrchen *B* austritt. Auch bei dieser Anordnung muß der verbrauchte Sand durch ein besonderes Fördermittel dem Sandbehälter wieder zugeführt werden; sie besitzt den Vorteil, daß die Luftdüse keinem Verschleiß ausgesetzt ist und daher der Luftdruck und Luftverbrauch stets gleich bleibt.

Abb. 251. Sandstrahl-Putztrommel geöffnet zum Entleeren.

Für Tempergußstücke werden die Sandstrahlgebläse hauptsächlich in zweierlei Ausführungsformen angewandt: Für kleinere und mittelschwere Abgüsse Sandstrahl-Putztrommeln (Trommelgebläse), für schwerere, sperrige Abgüsse die Drehtische. Bei ersteren wird durch eine axial einmündende Düse der Sandstrahl auf die in einer sich drehenden Trommel befindlichen Abgüsse geleitet; Abb. 251 gibt ein Beispiel für die Ausführung nach dem Sandstrahl-Drucksystem[1]. Diese Trommeln werden in verschiedenen Größen von 600 bis 1000 mm Dmr. und 500 bis 800 mm Länge hergestellt; der Kraftbedarf zu ihrer Drehung beträgt 0,7 bis 1,2 PS, der Betriebsdruck der Gebläseluft 1 bis 1,5 at. Die Bedienung ist sehr einfach, so daß ein Arbeiter mehrere Trommeln

Abb. 252. Zwergtrommel nach dem Saugsystem.

bedienen kann; diese liegen erhöht, um den sauberen Guß in einen untergestellten Behälter entleeren zu können. Die vordere Verschlußtüre besitzt eine Schau- und zwei Handöffnungen, wodurch nötigenfalls größere zerbrechliche Gußstücke von Hand unter den Sandstrahl gehalten werden können.

Für sehr kleine Abgüsse kommt die „Zwergtrommel" mit Saugsandstrahlgebläse, Abb. 252, in Betracht[2], welche Druckluft von 6 at und einen Kraftverbrauch für den Riemenantrieb von $^1/_2$ PS erfordert. Die Trommel ist in einem schrägliegenden Rahmen oben in Rollen und

[1] Ausgeführt von der Firma A. Stotz A.G., Stuttgart.
[2] Ausgeführt von der Firma Graue A.G., Langenhagen-Hannover.

unten mittels einer Hohlwelle gelagert und wird durch ein Zahnradvorgelege mit 6 Umdrehungen in der Minute angetrieben. Sie wird durch die in der runden Trommelwand befindliche Türe mit dem Guß beschickt und der Sandstrahl durch eine von außen regelbare Düse an der oberen Stirnwand eingeführt. Der verbrauchte Sand fällt aus der Trommel durch die untere Hohlwelle in eine Vorlage, aus der er durch die Druckdüse stetig angesaugt wird. Der entstehende Staub wird aus der Vorlage durch ein an ihrem oberen Teil angebrachtes Rohr abgesaugt.

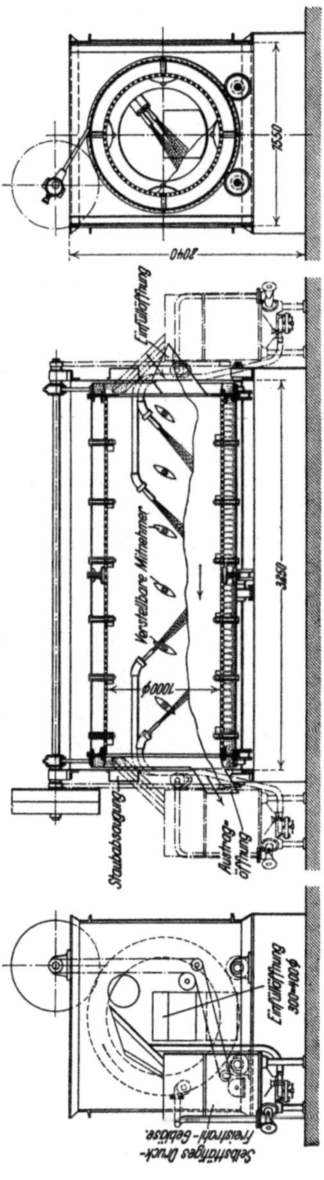

Abb. 253. Putztrommel nach dem Schwerkraftsystem für fließende Fertigung.

Um kleinere Abgüsse in fließender Fertigung zu putzen, werden die Trommeln nach Abb. 253 derart ausgeführt, daß die Gußstücke auf der einen Stirnseite eingebracht und in ununterbrochenem Gang mittels verstellbarer Mitnehmer durch die Trommel zur anderen Stirnseite befördert werden [1]. Hierbei sind sie dem Strahl von vier Düsen ausgesetzt, die den Sand durch zwei besondere selbsttätig arbeitende Druckapparate zugeführt erhalten. Die Ausführung besitzt den Vorteil, daß sie das sonst zur Rückbeförderung des verbrauchten Sandes meistens angewandte Becherwerk vermeidet, indem die Trommel mit einem doppelten Blechmantel ausgerüstet ist, in dem schräge Leitbleche angebracht sind. Diese führen den durchgefallenen Sand dem an der linken Stirnseite der Trommel befindlichen Schöpfrade zu, durch welche er in die Höhe gehoben wird und über eine Rutsche in den Sandbehälter der Drucksandstrahleinrichtung fällt.

Für mittelschwere, sperrige und besonders zerbrechliche Abgüsse eignen sich am besten die Drehtisch-Sandstrahlgebläse. Der kreisförmige Arbeitstisch ragt mit der einen Hälfte in den Putzraum und ist nach vorne mit einem Gummivorhang abgeschlossen. Auf dem vorderen Teil

[1] Ausgeführt von der Badischen Maschinenfabrik, Durlach.

werden die Gußstücke aufgelegt und gelangen durch dessen langsame Drehung in den Putzraum, wo sie von einer oder zwei hin und her bewegten Düsen von oben bestrahlt werden. Es genügt gewöhnlich ein Durchgang zur Reinigung auf einer Seite. Die Höhe des Durchganges beträgt gewöhnlich 350 mm, da bei größerer Entfernung der Düsen von den Abgüssen die Putzwirkung zu schwach wird; es können also nur Stücke bis zu dieser Höhe geputzt werden. Da die Mitte des Tisches dem Sandstrahl schwer zugänglich ist, wird gewöhnlich die innerste Kreisfläche von 600 mm Dmr. überhaupt nicht bestrahlt.

Abb. 254. Drehtisch-Sandstrahlgebläse mit seitlich stehender Drucksandstrahleinrichtung.

Einen Drehtisch mit daneben stehender Drucksandstrahleinrichtung[1] zeigt Abb. 254. Der Antrieb des Tisches erfolgt durch Reibrollengetriebe, um bei etwaigem Festklemmen von Gußstücken einen Bruch der Triebwerksteile zu vermeiden. Der Kraftbedarf zum Antrieb beträgt bei einem Tischdurchmesser bis zu 2250 mm 1 PS. Erforderlich ist ein Luftdruck von 1,2 at; der Luftverbrauch beträgt bei den großen Tischen 4 m^3 angesaugte Luft in der Minute, bei den kleinen Tischen mit 1750 mm Dmr. nur 2 m^3. Die Leistung ist je nach Art der Abgüsse sehr verschieden; mit dem großen Tisch können 3 bis 10 Tonnen Guß und mit dem kleinen Tisch 1,7 bis 5 Tonnen Guß im Tag gereinigt werden.

Einen größeren Drehtisch mit aufgebauter Drucksandstrahleinrichtung[2] gibt Abb. 255 wieder, welche Anordnung den Vorteil bietet, die Sandzuführungsrohre kurz zu halten und Platz zu sparen. Zur gleichmäßigen Bestrahlung der Gußstücke sind zwei kreisende Düsen eingebaut, die durch Antrieb mittels unrunder Räder die je nach Lage auf dem Drehtisch verschiedene Durchgangsgeschwindigkeit der Gußstücke ausgleichen. Die Drehtische arbeiten in neuester Bauart vollständig selbsttätig; der Arbeiter hat zur Inbetriebsetzung nur die Maschine einzuschalten und den Sandzuführungshahn zu öffnen. Alle Umschaltungen für den ununterbrochenen Sandumlauf werden von der Maschine ausgeführt.

[1] Ausgeführt von der Firma A. Stotz A.G., Stuttgart.
[2] Ausgeführt von der Firma A. Gutmann, Hamburg-Ottensen.

Ein Drehtischgebläse nach dem Verbunddrucksystem[1] gibt Abb. 256; es sind zwei hintereinander liegende kreisende Düsen in verschiedenem Abstand vom Tischmittelpunkt angebracht, von denen die äußere zum Ausgleich der größeren Durchgangsgeschwindigkeit der außen auf dem Drehtisch liegenden Gußstücke rascher kreist, und einen größeren Blasquerschnitt besitzt als die innere Düse.

Für gewisse Abgüsse, insbesondere plattenförmige, lange oder sperrige Stücke, durch deren Form die runde Tischfläche nicht ausgenutzt wird, eignen sich die Sprossentisch-Sandstrahlgebläse. Auf einem Rost aus eisernen Stäben oder Platten, die auf einer endlosen Kette befestigt sind, werden die Gußstücke langsam unter Düsen fortbewegt, die entweder feststehen, hin und her pendeln oder kreisend angeordnet sind. Da jedoch die Abgüsse wie beim Drehtisch mindestens einmal gewendet werden müssen, so müssen sie nochmals durch das Gebläse hindurchgehen. Dieser Vorgang wird mit gegenläufigem Doppeltisch sehr einfach dadurch bewerkstelligt,

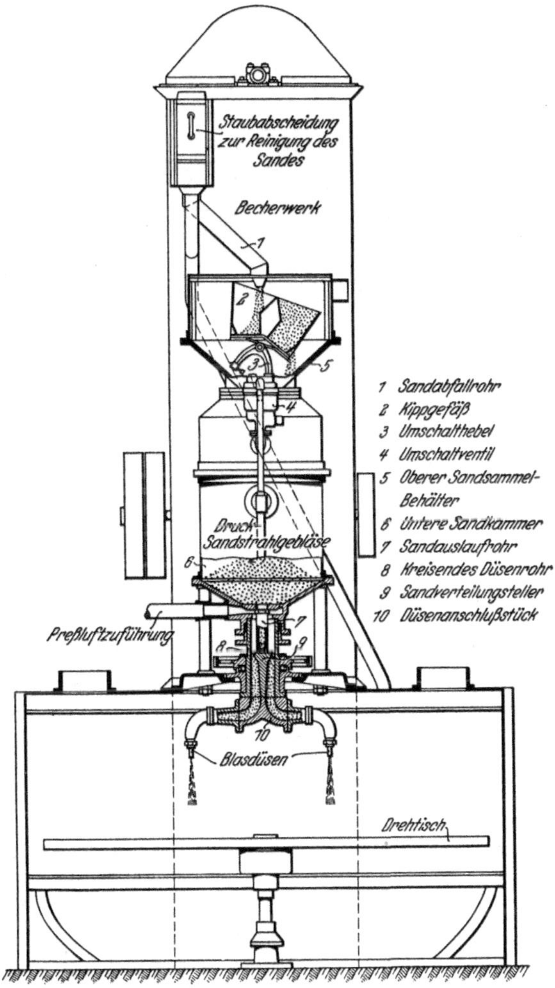

Abb. 255. Drehtisch mit aufgebauter Drucksandstrahlvorrichtung.

daß die Abgüsse nach dem ersten Durchgang durch Umlegen auf den in entgegengesetzter Richtung laufenden Tisch nochmals unter das Gebläse gebracht werden[2]. Der eine Sprossentisch ist mit einem Wendegetriebe ausgestattet, so daß er auch die gleiche Richtung erhalten kann

[1] Ausgeführt von der Firma Vogel & Schemmann, Kabel i. W.
[2] Ausgeführt von der Firma A. Gutmann, Hamburg-Ottensen.

wie der andere, wodurch ein Tisch mit doppelter Breite zum Reinigen besonders großer Stücke geschaffen wird.

Derartige Anordnungen können auch zum Putzen von Massenware in fließender Fertigung benutzt werden (Abb. 257)[1]. Der durch ein

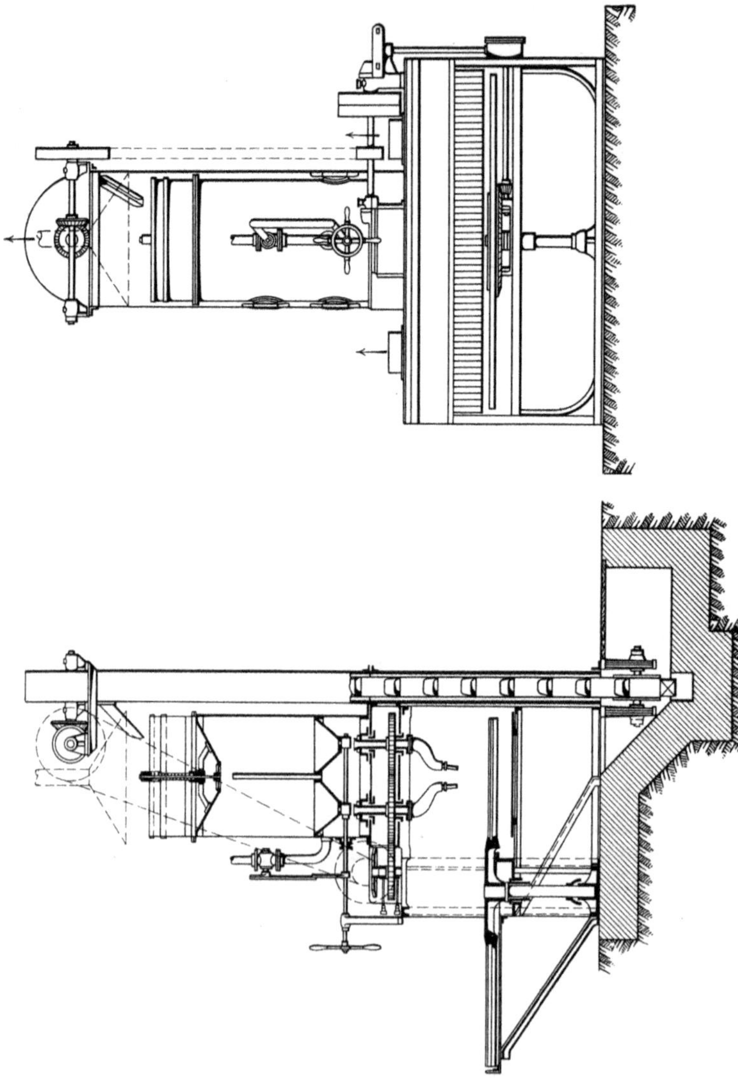

Abb. 256. Drehtisch-Sandstrahlgebläse nach dem Verbunddrucksystem.

endloses Band muldenförmig ausgebildete Arbeitstisch wird auf der einen Seite mit dem zu putzenden Guß beschickt; auf diesem wandern die Abgüsse langsam durch besondere Leitvorrichtungen geführt, der

[1] Ausgeführt von der Firma Vogel & Schemmann, Kabel i. W.

Ausfallöffnung zu, wobei sie wie bei einem Trommelgebläse durch eine Anzahl Düsen bestrahlt werden.

Es ist für die Putzarbeit sehr wesentlich, daß nur ein gut geeigneter Putzsand verwendet wird. Als solcher kommt in erster Linie reiner Quarzsand in Betracht mit einer Korngröße von 1 bis 2 mm. Die Körner sollen möglichst scharfkantig und frei von weichen tonhaltigen Bestandteilen sein. Letztere erkennt man leicht daran, daß sich beim Aufschlämmen einer Probe das Wasser trübt.

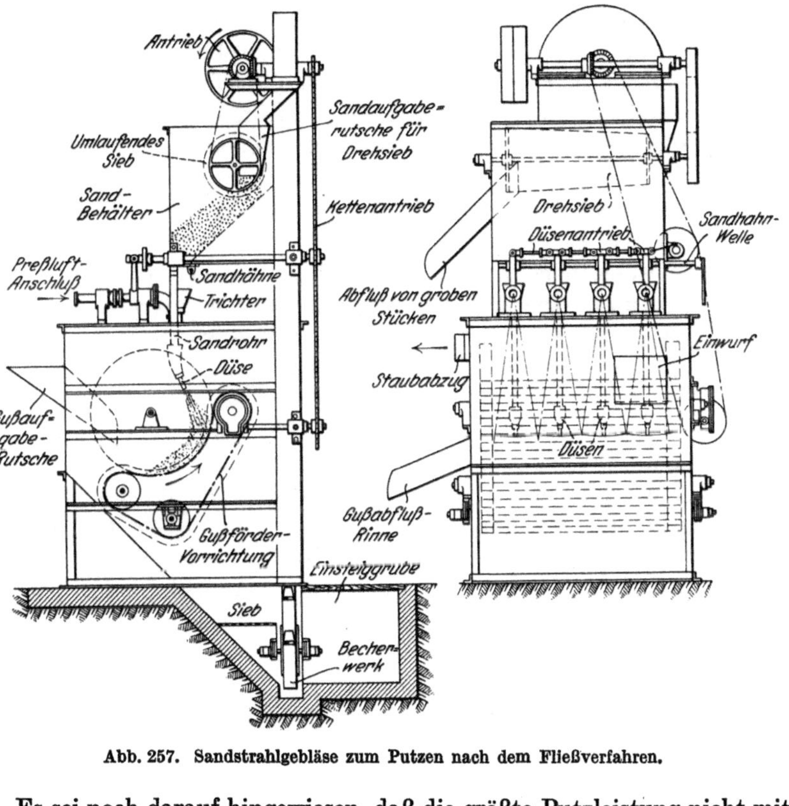

Abb. 257. Sandstrahlgebläse zum Putzen nach dem Fließverfahren.

Es sei noch darauf hingewiesen, daß die größte Putzleistung nicht mit neuem Sand erzielt wird, sondern dann, wenn der Sand einige Male durch die Maschine gegangen ist. Dies ist wohl darauf zurückzuführen, daß nach mehrmaliger Verwendung des Sandes der größte Teil der Sandkörner zerschlagen und dadurch scharfkantiger wurde.

Der Verbrauch an Quarzsand beträgt bei Sandstrahlgebläsen mit einem Betriebsdruck von 1,5 bis 2 at 5 bis 8% der ausgeblasenen Sandmengen. Da es sich bei Temperguß um kleinere und mittlere Abgüsse handelt, an denen der Sand nicht allzu sehr anbrennt, kommt man mit dem angegebenen niedrigen Luftdruck aus. Bei Benutzung eines höheren Luftdruckes wird die Leistungsfähigkeit des Gebläses erhöht; gleichzeitig vergrößern sich damit aber auch die Anlage- und Betriebskosten. Es ist daher im allgemeinen nicht wirtschaftlich, die Sandstrahlgebläse an eine etwa vorhandene Druckluftleitung mit 4 bis 6 at anzuschließen, welche für Druckluftwerkzeuge und Formmaschinen erforderlich ist. Auch die Benutzung von Druckverminderungsventilen zur Herabsetzung des Luftdruckes solcher Leitungen sind unwirtschaftlich. Zur Erzeugung des Luftdruckes wird am zweckmäßigsten eine besondere Maschinenanlage, Kolbenkompressoren oder Kreiskolbengebläse, vorgesehen.

Eine neue Düsenform bringt die Firma Gutmann A.G., Altona-Ottensen, durch ihre Ringspaltdüse. Sie zeichnet sich dadurch aus, daß sie einem sehr geringen Verschleiß unterliegt, da sich Sand und Preßluft außerhalb der Düse mischen. Die Preßluft tritt getrennt von der Sandleitung durch einen das Sandzuführungsrohr umgebenden Ringspalt aus, der sich nach der Düsenmündung hin konisch erweitert. Hierdurch ist es möglich, auch mit hochgespannter Druckluft, gegebenenfalls mit demselben Betriebsdruck wie bei Preßluftwerkzeugen zu arbeiten, was eine wesentliche Steigerung der Leistung und Verminderung der Löhne bedeutet. Die früheren häufigen Betriebsunterbrechungen zum Auswechseln der verschlissenen Düsen werden vermieden, ebenso der viel zu große Luftverbrauch solcher Düsen.

C. Entstaubungsvorrichtungen.

Bei all diesen Sandstrahlgebläsen ist es notwendig, den unvermeidlichen feinen Staub zu beseitigen, da er einerseits gesundheitsschädlich ist und andererseits Anlaß zu Betriebsstörungen durch Verstopfen und Schmirgelbildung geben kann, sowie die Putzwirkung beeinträchtigt. Der verbrauchte Sand wird daher meistens vor seiner Wiederverwendung durch eine Siebvorrichtung geleitet und gleichzeitig der feine Staub aus dieser oder auch unmittelbar aus den Putzgehäusen durch Exhaustoren abgesaugt. Auf den vorangehenden Abbildungen sind die für die Staubabsaugung vorgesehenen Anschlußstutzen angedeutet.

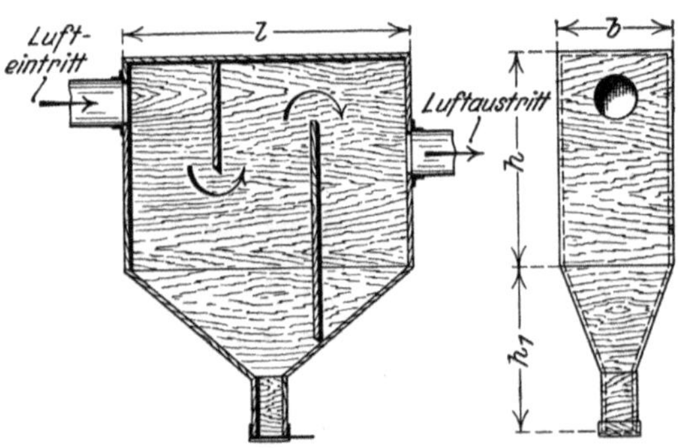

Abb. 258. Hölzerner Sandfangkasten.

Zur Schonung der empfindlichen Flügelräder der Exhaustoren muß die angesaugte Luft durch Anbringung einfacher Entstaubungskästen vom Staub gereinigt werden, in denen sich dieser durch Anprall an eingebaute Wände bei gleichzeitiger Verringerung der Luftgeschwindigkeit größtenteils niederschlägt (Abb. 258). Um auch die feinsten Staubteilchen auszuscheiden, wird der Luftstrom häufig über eine Wassergrube geleitet, wo die Staubteilchen auf der Oberfläche des Wassers festgehalten werden, als Schlamm auf den Boden sinken und von Zeit zu Zeit entfernt werden müssen, Abb. 259. Die Wassergrube verursacht viel Arbeit, da ihre Entleerung mühsam und teuer ist. Auch andere Anordnungen, bei denen die vom Staubsammler kommende Luft in eine Wassergrube ausbläst oder durch Wasserbrausen und Koksfilter vom Staub gereinigt wird, bedingen einen Betrieb, der dauernd sorgsam überwacht werden muß und erhebliche Reinigungskosten verursacht.

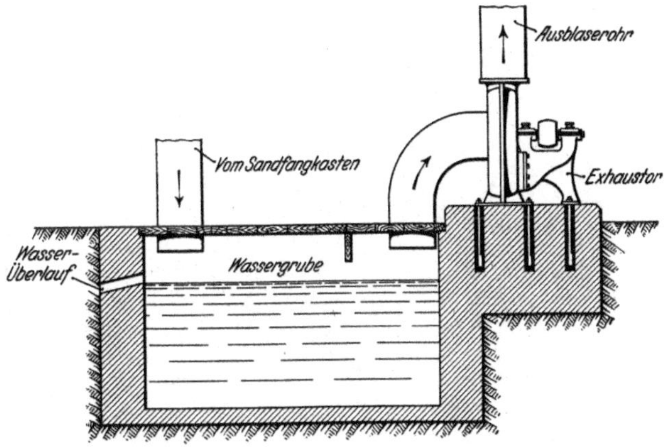

Abb. 259. Staubfang in einer Wassergrube.

Abb. 260. Trockener Staubabscheider.

Einfacher sind die trockenen Entstaubungsanlagen mit Staubfiltern aus Stoff, die bei den älteren Ausführungen durch andauerndes mechanisches Abklopfen von dem anhaftenden Staub befreit werden. Bei den neueren Bauarten (Abb. 260)[1] besteht das Filtergehäuse aus luft-

[1] Ausgeführt von der Graue A.G., Langenhagen bei Hannover.

dicht zusammengeschraubten Blechen; in demselben sind große, mit einem besonderen Filtertuch bespannte Rahmen untergebracht, welche dem staubhaltigen Luftstrom eine sehr große Oberfläche bei kleinem Widerstande entgegensetzen. Zur Überwachung und etwaigen Ausbesserung der Filter sind luftdicht schließende Türen an den Seitenwänden des Gehäuses angebracht. Die Filtertücher werden nur zweimal täglich durch eine von Hand oder mechanisch betätigte Abklopfvorrichtung von dem anhaftenden Staub befreit. Dieser fällt in den untergebauten Trichter, aus dem er ohne jede Staubentwicklung durch Schläuche in untergefahrene Behälter entleert wird. Die ausströmende Luft ist so rein, daß sie zu Belüftungszwecken verwendet werden kann. Die Anlage nimmt der Gießerei keinen Arbeitsraum weg; sie kann entweder auf einem Gerüst oder auf dem Gießereidach aufgestellt werden, Abb. 261.

Abb. 261. Größere Trocken-Staubabscheideanlage.

Zur Entstaubung des Gebläsesandes ist eine Anordnung nach Abb. 262 sehr geeignet[1]. Der gebrauchte Putzsand fällt vom Auslauf des Becherwerkes auf schräge Flächen, über die er langsam hinabrieselt; durch eine hier eingebaute Düse wird ein Luftstrom erzeugt, welcher alle leichteren Teile aus dem Sande in den

[1] Ausgeführt von der Firma A. Gutmann, Altona-Ottensen.

Staubfangkasten überführt. Der gereinigte Putzsand fällt in den Behälter des Drucksandstrahlgebläses.

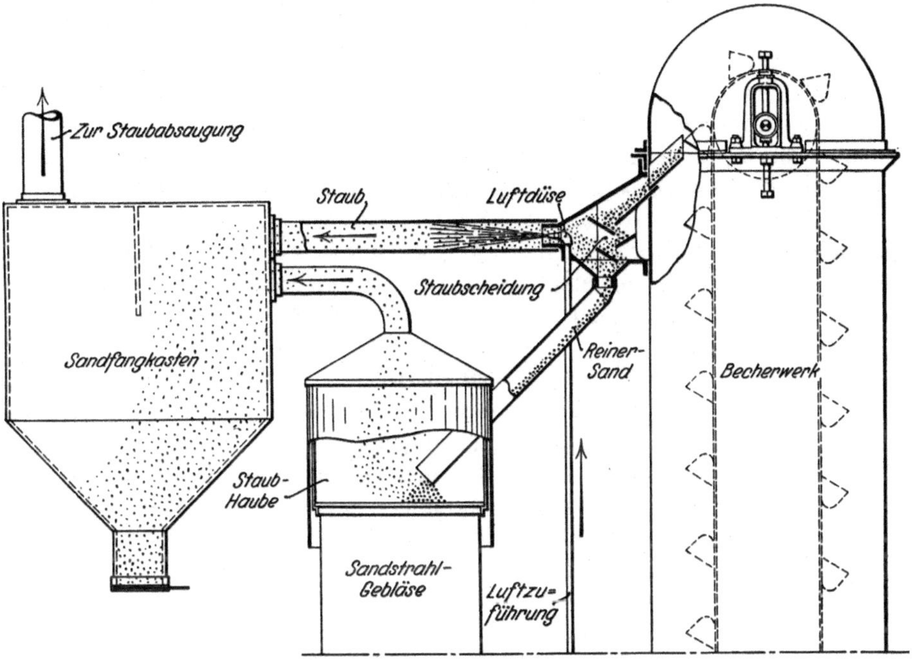

Abb. 262. Trockene Staubabscheidung in Verbindung mit dem Sandstrahlgebläse.

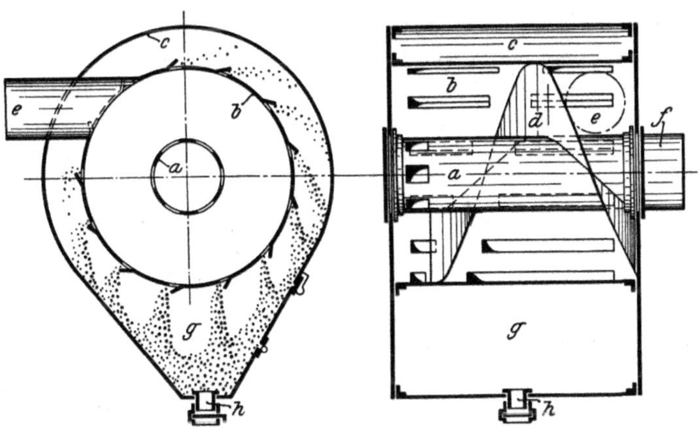

Abb. 263. Zentrifugal-Sand- und Staubsammler.

Eine weitere Vorrichtung zur trockenen Entstaubung ist der Zentrifugal-Sand- und Staubsammler[1], Abb. 263, der nicht nur eine Entstaubung, sondern auch in Verbindung mit Sandstrahlgebläsen eine

[1] Ausgeführt von der Badischen Maschinenfabrik, Durlach.

Rückgewinnung des etwa mitgerissenen noch brauchbaren Putzsandes gestattet. Der Saugstutzen *f* wird durch eine Rohrleitung an die Saugöffnung des Exhaustors angeschlossen. Durch den Stutzen *c*, der mit dem zu entstaubenden Raum in Verbindung gebracht ist, wird die staubhaltige Luft in den Staubsammler gesaugt. Diese strömt tangential in den Blechkörper *b* ein, wobei sie durch die eingebaute Zwischenwand *d* zu einer kreisenden Bewegung um das Rohr *f* gezwungen wird, bis sie durch die seitlichen Öffnungen *a* zum Exhaustor abströmen kann. Die Staubabscheidung erfolgt dadurch, daß die größeren Sandteilchen beim Austritt aus den Stutzen *c* infolge der Fliehkraft an den äußeren Umfang des Behälters *b* geschleudert werden, wo sie durch Schlitze in den äußeren Mantel *c* eintreten, in dessen unterem Ende *g* sich ansammeln und durch den Stutzen *h* von Zeit zu Zeit abgelassen werden.

D. Schleiferei.

Sind die Gußstücke vollkommen vom Formsand befreit, so gelangen sie in den Rohguß-Prüfraum, wo jeder einzelne Abguß auf Fehlstellen genau untersucht wird. Gleichzeitig werden alle Grate, die sich durch unsauberes Formen und überlaufene Kerne etwa gebildet haben, mit leichten Hämmern abgeklopft. Es ist sehr wichtig, diese Prüfung des Rohgusses sorgfältigst durchzuführen, um nur einwandfreie Ware in die Glüherei zu bringen. Alle Stücke mit Fehlstellen, wie nicht völlig ausgelaufene Abgüsse, stumpfer Guß, Stücke mit Rissen und Graphitausscheidungen werden ausgeschieden. Die Risse sind oft so klein, daß sie mit bloßem Auge kaum zu erkennen sind; trotzdem können sie aber sehr gefährlich sein, da sie sich beim nachfolgenden Glühen vergrößern, so daß es vorkommen kann, daß solche Abgüsse nach der Glühung durchgerissen sind. Ihre Auffindung ermöglicht der Klang der Gußstücke beim Anschlagen mit einem Hammer, da der sonst helle Klang des weißen Eisens bei Anwesenheit von Rissen dumpf wird. Dasselbe ist der Fall bei starken Graphitausscheidungen, die ebenfalls durch den dumpfen klanglosen Ton der Abgüsse beim Abklopfen erkannt werden können.

Die an den Gußstücken verbliebenen Überreste der Eingüsse müssen durch Schleifen entfernt werden. Gewöhnlich, d. h. bei weißbrüchigem Kupolofen-Temperguß, wird diese Arbeit erst nach dem Glühen ausgeführt, da im allgemeinen in Deutschland die Ansicht vorherrscht, daß das Schleifen des geglühten weichen Gusses weniger Kosten verursacht als das Schleifen des harten Rohgusses.

Die Schleifmaschinen werden meistens derart ausgeführt, daß auf einem kräftigen Hohlgußgestell in bequemer Arbeitshöhe eine Welle völlig staubsicher gelagert wird, an deren jedem Ende eine Schleifscheibe fliegend angebracht ist. Der Antrieb erfolgt durch eine zweistufige Riemenscheibe, um der Welle beim Kleinerwerden der Schleifsteine durch Abnutzung eine größere Drehzahl geben zu können, (Abb. 264)[1], oder durch einen unmittelbar auf die Welle gesetzten Elektromotor (Abb. 265)[2] der allerdings ganz besonders sorgfältig vor Staub geschützt eingebaut sein muß. Der Kraftbedarf einer kleineren Doppel-Schleifmaschine beträgt für 2 Scheiben bis 350 mm Dmr. und 31 mm Breite 3,2 PS und für Scheiben bis 500 mm Dmr. und 41 mm Breite 4,5 PS.

Es ist Vorschrift, daß die Schleifsteine von einer starken Schutzhaube umgeben sind, da sie im Betrieb zerspringen können, wobei schon

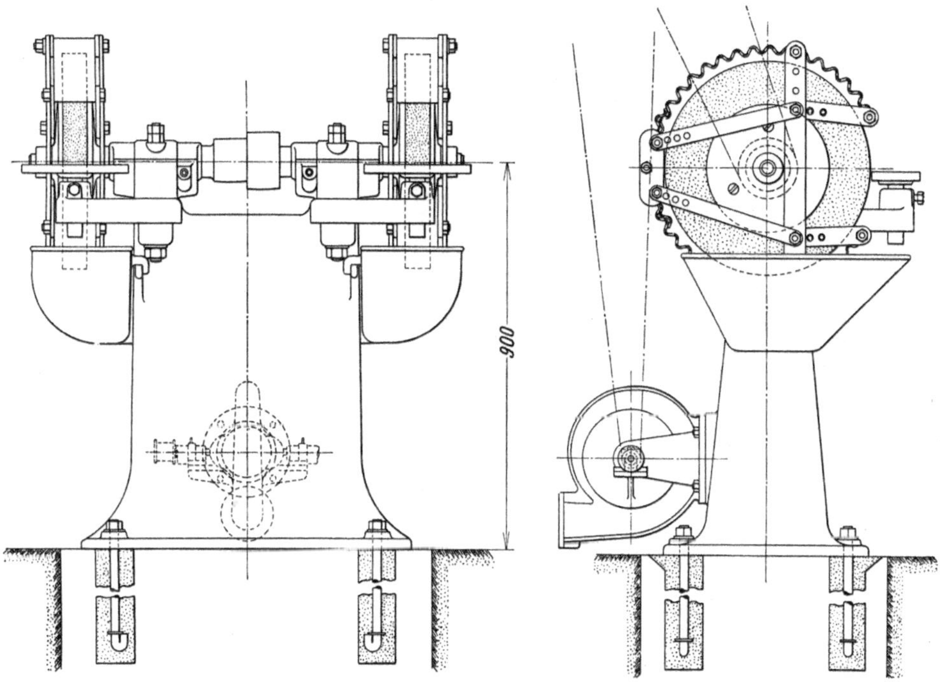

Abb. 264. Doppelschleifmaschine für Riemenantrieb.

sehr schwere Unfälle eingetreten sind. Diese Schutzhauben werden zweckmäßig durch wellenförmige Blechstreifen mit 1 bis 1,5 mm Dicke gebildet, die auch in mehreren Lagen übereinander genügend elastisch bleiben, um bei einer Zertrümmerung der Schleifscheibe durch federndes Nachgeben deren gewaltige Schläge aufzunehmen. Durch Befestigung des Blechbandes mit verstellbaren Flacheisen kann der Durchmesser der Schutzhauben den durch Abnutzung kleiner werdenden Schleifscheiben angepaßt werden. Nach gewerbepolizeilicher Vorschrift ist es für die großen Schleifscheiben über 250 mm Dmr. verboten, die Schutzhauben aus Grau- oder Temperguß herzustellen.

[1] Ausgeführt von der Firma Vereinigte Schmirgel- und Maschinenfabriken A.G., Hannover-Hainholz.

[2] Ausgeführt von der Badischen Maschinenfabrik, Durlach.

Die Schutzhaube bzw. deren unterer Teil muß einen geschlossenen Behälter bilden. Dieser wird an eine gemeinsame Entstaubungsanlage angeschlossen oder an einen Exhaustor, der unmittelbar auf der Antriebswelle oder auch seitlich an der Maschine angebracht ist.

Die Schleifer bedienen fast immer stehend die Maschinen; bei den älteren leichten Bauarten waren die Lagerböcke so niedrig, daß die Schleifer sitzend arbeiteten. Die meisten Temperabgüsse werden unmittelbar von Hand an die Schleifsteine gepreßt; nur bei kleinen Massenartikeln werden gerne zum Halten derselben hölzerne Hilfsgeräte benutzt, mittels deren genau gleiche Rundungen und dergleichen an die Abgüsse angeschliffen werden können.

Abb. 265. Doppelschleifmaschine für elektrischen Antrieb.

Beim Schleifen von Temperguß ist zu beachten, daß je nachdem, ob der harte Rohguß oder der geglühte weiche Guß geschliffen wird, ganz verschiedene Arten von Schleifscheiben benutzt werden müssen. Diese tragen auch die allgemeine Bezeichnung Schmirgelscheiben oder auch Korundscheiben und eignen sich in erster Linie zum Schleifen von geglühtem Temperguß. Für das Schleifen von hartem Rohguß dagegen sind die härteren Karborundum-Scheiben vorteilhafter; diese bestehen hauptsächlich aus Karborundum, einer im elektrischen Lichtbogen erzeugten chemischen Verbindung des Kohlenstoffes mit Silizium, Siliziumkarbid, SiC.

Auf die Arbeitskraft einer Scheibe ist neben der Härte ihre Umfangsgeschwindigkeit von großem Einfluß; die besten Leistungen sollen bei 25 bis 35 m/sek Umfangsgeschwindigkeit liegen; durch Änderung einer ungeeigneten Drehzahl kann unter Umständen die Leistung wesentlich gesteigert werden, z. B. wurde die Schleifleistung einer Scheibe, die infolge zu großer Härte ungenügend schliff, durch Verringerung der Umlaufzahl bedeutend erhöht, und bei einer Scheibe, die einen ungewöhnlich großen Verschleiß aufweist, kann es möglich sein, die Lebensdauer durch Erhöhung der Umlaufzahl zu vergrößern. Die Arbeitskraft einer Scheibe steht also im umgekehrten Verhältnis zu ihrer Lebensdauer; je weicher sie ist, desto größer ist ihre Leistung, aber auch ihr Verschleiß; je härter sie ist, desto geringer ist ihre Leistung, aber desto größer ihre Lebensdauer. Bei der Auswahl von Schleifscheiben sollte daher durchaus nicht immer deren Preis allein maßgebend sein, und andererseits ist ein Vergleich der Leistung verschiedener Scheiben oft etwas umständlich, da zuerst für jede Scheibe die günstigsten Betriebsbedingungen ermittelt werden müssen.

Die Verwendung ungeeigneter Scheiben oder ungeeigneter Umlaufzahlen können — abgesehen von hohen Schleiferlöhnen und großem Kraftaufwand — auch die Güte der fertigen Abgüsse ungünstig beeinflussen. Durch ungewöhnlich hohen Schleifdruck kann die hierbei entwickelte Wärme so groß werden, daß an der Schleifstelle eine örtliche Erhitzung bis auf Rotglut und damit eine Oberflächenhärtung eintritt. In dieser Beziehung sind Abgüsse aus Schwarzguß und überhaupt solche Stücke besonders gefährdet, die noch eine größere Menge Kohlenstoff enthalten, während bei vollständig entkohlten Abgüssen dieses Übel natürlich nicht auftreten kann. Man muß daher zur Vermeidung dieser Schwierigkeit danach streben, den Anschnitt des Abgusses an eine solche Stelle zu legen, die später nicht bearbeitet wird. Treten aber trotz veränderter Betriebsweise bei Benutzung bester Schleifscheiben harte Stellen am abgeschliffenen Einguß bei der Bearbeitung auf, so bleibt nichts anderes übrig, als solche empfindliche Stücke im Rohguß zu schleifen.

Durch das Abschleifen des Eingußrestes kann auch noch auf eine andere Weise eine harte Stelle bei der Bearbeitung bemerkbar werden. Da die Entkohlung der Oberfläche folgt, so umschließt eine gleichmäßig dicke weiche Außenschicht den härteren, kohlenstoffreicheren Kern. Wird nun der Eingußüberrest durch Schleifen entfernt, so tritt an dieser Stelle der härtere Kern an die Oberfläche. Bei einer nachfolgenden Bearbeitung, etwa durch Überdrehen, findet der Drehstahl mit Ausnahme dieser härteren Stelle am Einguß überall die weiche entkohlte Oberfläche, was zu einer Beanstandung des Abgusses führen kann.

Es sei noch darauf hingewiesen, daß beim Schleifen des Rohgusses die Schwierigkeit auftreten kann, daß durch die Erschütterungen und örtliche Erhitzung beim Schleifen etwa vorhandene Gußspannungen in den Abgüssen ausgelöst werden, durch welche äußerst feine Risse entstehen, die mit dem bloßen Auge kaum erkennbar sind. Beim nachfolgenden Glühen vergrößern sich diese Risse, so daß sie die Abgüsse unbrauchbar machen können.

4. Glüherei.

A. Glühtöpfe.

Während früher das Tempergut unmittelbar in gemauerte Kammern eingebracht wurde, werden bei den neueren Öfen die Abgüsse in eisernen Töpfen in die Glühöfen eingesetzt. Diese Tempertöpfe haben runden oder viereckigen Querschnitt. Eine Einheitlichkeit in den Abmessungen hat sich bis jetzt noch nicht im geringsten Maße durchgesetzt; je nach Art der vorhandenen Öfen und Gewöhnung der Gießereien werden ganz kleine Töpfe herab bis zu 300 mm Dmr. und andererseits auch Töpfe mit einem Durchmesser bis zu 1000 mm und einer Höhe bis zu 1800 mm benützt. Die kleinen Töpfe besitzen den Vorzug größerer Handlichkeit, leichterer Bedienung, besserer Haltbarkeit und geringeren Abfalls beim Schadhaftwerden.

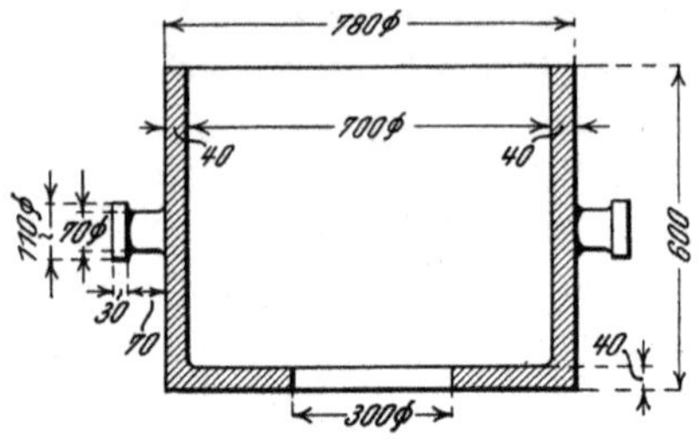

Abb. 266. Vorschlag für einen Normal-Tempertopf.

Die am meisten verwendeten Tempertöpfe haben einen Durchmesser und eine Höhe von 600 bis 700 mm, von denen gewöhnlich 3 Töpfe aufeinander gesetzt werden. Abb. 266 zeigt die Abmessungen eines „Normal-Tempertopfes", der sich als sehr günstig erwiesen hat; es wäre sehr wünschenswert, wenn sich die Ofenbaufirmen beim Entwurf neuer Öfen nach diesen Abmessungen richten würden, um im Laufe der Zeit zu einer Vereinheitlichung zu kommen.

Mit zunehmender Höhe der Tempertöpfe wird das gleichmäßige Einsetzen der Gußstücke in dem unteren Teil der Töpfe erschwert, bei großem Durchmesser auch das gleichmäßige Durchglühen. Die besonders großen Töpfe müssen daher im allgemeinen eine stärkere Hitze erhalten als die kleinen. Wird ein Topf durch Verzundern des oberen Teiles oder durch einen Riß unbrauchbar, so ist der entstehende Abfall bei einem kleinen Topf geringer als bei einem großen.

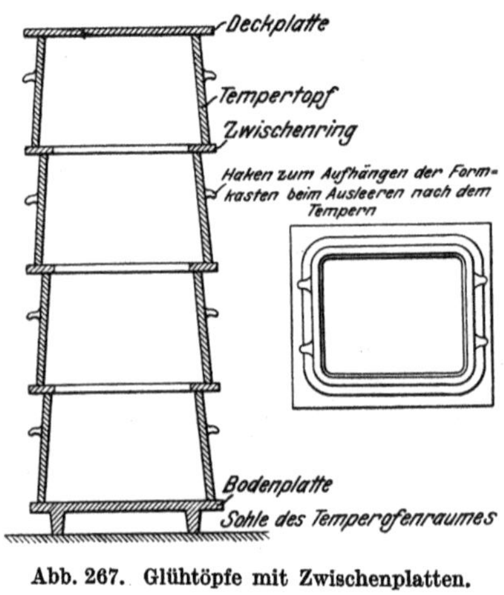

Abb. 267. Glühtöpfe mit Zwischenplatten.

Die hohen Tempertöpfe besitzen den einen Vorteil, daß sie das Tempergut durch fugenlose Umhüllung am besten vor dem Zutritt von Luft und Ofengasen schützen; zum Abdichten der niedrigen Töpfe dagegen müssen besondere Vorsichtsmaßnahmen getroffen werden. Diese bestehen am einfachsten darin, daß man als oberste Lage eines jeden Topfes eine Schicht aus feuchtem, feuerfestem Sand oder Lehm aufbringt, auf die der nächste Topf gesetzt wird. Die Bodenöffnungen der Töpfe werden gewöhnlich durch eingelegte eiserne Platten verschlossen; diese Öffnungen sind vorhanden, um Gußspannungen zu mildern und um das Entleeren der Töpfe zu erleichtern. Es gibt jedoch auch Ausführungen ohne Böden, Abb. 267, die in Amerika angetroffen werden. Zwischen jedem

Glühtopf befindet sich eine Platte; der unterste ruht auf einer Bodenplatte mit Füßen, um das Glühgut auch von unten zu erhitzen. Bei diesen Töpfen sind die Wände nach oben etwas verjüngt, während sie im allgemeinen senkrecht stehen.

Eine weitere, bessere, amerikanische Abdichtungsart zeigt Abb. 268, bei welcher zwischen je 2 Töpfe eine eiserne Platte mit Doppelrand gelegt wird; der Zwischenraum zwischen diesen Rändern und den Töpfen wird mit feuerfester Masse (Lehm) verschmiert. Um eine möglichst gute Abdichtung zu erzielen, werden die Töpfe auch mit einer erweiterten Öffnung ausgeführt, wodurch sie ähnlich wie bei einer Rohrmuffenverbindung gegeneinander abgedichtet werden.

Die Unterteilung der Topfstapel hat bei sehr sorgfältiger Arbeit den Vorteil, daß die zu unterst liegenden Gußstücke nicht den gesamten Druck der darüber befindlichen Eisenmasse erhalten und sich daher weniger in der Glühhitze verziehen als in den hohen Töpfen. Bei runden Töpfen wird der Fassungsraum der Glühöfen nicht so gut ausgenutzt als bei viereckigen; sie werden aber deshalb vorgezogen, weil sie sich leichter spannungsfrei gießen lassen und daher weniger zum Reißen neigen als die eckigen. Zur Beförderung mit dem Kran erhalten die Töpfe zwei einander gegenüberliegende Nasen oder Zapfen, in welche ein Krangehänge eingreift. Die runden Zapfen nach Abb. 266 sind den eckigen Nasen vorzuziehen, da die Töpfe zwecks einfachster Entleerung im Krangehänge um die Zapfen gekippt werden können.

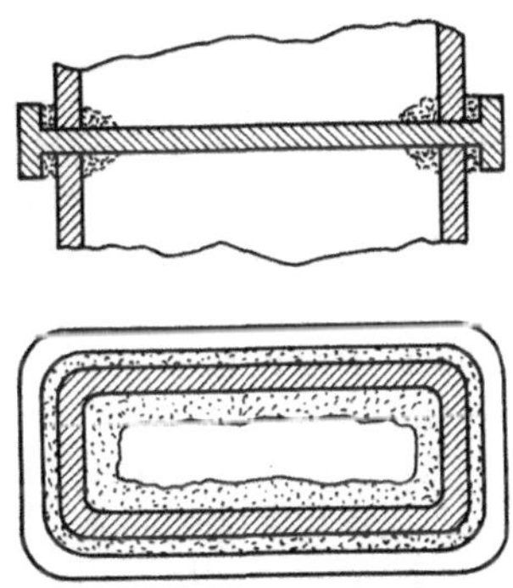

Abb. 268. Randabdichtung für Tempertöpfe.

Die Nasen und Zapfen haben den Nachteil, daß sie beim Glühen der Verzunderung besonders stark ausgesetzt sind. Es wird daher vielfach eine vollkommen glatte Wandung oder ein schwacher Wulst am oberen Rande bevorzugt und zum Fassen der Töpfe eine am Kran hängende Scherenzange benutzt, die durch das Eigengewicht der Töpfe beim Heben fest an die Wandungen gepreßt wird; dieses Verfahren hat sich wegen seiner Einfachheit sehr gut bewährt.

Da neben den gewöhnlichen kleinen Abgüssen von Zeit zu Zeit auch längere Stücke hergestellt werden müssen, die sich beim aufrechten Glühen zu sehr verziehen würden, so werden hierzu langgestreckte Wannen bis zu etwa 1250 mm Länge benutzt. Durch innen angebrachte Rippen wird die Festigkeit der langen Wände beim Glühen erhöht. Derartig große Tempertöpfe bedürfen allerdings einer besonders starken Hitze.

Als Werkstoff für die Glühtöpfe wird harter Grauguß, Stahlguß, Eisenchromguß und chromlegiertes Stahlblech genommen. Für die Wahl eines bestimmten Werkstoffes ist meistens die Schmelzeinrichtung der betreffenden Gießerei maßgebend, da nach Möglichkeit die Tempertöpfe im eigenen Betrieb hergestellt werden. Sind Kupolöfen vorhanden, so wird eine möglichst billige phosphorarme Gattierung verwendet, bei welcher Schmiedeeisenschrott, der gesamte eigene entfallende getemperte Schrott und Rohgußtrichter den Hauptanteil bilden. Von manchen Betrieben wird auch zur besonderen Verbilligung Graugußschrott oder deutsches Gießereiroheisen hinzugesetzt. Davon muß jedoch abgeraten werden, da in diesem Eisen zu viel Phosphor enthalten ist, der die Feuerbeständigkeit stark herabsetzt. Um den Siliziumgehalt auf die richtige Höhe zu bringen, wird am zweckmäßigsten hochsiliziertes Hämatiteisen und zur Erhöhung des Mangangehaltes nötigenfalls etwas Siegerländer Stahleisen zugesetzt.

Eine gutbewährte Glühtopfgattierung ist folgende:

15—20%	Hämatit mit etwa 3% Si,
10%	Stahleisen mit etwa 3% Mn,
45—50%	Schmiedeeisenschrott oder Stahlabfälle,
5%	eigener geglühter Tempergußschrott,
20%	Tempergußtrichter oder Glühtopfreste u. dgl.

Verfügt die Gießerei über besonders viel eigene Trichter, Ausschußstücke u. dgl., so kann der Anteil an diesem Eisen auch ganz wesentlich höher genommen werden, so daß der Guß von Tempertöpfen ein bequemes Mittel bildet, diese lästigen Stoffe nützlich zu verwenden.

Das Eisen aus dieser Gattierung liegt auf der Grenze zwischen „grau“ und „weiß“, je nach Gießtemperatur, Wandstärke des Abgusses und Abkühlungsgeschwindigkeit. Die chemische Zusammensetzung des Gusses ist ungefähr folgende:

2,8—2,6% C,	0,1—0,15% P,
0,6—1,2% Si,	0,12—0,15% S.
0,4—0,6% Mn,	

Die Haltbarkeit dieser gußeisernen Tempertöpfe mit einer Wandstärke von 35 bis 40 mm beträgt bei dem meist üblichen Glühfrischen von etwa 4 Tagen Vollhitze bei 950 bis 1000° etwa 8 bis 12 Glühungen; bei kürzerer Glühfrischdauer kann sie bis zu 16 Glühungen hinaufgehen. Dagegen wird die Haltbarkeit von Stahlgußtöpfen bei geringerem Gewicht (etwa 30 mm Wandstärke) um 15 bis 20% größer angegeben. Da aber deren Preis höher liegt als der von Graugußtöpfen, so ist für die Kupolofen-Tempergießereien, die ihre Töpfe selbst herstellen, kein wesentlicher Vorteil durch die Verwendung gekaufter Stahlgußtöpfe vorhanden.

Die Haltbarkeit der Töpfe ist natürlich wesentlich größer, wenn der bei niedriger Temperatur geglühte Schwarzguß hergestellt wird. In diesem Falle kann die Lebensdauer guter Gußeisentöpfe auf etwa 50 Glühungen steigen.

Hat eine Tempergießerei einen Siemens-Martin-Ofen im Betrieb, so erschmilzt sie mit Vorteil ihre Tempertöpfe in diesem Ofen als Stahlguß, wobei eine ähnliche Gattierung wie beim Kupolofen benutzt werden kann oder ein Einsatz von 90 bis 85% Schmiedeeisen- und Temperschrott und 10 bis 15% Hämatitroheisen. Vor dem Vergießen ist der Schmelze wie beim Stahl Ferrosilizium und Ferromangan zuzusetzen. Der erzeugte Stahlguß hat etwa folgende chemische Zusammensetzung:

0,4—0,8% C,	0,4—0,6% Mn,
0,2—0,4% Si,	0,07—0,08% S.

Seit einigen Jahren werden auch feuerbeständige Gußeisenlegierungen mit etwa 24% Chrom benutzt, die zuerst von der Firma Meier & Weichelt, Leipzig, unter dem Namen Alferon[1] in den Handel gebracht wurden. Diese Legierungen werden von den Heizgasen so wenig angegriffen, daß hieraus hergestellte Tempertöpfe über 100 Glühungen aushielten. Allerdings beträgt der Preis des Alferons ein Mehrfaches des Stahlgußpreises, doch kann trotzdem der teurere Preis infolge der langen Haltbarkeit ein

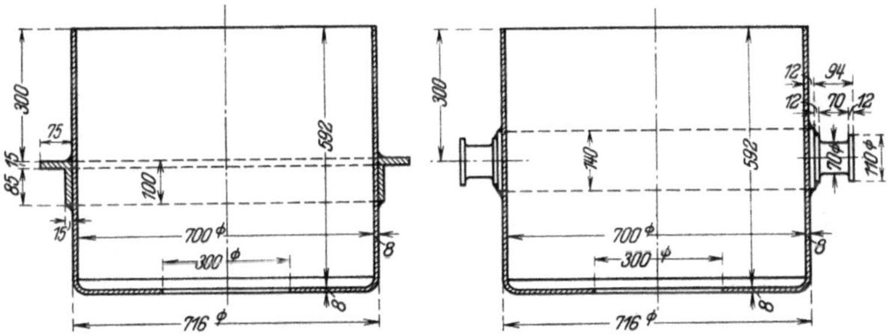

Abb. 269. Glühtöpfe aus hitzebeständigem Kruppschen Stahlblech NCT 3.

wirtschaftlicheres Arbeiten gestatten als der billigere aber schlechtere Grauguß- oder Stahltopf.

Die Verwendung von feuerbeständigem Guß zu Tempertöpfen hat auch noch den großen Vorteil, daß die bisher nach jeder Glühung erforderliche Reinigung der Öfen und die Abfuhr des in großen Mengen gebildeten Zunders ganz in Wegfall kommt. Die Öfen bleiben sauber, und die Abzugskanäle können nicht verstopft werden.

Es sei noch darauf hingewiesen, daß geringe Zusätze von Chrom die Feuerbeständigkeit praktisch nicht wesentlich erhöhen; erst bei einem Gehalte von über 24% Cr wird sprunghaft gute Feuerbeständigkeit erreicht. Diese Eisenchromlegierungen besitzen jedoch den Nachteil einer großen Sprödigkeit; sie dürfen daher keine starken Schläge erhalten, um die Gefahr des Reißens zu vermeiden. Die Sprödigkeit wird durch einen Zusatz von Nickel nach den Patenten der Firma Fried. Krupp A.G., Essen, vermieden, welche zähe gieß- und walzbare Eisen-Nickel-Chromlegierungen unter der Bezeichnung Nichrotherm (NCT3) in den Handel gebracht hat[2]. Der Preis dieses Werkstoffes ist allerdings

[1] Feuerungskunde 1925, S. 127/28. [2] Kruppsche Monatsh., Okt. 1926, S. 165.

sehr hoch, doch hat er sich zur Herstellung von Tempertöpfen wegen seiner ausgezeichneten Feuerbeständigkeit gut bewährt. Er bietet den Vorteil, daß infolge der guten Warmfestigkeit die Wandstärke der Tempertöpfe sehr dünn genommen werden kann, wofür Abb. 269 unter Verwendung von geschweißtem Blech 2 Ausführungsbeispiele gibt. Die Wärmeübertragung wird durch die geringe Wandstärke erleichtert und die Gewichtsersparnis beträgt etwa 70% gegenüber dem gußeisernen Glühtopf der Abb. 266.

Versuche, die Feuerbeständigkeit der Tempertöpfe durch Oberflächenbehandlung, wie Alitieren, zu erhöhen, haben bisher zu keinem durchschlagenden Erfolge geführt. Auch das hin und wieder empfohlene Hilfsmittel, die Töpfe vor jeder Glühung mit einer feuerfesten Masse zu bestreichen, hat wegen seines geringen Nutzens nur wenig Anwendung gefunden.

B. Glühmittel.

Wir unterscheiden oxydierende und neutrale Glühmittel, je nachdem, ob durch Glühfrischen eine Entkohlung oder durch neutrales Tempern nur eine Umwandlung der Kohlenstofform durchgeführt werden soll. Als ersteres dient zum weitaus größten Teil Roteisenstein, wie er hauptsächlich in der Dillenburger Gegend an der Lahn gewonnen wird.

Dieses Eisenerz muß sehr sorgfältig aufbereitet werden, um es von schädlichen Bestandteilen und wertloser Gangart möglichst zu befreien[1]. Aus der Grube kommend wird das Erz zunächst gewaschen und geschlämmt, sodann von Hand auf Lesebändern von schädlichen Bestandteilen, vor allem von Schwefelkies, sowie von taubem Gestein so gut wie möglich befreit. In Siebanlagen wird das gereinigte Erz in die Körnungen von 0 bis 3, 3 bis 6, 6 bis 9 und 10 bis 15 mm getrennt und in dieser Form in den Handel gebracht. Am häufigsten wird die Körnung 3 bis 6 und 6 bis 9 mm benutzt; von manchen Betrieben wird das gröbere Erz für dickere Stücke, die feinere Körnung für dünnere Abgüsse bevorzugt, da das gröbere Erz die für die dickeren Stücke notwendige höhere Temperatur leichter verträgt als das feine Erz und vermutlich infolge der größeren Zwischenräume die Gasreaktion erleichtert, also stärker entkohlt.

Die Anforderungen, die an Tempererz gestellt werden, sind folgende: Möglichst großer Gehalt an Eisenoxyd Fe_2O_3, möglichste Freiheit von Schwefel, Phosphor, kohlensaurem Kalk und leichtschmelzbaren Gangarten. Da der beim Glühfrischen allein wirksame Stoff der in Fe_2O_3 gebundene Sauerstoff ist, so wird auf einen möglichst hohen Gehalt an Eisen bzw. Fe_2O_3 gesehen. Dieser Gehalt betrug vor etwa 2 Jahrzehnten zwischen 80 und 90%, ist aber im Laufe der Zeit allmählich zurückgegangen, da die Gruben mit den reinsten Erzen in festen Besitz übergingen. Besonders gute Tempererze sind daher nicht mehr im Handel

[1] Stahleisen 1909, S. 97.

erhältlich, sondern werden auf Eisen verhüttet. Es ist eine sehr bedauerliche Tatsache, daß die deutsche Temperguẞindustrie sich damit abfinden muß, Erze mit einem geringen Gehalt an Eisenoxyd zu verarbeiten. Die Analysen einer großen Anzahl von Tempererzlieferungen verschiedener Gruben aus den letzten Jahren ergaben fast stets einen Gehalt von 60 bis 70% Fe_2O_3, der als sehr niedrig bezeichnet werden muß. Schwedische Tempererze sind etwas besser und besitzen einen Gehalt von 70 bis 75% Fe_2O_3, doch werden sie durch die hohe Fracht so teuer, daß allgemein die billigeren aber schlechteren deutschen Erze vorgezogen werden. Über die französischen Tempererze berichtet Kluytmans[1], daß Erze mit einem geringeren Gehalt als 82% Fe_2O_3 wegen ihrer schlechten Wirtschaftlichkeit überhaupt nicht verwendet werden sollten. Diese Forderung ist aber in der Praxis nicht durchzuführen, da die reinen Erze zu teuer sind.

Des weiteren sollen Tempererze frei von Schwefel und Phosphor sein; enthalten sie Schwefel in Form von Schwefelkies FeS_2, so bildet sich beim Glühen schweflige Säure, die von dem glühenden Temperguß aufgenommen wird und diesen unangenehm beeinflußt. Da der Schwefelkies einen niedrigen Schmelzpunkt besitzt, so besteht bei dessen Anwesenheit auch die Gefahr, daß beim Glühen geschmolzene Erzteilchen an den Gußstücken anfritten und diese verderben (s. auch S. 309, Verzinken). Auch ein hoher Phosphorgehalt des Tempererzes kann schädlich wirken, da dieser ebenfalls zum Teil in die Gußstücke übergeht.

Endlich soll das Erz keine Karbonate enthalten, besonders keinen kohlensauren Kalk, da hierdurch der Glühverlust des Tempererzes vergrößert wird und durch das Glühen pulverförmiger Ätzkalk entsteht, der beim Entleeren der Glühtöpfe als Staub die Arbeiter sehr belästigt. Durch einen gewissen Kalk-, Alkali- und Kieselsäuregehalt kann der Schmelzpunkt einzelner Körner des Tempererzes so stark erniedrigt werden, daß sie beim Glühen zum Schmelzen kommen und die lästige Fleckenbildung oder gar das Zusammenfritten des Erzes mit den Abgüssen verursachen. Die Zusammensetzung verschiedener Tempererze gibt Zahlentafel 35.

Außer dem natürlichen Roteisenstein wird auch hin und wieder Hammerschlag und Walzsinter als Glühmittel verwendet. Derselbe besteht aus ziemlich reinem Eisenoxyduloxyd Fe_3O_4, mit geringen Verunreinigungen von Kieselsäure. Der Gehalt an Fe_2O_3 beträgt etwa 90%. Dieses Glühmittel soll den Vorzug besitzen, einen saubereren Guß zu ergeben als Roteisenstein.

Durch Glühen von Eisenoxyd wird eine starke Entwicklung von Sauerstoff hervorgerufen, wie durch Untersuchungen von Wüst[2] nachgewiesen wurde. Die genannten Glühmittel ergeben daher im reinen Zustande eine zu starke Oxydation, durch die nicht nur der Kohlenstoff, sondern auch

[1] Fonderie Mod. 1921, S. 49. [2] Metallurgie 1906, S. 1.

Zahlentafel 35. Chemische Zusammensetzung von Tempererz.

Roteisenstein aus	% Fe	% FeO	% Fe_2O_3	% SiO_2	% CaO	% MgO	% Al_2O_3	% P_2O_5	% Mn	% S	% Glühverlust
Dillenburg 1929 . .	45—50	0,5—2	63—70	20—30	0—2	Spur	2—4	0,3—0,6	0,1—0,2	0,05—0,2	1—2
Haiger 1929. . . .	45—50	0,5—2	63—70	8—13	4—6	Spur	1—4	0,3—0,6	0,1—0,2	0,05—0,2	2—4
Dillenburg 1908 . .	58—62	—	83—90	6—8	1—2	Spur	1—4	0,3—0,4	0,1—0,2	0,05—0,2	1—2
Schweden 1926 . .	55—62	5—7	70—75	10—15	0,5	0,5	1—2	0,05—1	0,05—0,1	0,01	0,3—0,5
Bosnien 1929 . . .	60—62	—	87—90	6—10	0,5	Spur	1—2	0,1—0,2	0,15	0,05—0,2	0,5

das Eisen verbrannt wird. Diese Wirkung muß durch Mischen mit altem Erz, d. h. schon einmal zum Glühen benutztem Erz, abgeschwächt werden. Die Verdünnung des Erzes muß derart sein, daß die Tempererzmischung beim Glühen gerade so viel Sauerstoff entwickelt, als Kohlenstoff in den Abgüssen zur Verbrennung gelangt. Dies ist bei einem Gehalt des Tempermittels von etwa 25 bis 30% Fe_2O_3 der Fall. Hierzu wird durchschnittlich 1 Teil neues Tempererz (deutscher Roteisenstein) mit 3 bis 4 Teilen gebrauchtem Erz gemischt; bei sehr dünnen Abgüssen und bei solchen, die nicht sehr stark entkohlt zu werden brauchen, kann eine noch wesentlich stärkere Verdünnung von 1 : 5 bis 1 : 10 vorgenommen werden. Zeitweilig genügt es sogar, dünnere Teile nur in gebrauchtem Erz zu glühen. Handelt es sich jedoch um dickere Abgüsse, so benutzt man eine stärkere Mischung im Verhältnis 1 : 3 oder sogar 1 : 2. Das günstigste Mischungsverhältnis wird zweckmäßig praktisch erprobt, da die chemische Untersuchung der Tempererzmischung auf den Gehalt an Fe_2O_3 umständlich ist.

Durch das lange Glühen wird das Erz sehr stark reduziert, so daß in dem gebrauchten Erz so gut wie stets metallisches Eisen vorhanden ist. Bei sehr starker Ausnutzung wurden in ihm Gehalte bis zu 12% metallischen Eisens festgestellt. Zur Wiederauffrischung des Erzes an Sauerstoff lassen manche Betriebe das gebrauchte Erz im Freien lagern und befeuchten es noch besonders; durch Rostbildung oxydiert sich das Eisen allmählich. Die Sauerstoffaufnahme ist jedoch unregelmäßig und es entsteht auch hierbei häufig der Übelstand, daß das Erz zusammenrostet, was eine mühsame Zerkleinerungsarbeit erforderlich macht. Die meisten Tempergießereien ziehen daher vor, das überschüssige gebrauchte Tempererz zusammen mit dem Anfall an Glühtopfzunder zur Verhüttung an Hochofenwerke zu verkaufen.

Nach den Untersuchungen von Wüst[1], Becker[2] und Stotz[3] ist es möglich, als Glühmittel ein Gasgemisch aus CO und CO_2 zu verwenden. Durch

[1] Metallurgie 1907, S. 45. [2] Metallurgie 1910, S. 41.
[3] Ferrum 1916, S. 33.

Laboratoriumsversuche wurde festgestellt, daß Probestäbe mit 12 mm Dmr. durch Glühen in einem Gasgemisch aus 50% CO und 50% CO_2 eine genügend starke Entkohlung erhielten und eine Zugfestigkeit bis zu 54 kg/mm² besaßen. Da jedoch das Glühen in Gasen in der Praxis sehr große betriebstechnische Schwierigkeiten bereitet, ist eine Anwendung des Gastemperns im großen bisher nicht bekannt geworden.

Der Verbrauch an neuem Tempererz ist abhängig von der Art der Gußstücke und dem Glühverfahren; zur überschlägigen Berechnung kann man ihn zu 20 bis 35 t je 100 t Temperguß annehmen. Dies entspricht einer durchschnittlich gebrauchten Tempererzmischung von 80 bis 120 t je 100 t Guß.

Im Gegensatz zum Glühfrischen ist beim Tempern des Schwarzgusses eine neutrale Glühatmosphäre erforderlich; man benötigt also ein Glühmittel, das keinen Sauerstoff entwickelt. Da die hierbei benutzten Glühtemperaturen meistens wesentlich niedriger liegen als beim Glühfrischen, werden an die Unschmelzbarkeit des Glühmittels keine so hohen Anforderungen gestellt als wie beim Glühfrischen. Es werden meistens Abfallstoffe verwendet, wie gebrauchtes Tempererz, reiner Quarzsand und fein gekörnte Schlacke. Das Tempererz soll eine bessere Wärmeübertragung und daher ein rascheres Erhitzen bis ins Innere des Glühtopfes bewirken. Quarzsand ist sehr beliebt, da er sehr gut die Zwischenräume der Gußstücke ausfüllt; man benutzt eine Körnung von 1 bis 2 mm, wie sie zur Sandstrahlreinigung üblich ist. Wird reiner Quarzsand verwendet, so ist sein Verbrauch sehr gering, da ein Verlust eigentlich nur durch unachtsames Arbeiten entsteht. Zum Packen von 1 t Temperguß werden je nach Art der Gußstücke 0,3 bis 0,6 t Quarzsand benötigt.

Auch gebrauchter Formsand wird hin und wieder zum neutralen Tempern verwendet, auch Graugußdrehspäne, deren Verwendung die sichere Gewähr dafür bietet, daß keine oxydierende Glühatmosphäre vorhanden ist. Da diese Glühmittel nur den Zweck haben, die Gußstücke vor Zutritt von Luft und Heizgasen zu schützen, sowie durch möglichst dichtes Packen der Töpfe ein Verziehen der Abgüsse zu vermeiden, kann auf sie auch ganz verzichtet werden, wenn die Töpfe einwandfrei luftdicht verschlossen werden und die Gefahr des Verziehens der Abgüsse durch Anwendung niedriger Glühtemperaturen ausgeschlossen erscheint. Es werden daher in Amerika[1] in den sog. Muffelöfen oder Halbmuffelöfen ganz bedeutende Mengen Temperguß ohne jegliches Glühmittel getempert, was den Betrieb sehr vereinfacht und verbilligt.

Das Füllen der Tempertöpfe hat bei Verwendung eines festen Glühmittels beim Glühfrischen mit besonderer Sorgfalt zu erfolgen, damit die Gußstücke bei der hohen Glühtemperatur keine Formänderung erleiden und durch gleichmäßige Einbettung in das Glühmittel die er-

[1] Stahleisen 1926, S. 1398.

forderliche Menge Sauerstoff erhalten. Hierzu werden abwechselnde Lagen von Glühmittel und Gußstücken von Hand in die Töpfe gebracht. Um ein möglichst dichtes Füllen zu erzielen, wird während dieser Arbeit mit einem Vorschlaghammer von Zeit zu Zeit an die Topfwandung geschlagen oder der Topf durch wiederholtes Wippen über einer eisernen Bodenplatte mit starker Mittelrippe aufgeschlagen. Sperrige Stücke müssen nötigenfalls durch feuerfeste Steine gut unterlegt und die Hohlräume von Abgüssen mit Glühmittel ausgefüllt werden. Es empfiehlt sich, die schweren Abgüsse nach Möglichkeit unten in die Tempertöpfe einzupacken und die leichten Stücke in den oberen Teil der Töpfe. Beim Tempern auf Schwarzguß ist ein sorgfältiges Einbetten in das Glüh-

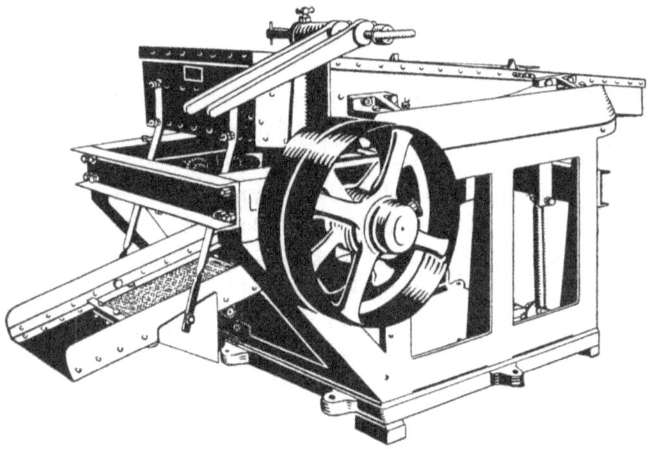

Abb. 270. Erz-Siebmaschine.

mittel nicht erforderlich; die Gußstücke werden meistens in den Topf geschaufelt und von dem Glühmittel wird von Zeit zu Zeit nach Bedarf nur so viel zugesetzt, als zur Ausfüllung der Zwischenräume notwendig ist.

Das Entleeren der Tempertöpfe erfolgt dadurch, daß sie nach Erkalten an der Luft bis auf Handwärme umgestürzt werden, wonach der Inhalt — nötigenfalls nach einigen Hammerschlägen — herausrieselt. Das Glühmittel darf keinesfalls zusammengefrittet sein, da sonst die Abgüsse beim Losbrechen beschädigt werden. Die großen Gußstücke werden nun von Hand ausgelesen, während kleine Glühware durch Einschaufeln in Siebe von dem Glühmittel getrennt wird. Siebmaschinen[1] nach Abb. 270 haben sich als sehr praktisch erwiesen; die Töpfe werden über diesen mit einem Kran entleert, so daß ihr Inhalt auf die obere durchlochte Blechrinne fällt. Durch Schüttelbewegung werden die Gußstücke zu deren Ende befördert, von wo sie in einen untergestellten Behälter oder Karren fallen, während das Glühmittel in das darunter

[1] Ausgeführt von der Firma Heinr. Herring & Sohn, Milspe i. W.

befindliche Sieb mit entgegengesetzter Neigung fällt und unter Absiebung des Staubes nach der anderen Seite abgeführt wird. Der Kraftbedarf dieser Siebmaschine beträgt 2 PS; sie wird feststehend oder auf Rädern fahrbar ausgeführt.

Zur Trennung der Abgüsse von dem Glühmittel hat sich auch die Siebtrommel[1] der Abb. 271 bewährt. Die auf Rollen mit geringer Neigung gelagerte Trommel wird durch einen Zahnkranz und Ritzel in dauernde Drehung versetzt. Der Inhalt der Töpfe wird an dem einen Ende der Trommel eingeschüttet, das brauchbare Tempererz abgesiebt, der feine Staub durch einen Exhaustor abgesaugt und die Gußstücke fallen gescheuert am anderen Ende der Trommel heraus.

Abb. 271. Erz-Siebtrommel.

C. Glühtemperaturprüfung.

Zur sicheren Überwachung der Ofentemperatur haben sich allmählich in allen gut geleiteten Tempergießereien Pyrometeranlagen mit bestem Erfolg eingeführt. Als solche werden meistens Thermoelemente benutzt, die am zweckmäßigsten aus Nickel-Nickelchromdrähten (oder auch aus Eisen-Konstantan) gebildet werden. Diese haben gegenüber den früher fast ausschließlich verwendeten Thermoelementen aus Platin-Platinrhodium den wesentlichen Vorzug erheblich billigeren Preises, keiner Gefahr des Diebstahls und hoher Thermokraft.

Gewöhnlich werden die Thermoelemente in den Seitenwänden liegend oder durch das Deckengewölbe freihängend eingebaut, wobei der Pyrometerkopf in den freien Glühofenraum hineinragt. Diese Stelle muß gewählt sein, daß das Pyrometer von keinen Stichflammen getroffen wird, durch abzundernde Teile der Glühtöpfe nicht bedeckt und beim Einsetzen derselben nicht beschädigt werden kann. Ferner ist darauf zu

[1] Ausgeführt von der Firma Graue A.G., Langenhagen bei Hannover.

achten, daß die sog. Kaltlötstelle, also die Verbindung des Thermoelementes mit den Kupferdrähten zur Weiterleitung der elektrischen Spannung keiner zu hohen Temperatur ausgesetzt wird. Denn eigentlich sollte die Temperatur der Kaltlötstelle im praktischen Betrieb dieselbe sein wie bei der Eichung des Thermoelementes, die gewöhnlich 20° beträgt; ist dies nicht der Fall, so muß der Unterschied in diesen Temperaturen bei Nickel-Nickelchromelementen der abgelesenen Temperatur hinzugezählt werden. Um diese Umrechnung zu vermeiden ist es bei den billigen Thermoelementen am einfachsten, deren Drähte so weit zu verlängern, daß das Meßgerät an einem Orte mit gewöhnlicher Zimmertemperatur angebracht werden kann. Ist dies nicht möglich, bzw. werden die Drahtleitungen zu teuer, so kann man sich durch Zwischenschaltung besonderer Kompensationsleitungen von der Kaltlötstelle beliebiger Temperatur zu dem Meßgerät helfen, ohne einer Berichtigung zu bedürfen.

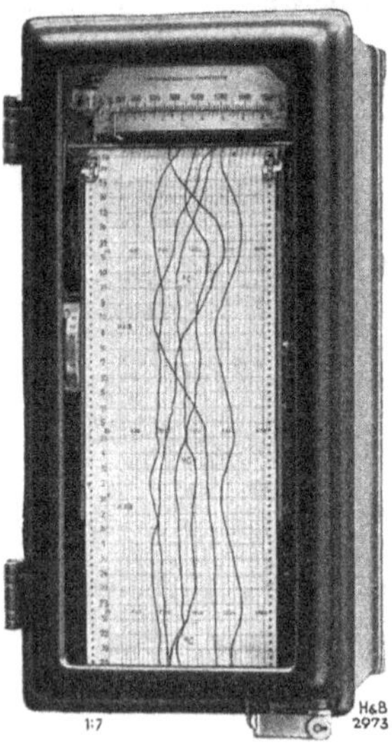

Abb. 272. Selbstschreibendes Pyrometer.

Das in den Ofenraum hineinragende Ende des Thermoelementes muß gegen die Einwirkung der Ofengase vollkommen geschützt sein, da sonst die Elementdrähte rasch verderben. Es wird daher in Quarz- oder Silitröhren eingeschlossen bzw. in ein Rohr aus feuerfestem, nichtzunderndem Stahl (NCT 3).

Die Meßgeräte zum Ablesen der Ofentemperatur werden am zweckmäßigsten derart angeordnet, daß ein Gerät in unmittelbarer Nähe der Öfen angebracht wird, an dem vermittels Umschalthebels die Temperaturen der einzelnen Öfen von der Ofenbedienung gemessen werden können. Außerdem wird auf dem Büro des Betriebsleiters, geschützt vor der Hitze und dem Staub des Glühofenraumes, ein selbstschreibendes Gerät aufgestellt, das die Temperaturen bis zu sechs oder auch zwölf Öfen laufend aufnimmt. Als solche haben sich die Ausführungen der Firmen Siemens & Halske, Berlin, und Hartmann & Braun, Frankfurt a. Main, sehr gut bewährt. Abb. 272 zeigt ein selbstschreibendes Gerät letzterer Firma, auf dem der Papierstreifen mit den aufgezeichneten Temperaturlinien sichtbar ist. Dieser Papierstreifen wird von einer Rolle durch ein Uhrwerk abgewickelt; in seiner Längsrichtung ist eine Stundeneinteilung und in seiner Querrichtung sind die Temperaturgrade aufgedruckt. Jede halbe Minute wird selbsttätig ein anderer Ofen eingeschaltet und dessen Temperatur mit einem Zeigerstift und einer Sechsfarbenwalze als Punkt auf dem Papier farbig aufgezeichnet. Die aufeinanderfolgenden Punkte mit gleicher Farbe ergeben die Temperaturlinie eines Glühofens.

Für die subjektive Überwachung der Glühofentemperatur eignen sich auch die tragbaren Strahlungspyrometer, die darauf beruhen, daß Licht und Wärmestrahlung mit steigender Temperatur zunehmen. Da das Strahlungsvermögen nicht bei allen Körpern das gleiche ist, so erfolgt die Eichung der Strahlungspyrometer unter Zugrundelegung des Strahlungsvermögens „schwarzer Körper“. Es ist nun im Betriebe darauf zu achten, daß bei Temperaturmessungen ungefähr die gleichen Bedingungen wie bei der Eichung vorliegen, was bei Temperöfen im allgemeinen der Fall ist.

Bei Strahlungspyrometern unterscheidet man die Teilstrahlungs- oder optischen Pyrometer und die Gesamtstrahlungspyrometer. Während bei den ersteren nur die Lichtstrahlung für die Temperaturmessung benutzt wird, verwendet man bei den letzteren die gesamte Wärmestrahlung (Licht + Wärme).

Ein Beispiel für ein Gesamtstrahlungspyrometer bildet das Ardometer der Firma Siemens & Halske, Berlin, bei welchem die Strahlen des glühenden Körpers durch die Objektivlinse auf einem geschwärzten Platinblech gesammelt werden, an welchem zwei Thermodrähte angelötet sind. Die hierdurch entstehende Thermospannung wird mittels eines angeschlossenen Galvanometers, an dessen Stelle auch ein Schreibgerät eingebaut werden kann, gemessen. Das Anschneiden des glühenden Gegenstandes geschieht mit Hilfe eines im Okular angebrachten Rotglases. Ein Gesamtstrahlungspyrometer in gedrängtester Bauart wird von der Firma Keiser und Schmidt, Berlin, als Taschenpyrometer „Optix“ in den Handel gebracht, bei welchem ein hochempfindliches spiralförmiges Bimetallthermometer zur Messung der vom Glühkörper ausgehenden Strahlen dient. Dessen Temperatur kann unmittelbar im Okular abgelesen werden, sobald er in das Gesichtsfeld gebracht wird.

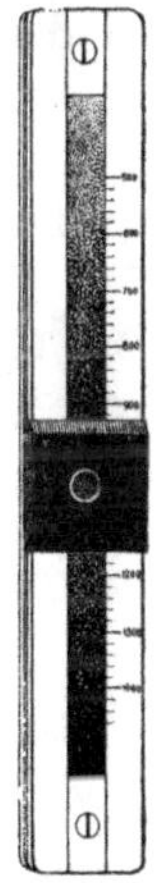

Abb. 273. Taschenpyrometer.

Wie oben schon erwähnt, beruhen die optischen Pyrometer darauf, daß die Lichtwirkung des erhitzten Gegenstandes mit Hilfe eines Vergleichsstrahlers gemessen wird. Die verschiedenen im Handel befindlichen optischen Pyrometer unterscheiden sich meistens nur durch die Regelung der Helligkeitsänderung des Vergleichsstrahlers.

Ein praktisches Ausführungsbeispiel ist das von der Firma Hartmann & Braun, Frankfurt a. Main, hergestellte Teilstrahlungspyrometer Pyropto. Bei diesem ist die Stromquelle (ein kleines Trockenelement) und Temperaturmeßvorrichtung zu einem handlichen Gerät zusammengebaut.

Zwei einfache Temperaturmeßgeräte[1] sind das Pyroversum für den Meßbereich von 600 bis 1200° C (Abb. 273) und das Farb-Pyrometer

[1] Vertrieb: Ströhlein & Co. G. m. b. H., Düsseldorf 39.

P 2 nach Dr.-Ing. G. Naeser[1] für Temperaturen zwischen 900 und 1900° C. Beide Geräte gleichen in der äußeren Form einem Rechenschieber. Sie besitzen einen optischen Präzisionsfarbkeil mit von links nach rechts zunehmender Farbdichte.

Bei dem Pyroversum wird ein Graukeil vor dem Auge so lange nach links verschoben, bis der Lichteindruck des angeschnittenen strahlenden Körpers vollständig verschwindet. An dieser Stelle läßt sich mittels eines beweglichen Schiebers die Temperatur unmittelbar ablesen. Während bei dem Pyroversum die Intensität des Strahlers gemessen wird, stellt man mit dem Farb-Pyrometer P 2 die Farbtemperatur fest. Dessen Farbkeil hat die Eigenschaft, nur Rot und Grün durchzulassen. Je nach der vorherrschenden Farbe erscheint der Strahler entweder grün oder rot. Nur an der Stelle, wo beide Farben in genau gleichen Mengen vorhanden sind, erscheint der glühende Körper dem Auge farblos. Mit der Temperaturänderung wechselt auch das Grün-Rot-Verhältnis in der Strahlung eines Körpers und damit gleichzeitig auch die Stelle der Mischfarbe am Lichtfilter. Diese entspricht also einer ganz bestimmten Temperatur. Die Messung geschieht lediglich durch Aufsuchen dieser Mischfarbe. Das Gerät gewährleistet eine sehr schnelle Messung. Die Temperaturen können ohne Korrektur aus beliebiger Entfernung, selbst durch Rauch und andere lichtschwächende Mittel hindurch mit einer Genauigkeit von 10 bis 15° festgestellt werden.

D. Glühofen.

Es sind zwei Hauptgruppen zu unterscheiden: 1. die älteren Kammeröfen, bei denen die Glühkammern bei jeder Glühperiode allmählich auf Hitze gebracht und danach wieder langsam abgekühlt werden, und 2. die neueren Tunnelöfen, die ununterbrochen gleichbleibende Temperatur in den verschiedenen Zonen des Glühtunnels besitzen. Die Öfen können über oder unter Flur gebaut werden; sie werden mit oder ohne Rückverwertung ihrer Abhitze (Rekuperatoren) betrieben. Außerdem unterscheiden sich die Glühöfen nach der Art ihrer Beheizung, wozu gewöhnliche Kohlenrostfeuerung von Hand, Halbgas, Gas, Kohlenstaub, Öl und Elektrizität in Betracht kommt.

Ein Haupterfordernis müssen alle Temperguß-Glühöfen erfüllen: Genaue Einstellung und Einhaltung der für das Glühgut notwendigen Temperatur. Es ist also vor allem eine gleichmäßige Beheizung des gesamten Glühraumes erforderlich; Unterschiede der Glühtemperatur von mehr als 20° in verschiedenen Teilen des Glühraumes können zu großen Betriebsschwierigkeiten bzw. zu einer wesentlichen Verteuerung des Glühbetriebes führen. Die in der Praxis hin und wieder bei alten Öfen vorhandenen Unterschiede der Temperatur im Glühraum bis zu

---

[1] Mitteilung des Kaiser-Wilhelm-Instituts für Eisenforschung, Düsseldorf, 1929, Nr. 22; Stahleisen 49, S. 464. 1929.

150° bedeuten eine Verschwendung von Brennstoff, Verlängerung der Glühdauer und ein ungleichmäßig geglühtes Erzeugnis.

Bei allen Glühöfen sind Vorrichtungen notwendig, um durch Essenschieber, Glockenventile u. dgl. die Temperatur genau regeln zu können; insbesondere muß es auch möglich sein, zur Erzielung einer für Schwarzguß genügend langsamen Abkühlung einerseits die Feuerung und andererseits den Essenzug gegen den Glühraum so abzudichten, daß keine Zugluft in denselben eindringen kann. Zur Prüfung der Glühtemperatur müssen Schaulöcher vorhanden sein, die die Sicht in den freien Glühraum und auf die Tempertöpfe gestatten.

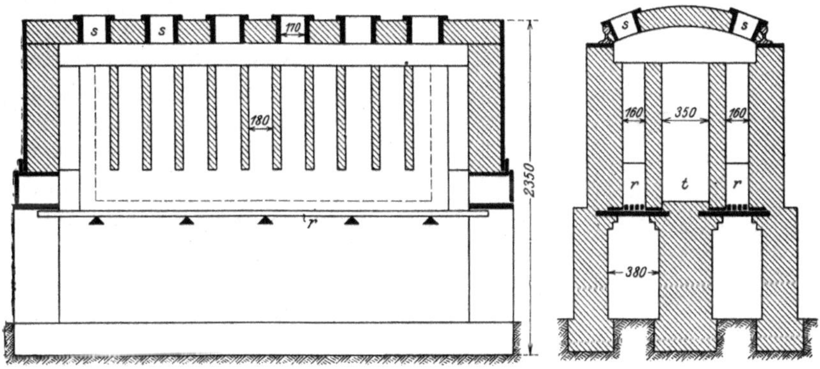

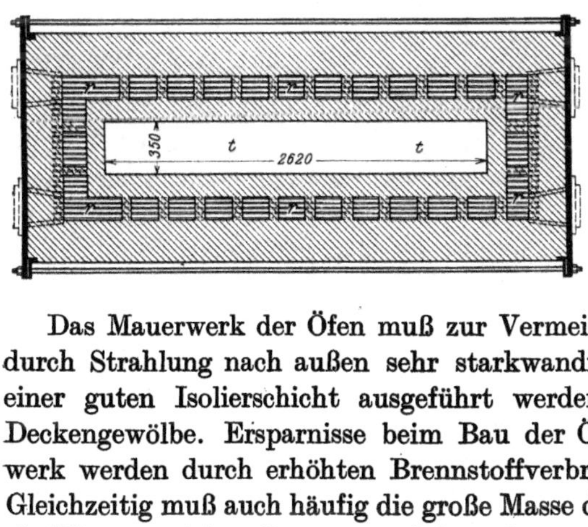

Abb. 274. Veralteter Temperofen mit gemauerter Glühkammer.

Das Mauerwerk der Öfen muß zur Vermeidung von Wärmeverlusten durch Strahlung nach außen sehr starkwandig bzw. zweckmäßiger mit einer guten Isolierschicht ausgeführt werden, insbesondere auch das Deckengewölbe. Ersparnisse beim Bau der Öfen durch dünnes Mauerwerk werden durch erhöhten Brennstoffverbrauch unwirksam gemacht. Gleichzeitig muß auch häufig die große Masse des glühenden Mauerwerkes als Wärmespeicher dienen, um Schwankungen der Heizgastemperaturen etwas auszugleichen. Die Öfen sind mit eisernen Schienen bzw. I-Trägern sehr gut zu verankern, damit sie in der Hitze nicht reißen oder sich zu sehr verziehen. Um dies zu vermeiden, werden die Wände der Glühkammern nicht geradlinig, sondern leicht gewölbt ausgeführt.

Die ältesten Temperöfen bestanden aus aufgemauerten Kammern Abb. 274, bei welchen gewöhnlich ein Raum mit einem Querschnitt in Form eines langgestreckten Rechteckes (in unserem Beispiel von 2,62 × 0,35 m Grundfläche) mit Hilfe zweier langer Rostfeuerungen beheizt wurde. An Stelle des abnehmbaren Deckengewölbes erhielten solche Öfen in Pommern vereinzelt bis in letzter Zeit auf die oberste Lage des Glühgutes eine starke Schicht aus Asche. Hierdurch konnten mittels eiserner Haken dem Glühgute bequem Stücke entnommen werden, um den Fortschritt der Glühung zu überwachen. Es zeigte sich jedoch, daß es sehr schwer bzw. unmöglich war, alle Teile der Glühkammer vollkommen gleichmäßig zu beheizen, weshalb ein ungleichmäßig geglühter Guß das Ergebnis solcher Öfen war. Der Brennstoffverbrauch lag bei 200 bis 250% des Glühgutes außerordentlich hoch. Auch das Auspacken des getemperten Gusses war sehr mühsam und teuer. Die Öfen erkalteten von einer Glühung zur anderen vollkommen; es ging also die ganze im Mauerwerk steckende Hitze und die Zeit zum Einpacken und Entleeren für die volle Ausnützung des Ofens verloren. Diese Öfen mit gemauerten Glühgefäßen wurden daher so gut wie vollständig durch Öfen mit beweglichen eisernen Glühtöpfen ersetzt. Deren einfachste und älteste Ausführung besteht in einer geräumigen Kammer, die bei zwei Topfreihen durch zwei Längsroste mit Kohle beheizt wird.

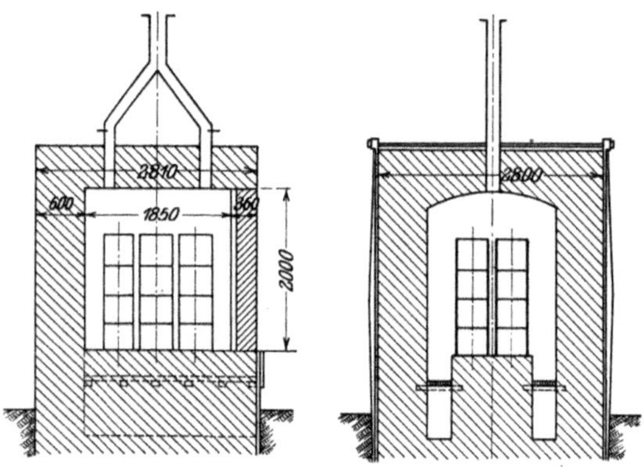

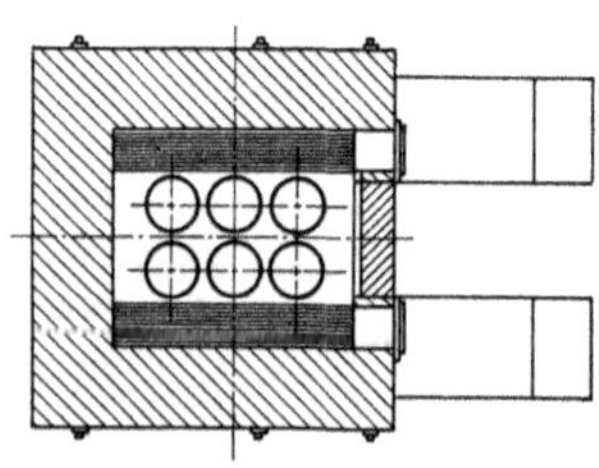

Abb. 275. Alter kleiner Temperofen mit zweifacher Rostfeuerung.

Bei einer solchen, heute durchaus veralteten Bauweise nach Abb. 275 wird der Brennstoff sehr schlecht ausgenutzt, indem die Heizgase vom Rost den kürzesten Weg zu den im Deckengewölbe angebrachten Abzugsöffnungen nehmen. Hierdurch werden die Tempertöpfe ungleich beheizt und der Brennstoffverbrauch ist sehr groß (meistens über 200% der Glühware). Eine etwas bessere Wärmeausnutzung besitzt der Temperofen nach Abb. 276, bei welchem die auf einem in der Mitte gelegenen Roste erzeugten Heizgase durch strahlenförmig angeordnete Kanäle zwischen die 3 Topfreihen geleitet und durch oben liegende Öffnungen in den Seitenwänden abgezogen werden.

Die Beschickung dieser über Flur aufgebauten Öfen erfolgt durch eine Öffnung an der Stirnseite, welche bei jeder Ofenreise aufgemauert und danach wieder abgebrochen werden muß. Hin und wieder werden die Tempertöpfe unmittelbar in dem Ofen gepackt, was aber eine mühsame Arbeit ist und keine gute Ofenausnutzung gestattet, da der Ofen vollkommen abkühlen muß, bis in ihm gearbeitet werden kann. Vorteilhafter ist es, die Töpfe mittels eines einfachen Hubwagens in die Glühkammer zu fahren, wofür Abb. 277 ein Ausführungsbeispiel gibt.

Einen kleineren Kammerofen mit Rostfeuerung für 4 t Temperguß, wie er heute noch vielfach in Gebrauch ist[1], zeigt Abb. 278. Derartige einfache Temperöfen haben den Vorteil eines geringen Anschaffungspreises, aber den Nachteil hoher Brennstoffkosten, da ihr Kohlenverbrauch gewöhnlich zwischen 120 und 160% liegt.

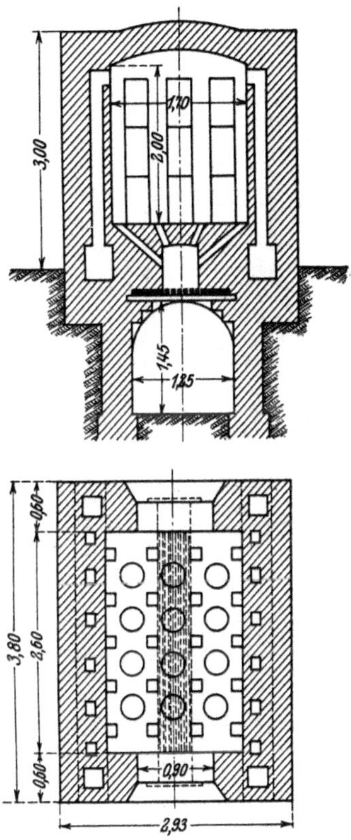

Abb. 276. Alter größerer Temperofen mit einer Rostfeuerung.

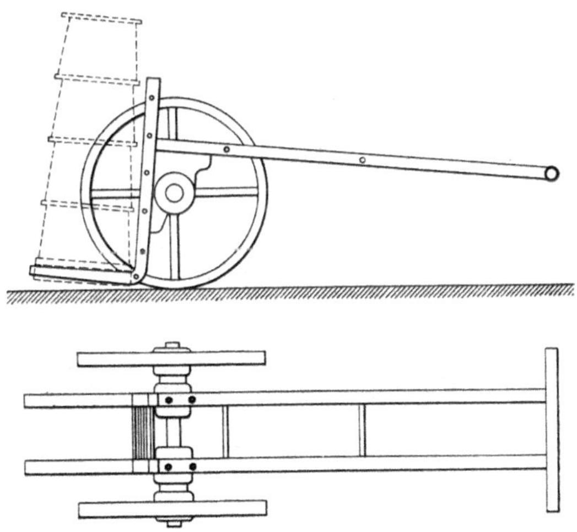
Abb. 277. Tempertopf-Einsetzwagen.

Zu dessen Verringerung wird mit Vorteil die Halbgasfeuerung angewandt, wofür Abb. 279 eine neuzeitliche Bauart[2] zeigt. Die Feuerung befindet sich auf beiden Seiten des Ofens; durch je einen Schütttrichter gelangt die Steinkohle auf einen Schrägrost, auf dem sie zum Teil verbrennt, zum Teil vergast. Um diese Gase vollkommen zur Verbrennung zu bringen, wird in dem Verbrennungsraum von oben Zusatzluft zugeführt, die durch entsprechende Kanäle im Mauerwerk stark vorgewärmt wird.

[1] Ausführung der Firma W. Krieger, Velbert (Rhld.).
[2] Ausführung der Firma W. Ruppmann, Stuttgart.

Die Heizgase gelangen vom Verbrennungsraum durch Schlitze in die Glühkammer, umspülen die Tempertöpfe und fallen durch eine größere Anzahl viereckiger Öffnungen im Boden des Ofens in die darunter liegenden Fuchskanäle. Unter dem Roste befindet sich ein Aschenbehälter, der mit

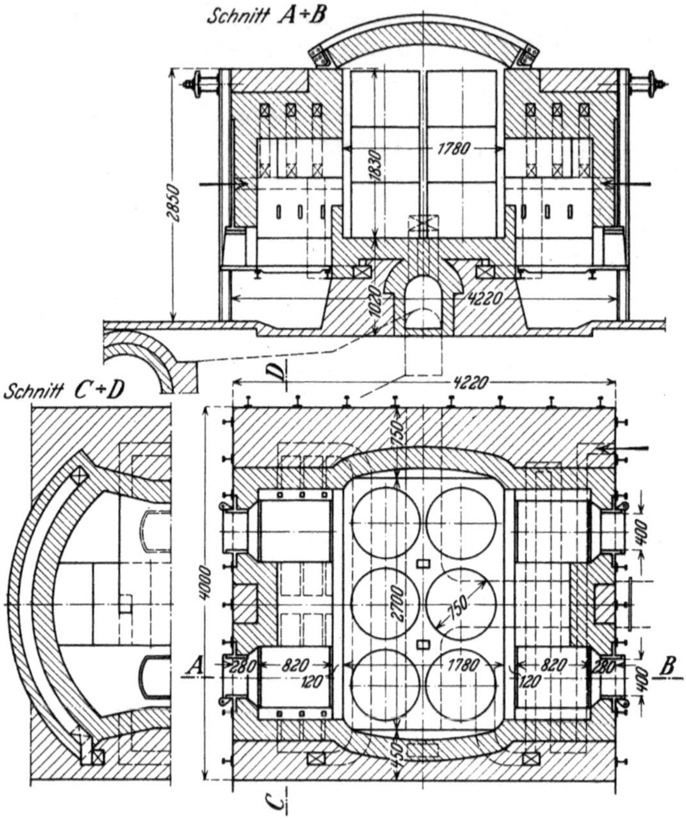

Abb. 278. Kammerofen mit Rostfeuerung.

Wasser gefüllt ist; zur Entfernung der Asche ist vor der Feuerung eine Einsteiggrube angeordnet.

Das Ofenmauerwerk ist derart gebaut, daß die innerste Schicht aus teueren, hochfeuerfesten Steinen verhältnismäßig dünn gehalten ist; hierauf kommt eine Lage aus besonderen Isoliersteinen und dann erst das rote gewöhnliche Ziegelmauerwerk. Auch die Gewölbedecke ist gegen Strahlung gut isoliert. Der Glühraum faßt 6 Stapel Tempertöpfe mit je 3 Töpfen mit etwa 170 kg Temperguß, also insgesamt 3 t Guß. Der Kohlenverbrauch dieser Öfen beträgt im Mittel 80 bis 100% des Glühgutes; je größer die Glühkammer ausgeführt wird, desto günstiger wird der Brennstoffverbrauch.

Eine noch stärkere Vergasung der Kohle findet bei der Beheizung des Temperofens nach Abb. 280 statt, bei welchem ein Gasgenerator unmittelbar an den Glühraum angebaut ist[1]. Dieser besteht aus einem Schacht, der durch einen Treppenrost bzw. durch eine Tauchplatte von dem untergebauten Wasserbecken abgeschlossen ist. Der Generatorschacht mündet in eine Füllvorrichtung, durch welche die Kohle von einer kleinen Beschickungsbühne aus aufgegeben wird. Die Asche und Schlacke läßt sich in Flurhöhe aus dem Wasserbecken entfernen, ohne die Feuerungstüre zu öffnen, die mit Stoch- und Schauöffnungen ver-

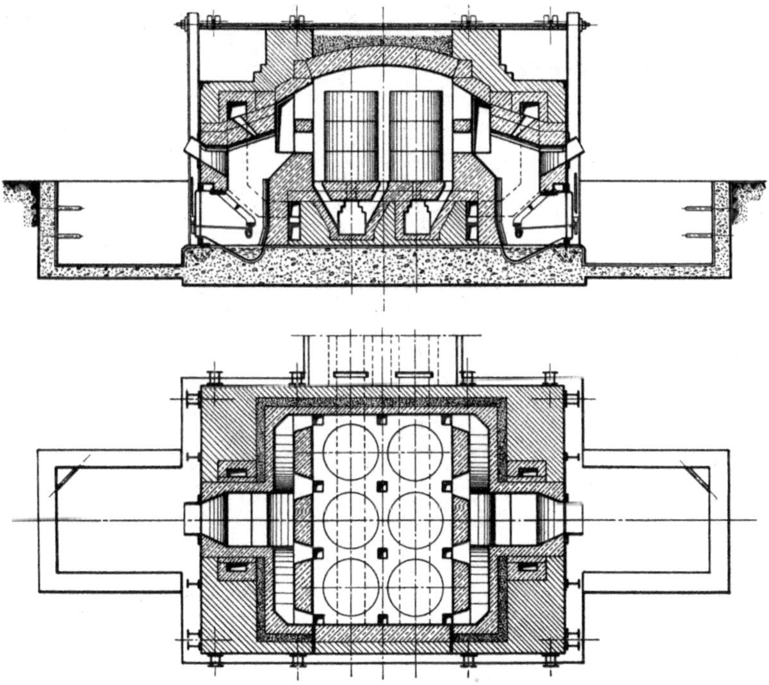

Abb. 279. Kammerofen mit Halbgasfeuerung.

sehen ist. Durch Zuführung von hoch vorgewärmter Zusatzluft ist die Verbrennung vollkommen. Die Erhitzung dieser Luft erfolgt in Kanälen, die im Mauerwerk und Boden des Ofens angeordnet sind.

Der Glühraum faßt 9 Topfstapel mit insgesamt 4 bis 5 t Guß; sein Gewölbe besteht aus vier abnehmbaren Teilen, nach deren Entfernung die Beschickung des Ofens durch einen darüber befindlichen Laufkran erfolgt.

Diese Ofenausführung kommt dann in Betracht, wenn es wegen hohen Grundwasserstandes nicht möglich ist, den Ofen unter Flur zu bauen; sie bedingt daher ein ziemlich hohes Gebäude mit hoher Kranbahn. Ist

[1] Ausführung der Firma Huth & Röttger G. m. b. H., Dortmund.

kein Grundwasser vorhanden, so wird die Ausführung nach Abb. 281 als Tiefofen vielfach bevorzugt[1]. Es fällt dann die Beschickungsbühne fort und dafür ist es notwendig, auf der Feuerungsseite eine Einsteiggrube vorzusehen, um die Asche aus dem Wasserbecken entfernen zu können.

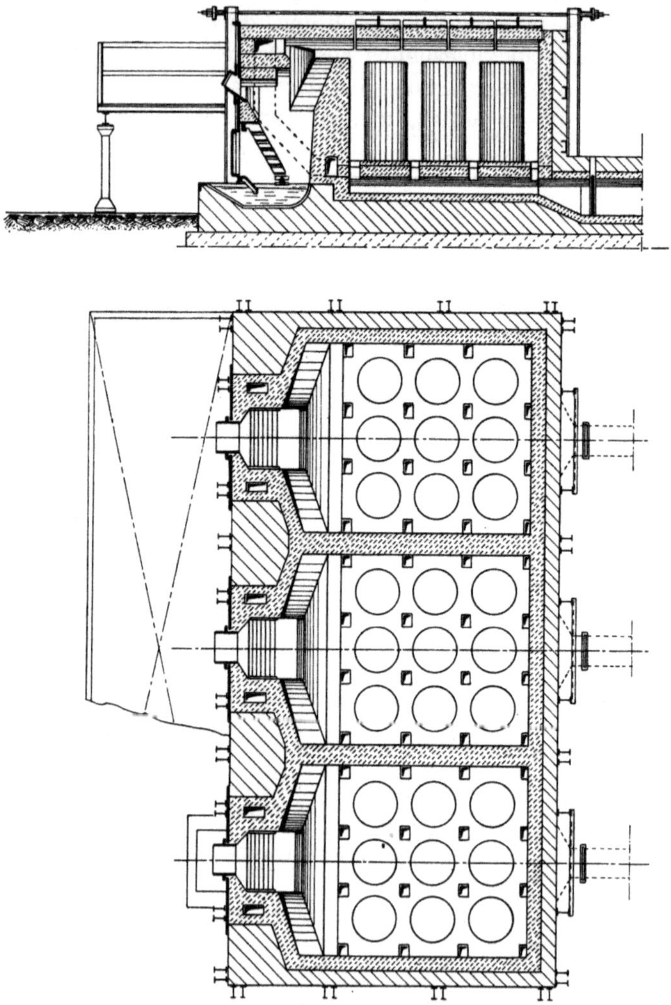

Abb. 280. Kammerofen mit Halbgasfeuerung.

Auch auf der entgegengesetzten Seite ist eine Grube erforderlich, um die unter dem Glühraum eingebauten Rekuperatoren leicht reinigen zu können. Durch letztere wird die Zusatzluft besonders stark vorgewärmt und die Hitze der Abgase besser ausgenutzt. Der Brennstoff-

[1] Ausführung der Firma Huth & Röttger G. m. b. H., Dortmund.

verbrauch dieser mit angebauten Gasgeneratoren beheizten Kammeröfen beträgt 70 bis 90% des Glühgutes an guter, gasreicher Steinkohle.

Bei diesen Bauarten ist der Anbau weiterer Temperöfen sehr einfach, da ein solcher an die Längsseiten ohne weiteres erfolgen kann. Andererseits ist es schwierig, bei einer Beheizung von nur einer Seite aus eine vollkommen gleiche Temperatur im ganzen Glühraume zu erreichen, wenn

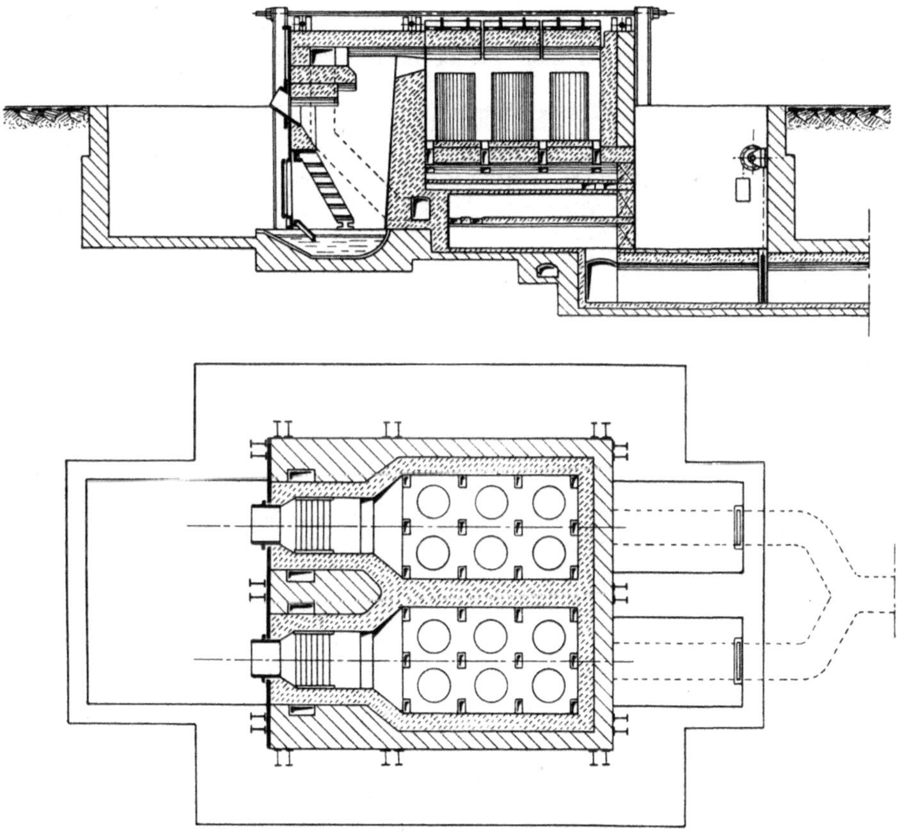

Abb. 281. Kammerofen mit Halbgasfeuerung.

die Flamme über mehr als 2 Topfstapel hinwegstreichen muß. Die hinten liegenden Töpfe erhalten im allgemeinen weniger Hitze als die unmittelbar an der Feuerseite stehenden. Aus diesem Grunde wird meistens bei mehr als zwei hintereinander stehenden Topfreihen die Beheizung von 2 Seiten aus durchgeführt; dies ist gewöhnlich bei den mehr als 3 t Guß fassenden Temperöfen der Fall.

Handelt es sich um die Beheizung einer Anzahl größerer Öfen, so kommt reine Gasfeuerung in Betracht, wobei das Gas in Generatoren erzeugt wird, die meistens vom Ofen getrennt aufgestellt sind und von denen es durch Kanäle oder Rohrleitungen den Glühkammern zugeführt wird. Hierdurch kühlt sich das Gas im Gegensatz zu den unmittelbar an die Öfen angebauten Generatoren ab; es werden längere Rohrleitungen erforderlich, in denen sich Teer absetzt und die daher von Zeit zu Zeit mühsam gereinigt werden müssen. Andererseits besitzt man den Vorteil, auch billige Brennstoffe, wie Braunkohlenbriketts, verwenden zu können.

Des weiteren braucht bei Gasfeuerung nicht so viel Ofenmauerwerk wie bei der Rostfeuerung durch Wegfall der sonst notwendigen großen Verbrennungskammern immer wieder erhitzt zu werden, so daß eine Ersparnis der sonst hiermit verbundenen Wärmeverluste beim Abkühlen der Öfen eintritt. Voraussetzung für die Wirtschaftlichkeit der Generatorgasheizung ist stets, daß eine genügend große Anzahl Öfen vorhanden ist, um mindestens einen Generator dauernd unter Feuer zu halten.

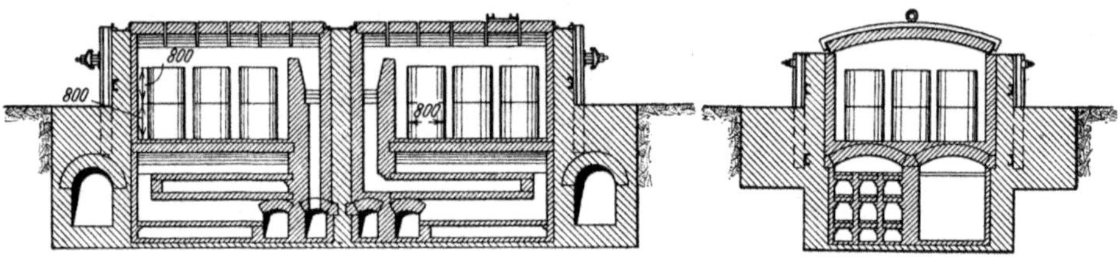

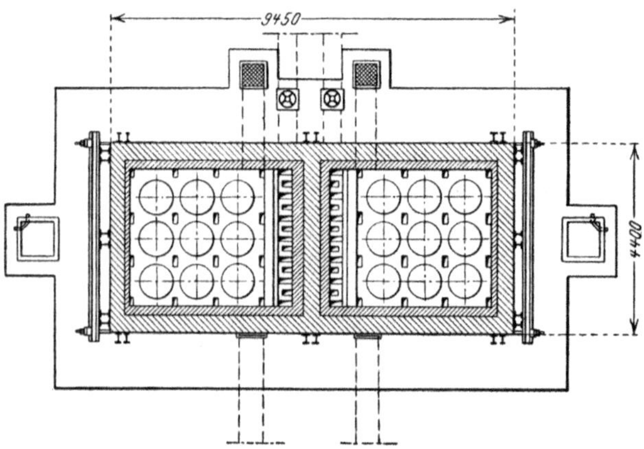

Abb. 282. Kammerofen mit Gasfeuerung.

Aus diesem Grunde kommt diese Heizungsart nur für Tempergießereien in Betracht, deren Umsatz größer als etwa 50 t im Monat ist.

Auf Abb. 282 ist ein mit Generatorgas beheizter Doppelofen älterer Bauart dargestellt[1]. Das Gas strömt nach Öffnen eines Absperrventils durch Kanäle in der Mitte des Ofenblocks senkrecht empor, mischt sich mit der in den Rekuperatoren stark vorgewärmten Luft und verbrennt nahe der Gewölbedecke. Die Flammen schlagen von der Feuerbrücke über die Tempertöpfe und durch 16 viereckige Abzugsöffnungen im Boden der Glühkammer in den untergebauten Rekuperator, wo sie die Verbrennungsluft im Gegenstrome erhitzen und ihre Eigenwärme bis auf 250 bis 350° abgeben. Der Brennstoffverbrauch beträgt etwa 70 bis 80% Stein-

[1] Ausgeführt von der Firma Pötter G. m. b. H., Düsseldorf.

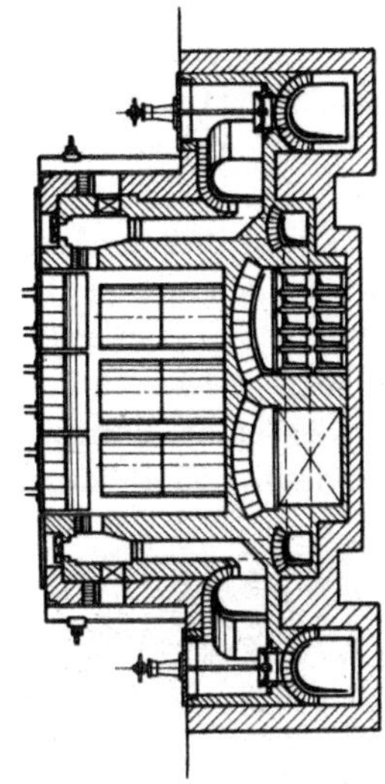

kohle bzw. 90 bis 110% Braunkohlenbriketts. Die Beschickung des Ofens erfolgt durch die abnehmbare Gewölbedecke; jeder Glühraum faßt 9 Topfstapel = 4,5 t Guß.

Auch bei reiner Gasfeuerung ist es schwierig, größere Glühräume nur von einer Seite aus gleichmäßig zu beheizen, so daß zweckmäßiger die Brenner auf 2 Seiten angeordnet werden, wie dies Abb. 283 als Beispiel für eine neuzeitliche Ofenanlage zeigt[1]. Ein Ofenblock besteht aus 2 Glühkammern für je 4,5 t Guß; an den Längsseiten findet die Gaszuführung statt. Hierdurch ist es möglich, an den beiden Stirnseiten Einsteiggruben anzuordnen, durch welche eine bequeme Reinigung der bei älteren Öfen schwer zugänglichen Rekuperatoren erfolgen kann.

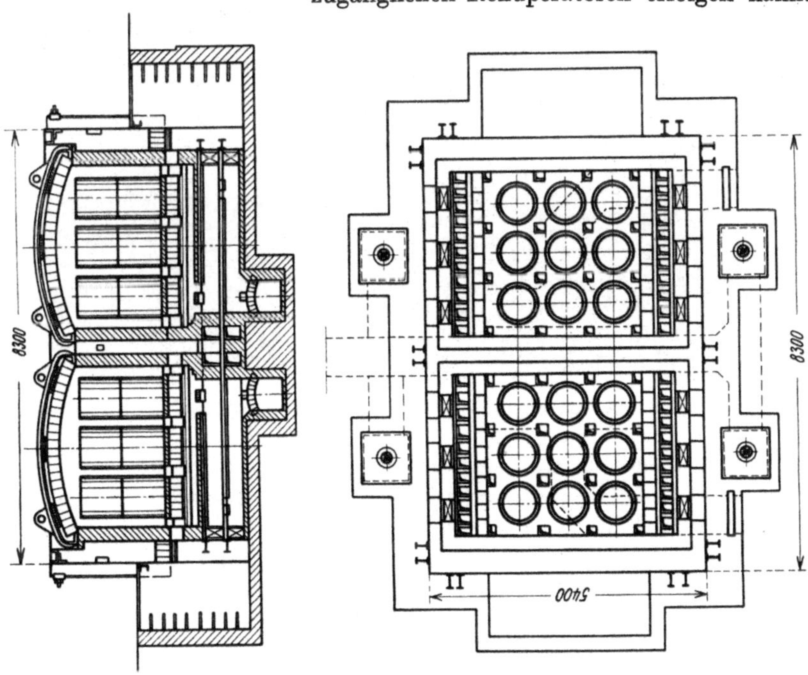

Abb. 283. Kammerofen mit Gasfeuerung.

Ist kein Grundwasser vorhanden, so können die Temperöfen mit allen Gaszuleitungen, Absperr- und Regelventilen sowie Abgaskanälen vollkommen unter Flur gebaut werden, wobei die Glühofenhalle unterkellert

[1] Ausgeführt von der Firma Pötter G. m. b. H., Düsseldorf.

werden muß. Hierdurch wird sehr viel Raum über Flur zum Ein- und Auspacken der Tempertöpfe gewonnen, wie Abb. 284 veranschaulicht, die eine von der Firma Pötter, Düsseldorf, ausgeführte Anlage für eine Monatserzeugung von 250 t Temperguß wiedergibt.

Bei beschränkten Raumverhältnissen kann auch eine größere Anzahl Temperöfen nach Abb. 285 unmittelbar aneinander gebaut werden[1]. Die Glühkammern sind verhältnismäßig klein und fassen je nur etwa 3 t Guß, damit sie nur von einer Seite aus beheizt werden können. Hierdurch ist es möglich, die Gaszuführung auf der einen Längsseite und den Abgaskanal und die Einsteiggrube zur Reinigung der Rekupera-

Abb. 284. Glühofenhalle für 8 gasgefeuerte Temperöfen.

toren an der anderen Längsseite anzuordnen. Die Stirnseite des letzten Ofens ist zum Anbau weiterer Öfen frei. Die Gasgeneratoren liegen vollständig unter Flur in unmittelbarer Nähe der Öfen, wodurch deren Beschickung sehr einfach ist. Allerdings muß hinter ihnen noch eine 3,5 m tiefe Einsteiggrube vorhanden sein, um die Asche und Schlacke aus den Generatoren entfernen zu können. Wenn es die Raumverhältnisse gestatten, werden die Generatoren meistens über Flur gebaut und das Gas in eisernen Rohrleitungen den Öfen zugeführt. Bei größeren Anlagen empfiehlt sich der Einbau von Teerabscheidern und zur Sicherung ist stets eine genügende Anzahl von Explosionsklappen vorzusehen.

Während in Deutschland die Kammeröfen meistens eine Fassung von 3 bis 6 t Temperguß besitzen und nur bei sehr großen Gießereien bis zu

[1] Ausgeführt von der Firma Berg & Co., Köln-Kalk.

15 t aufnehmen, werden sie in Amerika gewöhnlich wesentlich größer gebaut. Sie fassen dort 20 bis 25 t und in manchen Gießereien auch 50 t und noch mehr. Der Brennstoffverbrauch ist um so günstiger, je größer die Aufnahmefähigkeit der Öfen ist. Die amerikanischen Temperöfen werden gerne mit Gas beheizt, das in einem unmittelbar angebauten Generator erzeugt wird, wie Abb. 286 zeigt. Der Glühraum wird durch eine gewölbte, gut isolierte Decke nach oben abgeschlossen; seine Beschickung erfolgt durch zwei große, an der Vorderseite angebrachte Flügeltüren. Die vom Generator *a* kommenden Gase ziehen durch die in der rückwärtigen Stirnseite gelegenen Kanäle *b* zu den Längskanälen *c*, steigen von diesen in den Kanälen *d* auf, um sich dann mit vorgewärmter Luft zu mischen und in den Brennern *e* zur Entzündung zu gelangen. Die Flammen umspülen die Tempertöpfe und fallen dann durch die zahlreichen, in der Mitte des Ofens angebrachten Öffnungen *g* in den Fuchs. Die Verbrennungsluft wird durch die im Boden- und Seitenmauerwerk liegenden Kanäle *f* sehr gut vorgewärmt.

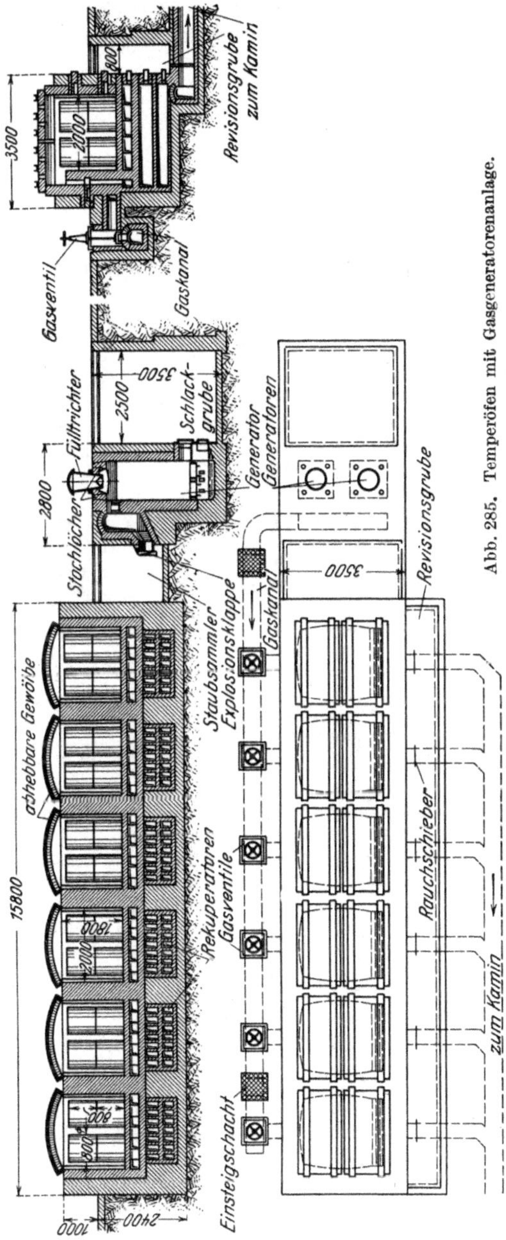

Abb. 285. Temperöfen mit Gasgeneratorenanlage.

In Amerika kommt auch Naturgas für die Beheizung der Temperöfen in Betracht; diese besitzen einen besonders einfachen Aufbau, da nur das Gas und die notwendige Verbrennungsluft durch Rohre zum Glühraum geleitet werden, welcher mit einfachen und leicht regelbaren

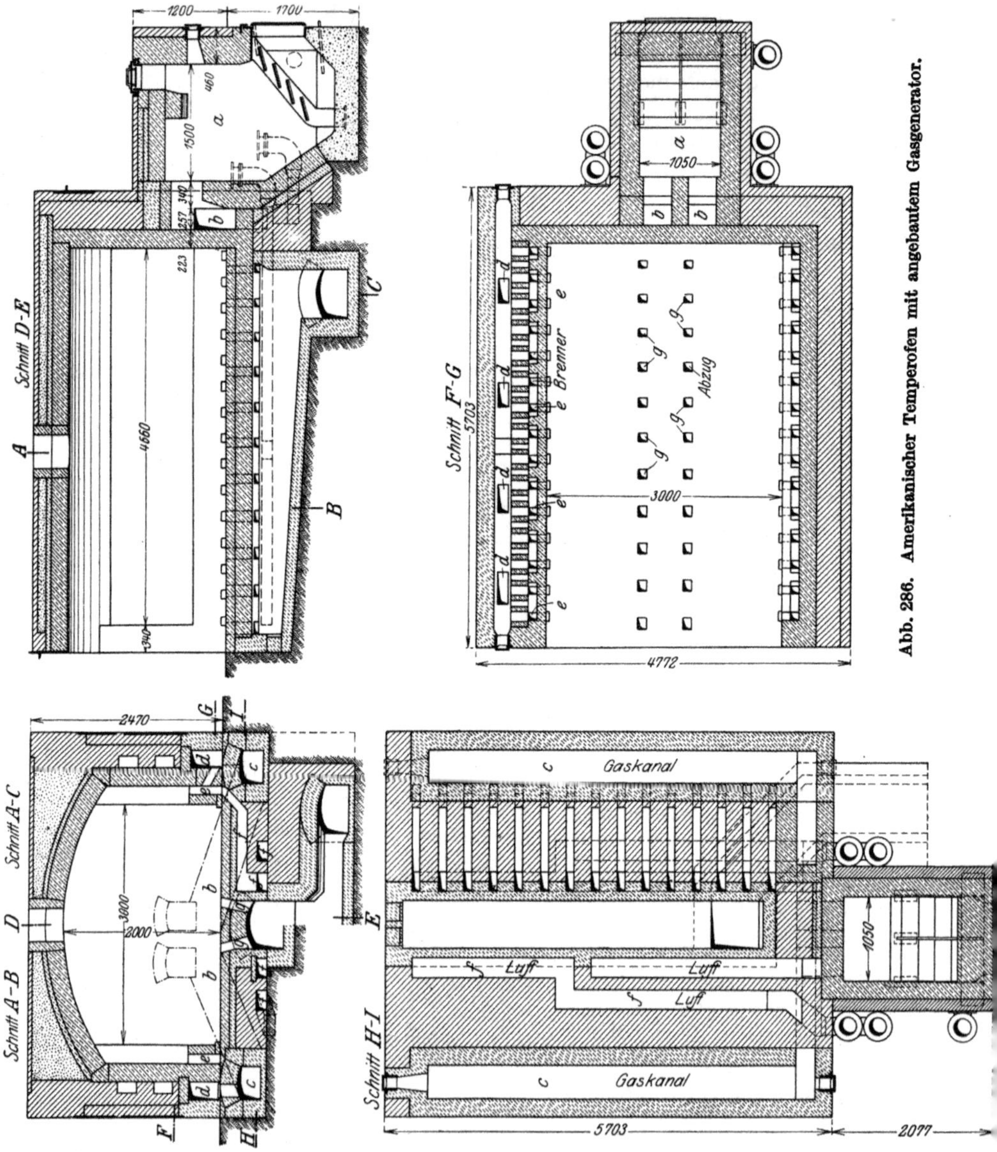

Abb. 286. Amerikanischer Temperofen mit angebautem Gasgenerator.

Brennern beheizt wird[1]. Die Gasfeuerung bietet bei geeigneter Bauart der Brenner und Regelvorrichtungen den Vorteil, das Verhältnis von Gas und Luft so einzustellen, daß die Heizgase nur eine sehr geringe

[1] Stahleisen 1906, S. 164.

oxydierende Wirkung auf die Tempertöpfe ausüben. Es ist im allgemeinen vorteilhafter, durch eine nicht ganz vollkommene Verbrennung einen Luftüberschuß zu vermeiden und dadurch einen etwas höheren Brennstoffverbrauch in Kauf zu nehmen, als mit Hilfe von Luftüberschuß eine vollkommene Verbrennung und gleichzeitig einen großen Abbrand an Tempertöpfen zu erhalten. Es ist also möglich, durch die Gasfeuerung gegenüber der gewöhnlichen Rostfeuerung wesentliche Ersparnisse an Tempertöpfen zu erzielen.

Die Wärmeausnutzung in den Kammeröfen ist außerordentlich schlecht, wie aus folgender überschlägiger Berechnung hervorgeht: Zur Erhitzung von 1 t Temperguß auf 950° sind theoretisch nur 155000 kcal erforderlich; bei einem Brennstoffverbrauch von 120% = 1,2 t Steinkohle mit einem Heizwert von 7500 kcal werden 9000000 kcal entwickelt. Von dieser praktisch verbrauchten Wärmemenge werden also nur 2% nutzbar zur Erhitzung des Tempergusses verwendet, während die übrige Wärmemenge von 98% durch die Hitze der Abgase, durch Strahlungsverluste der Außenwände und Erhitzung des Mauerwerks, Tempererzes und der Glühtöpfe nutzlos verloren geht. Man kann annehmen, daß zur Erhitzung des Mauerwerks bei jeder Glühung etwa 10% der verbrauchten Brennstoffmenge verlorengehen, so daß durch verschiedene Maßnahmen versucht wurde, diese im Mauerwerk steckende Hitze für die nachfolgende Glühung auszunutzen.

Abb. 287. Glocken-Temperofen.

Hierzu wurden früher die Glocken-Temperöfen[1] nach Abb. 287 häufig benutzt; bei diesen ist die eigentliche Glühkammer als abnehmbare Glocke ausgebildet. Sie wird nach erfolgtem Glühen abgenommen und über die Tempertöpfe eines anderen Herdes gesetzt, wodurch ihre Hitze ausgenutzt wird. Da aber die Handhabung der schweren Glocken im Betrieb ziemlich lästig ist, werden sie heute kaum mehr ausgeführt.

Eine andere Möglichkeit, die in dem Mauerwerk steckende Hitze nicht verloren gehen zu lassen, besteht darin, den Boden des Ofens ausfahrbar zu machen. Dies kann durch eine senkrechte oder wagerechte Bewegung des Ofenbodens erfolgen. Eine sehr alte Ausführung nach erstgenannter Art zeigt schematisch nach der Patentschrift Abb. 288. Der Herd *a* ruht auf Spindeln, durch deren Drehung er sich senken und

[1] Ausgeführt von der Firma Pötter G. m. b. H., Düsseldorf.

heben läßt. Nach erfolgter Glühung wird der Herd so weit gesenkt, daß er mit den Tempertöpfen unter dem Ofen verschoben werden kann. Unterdessen wurde ein anderer Herd mit Tempertöpfen zum Glühen fertiggemacht, auf einem Wagen unter den Ofen geschoben und mittels der Spindeln in den Glühraum gehoben. Eine solche Ofenanlage ist bis heute in der Tempergießerei der Firma Carl Edler von Querfurth, Schönheiderhammer, im Betrieb. Da die Anlage kostspielig und umständlich ist, hat sie außer bei einer österreichischen Tempergießerei keine Nachahmung gefunden.

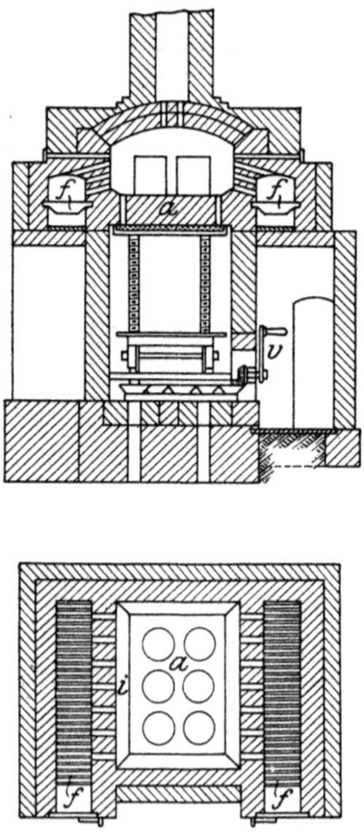

Abb. 288. Alter Temperofen mit absenkbarem Boden.

Einfacher gestaltet sich das Ausfahren des Herdes in wagerechter Richtung, wie dies auf Abb. 289 schematisch dargestellt ist[1]. Nach erfolgter Glühung wird der Herd ausgefahren, die geglühten Tempertöpfe werden durch solche mit rohem Guß ersetzt und auf dem Herd in den Ofen gefahren. Um dieses Auswechseln der Töpfe noch rascher zu gestalten, wurde die Feuerung in dem seitlichen Mauerwerk angeordnet und das Geleise durch den ganzen Ofen hindurchgelegt. Der Glühraum wird durch schwere Falltüren auf den beiden Durchgangsseiten abgeschlossen. Zur Entleerung des Ofens wird die eine Tür geöffnet, der Wagen samt Tempertöpfen herausgezogen, diese Tür wieder verschlossen und die andere geöffnet, wonach von dieser Seite aus der mit roher Gußware beschickte Wagen in den Ofen gebracht wird.

In den Gegenden mit billiger Braunkohle kommt auch Rohbraunkohle zur Beheizung der Temperöfen in Betracht. Da diese Kohle jedoch stets außerordentlich viel Wasser enthält, so kann ihre Verwendung nur dann wirtschaftlich sein, wenn ihre Fracht nur ganz geringe Kosten verursacht. Zu ihrer Verbrennung muß ein besonderer Rost verwendet werden, der auf Abb. 290 wiedergegeben ist. Die Rohbraunkohle wird durch einen größeren trichterförmigen Behälter aufgegeben, in welchem ein Teil ihres Wassers verdampft. Die Bauart des Rostes ist derart durchgeführt, daß einerseits der unbehinderte Zutritt der Verbrennungsluft ermöglicht und andererseits ein großer Verlust infolge hindurchfallenden Brennstoffes vermieden wird. Der Verbrauch an Rohbraun-

[1] Ausgeführt von der Firma Pötter G. m. b. H., Düsseldorf.

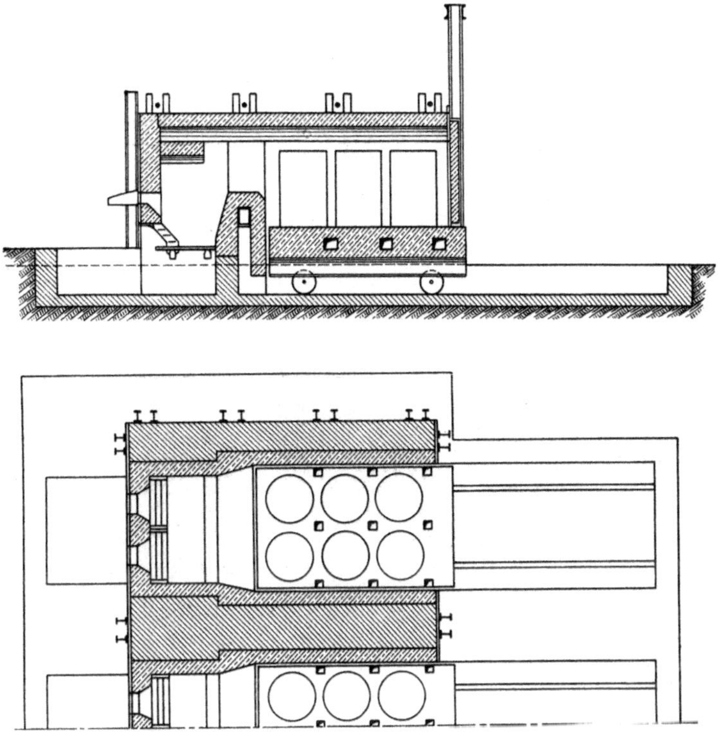

Abb. 289. Alter Temperofen mit ausfahrbarem Boden.

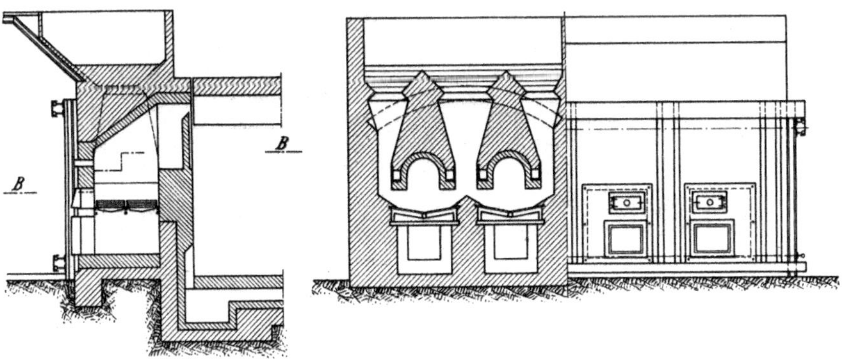

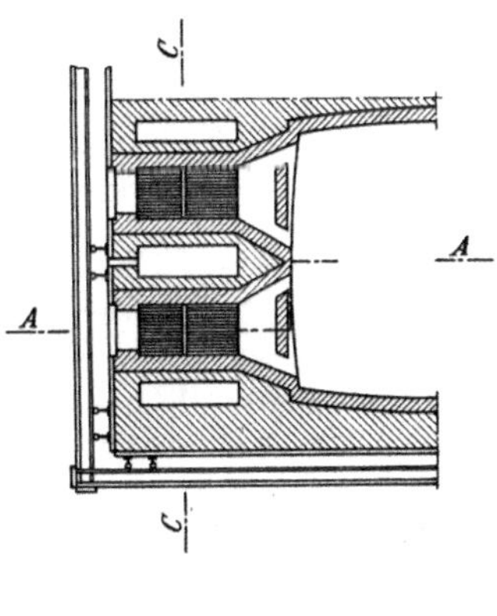

Abb. 290. Rostfeuerung für Rohbraunkohle.

kohle[1] beträgt hierbei 325% des Einsatzes, der bei den vorliegenden Öfen ein Gewicht von 6 bis 7 t Temperguß besitzt.

Nachdem sich Kohlenstaub zur Beheizung der verschiedensten Öfen sehr gut bewährt hat, findet er auch allmählich als Brennstoff für die Temperöfen Anwendung[2]. Liegt die Tempergießerei zu den Braunkohlengebieten frachtlich günstig und besitzt Anschluß an ein Eisenbahn-

Abb. 291 a.

Abb. 291 b.

Abb. 291 a und b. Staubwagen des Rheinischen Braunkohlensyndikates für 18 und 27 t Staub.

gleis, so ist es das zweckmäßigste, Braunkohlenstaub zu verwenden, der in besonderen Eisenbahnwagen angeliefert wird. Die Abb. 291 zeigt solche Staubwagen des Rheinischen Braunkohlensyndikates in Köln für eine Fassung von 18 bzw. 27 t Staub. Diese Wagen bieten den großen Vorteil, daß sie beim Verbraucher nur an eine Druckluftleitung angeschlossen werden, um den Staub ohne jede Bedienung bis auf 500 m

[1] Mitteldeutsche Rohbraunkohle mit etwa 2200 kcal, 10 bis 15% Asche, 45 bis 50% Wasser, 35 bis 38% brennbare Bestandteile und 2 bis 2,5% Schwefel.

[2] Foundry 1922, S. 815 und 880; 1925, S. 78. Bericht Stahleisen 1925, S. 463. Iron Age 1924, S. 1633.

Entfernung unter Überwindung eines Höhenunterschiedes bis zu 25 m zu befördern. Die Entleerung von 18 t Staub erfordert bei einem Betriebsdruck von 4 bis 6 at und einem Luftverbrauch von 10 bis 15 m³ je 1 t Staub 30 bis 40 Minuten und von 27 t Staub 50 bis 60 Minuten.

Ist der Bezug von Braunkohlenstaub nicht möglich, so kommt die Verwendung von Steinkohlenstaub in Frage. Dieser kann in Säcken

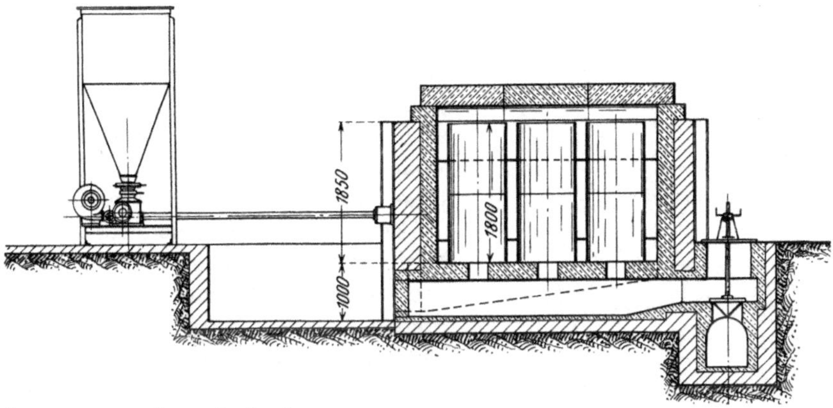

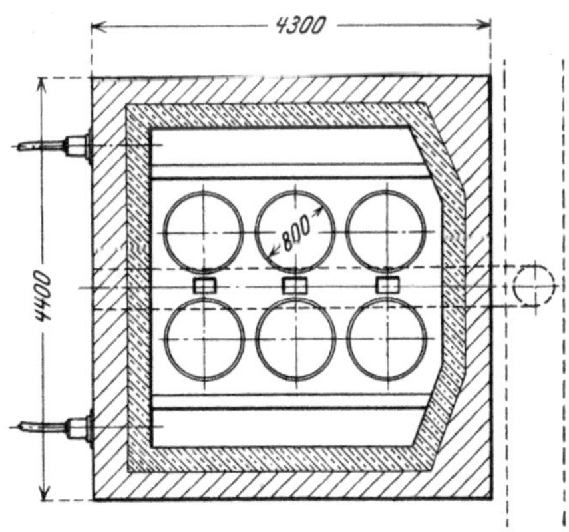

Abb. 292. Auf Kohlenstaubfeuerung umgebauter Temperofen für 5 t Fittings.

bezogen werden, doch ist hiermit beim Umladen ein großer Verlust und eine sehr starke Staubbelästigung verbunden. Außerdem ist der Preis dieses blasfertig bezogenen Staubes sehr hoch, so daß es für den Verbraucher viel zweckmäßiger ist, eine billige Abfall-Förderfeinkohle im Eisenbahnwagen zu beziehen und dieselbe selbst zu vermahlen.

Die Anschaffung einer solchen Kohlenstaubmahlanlage ist für den Kleinverbraucher zu teuer; sie bietet aber sehr große Vorteile, wenn sich einige Tempergießereien zu ihrer gemeinschaftlichen Erstellung zusammenschließen. Wie aus der Berechnung der Zahlentafel 19 hervorgeht, kann blasfertiger Staub zum Preise von etwa RM. 18,—/t beschafft werden, zu dem allerdings noch die Frachtkosten hinzukommen.

Bei Verwendung eines guten Steinkohlenstaubes kommt man bei mittelgroßen Kammeröfen mit einem Brennstoffverbrauch von 60 bis 65% aus. Alte vorhandene Kammeröfen können leicht auf diese Feuerungsart umgestellt werden. Es hat sich gezeigt, daß außer der Brennstoffersparnis auch große Ersparnisse an Tempertöpfen gemacht werden können. Denn bei der Rostfeuerung von Hand ist es sehr schwierig, ohne einen zeitweiligen Luftüberschuß zu heizen; dies gelingt aber leicht bei der Kohlenstaubfeuerung, da diese so eingestellt werden kann, daß praktisch kaum ein Überschuß an Luftsauerstoff im Glühraum vorhanden ist, wodurch das Verzundern der Tempertöpfe auf ein Mindestmaß gebracht wird.

Einen älteren Kammerofen, der von Rost- auf Kohlenstaubfeuerung umgebaut worden ist[1], zeigt Abb. 292. An Stelle der beiden früheren seitlichen Rostfeuerungen sind 2 wagerechte Brennkammern angeordnet; die Heizgase schlagen

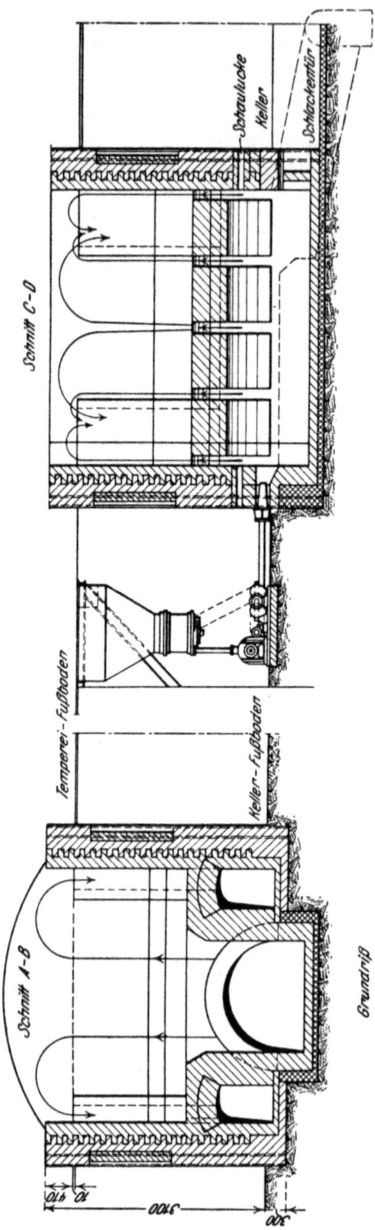

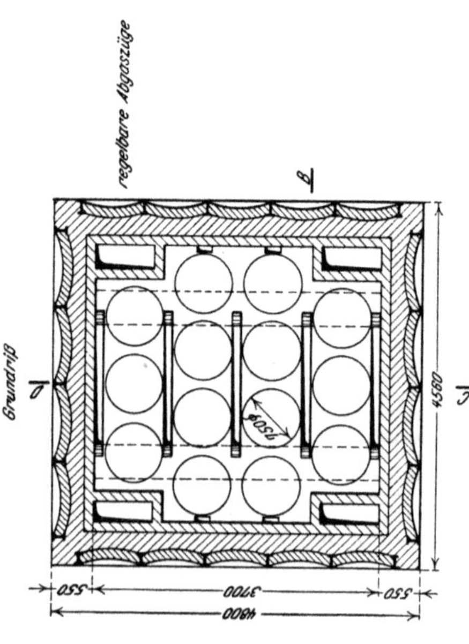

Abb. 293. Auf Kohlenstaubfeuerung umgebauter Kammerofen für 7 t Temperguß.

über die seitlichen Feuerbrücken von oben in den Glühraum und verlassen ihn durch die im Boden befindlichen Öffnungen. Die am Boden der Brennkammern sich ablagernde Flugasche kann bequem durch ent-

[1] Ausführung der Firma E. Horchler, Hagen i. W.

sprechend angebrachte, mit Schiebern verschließbare Öffnungen entfernt werden. Die Zuführung des Kohlenstaubes erfolgt mittels eines einfachen Ventilators, der von einem 1,5-PS-Motor angetrieben wird; durch eine schneckenlose, genau einstellbare Zuteilvorrichtung (Bauart Horchler) wird die notwendige Staubmenge dem in der Nähe des Ofens befindlichen Kohlenstaubbunker entnommen und in den Windstrom gebracht. Bei gut trockenem Kohlenstaub läßt sich hierdurch die Hitze im Glühraum bei einfachster Bedienung auf genau gleicher Temperatur halten. Der Verbrauch an Steinkohlenstaub beträgt bei diesem umgebauten Ofen etwa 55% der eingesetzten 5 t Fittings.

Zur Erzielung einer völlig gleichmäßigen Hitze wurde bei dem Temperofen nach Abb. 293 die Brennkammer unter den Boden des Glühraumes verlegt[1]; aus ihr steigen die Heizgase durch 5 Querschlitze zwischen den Tempertöpfen empor und werden durch vier in den Ecken der Glühkammer aufgemauerte, mit regelbaren Öffnungen versehene Abzugsschächte, in die links und rechts der Brennkammer liegenden Füchse abgezogen. Die Verbrennungsluft wird durch geeignete Kanäle im Ofenmauerwerk gut vorgewärmt. Die Flugasche setzt sich am Boden der Brennkammer ab und kann durch eine mit Schieber verschlossene Öffnung leicht entfernt werden. Die Fassung des Ofens wurde durch den Wegfall der früheren seitlichen Rostfeuerungen um 50% erhöht.

Es sei darauf hingewiesen, daß der obere Teil des abgebildeten Kohlenstaubbunkers abhebbar ausgeführt werden kann, so daß er bei einer gemeinschaftlich betriebenen Mahlanlage bequem zu derselben gebracht, dort gefüllt und danach ohne jeden Staubverlust wieder in Betrieb genommen werden kann. Steht also billiger, guter Steinkohlenstaub zur Verfügung von beispielsweise RM. 23.—/t, so kann durch die Umstellung auf Kohlenstaubfeuerung gegenüber der alten Rostfeuerung etwa 50% an der Brennstoffmenge, 15% am Preis und 20 bis 25% an Tempertöpfen gespart werden. Bei einem Monatsumsatz von 100 t Temperguß betragen diese Ersparnisse etwa RM. 2000.— an Brennstoff und RM. 600 bis 700.— an Tempertöpfen.

Einen Großkammerofen für Braunkohlenstaubfeuerung veranschaulicht Abb. 294, der nach neuartigen Grundsätzen ausgeführt ist[2]. Zunächst wurde ein starkes Eisengerippe aus T- und U-Eisen aufgestellt, an welchem umgebördelte Bleche angebracht sind, um das unerwünschte „Atmen" des Ofenmauerwerks zu vermeiden. An diese Bleche sind gewöhnliche Ziegelsteine angemauert; auf sie folgt eine Schicht Isoliersteine und erst hierauf die hochfeuerfeste Innenausmauerung. Je 2 Glühkammern sind zu einem selbständig stehenden Ofenblock vereinigt, welcher eine Grundfläche von 7160 × 7960 mm und eine Höhe von

[1] Ausgeführt von der Firma Höhne & Molz, Mülheim a. d. Ruhr.

[2] Ausgeführt von der Firma L. & C. Steinmüller, Gummersbach (Rhld.), nach Entwürfen von Dr. Kritzler für die Firma Meier & Weichelt, Leipzig.

4900 mm besitzt. Jede Kammer faßt 48 Tempertöpfe (1000 × 1000 × 400 mm) mit insgesamt 16 t Guß; sie ist 4400 mm lang, 2555 mm breit und 2800 mm hoch. Die Beschickung erfolgt nach Abheben der zweiteiligen, völlig flachen Hängedecke. Diese ruht nur auf dem Eisengerippe des Ofens, belastet also in keiner Weise das Ofenmauerwerk. Ihre Abdichtung gegen den Ofen erfolgt in vollkommener Weise dadurch, daß an ihr angebrachte Eisenbleche in eine Sandrille tauchen, die um die ganze obere Öffnung der Glühkammer herumführt. An der Schmalseite einer jeden Glühkammer befindet sich eine Brennkammer, in die von oben je 2 Brenner einmünden. Deren Wände sind mit Kühlkanälen versehen, durch welche die Verbrennungsluft durchgesaugt und vorgewärmt wird. Die Heizgase gelangen aus den Brennkammern durch senkrechte Schlitze in den Glühraum und fallen durch unten an den Längswänden angebrachte Öffnungen in Kanäle unter dem Boden des Glühraumes, wodurch dieser auch von unten beheizt wird. Von diesen Kanälen führen kleine, durch Schieber verschließbare Öffnungen nach außen, um die abgelagerte Flugasche von Zeit zu Zeit durch Schläuche abzusaugen und mittels Saugluft einer Zentralentaschungsanlage zuzuführen. In dieser wird die Asche mittels Zyklons niedergeschlagen und nach Bedarf in Wagen abgelassen.

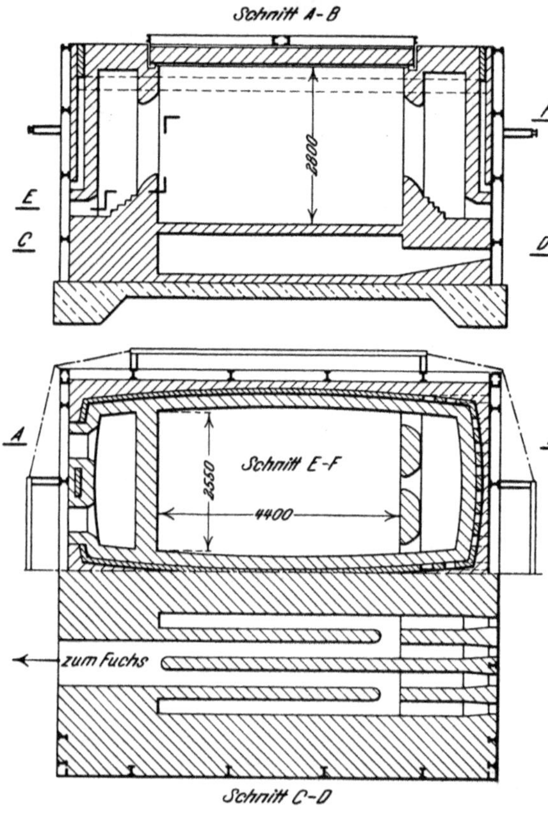

Abb. 294. Doppelkammerofen für je 16 t Temperguß mit Braunkohlenstaubfeuerung.

Die Gesamtanordnung der Kohlenstaubzuführung für vier nebeneinander liegende solche Ofenblöcke geht aus Abb. 295 hervor. Der im Kesselwagen ankommende Braunkohlenstaub wird mittels Druckluft in einen erhöht angebrachten Hauptvorratsbunker h für 100 m^3 Inhalt gefördert; als Reserve ist neben demselben noch ein gleich großer Bunker h_1 vorgesehen. Von diesem wird der Staub mittels zweier Spiralen k_1

und k_2 in eine senkrecht hierzu längs der Öfen g laufende Verteilungsschnecke k_3 gebracht, welche ihn den Tagesbehältern einer jeden Glühkammer zuführt. Diese besitzen einen Inhalt von etwa 2 m³; die in ihnen

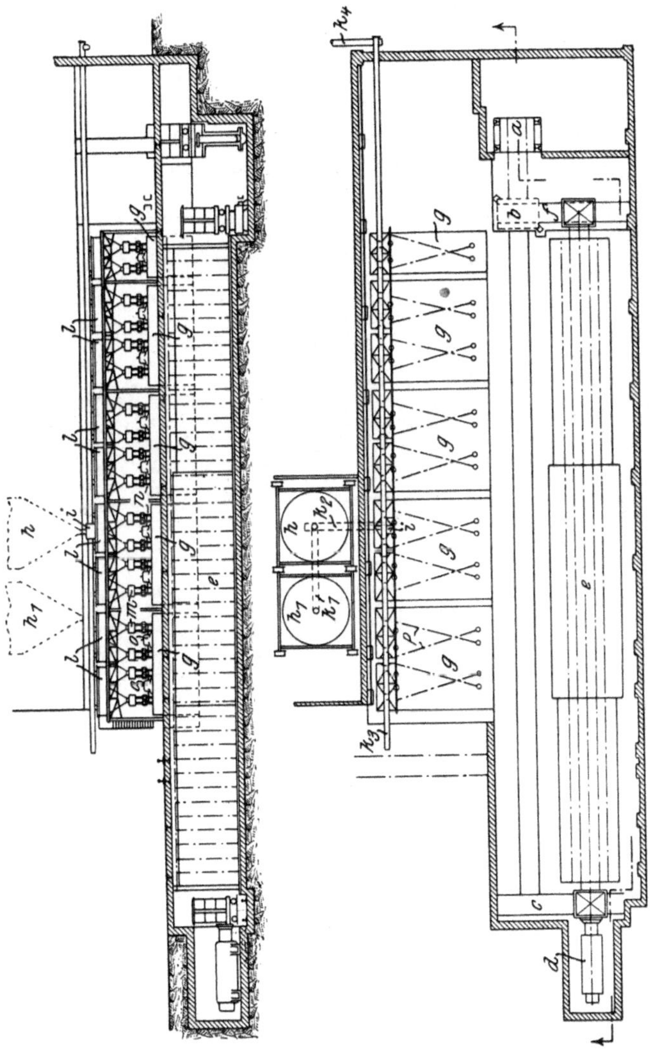

Abb. 295. Kohlenstaubzuführung für 8 Kammeröfen.

jeweils enthaltene Staubmenge kann durch die Höhe von sog. Fühlern festgestellt werden. Die Ansicht von oben auf die Kohlenstaubzuführung und Decke des erstgebauten Ofenblockes gibt Abb. 296. Die Tagesvorratsbehälter sind an der Gebäudewand angeordnet und durch Schieber einzeln abschließbar. Unter jedem befinden sich 2 Schnecken, von denen je vier durch einen gemeinsamen Motor mittels eines Escher-Wyss-

Getriebes mit einem Regelbereich bis 1 : 15 angetrieben werden. Jeder Brenner besitzt sein eigenes Gebläse; die Rohrleitungen über den Öfen zu den vorderen Brennern bestehen aus leicht abnehmbaren biegsamen Metallrohren. Diese sind so geschaltet, daß nach Stillsetzen von 2 Gebläsen die beiden im Betrieb befindlichen Gebläse die Luft für zwei solche Brenner liefern, die einander diagonal gegenüberstehen. Die von den Gebläsen angesaugte Verbrennungsluft wird einem Sammelkanal entnommen, in den sämtliche Kühlkanäle des Ofenblockes münden.

Der Verbrauch an Staub ist natürlich bein Anheizen am größten und beträgt dann 300 bis 350 kg/st für jeden Ofen; zum Halten auf Voll-

Abb. 296. Ansicht der Hängedecke und Kohlenstaubzuführung.

hitze wird wesentlich weniger benötigt. Der Gesamtverbrauch an Braunkohlenstaub beträgt beim Glühfrischen während etwa 72 Stunden Vollhitze nur 75% des Gusses. Da aber durch Ausnützung der Abhitze zur Beheizung einer großen Dampfkesselanlage etwa 10% der zugeführten Wärme für andere Zwecke nutzbar gemacht wird, so kann man als Staubverbrauch für das Glühfrischen etwa 65% annehmen. Es ist dies im Verhältnis zu dem geringen Heizwert der mitteldeutschen Braunkohle ein sehr geringer Brennstoffverbrauch und in Anbetracht des billigen Preises können die hohen Anlagekosten solcher Öfen durch billige Betriebskosten rasch ausgeglichen werden. Die Bedienung der Gesamtanlage erfordert nur sehr wenig Löhne und die Einstellung der Glühtemperatur kann mit Leichtigkeit sehr genau erfolgen.

Da die Wärmeausnutzung in den Kammeröfen sehr schlecht ist, war es ein besonderer Fortschritt, als in Amerika im Jahre 1919 die ununterbrochen betriebenen Tunnelöfen zum Tempern Anwendung fanden, bei denen die Hitze der Abgase zum Vorwärmen des Glühgutes sehr gut ausgenutzt wird. Diese Öfen bestehen aus einem längeren, an den Enden durch Türen verschlossenen Kanal, der etwa in seinem mittleren Drittel dauernd auf der zum Glühen notwendigen Vollhitze gehalten wird (Abb. 297)[1]. Das Glühgut wird auf Wagen langsam durch diesen Tunnel gefahren, wobei es zunächst durch die ihm entgegenströmenden Abgase stark vorgewärmt wird. Die Beheizung des Ofens kann mittels Kohle, Gas, Öl oder Elektrizität erfolgen, je nach Art der vorliegenden örtlichen Verhältnisse. Öfen mit gewöhnlicher Rostfeuerung von Hand werden heute wohl kaum mehr aufgestellt werden, da das Beheizen mit Gas oder Kohlenstaub günstiger ist.

An der Ein- und Austrittsseite der Tunnelöfen befindet sich gewöhnlich eine kleine Schiebebühne. Die mit Rohguß gefüllten Tempertöpfe werden auf die auf dem Ladegeleise stehenden Wagen gehoben und dann

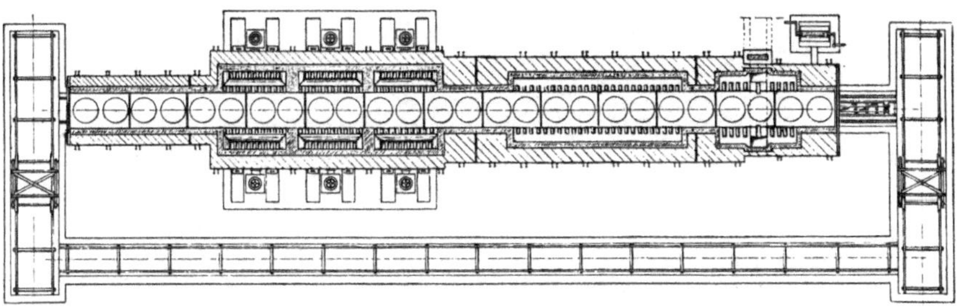

Abb. 297. Tunnelofen mit Generatorgasfeuerung.

mittels der Schiebebühne zum Ofeneingang gefahren. Kleinere Wagen werden sodann mittels einer elektrisch betriebenen Winde in den Ofen gezogen oder große Wagen mittels Wasserdruckes hineingedrückt. Gewöhnlich ist am Ofeneingang eine kleine Schleuse in Form einer hinter dem letzten Wagen schließenden Falltüre angebracht, um beim Öffnen des Eingangstores keine kalte Luft in den Ofen zu bekommen.

Unser Beispiel gibt einen kleineren Tunnelofen mit angebauter Generatorgasfeuerung wieder; auf jeder Seite des Ofens sind drei kleine Generatoren vorhanden, deren Schächte unter Flur liegen, um die Kohle bequem aufgeben zu können. Sie besitzen an ihrem unteren Ende einen Wasserabschluß, wodurch die besondere Zuführung von Dampf sich erübrigt. Dagegen benötigen sie eine geringe Menge Gebläse-Zusatzluft mit 150 mm W.-S.-Druck. Die Heizgase ziehen nach rechts dem Glühgute entgegen und werden durch Öffnungen am Boden der Seitenwände beim Eingangstore in die Fuchskanäle abgezogen. Alle 12 Stunden werden mit jedem Wagen zwei hintereinander stehende Topfstapel eingebracht. Da jeder Wagen 2000 kg Temperguß enthält, so beträgt die

[1] Ausführung in Firma Pötter G. m. b. H., Düsseldorf.

Leistungsfähigkeit des Ofens 4 t in 24 Stunden, also 120 t im Monat. Die Abdichtung der Wagen gegen die Ofenwände erfolgt durch Bleche, die in einer Sandrille laufen, die längs der Ofenwände angebracht ist. In der Mitte des Ofens ist unter dem Wagengeleise ein Längskanal vorhanden, in dem eine so niedrige Temperatur herrscht, daß er begangen werden kann, um den richtigen Durchgang der Wagen zu prüfen. Das ganze Mauerwerk des Ofens ist in der Heiz- und Vorwärmezone durch eine besondere Schicht von Steinen sehr gut isoliert; die Abkühlzone dagegen wird durch geeignete Kanäle im Mauerwerk künstlich gekühlt, wobei gleichzeitig die Verbrennungsluft stark vorgewärmt wird.

Der Brennstoffverbrauch dieses Ofens beträgt etwa 35% des Glühgutes; er wird auch bei den Tunnelöfen um so günstiger, je größer ihre

Abb. 298. Tunnelofen für Ferngasfeuerung.

Leistungsfähigkeit ist. Bei einer Tagesleistung von 15 t = 450 t im Monat[1] betrug der Verbrauch an Steinkohlen bei angebautem Generator im Durchschnitt eines längeren Betriebsabschnittes nur 16,5%. Dieser Ofen ist derart gut isoliert, daß es möglich war, ihn vollkommen im Freien aufzustellen. Er wird mit Wagen beschickt, die bei je 2 Topfreihen neben- und hintereinander 3,6 bis 4 t aufnehmen; seine Durchsatzzeit beträgt insgesamt 168 Stunden für Schwarzguß bei einer Länge des Ofens von 62 m.

Im rheinisch-westfälischen Industriegebiet kommt auch das von der Ruhrgas AG., Essen, gelieferte Ferngas zur Beheizung von Temperöfen in Betracht, das bei der Koksherstellung gewonnen wird. Es besitzt einen Heizwert von etwa 7000 WE. je 1 kg = 4000 WE. je 1 m³. Die Verwendung von Ferngas bietet den Vorteil sehr einfacher Feuerungs-

[1] Ausgeführt von der Firma Indugas, Essen.

anlagen, da der Ofen nur mit einer Rohrleitung von 90 mm l. Dmr. an die Ferngasleitung angeschlossen wird. Die Bedienung ist äußerst einfach, da die Regelung der Temperatur völlig selbsttätig oder durch leichtes Verstellen der Gasbrenner erfolgt. Die Heizerlöhne sind daher verschwindend gering. Die Ansicht eines solchen, mit Ferngas beheizten Temperofen für eine Tagesleistung von 3 t = 90 t im Monat gibt Abb. 298 wieder[1]; er besitzt eine Länge von 28 m. Der Ofen benötigt bei einer Gesamtglühzeit von 168 Stunden einen Brennstoffverbrauch von 120 m^3/st Ferngas.

Der allgemeinen Anwendung von Ferngas steht sein verhältnismäßig hoher Preis im Wege; wenn dieses auch von der Ruhrgas AG. zu etwa RM. 0,03/m^3 bis zum Verbraucher geliefert werden kann, so wird es doch meistens durch die Anschlußkosten der Gemeinden derart verteuert, daß der Verbraucher mit RM. 0,06 bis 0,07/m^3 rechnen muß, ein Preis, der keine Wettbewerbsmöglichkeit gegen Kohle bzw. Kohlenstaub zuläßt.

Abb. 299. Tunnelofen für Kohlenstaubfeuerung.

Die Leistung eines mit Staub beheizten Ofens nach Abb. 299 konnte bis auf 280 t Fittings im Monat bei einem Kohlenstaubverbrauch von durchschnittlich 34% gesteigert werden[2]. Er besitzt eine Länge von 50 m und ist mit einer Hängedecke versehen, die sich sehr gut bewährt hat. Alle 6 Stunden wird er mit einem Wagen mit 8 Tempertöpfen = 2,2 t Fittings beschickt, die insgesamt 114 Stunden = $4^3/_4$ Tage im Ofen verweilen und einer Vollhitze von 960° während 36 Stunden ausgesetzt sind.

Am Austrittsende des Ofens sind 2 Staubbunker angeordnet, aus denen je zwei untergebaute Schnecken den Kohlenstaub entnehmen. Dieser wird durch Ventilatorluft (300 mm W.-S.-Druck, 4-PS-Antriebsmotor) den Brennern zugeführt, von denen auf jeder Ofenseite 4 Stück hintereinander senkrecht von der Ofendecke in eine schmale Brennkammer blasen. Die Bedienung des Ofens ist sehr einfach und erfordert einen Mann für jede Schicht. Die Temperatur ist äußerst gleichmäßig, was wegen Ver-

[1] Ausgeführt von der Firma Indugas, Essen.
[2] Ausgeführt von der Firma Höhne & Molz, Mülheim a. d. Ruhr.

meidung der Haut- und Schalenbildung (s. S. 96) für die Herstellung von Fittings besonders vorteilhaft ist.

Die Tunnelöfen erfordern eine verhältnismäßig große Länge, da ein bestimmter Mindestweg des Glühgutes für die Vorwärm-, Vollhitze- und Abkühlzone vorhanden sein muß. Dies kann bei beschränkten Raumverhältnissen, insbesondere beim späteren Einbau eines solchen Ofens, ein großer Nachteil sein, weshalb schon versucht wurde, den Tunnel nicht geradlinig, sondern ringförmig anzuordnen. Da aber hiermit ziemliche Betriebsschwierigkeiten verbunden sind, so hat dieser Versuch wohl keine weitere Nachahmung gefunden.

Außerdem gehen die Herstellungskosten der Tunnelöfen im Verhältnis zu ihrer Leistungsfähigkeit mit sinkendem Umsatz derart in die Höhe, daß sie bei einer Erzeugungsmenge unter 60 t Temperguß im Monat im allgemeinen nicht in Betracht kommen. Bei einem Umsatz über 80 t/Monat sind sie den Kammeröfen in den meisten Fällen wirtschaftlich überlegen, doch spielen bei der Wahl einer bestimmten Ofenart stets die betreffenden örtlichen Betriebsverhältnisse eine große Rolle. Wenn es auch möglich ist, in einem Tunnelofen abwechselnd die weiße und schwarze Tempergußart zu erzeugen, so sind doch hiermit betriebliche Unannehmlichkeiten verbunden, und diese Öfen eignen sich um so besser, je gleichmäßiger die Art und Menge des zu erzeugenden Tempergusses ist. Ein gewisses Anpassungsvermögen an schwankende Umsatzmengen ist auch bei den Tunnelöfen vorhanden. Es wurde z. B. bei einem kleinen Tunnelofen mit einer normalen Volleistung von 80 t Temperguß im Monat ein Kohlenverbrauch der angebauten Generatoren von 35% festgestellt; bei einem um 25% verminderten Umsatz stieg der Kohlenverbrauch auf 42% und bei halbem Normalumsatz auf 50% des durchgesetzten Glühgutes. Er kann dann immer noch als günstig im Verhältnis zu dem Kohlenverbrauch der Kammeröfen angesehen werden.

Außer den angeführten Heizstoffen kann bei günstigem Preise auch Öl zur Beheizung der Temperöfen in Betracht kommen. Nach Angaben der Firma Dr. Schmitz & Co. in Barmen-Wichlinghausen hat sich eine solche nach Italien gelieferte Anlage von Kammeröfen gut bewährt; deren Verbrauch an Öl beträgt 30 bis 40% des Glühgutes. In Deutschland ist infolge des hohen Ölpreises dieser Brennstoff für die Beheizung von Temperöfen viel zu teuer. Dagegen wird er auch in Amerika mit Erfolg verwendet, wobei nach amerikanischen Berichten ein Tunnelofen 12 bis 15% Öl erforderte[1].

Auch die elektrische Beheizung kommt nur für die Gegenden in Betracht, in denen der elektrische Strom sehr billig ist. In Oberitalien ist seit einigen Jahren ein elektrisch beheizter kleiner Tunnelofen in Betrieb, der sich sehr gut bewährt hat. Seine Leistungsfähigkeit mit 40 t Fittings im Monat ist allerdings sehr gering. Die Ofenlänge beträgt 20 m, die lichte

[1] Foundry 1921, S. 323/25; 1924, S. 472/75; Bericht Stahleisen 1923, S. 1165.

Öffnung hat eine Breite von 525 mm und eine Höhe von 725 mm. Jeder Wagen trägt 2 Glühtöpfe mit je 500 × 700 × 700 mm Außenmaßen. Zur Beheizung sind in den Seitenwänden des Ofens Widerstandsdrähte aus Chromnickelstahl eingebaut, die mit Wechselstrom gespeist werden. Der Ofen ist sehr gut gegen Wärmestrahlung isoliert, so daß nur 60 kW zum Halten der Vollhitze von 950° benötigt werden; zum Anheizen des Ofens sind allerdings 150 kW erforderlich. Der Verbrauch an elektrischer Energie beträgt also bei Dauerbetrieb 1440 kWst in 24 Stunden, was bei einem täglichen Durchsatz von 1,33 t Fittings 1080 kW-st für 1 t Guß ausmacht. Der Vorteil der elektrischen Heizung liegt in einer vollkommen gleichbleibenden Glühtemperatur, die ohne jede Bedienung selbsttätig auf ± 2 bis 5° genau geregelt wird; die Kosten für Heizerlöhne fallen also völlig weg. Aber selbst bei dieser Ersparnis kann für die elektrische Beheizung nur dann ein geldlicher Vorteil ausgerechnet werden, wenn der Preis für 1 kW-st unter RM. 0,02 liegt, was aber in Deutschland sogar bei Großverbrauchern leider kaum möglich ist[1].

E. Glühverfahren.

Je nach der Art des zu erzeugenden Tempergusses müssen wir Glühverfahren für weißen, schwarzkernigen und schwarzen Temperguß sowie für Bohrguß unterscheiden. In Deutschland und auch in Europa ist das oxydierende Glühfrischen auf weißen Temperguß das weitaus vorherrschende Verfahren, weshalb dieses auch das „europäische“ oder Reaumursche Glühverfahren genannt wird im Gegensatz zu dem „amerikanischen“ Glühverfahren zur Erzeugung eines Tempergusses mit schwarzer Bruchfläche, das in Amerika so gut wie ausschließlich angewandt wird.

Da es sich beim Glühfrischen um eine Entkohlung des Gusses handelt, so ist klar, daß dünne Gußstücke rascher entkohlt werden können als dickere und daher der Glühvorgang um so länger durchgeführt werden muß, je dicker die Abgüsse sind. Da die meisten Tempergießereien sich nicht in der angenehmen Lage befinden, nur Abgüsse mit etwa der gleichen Wandstärke herzustellen, so sind sie gezwungen, die Glühöfen je nach der Dicke der erzeugten Gußstücke verschieden zu betreiben. Hierzu werden die Abgüsse meistens in 3 Gruppen geteilt: dünne, mittlere und schwere, und dementsprechend drei verschiedene Glühweisen angewandt. Bei den dünnsten Stücken mit Wandstärken bis zu 4 mm genügt auch für Kupolofenguß eine Vollhitze von 950° während einer Dauer von etwa 48 Stunden. Mittelschwere Abgüsse mit einer Wandstärke von 8 bis 10 mm werden gewöhnlich bei einer Vollhitze von 980° etwa 72 Stunden lang geglüht. Dicke Abgüsse mit Wandstärken von 15 bis 25 mm müssen 96 Stunden und noch länger bei etwa 1000° Vollhitze, vielfach sogar ein zweites Mal geglüht werden, um auch im Innern eine Glühfrischwirkung zu erzielen.

[1] Vgl. auch Foundry 1921, S. 720.

Diese Höchsttemperatur von 1000° sollte keinesfalls überschritten werden, da mit steigender Glühtemperatur die Betriebsschwierigkeiten und Kosten stark zunehmen und verschiedene Gefahren für den Guß entstehen: Etwa gleichzeitig vorhandene dünne Querschnitte werden „übertempert"; sie erhalten ein grobes Korn, das sie sehr spröde macht. Die Abgüsse neigen dazu, sich in der starken Glühhitze zu verziehen, was besondere Kosten zum Richten erfordert. Das Tempererz enthält häufig Bestandteile, die bei 1000° schmelzen, an die Abgüsse anfritten und diesen ein unsauberes Aussehen geben oder sie sogar verderben. Wird durch Unachtsamkeit der Ofenheizer die angestrebte Höchsttemperatur nur wenig überschritten, so kann es vorkommen, daß das Tempererz mit den Abgüssen vollkommen zusammenfrittet, so daß es von diesen nur mit größter Mühe und besonderen Kosten wieder getrennt werden kann. Außerdem nimmt die Verzunderung der Tempertöpfe mit steigender Glühtemperatur in besonders starkem Maße zu, so daß das Glühen bei 1000° gegenüber dem bei etwa 950° wesentlich teurer wird, als dem Mehrverbrauch an Brennstoff entspricht.

Zur Festlegung der anzustrebenden Höchsttemperatur beim Glühfrischen ist aber nicht nur die Wandstärke der Abgüsse, sondern auch die Größe der benutzten Tempertöpfe von entscheidendem Einfluß. Je kleiner die Töpfe sind, desto rascher dringt die Glühhitze in ihr Inneres ein und desto geringer ist der Temperaturunterschied zwischen diesem und dem freien Ofenraum, dessen Temperatur die Pyrometer in der Regel anzeigen. Es hat sich bei einer Reihe praktischer Versuche ergeben, daß Kupolofenguß, der bei 970° im gleichen Ofen, aber einerseits in runden Töpfen mit 600 mm Dmr. und andererseits in solchen mit 1200 mm Dmr. geglüht wurde, nur in den kleinen Töpfen gleichmäßig gut durchgetempert war, während die dickeren Abgüsse aus der Mitte der großen Glühtöpfe noch einen harten Kern aufwiesen und daher unbrauchbar waren. Ist daher eine Tempergießerei nicht durch die Größe der Abgüsse zu großen Tempertöpfen gezwungen, so erscheint die Verwendung von kleineren Tempertöpfen beim Vergleich der einzuhaltenden Glühbedingungen günstiger als die von großen Tempertöpfen.

Im älteren Schrifttum findet man vielfach den Hinweis, daß Kupolofenguß bei wesentlich höherer Temperatur geglüht werden müsse als Tiegel-, Flamm- und Siemens-Martin-Ofen-Guß; als Grund hierfür wird der höhere Schwefelgehalt des ersteren angegeben. Es ist richtig, daß der Schwefel den Zerfall des Eisenkarbides nach dem Vorgang: $Fe_3C = 3\,Fe + C$ und vermutlich auch die Diffusion des Kohlenstoffs beim Glühfrischen erschwert. Die Praxis hat es daher seither zumeist als unvermeidliches Übel angesehen, daß der Temperguß um so höher geglüht werden muß, je höher sein Schwefelgehalt ist. Dieser Erfahrungsgrundsatz hatte aber nur so lange seine Gültigkeit, als die Tempergießereien einen zu niedrigen Mangangehalt in ihrem Kupolofenguß hatten, wie dies, von wenigen Ausnahmen abgesehen, bis zum Jahre 1927 der Fall war. Wird dagegen der Mangangehalt genügend hochgehalten, so ist es möglich, den schwefelreichen Kupolofenguß genau der gleichen Glühfrischbehandlung zu unterwerfen, wie den schwefelarmen Tiegel- und Flammofenguß.

Da alle chemischen Reaktionen um so rascher vor sich gehen, je höher die angewandte Temperatur ist, so werden häufig auch beim Glühfrischen des schwefelarmen Gusses die oben angegebenen Temperaturen von 950° bis 1000° Vollhitze angewandt. Da aber das Glühen bei 1000° Vollhitze die genannten großen Übelstände mit sich bringt und die Entkohlung auch bei 950° Vollhitze noch genügend rasch vor sich geht, dürfte diese Temperatur bei richtiger chemischer Zusammensetzung des

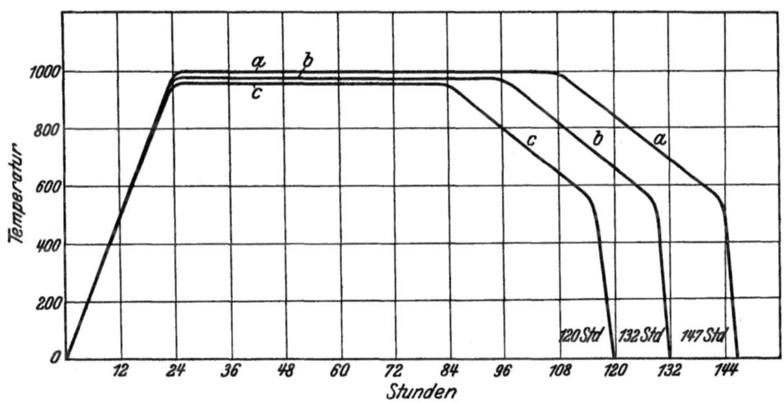

Abb. 300. Temperaturverlauf beim Glühfrischen von *a* Kupolofenguß mit 3,2% C, *b* S.-Martinofenguß mit 2,8% C, *c* S.-Martinofenguß mit 2,4% C.

Rohgusses vollständig genügen. Letztere, insbesondere der Kohlenstoffgehalt, hat natürlich auch auf die Länge der Glühzeit einen starken Einfluß, da die Vollhitze um so länger angehalten werden muß, je höher der Kohlenstoffgehalt des Rohgusses ist, Abb. 300.

Um dickere Stücke üblicher Gußart über 20 mm Wandstärke auch im Innern genügend stark zu entkohlen, muß die Glühdauer über 96 Stunden betragen bzw. müssen solche Abgüsse einem zweimaligen Glühfrischen unterworfen werden. Damit gehen aber die Herstellungskosten derart in die Höhe, daß das Glühfrischverfahren nicht mehr wirtschaftlich ist. Es hat sich daher als sehr vorteilhaft erwiesen, das Glühfrischen nur bei dünnen Wandstärken durchzuführen und das Weichmachen des Innern der dickeren Teile dadurch zu bewirken, daß der Zementit in Temperkohle und Ferrit bzw. Perlit zerlegt wird. Dies war bei dem früheren manganarmen schwefelreichen Temperguß aus den schon ausgeführten Gründen nicht möglich, dagegen gelingt es ohne weiteres bei niedrigem Schwefelgehalt (etwa unter 0,07%), aber auch bei hohem

Schwefelgehalt, wenn ihm der Mangangehalt richtig angepaßt ist und der Rohguß möglichst wenig Oxyde enthält.

Durch diese Glühweise werden für den praktischen Betrieb wesentliche Vorteile erzielt: Die Glühbedingungen sind für alle Abgüsse von etwa 6 bis 30 mm Wandstärke vollkommen gleich; es genügt auch bei dicken Stücken eine Höchsttemperatur von 950°, die nur etwa 55 bis 48 Stunden eingehalten werden muß. Der Guß verzieht sich beim Glühen sehr wenig und erfordert keine wesentlichen Kosten zum Nachrichten. Das Übertempern dünner Querschnitte wird vollständig vermieden und andererseits auch die Gefahr ausgeschaltet, daß Stellen mit Stoffanhäufungen, wie z. B. Augen, Naben u. dgl., im Innern noch hart und schwer bearbeitbar bleiben, da bei genügend langsamer Abkühlung mit Sicherheit so viel Temperkohle gebildet wird, daß das Stück auch bei dicksten Querschnitten im Innern weich und zäh ist.

Der natürliche Bruch derart geglühten Gusses zeigt bei Wandstärken über etwa 10 mm einen schwarzen Kern mit weißem Rand; dünnere Querschnitte besitzen das übliche weiße Bruchaussehen. Die Größe dieser weißen Zone bzw. die Tiefe der Entkohlung der Gußstücke kann durch die chemische Zusammensetzung des Rohgusses und durch die Art der Glühbedingungen (Glühtemperatur und -dauer, Abkühlungsgeschwindigkeit, Tempererzmischung) stark beeinflußt werden. Das Verfahren bildet also den Übergang zur Erzeugung des Schwarzgusses, worauf später noch zurückgekommen wird.

Von untergeordneter Bedeutung für den Glühvorgang ist die Länge des Aufheizens bis zur Erreichung der Vollhitze; sie hängt einerseits von der Größe des Ofens und der Tempertöpfe, andererseits von der Feuerungsart der Öfen ab. Das kürzeste Aufheizen gelingt bei Gas- und Kohlenstaubfeuerung, insbesondere wenn Rekuperatoren vorhanden sind, in denen die Verbrennungsluft gut vorgewärmt wird; es werden dann bei den in Deutschland verhältnismäßig kleinen Öfen mit etwa 5 t Inhalt mindestens 12 Stunden benötigt. Bei Kohlenfeuerung dieser Öfen von Hand rechnet man dagegen gewöhnlich mit 22 bis 26 Stunden bis zur Erreichung von 950° Hitze und bei großen Öfen mit 10 t und mehr sind mindestens 30 bis 36 Stunden hierzu erforderlich. Das Anheizen der großen, in Amerika üblichen Öfen kann 80 Stunden und noch längere Zeit erfordern.

Im allgemeinen stehen die Tempergießereien auf dem Standpunkt, das Aufheizen so rasch wie möglich zu bewerkstelligen, um möglichst wenig Zeit hierbei zu verlieren; es hat sich auch gezeigt, daß durch die kurze Dauer von etwa 12 Stunden keine Schädigung der Güte des Gusses aufgetreten ist. Andererseits gibt es auch Gegner des raschen Anfeuerns, mit der Begründung, daß hierdurch die bekannte unangenehme Fleckenbildung auf den Abgüssen (s. S. 255) leichter auftrete und auch die Abgüsse sich stärker verziehen würden. Denn infolge der starken Hitze im Ofenraum würden sich die Tempertöpfe rasch bis auf ihr Höchstmaß ausdehnen, so daß die Abgüsse in ihrer später erfolgenden Glühausdehnung gehemmt würden und sich daher verziehen müßten.

Am zweckmäßigsten ist es, das Anheizen derart durchzuführen, daß die Hitze im Innern der Tempertöpfe nicht sehr wesentlich hinter der des Ofenraumes zurückbleibt; es kann daher bei kleinen Töpfen rascher angeheizt werden als bei großen. Wie groß die Unterschiede der Temperatur einerseits im freien Glühofenraume, andererseits im Innern eines Glühtopfes mit 700 mm Dmr. sind, veranschaulicht Abb. 301; man erkennt, daß beim Anheizen und Abkühlen die Temperatur im Glühtopf stark zurückbleibt, während beim Halten auf Vollhitze keine wesentlichen Unterschiede vorhanden sind.

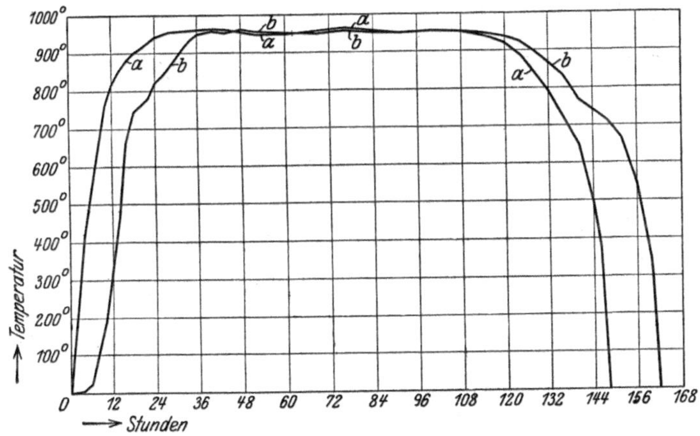

Abb. 301. Temperaturverlauf *a* im freien Glühofenraum. *b* im Tempertopf.

Von sehr großer Bedeutung für die Eigenschaften des fertigen Gusses ist die Abkühlungsgeschwindigkeit, abgesehen von ganz dünnen Querschnitten, die vollständig entkohlt sind und daher durch rasches Abkühlen oder gar Abschrecken aus Rotglut unbeeinflußt bleiben. Je dicker die Abgüsse sind, desto mehr Kohlenstoff enthalten sie noch im Innern auch bei längerem Glühfrischen und desto empfindlicher sind sie bezüglich ihrer Abkühlungsgeschwindigkeit. Bei Durchschnittsware wird im allgemeinen mit einer Abkühlungszeit von mindestens 36 Stunden bis auf 600 bis 550° gerechnet; es entspricht dies einer Abkühlungsgeschwindigkeit von 10 bis 12° in der Stunde. Unterhalb 600° kann die Abkühlung rascher vor sich gehen, wenngleich darauf hingewiesen sei, daß bei gewisser chemischer Zusammensetzung des Rohgusses auch noch wesentlich unterhalb des Perlitpunktes Temperkohlebildung möglich ist und daher dann die Abgüsse um so weicher und zäher werden, je langsamer sie den Temperaturbereich von 700 bis 500° durchlaufen. Man nimmt daher gewöhnlich die Tempertöpfe erst nach Erreichung von etwa 500° aus dem Ofen und läßt sie an der Luft vollends rasch abkühlen. Das Entleeren erfolgt meistens erst nach Abkühlen auf Handwärme, um die Stücke bequemer handhaben zu können; das Tempererz löst sich viel leichter in kaltem Zustande von den Gußstücken als in heißem.

Wird verlangt, daß die Abgüsse auch im Innern dickerer Wandstärken vollkommen weich und zäh sind, so werden diese, wie schon ausgeführt, am zweckmäßigsten auf Schwarzkern getempert; hierzu muß die Abkühlungsgeschwindigkeit möglichst langsam genommen werden mit einer Abkühlung von 6 bis 4° in der Stunde. Je langsamer die Abkühlung, insbesondere im Bereich von 800 bis 700°, desto vollkommener die Umwandlung der Mischkristalle in weichen zähen Ferrit

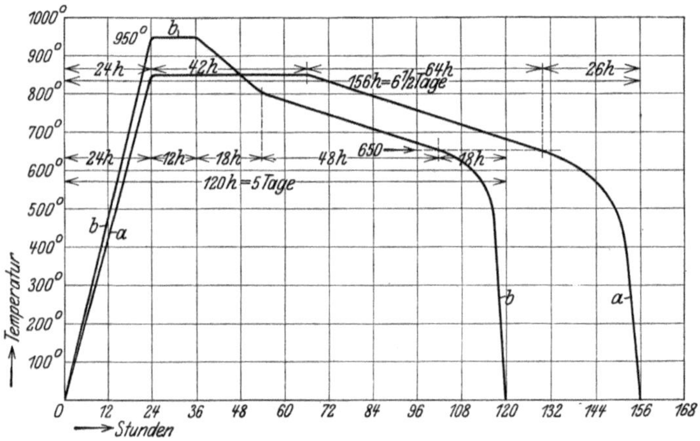

Abb. 302. Temperaturverlauf beim Glühen auf Schwarzguß; *a* älteres Verfahren, *b* neues Schnelltemperverfahren.

und Temperkohle. Voraussetzung ist natürlich hierbei, daß die chemische Zusammensetzung des Rohgusses richtig ist.

Soll vollkommen schwarzer Temperguß amerikanischer Art (Schwarzguß) hergestellt werden, so wird der Rohguß gewöhnlich bei einer Vollhitze von 890 bis 840° während 36 bis 40 Stunden geglüht. Hierauf schließt sich eine möglichst langsame Abkühlung an, die etwa 6 bis 3° in der Stunde beträgt, Abb. 302. Je oxydärmer der Rohguß ist, desto leichter gelingt die Umwandlung, desto rascher kann also die Abkühlung durchgeführt werden.

Der bekannte amerikanische Tempergußfachmann H. A. Schwartz gibt in seinem Buche als kürzeste Glühperiode folgende Zeiten an: Anheizen in 30 Stunden auf 1600° F = 870° C. Halten auf dieser Temperatur 45 Stunden, Abkühlen auf den Umwandlungspunkt Ac_1 und Halten auf demselben (etwa 750°) 35 Stunden; rasches Abkühlen auf Handwärme 5 Stunden. Dies ergibt eine kürzeste Gesamtglühperiode von 115 Stunden = rund 5 Tage; rechnet man noch zum Beschicken und Leeren der Öfen einen Tag, so können bei dieser günstigsten Glühweise die Öfen jeden siebenten Tag neu beschickt werden. Gewöhnlich dauert bei den großen amerikanischen Temperöfen die Glühperiode 7 Tage, und auch 9 Tage sind in Amerika nichts Ungewöhnliches, um einwandfreie Ware zu erhalten.

Es hat nicht an Versuchen gefehlt, die lange Glühzeit durch eine besondere chemische Zusammensetzung des Rohgusses bzw. durch Zusatz von anderen Metallen herabzudrücken. Die Schwierigkeit ist hierbei aber der schon erwähnte Umstand, daß durch alle Zusätze, die eine Beschleunigung der Temperkohlebildung, also eine Verkürzung der Glühzeit bewirken, gleichzeitig auch die gefährliche Graphitausscheidung im Rohguß begünstigen. Allerdings sollen nach einem amerikanischen Patent[1] ganz geringe Zusätze von Titan, Aluminium, Nickel und Uran bei anormal niedrigem Siliziumgehalt nicht die Gefahr der Graphitausscheidung im Rohguß mit sich bringen, dagegen die Temperkohlebildung derart beschleunigen, daß die Glühzeit wesentlich verkürzt werden kann. Über die praktische Anwendung dieses Verfahrens und seine Wirtschaftlichkeit ist nichts bekannt geworden.

Nach einer anderen amerikanischen Erfindung[2] soll die Vollhitze auf höchstens 15 Stunden dadurch herabgesetzt werden können, daß der Siliziumgehalt auf 2 bis 4,5% erhöht und der Kohlenstoffgehalt auf etwa 1,8 bis 3,5% gehalten wird. Die Abscheidung von Graphit im Rohguß soll durch Abschrecken der Gußstücke in einer entsprechenden Gußform verhindert werden.

Legt man die Keimtheorie von Tammann zugrunde, so sollte das Schwarzglühen zweckmäßig etwa folgendermaßen durchgeführt werden (Abb. 302): Erhitzen bis auf etwa 1000°; diese Temperatur zur Erzielung möglichst vieler Temperkohlekeime etwa 12 Stunden halten; rasch abkühlen auf etwa 800°; von dieser Temperatur zur Beschleunigung des Wachstums der Temperkohlekeime langsam in etwa 48 Stunden mit einer Abkühlungsgeschwindigkeit von 2 bis 3°/Stunde bis auf 650°, hierauf rascher in etwa 9 Stunden auf 600° abkühlen, wonach die Töpfe dem Ofen entnommen werden und rasch an der Luft vollends abkühlen.

F. Glühfehler.

Wie schon mehrfach erwähnt, ist es notwendig, daß der Temperrohguß aus weißem Eisen besteht, das frei von Graphitausscheidungen ist. Eine wesentliche Entkohlung stark graphithaltigen Gusses durch Glühfrischen ist nicht möglich, da der Graphit schwerer verbrennlich ist als die metallische Grundmasse. Wird Grauguß dem Glühfrischen unterworfen, so kann man an dem natürlichen Bruch eines solchen Stückes deutlich die Tiefe der Glühfrischwirkung erkennen, indem sich

[1] Nr. 1636657 vom 19. 7. 1927 von H. A. Schwartz, Cleveland, Ohio.

[2] Nr. 1591593 vom 6. 7. 1926 von der General Motors Research Corporation, Dayton, Ohio.

die graue Färbung dieser Zone scharf von dem tiefschwarzen unbeeinflußten Kern abhebt. Abb. 303 veranschaulicht das Aussehen des natürlichen Bruches eines solchen Stückes, Abb. 304 die Graphitblättchen des Kernes im ungeätzten Schliff[1]. Durch das oxydierende Glühen wurde der Graphit an der Oberfläche angegriffen, wie die wesentlich kleineren Graphitteilchen auf Abb. 305 zeigen; aber schon in etwa 2 mm Tiefe besitzt der Graphit nach Abb. 306 ungefähr das gleiche Aussehen wie im Kern, jedoch ist hier schon die ganze metallische Grundmasse an Oxyden angereichert, wie Abb. 307 nach Ätzung in stärkerer Vergrößerung erkennen läßt. Temperguß mit viel Graphit wird durch Glühfrischen faulbrüchig und unbrauchbar.

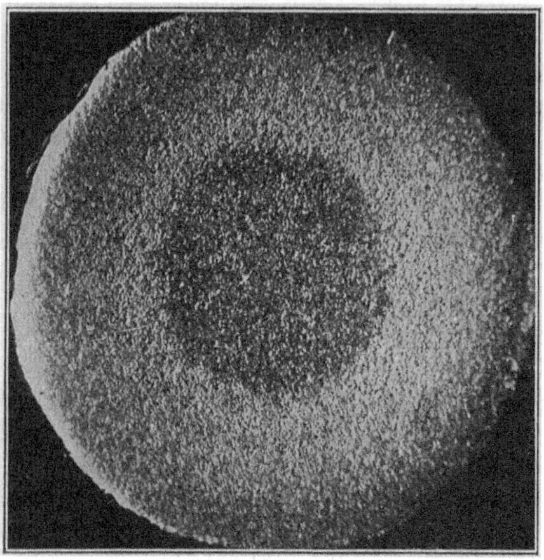

Abb. 303. Natürlicher Bruch von geglühfrischtem Grauguß. (× 5)

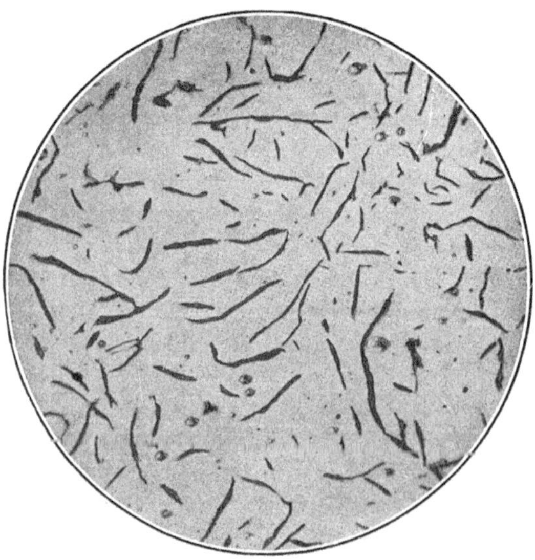

Abb. 304. Kern von geglühfrischtem Grauguß. (× 200)

Enthält dagegen der Temperrohguß in dickeren Querschnitten nur vereinzelte punktförmige Graphitnestchen, wie dies auf Abb. 308 im natürlichen Bruchaussehen wiedergegeben ist, so wird der Fertigguß im allgemeinen in seinen Festigkeitseigenschaften nur beeinträchtigt, aber nicht unbrauchbar. Ein solches Graphitnestchen zeigt Abb. 309 in stärkerer Vergrößerung beim ungeätzten, nach Abb. 310 beim geätzten Schliff.

[1] Stahleisen 1916, S. 501.

Der schädliche Einfluß solcher Graphitausscheidungen kann durch keinerlei Glühen aufgehoben werden; ebensowenig ist es möglich, die schwächende Wirkung von Lunkstellen des Rohgusses durch Glühen zu bekämpfen. Diese „schwarzen Stellen", deren Aussehen beim natürlichen Bruch Abb. 311 wiedergibt, sind als Schwindungshohlräume an dem tannenbaumartigen Aussehen der Mischkristalle erkenntlich. An diesen porösen Stellen dringen beim Glühen die oxydierenden Gase besonders leicht in das Gußstück ein, weshalb für sie häufig eine starke Entkohlung kennzeichnend ist. Diese Frischwirkung kann so stark sein, daß auf dem ungeätzten Schliff nach Abb. 312 diese Stellen durch eine Menge punktförmiger Oxyde zu erkennen sind.

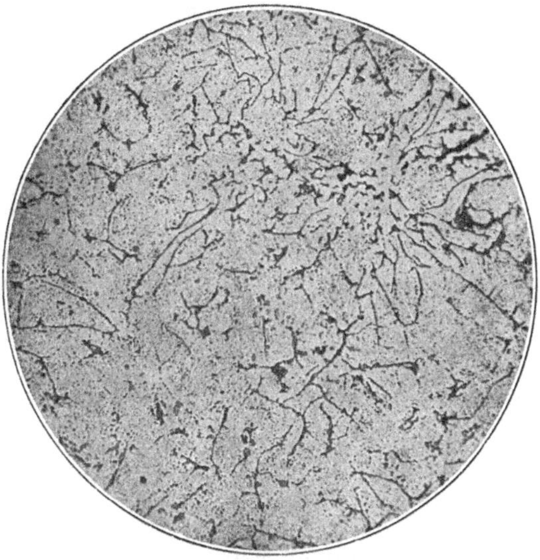

Abb. 305. Oberfläche von geglühfrischtem Grauguß. (× 200)

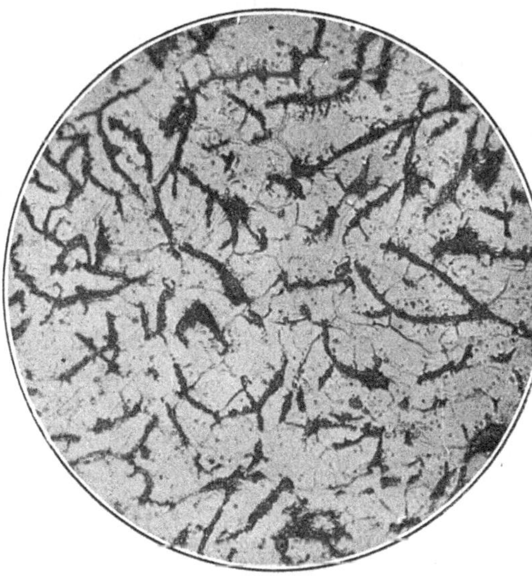

Abb. 306. Geglühfrischter Grauguß in 2 mm Tiefe. (× 200)

Diese oxydischen Einschlüsse sind stets vorhanden, wenn die Abgüsse einer zu starken Glühfrischwirkung ausgesetzt sind, sei es durch eine zu hohe Glühtemperatur oder durch ein an frischem Tempererz zu reiches Glühmittel. Bei solchen Stücken läßt der ungeätzte Schliff nach Abb. 313 erkennen, wie die oxydierenden Gase längs der Begrenzungsflächen der Ferritkörner eingedrungen sind und durch die entstandenen dunklen Oxyde die Korngrenzen auf dem ungeätzten Schliff sichtbar machen.

Ist die Glühtemperatur längere Zeit zu hoch gehalten worden, so wachsen die Ferritkristalle an der Oberfläche sehr stark an, wofür Abb. 314 ein Beispiel gibt. Gleichzeitig zeigt auch die Ausbildung der Ferrit-Perlit-Kristalle in der Nähe der Oberfläche meistens ein die Überhitzung kennzeichnendes Merkmal, die sog. Widmannstättenschen Figuren, indem diese Kristalle Winkel von etwa 60° zueinander annehmen, wie Abb. 315 veranschaulicht.

Abb. 307. Geglühfrischter Grauguß im 2 mm Tiefe, geätzt. (× 200)

Temperguß, der einer zu geringen Glühfrischwirkung ausgesetzt wurde, weist auf seinem natürlichen Bruch gewöhnlich 3 Zonen auf: Der Rand besitzt in einer Tiefe bis zu etwa 2 mm ein sehr feines Korn, dessen Gefüge nach Abb. 316 aus Ferrit und Perlit besteht. Anschließend folgt eine etwa 1 mm breite gröbere glitzernde Zone aus reinem Perlit mit Temperkohleflocken (Abb. 317), die den Kern mit undeutlich ausgebildetem feinerem Korn umschließt, der stets noch zementithaltig ist (Abb. 318). Diese Kernzone ist verhältnismäßig noch sehr hart und läßt sich schwer bearbeiten; derartige Abgüsse besitzen weder genügende Zugfestigkeit noch Dehnung und sind gegen Schläge sehr empfindlich. Dies ist besonders dann der Fall, wenn der Zementit als Netzwerk ausgebildet ist, wie Abb. 319 nach Ätzung mit Natriumpikrat veranschaulicht.

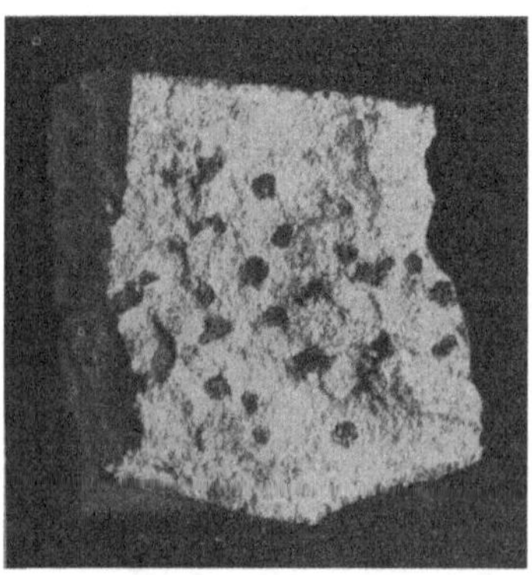

Abb. 308. Natürlicher Bruch von graphithaltigem Temperrohguß. (× 2)

Ein gut geglühter Guß darf also keinen Zementit im Gefüge enthalten; sein natürlicher Bruch soll ein möglichst feines Korn aufweisen; bei Abgüssen über 10 mm Dicke besitzt häufig der innerste Kern ein etwas gröberes glitzerndes Korn, dessen Gefüge genau der Abb. 317 entsprechend aus reinem Perlit und Temperkohle besteht. Je größer diese

Zone ist, desto größer ist die Zug- und Verschleißfestigkeit des Abgusses; wird aber eine möglichst große Dehnung verlangt, so muß der Glüh-

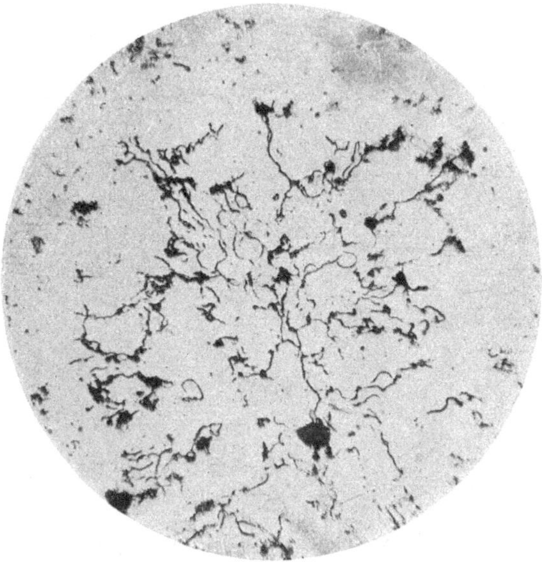

Abb. 309. Graphitnest (ungeätzt). (× 100)

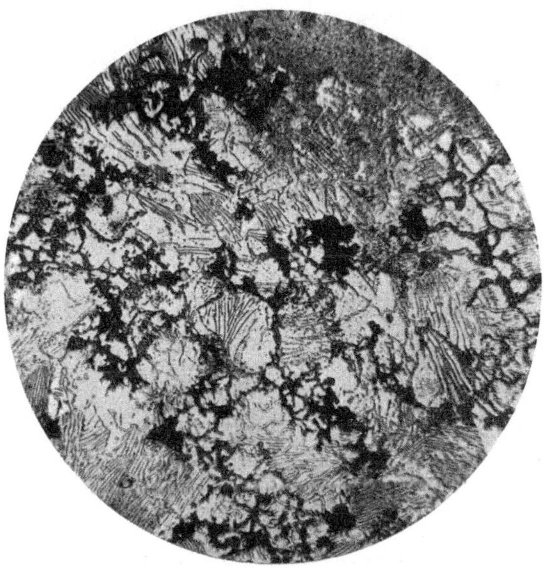

Abb. 310. Graphitnest (geätzt). (× 200)

frischvorgang verstärkt werden, um auch im innersten Kern möglichst viele Ferritkristalle zu erhalten.

Die Glühfehler, die bei der Herstellung von Schwarzguß auftreten können, sind eigentlich schon in dem vorhergehenden erörtert worden;

Abb. 311. Natürlicher Bruch mit Lunkstelle. (× 2)

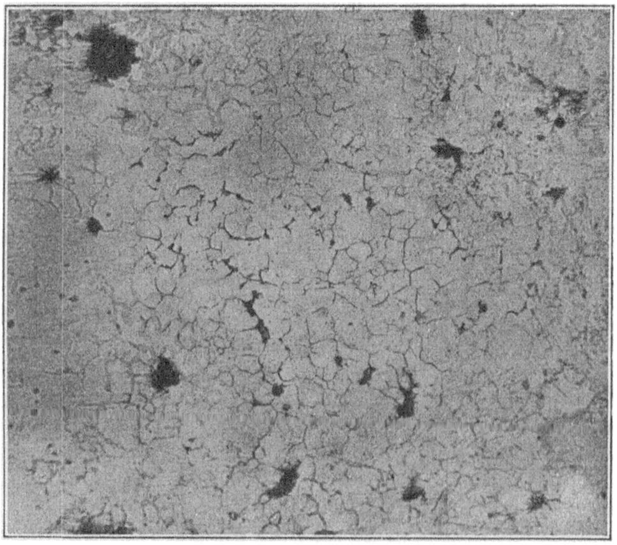

Abb. 312. Lunkstelle ungeätzt. (× 50)

sie sollen hier kurz zusammengefaßt werden. Tritt ein unerwünschter weißer Rand beim natürlichen Bruch auf, so ist das Glühmittel zu oxydreich oder sind die Tempertöpfe gegen Luftzutritt nicht genügend abgedichtet gewesen. Wird der Bruch auch im Kern nicht vollkommen schwarz, so ist die Abkühlungsgeschwindigkeit unterhalb 800° zu rasch

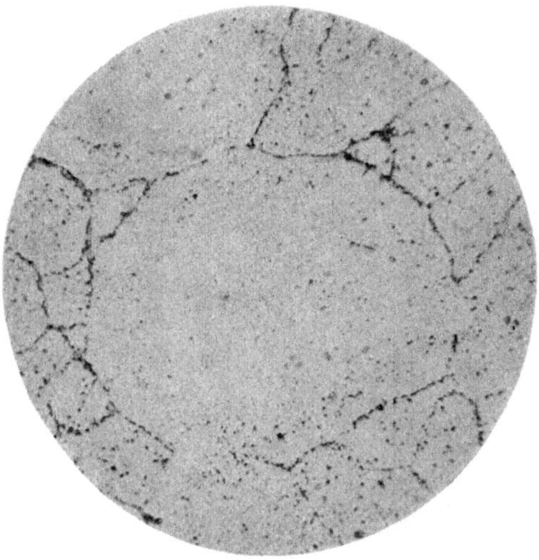

Abb. 313. Beginnende Oxydation der Ferritkörner (ungeätzt). (× 200)

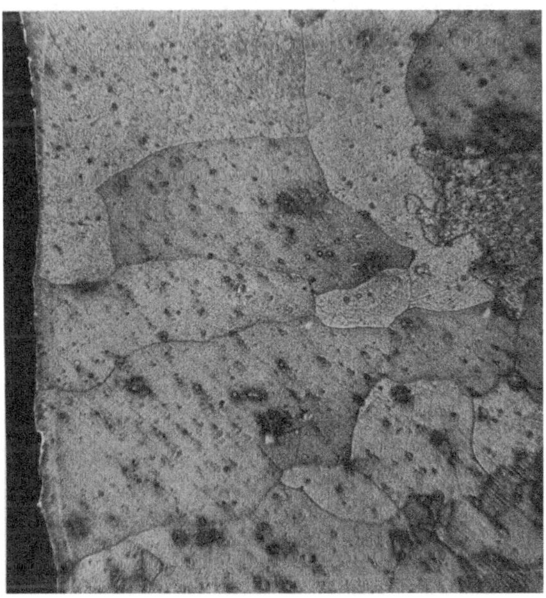

Abb. 314. Oberfläche von überhitztem Temperguß. (× 100)

gewesen; in diesem Fall zeigt das Schliffbild nur Ferrit, Perlit und Temperkohle (Abb. 320). Ist aber in dem Gefüge noch Zementit vorhanden, so ist die Glühung oberhalb 800° nicht in Ordnung gewesen; meistens war dann die Glühtemperatur zu niedrig genommen worden, um genügend rasch das völlige Gleichgewicht zwischen Mischkristallen und Temperkohle zu erzielen.

Abb. 315. Überhitzter Temperguß in 1 mm Tiefe. (× 100)

Es kann auch vorkommen, daß die Abgüsse spröde sind, einen hellen Bruch aufweisen und trotzdem das normale Gefüge aus Ferrit und Temperkohle besitzen; diese Erscheinung kann darin ihre Ursache haben, daß die Abgüsse eine Warmbehandlung bei der kritischen Temperatur von 300 bis 550° erhielten (s. S. 329) oder daß sie bei dieser Temperatur den Glühtöpfen entnommen wurden. Bei guten Tempergußstücken erfolgt der Bruch quer durch die Ferritkörner (intragranular); hierdurch werden die Temperkohlenflocken freigelegt und es entsteht das tiefschwarze Bruchaussehen. In diesem Falle besitzen also die Grenzschichten zwischen den Ferritkristallen eine größere Festigkeit als diese selbst; im ungünstigen Falle kann aber durch die ungeeignete Warmbehandlung die Festigkeit dieser Grenzschichten so geschwächt werden, daß der Bruch in ihnen erfolgt (intergranular) und dadurch der natürliche Bruch ein helles oder sogar weißes Aussehen erhält.

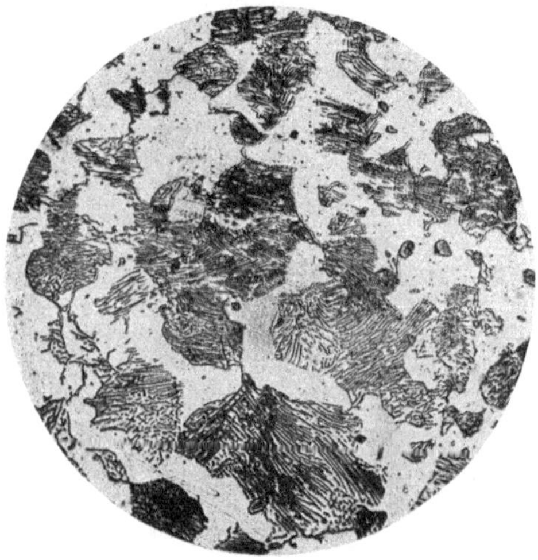

Abb. 316. Kupolofentemperguß in 1 mm Tiefe. (× 200)

Es sei noch darauf hingewiesen, daß der natürliche Bruch von Schwarzgußstücken, der durch Verbiegen oder Verwinden zustande kam, stets an den Stellen der auf starken Druck beanspruchten Fasern hell erscheint, da hier der Bruch zwischen den Ferritkristallen, also intergranular, dagegen bei den gezogenen Fasern quer durch die Ferritkristalle, also intragranular erfolgt.

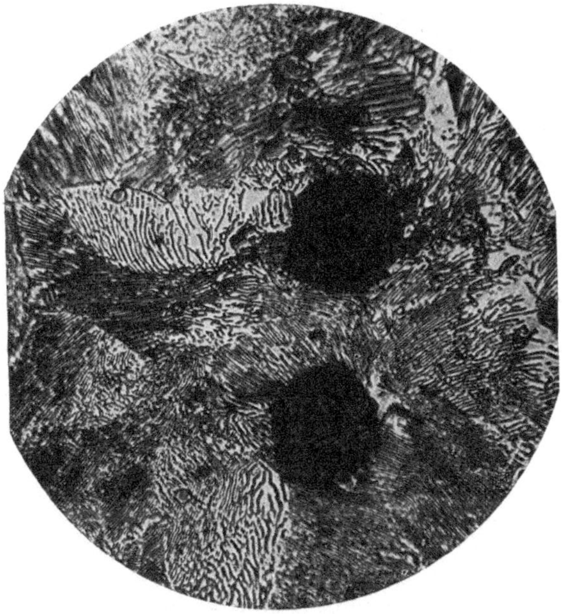

Abb. 317. Kupolofentemperguß in 3 mm Tiefe. (× 200)

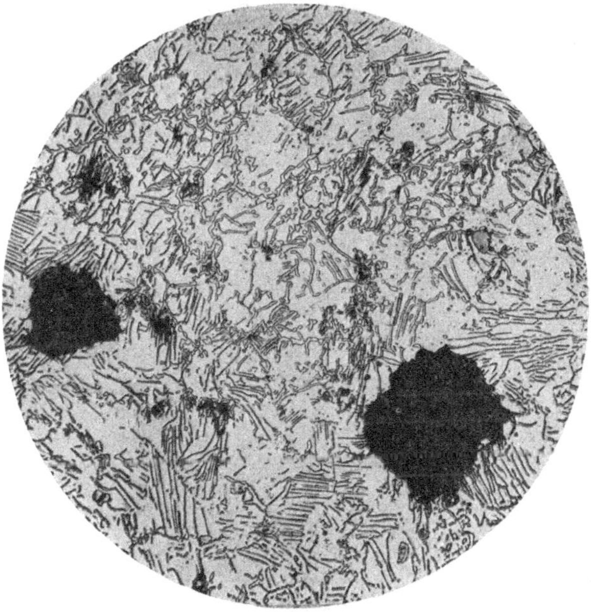

Abb. 318. Kupolofentemperguß in 5 mm Tiefe. (× 200)

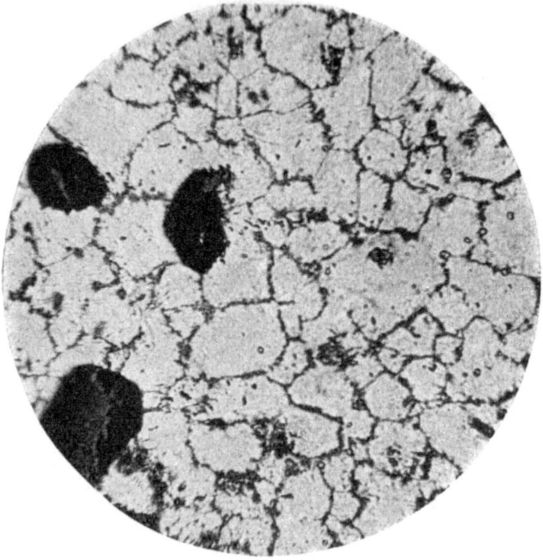

Abb. 319. Kupolofentemperguß, ungenügend geglüht. (× 100)
Mit Natriumpikrat geätzt.

Abb. 320. Schwarzguß, zu rasch abgekühlt. (× 100)

G. Glühkosten.

Die Glühkosten sind abhängig von der Art der Glühöfen, der Glühweise und der chemischen Zusammensetzung des Rohgusses.

Den Hauptteil der Glühkosten bilden Brennstoff, Glühtöpfe und Löhne der Ofenarbeiter (Heizer, Einpacker, Entleerer, Gußfahrer, Erzaufbereiter). Zu einer überschlägigen Berechnung sind auf Zahlentafel 36

Zahlentafel 36. Glühkosten für 1 t Guß.

	weißer Temperguß				Schwarzguß			
	älterer Kammerofen		neuzeitlicher Tunnelofen		älterer Kammerofen		neuzeitlicher Tunnelofen	
	%	RM.	%	RM.	%	RM.	%	RM.
Kohlenverbrauch zu RM. 28.00/t	120	33.60	30	8.40	70	19.60	20	5.60
Tempererz zu RM. 30.00/t . . .	30	9.00	30	9.00	2	0.60	2	0.60
Tempertöpfe zu RM. 180.00/t . .	23	41.40	18	32.40	7	12.60	5	9.00
Ofeninstandhaltung		5.20		2.00		3.50		1.80
Löhne für Heizer		7.50		7.50		7.50		7.50
Löhne für Einsetzer, Leerer und Hilfsarbeiter		17.00		14.00		7.00		4.00
Summe: Beriebskosten		113.70		73.30		50.80		28.50
15,5% Amortisation und Kapitalverzinsung durch 150 t/Monat.		5.60		8.20		5.60		8.20
Gesamtglühkosten		119.30		81.50		56.40		36.70

die wichtigsten Einzelposten zusammengestellt, wobei eine Verzinsung des Anlagekapitals und Abschreibung auf die Öfen und Einrichtungen (Krane) im Gesamtbetrage von 15,5% sowie ein Monatsumsatz von 150 t Temperguß angenommen ist. Das billigste Glühverfahren ist das Tempern von Schwarzguß im Tunnelofen, das leider nur sehr langsam in Deutschland Anhänger findet. Das Tempern auf Schwarzguß ergibt noch den großen Vorteil, daß sich der Guß weniger verzieht als beim Glühfrischen und daher auch weniger Kosten zum Nachrichten verursacht. Müssen Abgüsse nach dem Glühen gerichtet werden, so gelingt dies stets in kaltem Zustande, ohne die Unannehmlichkeiten und größeren Kosten, die das zu diesem Zweck sonst notwendige Erhitzen auf Rotglut mit sich bringt.

Es sei an dieser Stelle noch darauf hingewiesen, daß die chemische Zusammensetzung des Rohgusses einen wesentlichen Einfluß auf die Glühkosten ausübt. Der hohe Schwefel- und Kohlenstoffgehalt des gewöhnlichen Kupolofengusses mußte früher durch langes Glühfrischen bei hoher Temperatur ausgeglichen werden. Heute wird auch dieser Rohguß bei entsprechenden Zusätzen zum Eisen ebenso billig weich getempert wie der schwefelarme Tiegel- oder Siemens-Martin-Ofen-Guß. Früher war es auch vielfach notwendig, dickere Abgüsse und alle solchen Stücke, die im Automobilbau u. dgl. besonders stark beansprucht wurden, zweimal zu glühfrischen; die Kosten hierfür sind aber derart hoch, daß dieses Doppelglühen aus wirtschaftlichen Gründen nur in seltenen Ausnahmefällen angewandt werden kann. Dies ist aber andererseits überhaupt nicht notwendig, da bei entsprechender chemischer Zusammensetzung eine einmalige richtige Glühung genügen muß.

Des weiteren sind die Glühkosten natürlich auch vom Umsatz abhängig; zum Heizen der Öfen wird gewöhnlich ein Heizer für jede der drei täglichen Schichten notwendig, womit ein Umsatz bis zu 200 t/Monat durchgearbeitet werden kann. In diesem Falle betragen die Heizerlöhne etwa RM. 5,40 für 1 t Temperguß, während sie beim Sinken des Umsatzes auf etwa 80 t/Monat auf RM. 13,30 für 1 t Guß ansteigen.

5. Fertigmacherei.

Die fertig geglühten und geschliffenen Abgüsse unterliegen einer nochmaligen sorgfältigen Prüfung, um alle Stücke, die durch das Glühen Schaden genommen haben, auszuscheiden. Bei richtiger Glühung darf das Tempererz nicht fest an den Abgüssen anhaften; sollte dies doch

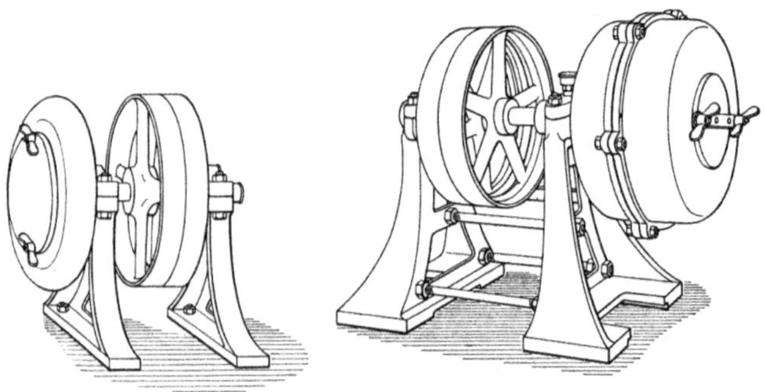

Abb. 321. Poliertrommeln.

der Fall sein, so müssen sie gereinigt werden, was in Putztrommeln oder (etwas teurer) mittels Sandstrahlgebläse erfolgen kann. Bei mancher Ware wird eine blanke Oberfläche frei von jeder Gußhaut verlangt; solche Stücke kommen nach dem Glühen in die Blankscheuertrommeln, wobei kleine Abfallederstückchen zugesetzt werden, um eine völlig glatte, helle Oberfläche zu erzielen. Bei kleiner Ware eignen sich hierzu die Poliertrommeln[1] nach Abb. 321, die mittels Riemenscheibe angetrieben werden und sehr wenig Wartung und Kraft erfordern. Die Trommeln bestehen aus einem zweiteiligen Gehäuse aus Gußeisen, das fliegend gelagert ist. An ihrer Vorderseite befindet sich die durch einen Deckel verschlossene Füllöffnung.

[1] Ausgeführt von der Badischen Maschinenfabrik, Durlach.

Da die Abgüsse in der Glühhitze weich werden, so neigen sie dazu, sich beim Glühen zu verziehen, besonders wenn weißbrüchiger Temperguß bei hoher Temperatur und langer Glühdauer hergestellt wird. Verzogene Abgüsse müssen nach dem Glühen je nach dem Grade der Formänderung, entweder in kaltem Zustande durch Schlosser oder in rotwarmem Zustande durch Schmiede gerichtet werden. Soweit es möglich ist, werden die verzogenen Abgüsse kalt durch Verdrehen, Hammerschläge, Eintreiben von Dornen u. dgl. richtiggestellt; sind die Abgüsse nicht weich genug, so werden sie in einem Muffelofen oder weniger gut auf einem Holzkohlen- oder Koksfeuer auf Dunkelrotglut gebracht und warm gerichtet. Bei größeren Aufträgen kann es zweckmäßig sein, ein besonderes Gesenk aus Grauguß herzustellen, in das die rotwarmen Stücke hineingeschlagen werden.

Diese Arbeit hat sehr vorsichtig zu geschehen, da dickere Tempergußstücke meistens noch sehr viel Kohlenstoff enthalten, welcher keine gute Schmiedbarkeit zuläßt. Auch ist darauf zu achten, daß die Abgüsse nicht zu hoch erhitzt, d. h. verbrannt werden; je höher und je länger man einen dicken, kohlehaltigen Abguß erhitzt, desto größer ist die Gefahr, daß er bei der nachfolgenden Abkühlung hart wird. Man darf daher solche Stücke nicht einfach an der Luft abkühlen lassen, sondern muß ihre Abkühlung durch Zudecken mit Asche, trockenem Sand u. dgl. möglichst verlangsamen.

Die Zähigkeit von Schwarzguß wird durch jegliche Erhitzung auf Rotglut herabgesetzt; diese kann nur dadurch wiedergewonnen werden, daß man die Stücke nochmals einem Tempervorgang unterwirft.

Sind an den fertiggeglühten Abgüssen äußerliche Fehlstellen erkenntlich, wie kleine Risse, unganze Stellen u. dgl., so können sie durch Schweißen in gewissen Fällen ausgebessert werden. Diese Arbeit wird gewöhnlich mittels Azetylen-Sauerstoff-Gebläses, seltener mit Hilfe des elektrischen Lichtbogens ausgeführt, wobei am zweckmäßigsten als Schweißmittel der sog. Schweißdraht benutzt wird, der aus sehr weichem Eisen besteht. Dünnwandige, also stark entkohlte Abgüsse, lassen sich gut schweißen, dagegen nehmen die Schwierigkeiten mit größerwerdender Wandstärke, d. h. mit steigendem Kohlenstoffgehalt, rasch zu. Durch das Erhitzen und nachfolgende rasche Abkühlen tritt eine Umwandlung des Kohlenstoffs ein, wodurch die Schweißstelle hart wird; die ursprüngliche Zähigkeit eines dickeren Abgusses geht also durch das Schweißen verloren, während die Zugfestigkeit der Schweißstelle gewöhnlich ziemlich groß ist. Aus diesem Grunde ist jegliches Schweißen des hoch kohlehaltigen Schwarzgusses ausgeschlossen, wenn es sich nicht gerade nur um die Beseitigung von Schönheitsfehlern an solchen Stellen handelt, die keinerlei Beanspruchung oder Bearbeitung unterliegen.

Infolge der örtlichen Erhitzung durch den Schweißbrenner treten in dem Abguß leicht Wärmespannungen auf, die so groß werden können, daß der Abguß beim Erkalten an der Schweißstelle reißt; es empfiehlt sich daher, nötigenfalls sperrige Abgüsse vor dem Schweißen auf Rotglut zu erhitzen und die Abkühlung geschützt vor Zugluft möglichst langsam unter einer Decke von trockenem Sand, oder noch besser in besonderen Abkühlöfen vor sich gehen zu lassen. Selbst hierbei ist häufig eine gewisse Härtung des Stückes nicht zu vermeiden, so daß es zweckmäßig nochmals einem Glühvorgang im Temperofen übergeben wird.

Das gute Gelingen einer Schweißung hängt sehr viel von der Geschicklichkeit des Schweißers ab, so daß wegen dieser Unsicherheit und der Gefahr der Härtung solche Stellen von Tempergußstücken, die einer sehr großen Beanspruchung ausgesetzt werden, überhaupt nicht geschweißt werden sollten; die Beseitigung von sog. Schönheitsfehlern an unbeanspruchten Teilen sollte dagegen stets gestattet sein.

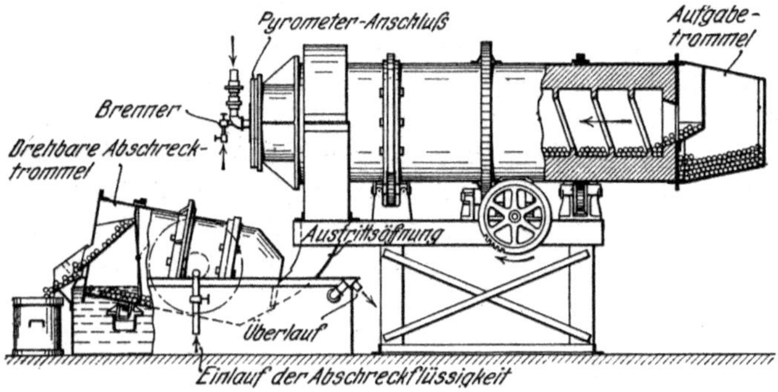

Abb. 322. Vergütungsanlage für Schwarzguß.

Die fertigen Tempergußstücke werden häufig verzinkt, verzinnt oder vernickelt; dies geschieht in derselben Weise, wie bei anderen Eisenwaren üblich ist. Nur beim Feuerverzinken von Schwarzguß sind besondere Vorsichtsmaßregeln zu treffen, da diese Gußart bei dem üblichen Verzinken an Zähigkeit verliert (s. S. 329). Um dies zu vermeiden, wird in Amerika vor dem Feuerverzinken der Schwarzguß einer bestimmten Wärmebehandlung unterworfen, wozu die fortlaufend betriebenen Drehöfen nach Abb. 322 Verwendung finden. Diese werden an dem einen Ende mit der Glühware beschickt, die langsam infolge der Drehung des Ofens dem am anderen Ende befindlichen Ölbrenner entgegengebracht wird. In dessen Nähe hat das Glühgut die nötige Temperatur erreicht und fällt in eine mit Wasser gefüllte drehbare Trommel, wodurch es abgeschreckt wird. Durch entsprechende Anordnung und Drehung dieser Trommel werden die Gußteile hiernach selbsttätig aus dem Wasser herausbefördert. Mit Hilfe dieser Ofenanlage kann in 1 Stunde 1 t Temperguß vergütet werden; der Heizölverbrauch beträgt 36 l/t. Das Verfahren wird von einer der größten amerikanischen Tempergießereien nicht nur auf den im Feuer zu verzinkenden Guß, sondern auf ihre gesamte Erzeugung an Temperguß angewandt, die 8000 t im Jahr beträgt; hierdurch soll eine größere Gleichmäßigkeit der Güte bezüglich der Festigkeitseigenschaften und Bearbeitbarkeit erreicht werden.

Vor dem Verzinken, Verzinnen und Vernickeln müssen die Abgüsse eine metallisch reine Oberfläche besitzen, was durch starkes Sandstrahlen und Beizen erreicht wird. Hin und wieder kommt es vor, daß der Metallüberzug an manchen Stellen nicht haften bleibt, was meistens auf eine unreine Oberfläche zurückzuführen ist. Diese Schwierigkeit tritt stets auf, wenn der Temperguß nach dem Glühen die auf S. 255 erwähnten Flecken besitzt. Da hier der Guß auch nach äußerlicher Entfernung der Flecken mit Oxyden durchsetzt ist, so nehmen diese Stellen keinen Metallüberzug an. Es ist also darauf zu achten, daß nur solche Abgüsse zum Verzinnen u. dgl. vorbereitet werden, die nach dem Glühen eine reine, fleckenfreie Oberfläche besitzen.

Als Schutz gegen Witterungseinflüsse erhalten auch manche Tempergußstücke einen Überzug von Teer. Hierzu werden sie auf 150 bis 300° erhitzt und in ein durch Erwärmen dünnflüssig gemachtes Teerbad getaucht oder es wird der Teer mittels Bürsten aufgetragen. Höhere Erhitzung ist schädlich, da sonst der Teer entflammt und der Überzug mürbe wird. Die geteerten Abgüsse trocknen in freier Luft.

In besonderen Fällen wird auch Temperguß, genau wie es bei Grauguß üblich ist, emailliert.

6. Eigenschaften.

A. Festigkeitseigenschaften und Normung.

Je nach dem Vorliegen von weißem, schwarzem oder schwarzkernigem Temperguß können sämtliche Eigenschaften außerordentliche Unterschiede aufweisen. Der weiße Temperguß besitzt nur im Falle vollkommener Entkohlung, die gewöhnlich nur bei dünnen Abgüssen bis etwa 6 mm Wandstärke vorhanden ist, gute Schmiedbarkeit und sehr große Zähigkeit bei mäßiger Zugfestigkeit. Mit zunehmender Wandstärke wird die Entkohlung der inneren Teile schwieriger und der Werkstoff ist nicht mehr homogen; die Oberfläche bleibt sehr weich und nach innen wächst die Härte mit der Zunahme der Wandstärke. Dicker weißer Temperguß ist daher durch größere Zug- und Verschleißfestigkeit bei mäßiger Zähigkeit gekennzeichnet. Sehr dicke geglühfrischte Stücke mit über etwa 25 mm Wandstärke besitzen im Innern noch sehr viel gebundenen Kohlenstoff und damit eine gewisse Härte und Sprödigkeit.

Der schwarze, vollkommen geglühte Temperguß ist gekennzeichnet durch größte Weichheit und Zähigkeit bei mäßiger Zug- und Verschleißfestigkeit und durch starke Wärmeempfindlichkeit.

Die zahlenmäßigen Werte der verschiedenen Eigenschaften hängen von den angewandten Betriebsverfahren in starkem Maße ab. Um hierfür einen Anhalt zu bekommen, welche Ansprüche gerechterweise mindestens an Temperguß gestellt werden können, wurden von dem Normenausschuß der deutschen Industrie gemeinsam mit dem Verband Deutscher Tempergießereien im Laufe der letzten Jahre bestimmte Normen ausgearbeitet, die im folgenden wörtlich wiedergegeben sind[1]:

Deutsche Normen.

Begriff.

Temperguß, früher auch „schmiedbarer Guß" genannt, wird aus weiß erstarrendem Gußeisen gegossen und danach durch bestimmte Glühverfahren entkohlt oder in seiner Kohlenstofform so umgewandelt, daß er zäh, hämmerbar, leicht bearbeitbar und in beschränktem Maße schmiedbar wird. Je nach dem angewandten Schmelz- und Glühverfahren wird Temperguß von weißer oder schwarzer Bruchfläche erhalten; letzterer wird als „Schwarzguß" bezeichnet.

Andere Bezeichnungen, wie z. B. „Temperstahlguß", „Halbstahl", „Weichguß" sind irreführend und daher zu vermeiden.

Güteklassen.

Güteklasse		Gewährleistete Eigenschaften		
Markenbezeichnung	Benennung	Zugfestigkeit σ_B kg/mm² mindestens	Streckgrenze[4] σ_s kg/mm² mindestens	Bruchdehnung[5] δ_5 % mindestens
Te 32.92	Handelsüblicher Temperguß . . .	32	18	2
Te 38.92	Hochwertiger weißer Temperguß[2]	38	21	4
Te 38.92 D	Hochwertiger weißer Temperguß mit besonderen magnetischen Eigenschaften[3]	38	21	4
Te 35.92	Hochwertiger schwarzer Temperguß, Kurzbezeichnung „Schwarzguß"	35	19	9
Te 35.92 D	Schwarzguß mit besonderen magnetischen Eigenschaften[3]. . .	35	19	9

Prüfung und Abnahme.

Beschaffenheit. Tempergußstücke müssen eine glatte Oberfläche haben, durch und durch weich und zäh sein und dürfen keine Werkstoffehler aufweisen, die ihre Verwendbarkeit und Bearbeitbarkeit beeinträchtigen.

Gewicht. Die Gewichtsberechnung ist bei weißem und schwarzem Temperguß ein mittleres spezifisches Gewicht von 7,4 kg/dm³ zugrunde zu legen; das

[1] Wiedergabe erfolgt mit Genehmigung des Deutschen Normenausschusses. Maßgebend sind die jeweils neuesten Ausgaben der Normblätter die durch den Beuth-Verlag, G. m. b. H., Berlin S 14, Dresdenerstr. 97 zu beziehen sind.

[2] Nach Vereinbarung mit dem Abnehmer kann diese Güteklasse auch mit erhöhter Festigkeit bei entsprechend verminderter Dehnung geliefert werden.

[3] Näheres siehe „Magnetische Eigenschaften".

[4] Ist die Streckgrenze σ_s nicht scharf ausgeprägt, so gilt die Spannung, bei der die bleibende Dehnung 0,2% beträgt, als Streckgrenze, benannt 0,2-Grenze.

[5] Bei dem im Ausland zum Teil üblichen kleineren Meßlängenverhältnis werden die Dehnungswerte entsprechend höher.

spezifische Gewicht kann je nach Art der angewandten Schmelz- und Glühweise zwischen 7,2 und 7,6 kg/dm³ schwanken.

Sofern keine besonderen Vereinbarungen getroffen werden, darf das Versandgewicht eines Gußstückes das Durchschnittsgewicht maßhaltig gegossener Abgüsse bei Maschinenformerei höchstens um 5%, bei Handformerei höchstens um 10% überschreiten.

Probeentnahme. Die Festigkeitseigenschaften sind an unbearbeiteten Rundstäben von 12 mm Durchmesser und 60 mm Meßlänge gemäß Abb. 323 zu ermitteln, die mit den Gußstücken aus der gleichen Schmelze gegossen werden und dieselbe Glühbehandlung erhalten. Die Bestimmung der Bruchdehnung ergibt nur dann richtige Werte, wenn der Bruch der Probestäbe im mittleren Drittel der Meßlänge erfolgte. Probestäbe, die aus Gußstücken herausgearbeitet sind, sind für die Abnahme nicht maßgebend.

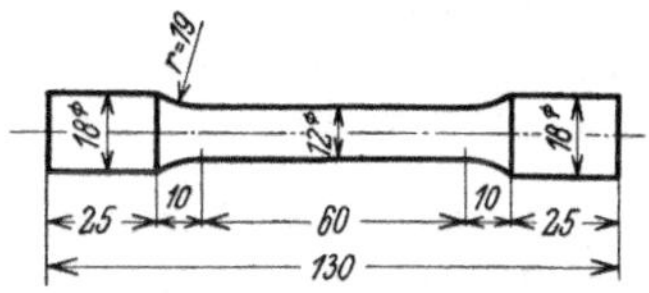

Abb. 323. Temperguß-Normalzerreißstab.

Festigkeit. Gußstücke haben nur dann etwa die gleichen Festigkeitseigenschaften wie die zugehörigen Probestäbe, wenn sie die gleiche Dicke, also etwa 10 bis 12 mm Wanddicke besitzen; im allgemeinen ist die Zugfestigkeit eines weißgetemperten Gußstückes um so höher und seine Dehnung um so geringer, je größer seine Wanddicke ist.

Die Festigkeitseigenschaften des Schwarzgusses sind von der Wanddicke praktisch unabhängig.

Die Streckgrenze beträgt gewöhnlich 55 bis 60% der Zugfestigkeit.

Biegefestigkeit. Biegefestigkeit an fertigen Gußstücken oder an besonders gegossenen Probestäben können von Fall zu Fall vereinbart werden.

Schmiedbarkeit und Härtbarkeit. Weißer Temperguß ist nur bei genügend starker Entkohlung und bei nicht zu hohem Schwefelgehalt schmiedbar.

Soll weißer Temperguß an der Oberfläche härtbar bzw. bereits gehärtet geliefert werden, so ist dies ausdrücklich zu vereinbaren.

Schwarzguß wird durch Erhitzen auf Rotglut und Abkühlen an der Luft hart und spröde.

Brinellhärte H_n (H 10/3000/30). Die Härte des weißen Tempergusses ist je nach der Entfernung von der Oberfläche und je nach der Wanddicke der Gußstücke verschieden; sie beträgt an der entkohlten Oberfläche etwa H = 125 kg/mm² und kann mit zunehmender Wanddicke im Innern bis auf H = 190 kg/mm² steigen. Eine Durchschnittszahl kann daher nicht gegeben werden. Die Prüfung erfolgt nach DIN 1605.

Bei Schwarzguß liegt die Brinellhärte zwischen 110 und 140 kg/mm², im Durchschnitt bei 115 kg/mm², unabhängig von der Größe der Querschnitte.

Magnetische Eigenschaften. Für Schwarzguß und vollkommen entkohlten weißen Temperguß kann mit folgenden Werten für die magnetische Induktion gerechnet werden:

Markenbezeichnung	Magnetische Induktion mindestens		
	B_{25}	B_{50}	B_{100}
Te 35.92 D	11500	12500	13500
Te 38.92 D	11500	12500	13500

Bei Bestellung werden nur zwei Induktionswerte nach Wahl vorgeschrieben. Über das in Zweifelsfällen anzuwendende Meßverfahren sind bei Bestellung besondere Vereinbarungen zu treffen.

Modelle.

Siehe DIN 1511 Blatt 1 und 2.

Schwindmaß.

Die Schwindung des weißen Tempergusses ist von den angewandten Schmelz- und Glühverfahren sowie von seiner Wanddicke abhängig; sie nimmt bei Zunahme der Wanddicke von 3 bis 50 mm von 2,5% bis 0 ab und beträgt bei einer mittleren Wanddicke von 8 mm 1,5 bis 2%.

Die Schwindung des Schwarzgusses ist vom Kohlenstoffgehalt des Rohgusses abhängig und liegt zwischen 0 und 1%: sie kann im Durchschnitt zu 0,5% angenommen werden.

Zunächst zurückkommend auf die Festigkeitseigenschaften ist darauf hinzuweisen, daß deren zahlenmäßige Feststellung nur bei Zugversuchen an dem deutschen Temperguß-Normalzerreißstab nach Abb. 323 maßgebend ist. Zur Festlegung der Abmessungen dieses Stabes ist man davon ausgegangen, den Probestab so kurz wie nur möglich zu machen, um die Gefahr der Lunker auszuschalten und um andererseits eine möglichst kurze Meßlänge zu erhalten. Letzteres ist erforderlich, da die Dehnung um so größer erscheint, je kürzer die Meßlänge ist, so daß der deutsche Normalstab den ausländischen (besonders dem amerikanischen und englischen mit 50,8 mm Meßlänge) möglichst angepaßt werden mußte, um die Dehnung des deutschen Tempergusses nicht ungünstiger erscheinen zu lassen als die des ausländischen. Der Durchmesser von 12 mm entspricht einer für Temperguß sehr viel gebrauchten, auch für die Entkohlung der weißen Art günstigen Wandstärke; da nach den deutschen Industrienormen bei Zerreißversuchen die Meßlänge mindestens das fünffache des Durchmessers betragen muß, so erhält man eine Meßlänge von 60 mm, auf die stets die Dehnung zu messen ist.

Die in der Normungsvorschrift für handelsüblichen Temperguß als Mindestgrenze angegebenen Werte können in der Praxis mit größter Sicherheit überschritten werden. Dagegen liegen die Mindestgrenzen für hochwertigen Temperguß derart, daß es manchen Gießereien bei Verwendung des Kupolofens gewisse Schwierigkeiten macht, die verlangte Dehnung mit Sicherheit zu erzielen; bei schwefelarmem Guß aus dem Tiegel-, Flamm-, Siemens-Martin- und Elektro-Ofen können die verlangten Festigkeitswerte bestimmt erreicht werden.

Um zu zeigen, welche Schwankungen in der Praxis die dem normalen Betrieb laufend entnommenen Probestäbe bezüglich Zugfestigkeit und Dehnung aufweisen, sind in den Zahlentafeln 37 bis 46 sämtliche Einzelwerte angegeben, wie sie bei täglichen Zerreißproben gutgeleiteter Gießereien erhalten wurden. Der Kupolofenguß A mit einer durchschnittlichen Zugfestigkeit von 46,4 kg/mm² bei 5,4% Dehnung entspricht sehr gut den Anforderungen an hochwertigen weißen Temperguß. Die Ergebnisse der Kupolofengießerei B sind bezüglich der Dehnung noch günstiger

Zahlentafel 37. Festigkeitseigenschaften von Kupolofenguß A.

Schmelztag	Zugfestigkeit kg/mm²	Dehnung auf 60 mm Meß-länge %	Schmelztag	Zugfestigkeit kg/mm²	Dehnung auf 60 mm Meß-länge %
17. 2. 28	46,2	5,0	23. 2. 28	48,4	5,2
	49,5	5,8		50,6	5,0
	49,0	6,3		43,5	4,8
	44,6	6,3	24. 2. 28	47,9	5,0
	41,9	6,8		46,2	5,0
	43,0	6,7		50,6	5,0
20. 2. 28	44,6	6,3		48,4	5,2
	44,6	5,0		49,5	6,5
	43,5	6,7		47,9	5,2
	50,1	5,0	28. 2. 28	45,2	4,2
	50,1	5,0		51,7	4,3
	48,4	4,7		44,6	5,0
21. 2. 28	41,4	5,0		51,1	4,7
	46,2	6,5	29. 2. 28	52,2	4,7
	47,3	6,7		47,9	4,8
	39,1	5,5		48,4	5,0
	40,3	7,5		48,4	4,7
23. 2. 28	41,9	5,8		51,7	5,2
	43,0	5,7	Durchschnitt	46,4	5,4%
	41,9	4,7			

und beruhen auf einem gewissen Übergang zum Schwarzkernguß; die durchschnittliche Zugfestigkeit von 42,5 kg/mm² bei 6,3% Dehnung liegt verhältnismäßig hoch. Diese Einzelwerte lassen sich sehr anschaulich graphisch darstellen, wie auf Abb. 324 bis 333 angegeben ist[1]. Man erkennt ohne weiteres, daß bei keinem einzigen Probestab diese Grenze unterschritten wird. Es sei noch darauf hingewiesen, daß allerdings manche Kupolofengießereien infolge unrichtiger Gattierungs-, Schmelz- und Glühverfahren auch heute noch eine Zugfestigkeit von nur 34 bis 36 kg/mm² bei 2 bis 3% Dehnung erreichen. Diese niedrigen Werte gelten als normal für handels-

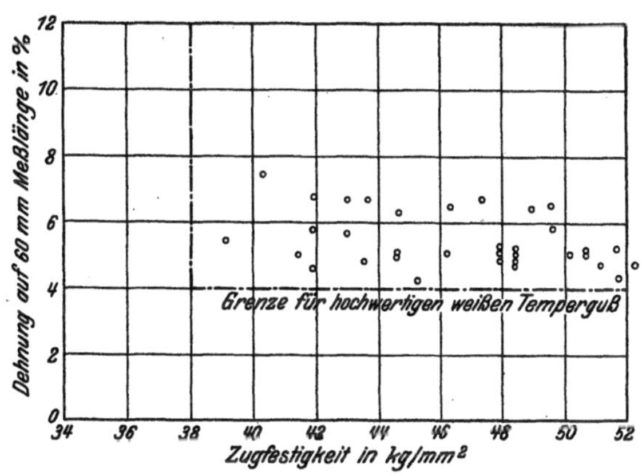

Abb. 324. Festigkeitseigenschaften von Kupolofenguß A.

[1] Stotz, R.: Die Festigkeitseigenschaften von Temperguß. Gieß. 1928, S. 145.

üblichen Temperguß (Te 32.92), an den keine besonderen Ansprüche bezüglich Festigkeitseigenschaften gestellt werden; der Gesamtdurchschnitt aus 142 Probestäben von 26 verschiedenen Kupolofengießereien, die im Jahre 1926 geprüft wurden, ergab für die Zugfestigkeit 38,9 kg/mm² und für die Dehnung 3,8%, wobei aber die Einzelwerte besonders bei der Dehnung außerordentlich große Unterschiede aufwiesen.

Beispiele für die laufenden Festigkeitswerte von schwefelarmem Temperguß geben die Tiegelgießerei C und die Martin-Ofen-Gießereien D und E laut Zahlentafel 39 bis 41, deren Durchschnittswerte beim Tiegelguß 43,1 kg/mm² Zugfestigkeit und 6,3% Dehnung und beim Siemens-Martin-Ofen-Guß D 43,0 kg/mm² bzw. 5,9% betragen. Die nachstehend angegebenen Werte dürfen als kennzeichnend für den heutigen

Zahlentafel 38. Festigkeitseigenschaften von Kupolofenguß B.

Gießtag	Zugfestigkeit kg/mm²	Dehnung %	Gießtag	Zugfestigkeit kg/mm²	Dehnung %
2. 4.	39,7	6,0	21. 4.	40,6	5,8
	39,3	5,8		41,8	5,8
	41,6	6,0		43,4	7,0
3. 4.	43,0	5,0	23. 4.	44,2	7,5
	42,3	5,2		43,5	7,5
	43,1	5,0		45,8	8,3
4. 4.	38,7	5,0	24. 4.	46,3	8,0
	40,8	5,0		41,8	5,0
5. 4.	41,0	8,4		42,2	5,0
	39,0	8,4	25. 4.	45,7	6,0
	41,1	11,3		43,0	6,0
10. 4.	44,0	6,6		44,5	6,0
	41,6	5,4	27. 4.	46,6	6,0
	41,6	6,0		43,1	5,3
12. 4.	43,0	5,1		44,6	8,3
	41,0	7,5	28. 4.	44,6	7,2
13. 4.	41,7	4,7		44,2	6,7
	42,2	4,7		44,8	6,0
	41,7	5,0	30. 4.	46,2	6,7
14. 4.	38,3	5,3		47,3	7,7
	40,5	6,0		47,0	6,3
	41,3	6,7	1. 5.	44,0	5,3
17. 4.	43,0	8,0		42,7	4,4
	41,1	9,1	2. 5.	42,0	5,7
18. 4.	41,6	6,6		44,4	6,7
	39,4	6,8		43,3	6,7
	39,5	6,8	4. 5.	45,8	6,7
19. 4.	43,3	6,3		41,8	6,7
20. 4.	43,9	6,7		42,5	6,0
	41,2	5,6	Durchschnitt:	42,5	6,3
	43,1	6,8			

Zahlentafel 39. Festigkeitseigenschaften von hochwertigem, weißem Temperguß (C-Tiegelofen).

Zugfestigkeit kg/mm²	Dehnung auf 60 mm Meßlänge %	Zugfestigkeit kg/mm²	Dehnung auf 60 mm Meßlänge %	Zugfestigkeit kg/mm²	Dehnung auf 60 mm Meßlänge %
41,6	6,2	36,8	4,9	44,6	5,8
41,8	6,2	42,4	6,8	45,5	8,5
44,0	7,2	43,0	5,8	42,8	9,3
44,6	6,2	42,0	6,7	44,3	8,8
40,2	5,6	47,3	5,4	39,7	6,4
39,7	6,0	48,4	5,2	38,8	7,2
46,2	4,6	48,2	4,5	38,8	7,6
42,0	5,2	50,2	5,6	39,6	6,8
38,8	5,8	50,3	5,5	40,2	8,2
38,8	6,2	52,3	5,4	42,2	6,6
42,6	6,4	46,2	7,1	42,6	6,8
38,5	4,6	Durchschnitt:		43,1	6,3

Stand unserer Tempergußindustrie angesehen werden.

Für manche Zwecke der Praxis ist es erwünscht, einen Guß mit möglichst hoher Zugfestigkeit bei geringer Dehnung zu verwenden, wie bei Ketten, Isolatorenkappen u. dgl. Von einigen Tempergießereien wird daher ein Sonderguß hergestellt mit einer durchschnittlichen Zugfestigkeit von etwa 50 kg/mm² bei etwa 3% Dehnung, wofür Zahlentafel 41 die Einzelwerte sämtlicher Probestäbe während eines Monates wiedergibt und Abb. 328 die graphische Aufzeichnung derselben. Auch hier ist eine sehr gute Gleichmäßigkeit vorhanden, indem der Stab

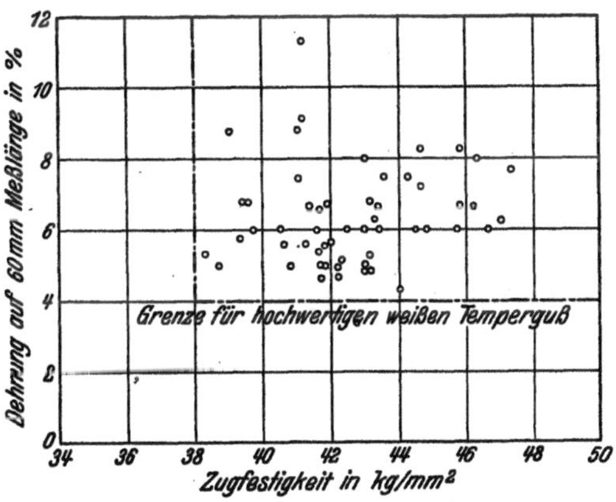

Abb. 325. Festigkeitseigenschaften von Kupolofenguß B.

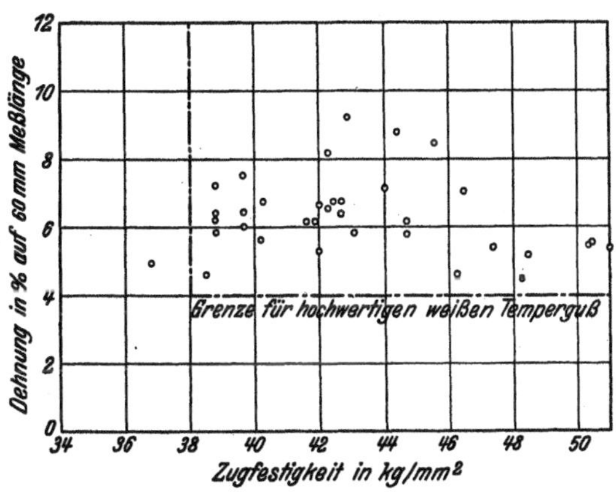

Abb. 326. Festigkeitseigenschaften von Tiegelofenguß (C).

mit der niedrigsten Zugfestigkeit von 47,4 kg/mm² bei 3,4% Dehnung noch durchaus genügt, so daß auch diese Gußart als „hochwertig" angesehen werden muß, wenngleich nach der zahlenmäßigen Festlegung der Normungsvorschrift die Mindestgrenze der Dehnung für hochwertigen Temperguß bei 4% liegt.

Zahlentafel 40. Festigkeitseigenschaften von hochwertigem weißem Temperguß (D-Siemens-Martin-Ofen).

Zugfestigkeit kg/mm²	Dehnung auf 60 mm Meßlänge %	Zugfestigkeit kg/mm²	Dehnung auf 60 mm Meßlänge %	Zugfestigkeit kg/mm²	Dehnung auf 60 mm Meßlänge %
41,7	5,8	44,7	5,3	41,3	6,5
40,5	5,8	45,4	5,3	42,7	5,9
40,8	6,5	46,4	5,8	42,8	5,7
41,3	6,2	47,1	6,7	44,3	5,7
41,6	6,2	48,4	5,0	43,0	6,2
40,2	5,4	48,4	4,9	42,6	6,2
40,5	4,7	48,3	4,6	42,2	6,6
38,8	5,2	49,6	4,4	43,8	6,5
39,3	6,6	44,4	7,2	44,3	6,4
39,6	6,8	41,5	7,3	44,6	6,6
39,3	6,6				
43,8	5,3		Durchschnitt:	43,0	5,9
44,1	5,0				

Zahlentafel 41. Festigkeitseigenschaften von hochwertigem weißem Sondertemperguß (E-Siemens-Martin-Ofen).

Zugfestigkeit kg/mm²	Dehnung auf 60 mm Meßlänge %	Zugfestigkeit kg/mm²	Dehnung auf 60 mm Meßlänge %	Zugfestigkeit kg/mm²	Dehnung auf 60 mm Meßlänge %
48,5	4,0	52,1	4,0	52,3	3,4
48,7	4,0	51,4	3,0	53,0	3,2
51,3	4,3	51,3	2,3	55,7	3,8
52,1	4,0	54,6	2,2	50,4	2,7
54,4	2,8	53,1	3,0	51,3	2,9
56,0	3,6	48,5	3,5	51,8	3,2
55,7	3,0	50,5	3,3	53,1	2,7
48,5	3,3	51,2	3,8	51,4	3,6
47,4	3,4	53,1	3,8	51,8	3,3
50,3	3,1	55,0	4,0	53,5	2,8
50,3	2,3	54,6	4,0	54,8	3,2
50,3	2,8	51,3	3,1	52,2	3,8
53,0	3,0	51,2	3,2	52,1	3,3
52,6	3,0	52,1	2,8	54,7	3,4
51,3	2,2	52,3	3,2	52,1	3,4
54,0	3,8				
53,9	3,8		Durchschnitt:	52,2	3,3
55,0	3,0				

Für die Streuung der Festigkeitseigenschaften des im Elektroofen erschmolzenen Tempergusses gibt Zahlentafel 42 und Abb. 329 einen Anhalt. Die Stäbe wurden bei etwa 950° Vollhitze geglühfrischt und weisen zum Teil bei Dehnungen über 9% einen schwarzen Kern auf. Der Gesamtdurchschnitt dieser Probestäbe ergab eine Zugfestigkeit von 50,4 kg/mm² und eine Dehnung von 6,5%; eine wesentliche Überlegenheit des Elektroofen-Tempergusses bezüglich seiner Festigkeitseigenschaften und Treffsicherheit gegenüber gutem Temperguß aus den anderen billigeren Schmelzöfen läßt sich hieraus nicht ableiten.

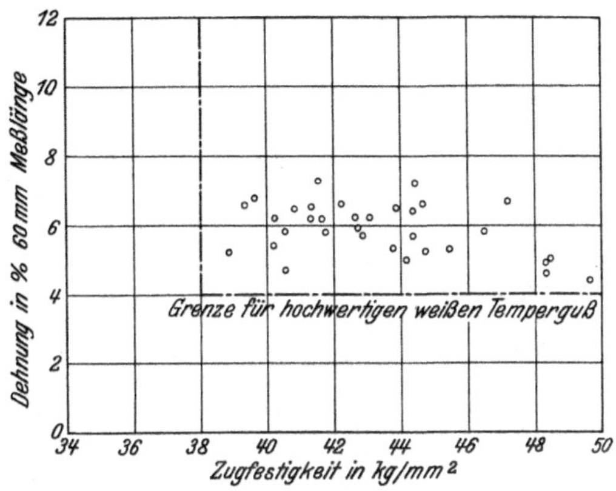

Abb. 327. Festigkeitseigenschaften von Siemens-Martin-Ofen-Guß (D).

In der allerletzten Zeit ist es gelungen, einen weiteren Fortschritt in der Erhöhung der Dehnungswerte zu erzielen, da nach Feststellungen des Kaiser Wilhelm-Institutes für Eisenforschung in Düsseldorf der mit Kohlenstaub im Brackelsberg-Drehofen erschmolzene

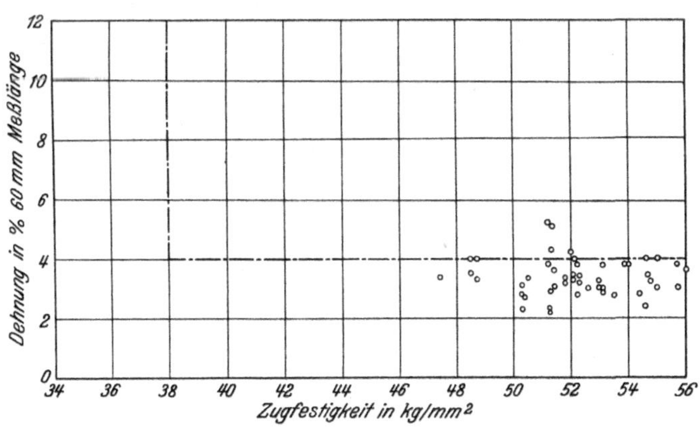

Abb. 328. Festigkeitseigenschaften von Siemens-Martin-Ofen-Sonderguß (E).

Temperguß eine durchschnittliche Zugfestigkeit von 36 bis 40 kg/mm² und Dehnung von 18% besitzt. Zahlentafel 43 und Abb. 330 geben eine Anzahl Einzelwerte, wie sie an diesem Guß festgestellt wurden.

Der schwarze Temperguß wird in erster Linie in Flamm- und Siemens-Martin-Öfen erschmolzen, seltener im Kupolofen. Aus Zahlentafel 44 und 45 sind für die beiden erstgenannten Schmelzverfahren Einzelergeb-

Zahlentafel 42. Festigkeitseigenschaften von Elektroofen-Temperguß.

Zugfestigkeit kg/mm²	Dehnung auf 60 mm Meßlänge %	Zugfestigkeit kg/mm²	Dehnung auf 60 mm Meßlänge %	Zugfestigkeit kg/mm²	Dehnung auf 60 mm Meßlänge %
38,8	5,8	43,0	9,0	47,7	5,0
47,4	6,0	42,9	7,3	46,8	6,0
52,5	9,0	60,0	6,0	39,4	7,2
58,0	7,0	46,0	6,0	40,2	10,2
55,0	6,0	53,4	5,0	53,2	6,0
41,6	12,0	45,2	6,0	52,7	5,5
44,4	9,1	42,5	6,0	53,0	5,0
50,0	9,0	48,7	8,5	57,5	4,5
55,0	4,0	50,0	5,5	58,0	6,0
52,7	5,7	51,2	7,0	46,0	8,0
46,4	7,5	55,7	5,0	46,0	8,5
46,0	5,1	59,6	4,3	46,2	8,3
50,9	5,0	57,7	6,0	52,5	4,0
53,2	7,0	55,4	4,0	52,8	3,9
52,0	7,2	51,3	6,5	57,1	6,2
57,5	5,0	47,0	6,0	56,2	5,0
55,6	6,0	42,0	11,4	55,7	4,6
51,7	6,0	41,6	6,5	49,4	7,0
45,2	8,2	39,8	6,0	49,1	6,0
44,8	9,0	48,7	7,5	51,4	5,0
48,0	4,5	48,6	7,0	51,4	6,0
47,8	8,0	50,2	7,0	54,0	4,3
48,0	6,6	50,2	6,0	49,3	6,2
52,1	6,5	52,4	8,0	51,4	7,2
52,1	4,5	61,0	5,0	54,8	4,1
52,1	4,1	63,0	5,0	45,6	6,0
57,5	4,5	50,2	6,3	48,8	5,0
58,0	4,0	50,4	5,1	50,4	6,0
59,7	6,0		Durchschnitt:	50,4	6,5

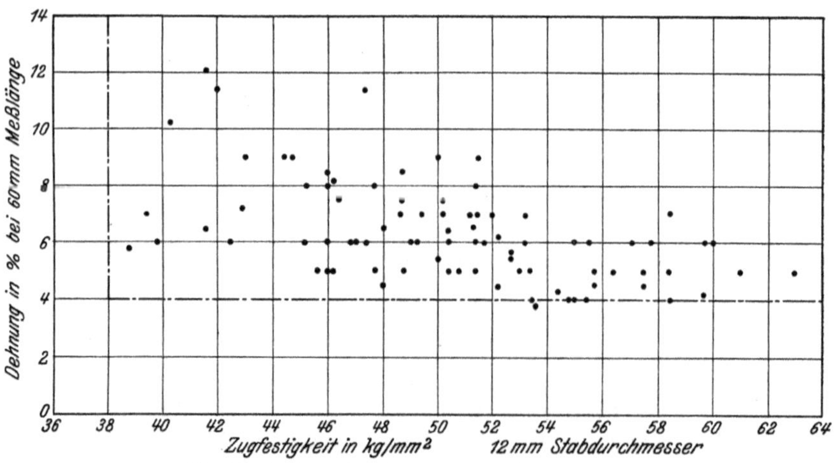

Abb. 329. Festigkeitseigenschaften von Elektroofen-Guß.

Zahlentafel 43. **Festigkeitseigenschaften von hochwertigem Temperguß aus dem Brackelsbergofen.**

Zugfestigkeit kg/mm²	Dehnung auf 60 mm Meßlänge %	Zugfestigkeit kg/mm²	Dehnung auf 60 mm Meßlänge %	Zugfestigkeit kg/mm²	Dehnung auf 60 mm Meßlänge %
40,3	15,8	41,8	20,0	43,3	18,8
42,0	22,0	42,3	14,5	43,7	21,0
41,3	18,3	43,5	14,7	44,0	20,2
44,3	15,3	42,3	19,3	44,9	13,8
42,9	22,0	43,5	16,2	44,7	21,2
44,7	20,3	42,5	21,5	45,1	19,0
45,5	19,0	42,8	20,4	45,3	22,0
46,2	17,0	43,8	19,4	45,8	20,0
46,3	14,8	43,2	22,5	44,3	17,5
46,8	19,0	45,2	20,2	45,0	16,8
42,5	15,6	45,3	20,3	45,5	17,2
42,7	17,6	45,7	18,2	44,3	22,0
42,2	20,7	46,0	21,0	46,5	16,3
42,8	18,6	47,2	20,4	47,3	17,3
43,6	22,0	47,3	18,8	46,2	19,3
45,5	15,2	46,6	17,6	46,3	18,4
44,4	20,9	43,2	20,0	46,3	20,2
44,5	18,4		Durchschnitt:	44,4	19,1

nisse zu entnehmen. Die durchschnittliche Zugfestigkeit dieses Ölflammofengusses betrug 36,4 kg/mm² bei 12,0% Dehnung und die des Siemens-Martin-Ofen-Gusses 39,8 kg/mm² bei 11,1% Dehnung. Für die im Kupolofen erschmolzene schwarze Gußart gibt Zahlentafel 46 eine Zusammenstellung der Ergebnisse sämtlicher Zerreißproben, die an fünf hintereinanderfolgenden Tagen dem normalen Betrieb entnommen worden sind[1]. Aus derselben geht hervor, daß es bei peinlicher Überwachung des Gieß- und Glühbetriebes gelingt, auch im Kupolofen einen einwandfreien Schwarzguß mit durchaus genügender Gleichmäßigkeit der Eigenschaften zu erschmelzen, wobei die hohe Dehnung von 10,9% bei einer Zugfestigkeit von 38,0 kg/mm² als Durchschnitt erreicht wurde.

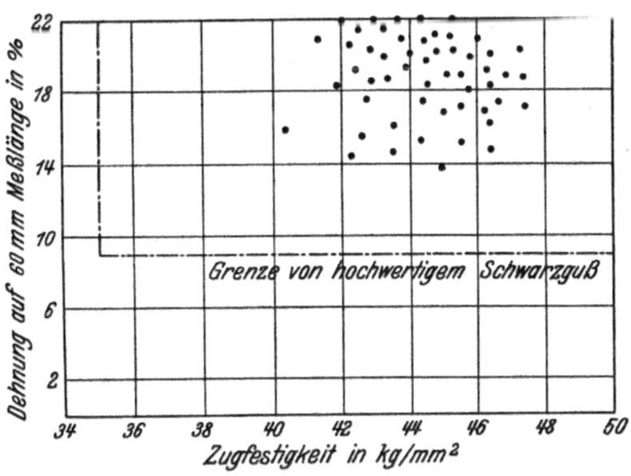

Abb. 330. Festigkeitseigenschaften von Brackelsbergofenguß.

[1] Mitgeteilt von der Tempergießerei der Firma Lanz-Wery, Mähmaschinenfabrik A.G. in Zweibrücken, Rheinpfalz i. J. 1928; heute liegt der Durchschnitt bei etwa 14% Dehnung.

Zahlentafel 44. Festigkeitseigenschaften von Schwarzguß (Ölflammofen).

Zugfestigkeit kg/mm²	Dehnung auf 60 mm Meßlänge %	Zugfestigkeit kg/mm²	Dehnung auf 60 mm Meßlänge %	Zugfestigkeit kg/mm²	Dehnung auf 60 mm Meßlänge %
36,8	10,0	38,1	13,0	35,4	10,1
38,8	10,8	38,4	10,4	36,3	15,8
36,5	11,8	35,2	14,0	37,6	14,4
34,6	13,3	35,3	14,0	36,0	9,5
34,6	10,0	36,6	15,0	36,9	14,6
35,2	11,2	36,1	13,3	35,7	11,1
36,4	10,5	35,3	13,0	35,9	11,0
36,4	11,0	35,3	12,1	37,4	13,2
37,2	12,0	33,3	12,0	36,2	11,3
37,3	12,1	33,7	8,3	36,3	14,2
39,7	10,5	38,8	11,8	39,1	13,0
41,3	9,4	36,8	13,3	38,6	11,8
35,2	13,0	34,8	12,5	35,6	13,0
36,9	12,8	35,5	12,0	35,2	10,3
36,7	11,0	35,6	12,1	35,2	12,1
36,4	11,4	36,6	10,2	34,5	13,0
37,8	10,2	38,0	12,8	34,6	13,0
40,5	11,4	34,4	11,5	36,5	13,0
38,0	15,0	34,6	10,1	36,5	10,5
36,2	13,0	35,9	12,6	36,6	10,8
35,7	11,8	38,2	10,0	35,3	13,3
35,9	11,8		Durchschnitt:	36,4	12,0

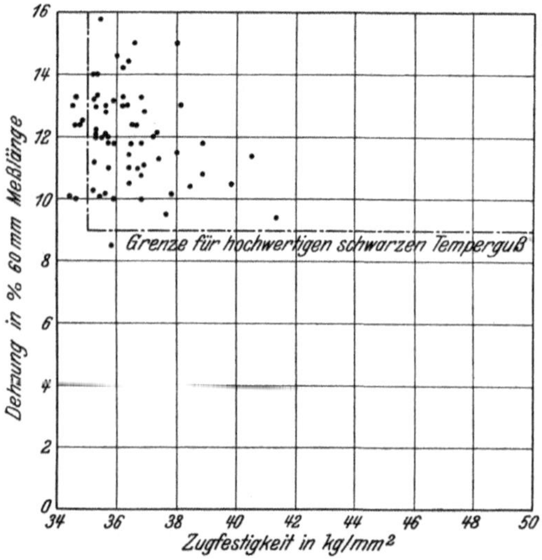

Abb. 331. Festigkeitseigenschaften von Ölflammofen-Schwarzguß.

Die graphische Aufzeichnung dieser Festigkeitseigenschaften des Schwarzgusses bei den genannten drei Schmelzverfahren gibt Abb. 331 bis 333 wieder. Man sieht also, daß der Kupolofenguß in ernstlichen Wettbewerb mit dem Siemens-Martin-Ofen-Guß treten kann, denn für die meisten Verbraucher wird eine derartige Güte bei billigerem Preise als Siemens-Martin-Ofen-Guß durchaus genügen.

Unter den Festigkeitseigenschaften wird in neuerer Zeit immer mehr der Fließgrenze Beachtung geschenkt, da bei deren Überschreitung die Formänderungen einen unzulässig hohen Betrag annehmen. Es ist dies die-

Zahlentafel 45. Festigkeitseigenschaften von Schwarzguß (Siemens-Martin-Ofen).

Zugfestigkeit kg/mm²	Dehnung auf 60 mm Meßlänge %	Zugfestigkeit kg/mm²	Dehnung auf 60 mm Meßlänge %	Zugfestigkeit kg/mm²	Dehnung auf 60 mm Meßlänge %
40,3	12,0	47,5	10,2	43,3	14,5
45,6	13,2	37,6	10,3	46,9	10,7
41,3	10,0	37,7	10,4	36,6	9,6
36,2	12,0	34,6	9,6	38,2	11,3
35,8	9,4	35,4	9,6	36,0	10,6
42,1	10,7	39,4	11,8	38,2	10,3
46,6	9,4	41,2	13,3	40,6	11,3
41,0	9,7	41,2	13,4	36,2	10,3
37,2	10,2	38,2	10,7	44,6	12,8
37,4	10,3	38,4	10,6	41,6	12,2
38,2	10,1	48,6	9,8	36,2	10,9
42,4	13,2	35,8	10,6	40,4	12,2
42,3	12,4	34,6	10,6	39,8	10,4
38,4	10,9	36,3	9,6	35,8	11,4
38,4	10,7	39,1	10,8	38,6	10,8
40,2	11,0	39,2	11,1	39,7	11,6
42,4	9,7	40,8	10,9	44,3	13,2
44,6	13,1	40,7	12,0	38,6	11,2
39,3	10,2		Durchschnitt	39,8	11,1
40,0	11,8				
40,2	11,8				

jenige Spannung beim Zerreißversuch, bei welcher trotz zunehmender Dehnung die Kraftanzeige der Prüfmaschine erstmalig unverändert bleibt. Bei Temperguß ist diese Grenze meistens nicht scharf ausgeprägt, wie das von einem weißbrüchigen Temperguß-Normalstab *a* aufgenommene Spannungs-Dehnungsdiagramm der Abb. 334 zeigt. In diesem Fall gilt als Fließgrenze diejenige Spannung, bei welcher die bleibende Dehnung 0,2% der Meßlänge beträgt; sie wird daher auch als 0,2 Grenze bezeichnet. Bei zähem schwarzem Temperguß ist die Fließgrenze entsprechend der Linie *b* deutlich erkennbar.

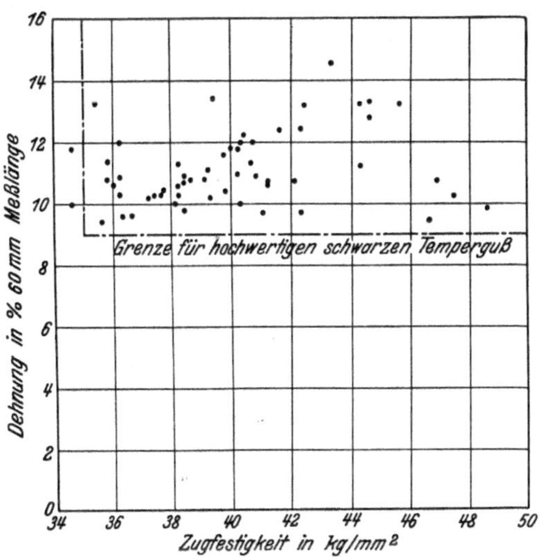

Abb. 332. Festigkeitseigenschaften von Siemens-Martin-Ofen-Schwarzguß.

Zahlentafel 46. Festigkeitseigenschaften von Kupolofenschwarzguß.

Schmelztag	Zugfestigkeit kg/mm²	Dehnung auf 60 mm Meßlänge %	Schmelztag	Zugfestigkeit kg/mm²	Dehnung auf 60 mm Meßlänge %
13. 9. 1928	1. Abstich 36,1	12,2	15. 9. 1928	1. Abstich 39,4	10,2
	36,9	11,8		38,6	10,0
	2. Abstich 39,0	10,8		2. Abstich 41,2	9,0
	38,9	10,0		3. Abstich 39,5	10,5
	3. Abstich 39,0	12,5		39,5	9,7
	38,8	10,0		4. Abstich 37,9	10,7
	4. Abstich 38,7	12,0		37,9	10,7
	42,0	10,2		5. Abstich 36,8	12,2
	5. Abstich 38,8	10,2		36,8	10,8
	38,9	10,2	17. 9. 1928	37,6	11,2
14. 9. 1928	1. Abstich 40,6	10,2		37,4	12,0
	39,0	9,0		37,4	11,5
	2. Abstich 36,8	10,0		36,9	11,5
	37,8	10,0	18. 9. 1928	37,1	10,3
	3. Abstich 37,4	10,0		35,4	12,8
	37,6	9,2		36,7	11,7
	4. Abstich 37,8	10,0		37,2	11,7
	36,5	14,0	Durchschnitt		
	5. Abstich 36,5	12,8	von Schwarzguß:	38,0	10,9
	37,2	10,5			
	6. Abstich 36,3	12,7			

Bei Temperguß beträgt die Fließgrenze etwa 55 bis 60% der Zugfestigkeit; je höher der Siliziumgehalt, desto höher, also günstiger, liegt sie. Die in der Normungsvorschrift als Mindestgrenze angegebenen Werte von 55% der Zugfestigkeit werden in der Praxis meistens erheblich überschritten; es wurden schon laufend Werte von 25 bis 30 kg/mm² ermittelt.

Für die Schlagfestigkeit des Tempergusses gibt es noch keine Normungsvorschrift, da hierfür noch keine allgemein anerkannten Versuchsbedingungen vorliegen. Die Prüfung der Schlagfestigkeit mit Pendelhammer bildet ein bequemes und billiges Mittel zur Betriebsüberwachung. Man verwendet gewöhnlich ungekerbte Vierkantstäbe mit

Zahlentafel 47. Abhängigkeit der Schlagfestigkeit von dem Gehalt an gebundenem Kohlenstoff.

Bruchaussehen	Schlagfestigkeit mkg/cm²	% Kohlenstoff			% S
		Gesamt	Temperkohle	Gebunden	
Weiß	5,4	1,48	0,49	0,99	0,064
Weiß mit schwarzem Kern	8,6	2,93	1,18	0,75	0,070
Starker weißer Rand . . .	14,2	2,36	2,10	0,26	0,056
Schwacher weißer Rand .	16,1	2,40	2,28	0,12	0,060
Vollständig schwarz . . .	17,5	2,44	2,43	0,01	0,058

10 × 10 mm Querschnitt und 120 mm Gesamtlänge, wenn hauptsächlich dünne Abgüsse hergestellt werden oder Vierkant-Probestäbe mit 16 × 16 mm Querschnitt und 150 mm Länge, wenn es sich um die Erzeugung dickerer Abgüsse handelt. Schlagproben an erstgenannten Stäben in unbearbeitetem Zustande, also mit Gußhaut, ergaben die auf Zahlentafel 47 angegebenen Mittelwerte aus größeren Versuchsreihen, die zeigen, daß die Schlagfestigkeit in erster Linie von dem Gehalt an gebundenem Kohlenstoff abhängig ist[1]. Dies bestätigt auch die praktische Erfahrung, nach der die Zähigkeit des weißen Tempergusses mit zunehmender Wandstärke abnimmt, und ebenso die Zähigkeit des schwarzgetemperten Gusses, je größer der auf dem natürlichen Bruch auftretende weiße Rand, d. h. je größer sein Perlitgehalt ist.

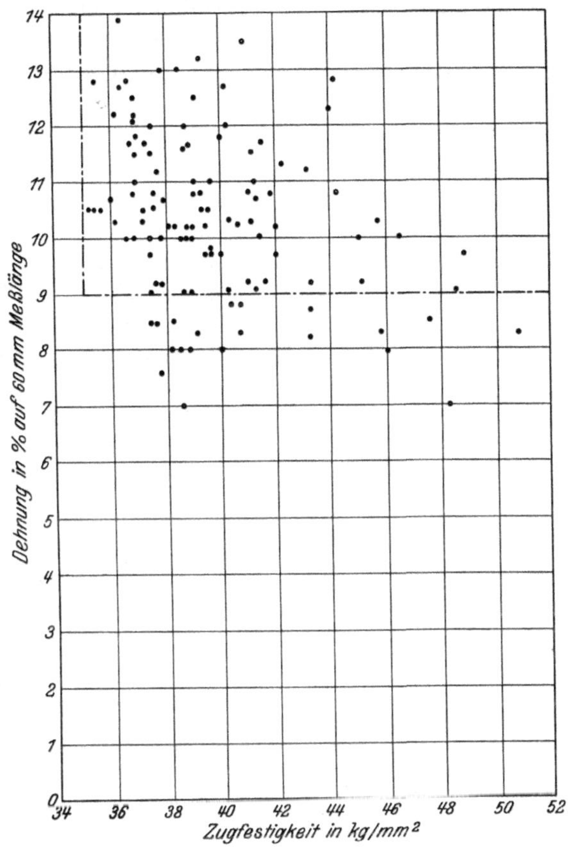

Abb. 333. Festigkeitseigenschaften von Kupolofenschwarzguß.

In Amerika wird eine Schlagprobe sehr häufig angewandt, bei welcher als Probekörper Keile nach Abb. 335 benutzt werden, auf deren dünnen Teil so viele Schläge mit einem Fallhammer

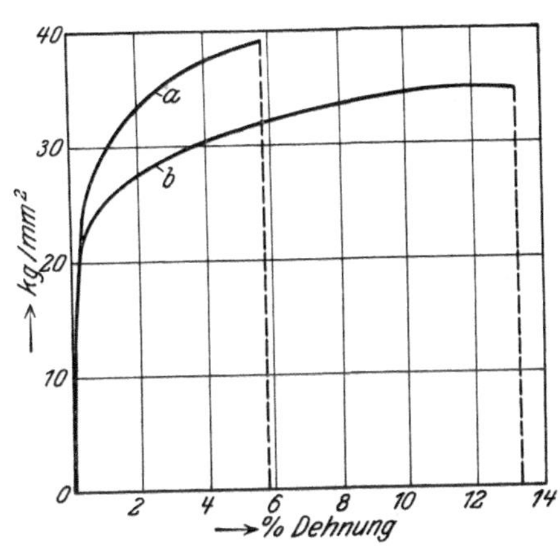

Abb. 334. Spannungs-Dehnungs-Diagramm. a = Weißbrüchiger Temperguß, b = Schwarzguß.

[1] Gieß.-Zg. 1916, S. 225.

von 10 mkg Schlagkraft ausgeübt werden, bis die gebogene Schneide bricht[1]. Ein gut entkohlter oder schwarzer Temperguß hält 35 solcher Schläge aus, wobei sich die Schneide zusammenrollt, bis sie schließlich abbricht.

Für die Biegefestigkeit des Tempergusses bestehen keine allgemein anerkannten Zahlenwerte; die Biegeprobe dient mehr als technologische Prüfung und zur erfahrungsgemäßen Überwachung des Betriebes. Flachstäbe von 3 mm Dicke sollen sich um einen Dorn von 10 mm Dmr. um 180° biegen lassen, ohne Risse zu bekommen. Zerreißprobestäbe mit 12 bis 15 mm Dmr., die an einem Ende in den Schraubstock gespannt werden, sollen sich durch Umbiegen des anderen Endes mittels eines übergesteckten Rohres um etwa 150° biegen lassen, ehe sich ein Riß bildet.

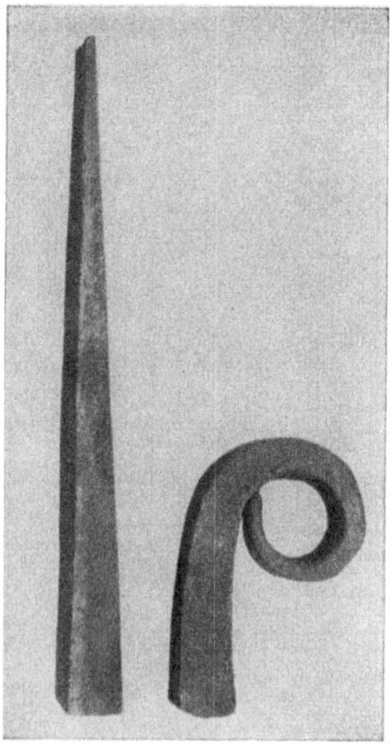

Abb. 335. Keil für amerikanische Schlagprobe.

Zu Biegeversuchen auf den üblichen Gußeisen-Prüfmaschinen zur Bestimmung der Biegefestigkeit können nur dickere Probestäbe verwendet werden, da sich dünne durchbiegen, ohne zum Bruche zu kommen. Bei Rundstäben mit 20 mm Dmr. wurden Biegefestigkeiten von 70 bis 80 kg/mm^2 ermittelt; gelegentlich ergab sich auch eine Biegefestigkeit von etwa 100 kg/mm^2, wobei natürlich die Durchbiegung (d. h. die Zähigkeit) des Gusses nicht sehr gut war.

Für das spezifische Gewicht des Tempergusses kann keine bestimmte Zahl angegeben werden; es ist in erster Linie von dem Verlauf des Glühvorganges abhängig. Untersuchungen ergaben, daß es bei dünnem Kupolofenguß, der offenbar ohne starke Ausscheidung von Temperkohle entkohlt wurde, höher ist als bei temperkohlehaltigem Guß. Zahlentafel 48 gibt hierfür einige Beispiele mit Angabe der chemischen Zusammensetzung[2]; derselben ist zu entnehmen, daß das spezifische Gewicht mit der Menge ausgeschiedener Temperkohle geringer wird. Durch fortgesetztes Glühfrischen kann diese ausgeschiedene Temperkohle vergast werden, wonach nicht, wie man früher vielfach annahm, der Temperkohle entsprechende Hohlräume verbleiben, sondern die Eisenkristalle zusammenschweißen und das spezifische Gewicht etwas größer wird.

[1] Foundry 1915, S. 305 und 1923, S. 36; vgl. auch Stahleisen 1915, S. 563 und 1927, S. 544. (Die Keile sind 23 mm breit, 150 mm lang und laufen von 13 mm auf 1,5 mm aus.)

[2] Gieß.-Zg. 1916, S. 209; Stahleisen 1916, S. 501.

Zahlentafel 48. Abhängigkeit des spezifischen Gewichtes von der Glühweise.

Behandlung des Gusses	Glühtemperatur °C	Glühdauer st	Ges. C %	Temperkohle %	Geb. Kohle %	Zugfestigkeit kg/mm²	Spez. Gewicht
Rohguß ungeglüht	—	—	3,80	—	3,80	22	7,74
In reinem Stickstoff geglüht	900	12	3,16	0,14	3,02	44,5	7,66
	900	24	3,08	0,24	2,84	47,8	7,61
	900	48	3,10	0,25	2,95	47,9	7,59
	900	72	3,04	0,30	2,74	47,7	7,58
	1000	12	3,11	1,28	1,83	33,5	7,36
	1030	24	2,35	1,62	0,73	31,3	7,31
In Erz getempert	1030	72	0,95	0,62	0,33	—	—
	1030	2×72	0,22	0,16	0,06	—	7,34
Kalt gehämmert	—	—	0,22	0,16	0,06	—	7,56 bis 7,76
Kupolofenguß: 1mal getempert	—	—	0,92	0,07	0,85	—	7,69
„ 2mal „	—	—	0,28	0,11	0,17	—	7,60

Einen großen Einfluß übt auch die Höhe des Siliziumgehaltes mittelbar und unmittelbar aus, indem Silizium einerseits die Temperkohlebildung begünstigt und andererseits infolge seines niedrigen spezifischen Gewichts von 2,39 das des Eisens erniedrigt. Dieser Einfluß des steigenden Siliziumgehaltes und gleichzeitig auch der Glühdauer wurde von Leuenberger[1]

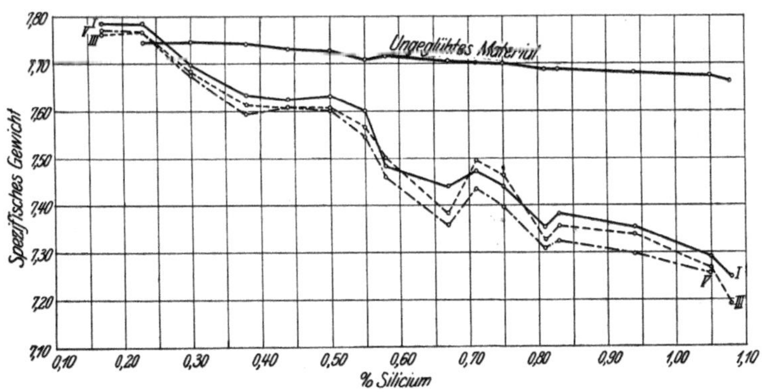

Abb. 336. Abhängigkeit des spezifischen Gewichtes von Siliziumgehalt und Glühdauer.

untersucht, wobei er die auf Abb. 336 graphisch dargestellten Ergebnisse erhielt: Mit zunehmendem Siliziumgehalt sinkt das spezifische Gewicht von ursprünglich 7,75 auf etwa 7,25, also durch Erhöhung um je 0,1% Si um etwa 0,05. Der Einfluß der Glühdauer tritt bei diesen Versuchen nicht sehr stark hervor; bei allen Siliziumgehalten wird durch Verlängerung

[1] Stahleisen 1917, S. 603.

der Glühdauer (Glühung I = 76 Stunden, Glühung III = 175 Stunden, Glühung V = 250 Stunden) das spezifische Gewicht um 0,05 bis 0,1 erniedrigt.

Nimmt man zu Gewichtsberechnungen das in der Normungsvorschrift angegebene mittlere spezifische Gewicht von 7,4 kg/dm³ an, so kann der mögliche Fehler höchstens ± 2,5% des errechneten Gewichtes betragen.

Die Härte wird gewöhnlich als Kugeldruckhärte nach Brinell in kg/mm² angegeben, wobei der Eindruck einer Stahlkugel von 10 mm Dmr. nach einem 30 Sekunden dauernden Druck von 3000 kg maßgebend ist; der Probekörper muß hierbei eine Wandstärke von über 6 mm besitzen.

Infolge des ungleichartigen Gefüges des weißen Tempergusses können für diesen keine bestimmten Härtezahlen angegeben werden. Je nach Ausfall der Glühung, je nach dem Gehalt an gebundenem Kohlenstoff, der im allgemeinen mit zunehmender Wandstärke zunimmt, geht auch die Härtezahl mit zunehmender Entfernung von der Oberfläche in die Höhe. Die entkohlte Oberfläche besitzt eine Härte von 115 bis 125 Brinelleinheiten; sie steigt gewöhnlich nach innen zu bei einer Wandstärke von 12 bis 15 mm im Kern bis auf 150 bis 170 an und kann bei mangelhafter Glühung auch noch weit höhere Werte erlangen.

Der homogene Schwarzguß dagegen besitzt bei vollständigem Weichglühen sowohl an der Oberfläche als auch im Kern eine Brinellhärte von 110 bis 120 kg/mm²; als Durchschnittswert kann 115 angenommen werden. Beim Vorhandensein einer entkohlten Oberfläche, Schwarzkernguß mit weißem perlitischem Rand des natürlichen Bruches, kann je nach der Menge des gebundenen Kohlenstoffes die Oberflächenhärte 130 bis 150 Einheiten betragen.

Die Härte des Rohgusses ist von der Höhe des Kohlenstoffgehaltes abhängig; sie beträgt daher beim kohlenstoffreichen Kupolofenguß mit ungefähr 3,4% C etwa 350 Einheiten, während der kohlenstoffärmere Rohguß aus dem Flammofen u. dgl. eine geringere Härte, herab bis zu 200 Einheiten aufweist.

Gute Schmiedbarkeit besitzt nur sehr stark entkohlter Temperguß; da mit zunehmender Wandstärke die Entkohlung abnimmt, so verringert sich damit gleichzeitig auch die Schmiedbarkeit. Das Ausschmieden von Temperguß kommt in der Praxis so gut wie überhaupt nicht vor; nur bei gewissen Abgüssen besteht die Notwendigkeit, ihre Form an die betreffenden Gebrauchsgegenstände anzupassen, weshalb sie das Richten und leichtes Strecken und Stauchen in rotwarmem Zustande ertragen müssen, ohne rissig oder nach Abkühlen an der Luft hart zu werden. In dieser Beziehung werden große Ansprüche z. B. an die „Tauhufeisen“ gestellt, die rotwarm den Hufen der Pferde angepaßt werden und danach ein Abschrecken in kaltem Wasser ertragen müssen, da der Hufschmied eine langsame Abkühlung nicht abwartet.

Einige Beispiele für gute Schmiedbarkeit gibt Abb. 337, auf der Schmiedeproben an Kupolofen- und Flammofenguß wiedergegeben sind. Da erstere einen Schwefelgehalt von 0,22% besitzt, so geht hieraus hervor, daß der Schwefel selbst in dieser Höhe ein Ausschmieden nicht unmöglich macht, wenn es vorsichtig ausgeführt wird.

Dicke Teile enthalten stets mehr oder weniger Temperkohle; werden sie auf Rotglut erhitzt, so löst sich die Temperkohle in dem glühenden Eisen wieder auf und bleibt auch beim Abkühlen an der Luft als gebundener Kohlenstoff im Eisen bestehen, wodurch die Abgüsse hart und spröde werden.

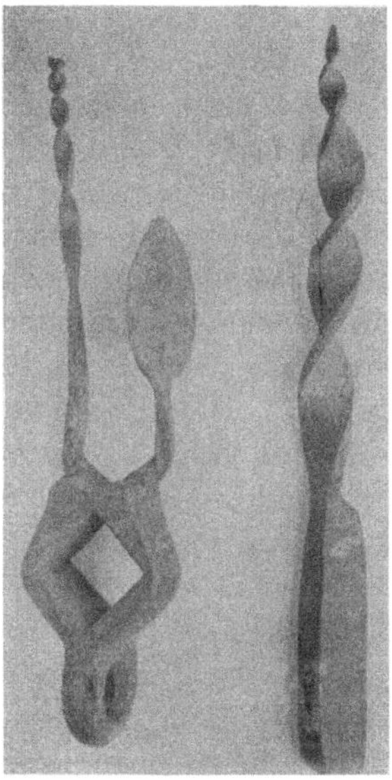

Abb. 337. Schmiedeproben; links Kupolofenguß, rechts Flammofenguß.

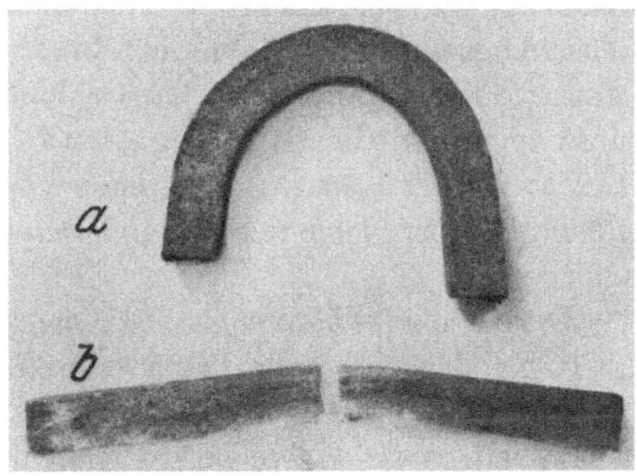

Abb. 338. Schwarzguß. a = unbehandelt, zäh; b = nach Glühen bei 800° spröde.

In besonders starkem Maße tritt diese Erscheinung bei schwarzem Temperguß auf, dessen normale Zähigkeit der durch starke Hammerschläge zu einem Halbkreis verbogene Stab a mit 16 × 16 mm Querschnitt auf Abb. 338 zeigt. Dagegen brach der Probestab b gleicher Art auf den ersten Hammerschlag, nachdem er 15 Minuten auf 800° erhitzt und an der Luft abgekühlt worden war. Das ursprünglich tiefschwarze Bruchaussehen (Abb. 339 links) ist durch die Wärmebehandlung in weiß mit schwärzlichen Untertönen übergegangen (Abb. 339 rechts).

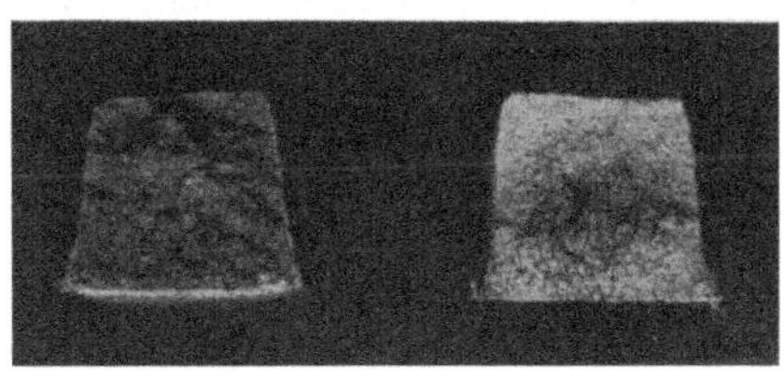

Abb. 339. Bruchaussehen von Schwarzguß; links unbehandelt, rechts nach Glühen bei 800°.

Im Zusammenhang mit diesen Vorgängen steht die **Härtbarkeit** des Tempergusses: Wird kohlenstoffhaltiger Temperguß aus Rotglut in Wasser oder Öl abgeschreckt, so kann ihm eine große Härte verliehen werden, wovon besonders in Amerika[1] praktischer Gebrauch gemacht wird. In dieser Weise werden dort die Arbeitsflächen von Schneidewerkzeugen, Bremsbacken, Hammerbahnen u. dgl. aus schwarzem Temperguß laufend gehärtet.

Diese Härtung durch Abschrecken aus Rotglut gelingt ohne weiteres bei solchen Abgüssen, die entweder die entsprechende Menge gebundenen Kohlenstoff oder Temperkohle besitzen. Dies ist bei fast allen dickeren Abgüssen der Fall, wenn deren entkohlte Oberfläche, die sich natürlich durch Abschrecken nicht härten läßt, durch Bearbeitung entfernt wurde. Soll auch dieser Oberfläche oder dünnen, also stark entkohlten Stücken, die Eigenschaft der Härtbarkeit verliehen werden, so müssen diese Abgüsse durch Glühen im Einsatz rückgekohlt (zementiert) werden, wodurch eine dünne, härtbare Schicht erzeugt wird. Dieses Verfahren wird angewandt bei den Haken von Riemenverbindern, Schloßteilen und überhaupt bei Konstruktionsteilen von Maschinen, die auf starken Verschleiß beansprucht werden und keiner raschen Abnutzung unterliegen sollen.

Durch eine entsprechende Wärmebehandlung ist auch eine Vergütung des schwarzen Tempergusses möglich, die dann in Betracht kommt, wenn die Abgüsse in der normalen weichen Ausführung zu geringe Festigkeit, insbesondere gegen Verschleiß, besitzen (s. S. 326). Zu diesem Zweck werden die Stücke kurze Zeit oberhalb des kritischen Temperaturpunktes Ac_1 geglüht; je nach der Dauer dieser Glühung von 10 bis 30 Minuten löst sich eine entsprechende Menge Temperkohle auf, die bei genügend langsamer Abkühlung sich als Perlit abscheidet. Durch Einhalten einer bestimmten Glühtemperatur, Glühdauer und Abkühlungsgeschwindigkeit läßt sich eine bestimmte, sehr hohe Zugfestigkeit auf Kosten der Dehnung erzielen. Nach diesem Verfahren wurde beispielsweise Schwarzguß mit einer ursprünglichen Zugfestigkeit von 36 kg/mm² und 10% Dehnung auf eine Zugfestigkeit von 65 bis 76 kg/mm² bei 2,5% Dehnung und sogar bis auf eine solche von 100,7 kg/mm² bei allerdings nur 1,5% Dehnung vergütet.

Der Temperguß, insbesondere der schwarze, ist sehr wärmeempfindlich; es wurde z. B. in Amerika gefunden, daß ursprünglich sehr zähe Stücke durch Feuerverzinken spröde werden[2]. Durch die diesbezüglichen amerikanischen Forschungen wurde festgestellt, daß die Schlagfestigkeit des Tempergusses durch Abschrecken nach dem Erhitzen auf 250 bis 550° sehr stark abnimmt, aber bei höherer Abschrecktemperatur von 600 bis 750° um etwa 50% höher lag als bei den unbehandelten Guß-

[1] Smith, E. R.: Gehärtete und wärmebehandelte Tempergußstücke. Foundry Trade J. 1923, S. 50/51; Bericht Stahleisen 1923, S. 1166 (vgl. auch den Bericht in Stahleisen 1921, S. 115).

[2] Iron Trade Rev. 1925, S. 383; Foundry 1925, S. 741 und 1926, S. 212; Bericht Stahleisen 1926, S. 719.

stücken. Die hierbei erhaltenen Versuchsergebnisse sind auf Abb. 340 in graphischer Darstellung wiedergegeben. Da das Feuerverzinken gerade bei der sehr ungünstigen Erhitzungstemperatur von etwa 500° durchgeführt wird, so muß die Sprödigkeit des verzinkten Gusses auf diese Wärmeempfindlichkeit zurückgeführt werden. Es wurde aber auch in Amerika festgestellt, daß dieses Übel vollständig vermieden werden kann, wenn die Gußstücke vorher aus einer Temperatur von 650° in Wasser abgeschreckt werden (s. S. 302 u. 308).

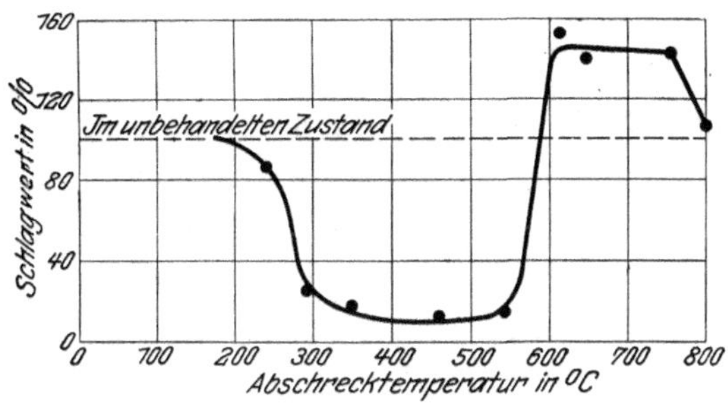

Abb. 340. Abhängigkeit der Schlagfestigkeit von der Abschrecktemperatur.

Über die Änderung der Festigkeitseigenschaften des Tempergusses bei anormal hohen und niedrigen Temperaturen liegen nur amerikanische Untersuchungsergebnisse vor[1], die auf Abb. 341 in graphischer Darstellung wiedergegeben sind. Hiernach ändert sich die Zugfestigkeit, Dehnung und Einschnürung mit einer bis auf etwa 400° ansteigenden Temperatur praktisch nicht; bei größerer Hitze nimmt die Zugfestigkeit rasch ab und beträgt beispielsweise bei 540° 20 kg/mm² und bei 625° nur 10 kg/mm². Dehnung und Einschnürung nehmen naturgemäß bei stärkerer Hitze zu, da das Eisen hierbei plastischer wird. Große Kälte wirkt bis zu der angewandten Versuchstemperatur von −42° sehr günstig auf die Zugfestigkeit und sogar auch auf die Dehnung.

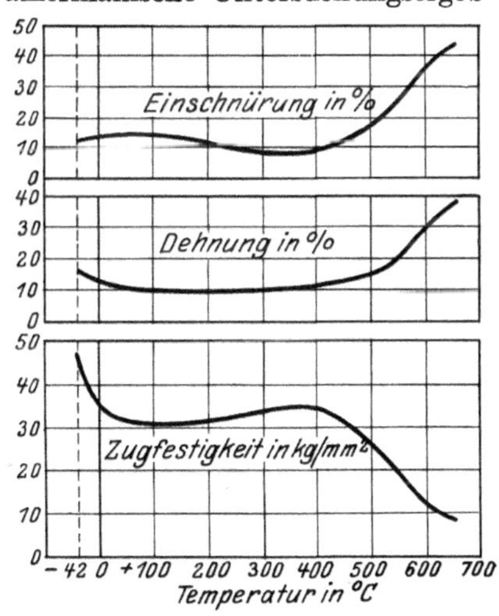

Abb. 341. Abhängigkeit der Festigkeitseigenschaften von der Temperatur.

B. Elektrische Eigenschaften.

Da Temperguß vielfach als Baustoff zu verschiedenen Teilen magnetelektrischer Maschinen, wie Anker, Polschuhe, Gehäuse u. dgl., Anwendung findet, ist es notwendig, hierfür eine Gußart mit bestgeeigneten Eigenschaften zu wählen. An diese werden die folgenden Anforderungen gestellt: Größte Induktion und Permeabilität, geringste Umwandlungsverluste, also möglichst kleine Koerzitivkraft. Es hat sich nun gezeigt,

[1] Schwartz, H. A.: American Malleable Cast Iron 1922, S. 382.

daß ebenso wie beim Schmiedeeisen und Gußeisen[1] auch beim Temperguß diese Eigenschaften um so günstiger sind, je geringer der Gehalt an gebundenem Kohlenstoff ist[2]. Die besten Eigenschaften besitzt ein Eisen mit überhaupt keinem gebundenen Kohlenstoff; ein solches ist der vollkommen weichgeglühte Schwarzguß. Die ausgeschiedene Temperkohle übt einen gegenüber dem gebundenen Kohlenstoff verschwindenden und nur mittelbaren Einfluß aus, indem sie als unmagnetischer Stoff den Raum des magnetischen Eisens einschränkt.

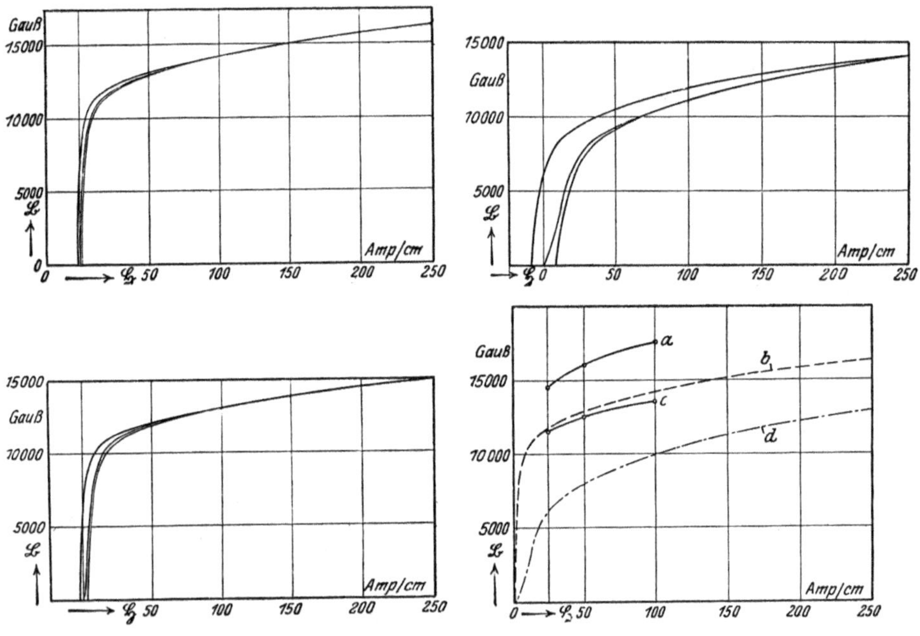

Abb. 342. Magnetisierungskurven; links oben: Schwarzguß, links unten: Schwarzkernguß, rechts oben: geglühfrischter Temperguß, rechts unten: Normen von a = Stahlformguß, von c = Schwarzguß, b = Magnetisierungskurve von Schwarzguß, d = von Grauguß.

Das Kennzeichen für die magnetischen Eigenschaften bildet die Magnetisierungskurve, auch Hysteresisschleife genannt. Diese wird nach einem etwas umständlichen Verfahren an dünnen Probestäben oder dicken Ringen mit Hilfe elektrischer Feinmeßvorrichtungen[3] aufgenommen. Je größer die hierbei erzielte Induktion H und je kleiner die von der Kurve umschlossene Fläche ist, desto geeigneter ist das Eisen. Solche Messungen, die nach dem ballistischen Verfahren an Ringen mit 240 mm äußeren Durchmesser und einem Querschnitt von

[1] Gumlich, E.: Die magnetischen Eigenschaften des Gußeisens. Stahleisen 1913, S. 2133. — Vgl. auch Stahleisen 1919, S. 765.

[2] Foundry 1923, S. 24.

[3] Zu beziehen durch Hartmann & Braun AG., Frankfurt a. M. und Siemens & Halske AG., Berlin.

16 × 50 mm durchgeführt wurden, ergaben die auf Zahlentafel 49 angegebenen Werte, die von 3 Versuchen auf Abb. 342 in graphischer Aufzeichnung als Magnetisierungskurven wiedergegeben sind[1].

Zahlentafel 49. Magnetische Eigenschaften verschiedener Tempergußarten.

Feldstärke B	Magnetische Induktion H					
	Schwarzguß		Schwarzkernguß		Weißer Temperguß	
	1a	1b	2a	2b	3a	3b
25	12050	11850	11250	11100	7350	7900
50	13000	12900	12250	12000	9200	9500
100	14200	14100	13300	13100	11000	11200
150	15050	14900	14000	13850	12150	12350
200	15750	15150	14700	14500	13100	13300
250	16400	16200	15300	15050	14850	14500
Remanenz (Gauss)	6500	5990	6250	6160	6100	6000
Koerzitivkraft (A/cm)	1,30	1,22	1,865	2,52	8,50	7,20

Die chemische Zusammensetzung der Proben sowie ihr Bruchaussehen ist auf Zahlentafel 50 angegeben.

Zahlentafel 50. Chemische Zusammensetzung der untersuchten Stücke.

Gußart	Versuch Nr.	% Kohlenstoff			% Si	% Mn	% P	% S
		Gesamt	Gebunden	Temperkohle				
Schwarzguß (Flammofen)	1a	2,32	0,00	2,32	1,16	0,30	0,07	0,050
	1b	2,30	0,00	2,30	1,32	0,32	0,06	0,057
Schwarzkernguß (Flammofen)	2a	2,41	0,18	2,23	1,20	0,28	0,06	0,069
	2b	2,38	0,22	2,16	1,20	0,32	0,06	0,046
Weißer Temperguß (Kupolofen)	3a	2,26	1,10	1,16	0,56	0,24	0,09	0,176
	3b*	1,98	0,94	1,04	0,56	0,24	0,09	0,176

Man erkennt, daß der vollkommen weichgeglühte Schwarzguß (Probe 1a und 1b) mit gar keinem gebundenen Kohlenstoff weitaus die günstigsten Eigenschaften aufweist, wobei besonders seine geringe Koerzitivkraft auffällt. Dies bringt den großen Vorteil sehr geringer Umwandlungsverluste mit sich, die von großer Bedeutung in der Praxis sein können. Die nächstbesten magnetischen Eigenschaften besitzt der Schwarzkernguß (Probe 2a und 2b), dessen geringer Gehalt an gebundenem Kohlenstoff in seiner Oberfläche etwas geringere Werte verursacht. Einen starken Unterschied weist dagegen der weiße Temperguß (Probe 3a und

[1] Stotz, R.: Über die magnetischen Eigenschaften von Temperguß. ETZ 1927, S. 876.

* 2mal geglüht.

3b) auf, der noch sehr viel gebundenen Kohlenstoff enthält, dessen Gefüge also hauptsächlich aus Perlit besteht. Seine Magnetisierungskurve umschließt infolge der starken Koerzitivkraft eine große Fläche, was empfindliche Umwandlungsverluste bedeutet. Selbst das zweimalige Glühfrischen der Probe 3b übt keine große Verbesserung aus, da bei dem dicken Querschnitt eine wesentliche Verringerung des Gehaltes an gebundenem Kohlenstoff nicht möglich war.

Vergleicht man die magnetischen Eigenschaften des Schwarzgusses mit denen von Grau- und Stahlformguß, so erkennt man, daß dieselben

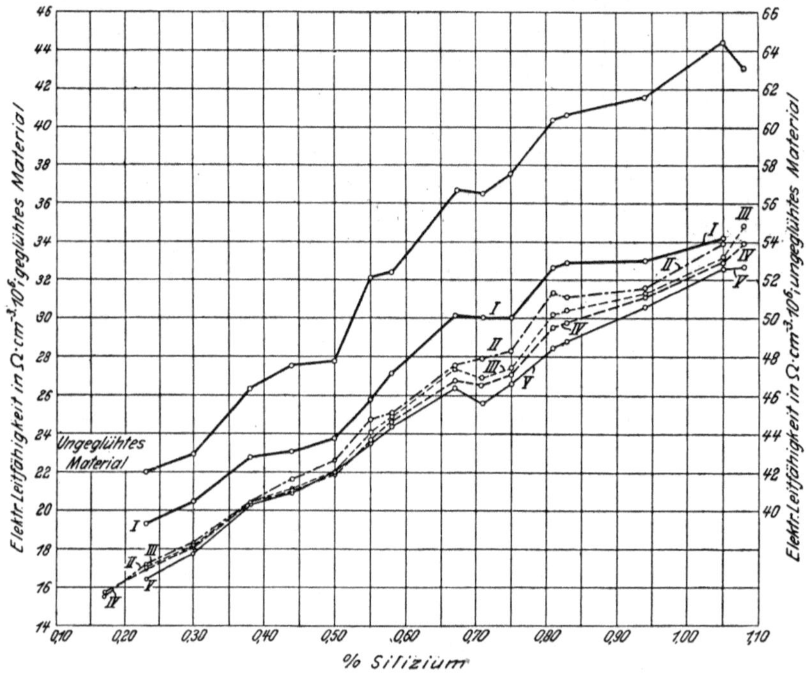

Abb. 343. Abhängigkeit der elektrischen Leitfähigkeit vom Siliziumgehalt und der Glühdauer.

wesentlich über denen von Grauguß, aber auch noch stark unter denen für Stahlformguß liegen. Auf Abb. 342 sind die durch die Normungsvorschrift festgelegten Mindestwerte der Induktion für Stahlformguß und für Temperguß eingetragen. Zum Vergleich ist die Magnetisierungslinie von Schwarzguß und mittlerem Grauguß eingezeichnet.

Eine Magnetisierungskurve von amerikanischem Schwarzguß bringt H. A. Schwartz in seinem Buche[1]; sie weist ein klein wenig ungünstigere Werte auf als der angeführte deutsche Schwarzguß. Die Induktion bei 25 AW/cm beträgt gegen 12000, die Remanenz 4700 Gauss; die Koerzitivkraft 1,55 AW/cm; der Steinmetzsche Koeffizient wird zu 0,00136 angegeben.

[1] American Malleable Cast Iron 1922, S. 375.

Die elektrische Leitfähigkeit des Tempergusses ist von keiner großen praktischen Bedeutung. Eingehende Versuche hierüber wurden von Leuenberger[1] ausgeführt, der mittels einer Thomsonschen Doppelbrücke den elektrischen Widerstand von Stäben bestimmte, die verschieden lang geglüht waren und einen von 0,2 bis 1,1% zunehmenden Siliziumgehalt besaßen. Die Ergebnisse sind auf Abb. 343 in graphischer Darstellung wiedergegeben; man sieht, daß der elektrische Widerstand mit zunehmendem Siliziumgehalt wesentlich größer wird, und zwar bewirkt die Steigerung von 1% Si eine Erhöhung des spezifischen Widerstandes um 32 $\Omega/cm^3 10^6$. Die mit zunehmender Glühdauer (95, 130, 175, 225 und 260 Stunden) immer tiefer liegenden Linien I bis V weisen darauf hin, daß mit der Abnahme an Kohlenstoff der Widerstand allmählich kleiner wird.

Nach amerikanischen Messungen gibt H. A. Schwartz[2] den Widerstand von Schwarzguß zu 0,0000295 Ω mm²/m an.

C. Thermische Eigenschaften.

Hierüber sind nur einige wenige Angaben über Schwarzguß in dem schon mehrfach angeführten Buch von H. A. Schwartz zu finden. Der mittlere Ausdehnungskoeffizient wurde hiernach bei einer Temperatur von 0 bis 100° zu 10 bis 11 $\times$ 10^{-6} und bei 0 bis 500° zu 13 $\times$ 10^{-6} ermittelt. Die Längenänderung infolge Wärmeausdehnung kann nach der Formel berechnet werden:

$$L_t = L_0 \, (1 + 0{,}000006 \, t + 0{,}0000000125 \, t^2) \, .$$

Die spezifische Wärme beträgt bei Zimmertemperatur 0,1102 cal/g; sie wird mit zunehmender Temperatur größer und steigt bei 425° auf 0,165 cal/g. Ganz genaue Werte sind jedoch bis jetzt nicht bekanntgeworden. Dies ist auch bezüglich der Wärmeleitfähigkeit der Fall, die bei einer Temperatur von 0 bis 700° zu etwa 0,12 cal/cm sek °C angenommen werden kann.

Es sei noch darauf hingewiesen, daß bei einem Ansteigen der Temperatur über den Umwandlungspunkt Ac_1 sich sämtliche Eigenschaften des Tempergusses sprunghaft ändern; es darf daher keinesfalls eine Temperatur von 700° in der Praxis überschritten werden, wenn keine wesentlichen Änderungen des Gefüges und damit der ursprünglichen Eigenschaften eintreten sollen.

Auf die Gefahr des Sprödewerdens von Temperguß nach Erhitzung auf Temperaturen von 250 bis 550° wurde auf S. 329 hingewiesen, sowie auf die Vergütung des Tempergusses durch Wärmebehandlung und Abschrecken auf S. 328.

[1] Stahleisen 1917, S. 514. [2] L. cit. S. 332.

D. Chemische Eigenschaften.

Bezüglich der Widerstandsfähigkeit des Tempergusses gegen chemische Einflüsse kommt in erster Linie die Korrosionsbeständigkeit in Betracht. Man rühmt gerade dem Temperguß nach, daß er von allen unlegierten Eisensorten die geringste Neigung zur Rostbildung besitze. Er wird daher vielfach an Stellen verwendet, die starken Witterungseinflüssen unterliegen, wie beim Signalbau, bei Fördermitteln (Ketten, Bechern), Fittings u. dgl. Seine geringe Neigung zu rosten ist von großer praktischer Bedeutung.

Dies läßt sich auch theoretisch erklären, wenn man sich vergegenwärtigt, daß die Oberfläche der Gußstücke nur aus einer einzigen Kristallart, dem Ferrit, gebildet wird, im Gegensatz zum Stahlguß, der stets auch etwas Perlit enthält, oder zum Grauguß, der außerdem auch noch Graphitteilchen aufweist. Zwischen diesen verschiedenen Kristallarten treten

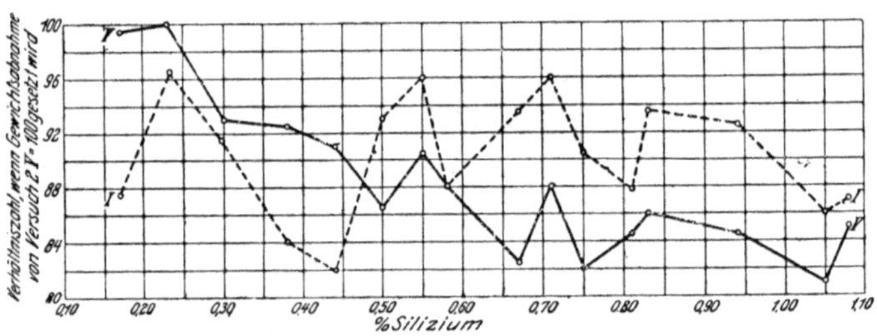

Abb. 344. Abhängigkeit der Korrosion vom Siliziumgehalt und der Glühdauer.

elektrische Oberflächenspannungen und damit bei entsprechender Feuchtigkeit elektrolytische Einwirkungen auf, die zu einer raschen Auflösung des Eisens führen. Im Gegensatz hierzu fallen diese Oberflächenspannungen bei einem einwandfrei geglühten Temperguß weg und damit auch die starke Neigung zur Korrosion[1].

Die ersten systematischen Untersuchungen über die Widerstandsfähigkeit von Temperguß in fließendem Wasser wurden von Leuenberger[2] ausgeführt. Er verwendete hierzu Tempergußproben mit 3,19% C, 0,13% Mn, 0,061% P, 0,057% S und einem steigenden Siliziumgehalt von 0,17 bis 1,08% in zwei Versuchsreihen mit einer Glühdauer von 75 und 250 Stunden. Diese Proben wurden einem gleichmäßig fließenden Wasserstrom mit einer Temperatur von 12 bis 15° 20 Tage lang ausgesetzt; danach wurde die Gewichtsabnahme der einzelnen Versuchsstückchen ermittelt.

Das Ergebnis dieser Untersuchungen ist in graphischer Darstellung auf Abb. 344 wiedergegeben: Aus der der kurzen Glühung entsprechenden Linie I kann ein bestimmter Einfluß des Siliziumgehaltes nicht abgeleitet

[1] Vgl. Pero und Nulsen: Gegenwärtiger Stand des Tempergußverfahrens (in Amerika). Iron Age 1915, S. 1168; Bericht Stahleisen 1916, S. 321.

[2] Stahleisen 1917, S. 601.

werden, da die Gewichtsabnahme der einzelnen Probekörper zu große Schwankungen zeigt; dagegen tritt bei der längeren Glühdauer, Linie V, eine deutliche Abnahme des Gewichtsverlustes mit steigendem Siliziumgehalt ein. Ein hoher Siliziumgehalt vermindert also bei längerer Glühdauer die Gefahr des Rostens. Da die Linie V (lange Glühdauer) bei einem Siliziumgehalt von 0,5% ab unter der Linie I (kurze Glühung) liegt, so kann hieraus gefolgert werden, daß lange Glühdauer, d. h. starke Entkohlung, die Widerstandsfähigkeit des Tempergusses gegen Rosten erhöht.

Die Widerstandsfähigkeit gegen oxydierende Feuergase ist bei Temperguß in geglühtem und ungeglühtem Zustand infolge seines dichten Gefüges und geringen Phosphorgehaltes bei nicht allzu hoher Temperatur sehr gut. Aus diesem Grunde wird er häufig zu Einsatzhärtekästen, kleineren Schmelzkesseln für leicht schmelzbare Blei- und Zinnlegierungen und natürlich auch für Tempertöpfe benutzt. Während der Guß bei Temperaturen bis zu 800° nur bei sehr langer Glühdauer von den Feuergasen allmählich durch Oxydation angegriffen wird, erfolgt bei höheren Temperaturen, insbesondere von 950° an, eine rasche Zerstörung durch abblätternde Verzunderung des Eisens.

E. Einfluß der Eisenbegleiter auf die Eigenschaften.

Im vorangehenden wurde der Einfluß verschiedener Elemente schon besprochen; zusammenfassend ist hierüber noch folgendes auszuführen:

Kohlenstoff. Der Temperrohguß darf keinen Graphit enthalten, da dieser in Form großer Blättchen die einzelnen Eisenkristalle voneinander trennt und ihren Zusammenhalt schwächt. Da der Graphit auch durch Glühfrischen praktisch nicht mehr aus dem Guß entfernt werden kann, so verringert er die Festigkeitseigenschaften sehr stark; er macht den Guß „faulbrüchig".

Die Höhe des Gesamtkohlenstoffgehaltes des Rohgusses beeinflußt sehr stark die Zugfestigkeit und Dehnung des geglühten Gusses. Es kann angenommen werden, daß die Verringerung des Kohlenstoffgehaltes um 0,1% eine Erhöhung der Zugfestigkeit um 1,25 kg/mm^2 bewirkt. Auch die Dehnung und Zähigkeit wird um so größer, je kleiner der Kohlenstoffgehalt des Rohgusses ist.

Die Eigenschaften des weißen Tempergusses hängen unmittelbar in erster Linie von seinem Gehalt an gebundenem Kohlenstoff ab. Ist dessen Menge so groß (über etwa 0,6 bis 0,8%, je nach dem Siliziumgehalt), daß noch wesentliche Mengen Zementit vorhanden sind, so ist der Guß spröde und schwer zu bearbeiten. Besteht seine Grundmasse aus Perlit, so besitzt er ein Höchstmaß an Zugfestigkeit bei mäßiger Zähigkeit und Bearbeitbarkeit. Mit weiterer Verringerung des Perlitgehaltes nimmt seine Zugfestigkeit und Härte ab, seine Dehnung, Zähigkeit und Bearbeitbarkeit nehmen zu, bis diese letztgenannten Eigenschaften ihr Höchstmaß erreichen, wenn praktisch kein gebundener Kohlenstoff mehr vorhanden ist.

Hierbei ist die Menge der ausgeschiedenen Temperkohle von untergeordneter Bedeutung, wenn sie nicht allzu hoch wird, was nur bei einem sehr hohen Kohlenstoffgehalt des Rohgusses der Fall sein kann. Bei Schwarzguß mit über 3% Kohlenstoff wird durch die Ausscheidung der Temperkohle das Gefüge zu sehr aufgelockert und die einzelnen Temperkohleknötchen erreichen zu große Abmessungen; es ist daher nötig, zur Erzielung eines Schwarzgusses mit besten Festigkeitseigenschaften den Kohlenstoffgehalt möglichst niedrig, wenn es das Schmelzverfahren zuläßt, herab bis auf 2,4 bis 2,2% zu halten, um möglichst kleine Temperkohleflocken zu erzielen.

Silizium. Das Silizium bildet bei den praktisch vorkommenden Gehalten mit dem Eisen eine feste Lösung; es übt also einerseits auf die metallische Grundmasse einen unmittelbaren Einfluß aus und andererseits einen mittelbaren durch die Begünstigung der Temperkohleausscheidung.

Die unmittelbare Wirkung des Siliziums auf das Eisen besteht in einer Erhöhung der Zugfestigkeit um etwa 1 kg/mm² für je 0,1% Siliziumzunahme[1]; die Dehnung wird bei den für Temperguß in Betracht kommenden Siliziumgehalten bis 1,3% keinesfalls unmittelbar beeinträchtigt. Die Streckgrenze wird sehr günstig beeinflußt, so daß sie besonders bei dem hochsilizierten Schwarzguß hoch liegt; die Härte wird etwas vergrößert.

Dieser unmittelbare Einfluß auf die Grundmasse kann durch die Begünstigung der Temperkohleausscheidung überdeckt werden, die im allgemeinen durchaus erwünscht ist. Da ein zu hoher Siliziumgehalt Graphitausscheidungen im Rohguß bewirkt, so darf nur so viel Silizium vorhanden sein, daß diese mit Sicherheit vermieden werden. Aus dem Vorangehenden ist zu entnehmen, daß es unter allen Umständen vorteilhafter ist, niedrigen Kohlenstoff- und hohen Siliziumgehalt zu wählen, als umgekehrt niedrigen Silizium- und hohen Kohlenstoffgehalt.

Planmäßige Untersuchungen über die Beeinflussung der Festigkeitseigenschaften von Ölflammofen-Temperguß durch Silizium wurden von Leuenberger[2] ausgeführt. Dieser erhöhte durch Zusatz von Ferrosilizium zum Rohguß mit 3,19% C, 0,13% Mn, 0,061% P und 0,057% S den ursprünglichen Siliziumgehalt von 0,17% in 17 Stufen bis auf 1,08%. Aus jeder dieser Legierungen wurden je 40 Probestäbe mit 12 mm Dmr. und 250 mm Länge (100 mm Meßlänge) für Zerreißversuche und je

[1] Paglianti: Über den Einfluß des Siliziums auf die Eigenschaften von Flußeisen. Metallurgie 1912, S. 217 (vgl. auch Gieß.-Zg. 1926, S. 615).

[2] Leuenberger, E.: Über den Einfluß des Siliziums und der Glühdauer auf die mechanischen Eigenschaften des schmiedbaren Gusses. Stahleisen 1917, S. 514 und 601.

40 Vierkantstäbe mit 10 × 10 mm Querschnitt und 160 mm Länge für Schlag- und Härteversuche gegossen. Je sechs dieser verschieden sili-

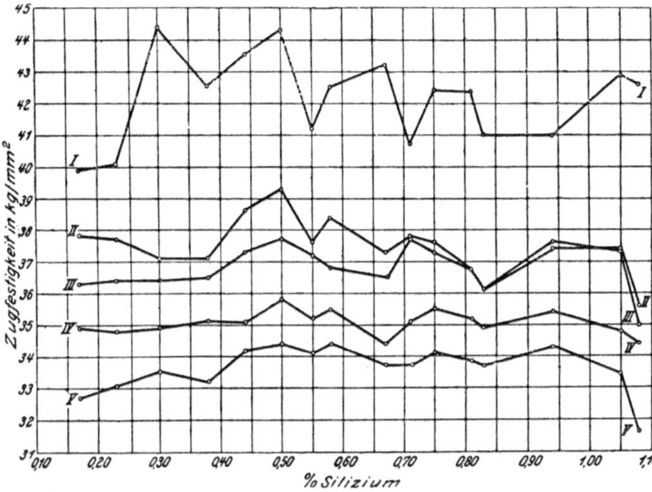

Abb. 345. Einfluß des Siliziums auf die Zugfestigkeit.

zierten Stäbe wurden verschieden lang bei 980° geglühfrischt, und zwar 95, 130, 175, 225 und 260 Stunden lang; das Aufhcizen betrug 12 Stunden. Die Ergebnisse dieser Versuche sind auf den Abb. 345 bis 349 graphisch

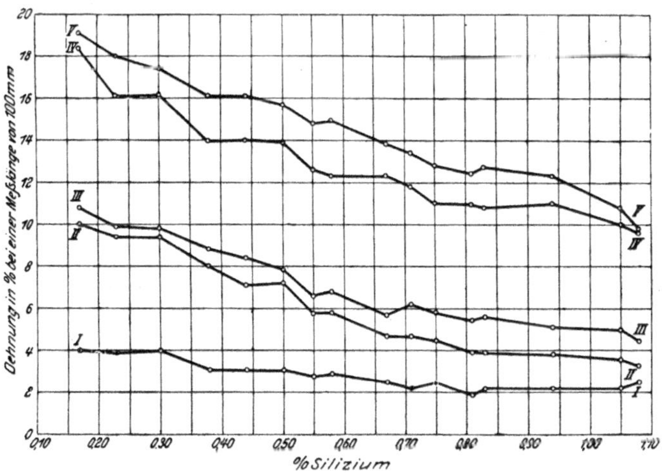

Abb. 346. Einfluß des Siliziums auf die Dehnung.

wiedergegeben. Man erkennt, daß bei diesen Versuchen die Erhöhung des Siliziumgehaltes keinen deutlichen Einfluß auf die Zugfestigkeit ausübt; die nach der ersten Glühung besonders starken Schwankungen der Zugfestigkeit wurden mit zunehmender Glühdauer immer stärker ausgeglichen. Die Dehnung und Querschnittsverminderung zeigt eine wesentliche Abnahme mit zunehmendem Siliziumgehalt. Es muß jedoch gewarnt werden, hieraus die allgemeingültige Schlußfolgerung zu ziehen, daß das Silizium auf die Eigenschaften ungünstig einwirkt; denn dies

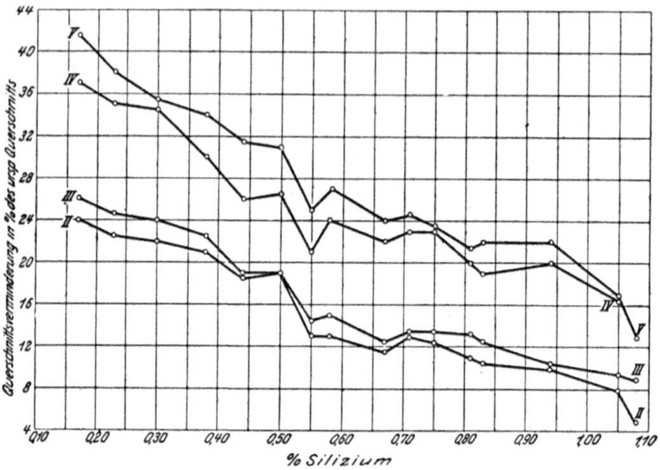

Abb. 347. Einfluß des Siliziums auf die Querschnittsverminderung.

würde der allgemeinen Erfahrung widersprechen. Warum bei den vorliegenden Ergebnissen diese Verschlechterung eintrat, läßt sich nachträglich nicht mehr feststellen. Es ist durchaus möglich, daß die Wirkung

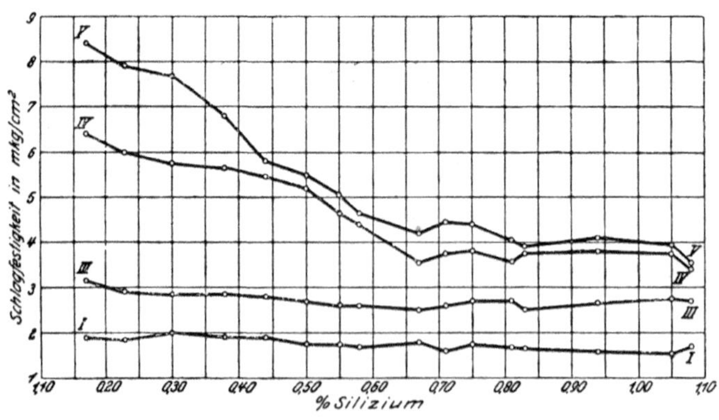

Abb. 348. Einfluß des Siliziums auf die Schlagfestigkeit.

des Siliziums durch andere Einflüsse überdeckt wurde, z. B. durch die Bildung von Graphitkeimen oder durch Abnahme der Gießtemperatur. Die bei einem Siliziumgehalt von über 0,7% nach der ersten Glühung erhaltenen Dehnungswerte von etwa 2% liegen so niedrig, daß sie überhaupt nicht als normal bewertet werden können. Deutlich geht dagegen aus den Versuchen hervor, daß mit verlängerter Glühdauer die Zugfestigkeit und Härte verringert, aber Dehnung, Querschnittsverminderung und Schlagfestigkeit wesentlich erhöht werden, was auf die Abnahme des Gehaltes an gebundenem Kohlenstoff zurückzuführen ist.

Mangan. Auch dieses Element übt in Form fester Lösung auf das Eisen eine günstige Wirkung aus, indem es bis zu dem für uns in Betracht kommenden Gehalt von 0,8% die Zug- und Schlagfestigkeit sowie die Dehnung erhöht[1]. Die Wirkung des Mangans auf Temperguß wurde lange nicht richtig erkannt, da die Verallgemeinerung früherer Versuchsergebnisse (s. S. 78) zu falschen Anschauungen führte. Nach den neuesten Forschungen und Ergebnissen der Praxis muß der Mangangehalt ganz verschieden eingestellt werden, je nach der Höhe des Schwefelgehaltes und der Absicht, viel oder wenig Temperkohle beim Glühen auszuscheiden.

Wird eine hohe Festigkeit gewünscht, so ist der Mangangehalt möglichst hoch zu nehmen, da dessen Erhöhung um 0,1% eine Steigerung der Zug-

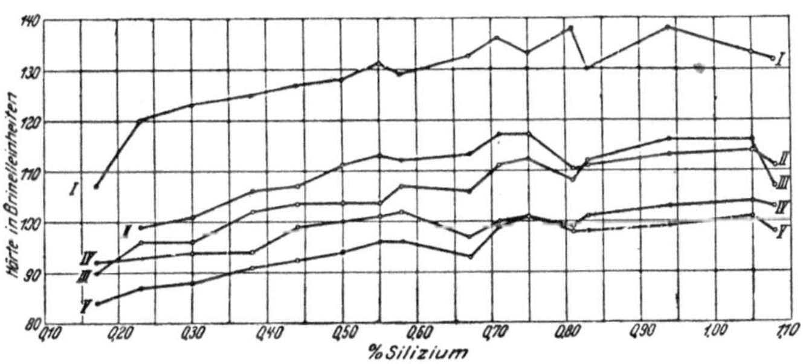

Abb. 349. Einfluß des Siliziums auf die Härte.

festigkeit um etwa 0,8 kg/mm² bewirkt[1]. Die obere zulässige Grenze des Mangangehaltes hängt von dem gleichzeitigen Schwefelgehalt ab, da so viel Mangan vorhanden sein soll, um allen Schwefel an dasselbe zu binden, wozu ein gewisser Überschuß notwendig ist. Beim schwefelarmen Flammofenguß wird daher zweckmäßig der Mangangehalt auf 0,25%, beim schwefelreichen Kupolofenguß auf 0,5 bis 0,7% gehalten; ein solcher Guß scheidet beim Glühen viel Temperkohle aus, sein Bruch wird schwarz oder schwarzkernig. Ist dies unerwünscht, so muß zur Erzielung eines weißen Bruches der Mangangehalt niedriger gehalten werden, wodurch eine größere Zugfestigkeit bei geringerer Dehnung erreicht wird.

Planmäßige Untersuchungen über den Einfluß des Mangangehaltes auf Flammofenguß wurden von Leuenberger[2] ausgeführt, wobei er den Mangangehalt durch Zusatz von 50proz. Ferromangan in 12 Stufen von 0,13 auf 1,74% steigerte. Die 12 Schmelzen des Rohgusses besaßen

[1] Lang, G.: Über den Einfluß des Mangans auf die Eigenschaften des Flußeisens. Metallurgie 1911, S. 15, 49.

[2] Stahleisen 1921, S. 285.

ziemliche Unterschiede im Gesamtkohlenstoff von 2,58 bis 3,30%, im Siliziumgehalt von 0,32 bis 0,51%, im Phosphorgehalt von 0,056 bis 0,097% und im Schwefelgehalt von 0,038 bis 0,054%. Die Ergebnisse der drei verschiedenen Glühungen bei 980°, Proben I mit 95 Glühstunden, II mit 130 Stunden und III mit 260 Stunden sind auf Abb. 350 bis 352 graphisch wiedergegeben. Auf Grund derselben kommt Leuenberger zu folgenden Schlüssen: Mit steigendem Gehalt an Mangan nimmt die Zugfestigkeit zu. Bis zu etwa 1% hat Mangan keinen Einfluß auf die Dehnung; erst bei höherem Mangangehalt nimmt die Dehnung ab. Mit der Dauer des Glühfrischens nimmt die Zugfestigkeit ab, während die Dehnung entsprechend wächst. Je länger die Glühdauer ist, um so höher darf der Mangangehalt sein, ohne ungünstig auf die Dehnung einzuwirken.

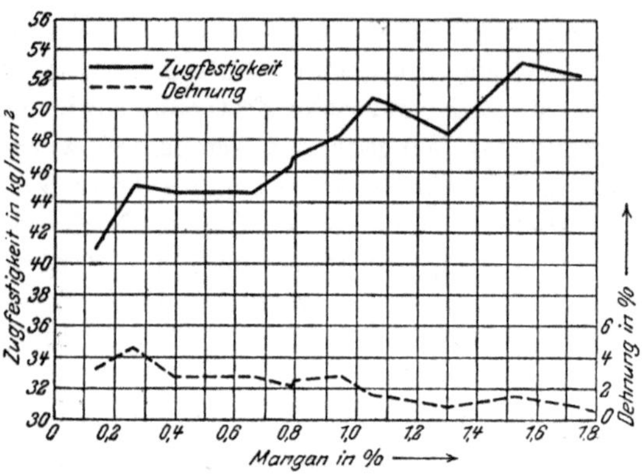

Abb. 350. Einfluß des Mangans auf die Zugfestigkeit und Dehnung bei 95 Stunden Vollhitze.

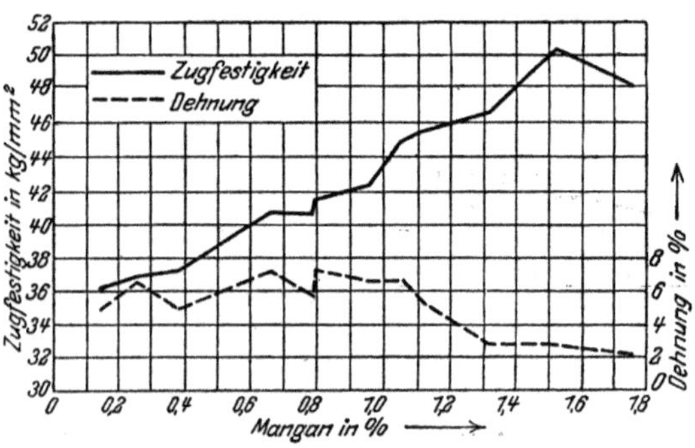

Abb. 351. Einfluß des Mangans bei 130 Stunden Vollhitze.

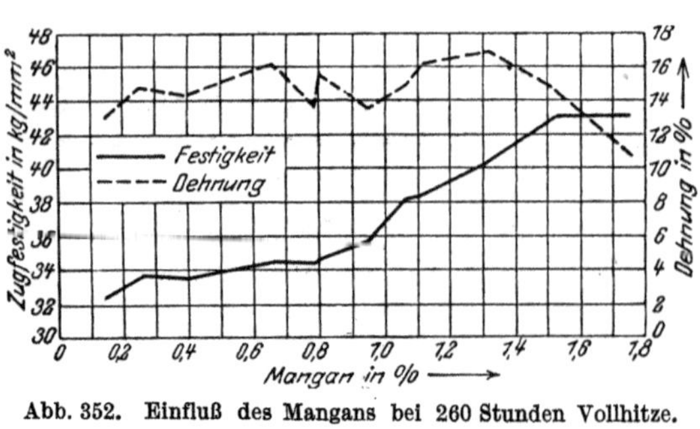

Abb. 352. Einfluß des Mangans bei 260 Stunden Vollhitze.

Phosphor. In unserem deutschen Temperguß bewegt sich der Phosphorgehalt stets in sehr niedrigen Grenzen von 0,07 bis 0,12%; man bemüht sich, denselben durch phosphorarmen Einsatz möglichst niederzuhalten, da der Phosphor schon bei kleineren Gehalten die Schlagfestigkeit des Eisens stark herabsetzt[1]. Da sich diese schlechte

[1] D'Amico: Über den Einfluß des Phosphors auf die Eigenschaften von Flußeisen. Stahleisen 1914, S. 331.

Wirkung des Phosphors um so weniger bemerkbar macht, je niedriger der Gehalt an gebundenem Kohlenstoff ist, lassen die Amerikaner für ihren Schwarzguß einen etwas höheren Phosphorgehalt zu, als in Deutschland und Europa bei dem weißen Guß üblich ist. Da der Phosphor ein scharfes Auslaufen der Gußstücke begünstigt und auch die Zugfestigkeit ein wenig erhöht (um etwa 1 kg/mm² je 0,1% P), und außerdem nach amerikanischen Forschungen[1] die Schlagfestigkeit des Schwarzgusses bis zu einem Gehalt von 0,38% nicht wesentlich verschlechtert, so enthält der amerikanische Schwarzguß gewöhnlich etwa 0,2% P. Bei höherem Gehalt entsteht freies Eisenphosphid, welches die Festigkeitseigenschaften durch seine Sprödigkeit stark beeinträchtigt. Auf die Temperkohlebildung ist der Phosphor bei diesen geringen Gehalten ohne jeden Einfluß.

Schwefel. Dieser Eisenbegleiter ist im allgemeinen durchaus unerwünscht und wird nach Möglichkeit so niedrig gehalten, als es das betreffende Schmelzverfahren zuläßt, da er das Weichglühen erschwert. Dies trifft allerdings nur zu, wenn der Schwefel als Eisensulfid vorhanden ist; wird er aber durch entsprechenden Zusatz von Mangan an dieses als Mangansulfid gebunden, so kann seine schlechte Einwirkung beinahe vollkommen aufgehoben werden.

Bei der Herstellung mancher Abgüsse ist ein Schwefelgehalt von etwa 0,2% nicht unerwünscht, da bei der Bearbeitung solchen Gusses die Späne kurz abbrechen, was besonders das Gewindeschneiden an Fittings sehr erleichtert. Aus diesem Grunde wird Fittingsguß nicht nur in Europa, sondern auch in Amerika in den dort sonst verpönten Kupolöfen erschmolzen.

Es ist an dieser Stelle noch hervorzuheben, daß der Schwefel insofern auch eine günstige Wirkung hat, als er die gefährliche Graphitbildung im Rohguß verhindert. Durch einen entsprechenden Manganzusatz wird aber nicht nur die unangenehme Einwirkung des Schwefels auf das Glühen aufgehoben, sondern es neigt nun auch schon der Rohguß zu der ungewollten Graphitausscheidung. Bei einem gegebenen Schwefel- und Kohlenstoffgehalt muß daher stets der Wandstärke der Gußstücke entsprechend der Mangan- und Siliziumgehalt so eingestellt werden, daß keine Graphitausscheidung im Rohguß erfolgt. Es sei noch darauf hingewiesen, daß leider alle Elemente, die durch Begünstigung des Zementitzerfalles das Glühen erleichtern, gleichzeitig auch die Gefahr der Graphitbildung im Rohguß mit sich bringen, so daß deren Zusatzmenge beschränkt bleiben muß.

Grundfalsch wäre es, nur aus der Feststellung eines hohen Schwefelgehaltes, der häufig auf 0,2% und manchmal sogar über 0,3% hinausgeht, den Schluß ziehen zu wollen, daß das betreffende Gußstück ungenügende Festigkeitseigenschaften besitzt.

---

[1] Touceda, E.: Phosphorus limit in malleable castings. Foundry 1915, S. 446; Stahleisen 1915, S. 1330; Iron Age 1915, S. 924/26.

Titan. Infolge des häufig sehr niedrigen Siliziumgehaltes enthält der flüssige Temperrohguß stets ziemlich viel Gase und auch Oxyde, die einerseits einen dichten Guß und andererseits das Weichglühen erschweren. Geringe Zusätze von Ferro-Titan vermögen das flüssige Eisen zu desoxydieren und zu entgasen und die Zugfestigkeit und Dehnung der Abgüsse zu erhöhen. Versuche hierüber wurden von Piwowarsky[1] ausgeführt, der zu folgenden Ergebnissen gelangte: „Titan begünstigt im Temperrohguß die Ausbildung eines feineren Gefüges, im getemperten Material die Anordnung der Temperkohle in gleichmäßiger, sehr feiner Verteilung. Es bewirkt ferner einen schnelleren Karbidzerfall und eine schnellere Kohlenstoffvergasung während des Temperns. Die Vorzüge des Titanzusatzes treten bei Temperung auf schwarzkernigen Bruch stärker hervor als bei der Erztemperung."

Nach einer Untersuchung des Materialprüfungsamtes der technischen Hochschule Dresden wurde nach dem Zusatz von Ferrotitan eine wesentliche Erhöhung der Zugfestigkeit und Dehnung gefunden, wie aus Zahlentafel 51 hervorgeht.

Zahlentafel 51. Einfluß des Titans auf die Festigkeitseigenschaften.

	Ohne Titan	Mit Zusatz von 0,25% Ti		Ohne Titan	Mit Zusatz von 0,25% Ti	
		a	b		a	b
Zugfestigkeit kg/mm²	29,1	41,4	40,8	33,1	50,1	48,7
Dehnung %	1,2	5,4	6,3	1,2	4,3	3,7

Zu dieser Untersuchung ist jedoch zu bemerken, daß die Festigkeitseigenschaften des unbehandelten Eisens für einen Martin-Ofen-Guß ganz anormal schlecht sind, so daß noch irgendein anderer Umstand als der Zusatz des Ferrotitans diese großen Unterschiede verursacht hat; die hier mit Titanzusatz erhaltenen Werte lassen sich auch ohne diesen erzielen.

Das Titan kann als Ferrotitan mit 40% Ti in Haselnußgröße den Handpfannen oder Kranpfannen zugesetzt werden, wobei schon sehr geringe Zusätze von 0,15% Ti im Guß sehr deutliche Einwirkung haben. Die Schwierigkeit besteht nur darin, die gewünschte Menge Titan mit genügender Genauigkeit in das Eisen zu bekommen, da die Aufnahme des Titans von Zufälligkeiten, wie der Eisentemperatur, Verschlackung, Zeitdauer und dem Umrühren, abhängig ist. Man ist daher nie vollkommen sicher, die nötige Menge Titan tatsächlich im Eisen zu haben, um die Gewähr für bestimmte hohe Festigkeitswerte übernehmen zu können, und bei geringem Überschuß an Titan erhält man Ausschuß durch Graphitabscheidungen. Außerdem steht der hohe Preis des Titans seiner ausgedehnten Anwendung im Wege.

[1] Stahleisen 1914, S. 745 (vgl. auch Stahleisen 1908, S. 1286; 1909, S. 980; 1911, S. 1794; 1913, S. 1823).

Aluminium. Dieses wirkt ähnlich wie Silizium; es kommt nicht als Legierungselement in Betracht, sondern nur als Desoxydationsmittel. Da das Aluminium die Abscheidung von Graphit sehr stark begünstigt, darf es nur in kleinsten Mengen zugesetzt werden und kann im fertigen Stück analytisch nicht mehr nachgewiesen werden.

Kupfer. Wie auf S. 104 angeführt, enthält das hauptsächlichste deutsche Temperroheisen, das „Duisburger", stets geringe Mengen Kupfer, so daß auch der hieraus erzeugte Temperguß meistens einen Kupfergehalt von 0,1 bis 0,15% besitzt. Ein solcher kann als durchaus unschädlich angesehen werden, da nach den bisher bekanntgewordenen Erfahrungen keine Verschlechterung des Gusses durch einen Kupfergehalt bis zu 0,2% festgestellt werden konnte.

Chrom. Dieses Element bildet beim Zulegieren beständige Doppelkarbide, die beim Glühen sehr schwer zerfallen. Ein Zusatz von Chrom bewirkt, daß der Guß sich sehr schwer weichglühen läßt und ist also von sehr ungünstigem Einfluß.

Es ist in der Praxis schon wiederholt vorgekommen, daß plötzlich der Temperguß bei vollständig normalem Betrieb auch nach längerem Glühen hart blieb; erst die chemische Analyse des Gusses konnte die Ursache in einem ganz geringen Chromgehalt feststellen, der durch die Verwendung chromhaltigen Schrottes in das Eisen hereingekommen war. Es ist daher bei der Auswahl des Schmiedeeisenschrottes ganz besondere Aufmerksamkeit darauf zu verwenden, daß in demselben keine chromhaltigen Stücke in Form von Magnetstählen, Ziehenden und anderen Abfallstücken von „Automobilstählen" enthalten sind.

Nickel übt nur günstigen Einfluß auf das Eisen aus, indem es insbesondere dessen Zähigkeit vergrößert; es begünstigt auch die Graphit- bzw. Temperkohleabscheidung in feiner Form, so daß es das Silizium ersetzen könnte, wenn nicht sein teurer Preis seither hindernd im Weg gestanden hätte. Es ist daher nicht bekannt geworden, daß der Zusatz von Nickel zum Temperguß irgendwelche praktische Anwendung gefunden hat.

Uran und Zirkon üben einen ähnlichen weichmachenden Einfluß aus, ebenso nach einem amerikanischen Patent das Kalziumsilizid, das durch geringen Zusatz zum Weißguß Graphitausscheidungen bewirken soll[1].

Antimon, Cer, Molybdän, Selen, Tellur, Zinn und auch Vanadium üben die entgegengesetzte Wirkung aus, indem sie den Guß hart und zum Teil recht spröde machen. Irgendwelche praktische Bedeutung haben alle diese Metalle als Zusätze zum Temperguß nicht gefunden.

Der Einfluß des Bors ist noch nicht näher nachgewiesen; die Ergebnisse der wenigen diesbezüglichen Forschungen stehen noch miteinander in starkem Widerspruch.

---

[1] Gilmore, L. E.: Bericht Stahleisen 1928, S. 1557.

F. Festigkeitseigenschaften und Normung des Tempergusses im Auslande.

Das klassische Land des Tempergusses ist Amerika; er hat dort als Schwarzguß eine weit ausgedehntere Anwendung gefunden als in Deutschland, was sicher in erster Linie darauf zurückzuführen ist, daß in Amerika die besonderen Vorteile der schwarzen Gußart sehr früh sowohl von den Erzeugern als auch von den Verbrauchern erkannt und voll ausgenutzt wurden. In Deutschland und Europa dagegen bestand bis vor wenigen Jahren und besteht zum Teil heute noch in den beteiligten Kreisen ein großes Vorurteil gegen den Schwarzguß, was dessen Entwicklungsmöglichkeit sehr schadet.

In Amerika wurden schon im Jahre 1904 die ersten Vorschriften über die Eigenschaften und Abnahmebedingungen von Temperguß herausgegeben, wobei aber die Kupolöfen zur Erzeugung von hochwertigem Guß ausdrücklich ausgeschlossen wurden; alle dortigen Bestimmungen betreffen also nur den Schwarzguß. Für diesen wurde im Laufe der Jahre die Mindestgrenze der Zugfestigkeit und Dehnung immer weiter hinaufgesetzt, wie aus Zahlentafel 52 zu ersehen ist.

Zahlentafel 52. Entwicklung der Mindestfestigkeitswerte für Schwarzguß in Amerika.

Jahr	Zugfestigkeit kg/mm²	Dehnung %	Meßlänge	Stabdurchmesser
1904	28,2	2,5	4″ = 101,6 mm	5/8″ = 15,9 mm
1915	28,5	5,0	4″ = 101,6 „	5/8″ = 15,9 „
1919	31,7	7,5	4″ = 101,6 „	5/8″ = 15,9 „
1924	35,15	10,0	2″ = 50,8 „	5/8″ = 15,9 „

An dieser Herausbildung eines hochwertigen Tempergusses hat die vorzügliche Organisation hervorragenden Anteil, zu der sich die bedeutendsten amerikanischen Tempergießereien im Laufe der letzten Jahre in großzügiger Weise zusammengeschlossen haben. Diese gründeten unter der Leitung eines erfahrenen Fachmannes eine gemeinsame Prüfungs- und Beratungsstelle, an welche die angeschlossenen Tempergießereien täglich Probestäbe des normalen Betriebes einzuschicken haben. Treten bei deren Prüfung irgendwelche Unregelmäßigkeiten auf, so steht zu deren Aufklärung und Abstellung die ganze Erfahrung und wissenschaftliche Ausrüstung des Institutes zur Verfügung. Der Nutzen dieser vorbildlichen Organisation geht aus den statistischen Aufstellungen hervor (s. S. 46), die deutlich die Gütesteigerung zeigen, die der Temperguß durch deren Mitwirkung erfahren hat.

Die Abnahme von Temperguß erfolgt in Amerika nach allgemein anerkannten Lieferungsbedingungen[1], die im Wortlaut hier folgen und

[1] Standard specifications for malleable castings, adepted 1904; revised 1915, 1919, 1924.

auch für unsere deutschen Verhältnisse manche gute Anregung bringen mögen:

1. Diese Bestimmungen betreffen Temperguß für Eisenbahnbedarf, Motorfahrzeuge, Landmaschinen und den allgemeinen Maschinenbau.

2. Der Guß soll mittels Flammofens, Siemens-Martin-Ofens oder Elektroofens erfolgen.

3. Der Zerreißprobestab nach Absatz 5 soll mindestens aufweisen:

Zugfestigkeit 50000 lb. per sq. inche = 35,15 kg/mm²
Dehnung auf 2″ = 50,8 mm 10,0%.

4. a) Alle Abgüsse mit genügender Größe erhalten einen Prüfzapfen mit entsprechender Dicke, aber nicht größer als $^5/_8 \times ^3/_4''$ (= 15,9×19,1 mm) Querschnitt angegossen. Abgüssen mit einer Länge von 24″ (= 610 mm) und darüber erhalten in der Nähe eines jeden Endes einen Prüfzapfen. Diese Zapfen sollen an einer geeigneten Stelle des Abgusses angebracht und von den Abnahmebeamten abgeschlagen werden.

b) Wenn der Käufer oder sein Beamter es wünscht, so muß ein Abguß bis zu seinem Bruch geprüft werden; dieser soll gutes, zähes Tempereisen zeigen.

5. a) Zerreißprobestäbe sollen die Abmessungen der Abb. 353 aufweisen; Probestäbe mit einem Durchmesser von weniger als $^{19}/_{32}''$ (= 15,1 mm) werden zur Prüfung nicht zugelassen.

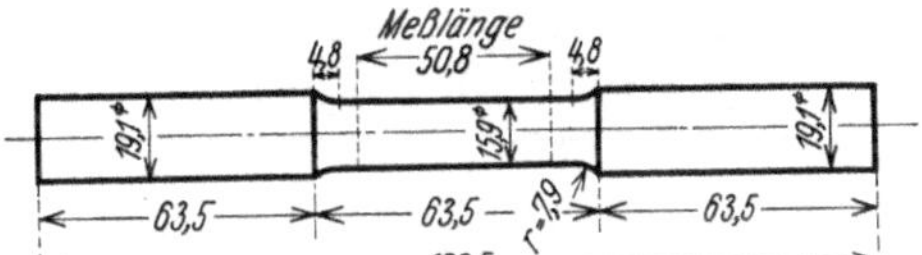

Abb. 353. Amerikanischer Normalzerreißstab.

b) Eine Reihe von 3 Zerreißprobestäben soll aus jeder Schmelze ohne Anwendung von Kokillen gegossen werden, wobei genügend starke Steiger (s. S. 199) zu verwenden sind, um gesunde Stäbe zu erhalten. Die Proben müssen für jede Schmelze in geeigneter Weise gekennzeichnet werden. Jede Probereihe ist mit den zugehörigen Abgüssen im gleichen Ofen zu glühen.

6. a) Nach der Glühung sollen von dem Abnahmebeamten 3 Probestäbe ausgewählt werden, die maßgebend sind für die Abgüsse des Ofens, dem die Stäbe entnommen wurden.

b) Wenn der zunächst geprüfte Probestab den Anforderungen genügt, oder bei Versagen des ersten Stabes, wenn der zweite und dritte Probestab entspricht, so gelten die gesamten Abgüsse des Ofens als gut mit Ausnahme derjenigen, bei welchen die Prüfung der angegossenen Probezapfen eine ungenügende Glühung ergeben. Wenn entweder der zweite oder der dritte Zerreißstab den festgesetzten Mindestwerten nicht genügt, so wird der ganze Ofeninhalt zurückgewiesen. Im Falle, daß einer der Ersatzstäbe einen Gußfehler (Gasblase) enthält, der den Grund zu ungenügenden Festigkeitseigenschaften bildet, so können von demselben Ofen weitere Probestäbe geprüft oder Proben aus Gußstücken herausgeschnitten werden.

7. Alle wegen ungenügender Glühung zurückgewiesenen Abgüsse können nachgeglüht werden. Die nachgeglühten Abgüsse werden nochmals geprüft, und wenn die übriggebliebenen Probezapfen oder die zur Prüfung zerbrochenen Abgüsse eine vollkommene Glühung ergeben, so sollen sie abgenommen werden; anderenfalls werden sie endgültig verworfen.

8. Die Abgüsse sollen den Modellen oder Zeichnungen des Bestellers sowie den Lehren entsprechen, die in besonderen Fällen vorgesehen werden. Die Abgüsse sollen fachgemäß ausgeführt sein. Eine Abweichung von $^1/_8''$ auf 1 Fuß (= rund 1%) soll gestattet sein.

9. Die Abgüsse sollen frei sein von schädlichen Mängeln.

10. Die Fabrikmarke des Herstellers und die Modellnummern des Bestellers sollen auf allen Abgüssen in genügender Größe eingegossen sein, und zwar an Stellen, wo sie nicht den Gebrauch der Abgüsse hindern.

11. a) Der Abnahmebeamte als Vertreter des Käufers soll zu jeder Zeit freien Zutritt zu allen Werkstätten haben, welche mit der Herstellung der Abgüsse beschäftigt sind. Der Hersteller soll dem Abnahmebeamten kostenlos alle Möglichkeiten bieten, um ihn davon zu überzeugen, daß die Abgüsse diesen Bestimmungen gemäß ausgeführt werden. Alle Proben und Prüfungen sollen bei dem Hersteller vor Versand der Ware stattfinden, wenn nichts anderes vereinbart wurde und soll so durchgeführt werden, daß der Betrieb nicht unnötig gestört wird.

b) Der Hersteller soll darüber Aufzeichnungen machen, aus welchen Schmelzen die Abgüsse gegossen wurden, mit Angabe der Zugfestigkeit und Dehnung der entsprechenden Probestäbe. In diese Aufzeichnungen soll der Abnahmebeamte jederzeit auf Wunsch Einblick erhalten.

12. Abgüsse, die nach erfolgter Abnahme gefährliche Mängel auf dem Werk des Käufers zeigen, können zurückgewiesen werden und müssen dann vom Hersteller kostenlos dem Käufer ersetzt werden.

Auch in England bestehen bestimmte Vorschriften für die Lieferung von Temperguß, die von der „British Engineering Standards Association" aufgestellt wurden[1] und folgenden Inhalt haben:

1. Das Eisen soll enthalten:

	Für europäischen Temperguß	Für amerikanischen Temperguß
Schwefel nicht mehr als	0,40%	0,10%
Phosphor „ „ „	0,20%	0,20%

2. Die unbearbeiteten Probestäbe sollen mindestens folgende Festigkeitseigenschaften aufweisen:

	Für europäischen Temperguß	Für amerikanischen Temperguß
Zugfestigkeit nicht weniger als	31,5 kg/mm²	31,5 kg/mm²
Dehnung „ „ „	5%	7,5%
Biegewinkel „ „ „	45°	90°

Zur Feststellung des Biegewinkels werden Flachstäbe ($^3/_8 \times 1 \times 8'' = 9{,}5 \times 25{,}4 \times 203{,}2$ mm) um einen Dorn mit einem Radius von 1″ (= 25,4 mm) gebogen, bis der erste Riß auftritt.

Im Falle, daß ein Probestab augenscheinliche Form- bzw. Gießfehler aufweist und kein weiterer Ersatzstab mehr zur Verfügung steht, so hat der Hersteller die Wahl, einen oder mehrere fertige Abgüsse einer Bruchprobe zu unterwerfen oder aus denselben Proben für den Zug- oder Biegeversuch zu entnehmen. Wenn der Versuch oder die Proben den Anforderungen genügen, so gelten die entsprechenden Abgüsse als abgenommen.

3. Bei Abgüssen bis zu einem Gewicht von 12,8 kg sollen die Probestäbe nicht unmittelbar angegossen werden; bei größerem Stückgewicht kann dies auf Wunsch des Bestellers und nach Vereinbarung mit dem Hersteller geschehen. Alle einzeln hergestellten Probestäbe sollen in grüne Sandformen aus derselben Pfanne gegossen werden wie die ihnen entsprechenden Abgüsse. In allen Fällen sollen die Probestäbe mit den Abgüssen zugleich und in gleicher Weise geglüht werden.

[1] British Standard Specifications for malleable iron castings Nr. 309 und 310 aufgestellt 1923, erweitert Nov. 1927.

4. Die Probestäbe sollen die auf Abb. 354 angegebenen Abmessungen besitzen.
5. Auf je 1 t Abgüsse soll ein Zerreiß- und ein Biegestab geprüft werden.
6. Die Abgüsse sollen fachgemäß ausgeführt sein, gutes Aussehen haben und handelsüblich mit den von dem Besteller gelieferten Modellen oder Zeichnungen übereinstimmen. Die Abgüsse sollen frei sein von Gasblasen und anderen schädlichen Mängeln und sich leicht mit einer Schnittgeschwindigkeit von etwa 27,4 m/min bearbeiten lassen.

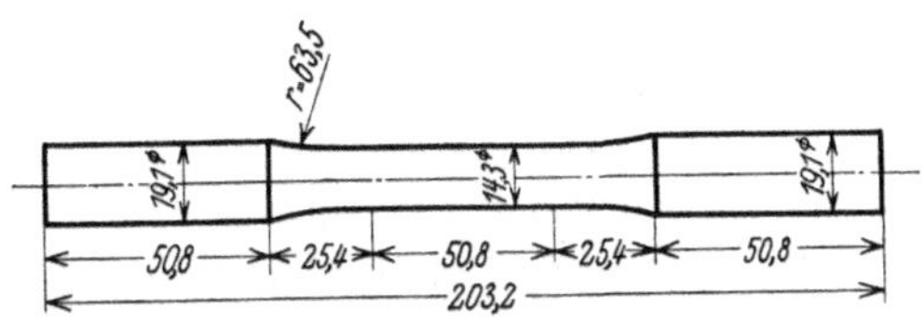

Abb. 354. Englischer Normalzerreißstab.

In Frankreich besteht noch keine allgemein anerkannte Liefervorschrift für Temperguß; nach Angaben des französischen Fachschrifttums beträgt die Zugfestigkeit des französischen geglühfrischten Tempergusses ungefähr 32 bis 40 kg/qmm bei einer Dehnung von 2 bis 4%[1]. Die Hauptmenge Temperguß wird auch dort aus dem Kupolofen gegossen und auf weißen Bruch geglühfrischt. Nur wenige Gießereien erzeugen im Flammofen und auch Kupolofen Schwarzkernguß mit erhöhter Dehnung[2].

Auch in Italien, wo allerdings zur Zeit nur verhältnismäßig geringe Mengen Temperguß in dem nördlichen Industriegebiet hergestellt werden, sind Bestrebungen im Gange, Normen für Temperguß aufzustellen. Es ist anzunehmen, daß hierbei etwa die gleichen Zahlenwerte festgelegt werden, wie sie die deutsche Normung vorsieht.

Ebenfalls werden in der Tschechoslowakei diese Fragen behandelt, wo eine Anzahl Gießereien Temperguß im Kupol- und Siemens-Martin-Ofen erschmelzen und dabei die Festigkeitswerte erreichen, wie sie in Deutschland üblich sind.

7. Bohrguß.

Eine Abart des eigentlichen Tempergusses bildet der Bohrguß, der seinen Namen dadurch erhalten hat, daß aus ihm so gut wie ausschließlich Hohlschlüssel hergestellt werden, deren Schaft am unteren Teil eine Bohrung erhält. Dieses Ausbohren soll möglichst leicht unter geringstem Kraftaufwand vor sich gehen, weshalb hierfür ein besonderes Schmelz- und Glühverfahren ausgebildet wurde. Dieses beruht darauf, durch geeignete chemische Zusammensetzung des Rohgusses ein kurzes billiges Glühen zu ermöglichen, das einen äußerst weichen Kern der Abgüsse ergibt.

Um dies zu erreichen, ist ein niedriger Schwefelgehalt des Rohgusses erforderlich, weshalb zu seiner Erschmelzung der Tiegel-, Ölflamm- und Siemens-Martin-Ofen benutzt wird, während der Kupolofen wegen der unvermeidlichen großen Zunahme des Schwefelgehaltes des erschmolzenen

[1] Busquet, Camille: La fabrication de la fonte malléable. Paris 1929.
[2] Fonderie Mod. 1927, S. 45/51; Gieß. 1927, S. 286.

Gusses bisher keine Anwendung gefunden hat. Als Roheisen wird ausschließlich ein Sondereisen der Duisburger Kupferhütte verwendet, das die Bezeichnung Bohrgußeisen trägt. Es besitzt folgende chemische Zusammensetzung: 4,0 bis 4,2% C, 2,5 bis 3,2% Si, 0,2 bis 0,3% Mn, 0,05 bis 0,06% P, 0,01 bis 0,02% S, 0,1 bis 0,15% Cu; der Bruch der Roheisenmasseln besitzt ein grobes loses Korn, im Gegensatz zu dem feinkörnigen Tempergußroheisen.

Dieses Eisen wird mit dem eigenen Entfall der „Bohrgußtrichter" zusammengeschmolzen, wodurch ein Rohguß folgender chemischer Zusammensetzung erhalten wird: 2,8 bis 3,2% C, 1,4 bis 1,6% Si, 0,2 bis

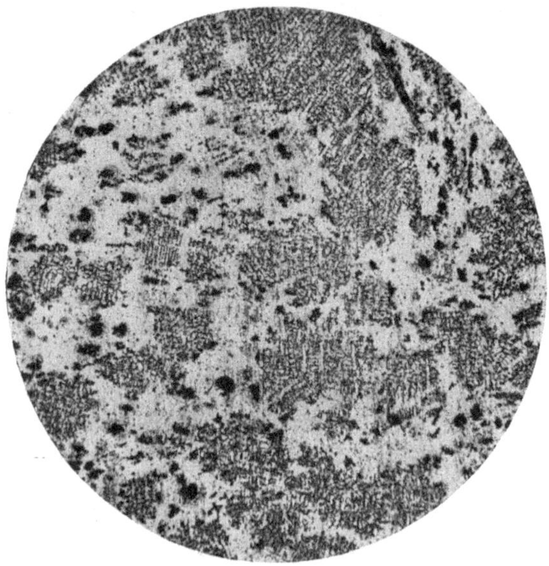

Abb. 355. Graphit und Temperkohle im Bohrguß. (× 100)

0,3% Mn, 0,05 bis 0,06% P, 0,04 bis 0,06% S. Der Kohlenstoffgehalt wird hoch gehalten, um ein dünnflüssiges Eisen zu bekommen, was notwendig ist, um auch Schlüsselchen herab bis zu 0,002 kg Stückgewicht und einem Schaftdurchmesser von 1 mm gießen zu können. Die Gießbarkeit des Eisens wird auch durch den hohen Siliziumgehalt günstig beeinflußt, der gleichzeitig auch eine möglichst große Temperkohleausscheidung bezweckt. Bei Bohrgußstücken mit Wandungen über 3 bis 4 mm enthält der Rohguß meistens geringe Graphitausscheidungen, die allerdings mit dem bloßen Auge kaum sichtbar sind; Abb. 355 zeigt diese kleinen Graphitäderchen in hundertfacher Vergrößerung in einem Schlüsselschaft von 4 mm Durchmesser.

Da an diese Abgüsse keine besonderen Ansprüche bezüglich der Festigkeit gestellt werden und da die äußeren Schichten infolge der raschen oberflächlichen Abkühlung des Rohgusses überhaupt keine wesentlichen Graphitmengen enthalten, so sind diese geringen Graphitgehalte für den Verwendungszweck unschädlich; sie beeinflussen aber sehr günstig den Glühvorgang, indem sie als Keime für die Temperkohleausscheidung wirken und ein sehr kurzes Glühen ermöglichen. Infolge des hohen Kohlenstoff- und Siliziumgehaltes erstarren die etwa 10 bis 12 mm dicken „Stangen" (Läufe) grau, während die dünnen Abgüsse rein weißes Bruchaussehen besitzen.

Zur Herstellung der Formen werden Abhebe-Preßformmaschinen oder auch das sog. „Amerika-Formen" (s. S. 206) benutzt. Bei ersteren

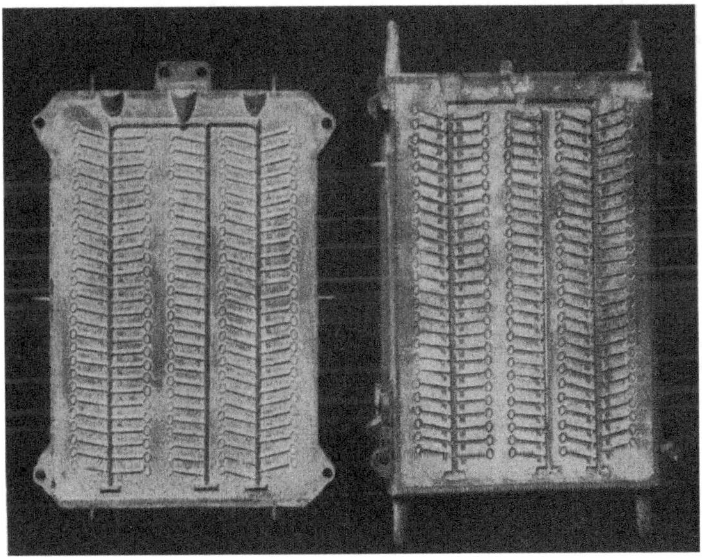

Abb. 356. Form für Bohrguß-Schlüssel.

wird meistens in „Flaschen" gegossen, bei welchen 12 bis 16 der flachen Formkasten in Pressen aufrecht gestellt abgegossen werden; hierdurch wird das leichte Auslaufen der Formen begünstigt. Abb. 356 zeigt eine solche Modellplatte mit 130 Schlüsseln. Die Leistung der angelernten Maschinenformer beträgt hierbei etwa 80 bis 85 Kasten je einen Mann in 8 Stunden Arbeitszeit, wobei dieser das Gießen, Abklopfen der vielen Abgüsse von den Stangen und das Sandwerfen des Haufensandes selbst ausführen muß.

Das Glühen des Rohgusses wird, wie schon erwähnt, in sehr kurzer Zeit ausgeführt: Bei kleinen Temperöfen und Tempertöpfen genügt ein Anheizen von 12 bis 16 Stunden auf eine Vollhitze von etwa 950°, die während 12 Stunden eingehalten wird; das Abkühlen bis auf Dunkelrotglut erfordert etwa 12 bis 16 Stunden, so daß der ganze Glühvorgang gewöhnlich in 36 bis 44 Stunden durchgeführt wird. Bei genauer Einhaltung der Glühtemperaturen und richtiger chemischer Zusammensetzung des Rohgusses kann man auch mit 6 Stunden Vollhitze auskommen.

Als Glühmittel wird gewöhnlich altes Tempererz oder auch Quarzsand benutzt. Die Glühatmosphäre enthält immer noch so viel Sauerstoff, daß die Oberfläche in dünner Schicht entkohlt wird. Der natürliche Bruch eines Schlüsselschaftes aus Bohrguß zeigt daher einen entkohlten Rand mit einigen Zentel Millimeter Dicke, der den grauschwarzen Kern umgibt. Die Oberfläche besteht aus Ferrit mit etwas Perlit, während der „faule Kern" Graphit und Temperkohle enthält, die in der Grundmasse aus Ferrit eingebettet sind.

Die Herstellung des Bohrgusses wird nur von einigen wenigen Gießereien ausgeführt, die im Bezirk Velbert/Rheinland, Wald-Solingen und in Westfalen liegen. Trotz der Kleinheit der Abgüsse kommen einzelne Gießereien hierbei doch auf einen Monatsumsatz von über 100 t fertigen Guß mit einer täglichen Erzeugungsmenge von über 1 Million Schlüssel.

IV. Anlage von Tempergießereien.

Die Tempergießerei unterscheidet sich von der Graugießerei durch die Angliederung der Temperei sowie dadurch, daß es sich bei den Abgüssen meistens um kleine Ware handelt, die auf einfachen Formmaschinen hergestellt wird. Handformerei gelangt nur bei verhältnismäßig wenigen Stücken zur Anwendung, und Großformerei, die schwerere Hebezeuge und Trockenvorrichtungen der Formen benötigt, kommt für Temperguß überhaupt nicht in Betracht. Da die Erzeugung dieser Gußart auch heute noch in zahlreichen kleinen Betrieben in handwerksmäßiger Art (besonders in Rheinland-Westfalen) durchgeführt wird, so trifft man häufig Gießereianlagen, die mit den einfachsten Einrichtungen ausgestattet sind.

Vielfach wird eine Tempergießerei im Anschluß an eine Grau- oder Stahlgießerei betrieben. Es ist jedoch sehr zweckmäßig, diese Gießereiabteilungen räumlich zu trennen, damit nicht die verschiedenen Arten von Gußwaren und deren Eingüsse und sonstigen Abfälle miteinander vermengt werden können. Andererseits gibt es aber auch kleinere Gießereibetriebe, die infolge ihres geringen Umsatzes gezwungen sind, in demselben Kupolofen abwechselnd Grau- und Temperguß zu erschmelzen; dies muß aber stets nur als Notbehelf angesehen werden. In diesem Falle wird gewöhnlich zuerst der Grauguß geschmolzen, dann läßt man die Beschickung des Ofens vollständig heruntergehen, gibt frischen Füllkoks und stellt das Gebläse ab, bis der Ofen mit den Tempergußsätzen neu beschickt ist.

Die einzigen größeren Stücke, die für den Guß in einer Tempergießerei in Betracht kommen, sind die Tempertöpfe, die meistens ein Stückgewicht von 400 bis 600 kg besitzen. Die Formen hierfür werden nur in seltenen Fällen getrocknet und meistens unmittelbar im Gießereiboden hergestellt. Falls in der Gießerei kein Laufkran auch für andere Zwecke vorhanden ist, so kann ein einfacher Flaschenzug u. dgl. bei dieser Formerei und zum Wegschaffen der Tempertöpfe gute Dienste leisten.

Den Grundriß einer kleinen Tempergießerei, die mit den einfachsten, aber notwendigsten Hilfsmitteln ausgerüstet ist und die Erzeugung von etwa 40 t Temperguß im Monat gestattet, zeigt Abb. 357. Die Anlage besteht aus einem Hauptschiff, in welchem sich die Formerei,

Glüherei, Fertigmacherei und der Versand befinden, und einem niedrigeren Seitenschiff, in welchem die Büroräume, Rohgußputzerei, Schmelzerei, Sandaufbereitung und Kernmacherei Aufnahme gefunden haben. Bei späterer Umsatzsteigerung kann die Gießerei an der einen Stirnseite ohne jede Betriebsstörung verlängert werden. Die Räume an der anderen Stirnseite sind zweistöckig ausgeführt, um in dem oberen Stockwerk die Modellplattenmacherei, Modellager und die Vorräte für den allgemeinen Gießereibedarf unterzubringen. Die weiteren Einzelheiten

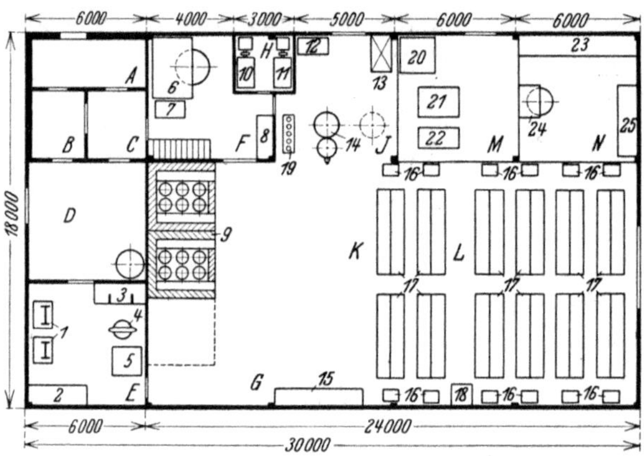

Abb. 357. Grundriß einer Tempergießerei für 40 t Monatserzeugung.

A Auftragsannahme,
B Meisterbüro,
C Lohnbüro,
D Versand,
E Fertigmacherei,
F Gußputzerei,
G Glüherei,
H Gebläseraum,
J Schmelzerei,
K Handformerei,
L Maschinenformerei,
M Formsandaufbereitung,
N Kernmacherei,

1 2 Schleifmaschinen,
2 1 Kontrolltisch,
3 1 Feilbank,
4 1 Amboß,
5 1 Schmiedefeuer,
6 1 Sandstrahlgebläse,
7 1 Putztrommel,
8 1 Sortiertisch,
9 2 Kammerglühöfen mit einfacher Rostfeuerung,
10 1 Gebläse für Sandstrahl,
11 1 Gebläse für Kupolofen,
12 1 Gattierungswaage,

13 1 senkrechter Aufzug,
14 1 Kupolofen,
15 1 Formbank,
16 12 Formmaschinen,
17 Gußformen,
18 Vorglühofen,
19 Pfannenfeuer,
20 Kollergang,
21 Siebmaschine,
22 Schleuder,
23 Kernmacherbank,
24 Kerntrockenofen,
25 Kern-Ablegegestelle.

der Einrichtung der Gießerei sind aus der dem Grundriß beigegebenen Erklärung zu ersehen.

Der Grundriß einer Tempergießerei für eine Monatserzeugung von etwa 80 t Temperguß ist auf Abb. 358 dargestellt. Die Anlage besteht aus einem mittleren Hauptschiff mit einer lichten Höhe von 10 m und 2 Nebenschiffen von 6 m Höhe; in ersterem befindet sich die Gießerei und Glüherei, in den letzteren die Nebenbetriebe, Büro-, Wasch- und Lagerräume, wie der Erläuterung zu entnehmen ist. Die Anfuhr der Roh- und Hilfsstoffe erfolgt mittels des an der Nordseite liegenden Eisenbahn-Anschlußgeleises, das auch zum Waggonversand der Fertigware benutzt wird. Im Schmelzraum ist ein Kohlenstaub-Drehofen mit Staubmühle untergebracht; seine auf der Stirnseite befindliche Abstichrinne ragt in die Gießhalle hinein, so daß mit Hilfe des 5-t-Laufkranes bei Bedarf der ganze Ofeninhalt in eine Kranpfanne abgestochen werden kann.

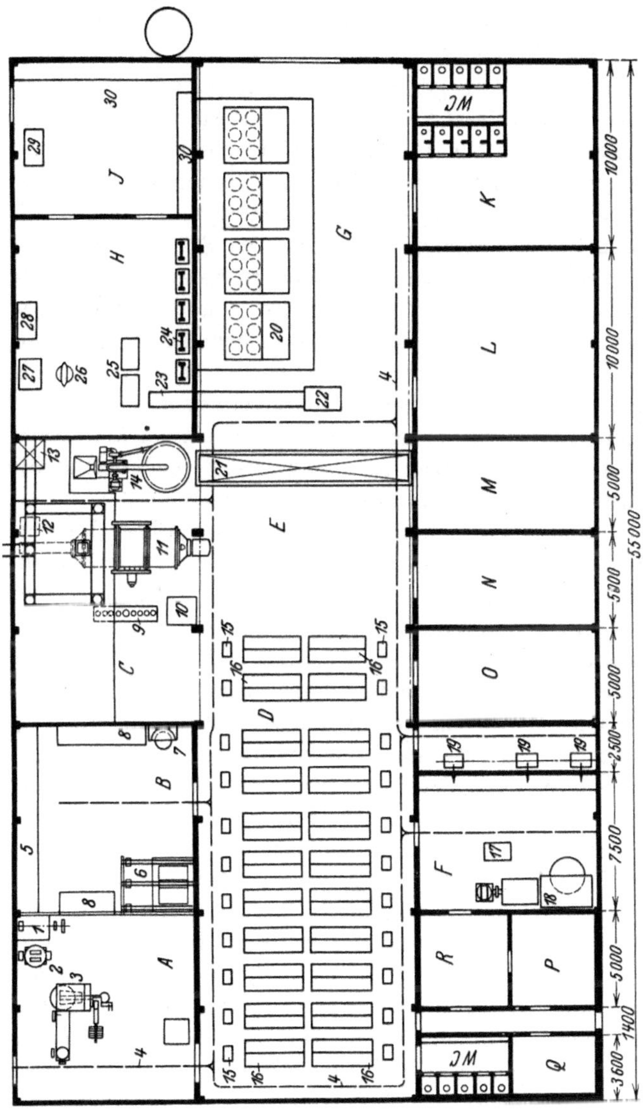

Abb. 358. Grundriß einer Tempergießerei für 80 t Monatserzeugung.

A Sandaufbereitung, *B* Kernmacherei, *C* Schmelzraum, *D* Maschinenformerei, *E* Handformerei, *F* Putzerei, *G* Glüherei, *H* Fertigmacherei, *J* Versand, *K* Arbeiterwaschraum, *L* Magazin, *M* Modellplattenlager, *N* Modellplattenmacherei und Modellschlosserei, *O* Reparaturschlosserei, *P* Lohnbüro, *Q* Auftragsannahme, *R* Meister, *1* Elektromotore, *2* Kollergang, *3* Siebmaschine und Schleuder, *4* Handhängebahn, *5* Kernmacherbank, *6* Kerntrockenofen, *7* Kerntrockenofen, *8* Gestelle, *9* Pfannenfeuer, *10* Vorglühöfen, *11* Brackelsbergofen, *12* Gattierungswaage, *13* Gichtaufzug, *14* Kohlenstaubmahlanlage, *15* Formmaschinen, *16* Gußformen, *17* Waage, *18* Sandstrahlgebläse mit Kompressor, *19* 3 Rommelfässer mit Antrieb, *20* 4 Kammerglühöfen, *21* Laufkran 3 t Tragkraft, *22* Erzsiebmaschine, *23* Leseband, *24* 5 Schleifmaschinen, *25* Blankscheuertrommeln, *26* Amboß, *27* Schmiedefeuer, *28* Richtpresse, *29* Waage, *30* Gestelle.

Auf diese Weise ist es möglich, auch schwere Gußstücke aus Sondereisen, Tempertöpfe u. dgl. bequem zu gießen.

Die Formerei ist mit einer Handhängebahn ausgerüstet, die den Wänden entlang und mit Anschlüssen in die Sandaufbereitung, Kernmacherei, Gußputzerei, Glüherei und Schmelzerei geführt ist. Sie dient zum Fördern des Modell- und Altsandes, des Rohgusses und der Eingüsse und Trichter; letztere werden auf dem in der Nähe der Gattierungswage befindlichen Trichterstapelplatz abgeworfen. Der Laufkran wird auch zur Beschickung der Temperöfen benutzt, die als Tieföfen ausgeführt sind und nach Abheben der Deckengewölbe mit den Tempertöpfen beschickt werden. Die Töpfe mit fertiggeglühter Ware werden mit dem Kran über der Erzsiebmaschine entleert. Aus dieser fallen die vom Tempererz befreiten Gußstücke unmittelbar auf einen Wandertisch, auf welchem sie verlesen werden, indem die Arbeiter die Abgüsse je nach Art und Größe von Hand in Blechbehälter werfen, die mit Hubwagen zu den Schleifsteinen bzw. Rommelfässern gefahren werden. Die Stücke, die weder geschliffen noch gerommelt werden müssen, wandern bis zu den am Ende des Tisches aufgestellten Behältern und werden von dort mit Hubwagen zu etwaigen Nacharbeiten oder in den Versandraum gebracht.

Es sei noch besonders darauf hingewiesen, daß es sehr zweckmäßig ist, die Büroräume möglichst nahe der Gußputzerei anzuordnen, damit ein leichtes Zusammenarbeiten der Auftragsannahme mit der Lohnbuchhaltung d. h. mit den Aufstellungen der Gußputzerei über die an die Glühöfen abgelieferten Gußwaren gewährleistet ist. —

Ähnlich wie in Amerika fanden auch in den deutschen Tempergießereien mit genügend großem Umsatz in den letzten Jahren die Anlagen zur fließenden Fertigung immer mehr Eingang. Es ist aber nicht möglich, an dieser Stelle alle für eine solche Mechanisierung des Betriebes in Betracht kommenden Hilfsmittel zu erläutern. Es sollen daher nur einige diesbezügliche Ausführungsbeispiele besprochen werden.

Abb. 359 zeigt eine Anlage zur Herstellung von Kettengliedern[1] in fließender Fertigung. Der im Vordergrund sichtbare Formkastenwandertisch besitzt einen Achsenabstand von 35 m und bewegt sich mit Hilfe eines regelbaren Elektromotors von 2 PS mit einer Geschwindigkeit von 24 bis 32,5 mm/sek. vorwärts. Seine Leistungsfähigkeit beträgt hierbei 80 bis 109 Formkasten (420 × 350 mm) in der Stunde, die auf 4 Druckluft-Preßformmaschinen hergestellt werden. Diese erhalten den Formsand in einer für die Formkastengröße durch die Form der Auslaufschurren genau bestimmten Menge mechanisch zugeteilt, wobei der gesamte Formsand durch ein Stahlband in die über den Formmaschinen aufgestellten Sandbunker gebracht wird. Der beim Abstreichen der Formkasten zu Boden fallende Sand fällt durch einen Rost in eine Förderschnecke, die unter den 4 Formmaschinen eingebaut ist und den überschüssigen Sand in das vorne sichtbare Becherwerk fördert, von welchem er vermittels des Stahlbandes den Bunkern wieder zugeführt wird.

Die Formkasten werden auf dem hinteren Teil des Wandertisches abgegossen und danach in wagerechter Lage auf dessen unterem Strang zurückgebracht, wobei eine Kühlzeit von mindestens 18 Minuten bis

[1] Tempergießerei der A. Stotz A.G. in Kornwestheim.

zum Entleeren zur Verfügung steht. Ist der abgegossene Formkasten zum vorderen Ende zurückgekehrt, so wird er selbsttätig in Schräglage gebracht, so daß er mühelos durch einen Arbeiter auf den Schüttelrost geschoben werden kann, durch dessen Bewegung der Sand auf den darunter befindlichen Blechbrückenförderer hindurchfällt und danach zur Sandaufbereitung gefördert wird. Diese hat stündlich 6,7 cbm Einheitssand aufzubereiten. Der auf dem Rost zurückbleibende Guß wird von Hand in Wagen gebracht, die ihn zur Gußputzerei bringen. Die Formkasten werden auf eine (links auf der Abb. 359 sichtbare) Rollbahn gelegt und gleiten auf derselben zu den Formmaschinen zurück.

Abb. 359. Tempergießerei mit fließender Fertigung.

Eine solche Anlage für fließende Fertigung ist nur bei Ausnutzung in vollem Dauerbetrieb wirtschaftlich. Ihre Aufstellung kommt also nur dann in Betracht, wenn der nötige Umsatz dauernd vorhanden ist, sowie die nötige Anzahl geeigneter Modellplatten für Massenware und während des ganzen Arbeitstages geeignetes flüssiges Eisen zur Verfügung steht. Da die beschriebene Anlage bis zu 872 Formkasten in einem Arbeitstage von 8 Stunden leistet, so entspricht dies einem vergossenen Gewichte von etwa 4 bis 5 t Eisen.

Den Grundriß einer neuzeitlich eingerichteten Tempergießerei mit einer Erzeugung von 8 t im Tag = 240 t im Monat gibt Abb. 360 wieder. Die Anlage besteht aus einem erhöhten Mittelschiff für die Formerei und Gießerei und 2 Seitenschiffen für die Nebenabteilungen; die Verteilung der einzelnen Räume ist aus der Erklärung der eingeschriebenen

Nummern zu ersehen. Im Schmelzraum sind 4 Kupolöfen aufgestellt; von diesen dient ein Paar zum Erschmelzen des für die Fließanlage

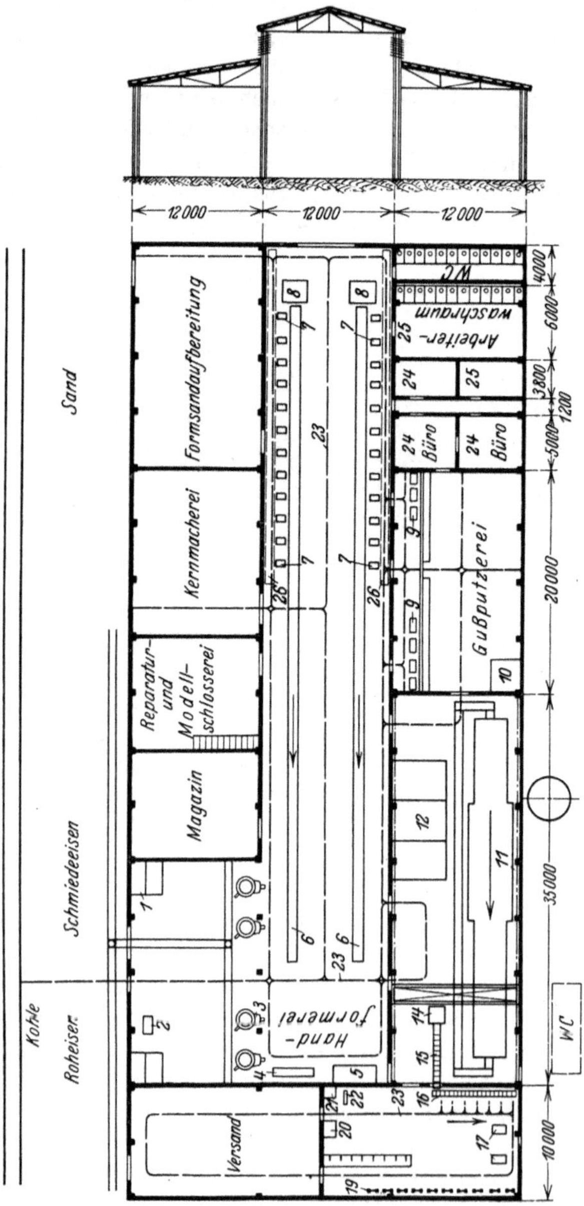

Abb. 360. Grundriß einer Tempergießerei für 240 t Monatserzeugung.

1 2 senkrechte Aufzüge, *2* 1 Gattierungswaage, *3* 4 Kupolöfen, *4* 1 Pfannenofen, *5* 1 Vorglühofen, *6* 2 Wandertische, *7* 24 Formmaschinen, *8* 2 Rüttelroste, *9* 7 Putztrommeln, *10* 1 Sandstrahlgebläse, *11* 1 Tunneltemperofen, *12* 3 Kammeröfen, *13* 1 Laufkran 3 t Tragkraft, *14* 1 Siebmaschine, *15* 1 Transportband, *16* 1 Leseband, *17* 2 Scheuertrommeln, *18* Feilbank, *19* 10 Schleifmaschinen, *20* 1 Richtpresse, *21* 1 Schmiedefeuer, *22* 1 Amboß, *23* Hängebahn, *24* 4 Büroräume, *25* Arbeiterwaschraum, *26* Sandzuführungsband.

erforderlichen Eisens. Jeden Tag steht einer dieser Öfen mit einer stündlichen Leistung von 2,5 bis 3 t im Dauerbetrieb von 8 Arbeitsstunden. Über die Mittagspause wird der Ofen eine halbe Stunde abgestellt. In dem anderen Ofenpaare wird das Eisen für die Handformer, vor allem für die Tempertöpfe, und sonstiges Sondereisen erschmolzen; es dient gleichzeitig als Reserve für die erstgenannten Öfen. In der Formerei sind 2 Wandertische mit einer Länge von je 59 m vorhanden, für welche insgesamt 24 Formmaschinen arbeiten. Diese erhalten den erforderlichen Formsand durch ein über ihnen laufendes Stahlband zugeführt. Da jeder Former in der Stunde 50 Kastenhälften formt, werden auf jedem Band 300 Formkasten/st hergestellt und abgegossen. Die Formen gehen auf dem unteren Strang des Bandes in 26 Minuten zu dem Ausschlagroste; es ist jedoch möglich, die Geschwindigkeit des Bandes und damit die

Abb. 361. Hängebahn mit Kippschaukeln.

Leistungsfähigkeit der ganzen Anlage um 25% zu erhöhen, ohne die erforderliche Mindestkühlzeit von 20 Minuten zu unterschreiten.

Der Rohguß wird auf Kippwagen einer Handhängebahn in die Gußputzerei gebracht und nach der Reinigung in die Glühhalle. Dort befindet sich ein Tunnelofen zum Glühen des Normalumsatzes von 210 t im Monat, sowie 3 Kammeröfen mit einer Leistungsfähigkeit von je 20 t im Monat zur Glühung von Sonderguß und Aufnahme der Spitzenleistung der Formerei. Die geglühten Tempertöpfe werden mittels Laufkrans über der Erzsiebmaschine entleert. Diese läßt den Guß unmittelbar auf ein Blechbrücken-Förderband fallen, das ihn in die Fertigmacherei bringt. Dort wird er auf einem Leseband ausgesucht und in Hängebahnwagen verteilt, die ihn, je nach Art der Abgüsse, zu den Blankscheuertrommeln, den Schleifmaschinen, Feilbänken, der Richterei und dem Versand zuführen. Diese Hängebahnwagen[1] sind ähnlich Abb. 361 so ein-

[1] Ausgeführt von der A. Stotz A.G., Stuttgart.

gerichtet, daß sie durch entsprechende Einstellung selbsttätig an dem Bestimmungsort kippen und ihren Inhalt da entleeren, wo er weiter bearbeitet wird. Diese Kippwagen dienen auch dazu, die Eingüsse, Trichter und Ausschußstücke zu den Kupolöfen zurückzufahren, wo sie in unmittelbarer Nähe der Gattierungswage abgeworfen werden.

Bei älteren Tempergießereien kann es häufig sehr vorteilhaft sein, die Fördermittel neuzeitlich zu gestalten; diese sind so vielseitig, daß sie nicht alle hier aufgezählt werden können. Bei guten Bodenverhältnissen leisten Elektrokarren sehr gute Dienste; bei schlechter Bodenbeschaffenheit werden jedoch die Instandhaltungskosten dieser Wagen bald

Abb. 362. Rollbahn zum Beladen und Entladen von Eisenbahnwagen.

zu groß. Sehr vielseitig läßt sich eine gute Hängebahn verwenden; auch Rollbahnen werden häufig benutzt. Diese eignen sich besonders gut zum Entladen und Beladen von Eisenbahnwagen, wofür Abb. 362 ein Beispiel gibt.

Eine sehr vorteilhafte Vereinigung der verschiedensten Fördermittel wurde in der Glüherei einer unserer bedeutendsten Tempergießereien, der Firma Meier & Weichelt, Leipzig, durchgeführt. Abb. 363 gibt die Dispositionszeichnung für die dortige Tempererzaufbereitungs- und Verteilungsanlage, in welcher das gebrauchte Erz vollständig von Staub gereinigt und mit neuem Erz in bestimmtem Verhältnis gemischt wird. Die Tempertöpfe werden nach erfolgter Glühung durch einen Laufkran über das Schüttelsieb *a* gebracht und dort ausgeschlagen. Das Tempererz fällt durch dieses Sieb hindurch in einen Zwischenbunker *b* und von diesem auf einen unter Flur liegenden Tellerbeschicker, von dem es durch einen Abstreifer in gleichmäßigem Fluß in eine Waschtrommel *c* geleitet wird. Diese liegt etwa bis zum halben Durchmesser im Wasser; durch ihre Drehung werden 4 bis 5 m³ Erz in der Stunde gewaschen und in den Bunker *d* befördert. Der entstandene Erzschlamm setzt sich in dem Behälter *e* ab, der von Zeit zu Zeit nach Herausheben mit dem Kran entleert wird. Das gewaschene Erz fällt auf den Tellerbeschicker *h*, der gleichzeitig auch eine genau einstellbare Menge frisches Tempererz aus dem Bunker *f* mittels des Zuteilers *g* zugeführt erhält. Die Mischung von Alt- und Neuerz wird mit dem Becherwerk *k* auf das Förderband *l* gehoben und von diesem auf das Förderband *m* gebracht, von dem es durch geeignete Abstreifer in die Bunker geleitet wird. Abb. 364 gibt eine Ansicht dieser Bunker, von denen das Erz mittels Schieber in die untergestellten Tempertöpfe abgezogen wird.

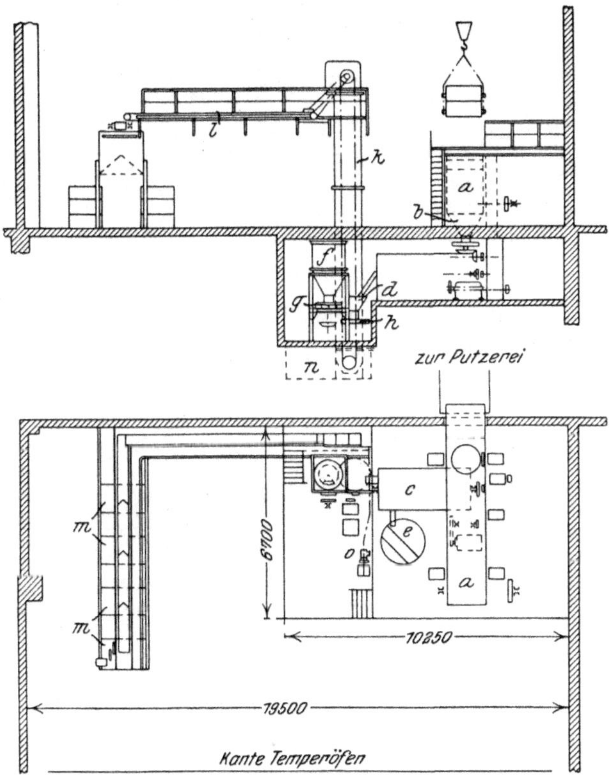

Abb. 363. Tempererzaufbereitungs- und Verteilungsanlage.

Die Bedienung der Anlage ist sehr einfach und erfolgt durch einen Mann; mit Hilfe des Kranführers und acht weiteren Mann können für einen Monatsumsatz von 600 t Guß die Tempertöpfe geleert und gepackt werden, wozu eine Grundfläche von nur 200 m² erforderlich ist.

Die durch das Schüttelsieb abgesonderten Gußstücke fallen auf einen 13 m langen Blechbrückenförderer, durch den sie in die Fertigmacherei gebracht werden, wie dies Abb. 365 veranschaulicht. Dieses Band kann je nach Bedarf mit zwei verschiedenen Geschwindigkeiten von 0,05 und 0,13 m in der Sekunde laufen, je nachdem kleinere oder größere Abgüsse zu befördern sind; es dient gleichzeitig als Leseband, indem auf dem Förderweg die Abgüsse entsprechend ihrer Weiterverwendung ausgelesen werden.

Der Schuttabfuhr ist bei allen Gießereien große Aufmerksamkeit zu schenken, da sie stets mit erheblichen Kosten verbunden ist. Sehr zweckmäßig ist hierfür eine Anlage[1] nach Abb. 366, bei welcher der ganze aus der Gießerei kommende Schutt in einen auf ebener Erde liegenden Trichter geschüttet wird; aus diesem wird er mittels Becherwerkes in einen hochstehenden Bunker befördert, wobei gleichzeitig durch eine Magnettrommel alle Eisenstücke ausgeschieden werden. Der Bunker läuft nach unten in einen Trichter aus, unter dessen Öffnung nach Bedarf Wagen gefahren werden, in die der Schutt abgelassen wird.

Abb. 364. Tempererzbunker.

Abb. 365. Blechbrückenförderband.

Der Bodenbedarf einer Tempergießerei einschließlich sämtlicher Nebenräume, wie Modellplattenmacherei, Modellplattenlager, Reparatur-

[1] Ausgeführt von der A. Stotz A.G., Stuttgart.

schlosserei, Gießereivorratsraum, Büros, beträgt bei älteren Betrieben für Kleinguß 2 bis 3 m² für 1 t Jahreserzeugung. Können einige Nebenräume wie bei der auf Abb. 357 im Grundriß dargestellten Tempergießerei im Obergeschoß untergebracht werden, so kann der Grundflächenbedarf auf 1,35 m² für 1 t Jahreserzeugung herabgedrückt werden. Bei größeren, neuzeitlich mit fließender Fertigung arbeitenden Gießereien kann dieser Bodenbedarf zu 0,9 bis 1,2 m² angenommen werden. Der Anteil der verschiedenen Räume einer Tempergießerei an der Grundfläche geht überschlägig aus Zahlentafel 53 hervor; in derselben ist auch noch die Grundfläche der Nebenräume, bezogen auf die Formereigrundfläche in Anteilen vom Hundert, angegeben.

Abb. 366. Schuttabfuhranlage mit Eisenrückgewinnung.

Bei einer gut eingerichteten Tempergießerei mit günstiger Massenware kann man damit rechnen, daß auf je 1 Arbeiter der Gesamtbelegschaft eine Erzeugungsmenge von 1 t gutem Guß im Monat kommt; bei ungünstigen Abgüssen und Betriebsverhältnissen kann die Erzeugungsmenge bis auf 0,5 t je Arbeiter zurückgehen.

Zahlentafel 53. Anteile der Unterabteilungen einer Tempergießerei an der Grundfläche.

	Anteil an der Grundfläche %	Grundfläche der Nebenräume bezogen auf die Formereigrundfläche %
Formerei und Gießerei	etwa 41	—
Sandaufbereitung . .	4	etwa 10
Kernmacherei	6	15
Schmelzerei	2	5
Rohgußputzerei . . .	6	14
Glüherei	15	37
Fertigmacherei . . .	4	10
Versand	3	7
Modellplattenmacherei	2	5
Modellplattenlager . .	2	5
Reparaturschlosserei .	4	10
Gießereivorratsraum .	2	5
Arbeiter-Wasch- und -Umkleideraum . .	5	12
Büro	2	5
Laboratorium	2	5
Summe	100	145

V. Selbstkostenberechnung.

In der Praxis stößt man immer wieder auf Verkaufspreise von Temperguß, die dem Fachmann wegen ihrer Billigkeit rätselhaft sind. Bei öffentlichen Ausschreibungen, z. B. von Eisenbahnbedarf, wurden Preise abgegeben, die zwischen RM. —,60 und —,86/kg schwankten, was einen Unterschied von 43% des billigsten Preises ausmacht! In diesen wie auch vielen anderen praktischen Fällen lassen sich solche abweichende Angebotspreise nur durch eine falsche Kalkulation erklären bzw. dadurch, daß überhaupt keine sachgemäße Kostenberechnung zur Preisabgabe angestellt worden ist. Von den Tempergießereien, die eine genaue Vor- und Nachrechnung ihrer Selbstkosten vornehmen, wird dauernd ernstlich darüber geklagt, daß offenbar noch der größte Teil der Gießereien die Verkaufspreise nur nach ganz roher Schätzung oder nach dem Gesichtspunkt abgeben, den Wettbewerber zu unterbieten, was der ganzen Tempergußindustrie zum größten Schaden gereicht. Eine ganze Reihe von solchen Tempergießereien, die als dauernde Preisverderber bekannt waren, mußten diesen großen Fehler mit ihrem Eingehen büßen.

Es sollte daher für jeden Betrieb eine Selbstverständlichkeit sein, daß er seine eigenen Selbstkosten für die verschiedenen Gußarten, die er erzeugt, genau kennt und vor jeder wichtigen Preisabgabe eine Vorberechnung der Kosten vornimmt. Je nach der Art, wie diese Vorberechnung vorgenommen wird, kann man bei den gleichen Gußstücken und völlig gleichartigen Betrieben zu wesentlich verschiedenen Gestehungskosten gelangen. Es soll daher hier ein allgemeines Schema empfohlen werden, das sich an die Berechnungsweise von Graugußstücken nach der Harzburger Druckschrift[1] möglichst eng anlehnt. Zu einer richtigen Erfassung der Gestehungskosten muß jede Buchführung die folgenden Einzelposten getrennt buchen und in bestimmten Zeitabschnitten zusammenstellen:

I. Sämtliche Kosten, die zur Erzeugung des flüssigen Eisens bis zu dessen Abstich entstehen, wobei diese Kosten, wie die der übrigen Gruppen, auf 100 kg gute Ware umgerechnet werden und die Bezeichnung „Eisenwert“ erhalten.

II. Fertigungslöhne, als welche die Former-, Kernmacher- und Putzerlöhne betrachtet werden.

---

[1] Verfaßt von A. Seidel, Chemnitz, herausgegeben vom „Verein Deutscher Eisengießereien“, Düsseldorf, 4. Aufl. 1925.

III. Betriebsunkosten, welche sämtliche Hilfsstoffe einschließlich Kraft und Licht, sowie die Löhne der Hilfsarbeiter (ausgenommen die der Glüherei und Schmelzerei) und Gehälter der Meister und Betriebsbeamten umfassen.

IV. Temperkosten, welche alle Auslagen darstellen, die das Glühen der Ware, einschließlich Glühofeninstandhaltung und Amortisation, abzüglich etwaigen Rückgewinnes durch verkauftes Tempererz und Glühtopfabfälle, ohne das nachträgliche Schleifen, Rommeln und Sortieren verursacht.

V. Die Handlungs- oder Verkaufskosten, die die sämtlichen kaufmännischen Unkosten, die sog. „Generalunkosten", umfassen.

Diese einzelnen Kostengruppen werden nun nach einem bestimmten Schema zusammengestellt, wobei als Zahlenbeispiel ein beliebiger Durchschnittsverkaufspreis von RM. 81,— für 100 kg Guß zugrunde gelegt sei:

I.	Eisenwert, fälschlich auch „Flüssiges Eisen" genannt . .	RM.	16,20/100 kg
II.	Fertigungslöhne (Former, Kernmacher, Putzer)	„	14,50/100 „
III.	Betriebsunkosten (falls nicht unmittelbar ermittelt, 150% auf II)	„	21,80/100 „
IV.	Temperkosten	„	11.50/100 „
	Gesamtbetriebskosten	RM.	04,00/100 kg
V.	Handlungsunkosten (falls nicht unmittelbar ermittelt, 15% der Gesamtbetriebskosten)	„	9,60/100 „
	Selbstkosten	RM.	73,60/100 kg
VI.	Gewinn und Risiko (10% der Selbstkosten)	„	7,40/100 „
	Verkaufspreis	RM.	81,00/100 kg

Zu diesen einzelnen Gruppen ist noch folgendes zu bemerken:

I. Zur Berechnung des Eisenwertes sind alle Zufuhr- und Abladekosten der notwendigen Roh- und Hilfsstoffe deren Einkaufspreisen unmittelbar zuzuschlagen; einzuschließen sind die Kosten für deren Zerkleinerung, das jeweilige Heranschaffen zum Schmelzofen und Wegschaffen der Abfallstoffe; ferner die anteiligen Kosten für Laboratorium, Kraftverbrauch, Ofeninstandhaltung und Verzinsung des Anlagekapitals.

Die Bezeichnung „flüssiges Eisen" an Stelle von „Eisenwert" kann leicht zu Mißverständnissen führen, da erstere die Kosten betreffen soll, die zur Verflüssigung einer bestimmten Menge des Einsatzes ausgegeben werden, während die Bezeichnung „Eisenwert" sich auf die Kosten bezieht, die zur Erschmelzung einer bestimmten Menge guten Gusses verausgabt werden, also außer den Schmelzkosten des Eigengewichtes des Abgusses auch die Schmelzkosten der hierzu notwendigen Eingüsse und Steiger sowie den entsprechenden Anteil an Schmelzkosten des Ausschusses umfassen.

Die Höhe des Eisenwertes ist bei Temperguß in sehr starkem Maße abhängig von dem „Ausbringen an gutem Guß", das je nach Art und

Konstruktion der Abgüsse sehr großen Schwankungen unterworfen ist. Besitzt eine Tempergießerei infolge ungünstiger Abgüsse ein Durchschnittsausbringen von 38% gutem Guß, so erzeugt sie unter der Annahme eines Schmelzverlustes von 7% 55% des Einsatzes an Trichtern, Ausschuß u. dgl., der zum Wiedereinschmelzen zur Verfügung steht. Wir erhalten dann als ein ungefähres Zahlenbeispiel folgende Berechnung des Eisenwertes:

Einsatz:	25 kg	Roheisen zu RM. 110,25/t	RM.	2,75
	20 „	Schrott zu RM. 70,00/t	„	1,40
	55 „	Trichter usw. zu RM. 70,00/t . . .	„	3,85
	100 kg	kalter Einsatz kosten	RM.	8,00
Schmelzkosten			RM.	2,00
	100 kg	„flüssiges Eisen“ kosten	„	10,00
	ab 55 „	Trichterrückgewinn	„	3,85
	38 kg	guter Guß kosten an Eisen	RM.	6,16
	100 „	„ „ „ („Eisenwert“) . . .	„	16,20

Steigt dagegen das Ausbringen an gutem Guß bei günstigen Abgüssen auf 60%, so ergibt sich bei gleicher Gattierung ein Trichterrückgewinn von 33 kg . . . . RM. 2,31
und damit die Schmelz- und Eisenkosten für 60 kg guten Guß zu „ 7,70
Somit berechnet sich für dieses Ausbringen der „Eisenwert“ zu
RM. $\frac{7{,}70 \cdot 100}{60}$ . . . . „ 12,83/100 kg.

Nach dieser Berechnung erhält man beispielsweise die auf Zahlentafel 54 zusammengestellten Abstufungen des Eisenwertes, die bei einer genauen Selbstkostenberechnung zu berücksichtigen sind; hierbei ist auch der Unterschied in RM. je 100 kg Guß angegeben, der hierdurch gegenüber den Kosten beim Durchschnittsausbringen von 38% entsteht und zeigt, daß die fehlerhaften Abweichungen infolge eines Einheits-Eisenwertes bei sehr kleinen Gußausbringen besonders groß sind.

Zahlentafel 54. Abhängigkeit des „Eisenwertes“ vom Gußausbringen.

Ausbringen an gutem Guß %	Eisenwert je 100 kg guter Guß RM.	Unterschied gegenüber dem Durchschnittsausbringen RM./100 kg
20	24,50	+ 8,30
25	21,00	+ 4,80
30	19,00	+ 2,80
35	17,00	+ 0,80
38	16,20	—
40	15,75	— 0,45
45	14,78	— 1,42
50	14,00	— 2,20
55	13,36	— 2,84
60	12,83	— 3,37
65	12,38	— 3,82
70	12,00	— 4,20

II. Früher bildete es eine vielbesprochene Streitfrage, welche Löhne als „produktiv" anzusehen sind und welche nicht. Heute hat man sich allgemein darauf geeinigt, diejenigen Löhne, die von gelernten oder ungelernten Arbeitern beim Formen einschließlich Kernmachen und Putzen unmittelbar auf die Gußstücke verrechnet werden können, als „Fertigungslöhne" zu bezeichnen. Sie dienen als Grundlage für die Selbstkostenberechnung, indem die Kosten für Hilfsarbeiter und Hilfsstoffe auf sie bezogen werden. Zur Vorberechnung eines Gußpreises wird der hierzu notwendige Former-, Kernmacher- und Putzerlohn bestimmt, wobei die etwa nötigen Zuschläge für den vom Former unverschuldeten und daher zu bezahlenden Ausschuß einzurechnen sind. Sind für die Vorberechnung des Putzerlohnes keine bestimmten Unterlagen vorhanden, so kann derselbe auf 25 bis 30% der Summe von Former- und Kernmacherlohn geschätzt werden. Alle anderen Löhne, auch solche, die an die Produktivarbeiter für Urlaub und solche Zeiten bezahlt werden, während deren sie aus gewissen betrieblichen Umständen nicht produktiv arbeiten können, rechnen zu den Betriebsunkosten. Wird dagegen ein sonst als Hilfsarbeiter beschäftigter Mann durch unmittelbare Mitarbeit an einem Stückakkord beteiligt, so zählt sein Lohn zu den Fertigungslöhnen.

Man erkennt, daß für diese Kostengruppe keine logisch einwandfreie Begriffsbestimmung gegeben werden kann, sondern daß die Zusammenfassung auf einer gewissen willkürlichen Übereinkunft beruht. Diese ist aber äußerst notwendig, um eine gewisse Gleichmäßigkeit in die Selbstkostenberechnungen der verschiedenen Gießereien zu bekommen und um gegebenenfalls Vergleiche der Einzelposten vornehmen zu können.

III. Als Betriebsunkosten rechnen wir alle Aufwendungen, die außer der Unkostengruppen I, II und IV im Betrieb oder für denselben gemacht werden. Sie umfassen also insbesondere:

a) Hilfs- und Betriebsstoffe: Form-, Kern-, Gebläsesande und deren Zusätze, Brennstoffe für Kern- und Vorglühöfen, Pfannenfeuer, Heizung, Kraft, Wasser, Gas, Licht, Lagerwaren, wie Formerstifte, Kernstützen, Gips, Wachsschnur, Schmirgelscheiben u. dgl.

b) Unkostenlöhne: Löhne von sämtlichen Hilfs- und Vorarbeitern der Gießerei, Sandaufbereitung, Kernmacherei, Putzerei und der Gußfahrer, Modellplattenmacherei und anderen Nebenwerkstätten.

c) Gemeinkosten: Instandhaltung, anteilige Gehälter von Betriebsbeamten und Werkstattschreibern, Anteil an Laboratoriumsunkosten, Anteil an den Kosten der technischen Direktion, Abschreibungen auf Maschinen, Geräte, Werkzeuge, Formkasten, Geleise u. dgl., Anteil an der Gebäudeunterhaltung, Kapitalzinsen.

IV. Die Glühkosten umfassen sämtliche Auslagen, die zum Zwecke des Glühens gemacht werden. Da die hierbei entstehenden Abfallstoffe: altes Tempererz, Glühtopfsinter und alte Tempertöpfe noch einen wesentlichen Altwert besitzen, ist der Erlös hierfür an den Glühkosten in Abzug zu bringen. Im einzelnen umfassen diese folgende Aufwendungen für:

a) Hilfsstoffe: Brennstoff der Glühöfen, Tempererz, Tempertöpfe, feuerfeste Steine, Werkzeuge u. dgl.

b) Löhne: Heizer, Einsetzer, Leerer, Sortierer, Gußfahrer, Hilfsarbeiter, Ofenmaurer.

c) Gemeinkosten: Instandhaltung, anteilige Gehälter von Betriebsbeamten und Meistern, Anteil an Gebäudeunterhaltung (Kamine), Laboratoriumsanteil, Abschreibungen und Anteil der technischen Direktion.

V. Die Handlungskosten umfassen sämtliche Auslagen, die durch die kaufmännische Verwaltung, Versicherung, Versand und Verkauf und Steuern entstehen. Sie lassen sich in folgende Untergruppen zergliedern: Kaufmännische Gehälter, Versicherungen (Feuer-, Haftpflicht-, Angestellten- und Arbeiterversicherung), Krankenkasse, Steuern, Reise- und Werbekosten, Porti, Vereinsbeiträge, Provisionen, Skonto- und Diskontabzüge, Zins für eigenes und fremdes Kapital, Verwaltungsgebäude (Verzinsung und Instandhaltung), Versandbeamte und Versandarbeiter, Packmittel, Versandfrachten, Verwaltung, Instandhaltung, Verzinsung des Fertiglagers.

VI. Der Zuschlag für Gewinn und Risiko ist auf die gesamten Selbstkosten zu machen; der hierfür eingesetzte Betrag von 10% bedeutet nur in den seltensten Fällen einen Reingewinn, da die Verkaufspreise für Temperguß in den meisten Fällen derart gedrückt sind, daß man sich auf die normal kalkulierten Preise nur zu häufig Abzüge von seiten der Kundschaft gefallen lassen muß.

Würden alle Tempergießereien bei Abgabe von Angeboten und Annahme von Aufträgen das Bewußtsein besitzen, nur durch richtige Preise und nicht durch einfaches Unterbieten ihren Nutzen zu finden, so würde die Tempergußindustrie zu einer weit günstigeren Entwicklung gelangt sein, als sie bis jetzt gekommen ist.

Nachtrag zum geschichtlichen Teil über Belgien (S. 18).

Nicht allein manche auch heute noch gebrauchte englische Ausdrücke des wallonischen Arbeiters für gießereitechnische Maßnahmen (skimet, rill, tchiper, patchet, tchill) weisen nach England hin, sondern nach den Aussagen der Nachkommen der ersten Tempergußformer des Lütticher Gebietes bestand am Anfang des 19. Jahrhunderts eine Tempergießerei in Vâ-M'neute (Val Benoit[1]). In dieser Gießerei hat Toussaint Kilesse, geb. 1818, wohnhaft in Boncelles, das Handwerk von englischen Formern erlernt. Bald verließen auch seine Brüder (Joseph und Henri) und andere Bauern von Boncelles ihre Äcker, um das Handwerk zu erlernen, das „so viel einbrachte". Sie brachten es bald zu einer derartigen Geschicklichkeit, daß sie sich rasch von ihren englischen Lehrmeistern frei machen konnten. Diese Gruppe von Arbeitern ist unter dem Namen „Former von Boncelles" bei den alteingesessenen Familien in Herstal auch heute noch bekannt.

Die in Belgien bzw. in Herstal, dem Mittelpunkt der belgischen Eisenindustrie, erfolgten Gründungen von Tempergießereien sind im folgenden zusammengestellt[1].

Jahr der Gründung	Firma	Bemerkungen
1834	Maximilien Lesoinne, Liége	1838 Lesoinne et Pirlot; dann Nagelmackers, Lesoinne et Cie., später E. Nagelmackers et Cie., bestand bis etwa 1856
1850	Arnold Hardy, Herstal	Später A. Hardy et Cie., 1926 aufgelöst.
1855	Pierre-Toussaint Tondelier et Zomers, Herstal	1865 Nachfolger Francois-Clément Dardespinne, 1870 Edm. Gillon, 1882 Veuve Gillon, 1904 Delperée, 1904 durch Feuer zerstört, 1906 aufgelöst
1860	Guillaume Taskin, Herstal	Später G. Taskin, fils
1865	Poulet Frères, Solessin lez Liége	Dann Sté Poulet et Dejear, später Sté Dejear Mullenders et Cie. Letztere Firma wurde 1906 durch die Sté La Meuse in Sclessin aufgekauft

[1] Deprez, Vgl. Fußnote 3, S. 17.

Jahr der Gründung	Firma	Bemerkungen
1867	Bellefroid et Mottard, Herstal	1893: Nottet et Cie, 1919: Anciennes Fonderies Nottet et Cie, Sté An. 1930 Fonderies Nottet et Herman Martiny, Réunies Sté An.
1870	J. M. Deprez et Fr. Joassart, Herstal	Dann J. M. Deprez-Joassart, später Usines J. M. Deprez-Joassart, Sté An.
1871	Nicolas Pirlet, Herstal	Später Pirlet, frères.
1880	J. Defawes et G. Dupont, Herstal	Dann J. Defawes-Dupont, später J. Defawes-Longrée
1880	D'heur, Herstal, 25, Rue des Mineurs	1880 L. Dheur, Remy 1896 Alphonse et Jules Dheur, 1904 Jules Dheur et Cie, 1924 Usines et Fonderies Dheur Sté An.
1885	Henri Gerkinet, Herstal, Quai du Canal	Später J. et H. Gerkinet
1905	Louis D'heur-Danse, Herstal, Rue Marexhe	
1905	E. Delrez et Fr. Bayens, Herstal Jonkay, 12	Später Delrez, frères
1907	Pire et Lambrecht, Herstal, Rue Nicolas Defrêcheux, 28	
1908	Marcel Remy, Herstal, 113, Rue Petite Foxhalle	1928: Ateliers et Fonderies Marcel Remy, Sté An.
1924	Jules D'heur, Herstal, Rue de la Chapelle, 69	
1925	Fonderies et Ateliers Mécaniques de Herstal, Herstal 253, Rue Hoyoux	

Die bereits im Jahre 1848 von Harkort (s. S. 26) erwähnten Tempergießereien von Urban und Lesering in Lüttich sind in diesem Bericht von Deprez nicht angeführt, ein Beweis für die Schwierigkeiten, die sich derartigen geschichtlichen Forschungen entgegenstellen.

Verzeichnis der Tempergießereien.

I. Deutschland.

Baden:

AG. der Eisen- u. Stahlwerke vorm. G. Fischer — Singen, Hohentwiel.
Gebr. Bachert — Karlsruhe
Fahr AG. — Stockach
Schraubspundfabrik W. Kromer AG. — Freiburg i. Br.

Bayern (Rheinpfalz):

Gienanth-Werke Hochstein AG. — Hochstein, Pfalz.
Hans Lindeck — Kaiserslautern
Lanz-Wery AG. — Zweibrücken

Hessen:

Bänninger G. m. b. H. — Gießen

Saargebiet:

Metallwerk AG. Fraulautern — Fraulautern, Saar

Württemberg:

Bautz AG. — Saulgau
Groß & Fröhlich — Stuttgart
A. Stotz AG. — Stuttgart (Werk in Kornwestheim)

Braunschweig:

Eisengießerei Schöppenstedt — Schöppenstedt
Friedr. Ed. Gerhards AG. — Seesen

Preußen:

Brandenburg:

Brennaborwerke Gebr. Reichstein — Brandenburg
H. F. Eckert AG. — Berlin-Lichtenberg
Hartung AG. — Brandenburg

Ostpreußen:

Ostdeutsche Maschinenfabrik vorm. R. Wermbke — Heiligenbeil
Eduard Schwartz & Sohn G. m. b. H. — Berlinchen

Pommern:

L. Münter — Ückermünde
Gebr. Sauer — Torgelow
C. Nickelt — Wolgast
R. Lenz — Wolgast
H. Siebert — Ostswine

Rheinland:

Dubois & Co. — Aachen
Hedwigshütte Preuss & Winzen G. m. b. H. — Viersen
International Harvester Co. — Neuß a. Rh.
Fremmerey & Stamm, Sülzer Eisenwerk — Köln-Sülz
H. Köttgen & Co. — Bergisch-Gladbach
Gebr. Kempgens — Immigrath
Alexanderwerk A. von der Nahmer — Remscheid
Bergische Stahlindustrie — Remscheid
Bergische Werkzeugindustrie Walther Hentzen & Co. — Remscheid
Wortmann & Paas — Remscheid
Bergische Eisen- u. Tempergießerei G. m. b. H. — Solingen
Emil Beckmann sr. — Merscheid b. Solingen
N. Collard — Solingen
Jul. Hammesfahr — Solingen
S. Lauterjung & Söhne — Solingen
P. D. Rasspe Söhne — Solingen
The Yale u. Town Manufactoring Co. (früher Boge & Kasten) — Solingen
Lüttgens & Engels — Gräfrath b. Solingen
Pränafawerke G. m. b. H. Engels & Co. — Gräfrath b. Solingen
C. Grossmann, Eisen- u. Stahlwerk AG. — Wald b. Solingen
Ottersbach & Co. — Wald b. Solingen
Vereinigte Schlüsselfabriken AG. — Wald b. Solingen
Nippes & Schmidt — Weyer b. Solingen
W. Meskendahl — Radevormwald
Ludw. Rocholt & Co. — Radevormwald
Leimbacher Hütte, Hollweg & Co. — Barmen

G. J. Jäger, Komm.-Ges. Elberfeld
Ferd. Boniver Mettmann
Wagner & Englert G.m.b.H. Mettmann
Eisengießerei Hardenberg G. m. b. H. Neviges
Ackers & Küppers Velbert
Aug. Beer Velbert
Berg.-Märkisches Eisenwerk Velbert
Eisengießerei Altenfeld & Co. Velbert
Eisengießerei u. Metallwarenfabrik G. m. b. H. Velbert
Aug. Engels G. m. b. H. Velbert
Eduard Albert Engels Velbert
Engels & Wenke Velbert
Albert Fischer Velbert
Gebr. Glittenberg Velbert
Gustav Hammel Velbert
Gust. Albert Heidmann Velbert
Emil Herminghaus AG. Velbert
Emil Hohagen G. m. b. H. Velbert
Aug. Küpper Velbert
Aug. Küppersbusch Velbert
Gottfried Reuter Velbert
Tempergießerei Velbert, Overhoff & Co., Komm.-Ges. Velbert
Gebr. Tiefenthal G. m. b. H. Velbert
Tillmanns & Meier Velbert
Otto Velleuer Velbert
R. Woeste & Co. Velbert
Wilh. Mittelmann Tönisheide
Gebr. Batz Heiligenhaus
Eisengießerei Heiligenhaus O. Bärsch & Co. Heiligenhaus
Aug. Hitzbleck Heiligenhaus
Niederrheinisches Eisenwerk Heiligenhaus
Fried. Krupp AG. Essen
Vereinigte Stahlwerke AG. Friedr. Wilhelm-Hütte Mülheim, Ruhr

Sachsen, Provinz:

Louis Hofmann Aue-Zeitz
Wilhelm Stoll Torgau

Schlesien:

Eisenhüttenwerk Marienhütte Kotzenau
Simon & Bardtke, Ottilienhütte Kittlitztreben b. Bunzlau
Vereinigte Oberschles. Hüttenwerke AG. Gleiwitz

Westfalen:

Böcker & Voormann G. m. b. H. Hagen
Hagener Tempergußwerke Hagen Delstern
Wilh. Holthaus Hagen
F. W. Killing Hagen
Joh. Kasp. Post Söhne Hagen
Gustav Tücking Hagen-Eckesey
Gießerei Vorhalle G. m. b. H. Vorhalle
Ackermann & Co. G. m. b. H. Haspe
Friedr. Dickertmann G. m. b. H. Haspe
Eisenwerk Gewecke, R. u. C. R. Lange Haspe
E. & A. Falkenroth Haspe
Gußstahlwerk Wittmann AG. Haspe
Linde & Co. Haspe
A. Witte-Löhmer Haspe
Brand, Ebbinghaus & Co. Vogelsang
Friedr. Ed. Gerhards, Komm.-Ges. Vogelsang
Vogelsanger Eisengießerei Vogelsang
Gebr. Vom Bruch Gevelsberg
Gebr. Dörken AG. Gevelsberg
Gevelsberger Stahlwerk, Heinr. Dieckerhoff Gevelsberg
Gevelsberger Tempergießerei, Sichelschmied & Spiess Gevelsberg
Gebr. Hölker Gevelsberg
Huth'sche Eisen- u. Stahlwerke G. m. b. H. Gevelsberg
Heinr. Kottenhof G. m. b. H. Gevelsberg
Wilh. Sander Gevelsberg
Schröder & Bröcking Gevelsberg
Stockey & Schmitz Gevelsberg
Theod. Tielemann G. m. b. H. Gevelsberg
Schwelmer Stahl- u. Eisengießerei Gust. Schubeis Schwelm
J. D. Brackelsberg Milspe
Jul. Brackelsberg Milspe
Gebr. Emde Milspe
Gebr. Regeniter Milspe
Rud. Rentrop Milspe
Aug. Bilstein Altenvörde
Falkenroth & Schnöring Altenvörde
Friedr. Ischebeck Altenvörde
J. C. Störring & Co. Vörde
Karl Hackenberg Breckerfeld
Karl Loh G. m. b. H. Halver
Hugo Plate Kierspe
Heinr. Sudhaus Söhne Iserlohn
Gustav Steffen Westig
Beermann & Co. Hemer
Schmöle & Co. Menden
Aug. Schröder Silschede
Boncke & Glörfeld Volmarstein
Ewald Schmidt Volmarstein
Walter Peyinghaus Egge b. Volmarstein
Walter Hundhausen Schwerte

Annener Stahl-, Eisen- u. Tempergießerei, Roos & Schulte G. m. b. H. Annen
H. Knapmann Annen
Gebr. Schüren Witten
Reinhard Tweer G. m. b. H. Brackwede
Wilh. Kramer Bielefeld
Hoppe & Homann Minden
Niemeyer & Söhne Riesenbeck

Sachsen (Freistaat):

Carl Edler von Querfurth Schönheiderhammer
G. Krautheim AG. Chemnitz
Krüger & Rott Dresden
Meier & Weichelt Leipzig
Mühlenbauanstalt u. Maschinenfabrik Gebr. Seck Schmiedeberg
Mitteldeutsche Stahlwerke Gröditz
Nestler & Breitfeld AG. Wittigsthal
Ungers Söhne Schönheide

Thüringen:

Gebr. Decker Zella-Mehlis
F. W. Kampmann Schmalkalden
Wilh. Röber & Co. Suhl
A. W. Rommel Steinbach-Hallenberg
Robert Schübel Goldlauter b. Suhl
Simson & Co. Suhl
Emil Zehner Suhl

II. Österreich.

Feinstahlwerke Traisen-Leobersdorf AG. Traisen
M. Schmid's Söhne Wilhelmsburg
Weicheisen-, Stahlguß- u. Hammerwerke AG. St. Pölten

III. Ungarn.

Eisenwarenfabrik AG. Sopron-Graz Sopron
Magy. Kir. Allami Vas-, Acél óe Gepgyàrak Budapest
„Merkur“ Eisenindustrie AG. Nagykanizsa
Patenthufeisenfabrik Debrezin
Ungarische Waggon- u. Maschinenfabrik AG. Györ
Vaterländische Fabrik für schmiedbaren Eisen- u. Stahlguß, Artur Werkner Ujpest
Weiss Manfred R. T. Czepel

IV. Tschechoslowakei.

Armaturen u. Pumpenfabrik Jul. Carow AG. Prag-Bubna
Brankaer Eisenwerke AG. Branka b. Troppau
Ceskomoravska Kolben-Danek AG. Prag
Eisenwerke Komorau AG. Komorau
Eisenwerke Sandau AG. Prag-Smichow
Eisenwerk Janowitz Voigtmann & Söhne Janowitz b. Römerstadt
Jul. Guth, Eisenwarenfabrik u. Eisengießerei Rokycany
Knotek a spol. Jicin
Karl Kudrna Hodonin (Göding)
Mährische Stahl- u. Eisenindustrie AG. Olmütz
„Moravia“ Eisengießerei Chirlitz b. Brünn
O. A. Roscher Georgswalde
Ignaz Storek Brünn
Textilwerke Mautner AG. Prag-Smichow
Melchior Umrath Brandeis
Brüder Uxa Brünn
Walzenfabrik G. m. b. H. Aussig

V. Polen.

Brevillier & Urban AG. Ustron
Drawska Odlewnia Zelaza i Fabryka Maszyn Drawski-Mlyn
Ernest Erbe, Fittingsfabrik Zawiercie
„Ferrum“ Fabryka Kutolanych Wyrobow Zawiercie
Fitzner & K. Gamper Sosnowiec
„Rapid“ Eisen- u. Metallgießerei Welnowiec
Georg Schwabe, Maschinenfabrik u. Eisengießerei Bielsko
„Unia“ Zjednoczone fabryki maszyn dawn. A. Ventzki Blumwe i Peters Sp. Akc. Grudziadz
L. Zieleniewski Lwow

VI. Jugoslavien.

Gebr. Bohn Velika Kikinda	Georg Graf von Thurn'sches Stahlwerk Streitleben

VII. Rumänien.

Unio Fabrika de Vagoane S.A. Satu-Mare

VIII. Schweiz.

AG. der Eisen- u. Stahlwerke vorm. Georg Fischer Schaffhausen

IX. Italien.

Società An. Acciaierie e Ferriere Lombarde Mailand	Fratelli Marchetti Pavia
Soc. An. Corni & Ci. Modena	Soc. An. Vittorio Necchi Pavia
Fratelli-Galdabini Verghera (Gallarate)	Francesco Perini Genua
Soc. An. „Invicta" già Ing. Giachero Turin	Oreste Pracchi Mailand

X. Dänemark.

M. P. Allerups Efterfolgere A.-S. Odense

XI. Schweden.

A.-B. P. A. Larssons Gjuteri u. Aduceringsverk Eskilstuna	A.-B. Limhamns Aduceringsverk Malmö
Norrahammars Bruk Norrahammar	A.-B. Järnförädling Hälleforsnäs
	A.-B. Oeverums Bruk Oeverum

Schrifttum.

A. Buchwerke.

Réaumur, R. A. F. de: L'art de convertir le fer forgé en acier et l'art d'adoucir le fer fondu, ou de faire des ouvrages de fer fondu aussi fini que de fer forgé. Paris: Michael Brunnet 1722.

Réaumur, R. A. F. de: Nouvel art d'adoucir le fer fondu et de faire des ouvrages aussi fini que de fer forgé. II. Vol. des „Descriptions des arts et des métiers". Paris 1722.

Rott, C.: Die Fabrikation des schmiedbaren und Tempergusses. Leipzig: Baumgärtner 1881.

Rott, C.: Die Kleinbessemerei für den Stahlformguß, Temperguß und Feinguß. Leipzig: W. H. Uhland 1900.

Ledebur, A.: Handbuch der Eisenhüttenkunde. I. und III. Abt. Leipzig: Arthur Felix 1899 und 1900.

Ledebur, A.: Handbuch der Eisen- und Stahlgießerei. Leipzig: Bernh. Fr. Voigt 1901.

Moldenke, R.: The Production of Malleable Castings. Cleveland, Ohio: The Penton Publishing Company 1911.

Geiger, C.: Handbuch der Eisen- und Stahlgießerei. Berlin: Julius Springer. I. und II. Bd. 1. Aufl. 1911 und 1916. 2. Aufl. I. und III. Bd. 1925 und 1928.

Osann, B.: Lehrbuch der Eisen- und Stahlgießerei. Leipzig: W. Engelmann. 1. Aufl. 1912, 4. Aufl. 1920.

Thomas, A.: Tempergießerei, ihre Einrichtung und Betrieb. Dresden: Die Glashütte 1916.

Leber, E.: Die Herstellung des Tempergusses und die Theorie des Glühfrischens. Berlin: Julius Springer 1919.

Schwartz, H. A.: American Malleable cast iron. Cleveland, Ohio: The Penton Publishing Co. 1922.

Oberhoffer, P.: Das technische Eisen. Berlin: Julius Springer 1925.

Kothny, E.: Der Stahl- und Temperguß. Berlin: Julius Springer 1926.

Busquet, C.: La fabrication de la fonte malléable. Paris: Dunod 1929.

B. Zeitschriften.

Archer, R. S.: Graphitisierung von weißem Gußeisen. Foundry Bd. 48, S. 192. 1920.

Arrowood, M. W.: Kohlenstaubfeuerung in einer Tempergießerei. Iron Age 22. Jan. 1920, S. 259.

Bardenheuer, P.: Die Abscheidung von elementarem Kohlenstoff im grauen Gußeisen und Temperguß. Gieß.-Zg. 1927, S. 365. — Der Brackelsbergdrehofen zum Erschmelzen von Gußeisen und Temperguß. Gieß. 1928, S. 814. — Die Bedeutung des Brackelsbergofens für die Eisengießerei, insbeondere zur Erzeugung von hochwertigem Gußeisen. Gieß. 1928, S. 1169.

Bardenheuer, P., u. R. L. Zeyen: Stoff- und Wärmebilanzen einiger Schmelzungen im Brackelsbergofen. Mitt. Eisenforsch. Bd. 11, Lfg. 14, Abh. 131. 1929; Stahleisen 1929, S. 1393.

Bean, W. R.: Festigkeitseigenschaften von dickem Temperguß. Foundry 1919, S. 906; Ber. Stahleisen 1920, S. 1673. — Verschlechterung von Temperguß durch Feuerverzinken. Foundry 1923, S. 447; Ber. Stahleisen 1923, S. 1111.
Bean, W. R., Highriter, H. W., u. E. S. Davenport: Bruch- und Kleingefüge von amerikanischem Temperguß. Transact. Am. F. Ass. Bd. 29, S. 306. 1925; Foundry Bd. 49, S. 557.
Beck, A. J.: Herstellungsverfahren in einer neuzeitlichen Tempergießerei. Foundry Trade J. 1928, S. 7—9.
Becker, H.: Über das Glühfrischen mit gasförmigen Oxydationsmitteln. Mitt. a. d. eisenh. Inst. d. T. Hochsch. Aachen Bd. 4, S. 43. 1911.
Beckmann: Über Kohlenstaubfeuerungen unter besonderer Berücksichtigung ihrer Anwendung in Gießereien. Gieß.-Zg. 1928, S. 2—16.
Blackney, G.: Kontinuierlicher Glühofen für Temperguß. Fuels Furn. Bd. 5, S. 579. 1927.
Breaker, H. O.: Elektrischer Temperofen. Iron Age Bd. 123, S. 1412/13, 1625—29. 1929.
Bremer, E.: Vermeidung des Sprödewerdens von Temperguß. Foundry 1926, S. 212; Ber. Stahleisen 1926, S. 719.
Brieger, R.: Fließarbeit in der Gießerei. Gieß. 1928, S. 406; 1929, S. 375.
Chaney, C. E.: Elektrisch beheizter Temperofen. Foundry 1921, S. 720.
Delsaux, L.: Ein elektrisch beheizter Temperofen. Rev. Fond. mod. Bd. 22, S. 3—6. 1928.
Diller, E. H.: Glühen von Temperguß im Tunnelofen. Foundry 1920, S. 638; Ber. Stahleisen 1921, S. 583.
Dobson, D. J.: Flammofenschmelzen mit Öl. Foundry Bd. 51, S. 436 und 466. 1923.
Dressler, Ph.: Die Anwendung der Tunneltemperöfen in der Tempergußindustrie. Trans. Am. F. Ass. Bd. 27, S. 414. 1923; Ber. Stahleisen 1923, S. 1165.
Dwyer, Pat.: Verwendung von Kohlenstaub in der Tempergießerei. Foundry 1926, S. 666 und 673.
Emmel, K.: Niedrig gekohltes Gußeisen als Kupolofenerzeugnis. Stahleisen 1925, S. 1466—1470. — Über den Kohlenstoffgehalt und die damit zusammenhängenden Eigenschaften des im Kupolofen nach dem Stahlzusatzverfahren erzeugten hochwertigen Graugusses. Gieß. 1929, S. 605—612.
Erbreich, F.: Der schmiedbare Guß. Stahleisen 1915, S. 549, 652, 773.
Evans, W. T., u. A. E. Peace: Temperguß. Iron Steel Inst. 1928, S. 326/28 und 359/60.
Felton, S. J.: Erzeugung von Temperguß in kleinen Mengen. Foundry Bd. 51, S. 671. 1923; Ber. Stahleisen 1923, S. 1165.
Finney, B.: Duplex-Betrieb in einer Tempergießerei. Iron Age Bd. 123, S. 397/99. 1929.
Forbes, D. P.: Weißbrüchigkeit von amerikanischem Temperguß. Foundry 1929, S. 613/14; Ber. Stahleisen 1929, S. 1594.
Forquignon, M.: Untersuchungen über schmiedbaren Guß und das Glühen des Stahls. Ann. Chem. et Phys. Bd. 23, S. 433. 1881; s. a. Stahleisen 1882, S. 202; 1886, S. 380 und 777.
Gailly, R.: Herstellung von Schwarzguß (in Frankreich). Foundry 1923, S. 826.
Gale, C. H.: Zusatz von Titan zu Temperguß. Trans. Am. F. Ass. Bd. 20, S. 271; Ber. Stahleisen 1913, S. 367; s. a. 1911, S. 1794.
Genwo, R.: Betriebserfahrungen mit einem Elektroofen im Gießereibetriebe. Stahleisen 1926, S. 1697.
Geiger, C.: Beiträge zur Kenntnis der zwei Kohlenstofformen, Temperkohle und Graphit. Diss. Stuttgart 1904; Stahleisen 1905, S. 1134 und 1196.
Geilenkirchen, Th.: Die Verwendung des Flammofens in der Gießerei, insbesondere zur Schmelzung von schmiedbarem Guß. Stahleisen 1907, S. 19.

Gilmore, L. E.: Der Schwefel- und Mangangehalt im Temperguß. Foundry 1927, S. 734. — Erschmelzen von Eisen im Kupolofen für Fittings aus Temperguß. Foundry Bd. 55, S. 840—843. 1927. — Der Einfluß verschiedener Elemente auf Temperguß. Canad. Foundryman Aug. 1928, S. 18; Stahleisen 1928, S. 1557. — Die Abhängigkeit der physikalischen Eigenschaften von Temperguß von dem Verhältnis des Kohlenstoffs zum Siliziumgehalt. Foundry Bd. 56, S. 529. 1928.

Godefroid, M.: Der Temperguß. Rev. Ford. mod. 1929, S. 243—250.

Graham, W. F.: Ausnutzung der Abgase von Temperöfen. Foundry 1929, S. 487/88.

Grindle, A. D.: Das Erschmelzen von Temperguß (mittels Kohlenstaubs). Foundry 1928, S. 139—142.

Guédras, M.: Die Metallurgie des Tempergusses. Fonderie mod. Bd. 19, Nr. 10, S. 203/04. 1925. — Theoretische Betrachtungen zur Kohlenstoffabscheidung bei Schwarzkerntemperguß. Fonderie mod. Bd. 20, S. 566. 1926. — Der Temperguß. Rev. Fonderie mod. 1927, S. 30, 58, 185, 210, 375, 443; 1928, S. 7, 27. — Glühöfen für Temperguß. Rev. fonderie mod. 1928, S. 7—14. — Das Schleifen und Richten von Temperguß. Rev. fonderie mod. 1928, S. 27/29.

Hatfield, W. H.: Die chemisch-physikalischen Vorgänge bei der Entkohlung der Eisenkohlenstofflegierungen. J. Iron Steel Inst. 1909, I, S. 242; Ber. Metallurgie 1909, S. 358; Engineering Bd. 87, S. 801. 1910. — Theorie des Temperns. Foundry Bd. 36, S. 30. 1908.

Hathaway, W.: Temperöfen mit Kohlenstaubfeuerung. Foundry 1925, S. 824.

Hayes, A., u. M. E. Flanders: Eine Ursache für die Unterschiede in der Geschwindigkeit der Temperkohlebildung im weißen Gußeisen. Trans. Am. F. Ass. Bd. 33, S. 634. 1926; Ber. Stahleisen 1926, S. 403 und 886.

Hayes, A., u. G. C. Scott: Die Katalyse der Kohlenstoffausscheidung aus weißem Gußeisen durch Kohlenoxyd und Kohlendioxydgemische unter Druck. Trans. Am. F. Ass. Bd. 33, S. 639. 1926; Ber. Stahleisen 1926, S. 723.

Hayes, A., Henderson, E. L., u. G. R. Bessemer: Schnelltemperverfahren. Trans. Am. F. Ass. 1926, S. 646; Ber. Stahleisen 1926, S. 886.

Honda, K., u. T. Murakami: Die Graphitisierung von Eisen-Kohlenstofflegierungen J. Iron Steel Inst. Sept. 1920, S. 287.

Hruska, J. H.: Anwendung des Elektroofens zur Erzeugung von Temperguß. Fonderie mod. Bd. 20, S. 9. 1926. — Beitrag zur Metallographie des Schwarzkerntempergusses. Fonderie mod. Bd. 21, S. 134. 1927. — Das Tempern in Tunnelöfen. Fuels Furn. Bd. 6, S. 611. 1928.

Hurren, F. H.: Versuche mit Temperguß. Foundry Trade J. 1921, S. 125/28 und 136/38; Ber. Stahleisen Bd. 41, S. 895. 1921. — Über Temperguß. Metal Ind. 1925, S. 585; Foundry Trade J. Bd. 31, S. 499, 526. 1925; Bd. 32, S. 3. 1925; Bd. 38, S. 301. 1928; 1929 S. 33.

Ingall, D. H., u. H. Field: Die Hautbildung von Weißkerntemperguß. Iron Coal Trades Rev. Bd. 110, Nr. 2984, S. 748/49, Nr. 2985, S. 802. 1925; Foundry Trade J. Bd. 31, Nr. 456, S. 407/10, Nr. 457, S. 432/33. 1925; Engg. Bd. 119, Nr. 3099, S. 654. 1925; Ber. Stahleisen Bd. 45, S. 1489. 1925.

Irresberger, C.: Eine amerikanische Tempergießerei neuester Anordnung. Stahleisen 1925, S. 1479/81; Bericht nach Foundry 1925, S. 56—60.

Kalpers, H.: Der Kohlenstaubdrehofen im Vergleich zum Kupolofen zur Herstellung hochwertigen Tempergusses. Gieß.-Zg. 1929, S. 78.

Kluijtmans, Chr.: Einige Bemerkungen über Schwarzkerntemperguß. Fonderie mod. Bd. 20, S. 209. 1926.

Kothny, E.: Elektrotemperguß. Gieß. 1920, S. 188. — Die Wirtschaftlichkeit des Elektroofens in der Gießerei. Gieß.-Zg. 1927, S. 57.

Lamla, M.: Die Herstellung des schmiedbaren Gusses in Theorie und Praxis. Gieß.-Zg. 1911, S. 197, 268, 300, 336, 408, 498, 530, 565, 631, 664, 687, 724, 749.

Landschoot, A. V.: Flammöfen mit Ölfeuerung für Temperguß. Iron Coal Trades Rev. Bd. 73, S. 599—604. 1923; Foundry Bd. 51, S. 862—867. 1923; Ber. Stahleisen Bd. 43, S. 1372. 1923; Gieß.-Zg. 1924, S. 464.

Leuenberger, E.: Über den Einfluß des Siliziums und der Glühdauer auf die mechanischen Eigenschaften des schmiedbaren Gusses. Stahleisen 1917, S. 514 und 601. — Einfluß des Mangans auf die Festigkeitseigenschaften des schmiedbaren Gusses. Stahleisen 1921, S. 285.

Leroyer, M.: Der Temperguß. Fonderie mod. Bd. 21, S. 101, 149. 1927. — Aufstellung der Selbstkosten in einer Tempergießerei. Rev. Fonderie mod. 1928, S. 159—167.

Lissner, A.: Beiträge zur Kenntnis der Temperkohlebildung im Kupolofentemperguß. Ferrum 1912, S. 44.

Lissner, A., u. R. Horny: Temperkohle und Eisengraphit als chemisch gleichartige Kohlenstofformen. Stahleisen 1925, S. 1297.

Mashall, L. H.: Sprödigkeit von Temperguß als Folge der Wärmebehandlung. Techn. Pap. Bur. Stand. 1923, Nr. 245; Ber. Stahleisen Bd. 44, S. 1211. 1924.

Matsubara, Das chemische Gleichgewicht zwischen Eisen, Kohlenstoff und Sauerstoff. Trans. Am. Inst. Mining a. Met. Eng. Nr. 1051; Min. Metallurgy Febr. 1921; Ber. Stahleisen 1923, S. 241.

Melmoth, F. A.: Die Herstellung von Schwarzkerntemperguß im Elektroofen. Foundry Trade J. Bd. 32, Nr. 478, S. 325—329, Nr. 479, S. 351—355. 1925; Iron Coal Trades Rev. Bd. 111, Nr. 3008, S. 640. 1925.

Merrick, A. W.: Schwefelverminderung im schmiedbaren Guß. Foundry 1919, S. 685; Ber. Stahleisen 1920, S. 299.

Moldenke, R.: Die Darstellung des schmiedbaren Gusses. Foundry 1908, Febr. S. 257, März S. 24, April S. 60, Mai S. 117, Juni S. 173 und S. 273, Sept. S. 27, Okt. S. 70, Nov. S. 127; 1909, Jan. S. 200, Febr. S. 265, März S. 7, April S. 84, Aug. S. 295; Ber. von Schott, Stahleisen 1909, S. 1198, 1402, 1563, 1741, 1900. — Beurteilung des Tempergusses nach dem Bruchaussehen. Foundry Bd. 37, S. 237. 1909.

Nelson, J. G., u. J. P. Pero: Entwicklung und gegenwärtiger Stand des Tempergußverfahrens. Iron Age 1915, S. 1168; Ber. Stahleisen 1916, S. 321.

Oberhoffer, P.: Metallographische Beobachtungen im luftleeren Raum bei höheren Temperaturen. Metallurgie 1909, S. 526.

Oberhoffer, P., u. J. Wolter: Beitrag zur Kenntnis des Temperprozesses. Stahleisen 1923, S. 105 und 301.

Oberhoffer, P., u. E. Zingg: Über die Schalenbildung beim Temperguß. Stahleisen Bd. 44, S. 1197. 1924.

Österreicher, K.: Grundlagen der Fließarbeit. Gieß. 1928, S. 621—626.

Pinsl, H.: Untersuchungen an verschieden geformten Zerreißstäben aus schmiedbarem Guß. Gieß. Bd. 12, S. 651—656. 1925; 1926, S. 365.

Piwowarsky, E.: Einige Versuche über den Einfluß eines Titanzusatzes zum Rohguß auf den metallurgischen Verlauf des Temperprozesses. Stahleisen Bd. 44, S. 745. 1924. — Die thermische Schmelzbehandlung und ihre Anwendung auf den Temperguß. Stahleisen Bd. 45, S. 2001—2004. 1925.

Plaut, C. H.: Temperguß. J. Iron Steel Inst. 1928, S. 381; 1929, S. 22, 53, 89, 117, 151, 175, 211, 253, 333.

Ruer, R., u. N. Iljin: Zur Kenntnis des stabilen Systems Eisen-Kohlenstoff. Mitt. a. d. Eisenh. Inst. d. t. Hochsch. Aachen Bd. 5, S. 10. 1913.

Ruddy, W.: Vergleich zwischen amerikanischem und französischem Gießereiverfahren. Foundry 1925, S. 97.

Smith, R., u. W. Barr: Beziehung zwischen Bearbeitbarkeit und Festigkeit von Temperguß. Trans. Am. F. Ass. Bd. 28, S. 330 und 338; Foundry 1919, S. 682. — Bearbeitbarkeit von Temperguß mit verschiedenen Eigenschaften. Foundry 1919, S. 688; Ber. Stahleisen Bd. 40, S. 299. 1920.

Smith, E. K.: Gehärtete und wärmebehandelte Tempergußstücke. Foundry Trade J. Bd. 28, S. 50/51. 1923; Ber. Stahleisen Bd. 43, S. 1166. 1923.

Schmitz, Fr.: Untersuchungen über die Gesetzmäßigkeit der chemischen Einwirkungen der Gase auf Eisen und seine Verbindungen mit Nichtmetallen bei höheren Temperaturen. Stahleisen Bd. 39, S. 373 und 406. 1919.

Schüz, E.: Die Schwindung des Tempergusses. Stahleisen Bd. 45, S. 1189. 1925.

Schwartz, H. A.: Der Triplex-Elektroofen-Prozeß für Temperguß. Trans. Am. F. Ass. Bd. 29, S. 342; Foundry 1920, S. 815; Ber. Stahleisen 1921, S. 123. — Dauerformen. Am. F. Ass. Bd. 34, S. 182—194. 1927; Foundry 1926, S. 149; Ber. Stahleisen 1927, S. 139. — Ansprüche an Temperguß. Trans. Am. F. Ass. Bd. 34, S. 1049. 1927; Foundry 1927, S. 45; Ber. Stahleisen 1927, S. 708. — Theorien der Graphitisierung. Foundry 1928, S. 871/73, 918/20.

Stotz, R.: Beitrag zur Theorie des Temperprozesses. Stahleisen 1916, S. 501. — Über die Theorien des Glühfrischprozesses. Gieß.-Zg. 1916, S. 209 und 225. — Über das Kleingefüge des Tempergusses im Zusammenhang mit seinen Festigkeitseigenschaften. Stahleisen 1920, S. 997; Übers. Foundry 1922, S. 286. — Über amerikanischen Temperguß im Vergleich zum deutschen. Gieß.-Zg. 1920, S. 305, 356, 373. — Aus der Formereitechnik des Tempergusses. Gieß.-Zg. 1922, S. 1. — Über die Normung von Temperguß. Gieß.-Zg. 1922, S. 302, 319, 537, 876; 1927, S. 385; Gieß. 1928, S. 248; Masch.-B.-Zg. Bd. 6, S. 199. 1925; Din.-Mitt. Bd. 10, S. 538. 1927; Bd. 11, S. 352. 1928. — Amerikanische und englische Prüfungsverfahren und Gütevorschriften für Temperguß. Gieß.-Zg. 1923, S. 121. — Über die magnetischen Eigenschaften von Temperguß. ETZ Bd. 48, S. 32. 1925. — Die Festigkeitseigenschaften von Temperguß. Gieß. 1928, S. 145/148. — Gattierungs-, Schmelz- und Glühkosten für hochwertigen Temperguß. Gieß. 1928, S. 342. — Die metallurgischen Grundlagen zur Erzeugung eines hochwertigen Tempergusses. Gieß. 1929, S. 839.

Stotz, R., u. F. Henfling: Die Schwindung und Glühausdehnung von Temperguß. Stahleisen Bd. 45, S. 2137—2147. 1925.

Taylor, E. R.: Einfluß des Schwefels auf die Eigenschaften von Weißkerntemperguß. Carnegie School Mem. Bd. 14, S. 131. 1926. — Einfluß von Mangan auf die Eigenschaften von Weißkerntemperguß. Carnegie School Mem. Bd. 15, S. 381. 1926; Foundry Trade J. Bd. 37, S. 23, 41, 129. 1927; Ber. Stahleisen 1927, S. 1623; Rev. Fonderie mod. 1927, S. 271. — Die Prüfung des weißkernigen Tempergusses. Foundry Trade J. 1928, S. 373.

Teng, J. H.: Phosphor im schmiedbaren Guß. Iron Coal Trades Rev. 1918, S. 285; Ber. Stahleisen 1919, S. 880.

Touceda, E.: Die Phosphorgrenze im schmiedbaren Guß. Iron Age 1915, S. 924; Foundry 1915, S. 446; Ber. Stahleisen 1915, S. 1330; Trans. Am. F. Ass. Bd. 24, S. 209. — Stand der Tempergußtechnik. Foundry 1917, S. 475; Ber. Stahleisen 1918, S. 493. — Die Herstellung von Temperguß. Foundry 1922, S. 588, 622, 676. — Widerstandsfähigkeit gegen Stöße und Vergleich der Festigkeit von bearbeitetem und unbearbeitetem Temperguß. Trans. Am. F. Ass. Bd. 34, S. 1072; Ber. Stahleisen 1927, S. 544.

Tuphohne: Die Verwendung von Staubkohle in Tempergießereien. Foundry Trade J. Bd. 30, S. 214. 1924.

Vogel, O.: Zur Geschichte der Tempergießerei. Stahleisen Bd. 39, S. 1617. 1919; 1920, S. 869.

Vogl, H.: Die Eignung des Elektroofens zur Herstellung von Stahlwerkskokillen und Temperguß. Mitt. Eisenforsch. Bd. 3, H. 2, S. 77—98. 1922.

Wever, F.: Über die Natur von Graphit und Temperkohle. Mitt. Eisenforsch. Bd. 4, S. 81. 1922.

White, A. E.: Glühen von Temperguß. Canad. Foundryman Febr. 1928, S. 17/19 und März, S. 11/14.

Wilkinson, D.: Der Temperguß. Foundry Trade J. 1925, S. 28—32; Ber. Stahleisen Bd. 45, S. 1485. 1925. — Kupolofentemperguß. Foundry 1926, S. 102.
Wolf, F. L., u. W. Romanoff: Kohlenstaubfeuerung in der Tempergießerei. Foundry Trade J. Bd. 31, S. 78. 1925; Ber. Stahleisen Bd. 45, S. 463. 1925.
Wüst, F.: Roheisen für den Temperprozeß. Stahleisen 1904, S. 305. — Untersuchungen über die Festigkeitseigenschaften und Zusammensetzung des Tempergusses. Mitt. a. d. eisenh. Inst. d. t. Hochsch. Aachen Bd. 2, S. 111. 1908. — Die Theorie des Glühfrischens. Met. 1908, S. 7.
Wüst, F., u. P. Schlösser: Der Einfluß von Kohlenstoff, Silizium, Mangan, Schwefel und Phosphor auf die Bildung der Temperkohle. Stahleisen 1904, S. 1120.
Wüst, F., u. E. Sudhoff: Über die Einwirkung von Wasserstoff und Stickstoff auf temperkohlehaltiges Eisen bei verschiedenen Temperaturen. Mitt. a. d. eisenh. Inst. d. t. Hochsch. Aachen Bd. 4, S. 94. 1911.
Wüst, F., u. R. Stotz: Über das Tempern mit einer Mischung von Kohlendioxyd und Kohlenmonoxyd. Ferrum 1916, S. 33.
Wüst, F., u. E. Leuenberger: Über den Einfluß der Glühdauer auf die Qualität des Tempergusses. Ferrum Aug./Sept. 1916, S. 161.
Zankl, A.: Betriebserfahrungen mit dem Ölofen in der Tempergießerei. Gieß.-Zg. 1927, S. 35.

Namenverzeichnis.

Sachverzeichnis.

GPSR Compliance

The European Union's (EU) General Product Safety Regulation (GPSR) is a set of rules that requires consumer products to be safe and our obligations to ensure this.

If you have any concerns about our products, you can contact us on ProductSafety@springernature.com

In case Publisher is established outside the EU, the EU authorized representative is:

Springer Nature Customer Service Center GmbH
Europaplatz 3
69115 Heidelberg, Germany

Batch number: 10682323

Printed by Printforce, the Netherlands